中等职业教育国家规划教材
全国中等职业教育教材审定委员会审定

仪器分析

第二版

主　　编　黄一石
责任主审　戴猷元
审　　稿　郁鉴源　戴猷元

化学工业出版社
·北京·

本书是中等职业教育国家规划教材，书中着重介绍了目前仪器分析工作中最常用的紫外-可见分光光度法、原子吸收光谱法、电位分析法和气相色谱分析法的方法原理、仪器基本构造和使用维护方法、定性和定量方法及实验技术等；简要介绍了高效液相色谱法、离子色谱法、红外吸收光谱法和毛细管电泳法等。书中还附有实验、技能训练、思考与练习、主要分析方法的技能考核表以及阅读园地，可以帮助读者更好地掌握知识要点和技能要点。

本书既可供中等职业学校工业分析与检验等专业的学生使用，也可作为分析检验人员的培训教材和参考资料。

图书在版编目（CIP）数据

仪器分析/黄一石主编. —2 版. —北京：化学工业出版社，2009.1（2024.2重印）
中等职业教育国家规划教材
ISBN 978-7-122-04172-2

Ⅰ.仪… Ⅱ.黄… Ⅲ.仪器分析-专业学校-教材
Ⅳ.O657

中国版本图书馆 CIP 数据核字（2008）第 183610 号

责任编辑：王文峡　　文字编辑：向　东
责任校对：凌亚男　　装帧设计：于　兵

出版发行：化学工业出版社（北京市东城区青年湖南街 13 号　邮政编码 100011）
印　　装：三河市延风印装有限公司
787mm×1092mm　1/16　印张 20　字数 510 千字　　2024 年 2 月北京第 2 版第 15 次印刷

购书咨询：010-64518888　　售后服务：010-64518899
网　　址：http://www.cip.com.cn
凡购买本书，如有缺损质量问题，本社销售中心负责调换。

定　　价：45.00 元

第二版 前言

《仪器分析》（第一版）自2002年发行以来，受到同类职业学校的关注和好评，作为化学化工类中等职业学校仪器分析课程的教材，在教学过程中发挥了一定的积极作用。

随着科学技术的不断进步，科技腾飞日进万里，各类分析仪器设备的更新十分迅速，所以教材第一版中的某些仪器设备已被生产、生活实践所淘汰，且随着仪器分析技术的快速发展，教材第一版中的某些知识已显陈旧。为此我们对本书第一版进行了适当修订。这次修订工作本着“立足实用、强化能力、注重实践”的职教特点，在原第一版的基础上进行，调整更新了如下内容：

一、基本保留了第一版中所阐述的基础知识，但做了简单调整。在原子吸收光谱法中增加了操作软件的使用；在气相色谱分析法中加强了“程序升温技术”和“毛细管柱气相色谱法”，同时删减了部分陈旧知识；液相色谱分析法中加强了液相色谱仪器使用和日常维护保养的介绍。

二、更新了部分仪器设备的介绍。对第一版中酸度计、紫外-可见分光光度计、原子吸收分光光度计、气相色谱仪、高效液相色谱仪等，删除了已不再生产的测试仪器的使用介绍，选择了目前广泛用于科研单位和生产部门的仪器型号，对仪器的结构、安装调试、操作规程等进行新的阐述，同时增加了部分仪器工作站的使用介绍。

三、更新了仪器设备的维护与保养知识，同时在每一章的仪器介绍部分增加了仪器常见故障及排除方法方面的知识。

四、调整了部分技能训练项目。本次修订增加了部分源于生产、生活实践的实验项目，删除了第一版中已不再合适的部分实验项目，并对每一个项目都做了相应调整，以利于培养学生的实际动手能力和创新能力，使学生能充分应用所学知识分析解决实际问题。

本次修订由黄一石、杨小林负责第1、2、3章内容的修订工作；吴朝华负责第4、5章的修订工作；最后由黄一石整理并统稿。陈炳和、丁敬敏、傅春霞、黄金海、徐科、徐瑾、俞建君、左银虎、贺群、黄一波等老师也给予了大力支持，并提出建设性意见，在此我们一并表示衷心的感谢。

由于编者水平所限，本次修订工作中难免存在疏漏和不足之处，恳请专家和读者批评指正，不胜感谢。

编者

2008年11月

第一版 前言

本教材是根据教育部2000年审定的中等职业教育工业分析与检验专业教学计划（三年制CBE模式）和2001年审定的仪器分析教学基本要求，在总结多年的教改和教学经验及当今仪器分析发展情况的基础上编写而成的。

本教材除绪论外共五章，重点介绍了目前仪器分析中最常用的紫外-可见分光光度法、原子吸收光谱法、电位分析法、气相色谱分析法，并扩展介绍了高效液相色谱法、离子色谱法、红外吸收光谱法和毛细管电泳法等（其中带*为选学和选做内容）。总教学时数226学时，其中安排理论授课76学时，实验150学时。

本教材紧扣中等职业教育工业分析与检验专业培养高素质的中初级质量检验人员的目标，体现了以能力培养为本位的CBE教育模式的职业教育特色，“立足实用，强化能力，注重实践”，尽可能做到选材面广，内容新颖、实用。所介绍的各类仪器分析方法主要包括方法原理、仪器使用维护方法和实验技术等知识点。为培养学生的实际动手能力，教材编写有34个典型实用的实验，涵盖了52个专项能力的知识和技能要点模块。为拓宽学生的知识面，激发学生的求知欲，培养学生的创新能力，教材编写了具有科学性、趣味性和前瞻性的阅读材料；为帮助引导学生自学，在每章的开篇编写有学习指南，以明确各章的学习目的和学习方法；为便于学习者自我测试学习效果，在每节后附有题型多样且具有启发性的思考与练习题，在每章后列有主要分析方法的技能考核表，以帮助学生掌握知识要点和技能要点。

本教材由常州化工学校黄一石主编，湖南化校李继睿主审。第1、2、3章由黄一石编写，第4、5章由吴朝华编写，第4、5章的阅读园地由杨小林编写。本书通过了中等职业教育教材审定委员会的审核。清华大学戴猷元教授、郁鑑源教授审阅了全书，并提出了宝贵意见和建议。常州化工学校庄玉兰、傅春霞对书稿进行了仔细校对。化学工业出版社对本书的出版提供了许多方便的工作条件，编者在此一并致以深切的谢意。本教材所引用的资料和图表的原著均已列入参考文献，在此向原著作者致谢！

限于编者对职教教改的理解和教学经验，书中难免存在疏漏和错误，恳请专家和读者批评指正。

编者

2002年4月

目　录

绪　论

0.1　仪器分析法及其特点

仪器分析法是以测量物质的物理和物理化学性质为基础的分析方法。由于这类方法通常要使用比较特殊的仪器，因而称之为“仪器分析”。

随着科学技术的发展，分析化学在方法和实验技术上都发生着日新月异的变化，特别是仪器分析法吸收了当代科学技术最新成就，不仅强化和改善了原有仪器的性能，而且推出了很多新的分析测试仪器，为科学研究和生产实际提供更多、更新和更全面的信息，成为现代实验化学的重要支柱。因此，常用仪器分析方法的一些基本原理和实验技术是每位分析人员必须要掌握的基础知识和基本技能。因为一旦掌握了这些知识和技能，将会迅速而精确地获得物质系统的各种信息，并能充分利用这些信息做出科学的结论。

仪器分析用于试样组分的分析具有操作简便、快速的特点，特别是对于低含量（如质量分数为 10^{-8}或 10^{-9}数量级）组分的测定，更具有令人惊叹的独特之处，而这样的样品若采用化学方法来解决是徒劳的。另外，绝大多数分析仪器都是将被测组分的浓度变化或物理性质变化转变成某种电性能（如电阻、电导、电位、电容、电流等），因此仪器分析法容易实现自动化和智能化，使人们摆脱繁琐的实验室手工操作。仪器分析除了能完成定性定量分析任务外，还能提供化学分析法难以提供的信息如物质的结构、组分价态、元素在微区的空间分布等。应该指出，仪器分析用于成分分析仍有一定局限性。除了由于方法本身所固有的一些原因之外，还有一个共同点，就是准确度不够高，通常相对误差在百分之几左右，有的甚至更大。这样的准确度对低含量组分的分析已能完全满足要求，但对常量组分分析就不能达到像化学分析法所具有的那样高的准确度。因此，在选择方法时，必须考虑这一点。此外，进行仪器分析之前，通常需要用化学法对试样进行预处理（如富集、除去干扰物质等）。同时，进行仪器分析一般都要用标准物质进行定量工作曲线校准，而很多标准物质却需要用化学分析法进行准确含量的测定。因此，正如著名分析化学家梁树权先生所说“化学分析和仪器分析同是分析化学两大支柱，两者唇齿相依，相辅相成，彼此相得益彰”。

0.2　仪器分析基本内容和分类

仪器分析法内容丰富，种类繁多，为了便于学习和掌握，将部分常用的仪器分析法按其最后测量过程中所观测的性质进行分类并列表如下。

方法的分类	被测物理性质	相应的分析方法(部分)
光学分析法	辐射的发射	原子发射光谱法(AES)
	辐射的吸收	原子吸收光谱法(AAS),红外吸收光谱法(IR),紫外-可见吸收光谱法(UV-Vis),核磁共振波谱法(NMR),荧光光谱法(AFS)
	辐射的散射	浊度法,拉曼光谱法
	辐射的衍射	X 射线衍射法,电子衍射法

续表

方法的分类	被测物理性质	相应的分析方法(部分)
电化学分析法	电导 电流 电位 电量 电流-电压特性	电导法 电流滴定法 电位分析法 库仑分析法 极谱分析法,伏安法
色谱分析法	两相间的分配	气相色谱法(GC),高效液相色谱法(HPLC),离子色谱法(IC)
其他分析法	质荷比	质谱法

本教材重点介绍目前最常用的紫外-可见分光光度法、原子吸收分光光度法、电位分析法、气相色谱法，简要介绍红外光谱法、高效液相色谱法、离子色谱法、毛细管电泳法等。

0.3 发展中的仪器分析

随着现代科学技术的发展，生产的需要和人民生活水平的提高对分析化学提出了新的要求。特别是近年来，随着环境科学、资源调查、医药卫生、生命科学和材料科学的进展和深入研究，对分析化学提出了更为苛刻的要求。为了适应科学发展，仪器分析随之也出现了以下的发展趋势。

① 方法的创新。进一步提高仪器分析方法的灵敏度、选择性和准确度。各种选择性检测技术和多组分同时分析技术等是当前仪器分析研究的重要课题。

② 分析仪器智能化。微机在仪器分析法中不仅只运算分析结果，而且还可以贮存分析方法和标准数据，控制仪器的全部操作，实现分析操作自动化和智能化。

③ 新型动态分析检测和非破坏性检测。离线的分析检测不能瞬时、直接、准确地反映生产实际和生命环境的情景实况，不能及时控制生产、生态和生物过程。运用先进的技术和分析原理，研究建立有效而实用的实时、在线和高灵敏度、高选择性的新型动态分析检测和非破坏性检测将是21世纪仪器分析发展的主流。目前生物传感器如酶传感器、免疫传感器、DNA传感器、细胞传感器等不断涌现；纳米传感器的出现也为活体分析带来了机遇。

④ 多种方法的联合使用。仪器分析多种方法的联合使用可以使每种方法的优点得以发挥，每种方法的缺点得以补救。联合使用分析技术已成为当前仪器分析的重要方向。

⑤ 扩展时空多维信息。随着环境科学、宇宙科学、能源科学、生命科学、临床医学、生物医学等学科的兴起，现代仪器分析的发展已不再局限于将待测组分分离出来进行表征和测量，而是成为一门为物质提供尽可能多的化学信息的科学。随着人们对客观物质认识的深入，某些过去所不甚熟悉的领域（如多维、不稳态和边界条件等）也逐渐提到日程上来。采用现代核磁共振光谱、质谱、红外光谱等分析方法，可提供有机物分子的精细结构、空间排列构型及瞬态变化等信息，为人们对化学反应历程及生命的认识提供了重要基础。

总之，仪器分析正在向快速、准确、自动、灵敏及适应特殊分析的方向迅速发展。

1　紫外-可见分光光度法

(Ultraviolet and Visible［UV-Vis］Spectrophotometry)

学习指南　紫外-可见分光光度法（UV-Vis）是目前应用最为广泛的一种分子吸收光谱法，主要用于试样中微量组分的测定。本章主要介绍该方法的基本原理、常用仪器基本构造、使用方法和实验技术。通过学习应重点掌握光吸收基本定律、显色条件和测量条件的选择、仪器基本构造和使用方法、定量方法和紫外定性应用等知识要点。通过技能训练应能熟练地使用紫外-可见分光光度计对样品进行分析检验；能对实验数据进行正确分析和处理，准确表述分析结果；能对仪器进行日常维护保养工作，学会排除简单的故障。学习过程中，复习已经学习过的知识，如物理学中的光学基本常识、无机化学中的化学平衡和溶液中离子平衡、有机化合物官能团分类和重要有机化合物的构造等，对理解和掌握本章的知识要点很有帮助。认真规范地完成每一个技能训练是帮助您掌握操作技能，加强动手能力的重要途径。此外还可以通过所提供的参考文献、阅读材料和网络信息了解一些新技术，以拓宽自己的知识面。

许多物质都具有颜色，例如高锰酸钾水溶液呈紫红色，重铬酸钾水溶液呈橙色。当含有这些物质的溶液的浓度改变时，溶液颜色的深浅度也会随之变化。溶液愈浓，颜色愈深。因此利用比较待测溶液本身的颜色或加入试剂后呈现的颜色的深浅来测定溶液中待测物质的浓度的方法就称为比色分析法。以人的眼睛来检测颜色深浅的方法称目视比色法；以光电转换器件（如光电池）为检测器来区别颜色深浅的方法称光电比色法。随着近代测试仪器的发展，目前已普遍使用分光光度计进行测试。应用分光光度计，根据物质对不同波长的单色光的吸收程度不同而对物质进行定性和定量分析的方法称分光光度法（又称吸光光度法）。分光光度法中，按所用光的波谱区域不同，又可分为可见分光光度法（400～780nm）、紫外分光光度法（200～400nm）和红外分光光度法（3×10^3～3×10^4nm）。其中紫外分光光度法和可见分光光度法合称紫外-可见分光光度法。因此，紫外-可见分光光度法是基于物质对光的选择性吸收而建立起来的一种光学分析方法。紫外-可见分光光度法具有如下特点。

① 灵敏度高。一般可测定浓度下限为10^{-5}～10^{-6}mol·L^{-1}（达μg量级）的物质，在某些条件下甚至可测定10^{-7}mol·L^{-1}的物质，最适用于微量组分的测定。

② 具有相当的准确度。相对误差一般为2%～5%。准确度虽不及化学法，但对于微量组分的测定，已完全满足要求。

③ 设备价格低廉，操作简单，分析速度快。

④ 应用广泛。大部分无机离子和许多有机物质的微量成分都可以用这种方法进行测定。紫外吸收光谱法还可用于芳香化合物及含共轭体系化合物的鉴定及结构分析。

随着现代分析仪器制造技术和计算机技术的迅猛发展，各种输出方式（如导数、多波长等）和多维数据（如反应浓度、酸度、时间、速度、温度等与吸光度的关系）与计算机技术相结合，使人们获得更多、更准确的物质的信息和知识。

1.1 基本原理

物质的颜色与光有密切关系，例如蓝色硫酸铜溶液放在钠光灯（黄光）下就呈黑色；如果将它放在暗处，则什么颜色也看不到了。可见，物质的颜色不仅与物质本质有关，也与有无光照和光的组成有关，因此为了深入了解物质对光的选择性吸收，首先对光的基本性质应有所了解。

1.1.1 光的基本特性

1.1.1.1 电磁波谱

光是一种电磁波，具有波动性和粒子性。光既是一种波，因而它具有波长（λ）和频率（ν）；光也是一种粒子，它具有能量（E）。它们之间的关系为

$$E=h\nu=h\cdot\frac{c}{\lambda} \tag{1-1}$$

式中，E 为能量，eV（电子伏特）；h 为普朗克常数（$6.626\times10^{-34}\,\mathrm{J\cdot s}$）；$\nu$ 为频率，Hz（赫兹）；c 为光速，真空中约为 $3\times10^{10}\,\mathrm{cm\cdot s^{-1}}$；$\lambda$ 为波长，nm（纳米[1]）。

从式(1-1) 可知，不同波长的光，能量不同，波长愈长，能量愈小，波长愈短，能量愈大。若将各种电磁波（光）按其波长或频率大小顺序排列画成图表，则称该图表为电磁波谱。表 1-1 列出电磁波谱的有关参数。

表 1-1 电磁波谱的有关参数

波谱区名称	波长范围	波数/$\mathrm{cm^{-1}}$	频率/MHz	光子能量/eV	跃迁能级类型
γ 射线	$5\times10^{-3}\sim0.14$nm	$2\times10^{10}\sim7\times10^{7}$	$6\times10^{14}\sim2\times10^{12}$	$2.5\times10^{6}\sim8.3\times10^{3}$	核能级
X 射线	$10^{-2}\sim10$nm	$10^{10}\sim10^{6}$	$3\times10^{14}\sim3\times10^{10}$	$1.2\times10^{6}\sim1.2\times10^{2}$	内层电子能级
远紫外线	$10\sim200$nm	$10^{6}\sim5\times10^{4}$	$3\times10^{10}\sim1.5\times10^{9}$	$125\sim6$	原子及分子的价电子或成键电子能级
近紫外线	$200\sim400$nm	$5\times10^{4}\sim2.5\times10^{4}$	$1.5\times10^{9}\sim7.5\times10^{8}$	$6\sim3.1$	
可见光	$400\sim780$nm	$2.5\times10^{4}\sim1.3\times10^{4}$	$7.5\times10^{8}\sim4.0\times10^{8}$	$3.1\sim1.7$	
近红外线	$0.75\sim2.5\mu$m	$1.3\times10^{4}\sim4\times10^{3}$	$4.0\times10^{8}\sim1.2\times10^{8}$	$1.7\sim0.5$	分子振动能级
中红外线	$2.5\sim50\mu$m	$4000\sim200$	$1.2\times10^{8}\sim6.0\times10^{6}$	$0.5\sim0.02$	
远红外线	$50\sim1000\mu$m	$200\sim10$	$6.0\times10^{6}\sim10^{5}$	$2\times10^{-2}\sim4\times10^{-4}$	分子转动能级
微　波	$0.1\sim100$cm	$10\sim0.01$	$10^{5}\sim10^{2}$	$4\times10^{-4}\sim4\times10^{-7}$	
射　频	$1\sim1000$m	$10^{-2}\sim10^{-5}$	$10^{2}\sim0.1$	$4\times10^{-7}\sim4\times10^{-10}$	核自旋能级

1.1.1.2 单色光、复合光和互补光

具有同一种波长的光，称为单色光。纯单色光很难获得，激光的单色性虽然很好，但也只接近于单色光。含有多种波长的光称为复合光，白光就是复合光，例如日光、白炽灯光等白光都是复合光。人的眼睛对不同波长的光的感觉是不一样的。凡是能被肉眼感觉到的光称为可见光，其波长范围为 400～780nm。凡波长小于 400nm 的紫外线或波长大于 780nm 的红外线均不能被人的眼睛感觉出，所以这些波长范围的光是看不到的。在可见光的范围内，不同波长的光刺激眼睛后会产生不同颜色的感觉，但由于受到人的视觉分辨能力的限制，实际上是一个波段的光给人引起一种颜色的感觉。图 1-1 列出了各种色光的近似波长范围。日常见到的日光、白炽灯光等白光就是由这些波长不同的有色光混合而成的。这可以用一束白

[1] $1\mathrm{m}=10^{2}\mathrm{cm}=10^{3}\mathrm{mm}=10^{6}\mu\mathrm{m}=10^{9}\mathrm{nm}=10^{10}\mathrm{\AA}$（埃）

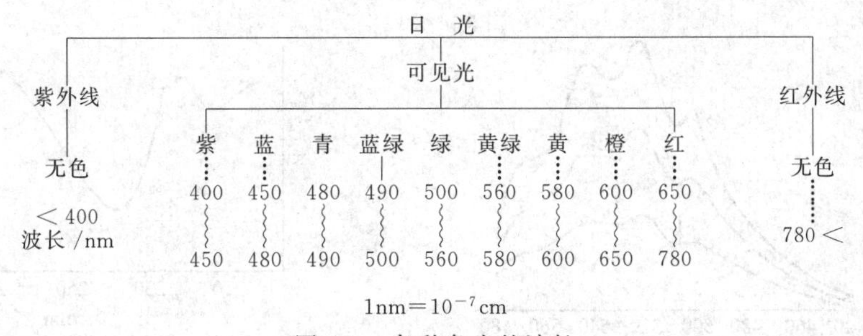

图 1-1 各种色光的波长

光通过棱镜后色散为红、橙、黄、绿、青、蓝、紫七色光来证实。实验证明，如果把适当颜色的两种光按一定强度比例混合，也可成为白光，这两种颜色的光称为互补色光。

图 1-2 为互补色光示意图。图中处于直线关系的两种颜色的光即为互补色光，如绿色光与紫色光互补，蓝色光与黄色光互补等，它们按一定强度比混合都可以得到白光，所以日光等白光实际上是由一对对互补色光按适当强度比混合而成。

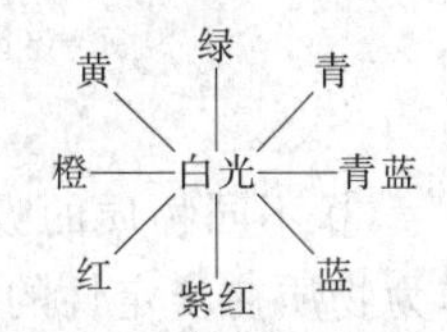

图 1-2 互补色光示意图

1.1.2 物质对光的选择性吸收

1.1.2.1 物质颜色的产生

当一束白光通过某透明溶液时，如果该溶液对可见光区各波长的光都不吸收，即入射光全部通过溶液，这时看到的这溶液是透明无色的。当该溶液对可见光区各种波长的光全部吸收时，此时看到的溶液呈黑色。若某溶液选择性地吸收了可见光区某波长的光，则该溶液即呈现出被吸收光的互补色光的颜色。例如，当一束白光通过 $KMnO_4$ 溶液时，该溶液中的离子或分子选择性地吸收了 500～560nm 的绿色光，而将其他的色光两两互补成白光而通过，只剩下紫红色光未被互补，所以 $KMnO_4$ 溶液呈现紫红色。同样道理，K_2CrO_4 溶液对可见光中的蓝色光有最大吸收，所以溶液呈蓝色的互补色光——黄色。可见物质的颜色是基于物质对光有选择性吸收的结果，而物质呈现的颜色则是被物质吸收光的互补色。

以上是用溶液对色光的选择性吸收说明溶液的颜色。若要更精确地说明物质具有选择吸收不同波长范围光的性质，则必须用该物质的吸收光谱曲线来描述。

1.1.2.2 物质的吸收光谱曲线

物质的吸收光谱曲线是通过实验获得的，具体方法是：将不同波长的光依次通过某一固定浓度和厚度的有色溶液，分别测出它们对各种波长光的吸收程度（用吸光度 A 表示），以波长为横坐标，以吸光度为纵坐标作图，画出曲线，此曲线即称为该物质的吸收光谱曲线（或光吸收曲线），它描述了物质对不同波长光的吸收程度。图 1-3(a) 所示的是三种不同浓度的 $KMnO_4$ 溶液的三条吸收光谱曲线；图 1-3(b) 是茴香醛的紫外吸收光谱曲线。由图1-3可以看出：

① 高锰酸钾溶液对不同波长的光的吸收程度是不同的，对波长为 525nm 的绿色光吸收最多，在吸收曲线上有一高峰（称为吸收峰）。光吸收程度最大处所对应的波长称为最大吸收波长（常以 λ_{max} 表示）。在进行光度测定时，通常都是选取在 λ_{max} 的波长处来测量，因为这时可得到最大的测量灵敏度。

② 不同浓度的高锰酸钾溶液，其吸收曲线的形状相似，最大吸收波长也一样，所不同的是吸收峰峰高随浓度的增加而增高。

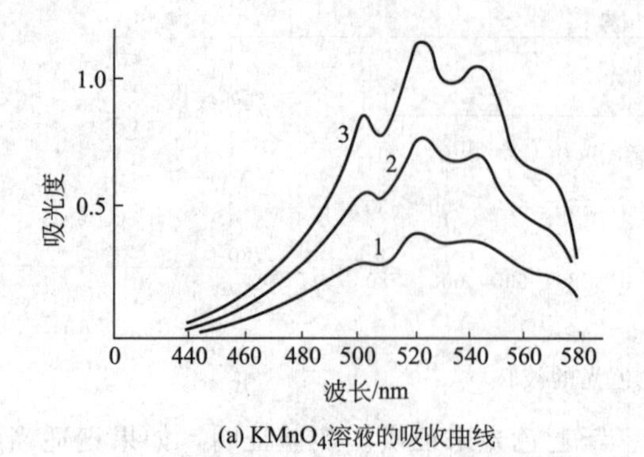

(a) $KMnO_4$溶液的吸收曲线

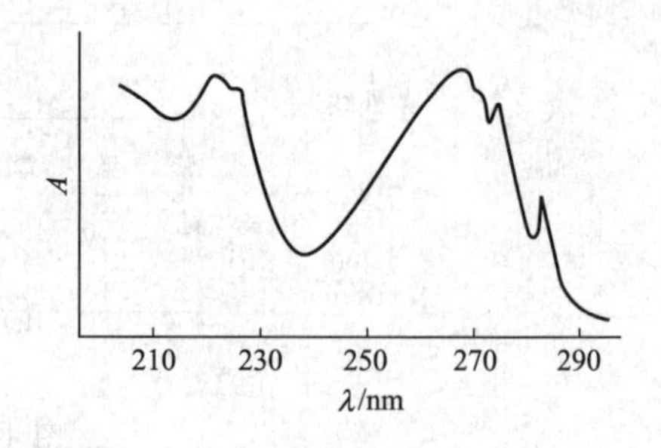

(b) 茴香醛吸收曲线

图 1-3 高锰酸钾和茴香醛的吸收曲线

1—$c(KMnO_4)=1.56\times10^{-4}mol\cdot L^{-1}$；2—$c(KMnO_4)=3.12\times10^{-4}mol\cdot L^{-1}$；

3—$c(KMnO_4)=4.68\times10^{-4}mol\cdot L^{-1}$

③ 不同物质的吸收曲线，其形状和最大吸收波长都各不相同。因此，可利用吸收曲线作为物质初步定性的依据。

1.1.3 光吸收定律

光吸收定律是紫外-可见分光光度法的理论依据，它是由朗伯（S. H. Lambert）和比耳（Beer）两定律相联合而成，因此又称朗伯-比耳定律。

1.1.3.1 朗伯-比耳定律

当一束平行的单色光垂直照射到含有吸光物质的均匀透明溶液时（见图 1-4），由于一部分光被溶液所吸收[1]，因此透过溶液的光通量减小。设入射光通量为 Φ_0，通过溶液后透射光通量为 Φ_{tr}；则比值 Φ_{tr}/Φ_0 表示溶液对光的透射程度，称为透射比，用符号 τ 表示。其值可以用小数表示，也可用百分数表示。用百分数表示时，称为百分透射比。

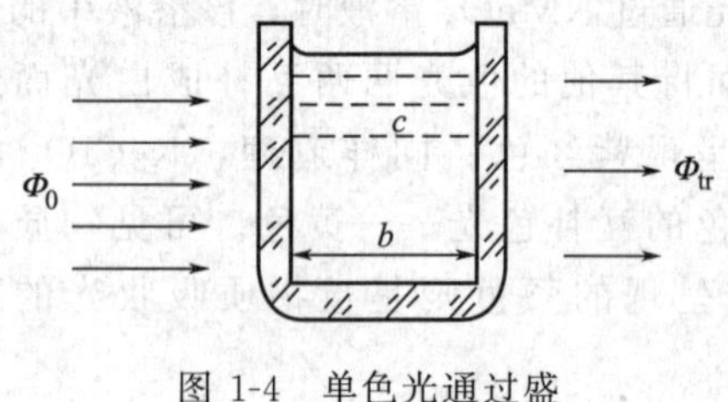

图 1-4 单色光通过盛有溶液的吸收池

$$\tau=\Phi_{tr}/\Phi_0 \tag{1-2}$$

式(1-2) 表明，当入射光通量 Φ_0 一定时，溶液的透射比愈大，说明溶液对光的吸收愈小。与此相反，透射比愈小，则溶液对光的吸收愈大。Φ_0/Φ_{tr} 是透射比的倒数，它表示入射光 Φ_0 一定时，透过光通量愈小，即 $\lg\frac{\Phi_0}{\Phi_{tr}}$ 愈大，光吸收愈多。所以 $\lg\frac{\Phi_0}{\Phi_{tr}}$ 表示了单色光通过溶液时被吸收的程度，通常称为吸光度，用 A 表示，即

$$A=\lg\frac{\Phi_0}{\Phi_{tr}}=\lg\frac{1}{\tau}=-\lg\tau \tag{1-3}$$

当一束平行的单色光垂直照射到一定浓度的均匀透明溶液时，吸光度与液层厚度的关系为

---

[1] 当光照射溶液时，除一部分光被吸收，一部分光透过溶液外，还有一部分被器皿的表面反射。由于在紫外-可见分光光度测定中，盛溶液的吸收池是采用具有两面互相平行、透光的光学玻璃制成，反射光的强度基本相同，其影响可互相抵消，因此不必考虑反射光的影响。

$$A = kb \tag{1-4}$$

式中，A 为吸光度；b 为溶液液层厚度（或称光程长度）；k 为比例常数，它与入射光波长、溶液性质、浓度和温度有关。这就是朗伯（S. H. Lambert）定律。

当一束平行单色光垂直照射到同种物质、不同浓度、相同液层厚度的均匀透明溶液时，吸光度与溶液浓度的关系为

$$A = k'c \tag{1-5}$$

式中，k'为另一比例常数，它与入射光波长、液层厚度、溶液性质和温度有关；c 为溶液浓度。这就是比耳（Beer）定律。

当溶液厚度和浓度都可改变时，这时就要考虑两者同时对光吸收的影响，则有

$$A = \lg \frac{\Phi_0}{\Phi_{tr}} = \lg \frac{1}{\tau} = Kbc \tag{1-6}$$

式中，K 为比例常数，与入射光的波长、物质的性质和溶液的温度等因素有关。这就是朗伯-比耳定律，即光吸收定律。它是紫外-可见分光光度法进行定量分析的理论基础。

光吸收定律表明：当一束平行单色光垂直入射通过均匀、透明的吸光物质的稀溶液时，溶液对光的吸收程度与溶液的浓度及液层厚度的乘积成正比。

应用朗伯-比耳定律的条件：一是必须使用单色光；二是吸收发生在均匀的介质中；三是吸收过程中，吸光物质互相不发生作用。

1.1.3.2 吸光系数

式(1-6) 中比例常数 K 称为吸光系数，其物理意义是：单位浓度的溶液液层厚度为 1cm 时，在一定波长下测得的吸光度。

K 值的大小取决于吸光物质的性质、入射光波长、溶液温度和溶剂性质等，与溶液浓度大小和液层厚度无关。但 K 值大小因溶液浓度所采用的单位的不同而异。

（1）摩尔吸光系数 ε　当溶液的浓度以物质的量浓度（$mol \cdot L^{-1}$）表示，液层厚度以厘米（cm）表示时，相应的比例常数 K 称为摩尔吸光系数，以 ε 表示，其单位为 $L \cdot mol^{-1} \cdot cm^{-1}$。因此，式（1-6）可以改写成

$$A = \varepsilon bc \tag{1-7}$$

摩尔吸光系数的物理意义是：浓度为 $1mol \cdot L^{-1}$的溶液，于厚度为 1cm 的吸收池中，在一定波长下测得的吸光度。

摩尔吸光系数是吸光物质的重要参数之一，它表示物质对某一特定波长光的吸收能力。ε 愈大，表示该物质对某波长光的吸收能力愈强，测定的灵敏度也就愈高。因此，测定时，为了提高分析的灵敏度，通常选择摩尔吸光系数大的有色化合物进行测定，选择具有最大 ε 值的波长作入射光。一般认为 $\varepsilon < 1\times10^4 L \cdot mol^{-1} \cdot cm^{-1}$ 灵敏度较低；ε 在 $1\times10^4 \sim 6\times10^4 L \cdot mol^{-1} \cdot cm^{-1}$ 属中等灵敏度；$\varepsilon > 6\times10^4 L \cdot mol^{-1} \cdot cm^{-1}$ 属高灵敏度。

摩尔吸光系数由实验测得。在实际测量中，不能直接取 $1mol \cdot L^{-1}$ 这样高浓度的溶液去测量摩尔吸光系数，只能在稀溶液中测量后，计算出摩尔吸光系数。

【例 1-1】　已知含 Fe^{3+} 浓度为 $500\mu g \cdot L^{-1}$ 溶液用 KCNS 显色，在波长 480nm 处用 2cm 吸收池测得 $A = 0.197$，计算摩尔吸光系数。

$$c(Fe^{3+}) = \frac{500\times10^{-6}}{55.85} = 8.95\times10^{-6}(mol \cdot L^{-1})$$

$$\varepsilon = \frac{A}{bc}$$

$$\varepsilon=\frac{0.197}{8.95\times10^{-6}\times2}=1.1\times10^{4}\ (\mathrm{L\cdot mol^{-1}\cdot cm^{-1}})$$

（2）质量吸光系数　溶液浓度以质量浓度 ρ[❶]（$g \cdot L^{-1}$）表示，液层厚度以厘米（cm）表示的吸光系统称为质量吸光系数，以 a 表示，单位为 $L \cdot g^{-1} \cdot cm^{-1}$。这样式（1-6）可表示为

$$A=ab\rho \tag{1-8}$$

质量吸光系数适用于摩尔质量未知的化合物。

1.1.3.3　吸光度的加和性

在多组分的体系中，在某一波长下，如果各种对光有吸收的物质之间没有相互作用，则体系在该波长的总吸光度等于各组分吸光度的和，即吸光度具有加和性，称为吸光度加和性原理。可表示如下：

$$A_{总}=A_1+A_2+\cdots A_n=\sum_{i=1}^{n}A_i \tag{1-9}$$

式中，各吸光度的下标表示组分 1，2，…，n。

吸光度的加和性对多组分同时定量测定，校正干扰等都极为有用。

1.1.3.4　偏离光吸收定律的主要因素

根据吸收定律，在理论上，吸光度对溶液浓度作图所得的直线的截距为零，斜率为 εb。实际上吸光度与浓度关系有时是非线性的，或者不通过零点，这种现象称为偏离光吸收定律。

如果溶液的实际吸光度比理论值大，则为正偏离光吸收定律；吸光度比理论值小，为负偏离光吸收定律，如图 1-5 所示。引起偏离光吸收定律的原因主要有以下几方面。

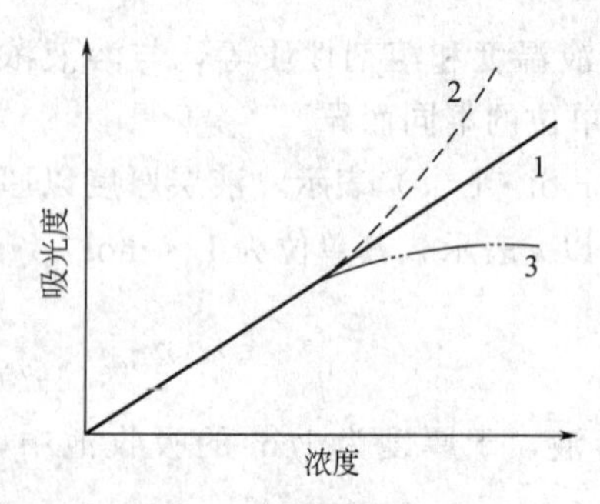

图 1-5　偏离光吸收定律

1—无偏离；2—正偏离；3—负偏离

（1）入射光非单色性引起偏离　吸收定律成立的前提是入射光是单色光。但实际上，一般单色器所提供的入射光并非是纯单色光，而是由波长范围较窄的光带组成的复合光。而物质对不同波长的吸收程度不同（即吸光系数不同），因而导致了对吸光定律的偏离。

（2）溶液的化学因素引起偏离　溶液中的吸光物质因离解、缔合，形成新的化合物而改变了吸光物质的浓度，导致偏离吸收定律。因此，测量前的化学预处理工作是十分重要的，如控制好显色反应条件，控制溶液的化学平衡等，以防止产生偏离。

（3）比耳定律的局限性引起偏离　比耳定律只适用于浓度小于 $0.01mol \cdot L^{-1}$ 的稀溶液。否则将导致偏离比耳定律。为此，在实际工作中，待测溶液的浓度应控制在 $0.01mol \cdot L^{-1}$ 以下。

思考与练习 1.1

（1）解释下列名词术语

比色分析法　分光光度法　目视比色法　单色光　复合光　互补光　吸收光谱曲线　透射比　吸光度　摩尔吸光系数　质量吸光系数　光程长度

（2）朗伯定律是说在一定条件下，光的吸收与__________成正比；比耳定律是说在一定条件

❶　质量浓度是指每升溶液中所含溶质的克数，单位是 $g \cdot L^{-1}$，用符号 ρ 表示。

下，光的吸收与________________成正比，二者合为一体称为朗伯-比耳定律，其数学表达式为________________。

(3) 摩尔吸光系数的单位是________，它表示物质的浓度________，液层厚度为________时，在一定波长下溶液的吸光度。常用符号______表示。因此光吸收定律的表达式可写为________________。

(4) 吸光度和透射比的关系是：________________。

(5) 人眼能感觉到的光称为可见光，其波长范围是（　　）。

A. 400～780nm　　B. 200～400nm　　C. 200～1000nm　　D. 400～100nm

(6) 物质的颜色是由于选择吸收了白光中的某些波长的光所致。$CuSO_4$ 溶液呈现蓝色是由于它吸收白光中的（　　）。

A. 蓝色光　　B. 绿色光　　C. 黄色光　　D. 青色光

(7) 吸光物质的摩尔吸光系数与下面因素中有关的是（　　）。

A. 吸收池材料　　B. 吸收池厚度　　C. 吸光物质浓度　　D. 入射光波长

(8) 符合光吸收定律的溶液适当稀释时，其最大吸收峰波长位置（　　）。

A. 向长波移动　　B. 向短波移动　　C. 不移动　　D. 不移动，吸收峰值降低

(9) 当吸光度 $A=0$ 时，τ (%) 为（　　）。

A. 0　　B. 10　　C. 100　　D. ∞

(10) 某试液显色后用 2.0cm 吸收池测量时，$\tau=50.0\%$。若用 1.0cm 或 5.0cm 吸收池测量，τ 及 A 各为多少？

(11) 某一溶液，每升含 47.0mg Fe。吸取此溶液 5.0mL 于 100mL 容量瓶中，以邻二氮菲光度法测定铁，用 1.0cm 吸收池于 508nm 处测得吸光度为 0.467。计算质量吸光系数 a 和摩尔吸光系数 ε。已知 $M(\mathrm{Fe})=55.85\mathrm{g\cdot mol^{-1}}$。

(12) 以分光光度法测定某电镀废水中的铬(Ⅵ)。取 500mL 水样，经浓缩和预处理后转入 100mL 容量瓶中定容。移取 20.00mL 试液，调整酸度，加入二苯碳酰二肼溶液显色，定容为 25mL。以 5.0cm 吸收池于 540nm 波长下测得吸光度为 0.540。求铬(Ⅵ)的质量浓度 $\rho(\mathrm{mg\cdot L^{-1}})$。已知 $\varepsilon_{540}=4.2\times10^4\mathrm{L\cdot mol^{-1}\cdot cm^{-1}}$，$M(\mathrm{Cr})=51.996\mathrm{g\cdot mol^{-1}}$。

为科学家擦亮双眼的光谱仪发明者
——本生和基尔霍夫

本生（Robert Wilhelm Bunsen，1811～1899 年），德国化学家和物理学家。他 17 岁大学毕业，19 岁就获得博士学位。1830～1833 年期间在欧洲一些国家的著名实验室和工厂里工作，1838～1851 年任马尔堡大学化学教授，1852～1889 年任海德堡大学教授，创建了一个著名的化学学派。

基尔霍夫（Gustav Rober Kirehhoff，1824～1887 年），德国物理学家。早年就读于柯尼斯堡大学。1847 年毕业后至柏林大学任教。1854 年经本生推荐任海德堡大学教授。1875 年到柏林大学任物理学教授。

本生在科学上的杰出贡献是和基尔霍夫共同开辟出光谱分析领域。1859 年，他和基尔霍夫合作设计了世界上第一台光谱仪，并利用这台仪器系统地研究各物质产生的光谱，创建了光谱分析法。1860 年他们用这种方法在狄克海姆矿泉水中发现了新元素铯，1861 年又用此仪器分析萨克森地区的一种鳞状云彩母矿，发现了新元素铷。从此光谱分析不仅成为化学家手中重要的检测手段，同时也是物理学家、天文学家开展科学研究的重要武器。本生还研制出了本生灯、本生光度计、量热器以及本生电池等。

除上面提到的与本生共同的发明、创造外，基尔霍夫在电学理论上也做出了杰出贡献。1845年，他提出了计算稳恒电路网络中电流、电压、电阻关系的基尔霍夫电路定律。另外基尔霍夫研究了太阳光谱的夫琅和费线，在研究过程中得出了关于热辐射的基尔霍夫定律。这给太阳和恒星成分分析提供了一种有效的方法。1862年他又进一步提出了绝对黑体的概念。他的工作为以后量子论的出现奠定了基础。

1860年本生荣获科普利奖，1877年本生和基尔霍夫共获第一届戴维奖，1898年本生又获艾伯特奖。

摘自《化学科普集萃》

1.2 紫外-可见分光光度计

1.2.1 仪器的基本组成部件

在紫外及可见光区用于测定溶液吸光度的分析仪器称为紫外-可见分光光度计（简称分光光度计），目前，紫外-可见分光光度计的型号较多，但它们的基本构造都相似，都由光源、单色器、样品吸收池、检测器和信号显示系统五大部件组成，其组成框图见图1-6。

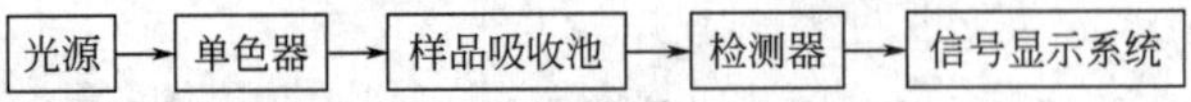

光源 → 单色器 → 样品吸收池 → 检测器 → 信号显示系统

图1-6 分光光度计组成部件框图

由光源发出的光，经单色器获得一定波长单色光照射到样品溶液，部分光被样品吸收，透过的光经检测器将光强度变化转变为电信号变化，并经信号指示系统调制放大后，显示或打印出吸光度 A（或透射比 τ），完成测定。

1.2.1.1 光源

光源的作用是供给符合要求的入射光。分光光度计对光源的要求是：在使用波长范围内提供连续的光谱，光强应足够大，有良好的稳定性，使用寿命长。实际应用的光源一般分为可见光光源和紫外光光源。

（1）可见光光源　钨灯是最常用的可见光光源，它可发射波长为325～2500nm范围的连续光谱，其中最适宜的使用范围为380～1000nm，除用做可见光源外，还可用做近红外光源。为了保证钨灯发光强度稳定，需要采用稳压电源供电，也可用12V直流电源供电。

目前不少分光光度计已采用卤钨灯代替钨灯，如7230型、754型分光光度计等。所谓卤钨灯是在钨丝中加入适量的卤化物或卤素，灯泡用石英制成，它具有较长的寿命和高的发光效率。

（2）紫外光源　紫外光源多为气体放电光源，如氢、氘、氙放电灯等，其中应用最多的是氢灯及其同位素氘灯，使用波长范围为185～375nm。为了保证发光强度稳定，也要求用稳压电源供电。氘灯的光谱分布与氢灯相同，但光强比同功率氢灯要大3～5倍，寿命比氢灯长。

近年来，具有高强度和高单色性的激光已被开发用做紫外光源。已商品化的激光光源有氩离子激光器和可调谐染料激光器。

1.2.1.2 单色器

单色器的作用是把光源发出的连续光谱分解成单色光，并能准确方便地“取出”所需要的某一波长的光，它是分光光度计的心脏部分。单色器主要由狭缝、色散元件和透镜系统组成。其中色散元件是关键部件，色散元件是棱镜和反射光栅或两者的组合，它能将连续光谱色散成为单色光。狭缝和透镜系统主要是用来控制光的方向，调节光的强度和“取出”所需要的单色光，狭缝对单色器的分辨率起重要作用，它对单色光的纯度在一定范围内起着调节作用。

(1) 棱镜单色器　棱镜单色器是利用不同波长的光在棱镜内折射率不同将复合光色散为单色光的。棱镜色散作用的大小与棱镜制作材料及几何形状有关。常用的棱镜用玻璃或石英制成。可见分光光度计可以采用玻璃棱镜，但玻璃吸收紫外线，所以不适用于紫外光区。紫外-可见分光光度计采用石英棱镜，它适用于紫外、可见整个光谱区。

(2) 光栅单色器　光栅的色散原理是以光的衍射现象和干涉现象为基础的。光栅作为色散元件具有不少独特的优点，例如它的分辨率比棱镜单色器分辨率高（可达±0.2nm），工作波长范围也比棱镜单色器宽等。因此目前生产的紫外-可见分光光度计大多采用光栅作为色散元件。近年来，光栅的刻制复制技术不断地在改进，其质量也在不断提高，因而其应用日益广泛。

需要提出的是：无论何种单色器，出射光光束常混有少量与仪器所指示波长非常不同的光波，即“杂散光”。杂散光会影响吸光度的正确测量，其产生主要原因是光学部件和单色器的外内壁的反射和大气或光学部件表面上尘埃的散射等。为了减少杂散光，单色器用涂以黑色的罩壳封起来，通常不允许任意打开罩壳。

1.2.1.3　吸收池

吸收池又称比色皿，是用于盛放待测液和决定透光液层厚度的器件。吸收池一般为长方体（也有圆鼓形或其他形状，但长方体最普遍），其底及有两面为毛玻璃，另两面为光学透光面。根据光学透光面的材质，吸收池有玻璃吸收池和石英吸收池两种。玻璃吸收池用于可见光光区测定。若在紫外光区测定，则必须使用石英吸收池。紫外-可见分光光度计常用的吸收池规格有：0.5cm、1.0cm、2.0cm、3.0cm、5.0cm等，使用时根据实际需要选择。由于一般商品吸收池的光程（即液层厚度）精度往往不是很高，与其标示值有微小误差，即使是同一个厂出品的同规格的吸收池也不一定完全能够互换使用。所以，仪器出厂前吸收池都要经过检验配套，在使用时不应混淆其配套关系。实际工作中，为了消除误差，在测量前还必须对吸收池进行配套性检验（检验方法见1.2.4.1），使用吸收池时，还应特别注意保护两个光学面，并按以下要求认真操作。

第一，拿取吸收池时，只能用手指接触两侧的毛玻璃，不可接触光学面。

第二，不能将光学面与硬物或脏物接触，只能用擦镜纸或丝绸擦拭光学面。

第三，凡含有腐蚀玻璃的物质（如F^-、$SnCl_2$、H_3PO_4等）溶液，不得长时间盛放在吸收池中。

第四，吸收池使用后应立即用水冲洗干净。有色物污染可以用$3mol \cdot L^{-1}$ HCl和等体积乙醇的混合液浸泡洗涤。生物样品、胶体或其他在吸收池光学面上形成薄膜的物质要用适当的溶剂洗涤。

第五，不得在火焰或电炉上进行加热或烘烤吸收池。

1.2.1.4　检测器

检测器又称接收器，其作用是对透过吸收池的光做出响应，并把它转变成电信号输出，其输出电信号大小与透过光的强度成正比。常用的检测器有光电池、光电管及光电倍增管等，它们都是基于光电效应原理制成的。作为检测器，对光电转换器的要求是：光电转换有恒定的函数关系，响应灵敏度要高、速度要快，噪声低、稳定性高，产生的电信号易于检测放大等。

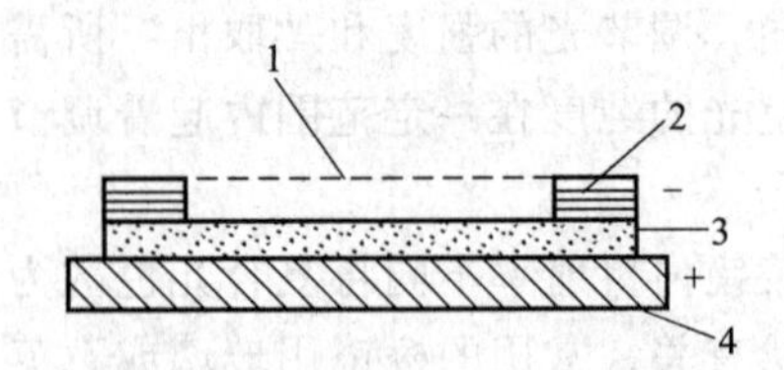

图 1-7 硒光电池结构示意图
1—透明金属膜（金、银或铂）；
2—金属集电环，负极；3—半导体，
硒；4—基体（铁或铝），正极

(1) 光电池 光电池是由三层物质构成的薄片，表层是导电性能良好的可透光金属薄膜，中层是具有光电效应的半导体材料（如硒、硅等），底层是铁片或铝片（见图 1-7）。由于半导体材料的半导体性质，当光照到光电池上时，由半导体材料表面逸出的电子只能单向流动，使金属膜表面带负电，底层铁片带正电，线路接通就有光电流产生。光电流大小与光电池受到光照的强度成正比。

光电池根据半导体材料来命名，常用的光电池是硒光电池和硅光电池。不同的半导体材料制成的光电池，对光的响应波长范围和最灵敏峰波长各不相同。硒光电池对光响应的波长范围一般为 250～750nm，灵敏区为 500～600nm，而最高灵敏峰约在 530nm。

光电池由于内阻小，不能用一般的直流放大器放大，因而不适于较微弱光的测量。光电池受光照持续时间太久或受强光照射会产生“疲劳”现象，失去正常的响应，因此一般不能连续使用 2h 以上。

(2) 光电管 光电管在紫外-可见分光光度计中应用广泛。光电管一般可分为蓝敏和红敏两种，前者可用波长范围为 210～625nm；后者可用波长范围为 625～1000nm。与光电池比较，它具有灵敏度高、光敏范围广和不易疲劳等优点。

(3) 光电倍增管 光电倍增管是检测弱光最常用的光电元件，它不仅响应速度快，能检测 10^{-8}～10^{-9}s 的脉冲光，而且灵敏度高，比一般光电管高 200 倍。目前紫外-可见分光光度计广泛使用光电倍增管作检测器。

1.2.1.5 信号显示器

由检测器产生的电信号经放大等处理后，以一定方式显示出来，以便于计算和记录。信号显示器有多种，随着电子技术的发展，这些信号显示和记录系统将越来越先进。

(1) 以检流计或微安表为指示仪表 这类指示仪表的表头标尺刻度值分上下两部分，上半部分是百分透射比 τ（原称透光度 T，目前部分仪器上还使用“T”表示透射比），均匀刻度；下半部分是与透射比相应的吸光度 A。由于 A 与 τ 是对数关系，所以 A 刻度不均匀，这种指示仪表的信号只能直读，不便自动记录，近年生产的紫外-可见分光光度计已不再使用这类指示仪表了。

(2) 数字显示和自动记录型装置 用光电管或光电倍增管作检测器，产生的光电流经放大后由数码管直接显示出透射比或吸光度。这种数据显示装置方便、准确，避免了人为读数错误，而且还可以连接数据处理装置，能自动绘制工作曲线，计算分析结果并打印报告，实现分析自动化。

1.2.2 紫外-可见分光光度计的类型

紫外-可见分光光度计按使用波长范围可分为：可见分光光度计和紫外-可见分光光度计两类。前者的使用波长范围是 400～780nm；后者的使用波长范围为 200～1000nm。可见分光光度计只能用于测量有色溶液的吸光度，而紫外-可见分光光度计可测量在紫外、可见及近红外有吸收的物质的吸光度。

紫外-可见分光光度计按光路可分为单光束式及双光束式两类；按测量时提供的波长数又可分为单波长分光光度计和双波长分光光度计两类。

1.2.2.1 单光束分光光度计

所谓单光束是指从光源中发出的光，经过单色器等一系列光学元件及吸收池后，最后照在检测器上时始终为一束光。其工作原理见图 1-8。常用的单光束紫外-可见分光光度计有：7504 型、751G 型、752 型、754 型、756MC 型等。常用的单光束可见分光光度计有 721 型、722 型、723 型、724 型、7230 型等。

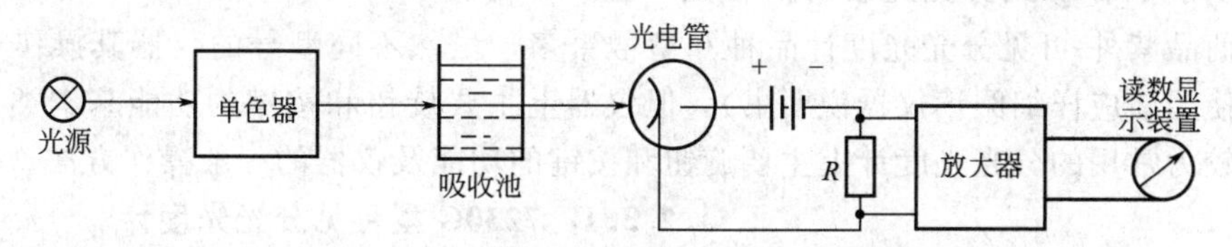

图 1-8 单光束分光光度计原理示意图

单光束分光光度计的特点是结构简单、价格低，主要适用于定量分析。其不足之处是测定结果受光源强度波动的影响较大，因而给定量分析结果带来较大误差。

1.2.2.2 双光束分光光度计

双光束分光光度计工作原理如图 1-9 所示。从光源中发出的光经过单色器后被一个旋转的扇形反射镜（即切光器）分为强度相等的两束光，分别通过参比溶液和样品溶液。利用另一个与前一个切光器同步的切光器，使两束光在不同时间交替地照在同一个检测器上，通过一个同步信号发生器对来自两个光束的信号加以比较，并将两信号的比值经对数变换后转换为相应的吸光度值。常用的双光束紫外-可见分光光度计有 710 型、730 型、760MC 型、760CRT 型、UV-2100 型日本岛津 UV-210 型等。这类仪器的特点是：能连续改变波长，自动地比较样品及参比溶液的透光强度，自动消除光源强度变化所引起的误差。对于必须在较宽的波长范围内获得复杂的吸收光谱曲线的分析，此类仪器极为合适。

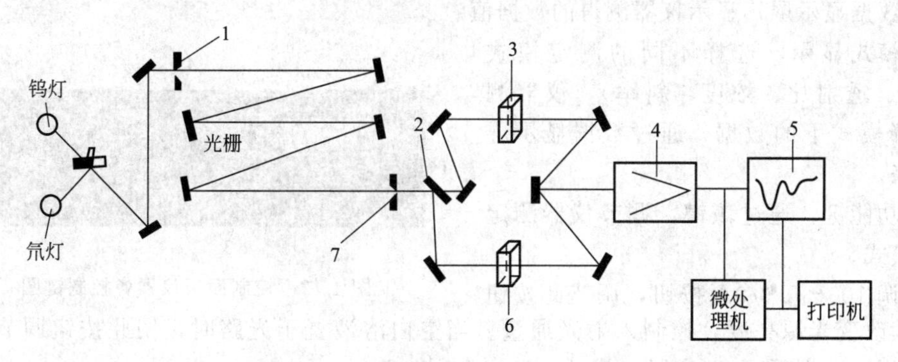

图 1-9 双光束紫外-可见分光光度计

1—进口狭缝；2—切光器；3—参比池；4—检测器；5—记录仪；6—试样池；7—出口狭缝

1.2.2.3 双波长分光光度计

双波长分光光度计与单波长分光光度计的主要区别在于采用双单色器，以同时得到两束波长不同的单色光，其工作原理如图 1-10 所示。

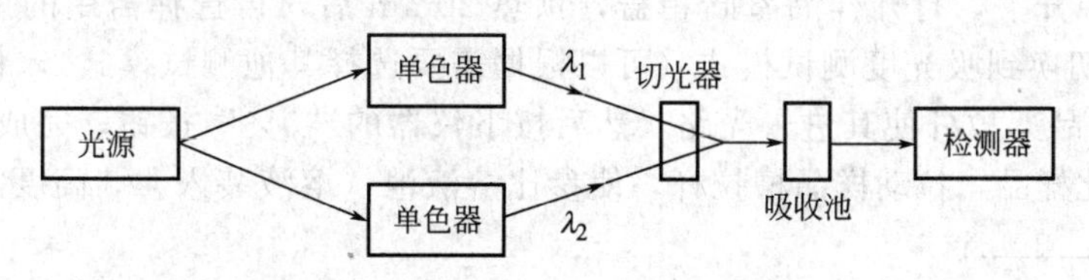

图 1-10 双波长分光光度计示意图

常用的双波长分光光度计有国产 WFZ800S，日本岛津 UV-300、UV-365。

双波长分光光度计不仅能测定高浓度试样、多组分试样，并能测定浑浊试样。双波长分光光度计在测定相互干扰的混合试样时，不仅操作简单，而且精确度高。双波长分光光度计不足之处是仪器价格高。

1.2.3 常用紫外-可见分光光度计的使用

目前商品紫外-可见分光光度计品种和型号繁多，虽然不同型号的仪器其操作方法略有不同（在使用前应详细阅读仪器说明书），但仪器上主要旋钮和按键的功能基本类似。下面介绍两种较为常用的分光光度计上主要旋钮和按键的功能及仪器的一般操作方法。

1.2.3.1 7230G 型可见分光光度计

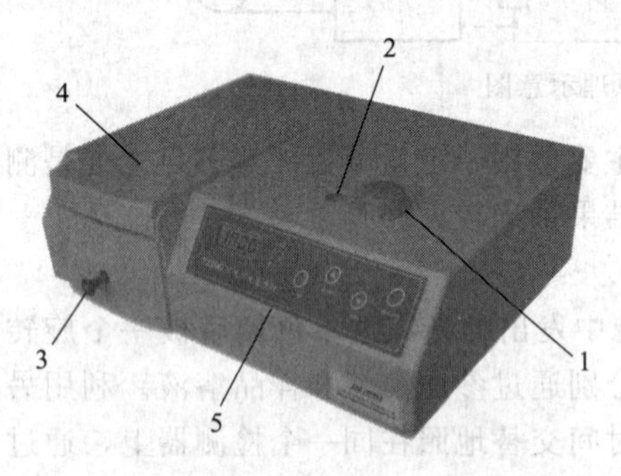

图 1-11 7230G 型可见分光光度计外形图

(1) 仪器面板各控制钮的作用　仪器外形见图 1-11。仪器主要控制器的功能如下。

1—波长调节旋钮（λ），转动波长选择旋钮，读数盘上指示出所选择的单色光波长。

2—波长显示窗。

3—样品槽拉杆，拉动拉杆可以将吸收池依次送入光路。

4—样品室，内放有吸收池架和吸收池，暗箱盖通过机械装置连动光电管前后的光路闸门。

5—控制面板，控制面板上有仪器各控制键。

控制面板上具体按键和功能见图 1-12。

1—电源指示，当仪器电源接通时，该指示灯亮。

2—数据显示屏，显示仪器测得的数据值。

3—模式显示，选择不同的测定模式（吸光度、透射比、浓度、斜率），仪器测定该选择模式下的数据，通过数据显示屏显示出来。

4—功能键，通过该键，调节仪器测定的不同模式。

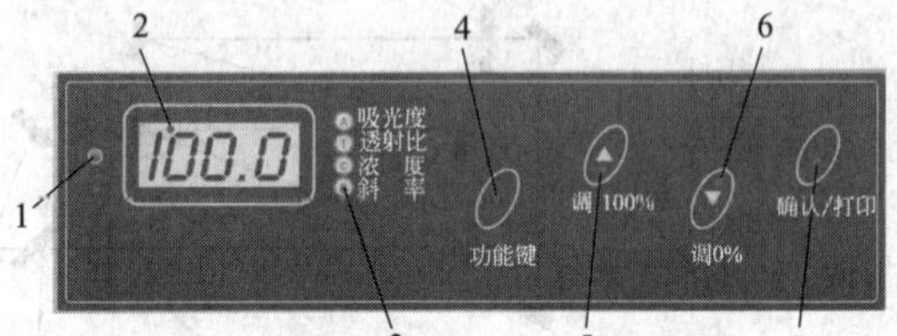

图 1-12 控制面板仪器各控制键图

5—调 100%T[1]/0A 按钮，调节此按钮可以连续改变光源亮度，控制入射光通量。当空白溶液置于光路时，用此按钮调节透射比（或吸光度）数据至 $T=100\%$（或 $A=0$）。

6—调 0%按钮，仪器接通电源后，放入遮光体，用此按钮调 $T=0$。

7—确认/打印按钮，通过仪器进行的任何操作最后必须按下此按钮才能被仪器所执行，如果外接打印机，则通过该按钮可以将仪器测定数据直接打印出来。

(2) 使用方法

① 接通电源开关，打开样品室暗箱盖，预热 20min 后，再选择需用的单色光波长，按动“功能键”，切换到吸光度测试模式（可以根据需要选择其他测试模式），将遮光体放入样品架，并拉动样品架拉杆使其进入光路，然后按下仪器的“0%”按钮，完成仪器调零。

② 放入参比样品，拉动样品槽拉杆，使参比溶液池（溶液装入 4/5 高度，置第一格）置

[1] T 是透射比的旧符号，现已改用 τ，但本教材所介绍的两种型号仪器上还用“T”表示。

光路上，按下“100%”键，此时仪器显示“BL”，延迟几秒便显示“—.000”或“.000”。

③ 放入测试样品，拉动样品槽拉杆，使样品溶液池置于光路上，读取吸光度值。读数后立即打开样品盖。

④ 测量完毕，取出吸收池，洗净后倒置于滤纸上晾干。关闭电源，拔下电源插头，盖上仪器防尘罩，填写仪器使用记录。

⑤ 清洗各玻璃仪器，清理工作台面，将实验室恢复原样。

1.2.3.2 UV-7504C 型紫外-可见分光光度计

(1) 仪器简介　UV-7504C 紫外-可见分光光度计具有卤钨灯和氘灯两种光源，适用于 200～1000nm 波长范围内的测量。它采用低杂光，光栅 CT 式单色器结构，使仪器具有良好的稳定性、重现性和精确的测量精度；采用最新微机处理技术，具有自动设置 $T=0\%$ 和 $T=100\%$ 的控制功能，以及多种浓度运算和数据处理功能；仪器配有相应的工作软件，使仪器具有波长扫描、时间扫描、标准曲线和多种数据处理等功能；仪器配有标准的 RS-232 双向通讯接口和标准并行打印口，可向计算机发送数据并直接打印测试结果。

UV-7504C 紫外-可见分光光度计的外形和键盘分别如图 1-13 和图 1-14 所示。

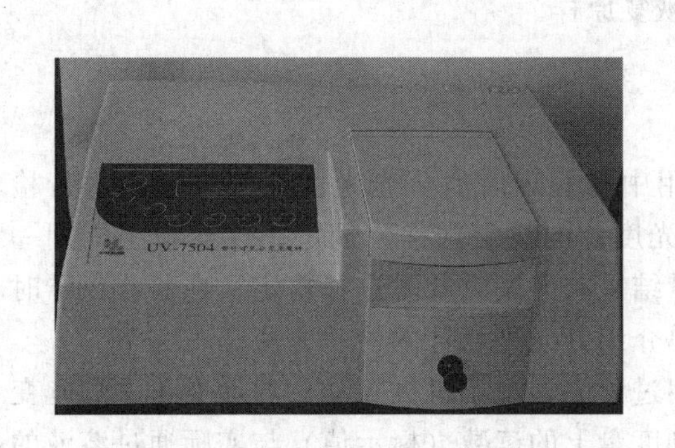

图 1-13　UV-7504C 紫外-可见分光光度计外形图

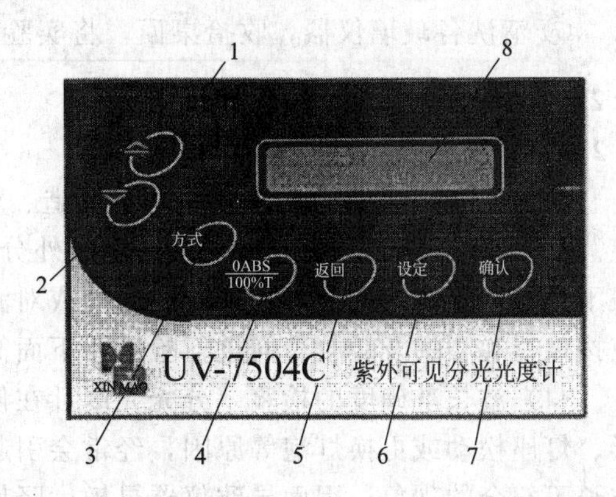

图 1-14　UV-7504C 紫外-可见分光光度计键盘

仪器键盘共有七个键组成，其基本功能介绍如下。

1—“▲”键，此键有四个功能：①在浓度状态下（C）按此键，浓度参数自动增加；②在斜率状态下（F）按此键，斜率参数自动增加；③在 WL=×××.×nm（波长改变）按此键，波长参数自动增加；④在仪器完成自检后，波长停在 546nm 时，按此键可以快速进入预设波长。

2—“▼”键，此键有四个功能：①在浓度状态下（C）按此键，浓度参数自动减少；②在斜率状态下（F）按此键，斜率参数自动减少；③在 WL=×××.×nm（波长改变）按此键，波长参数自动减少；④在仪器完成自检后，波长停在 546nm 时，按此键可以快速进入预设波长。

3—“方式”键，按此键仪器的测试模式在吸光度、浓度、透射比间转换。

4—“$\frac{0\text{ABS}}{100\%\text{T}}$”键，在吸光度状态下，按此键仪器将自动将参比调为“0.000A”；在透射比状态下，按按此键仪器将自动将参比调为“100%T”。

5—“返回”键，当仪器设置等方面出现错误时，按此键可以返回到原始状态。

6—“设定”键，按此键第一次显示自动设置的参数，第二次后参数方式将自动切换。

7—“确认”键，按此键为确认一切参数设置有效，若不按此键，则设置无效。

8—数据显示屏。

（2）使用方法

① 开机：接通电源，开机预热 20min，至仪器自动校正后，显示器显示“546.0nm 0.000A”，仪器自检完毕，即可进行测试。

② 用“方式”键设置测试方式，根据需要选择吸光度（A）、浓度（c）、透射比（T）。

③ 选择分析波长，按设定键屏幕显示“WL=×××.×nm”字样，按“▲”、“▼”调节到所需波长，按确认键确认。稍等，待仪器显示出所需波长，并已经把参比调成 0.000A 时，即可测试。

④ 将参比样品溶液和被测样品溶液放入样品槽中，盖上样品室盖，将参比溶液推入光路，按“0ABS/100%T”键调节 $A=0/T=100\%$。

⑤ 当仪器显示“0.000A”或“100%T”后，将待测样品溶液推入光路，依次测试待测样品的数据，记录。

⑥ 测量完毕，取出吸收池，清洗并晾干后入盒保存。关闭电源，拔下电源插头，盖上仪器防尘罩，填写仪器使用记录。

⑦ 清洗各玻璃仪器，收拾桌面，将实验室恢复原样。

1.2.4 分光光度计的检验与维护保养

1.2.4.1 分光光度计的检验

为保证测试结果的准确可靠，新制造、使用中和修理后的分光光度计都应定期进行检定。JJG 178—2007《紫外、可见、近红外分光光度计的检定规程》规定，仪器检定周期一般不超过一年，在此期间，仪器经修理或对测量结果有怀疑时及时进行检定。在验收仪器时应按仪器说明书及验收合同进行验收。下面简单介绍分光光度计的检验方法。

（1）波长准确度的检验　分光光度计在使用过程中，由于机械振动、温度变化、灯丝变形、灯座松动或更换灯泡等原因，经常会引起刻度盘上的读数（标示值）与实际通过溶液的波长不符合的现象，因而导致仪器灵敏度降低，影响测定结果的精度，需要经常进行检验。

在可见光区检验波长准确度最简便的方法是绘制镨钕滤光片的吸收光谱曲线。镨钕滤光片的吸收峰为 528.7nm 和 807.7nm（见图 1-15）。如果测出的峰的最大吸收波长与仪器上波长标示值相差±3nm 以上，则需要进行波长调节（不同型号的仪器波长读数的调节方法有所不同，应按仪器说明书或请生产厂家进行波长调节）。

在紫外光区检验波长准确度比较实用和简便的方法是：用苯蒸气的吸收光谱曲线来检查。图 1-16 所示是苯蒸气在紫外光区的特征吸收峰，利用这些吸收峰所对应波长来检查仪

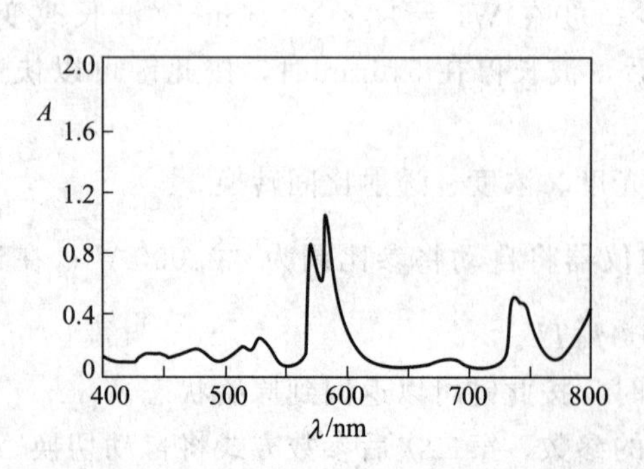

图 1-15　镨钕滤光片吸收光谱曲线

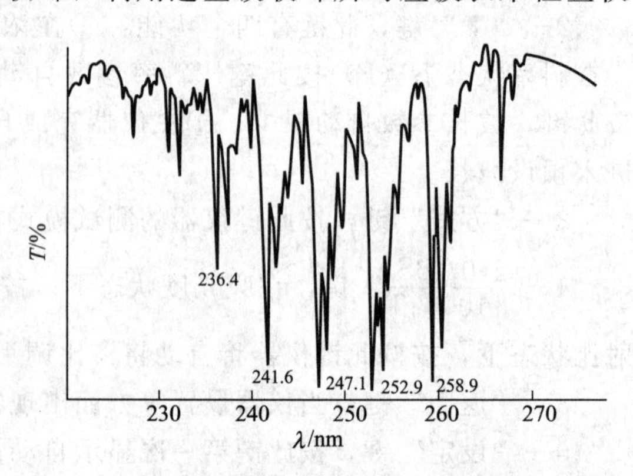

图 1-16　苯蒸气的吸收光谱曲线

器波长准确度非常方便。具体做法是：在吸收池内滴一滴液体苯，盖上吸收池盖，待苯挥发充满整个吸收池后，就可以测绘苯蒸气的吸收光谱。若实测结果与苯的标准光谱曲线不一致表示仪器有波长误差，必须加以调整。

(2) 透射比正确度的检验　透射比的准确度通常是用硫酸铜、硫酸钴铵、重铬酸钾等标准溶液来检查，其中应用最普遍的是重铬酸钾（$K_2Cr_2O_7$）溶液。

透射比正确度检验的具体操作是：质量分数 $w(K_2Cr_2O_7)=0.006000\%$（即 1000g 溶液中含 $K_2Cr_2O_7$ 0.06000g）$K_2Cr_2O_7$ 的 $0.001mol \cdot L^{-1}$ $HClO_4$ 标准溶液。以 $0.001mol \cdot L^{-1}$ $HClO_4$ 为参比，以 1cm 的石英吸收池分别在 235nm、257nm、313nm、350nm 波长处测定透射比，与表 1-2 所列标准溶液的标准值比较，根据仪器级别，其差值应在 0.8%～2.5%之内。

表 1-2　$w(K_2Cr_2O_7)=0.006000\%$ $K_2Cr_2O_7$ 溶液的透射比　　单位：%

温度/℃ \ 波长/nm	235	257	313	350
25	18.2	13.7	51.3	22.9

(3) 稳定度的检验　在光电管不受光的条件下，用零点调节器将仪器调至零点，观察 3min，读取透射比的变化，即为零点稳定度。

在仪器测量波长范围两端向中间靠 10nm 处，例如仪器工作波长范围为 360～800nm，则在 370nm 和 790nm 处，调零点后，盖上样品室盖（打开光门），使光电管受光，调节透射比为 95%（数显仪器调至 100%），观察 3min，读取透射比的变化，即为光电流稳定度。

(4) 吸收池配套性检验　在定量工作中，尤其是在紫外光区测定时，需要对吸收池作校准及配对工作，以消除吸收池的误差，提高测量的准确度。

根据 JJG 178—2007 规定，石英吸收池在 220nm 处装蒸馏水；在 350nm 处装 $w(K_2Cr_2O_7)=0.006000\%$ $K_2Cr_2O_7$ $0.001mol \cdot L^{-1}$ $HClO_4$ 溶液；玻璃吸收池在 600nm 处装蒸馏水；在 400nm 处装 $K_2Cr_2O_7$ 溶液（浓度同上）。以一个吸收池为参比，调节 τ 为 100%，测量其他各吸收池的透射比，透射比的偏差小于 0.5%的吸收池可配成一套。

实际工作中，可以采用下面较为简便的方法进行配套检验：用铅笔在洗净的吸收池毛面外壁编号并标注光路走向。在吸收池中分别装入测定用溶剂，以其中一个为参比，测定其他吸收池的吸光度。若测定的吸光度为零或两个吸收池吸光度相等，即为配对吸收池。若不相等，可以选出吸光度值最小的吸收池为参比，测定其他吸收池的吸光度，求出修正值。测定样品时，将待测溶液装入校正过的吸收池，测量其吸光度，所测得的吸光度减去该吸收池的修正值即为此待测液真正的吸光度。

1.2.4.2　分光光度计的维护保养

分光光度计是精密光学仪器，正确安装、使用和保养对保持仪器良好的性能和保证测试的准确度有重要作用。

(1) 对仪器工作环境的要求　分光光度计应安装在稳固的工作台上（周围不应有强磁场，以防电磁干扰），室内应避免高温，温度宜保持在 5～35℃。室内应干燥，相对湿度宜控制在 45%～65%，不应超过 80%。室内应无腐蚀性气体（如 SO_2、NO_2、NH_3 及酸雾等），应与化学分析操作室隔开，应避免阳光直射。

(2) 仪器保养和维护方法

① 仪器工作电源一般允许电压在 220V±10%，频率 50Hz±1Hz 的单相交流电。为保

持光源灯和检测系统的稳定性，在电源电压波动较大的实验室，最好配备稳压器（有过电压保护），功率不小于500W的实验室内应有地线并保证仪器有良好接地性。

② 为了延长光源使用寿命，在不使用时不要开光源灯。如果光源灯亮度明显减弱或不稳定，应及时更换新灯。更换后要调节好灯丝位置，不要用手直接接触窗口或灯泡，避免油污沾附，若不小心接触过，要用无水乙醇擦拭。

③ 单色器是仪器的核心部分，装在密封盒内，不能拆开，为防止色散元件受潮生霉，必须定期更换单色器盒干燥剂。

④ 必须正确使用吸收池，保护吸收池光学面（详细方法见1.2.1.3）。

⑤ 光电转换元件不能长时间曝光，应避免强光照射或受潮积尘。

⑥ 仪器液晶显示器和键盘日常使用和保存时应注意防划伤、防水、防尘、防腐蚀，并在仪器使用完毕时盖上防尘罩。长期不使用仪器时，要注意环境的温度和湿度。

⑦ 在使用过程中，吸收池中溶液不能装太满，防止溢出；使用结束必须检查样品室是否积存有溢出溶液，经常擦拭样品室，以防废液对部件或光路系统的腐蚀。

⑧ 定期进行性能指标检测，发现问题及时处理。

(3) 常见故障分析和排除方法　仪器常见故障、产生原因及排除方法见表1-3。

表1-3　常见故障和排除方法

故障现象	可能原因	排除方法
1. 开启电源开关，仪器无反应	(1)电源未接通 (2)电源保险丝断 (3)仪器电源开关接触不良	(1)检查供电电源和连接线 (2)更换保险丝 (3)更换仪器电源开关
2. 光源灯不工作	(1)光源灯坏 (2)光源供电器坏	(1)更换新灯 (2)检查电路，看是否有电压输出，请求维修人员维修或更换电路板
3. 显示不稳定	(1)仪器预热时间不够 (2)电噪声太大（暗盒受潮或电器故障） (3)环境振动过大，光源附近气流过大或外界强光照射 (4)电源电压不良 (5)仪器接地不良	(1)延长预热时间 (2)检查干燥剂是否受潮，若受潮更换干燥剂，若还不能解决，要查线路 (3)改善工作环境 (4)检查电源电压 (5)改善接地状态
4. τ调不到0%	(1)光门漏光 (2)放大器坏 (3)暗盒受潮	(1)修理光门 (2)修理放大器 (3)更换暗盒内干燥剂
5. τ调不到100%	(1)卤钨灯不亮 (2)样品室有挡光现象 (3)光路不准 (4)放大器坏	(1)检查灯电源电路（修理） (2)检查样品室 (3)调整光路 (4)修理放大器
6. 测试结果不正常	(1)样品处理错误 (2)吸收池不配对 (3)波长不准 (4)能量不足	(1)重新处理样品 (2)对吸收池进行配对校正，求出校正值，进行校正 (3)用镨钕滤光片调校波长 (4)检查光路或更换光源
7. 建立浓度方程时数值无法输入	(1)电路故障 (2)接插件接触不良	(1)送生产厂修理 (2)检查接插件
8. 打印机出错	操作错误	(1)迅速关机，稍停后重新开机 (2)送生产厂修理
9. 打印机卡纸	(1)装纸不当 (2)打印机损坏	(1)迅速关机，稍停后重新开机 (2)检查或更换打印机

1.2.5 技能训练

训练项目 1.1　7504 型紫外-可见分光光度计的调校

(1) 训练目的

① 掌握分光光度计的波长准确度，零点稳定度，光电流稳定度和吸收池配套性检验方法。

② 掌握正确使用 7504 型紫外-可见分光光度计。

③ 学会根据说明书操作其他型号的分光光度计。

(2) 仪器和工具

7504 型紫外-可见分光光度计（或其他型号分光光度计），镨钕滤光片。

(3) 训练内容与操作步骤

在阅读过仪器使用说明书后进行以下检查和调试。

① 开机检查及预热　检查仪器，连接电源，打开仪器电源开关，开启吸收池样品室盖，取出样品室内遮光物（如干燥剂），预热 20min。

② 仪器波长准确度检查和校正

a. 可见光区波长准确度检查和校正：在吸收池位置插入一块白色硬纸片，将波长调节器，从 720nm 向 420nm 方向慢慢转动，观察出口狭缝射出的光线颜色是否与波长调节器所指示的波长相符（黄色光波长范围较窄，将波长调节在 580nm 处应出现黄光）。若相符，说明该仪器分光系统基本正常。若相差甚远，应调节灯泡位置。

取出白纸片，在吸收池架内垂直放入镨钕滤光片，以空气为参比，盖上样品室盖，将波长调至 500nm，按“$\frac{0\text{ABS}}{100\%\text{T}}$”键仪器自动将参比调为“0.000$A$”，用样品槽拉杆将镨钕滤光片推入光路，读取吸光度值。以后在 500～540nm 波段每隔 2nm 测一次吸光度值。记录各吸光度值和相应的波长盘标示值，查出吸光度最大时相应的波长标示值（$\lambda_{\max}^{标示}$）。当（$\lambda_{\max}^{标示}-529$）$>$3nm 时，则需要调节仪器的波长。反复测 529nm±5nm 处的吸光度值，直至波长盘标示值为 529nm 处相应的吸光度值最大为止，取出滤光片放入盒内。

注意：每改变一次波长，都应重新调空气参比的零点。

b. 紫外光区波长准确度检查和校正：在紫外光区检验波长准确度常用苯蒸气的吸收光谱曲线来检查。

具体做法是：在吸收池滴一滴液体苯，盖上吸收池盖，待苯挥发充满整个吸收池后，就可以测绘苯蒸气的吸收光谱。若实测结果与苯的标准光谱曲线不一致表示仪器有波长误差，必须加以调整。

③ 吸收池的配套性检查　JJG 178—2007 规定，石英吸收池在 220nm 处装蒸馏水；在 350nm 处装 $w(K_2Cr_2O_7)=0.006000\%$。$K_2Cr_2O_7$ 0.001mol·L^{-1} $HClO_4$ 溶液；玻璃吸收池在 600nm 处装蒸馏水；在 400nm 处装质量分数 $w(K_2Cr_2O_7)=0.006000\%$（即 1000g 溶液中含 $K_2Cr_2O_7$ 0.06000g）$K_2Cr_2O_7$ 的 0.001mol·L^{-1} $HClO_4$ 标准溶液。以一个吸收池为参比，调节 τ 为 100%，测量其他各池的透射比，透射比的偏差小于 0.5%的吸收池可配成一套。进行配套检验的简便方法介绍如下。

a. 用波长调节旋钮将波长调至 600nm。

b. 检查吸收池透光面是否有划痕或斑点，吸收池各面是否有裂纹。如有则不应使用。

c. 在选定的吸收池毛面上口附近，用铅笔标上进光方向并编号。用蒸馏水冲洗 2～3 次［必要时可用（1+1）HCl 溶液浸泡 2～3min，再立即用水冲洗净］。

d. 用拇指和食指捏住吸收池两侧毛面，分别在 4 个吸收池内注入蒸馏水到池高 3/4，用滤纸吸干池外壁的水滴（注意，不能擦），再用擦镜纸或丝绸巾轻轻擦拭光面至无痕迹。按池上所标箭头方向（进光方向）垂直放在吸收池架上，并用吸收池夹固定好。

注意：池内溶液不可装得过满以免溅出，腐蚀吸收池架和仪器。装入水后，池内壁不可有气泡。

e. 合上样品室盖，将在参比位置上的吸收池推入光路。调零。

f. 拉动样品槽拉杆，依次将被测溶液推入光路，读取相应的透射比或吸光度。若所测各吸收池透射比偏差小于0.5%，则这些吸收池可配套使用。超出上述偏差的吸收池不能配套使用。

（4）结束工作

检查完毕，关闭电源。取出吸收池，清洗后晾干入盒保存。在样品室内放入干燥剂，盖好样品室盖，罩好仪器防尘罩。

清理工作台，打扫实验室，填写仪器使用记录。

（5）思考题

① 简述波长准确度检查方法。

② 在吸收池配套性检查中，若吸收池架上二、三、四格的吸收池吸光度出现负值，应如何处理？

思考与练习 1.2

（1）分光光度计由哪几个主要部件组成？各部件的作用是什么？

（2）分光光度计对光源有什么要求？常用光源有哪些？它们使用的波长范围各是多少？

（3）吸收池的规格以什么作标志？吸收池按其材质分为哪几种？如何选择使用不同材质的吸收池？

（4）在使用吸收池时，应如何保护吸收池光学面？

（5）什么叫检测器？常用检测器有哪几种？您使用过的分光光度计的检测器属于何种类型？

（6）紫外-可见分光光度计按光路可分为哪几类？它们各有什么特点？7230G型可见分光光度计和7504C型紫外-可见分光光度计属于哪一类分光光度计？

（7）为什么要对分光光度计波长进行校验？如何检验紫外-可见分光光度计上波长标示值的准确度？

（8）如何进行吸收池的配套检验？

（9）如何维护保养好分光光度计？

光度分析装置和仪器的新技术

近年来，为适应科学发展的需要，广大分析科研人员正在为克服光度分析的某些局限，在探索新的显色反应体系，改进分析分离技术，开发数据处理方法，研制新的仪器设备和方法联用等方面进行着不懈的努力，并取得了一定的成效。

激光器是作为分光光度计光源研究的重点。利用激光器的高发射强度产生了光声和热透镜光度分析方法，用其单色性提高光度分析的光谱分辨率和灵敏度，用其易聚焦的特性辐射于毛细管中作为检测光源。在一般光源中，用光发射二极管、卤钨灯或氘灯代替钨灯，不仅光强度增大，使用寿命延长，且使用波长范围扩宽。

目前已研究出各种不同规格大小的吸收池，如体积小至数十微升、长达百米的吸收池，以及可由5μm至10cm的可变池；不同性能的吸收池，如可搅拌反应的，可变温、控温的，可控制压力的（高压或低压），可控气氛的；不同用途的吸收池，如流动分析用、在线分析用、原位分析用、动力学分析用、过程分析用和生物分析用的流动池及远程遥测用（光纤探头）等。

常用的光电倍增管检测器在长波段灵敏度较差，正在研究和应用各种可在全波长同时记录的检测器，如硅光二极管阵列、光敏硅片、电荷耦合器件以及在不同波长处 2 种或 3 种以上检测器的联用。

摘自《21 世纪分析化学》

1.3 可见分光光度法实验技术

1.3.1 样品的制备

紫外及可见吸收光谱分析通常是在溶液中进行，因此固体样品需要转变为溶液。对无机试样，首先考虑能否溶于水，若能溶于水，应首选蒸馏水为溶剂来溶解样品，并配成合适的浓度范围。若样品不能溶于水则考虑用稀酸、浓酸或混合酸处理后配成合适浓度的溶液。用酸不能溶解或溶解不完全的样品采用熔融法。有机样品用有机溶剂溶解或抽提后，配成适合于测定的浓度范围。所用的溶剂应在测定波长下没有明显的吸收，挥发性小，不易燃，无毒性，价格便宜。

1.3.2 显色条件的选择

可见分光光度法是利用测量有色物质对某一单色光吸收程度来进行测定的。而许多物质本身无色或颜色很浅，也就是说它们对可见光不产生吸收或吸收不大，这就必须事先通过适当的化学处理，使该物质转变为能对可见光产生较强吸收的有色化合物，然后再进行光度测定。将待测组分转变成有色化合物的反应称为显色反应；与待测组分形成有色化合物的试剂称为显色剂。在可见分光光度法实验中，选择合适的显色反应，并严格控制反应条件是十分重要的实验技术。

1.3.2.1 显色反应和显色剂

（1）显色反应　显色反应可以是氧化-还原反应，也可以是配位反应，或是兼有上述两种反应，其中配位反应应用最普遍。同一种组分可与多种显色剂反应生成不同有色物质。在分析时，究竟选用何种显色反应较适宜，应考虑以下几个因素。

① 选择性好。一种显色剂最好只与一种被测组分起显色反应，或显色剂与共存组分生成的化合物的吸收峰与被测组分的吸收峰相距比较远，干扰少。

② 灵敏度高。要求反应生成的有色化合物的摩尔吸光系数大。

③ 生成的有色化合物组成恒定，化学性质稳定，测量过程中应保持吸光度基本不变，否则将影响吸光度测定准确度及再现性。

④ 如果显色剂有色，则要求有色化合物与显色剂之间的颜色差别要大，以减小试剂空白值，提高测定的准确度。

⑤ 显色条件要易于控制，以保证其有较好的再现性。

（2）显色剂　常用的显色剂可分为无机显色剂和有机显色剂两大类。

① 无机显色剂　许多无机试剂能与金属离子发生显色反应，但由于灵敏度和选择性都不高，具有实际应用价值的品种很有限。表 1-4 列出了几种常用的无机显色剂，以供参考。

② 有机显色剂　有机显色剂与金属离子形成的配合物稳定性、灵敏度和选择性都比较高，而且有机显色剂的种类较多，实际应用广。表 1-5 列出了几种常用的有机显色剂，以供参考。

表 1-4　几种常用的无机显色剂

显色剂	测定元素	反应介质	有色化合物组成	颜色	λ_{max}/nm
硫氰酸盐	铁	0.1～0.8mol·L^{-1} HNO_3	$Fe(SCN)_5^{2-}$	红	480
	钼	1.5～2mol·L^{-1} H_2SO_4	$Mo(SCN)_6^-$ 或 $MoO(SCN)_5^{2-}$	橙	460
	钨	1.5～2mol·L^{-1} H_2SO_4	$W(SCN)_6^-$ 或 $WO(SCN)_5^{2-}$	黄	405
	铌	3～4mol·L^{-1} HCl	$NbO(SCN)_4^-$	黄	420
	铼	6mol·L^{-1} HCl	$ReO(SCN)_4^-$	黄	420
钼酸铵	硅	0.15～0.3mol·L^{-1} H_2SO_4	硅钼蓝	蓝	670～820
	磷	0.15mol·L^{-1} H_2SO_4	磷钼蓝	蓝	670～820
	钨	4～6mol·L^{-1} HCl	磷钨蓝	蓝	660
	硅	稀酸性	硅钼杂多酸	黄	420
	磷	稀 HNO_3	磷钼钒杂多酸	黄	430
	钒	酸性	磷钼钒杂多酸	黄	420
氨水	铜	浓氨水	$Cu(NH_3)_4^{2+}$	蓝	620
	钴	浓氨水	$Co(NH_3)_6^{2+}$	红	500
	镍	浓氨水	$Ni(NH_3)_6^{2+}$	紫	580
过氧化氢	钛	1～2mol·L^{-1} H_2SO_4	$TiO(H_2O_2)^{2+}$	黄	420
	钒	6.5～3mol·L^{-1} H_2SO_4	$VO(H_2O_2)^{3+}$	红橙	400～450
	铌	18mol·L^{-1} H_2SO_4	$Nb_2O_3(SO_4)_2(H_2O_2)$	黄	365

表 1-5　几种常用的有机显色剂

显　色　剂	测定元素	反应介质	λ_{max}/nm	ε/(L·mol^{-1}·cm^{-1})
磺基水杨酸	Fe^{2+}	pH 2～3	520	1.6×10^3
邻菲罗啉	Fe^{2+} Cu^{2+}	pH 3～9	510 435	1.1×10^4 7×10^3
丁二酮肟	Ni(Ⅳ)	氧化剂存在、碱性	470	1.3×10^4
1-亚硝基-2-苯酚	Co^{2+}		415	2.9×10^4
钴试剂	Co^{2+}		570	1.13×10^5
双硫腙	Cu^{2+}、Pb^{2+}、Zn^{2+}、Cd^{2+}、Hg^{2+}	不同酸度	490～550 (Pb 520)	4.5×10^4～3×10^4 (Pb 6.8×10^4)
偶氮砷(Ⅲ)	Th(Ⅳ)、Zr(Ⅳ)、La^{3+}、Ce^{4+}、Ca^{2+}、Pb^{2+}等	强酸至弱酸	665～675 (Th 665)	1×10^4～1.3×10^5 (Th 1.3×10^5)
RAR(吡啶偶氮间苯二酚)	Co、Pd、Nb、Ta、Th、In、Mn	不同酸度	(Nb 550)	(Nb 3.6×10^4)
二甲酚橙	Zr(Ⅳ)、Hf(Ⅳ)、Nb(Ⅴ)、UO_2^{2+}、Bi^{3+}、Pb^{2+}等	不同酸度	530～580 (Hf 530)	1.6×10^4～5.5×10^4 (Hf 4.7×10^4)
铬天青 S	Al	pH 5～5.8	530	$5.9\sim10^4$
结晶紫	Ca	7mol·L^{-1} HCl、$CHCl_3$-丙酮萃取		5.4×10^4
罗丹明 B	Ca Tl	6mol·L^{-1} HCl、苯萃取 1mol·L^{-1} HBr、异丙醚萃取		6×10^4 1×10^5
孔雀绿	Ca	6mol·L^{-1} HCl、C_6H_5Cl-CCl_4萃取		9.9×10^4
亮绿	Tl B	0.01～0.1mol·L^{-1} HBr-乙酸乙酯萃取 pH 3.5 苯萃取		7×10^4 5.2×10^4

随着科学技术的发展，还在不断地合成出各种新的高灵敏度、高选择性的显色剂。显色剂的种类、性能及其应用可查阅分析化学手册。

*(3) 三元配合物显色体系　前面所介绍的都是一种金属离子（中心离子）与一种配位体配位的显色反应，这种反应生成的配合物是二元配合物。近年来以形成三元配合物（或三元以上的多元配合物）为基础的分光光度法受到关注。所谓三元配合物是指由三种不同组分所形成的配合物。在三种不同的组分中至少有一种组分是金属离子，另外两种是配位体；或者至少有一种配位体，另外两种是不同的金属离子，前者称为单核三元配合物，后者称为双核三元配合物。例如：Al-CAS-CTMAC（铝-铬天青 S-氯化十六烷基三甲铵）就是单核三元配合物，而 [$FeSnCl_5$] 是双核三元配合物。

由于利用三元配合物显色体系可以提高测定的灵敏度，改善分析特性，因此已得到广泛应用，有些成熟的方法也已被纳入新修订的国家标准中。

1.3.2.2　显色条件的选择

显色反应是否满足分光光度法要求，除了与显色剂性质有关以外，控制好显色条件是十分重要的。显色条件主要包括显色剂用量、显色反应的酸度、显色温度和显色时间等。

(1) 显色剂用量　设 M 为被测物质，R 为显色剂，MR 为反应生成的有色配合物，则此显色反应可以用下式表示：

$$M+R \rightleftharpoons MR$$

从反应平衡角度上看，加入过量的显色剂显然有利于 MR 的生成，但过量太多也会带来副作用，例如增加了试剂空白或改变了配合物的组成等，因此显色剂一般应适当过量。在实际显色过程中显色剂用量具体是多少需要经实验来确定，即通过做 A-c_R 曲线，来获得显色剂的适宜用量。其方法是：固定被测组分浓度和其他条件，然后加入不同量的显色剂，分别测定吸光度 A 值，绘制吸光度 (A)-显色剂浓度 (c_R) 曲线（一般可得如图 1-17 所示的三种曲线）。若得到是图 1-17(a) 的曲线，则表明显色剂浓度在 a-b 范围内吸光度出现稳定值，因此可以在 a-b 间选择合适的显色剂用量。这类显色反应生成的配合物稳定，对显色剂浓度控制不太严格。若出现的是图 1-17(b) 的曲线，则表明显色剂浓度在 a-b 这一段范围内吸光度值比较稳定，因此在显色时要严格控制显色剂用量。而图 1-17(c) 曲线表明，随着显色剂浓度增大，吸光度不断增大，这种情况下必须十分严格控制显色剂加入量或者另换合适的显色剂。

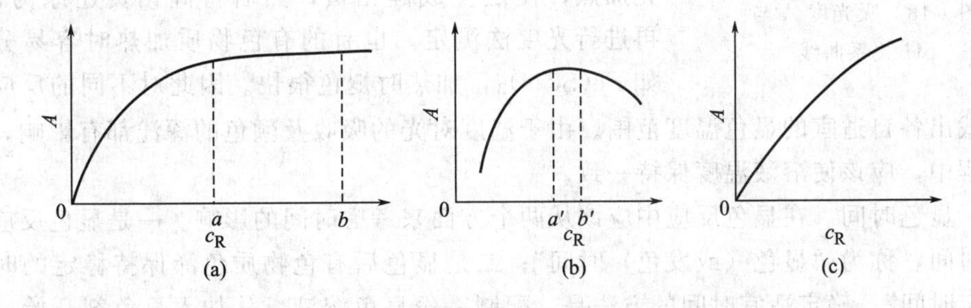

图 1-17　吸光度与显色剂浓度的关系曲线

(2) 溶液酸度　酸度是显色反应的重要条件，它对显色反应的影响主要有下面几方面。

① 当酸度不同时，同种金属离子与同种显色剂反应，可以生成不同配位数的不同颜色的配合物。例如 Fe^{3+} 可与水杨酸在不同 pH 条件下，生成配位比不同的配合物。

pH<4	$Fe(C_7H_4O_3)^+$	紫红色(1∶1)
pH≈4～7	$Fe(C_7H_4O_3)_2^-$	橙红色(1∶2)
pH≈8～10	$Fe(C_7H_4O_3)_3^{3-}$	黄色(1∶3)

可见只有控制溶液的pH在一定范围内，才能获得组成恒定的有色配合物，得到正确测定结果。

② 溶液酸度过高会降低配合物的稳定性，特别是对弱酸型有机显色剂和金属离子形成的配合物的影响较大。当溶液酸度增大时显色剂的有效浓度要减少，显色能力被减弱。有色物的稳定性也随之降低。因此显色时，必须将酸度控制在某一适当范围内。

③ 溶液酸度变化，显色剂的颜色可能发生变化。例如PAR（吡啶偶氮间苯二酚）是一种二元酸（表示为H_2R），它所呈现的颜色与pH的关系如下。

pH 2.1～4.2	黄色（H_2R）
pH 4～7	橙色（HR^-）
pH>10	红色（R^{2-}）

PAR可作多种离子的显色剂，生成的配合物的颜色都是红色，因而这种显色剂不能在碱性溶液中使用。否则，因显色剂本身的颜色与有色配合物颜色相同或相近，将无法进行分析。

④ 溶液酸度过低可能引起被测金属离子水解，因而破坏了有色配合物，使溶液颜色发生变化，甚至无法测定。

综上所述，酸度对显色反应的影响是很大的而且是多方面的。显色反应适宜的酸度必须通过实验来确定。其方法是：固定待测组分及显色剂浓度，改变溶液pH，制得数个显色液。在相同测定条件下分别测定其吸光度，做出A～pH关系曲线，如图1-18所示。选择曲线平坦部分对应的pH作为应该控制的pH范围。

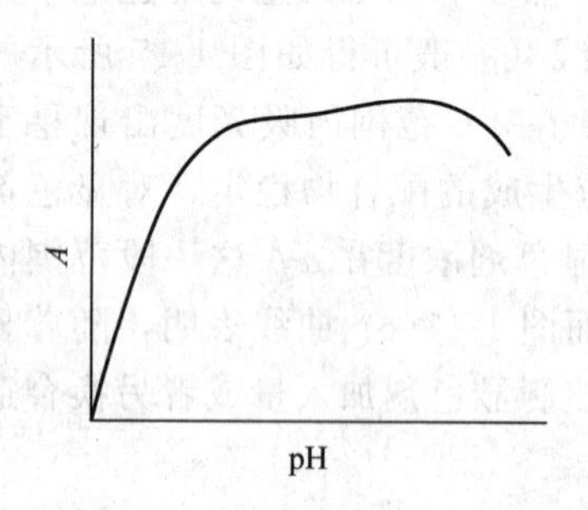

图1-18　吸光度A与pH关系曲线

(3) 显色温度　不同的显色反应对温度的要求不同。大多数显色反应是在常温下进行的，但有些反应必须在较高温度下才能进行或进行得比较快。例如Fe^{3+}和邻二氮菲的显色反应常温下就可完成，而硅钼蓝法测微量硅时，应先加热，使之生成硅钼黄，然后将硅钼黄还原为硅钼蓝，再进行光度法测定。也有的有色物质加热时容易分解，例如$Fe(SCN)_3$，加热时褪色很快。因此对不同的反应，应通过实验找出各自适宜的显色温度范围。由于温度对光的吸收及颜色的深浅都有影响，因此在分析过程中，应该使溶液温度保持一致。

(4) 显色时间　在显色反应中应该从两个方面来考虑时间的影响。一是显色反应完成所需要的时间，称为“显色（或发色）时间”；二是显色后有色物质色泽保持稳定的时间，称为“稳定时间”。确定适宜时间的方法是：配制一份显色溶液，从加入显色剂开始，每隔一定时间测吸光度一次，绘制吸光度-时间关系曲线。曲线平坦部分对应的时间就是测定吸光度的最适宜时间。

(5) 溶剂的选择　有机溶剂常常可以降低有色物质的离解度，增加有色物质的稳定性，加大有色化合物的溶解度，从而提高了测定的灵敏度。例如$Fe(SCN)^{2+}$在水中的$K_{稳}$为200，而在90%乙醇中为5×10^4。可见$Fe(SCN)^{2+}$的稳定性大大提高，颜色也明显加深。

因此，利用有色化合物在有机溶剂中稳定性好、溶解度大的特点，可以选择合适的有机溶剂，采用萃取光度法来提高方法灵敏度和选择性。

1.3.3 测量条件的选择

在测量吸光物质的吸光度时，测量准确度往往受多方面因素影响。如仪器波长准确度、吸收池性能、参比溶液、入射光波长、测量的吸光度范围、测量组分的浓度范围等都会对分析结果的准确度产生影响，必须加以控制。

1.3.3.1 测定波长的选择

当用分光光度计测定被测溶液的吸光度时，首先需要选择合适的入射光波长。入射光波长一般根据被测组分的吸收曲线来选择，多数以最大吸收波长 λ_{max} 作为测定波长，这样灵敏度高，同时吸光度随波长的变化较小，可得到较好的测量精度。但最大吸收峰附近若有干扰存在（如共存离子或所使用试剂有吸收），则在保证有一定灵敏度情况下，可以选择吸收曲线中其他波长进行测定（应选曲线较平坦处对应的波长），以消除干扰。

1.3.3.2 参比溶液的选择

测定吸光度时，由于入射光的反射，以及溶剂、试剂等对光的吸收会造成透射光通量的减弱。为了使光通量的减弱仅与溶液中待测物质的浓度有关，需要选择合适组分的溶液作参比溶液，先以它来调节透射比为 100%（$A=0$），然后再测定待测溶液的吸光度。这实际上是以通过参比池的光作为入射光来测定试液的吸光度。这样就可以消除显色溶液中其他有色物质的干扰，抵消吸收池和试剂对入射光的吸收，比较真实地反映了待测物质对光的吸收，因而也就比较真实地反映了待测物质的浓度。参比溶液有如下几种。

（1）溶剂参比　当试样溶液的组成比较简单，共存的其他组分很少且对测定波长的光几乎没有吸收，仅有待测组分与显色剂的反应产物有吸收时，可采用溶剂作参比溶液，这样可以消除溶剂、吸收池等因素的影响。

（2）试剂参比　如果显色剂或其他试剂在测定波长有吸收，此时应采用试剂参比溶液。即按显色反应相同条件，只不加入试样，同样加入试剂和溶剂作为参比溶液。这种参比溶液可消除试剂中的组分产生的影响。

（3）试液参比　如果试样中其他共存组分有吸收，但不与显色剂反应，则当显色剂在测定波长无吸收时，可用试样溶液作参比溶液，即将试液与显色溶液作相同处理，只是不加显色剂。这种参比溶液可以消除有色离子的影响。

（4）褪色参比　如果显色剂及样品基体有吸收，这时可以在显色液中加入某种褪色剂，选择性地与被测离子配位（或改变其价态），生成稳定无色的配合物，使已显色的产物褪色，用此溶液作参比溶液，称为褪色参比溶液。例如用铬天菁 S 与 Al^{3+} 反应显色后，可以加入 NH_4F 夺取 Al^{3+}，形成无色的 AlF_6^-。将此褪色后的溶液作参比可以消除显色剂的颜色及样品中微量共存离子的干扰。褪色参比是一种比较理想的参比溶液，但遗憾的是并非任何显色溶液都能找到适当的褪色方法。

总之，应根据待测组分的性质，选择合适参比溶液，尽可能抵消各种共存有色物质的干扰，使试液的吸光度真正反映待测物的浓度。

1.3.3.3 吸光度测量范围的选择

任何类型的分光光度计都有一定的测量误差，但对一个给定的分光光度计来说，透射比读数误差 $\Delta\tau$ 都是一个常数（其值大约在±0.2%～2%）。但透射比读数误差不能代表测定结果误差，测定结果误差常用浓度的相对误差 $\Delta c/c$ 表示。由于透射比 τ 与浓度之间为负对数关系，故同样透射比读数误差 $\Delta\tau$ 在不同透射比处所造成的 $\Delta c/c$ 是不同的。实践证明只有当待测溶液浓度控制在适当范围内，由仪器测量引起的相对误差 $\Delta c/c$ 才比较小，而在 $\tau=0.368$ ($A=0.434$)时，相对误差 $\Delta c/c$ 达到最小。实际工作中，一般将吸光度控制在 0.2～0.8 范围。为了使测量的吸光度在适宜的范围内，可以通过调节被测溶液的浓度（如改变取样量，改变显色后溶液总体积等）、使用厚度不同的吸收池等方法来达到目的。

1.3.4 共存离子的干扰和消除方法

（1）干扰离子的影响　分光光度法中共存离子的干扰主要有以下几种情况。

① 共存离子本身具有颜色。如 Fe^{3+}、Ni^{2+}、Co^{2+}、Cu^{2+}、Cr^{3+} 等的存在影响被测离子的测定。

② 共存离子与显色剂或被测组分反应，生成更稳定的配合物或发生氧化还原反应，使显色剂或被测组分的浓度降低，妨碍显色反应的完成，导致测量结果偏低。

③ 共存离子与显色剂反应生成有色化合物或沉淀，导致测量结果偏高。若共存离子与显色剂反应后生成无色化合物，由于消耗了大量的显色剂，致使显色剂与被测离子的显色反应不完全。

（2）干扰的消除方法　干扰离子的存在给分析工作带来影响。为了获得准确的结果，需要采取适当的措施来消除这些影响。消除共存离子干扰的方法很多，这里仅介绍几种常用方法，以便在实际工作中选择使用。

① 控制溶液的酸度　这是消除共存离子干扰的一种简便而重要的方法。控制酸度使待测离子显色，而干扰离子不生成有色化合物。例如以磺基水杨酸测定 Fe^{3+} 时，若 Cu^{2+} 共存，此时 Cu^{2+} 也能与磺基水杨酸形成黄色配合物而干扰测定。若溶液酸度控制在 pH＝2.5，此时铁能与磺基水杨酸形成配合物，而铜就不能，这样就可以消除 Cu^{2+} 的干扰。

② 加入掩蔽剂掩蔽干扰离子　采用掩蔽剂来消除干扰的方法是一种有效而常用的方法。该方法要求加入的掩蔽剂不与被测离子反应，掩蔽剂和掩蔽产物的颜色必须不干扰测定。表 1-6 列出分光光度法中常用的掩蔽剂，以便在实际工作中参考使用。

表 1-6　可见分光光度法部分常用的掩蔽剂

掩蔽剂	pH	被掩蔽的离子
KCN	pH>8	Cu^{2+}、Co^{2+}、Ni^{2+}、Zn^{2+}、Hg^{2+}、Ca^{2+}、Ag^{+}、Ti^{4+} 及铂族元素
	pH＝6	Cu^{2+}、Co^{2+}、Ni^{2+}
NH_4F	pH 为 4～6	Al^{3+}、Ti^{4+}、Sn^{4+}、Zr^{4+}、Nb^{5+}、Ta^{5+}、W^{6+}、Be^{2+} 等
酒石酸	pH＝5.5	Fe^{3+}、Al^{3+}、Sn^{4+}、Sb^{3+}、Ca^{2+}
	pH 为 5～6	UO_2^{2+}
	pH 为 6～7.5	Mg^{2+}、Ca^{2+}、Fe^{3+}、Al^{3+}、Mo^{4+}、Nb^{5+}、Sb^{3+}、W^{6+}、UO_2^{2+}
	pH＝10	Al^{3+}、Sn^{4+}
草酸	pH＝2	Sn^{4+}、Cu^{2+} 及稀土元素
	pH＝5.5	Zr^{4+}、Th^{4+}、Fe^{3+}、Fe^{2+}、Al^{3+}
柠檬酸	pH 为 5～6	UO_2^{2+}、Th^{4+}、Sr^{2+}、Zr^{4+}、Sb^{3+}、Ti^{4+}
	pH＝7	Nb^{5+}、Ta^{5+}、Mo^{4+}、W^{6+}、Ba^{2+}、Fe^{3+}、Cr^{3+}
抗坏血酸（维生素 C）	pH 为 1～2	Fe^{3+}
	pH＝2.5	Cu^{2+}、Hg^{2+}、Fe^{3+}
	pH 为 5～6	Cu^{2+}、Hg^{2+}

③ 改变干扰离子的价态以消除干扰　利用氧化还原反应改变干扰离子价态，使干扰离子不与显色剂反应，以达到目的。例如用铬天青S显色 Al^{3+} 时，若加入抗坏血酸或盐酸羟胺便可以使 Fe^{3+} 还原为 Fe^{2+}，从而消除了干扰。

④ 选择适当的入射光波长消除干扰　例如用4-氨基安替吡啉显色测定废水中挥发酚时，氧化剂铁氰化钾和显色剂都呈黄色，干扰测定，但若选择用520nm单色光为入射光，则可以消除干扰，获得满意结果。因为黄色溶液在420nm左右有强吸收，但500nm后则无吸收。

⑤ 选择合适的参比溶液　选择合适的参比溶液也可以消除显色剂和某些有色共存离子干扰。

⑥ 分离干扰离子　当没有适当掩蔽剂或无合适方法消除干扰时，应采用适当的分离方法（如电解法、沉淀法、溶剂萃取及离子交换法等），将被测组分与干扰离子分离，然后再进行测定。其中萃取分离法使用较多，可以直接在有机相中显色。

如果上述方法都不能使用，可以考虑利用双波长法、导数光谱法等新技术来消除干扰（这部分内容可以参阅有关资料和专著）。

1.3.5　定量方法

紫外-可见分光光度法的最广泛和最重要的用途是作微量成分的定量分析，它在工业生产和科学研究中都占有十分重要的地位。进行定量分析时，由于样品的组成情况及分析要求的不同，因此定量方法也有所不同。

1.3.5.1　单组分样品的分析

如果样品中的吸光组分是单组分，并且遵守光的吸收定律，这时只要测出被测吸光物质的最大吸收波长（λ_{max}），就可在此波长下，选用适当的参比溶液，测量试液的吸光度，然后再用工作曲线法或比较法求得分析结果。

（1）工作曲线法　工作曲线法又称标准曲线法，它是实际工作中使用最多的一种定量方法。工作曲线的绘制方法是：配制4个以上浓度不同的待测组分的标准溶液，以空白溶液为参比溶液，在选定的波长下，分别测定各标准溶液的吸光度。以标准溶液浓度为横坐标，吸光度为纵坐标，在坐标纸上绘制曲线（见图1-19），此曲线即称为工作曲线。实际工作中，为了避免使用时出差错，在所做的工作曲线上还必须标明标准曲线的名称、所用标准溶液（或标样）名称和浓度、坐标分度和单位、测量条件（仪器型号、入射光波长、吸收池厚度、参比液名称）以及制作日期和制作者姓名。

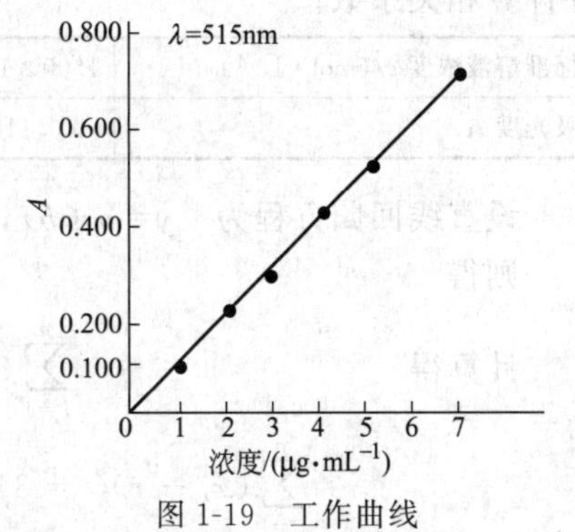

图1-19　工作曲线

在测定样品时，应按相同的方法制备待测试液（为了保证显色条件一致，操作时一般是试样与标样同时显色），在相同测量条件下测量试液的吸光度，然后在工作曲线上查出待测试液浓度。为了保证测定准确度，要求标样与试样溶液的组成保持一致，待测试液的浓度应在工作曲线线性范围内，最好在工作曲线中部。工作曲线应定期校准，如果实验条件变动（如更换标准溶液、所用试剂重新配制、仪器经过修理、更换光源等情况），工作曲线应重新绘制。如果实验条件不变，那么每次测量只要带一个标样，校验一下实验条件是否符合，就可直接用此工作曲线测量试样的含量。工作曲线法适于成批样品的分析，它可以消除一定的随机误差。

由于受到各种因素的影响，实验测出的各点可能不完全在一条直线上，这时“画”直线的方法就显得随意性大些，若采用最小二乘法来确定直线回归方程，将更准确。工作曲线可以用一元线性方程表示，即

$$y=a+bx \tag{1-10}$$

式中，x 为标准溶液的浓度；y 为相应的吸光度；a、b 称回归系数，直线称回归直线。b 为直线斜率，可由下式求出

$$b=\frac{\sum_{i=1}^{n}(x_i-\overline{x})(y_i-\overline{y})}{\sum_{i=1}^{n}(x_i-\overline{x})^2} \tag{1-11}$$

式中，$\overline{x}$、$\overline{y}$ 分别为 x 和 y 的平均值；x_i 为第 i 个点的标准溶液的浓度；y_i 为第 i 个点的吸光度（以下相同）。a 为直线的截距，可由下式求出

$$a=\frac{\sum_{i=1}^{n}y_i-b\cdot\sum_{i=1}^{n}x_i}{n}=\overline{y}-b\overline{x} \tag{1-12}$$

工作曲线线性的好坏可以用回归直线的相关系数来表示，相关系数 r 可用下式求得。

$$r=b\cdot\sqrt{\frac{\sum_{i=1}^{n}(x_i-\overline{x})^2}{\sum_{i=1}^{n}(y_i-\overline{y})^2}} \tag{1-13}$$

相关系数越接近于1，说明工作曲线线性越好。实际工作中对工作曲线相关系数 r 的要求根据被测对象不同而有所不同。

【例 1-2】 用邻二氮菲法测定 Fe^{2+} 得下列实验数据，请确定工作曲线的直线回归方程，并计算相关系数。

标准溶液浓度 $c/(\mathrm{mol\cdot L^{-1}})$	1.00×10^{-5}	2.00×10^{-5}	3.00×10^{-5}	4.00×10^{-5}	6.00×10^{-5}	8.00×10^{-5}
吸光度 A	0.114	0.212	0.335	0.434	0.670	0.868

设直线回归方程为 $y=a+bx$，令 $x=10^5c$

则得

$$\overline{x}=4.00,\ \overline{y}=0.439$$

计算得

$$\sum_{i=1}^{n}(x_i-\overline{x})(y_i-\overline{y})=3.71$$

$$\sum_{i=1}^{n}(x_i-\overline{x})^2=34 \qquad \sum_{i=1}^{n}(y_i-\overline{y})^2=0.405$$

则

$$b=\frac{\sum_{i=1}^{n}(x_i-\overline{x})(y_i-\overline{y})}{\sum_{i=1}^{n}(x_i-\overline{x})^2}=\frac{3.71}{34}=0.109$$

$$a=\overline{y}-b\overline{x}=0.439-4\times0.109=0.003$$

得直线回归方程 $y=0.003+0.109x$

相关系数 $$r=b\cdot\sqrt{\frac{\sum_{i=1}^{n}(x_i-\overline{x})^2}{\sum_{i=1}^{n}(y_i-\overline{y})^2}}=0.109\times\sqrt{\frac{34}{0.405}}=0.999$$

可见实验所做的工作曲线线性符合要求。

由回归方程得 $$A_{试}=0.003+0.109\times10^5c$$

故 $$c_{试}=\frac{A_{试}-0.003}{0.109\times10^5}$$

因而只要在相同条件下，测出试液吸光度 $A_{试}$ 代入上式，即可得到试样浓度 $c_{试}$。

(2) 比较法 这种方法是用一个已知浓度的标准溶液（c_S），在一定条件下，测得其吸光度 A_S，然后在相同条件下测得试液 c_x 的吸光度 A_x；设试液、标准溶液完全符合朗伯-比耳定律，则

$$c_x=\frac{A_x}{A_S}c_S \tag{1-14}$$

使用这方法要求：c_x 与 c_S 浓度应接近，且都符合吸收定律。比较法适于个别样品的测定。

*1.3.5.2 多组分定量测定

多组分是指在被测溶液中含有两个或两个以上的吸光组分。进行多组分混合物定量分析的依据是吸光度的加和性。假设溶液中同时存在两种组分 x 和 y，它们的吸收光谱一般有下面两种情况。

① 吸收光谱曲线不重叠［见图 1-20(a)］或部分重叠［见图 1-20(b)］，或至少可找到在某一波长处 x 有吸收而 y 不吸收，在另一波长处 y 有吸收，x 不吸收，则可分别在波长 λ_1 和 λ_2 处测定组分 x 和 y，而相互不产生干扰。

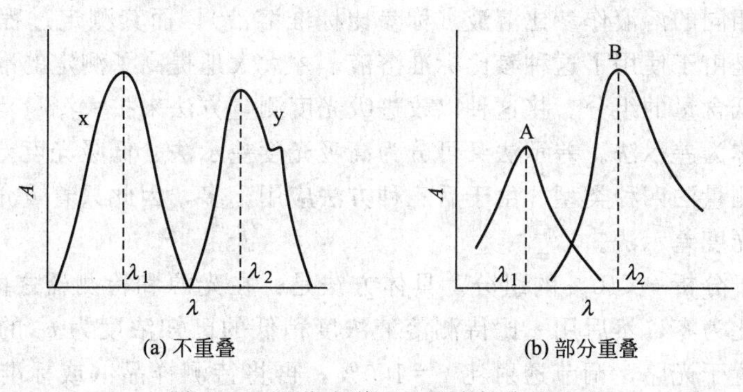

(a) 不重叠 (b) 部分重叠

图 1-20 吸收光谱不重叠或部分重叠

② 吸收光谱曲线重叠（见图 1-21）时，可选定两个波长 λ_1 和 λ_2 并分别在 λ_1 和 λ_2 处测定吸光度 A_1 和 A_2，根据吸光度的加和性，列出如下方程组：

$$\begin{cases}A_1=\varepsilon_{x_1}bc_x+\varepsilon_{y_1}bc_y\\A_2=\varepsilon_{x_2}bc_x+\varepsilon_{y_2}bc_y\end{cases} \tag{1-15}$$

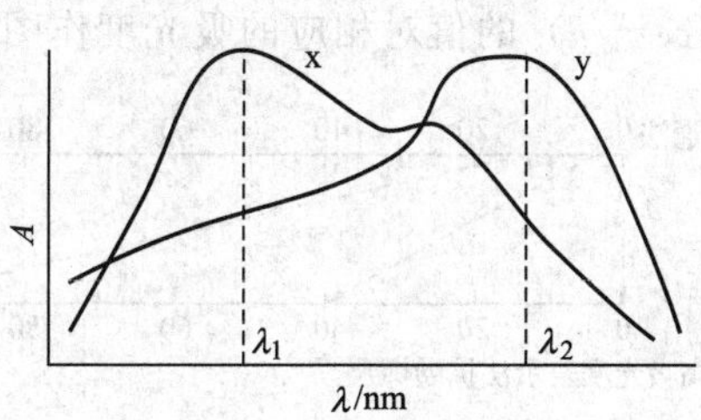

图 1-21 吸收光谱曲线重叠

式中，c_x、c_y 分别为 x 组分和 y 组分的浓度；ε_{x_1}、ε_{y_1} 分别是 x 组分和 y 组分在波长 λ_1 处的摩尔吸光系数；ε_{x_2}、ε_{y_2} 分别是 x 组分和 y 组分在波长 λ_2

处的摩尔吸光系数；ε_{x_1}、ε_{y_1}、ε_{x_2}、ε_{y_2} 可以用 x、y 的标准溶液分别在 λ_1 和 λ_2 处测定吸光度后求得。将 ε_{x_1}、ε_{y_1}、ε_{x_2}、ε_{y_2} 代入方程组，可得两组分的浓度。

用这种方法可用于溶液中两种以上组分的同时测定，但若同时测定三个以上组分，其测定结果误差增大。近年来由于计算机的广泛应用，多组分的各种计算方法得到快速发展，提供了一种快速分析的服务。此外也可利用双波长法对双组分或三组分混合物同时测定（关于双波长法的原理和应用请参阅有关资料和专著）。

【例 1-3】 为测定含 A 和 B 两种有色物质中 A 和 B 的浓度，先以纯 A 物质作工作曲线，求得 A 在 λ_1 和 λ_2 时 $\varepsilon_{A_1}=4800\text{L}\cdot\text{mol}^{-1}\cdot\text{cm}^{-1}$ 和 $\varepsilon_{A_2}=700\text{L}\cdot\text{mol}^{-1}\cdot\text{cm}^{-1}$；再以纯 B 物质做工作曲线，求得 $\varepsilon_{B_1}=800\text{L}\cdot\text{mol}^{-1}\cdot\text{cm}^{-1}$ 和 $\varepsilon_{B_2}=4200\text{L}\cdot\text{mol}^{-1}\cdot\text{cm}^{-1}$。对试液进行测定，得 $A_1=0.580$，$A_2=1.10$。求试液中的 A 和 B 的浓度。在上述测定时均用 1cm 比色皿。

由题意根据式(1-15) 可以列出如下方程组

$$\begin{cases}A_1=\varepsilon_{A_1}bc_A+\varepsilon_{B_1}bc_B\\A_2=\varepsilon_{A_2}bc_A+\varepsilon_{B_2}bc_B\end{cases}$$

代入数据得 $$\begin{cases}0.580=4800c_A+800c_B\\1.10=700c_A+4200c_B\end{cases}$$

解方程组得 $c_A=7.94\times10^{-5}\text{mol}\cdot\text{L}^{-1}$

$c_B=2.48\times10^{-4}\text{mol}\cdot\text{L}^{-1}$

*1.3.5.3 高含量组分的测定

紫外-可见分光光度法一般适用于含量为 $10^{-2}\sim10^{-6}\text{mol}\cdot\text{L}^{-1}$ 浓度范围的测定。过高或过低含量的组分，由于溶液偏离光吸收定律或因仪器本身灵敏度的限制，会使测定产生较大误差，此时若使用差示法就可以解决这问题。

差示法又称差示分光光度法。它与一般分光光度法区别仅仅在于它采用一个已知浓度、成分与待测溶液相同的溶液作参比溶液（称参比标准溶液），而其测定过程与一般分光光度法相同。然而正是由于使用了这种参比标准溶液，才大大地提高了测定的准确度，使其可用于测定过高或过低含量的组分。将这种以改进吸光度测量方法来扩大测量范围并提高灵敏度和准确度的方法称为差示法。差示法又可分为高吸光度差示法、低吸光度差示法、精密差示法和全差示光度测量法四种类型。由于后三种方法应用不多，因此只着重介绍应用于高浓度组分测定的高吸光度差示法。

该方法适用于分析 $\tau<10\%$ 的组分。具体方法是：在光源和检测器之间将光路切断时，调节仪器的透射比为零，然后用一比待测溶液浓度稍低的已知浓度为 c_0 的待测组分标准溶液作参比溶液，置于光路，调节透射比 $\tau=100\%$，再将待测样品（或标准系列溶液）置于光路，读出相应的透射比或吸光度。根据差示吸光度值 $A_{测}$ 和试液与参比标准溶液浓度差值呈线性关系，用比较法或工作曲线法［注意！是用标准溶液浓度 c_S 减参比标准溶液浓度 c_0，即（c_S-c_0）的值对相应的吸光度作图］求得待测溶液浓度与标准参比溶液浓度的差值（设为 c_x'），则待测溶液的浓度：$c_x=c_0+c_x'$

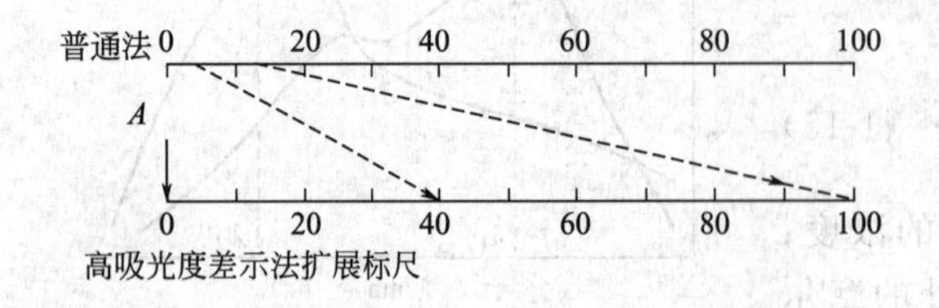

图 1-22 高吸光度差示法标尺扩展示意图

假设以空白溶液作参比，用普通光度法测出浓度为 c_0 的标准溶液 $\tau_0=10\%$，浓度为 c_x 的试液 $\tau=4\%$（如图 1-22 中上部分）。用差示法，以浓度为 c_0 的标准溶液作参比，调节 $\tau_0'=100\%$，这就相当于将仪器的透射比读数标尺扩大了10倍。此时试液的$\tau_x'=40\%$，此读数落入适宜的范围内（如图1-22中下部分），从而提高了测量准确度，使普通光度法无法测量的高浓度溶液得到满意的结果。高吸光度差示法误差可低至0.2%，其准确度可与滴定法或重量法相媲美。

1.3.6 标准溶液的配制

利用紫外-可见分光光度法进行定量分析时，需要用标准物质制备成待测组分的系列标准溶液绘制工作曲线，这些标准溶液配制的准确与否，将直接影响测量结果的准确度。制备这类标准溶液的方法，可查阅GB 602—2002《杂质测定用标准溶液的制备》。配制时应注意以下几点。

① 这类标准溶液对纯水要求比较高，根据GB 602—2002规定配制用水在没有注明其他要求时，应符合国家标准规定的实验室用水中二级水的规格。

② 配制标准溶液所用试剂的纯度应在分析纯以上。

③ 配制标准溶液所用试剂的浓度都比较低，常以$\mu g \cdot mL^{-1}$或$mg \cdot mL^{-1}$表示。稀溶液的保质期较短，如果所需标准溶液的浓度低于$0.1mg \cdot mL^{-1}$，应先配成比使用的浓度高1～3个数量级的浓溶液作为贮备液，临用前再进行稀释。为了保证一定的准确度，稀释倍数高时应采取逐级稀释的做法。

④ 必须注意选用合适的容器保存溶液，防止存放过程中由于容器材料溶解可能对标准溶液造成的污染，有些金属离子标准溶液宜在塑料瓶中保存。

⑤ 微量组分测定用标准溶液在常温下（15～25℃）保存期一般为两个月，当出现沉淀或颜色有变化时，应重新配制，切不可将就使用。

1.3.7 可见分光光度法应用示例

可见分光光度法主要用于微量组分的含量测定，也可用于测定弱酸、弱碱离解常数和配合物的组成及其稳定常数等。用于测定各元素或化合物所需的试剂和测定波长，可在“分析化学”手册中查到；用于测定弱酸、弱碱离解常数和配合物的组成及其稳定常数等的方法可查阅有关资料。这里仅举两个实例加以说明。

1.3.7.1 可见分光光度法测定微量铁

化工产品、食品、饮用水和工业污水等试样中都含有微量铁，可用分光光度法加以测定。测定微量铁的方法有多种，如磺基水杨酸法、硫氰酸盐法和邻二氮菲法等。

(1) 磺基水杨酸法　磺基水杨酸与Fe^{3+}在酸性介质中（pH 2～3）生成红色配合物，其溶液在520nm有最大吸收峰，摩尔吸光系数为$1.6\times10^3 L \cdot mol^{-1} \cdot cm^{-1}$，可用工作曲线法进行测定。

(2) 邻二氮菲法　1,10-邻二氮菲与二价铁离子在pH 2～9的溶液中（通常在pH为5的HAc-NaAc缓冲溶液中）生成橙红色配合物，其溶液在510nm有最大吸收峰，配合物的摩尔吸光系数为$1.1\times10^4 L \cdot mol^{-1} \cdot cm^{-1}$。生成的橙红色配合物在还原剂存在下，颜色可保持几个月不变。此方法选择性高，是目前广泛应用的测微量铁方法。

$$Fe^{2+} + 3\,(\text{phen}) \longrightarrow \left[(\text{phen})_3 Fe\right]^{2+}$$

1.3.7.2 工业废水中挥发酚的测定

在碱性介质中有氧化剂存在下，酚类化合物与4-氨基安替比林作用生成红色的吲哚酚安替比林染料，最大吸收在510～520nm。常用铁氰化钾或过二硫酸钾作氧化剂，用pH＝10的氨性缓冲溶液保持微碱性。

此法测定的是苯酚及含有邻、间位取代基的酚类的总和，芳香胺及还原性物质如S^{2-}等有干扰，应分离后测定。由于工业废水成分复杂，可能有色、浑浊或存在对此法有干扰的物质，所以需要将废水进行预蒸馏，收集馏出液进行显色和分光光度测定。

1.3.8 技能训练

1.3.8.1 训练项目1.2 邻二氮菲测定微量铁

(1) 训练目的

① 学会配制标准溶液。

② 学会用试验方法选择显色条件。

③ 掌握绘制吸收曲线、工作曲线的方法步骤，并能应用工作曲线进行定量。

④ 了解邻二氮菲分光光度法测铁的原理和方法。

(2) 方法原理 可见分光光度法测定无机离子，通常要经两个过程，一是显色过程，二是测量过程。为了使测定结果有较高灵敏度和准确度，必须选择合适的显色条件和测量条件。这些条件主要包括显色剂用量、反应温度、有色溶液稳定性、溶液酸度、入射光波长、参比溶液等。

显色剂用量试验：固定其他条件，测定加入不同量显色剂时显色溶液的吸光度，然后作A-c_R曲线，找出曲线平台部分，选择一合适用量。

选择合适的酸度：可以在不同pH缓冲溶液中，加入等量的被测离子和显色剂，测其吸光度，作A-pH曲线，由曲线上选择合适的pH范围。

入射光波长：应以显色溶液吸收曲线为依据，一般选择被测物质的最大吸收波长的光为入射光，这样不仅灵敏度高，准确度也好。但当有干扰物质存在时，不能选择最大吸收波长，可根据“吸收最大，干扰最小”的原则来选择。

邻二氮菲是测定Fe^{2+}的一种高灵敏度和高选择性试剂，与Fe^{2+}生成稳定的橙色配合物。配合物的$\varepsilon=1.1\times10^4 L \cdot mol^{-1} \cdot cm^{-1}$。pH在2～9（一般维持在pH 5～6）之间。在加入显色剂之前，需用盐酸羟胺先将Fe^{3+}还原为Fe^{2+}。

(3) 仪器与试剂

① 仪器 可见分光光度计（或紫外-可见分光光度计）一台；100mL容量瓶1个；50mL容量瓶10个；10mL移液管1支；10mL吸量管1支；5mL吸量管3支；2mL吸量管1支；1mL吸量管1支。

② 试剂

a. 铁标准溶液（100.0μg·mL^{-1}） 准确称取0.8634g $NH_4Fe(SO_4)_2 \cdot 12H_2O$置于烧杯中，加入10mL硫酸溶液[$c(H_2SO_4)=3mol \cdot L^{-1}$]移入1000mL容量瓶中，用蒸馏水稀释至标线，摇匀。

b. 铁标准溶液（10.00μg·mL^{-1}） 移取100.0μg·mL^{-1}铁标准溶液10.00mL于100mL容量瓶中，并用蒸馏水稀释至标线，摇匀。

c. 盐酸羟胺溶液 100g·L^{-1}（用时配制）。

d. 邻二氮菲溶液 1.5 g·L^{-1}，先用少量乙醇溶解，再用蒸馏水稀释至所需浓度（避光保存，两周内有效）。

e. 醋酸钠溶液 1.0mol·L^{-1}。

f. 氢氧化钠溶液　1.0mol·L^{-1}。

(4) 训练内容与操作步骤

① 准备工作

a. 清洗容量瓶、移液管及需用的玻璃器皿。

b. 配制铁标准溶液和其他辅助试剂。

c. 按仪器使用说明书检查仪器。开机预热 20min，并调试至工作状态。

d. 检查仪器波长的正确性和吸收池的配套性。

② 绘制吸收曲线选择测量波长　取两个 50mL 干净容量瓶；移取 10.00μg·mL^{-1} 铁标准溶液 5.00mL 于其中一个 50mL 容量瓶中，然后在两容量瓶中各加入 1mL 100g·L^{-1} 盐酸羟胺溶液，摇匀。放置 2min 后，各加入 2mL 1.5 g·L^{-1} 邻二氮菲溶液，5mL 醋酸钠（1.0 mol·L^{-1}）溶液，用蒸馏水稀释至标线摇匀。用 2cm 吸收池，以试剂空白为参比，在 440～540nm 之间，每隔 10nm 测量一次吸光度（在峰值附近每间隔 2nm 测量一次）。以波长为横坐标，吸光度为纵坐标确定最大吸收波长 λ_{max}。

注意！每加入一种试剂都必须摇匀。改变入射光波长时，必须重调参比溶液吸光度至零。

③ 有色配合物稳定性试验　取两个洁净的容量瓶，用步骤②方法配制铁-邻二氮菲有色溶液和试剂空白溶液，放置约 2min，立即用 2cm 吸收池，以试剂空白溶液为参比溶液，在选定的波长下测定吸光度。以后 10min、20min、30min、60min、120min 测定一次吸光度，并记录时间和相应的吸光度（记录格式可参考下表）。

t/min	2	10	20	30	60	120
A						

④ 显色剂用量试验　取 6 个洁净的 50mL 容量瓶，各加入 10.00μg·mL^{-1} 铁标准溶液 5.00mL，1mL 100g·L^{-1} 盐酸羟胺溶液，摇匀。分别加入 0mL、0.50mL、1.00mL、2.00mL、3.00mL、4.00mL 1.5 g·L^{-1} 邻二氮菲，5mL 醋酸钠溶液，用蒸馏水稀至标线，摇匀。用 2cm 吸收池，以试剂空白溶液为参比溶液，在选定的波长下测定吸光度，记录各吸光度值（格式参考下表）。

编　号	1#	2#	3#	4#	5#	6#
V_R/mL	0.00	0.50	1.00	2.00	3.00	4.00
A						

⑤ 溶液 pH 的影响　在 6 个洁净的 50mL 容量瓶中各加入 10.00μg·mL^{-1} 铁标准溶液 5.00mL，1mL 100 g·L^{-1} 盐酸羟胺溶液，摇匀。再分别加入 2mL 1.5 g·L^{-1} 邻二氮菲溶液，摇匀。用吸量管分别加入 1 mol·L^{-1} NaOH 溶液 0.00mL、0.50mL、1.00mL、1.50mL、2.00mL、2.50mL，用蒸馏水稀释至标线，摇匀。用精密 pH 试纸（或酸度计）测定各溶液的 pH 后，用 2cm 吸收池，以试剂空白为参比溶液，在选定波长下，测定各溶液吸光度。记录所测各溶液 pH 及相应吸光度（记录格式参考下表）。

编　号	0#	1#	2#	3#	4#	5#
V/mL	0.00	0.50	1.00	1.50	2.00	2.50
pH						
A						

⑥ 工作曲线的绘制　于6个洁净的50mL容量瓶中，各加入10.00$\mu g \cdot mL^{-1}$铁标准溶液0.00mL、2.00mL、4.00mL、6.00mL、8.00mL、10.00mL，1mL 100 $g \cdot L^{-1}$盐酸羟胺溶液，摇匀后再分别加入2mL 1.5 $g \cdot L^{-1}$邻二氮菲，5mL醋酸钠溶液，用蒸馏水稀释至标线，混匀。用2cm吸收池，以试剂空白为参比溶液，在选定波长下测定并记录各溶液吸光度（记录格式参考下表）。

编　号	1#	2#	3#	4#	5#
V/mL	2.00	4.00	6.00	8.00	10.00
A					

⑦ 铁含量测定　取3个洁净的50mL容量瓶，分别加入适量（以吸光度落在工作曲线中部为宜）含铁未知试液，按步骤⑥与系列标准溶液同时显色，测量吸光度并记录。

⑧ 结束工作　测量完毕，关闭仪器电源开关，拔下电源插头，取出吸收池，清洗晾干后入盒保存。清理工作台，罩上仪器防尘罩，填写仪器使用记录。清洗容量瓶和其他所用的玻璃仪器并放回原处。

（5）注意事项

① 显色过程中，每加入一种试剂均要摇匀。

② 在考察同一因素对显色反应的影响时，应保持仪器的测定条件。在测量过程中，应不时重调参比溶液的$\tau=100\%$。

③ 试样和工作曲线测定的实验条件应保持一致，所以最好两者同时显色同时测定。

④ 待测试样应完全透明，如有浑浊，应预先过滤。

（6）数据处理

① 用步骤②所得的数据绘制Fe^{2+}-邻二氮菲的吸收曲线，选取测定的入射光波长(λ_{max})。

② 绘制吸光度-时间曲线；绘制吸光度-显色剂用量曲线，确定合适的显色剂用量；绘制吸光度-pH曲线，确定适宜pH范围。

③ 绘制铁的工作曲线。

④ 由试样的测定结果，求出试样中铁的平均含量。

⑤ 计算铁-邻二氮菲配合物的摩尔吸光系数。

（7）思考题

① 实验中为什么要进行各种条件试验？

② 绘制工作曲线时，坐标分度大小应如何选择才能保证读出测量值的全部有效数字？

③ 根据实验，说明测定Fe^{2+}的浓度范围。

***1.3.8.2　训练项目1.3　分光光度法测定铬和钴的混合物**

（1）训练目的　学习用分光光度法测定有色混合物组分的原理和方法。

（2）方法原理　当混合物两组分M及N的吸收光谱互不重叠时，则只要分别在波长λ_1和λ_2处测定试样溶液中的M和N的吸光度，就可以得到其相应的含量。若M及N的吸收光谱互相重叠，只要服从吸收定律则可根据吸光度的加和性质在M和N最大吸收波长λ_1和λ_2处测量总吸光度$A_{\lambda_1}^{M+N}$、$A_{\lambda_2}^{M+N}$。用联立方程［见式(1-15)］求出M和N组分含量。

本实验测试样中Cr和Co的含量。先配制Cr和Co的系列标准溶液，然后分别在λ_1和λ_2测量Cr和Co系列标准溶液的吸光度，并绘制工作曲线，所得四条工作曲线的斜率即为Cr和Co在λ_1和λ_2处的摩尔吸光系数，代入联立方程［式(1-15)］中即可求出Cr和Co的浓度。

(3) 仪器与试剂

① 仪器　可见分光光度计（或紫外-可见分光光度计）一台；50mL 容量瓶 9 个；10mL 吸量管 2 支。

② 试剂　$0.700mol \cdot L^{-1} Co(NO_3)_2$ 溶液；$0.200\ mol \cdot L^{-1}\ Cr(NO_3)_3$ 溶液。

(4) 训练内容与操作步骤

① 准备工作

a. 清洗容量瓶、吸量管及需用的玻璃器皿。

b. 配制 $0.700mol \cdot L^{-1} Co(NO_3)_2$ 溶液和 $0.200\ mol \cdot L^{-1} Cr(NO_3)_3$ 溶液。

c. 按仪器使用说明书检查仪器。开机预热 20min，并调试至工作状态。

d. 检查仪器波长的正确性和吸收池的配套性。

② 系列标准溶液的配制　取 4 个洁净的 50mL 容量瓶分别加入 2.50mL、5.00mL、7.50mL、10.00 mL $0.700\ mol \cdot L^{-1} Co(NO_3)_2$ 溶液，另取 4 个洁净的 50mL 容量瓶，分别加入 2.50mL、5.00mL、7.50mL、10.00mL $0.200mol \cdot L^{-1} Cr(NO_3)_3$ 溶液，分别用蒸馏水将各容量瓶中的溶液稀至标线，摇匀。

③ 测绘 $Co(NO_3)_2$ 和 $Cr(NO_3)_3$ 溶液的吸收光谱曲线，并确定入射光波长 λ_1 和 λ_2。

取步骤②配制的 $Co(NO_3)_2$ 和 $Cr(NO_3)_3$ 系列标准溶液各一份，以蒸馏水为参比，在 420～700nm，每隔 20nm 测一次吸光度（在峰值附近间隔小些），分别绘制 $Co(NO_3)_2$ 和 $Cr(NO_3)_3$ 的吸收曲线，并确定 λ_1 和 λ_2。

④ 工作曲线的绘制　以蒸馏水为参比，在 λ_1 和 λ_2 处分别测定步骤②配制的 $Co(NO_3)_2$ 和 $Cr(NO_3)_3$ 系列标准溶液的吸收，并记录各溶液不同波长下的各相应吸光度（记录格式可参考下表）。

编　号	1	2	3	4
$Co(NO_3)_2$ 标液体积 V/mL	2.50	5.00	7.50	10.00
$Cr(NO_3)_3$ 标液体积 V/mL	2.50	5.00	7.50	10.00
$A_{\lambda_1}^{Co(NO_3)_2}$				
$A_{\lambda_1}^{Cr(NO_3)_3}$				
$A_{\lambda_2}^{Co(NO_3)_2}$				
$A_{\lambda_2}^{Cr(NO_3)_3}$				

⑤ 未知试液的测定　取一个洁净的 50mL 容量瓶，加入 5.00mL 未知试液，用蒸馏水稀释至标线，摇匀。在波长 λ_1 和 λ_2 处测量试液的吸光度 $A_{\lambda_1}^{Cr+Co}$ 和 $A_{\lambda_2}^{Cr+Co}$。

⑥ 结束工作　测量完毕关闭仪器电源，取出吸收池，清洗晾干后入盒保存。清理工作台，罩上仪器防尘罩，填写仪器使用记录。清洗容量瓶等玻璃器皿，并放回原处。

(5) 注意事项　作吸收曲线时，每改变一次波长，都必须重调参比溶液 $\tau=100\%$，$A=0$。

(6) 数据处理

① 绘制 $Co(NO_3)_2$ 和 $Cr(NO_3)_3$ 的吸收曲线，并确定 λ_1 和 λ_2。

② 分别绘制 $Co(NO_3)_2$ 和 $Cr(NO_3)_3$ 在 λ_1 和 λ_2 下四条工作曲线，并求出 $\varepsilon_{\lambda_1}^{Co}$、$\varepsilon_{\lambda_2}^{Co}$、$\varepsilon_{\lambda_1}^{Cr}$、$\varepsilon_{\lambda_2}^{Cr}$。

③ 由测得的未知试液 $A_{\lambda_1}^{Cr+Co}$ 和 $A_{\lambda_2}^{Cr+Co}$，利用式(1-15)计算未知试样中 $Co(NO_3)_2$ 和 $Cr(NO_3)_3$ 的浓度。

(7) 思考题

① 同时测定两组分混合液时，应如何选择入射光波长？

② 如何测定三组分混合液？

思考与练习 1.3

(1) 解释下列名词术语

显色剂　参比溶液　工作曲线

(2) 在分光光度分析中，常出现工作曲线不过原点的情况，下列情况中不会引起这一现象的是（　）。

A. 测量和参比溶液所用吸收池不配对

B. 参比溶液选择不当

C. 显色反应灵敏度太低

D. 显色反应的检测下限太高

(3) 可见分光光度法中，选择显色反应时，应考虑的因素有哪些？

(4) 可见分光光度法测定物质含量时，当显色反应确定以后，应从哪几方面选择试验条件？

(5) 在 456nm 处，用 1cm 吸收池测定显色的锌配合物标准溶液得到下列数据：

$\rho(Zn)/(\mu g\cdot mL^{-1})$	2.00	4.00	6.00	8.00	10.0
A	0.105	0.205	0.310	0.415	0.515

要求

① 绘制工作曲线；

② 求摩尔吸光系数；

③ 求吸光度为 0.260 的未知试液的浓度。

(6) 用磺基水杨酸法测定微量铁。称取 0.2160g 的 $NH_4Fe(SO_4)_2\cdot 12H_2O$ 溶于水稀释至 500mL，得铁标准溶液。按下表所列数据取不同体积标准溶液，显色后稀释至相同体积，在相同条件下分别测定各吸光值数据如下。

V/mL	0.00	2.00	4.00	6.00	8.00	10.00
A	0.000	0.165	0.320	0.480	0.630	0.790

取待测试液 5.00mL，稀释至 250mL。移取 2.00mL，在与绘制工作曲线相同条件下显色后测其吸光度得 $A=0.500$。用工作曲线法求试液中铁含量（以 $mg\cdot mL^{-1}$ 表示）。已知 $M[NH_4Fe(SO_4)_2\cdot 12H_2O]=482.178g\cdot mol^{-1}$。

(7) 称取 0.5000g 钢样溶解后将其中 Mn^{2+} 氧化为 MnO_4^-，在 100mL 容量瓶中稀释至标线。将此溶液在 525nm 处用 2cm 吸收池测得其吸光度为 0.620，已知 MnO_4^- 在 525nm 处的 $\varepsilon=2235L\cdot mol^{-1}\cdot cm^{-1}$，计算钢样中锰的含量。

(8) 在 440nm 处和 545nm 处用分光光度法在 1cm 吸收池中测得浓度为 $8.33\times10^{-4}\ mol\cdot L^{-1}$ 的 $K_2Cr_2O_7$ 标准溶液的吸光度分别为 0.308 和 0.009；又测得浓度为 $3.77\times10^{-4}\ mol\cdot L^{-1}$ 的 $KMnO_4$ 溶液的吸光度为 0.035 和 0.886，并且在上述两波长处测得某 $K_2Cr_2O_7$ 和 $KMnO_4$ 混合吸光度分别为 0.385 和 0.653。计算该混合液中 $K_2Cr_2O_7$ 和 $KMnO_4$ 物质的量浓度。

光度分析中的导数技术

根据光吸收定律，吸光度是波长的函数，即 $A=\varepsilon_{(\lambda)}bc$，将吸光度对波长求导，所形成的光谱称为导数光谱。导数光谱可以进行定性或定量分析，其特点是灵敏度、尤其是选择性获得显著提高，能有效地消除基体的干扰，并适用于浑浊试样。高阶导数能分辨重叠光谱甚至提供“指纹”特征，而特别适用于消除干扰或多组分同时测定，在药物、生物化学及食品分析中的应用研究十分活跃。如用于复合维生素、消炎药、感冒药及扑尔敏、磷酸可待因和盐酸麻黄素复合制剂中的各组分的测定而不需预先分离。又如用于生物体液中同时测定血红蛋白和胆红素、血红蛋白和羧络血红蛋白，测定羊水中胆红素、白蛋白及氧络血红蛋白等。在无机分析方面应用也很广，如用一阶导数法最多可同时测定5个金属元素；用二阶导数法同时测定性质十分相近的稀土混合物中的单个稀土元素等。

在导数光度法的基础上，提出的比光谱-导数光度法，因其选择性好及操作简单，目前已用于环境物质、药物和染料的2～3组分同时测定。将导数光度法与化学计量学方法结合，可进一步提高方法的选择性而被关注。

摘自《21世纪分析化学》

1.4 目视比色（浊）法

1.4.1 目视比色法

用眼睛观察比较溶液颜色深浅，来确定物质含量的分析方法称为目视比色法，虽然目视比色法测定的准确度较差（相对误差为5%～20%），但由于它所需要的仪器简单、操作简便，仍然广泛应用于准确度要求不高的一些中间控制分析中，更主要的是应用在限界分析中。限界分析是指要求确定样品中待测杂质含量是否在规定的最高含量限界以下。

1.4.1.1 方法原理

目视比色法原理是：将有色的标准溶液和被测溶液在相同条件下对颜色进行比较，当溶液液层厚度相同，颜色深度一样时，两者的浓度相等。

根据光吸收定律

$$A_S=\varepsilon_S c_S b_S$$

$$A_x=\varepsilon_x c_x b_x$$

当被测溶液的颜色深浅度与标准溶液相同时，则 $A_S=A_x$；又因为是同一种有色物质，同样的光源（太阳光或普通灯光），所以 $\varepsilon_S=\varepsilon_x$，而且液层厚度相等，即 $b_S=b_x$，因此 $c_S=c_x$。

1.4.1.2 测定方法

目视比色法常用标准系列法进行定量。具体方法是：向插在比色管架上（如图1-23所示）的一套直径、长度、玻璃厚度、玻璃成分等都相同的平底比色管中，依次加入不同量的待测组分标准溶液和一定量显色剂及其他辅助试剂，并用蒸馏水或其他溶剂稀释到同样体积，配成一套颜色逐渐加深的标准色阶。将一定量待测试液在同样条件下显色，并同样稀释至相同体积。然后从管口垂直向下观察，比较待测溶液与标准色阶中各标准溶液的颜色。如果待测溶液与标准色阶中某一标准溶液颜色深度相同，则其浓度亦相同。如果介于相邻两标准溶液之间，则被测溶液浓度为这两标准溶液浓度的平均值。

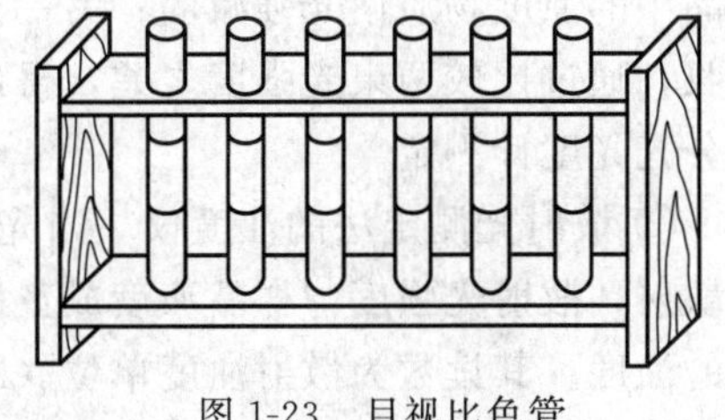

图1-23 目视比色管

如果需要进行的是“限界分析”，即要求某组分含量应在某浓度以下，那么只需要配制浓度为该限界浓度的标准溶液，并与试样同时显色后进行比较。若试样的颜色比标准溶液深，则说明试样中待测组分含量已超出允许的限界。

1.4.1.3 目视比色法的特点

目视比色法的优点是：仪器简单、操作方便，适宜于大批样品的分析；由于比色管长度长，自上而下观察，即使颜色很浅也容易比较出深浅，灵敏度较高。另外，它还不需要单色光，可直接在白光下进行，对浑浊溶液也可进行分析。

目视比色法的缺点是主观误差大、准确度差，而且标准色阶不宜保存，需要定期重新配制，较费时。

*1.4.2 比浊法

浊度（即浑浊度）是指溶液中不溶性悬浮物质对光线透过时所发生的阻碍程度。浊度的大小不仅与溶液中颗粒物的量有关，而且与颗粒的大小、形状和表面积有关。饮用水、工业水及废水的水质监测和制药工业、酿酒行业等都需要测定溶液的浊度。许多药物和试剂中杂质（如残留氯化物、硫酸盐和重金属等）含量是否合格也使用比浊方法进行检查。测定浊度一般常用目视比浊法和浊度仪法。

1.4.2.1 浊度的单位

浊度测量采用的计量单位较多，如吸收光程长度（cm 或 mm）、$mg \cdot L^{-1}$、度、NTU（散射浊度单位）、FTU（Formazine 浊度单位）、EBC（欧洲啤酒浊度单位）等。例如，用目视比浊法测定饮用水和水源水等低浊度水时，通常用每升水中含有 1mg 一定粒度的硅藻土为 1 度来表示浊度。使用浊度仪测量水的浊度则常采用“NTU”或“FTU”为单位。

1.4.2.2 目视比浊法

目视比浊测定水的浊度的方法是：在一套具塞比色管中，用硅藻土配成一系列不同浊度的标准溶液。将待测试液置于另一支同套比色管中（体积相同），在黑色底板上从管口垂直向下观察比较试样溶液与标准溶液的浑浊程度，如果待测溶液与系列标准中某一标准溶液浑浊程度相同，则其浊度亦相同。如果介于相邻两标准溶液之间，则被测溶液浊度为这两标准溶液浊度的平均值。

1.4.2.3 浊度仪法

浊度仪法是在适当温度下，用硫酸肼和六亚甲基四胺反应，形成白色高分子聚合物，然后以此作为浊度标准液，再在一定条件下与试样浊度相比较。

（1）仪器类型和特点　测定浊度的仪器因其方法原理不同有透射光测定法、散射光测定法、表面散射测定法和透射光-散射光比较测定法。

① 透射光测定法的浊度仪　在一定波长下，从光源发出平行光束，一束射入样品槽，样品中的浊度物质使光强减弱；另一光束周期性被切换成比较光束。这两束光交替被光电管接收，通过比较两束光强度之差，得出样品的浊度。此类仪器多为在线仪器，如在实验室可用分光光度计测定。

② 散射光测定法的浊度仪　当光射入样品时，由于样品中悬浮颗粒的物质作用使光发生散射，散射光强度与样品浊度成正比，通过测定与入射光垂直方向的散射光强度来测定样品的浊度。其读数为散射浊度单位（NTU）。如使用 Formazine 作标准，与 FTU 数值相同。

③ 表面散射测定法的浊度仪　通过测定照射到样品表面的光束，由于样品中的悬浮颗粒对光散射的散射光强度而得出样品的浊度。

④ 透射光-散射光比较法浊度仪　交替同时测定经样品后透射或散射光的强度，再依其比值测定浊度。由于测定透射光和散射光时光程相同，样品色度对浊度测定影响较小。

几种浊度仪比较列于表1-7。

表 1-7　几种浊度仪比较

仪器类型	色度影响	线　性	特　点
透射光	大	差	$T \propto k - \lg \Phi_2$
散射光	大	好	$T \propto \Phi_1$
表面散射	中	好	$T \propto \Phi_1$
透射光-散射光	小	好	$T \propto \Phi_1 / \Phi_2$

注：表中 T—浊度；Φ_1—散射光光通量；Φ_2—入射光光通量。

(2) Formazine 浊度标准液配制方法　Formazine 浊度标准液配制方法如下。

① 零浊度水的制备：选用孔径为 0.1μm（或 0.2μm）的微孔滤膜，过滤蒸馏水（或电渗析水、离子交换水），反复过滤两次以上，所获的滤液即为零浊度水。

② 准确称取 1.000g 硫酸肼，溶于零浊度水。溶液转入 100mL 容量瓶中，稀至标线，摇匀，过滤后备用（用 0.2μm 孔径的微孔滤膜过滤，下同)。

③ 准确称取 10.00g 六亚甲基四胺，溶于零浊度水，并转入 100mL 容量瓶中，稀释至标线，摇匀，过滤后备用。

④ 准确移取上述两种溶液各 5.00mL 至 100mL 容量瓶中，摇匀，放置在 (25±1)℃的恒温箱中或恒温水浴中，静置 24h。加入零浊度水稀释至标线，摇匀后使用。该悬浮液的浊度值定为 400 度。

1.4.3　技能训练

1.4.3.1　训练项目 1.4　邻苯二甲酸二丁酯色度的测定

(1) 训练目的

① 理解液体色度的测定方法

② 掌握浅色液体化学品色度的表示方法和铂-钴标准液的配制。

(2) 方法原理　GB/T 605—2006 规定，浅色液体化学品的色度，应采用以铂-钴标准液为标准色的目视比色法来测定。此法操作简便，色度稳定，标准色阶易于保存，适用于色调接近铂-钴标准溶液的澄清透明浅色液体化学品和地表水色度的测定。

液体色度的单位用黑曾（HaZen）或度来表示，黑曾单位是指每升含 1mg 以氯铂酸（H_2PtCl_6）形式存在的铂，2mg 氯化钴（$CoCl_2 \cdot 6H_2O$）的铂-钴溶液的色度。

按一定比例将氯铂酸钾、氯化钴和盐酸配成水溶液（铂-钴标准溶液），所得溶液的色调与待测样品色调在多数情况下是相近的，因此用目视法比较样品与铂-钴标准溶液的色泽，可以得出样品的色度。

配制不同色度的铂-钴标准溶液，应先配制 500 黑曾单位的铂-钴标准贮备液，然后移取不同体积的 500 黑曾单位铂-钴标准贮备溶液稀释至 100mL。移取 500 黑曾单位铂-钴贮备液的体积应根据所需配制铂-钴标准溶液的黑曾单位数，按下式计算求得。

$$V = (N \times 100)/500$$

式中，V 为配制 100mL N 黑曾单位的铂-钴标准液所需 500 黑曾单位铂-钴标准贮备溶液的体积；N 为欲配制的稀铂-钴标准溶液的黑曾单位数。稀铂-钴标准溶液应在使用前配制。

用以上方法测定色度时，检测下限为 4 黑曾单位。色度不大于 40 黑曾单位时，测定误差为±2 黑曾单位。此方法不适用于易碳化物质的测定。

化工产品邻苯二甲酸二丁酯一级品的色度应小于25黑曾单位。色调比25黑曾单位标准液深，但比60黑曾单位标准液浅的试液属二级品。色调比60黑曾单位标准液深的试液为等外品。

(3) 仪器与试剂

① 仪器　50mL（或100mL）平底具塞比色管（一套），比色管架，500mL、250mL容量瓶各一个。

② 试剂　$c(HCl)=12mol \cdot L^{-1}$ HCl溶液、$c(HCl)=0.1\ mol \cdot L^{-1}$ HCl溶液、K_2PtCl_6（基准）、$CoCl_2 \cdot 6H_2O$（分析纯）。

(4) 训练内容与操作步骤

① 准备工作

a. 选择一套50mL（或100mL）合格的平底具塞比色管，洗涤后置比色管架上。

b. 洗涤容量瓶、移液管等需用的玻璃器皿。

② 配制铂-钴标准液

a. 配制500黑曾单位铂-钴标准贮备溶液　准确称取0.5000g氯化钴（$CoCl_2 \cdot 6H_2O$），0.6228g氯铂酸钾（K_2PtCl_6），溶于50mL浓盐酸（$12mol \cdot L^{-1}$）和适量水中，定量转移至500mL容量瓶中，以蒸馏水稀释至标线，摇匀。

b. 25黑曾单位和60黑曾单位铂-钴标准液配制　计算配制25黑曾单位和60黑曾单位稀铂-钴标准液50mL（或100mL）需要500黑曾单位贮备液的体积。分别吸取计算量的铂-钴标准贮备液于干净的比色管中，用水稀释至50mL（或100mL），摇匀，置比色管架上。

③ 试样色度的判定

a. 另取一支干净比色管，注入与标准液相同体积的试液。

b. 取下比色管盖，在白色背景下沿轴线方向（自上而下）用目测法将试液与25黑曾单位、60黑曾单位铂-钴标准液作比较。

c. 色调比25黑曾单位标准液浅的试液属一级品；色调比25黑曾单位标准液深，但比60黑曾单位标准液浅的试液属二级品；色调比60黑曾单位深的试液为等外品。记录观察结果。

④ 结束工作　将测定用试液倒入回收瓶，清洗比色管和其他玻璃器皿，并放回原处，清理工作台。

(5) 注意事项

① 为了提高测定准确度，在样品色度号附近多配几个色度标准，间隔小些。

② 配制500黑曾单位标准液所用试剂的纯度低时，影响试液中铂和钴的有效浓度，会产生测定误差。

③ 500黑曾单位铂-钴标准液应于暗处密封保存，有效期为6个月。

④ 比色时应尽量在阳光充足而不直接照射的条件下进行，光线不足时尽量用日光灯（白炽灯中黄光成分较多）。

(6) 数据处理　根据比色结果，判定邻苯二甲酸二丁酯的等级。

(7) 思考题　哪些因素会影响液体色度目测比较？

*1.4.3.2　训练项目1.5　目视比浊法测定饮用水的浊度

(1) 实验目的

① 掌握浊度标准液的配制方法。

② 掌握用目视比浊法测定饮用水的浊度。

(2) 方法原理　将水样与用硅藻土配制的浊度标准液进行比较。规定相当于1mg一定粒度的硅藻土在1000mL水中所产生的浊度为1度。

(3) 仪器与试剂

① 仪器　100mL具塞比色管一套(12支)、比色管架、1000mL和250mL容量瓶各一个。

② 试剂　硅藻土的悬浊液、浊度为250度的标准液、浊度为100度的标准液。

(4) 训练内容与操作步骤

① 准备工作

a. 选择一套100mL合格的平底具塞比色管，洗涤后置比色管架上。

b. 洗涤需用的玻璃器皿。

② 配制浊度标准液

a. 配制硅藻土悬浊液　10g通过0.1mm筛孔的硅藻土于研钵中，加入少许水调成糊状并研细，移至1000mL量筒中，加水至标线，充分搅匀后，静置24h。用虹吸法仔细将上层800mL悬浮液移至第二个1000mL量筒中，向其中加水至1000mL充分搅拌，静置24h。吸出上层含较细颗粒的800mL悬浮液弃去，下部溶液加水稀释至1000mL。充分搅拌后，贮于具塞玻璃瓶中，其中含硅藻土颗粒直径大约为400μm。

取50.0mL上述悬浊液置于恒重的蒸发皿中，在水浴上蒸干，于105℃烘箱烘2h，置干燥器冷却30min，称量。重复以上操作，即烘1h冷却，称量，直至恒重。求出1mL悬浊液含硅藻土的质量（mg）。

b. 浊度250度的标准溶液　吸取含250mg硅藻土的悬浊液，置于1000mL容量瓶中，加少量氯化汞（防菌类生长），加水稀释至标线，摇匀。此溶液浊度为250度。

c. 浊度100度的标准溶液　吸取100mL浊度为250度的标准溶液于250mL容量瓶中，加少量氯化汞（防菌类生长），用水稀释至标线，摇匀。此溶液浊度为100度。

③ 配制系列标准溶液　吸取浊度为100度的标准溶液0mL、1.00mL、2.00mL、3.00mL、4.00mL、5.00mL、6.00mL、7.00mL、8.00mL、9.00mL及10.00mL于100mL的比色管中，加水稀释至标线，混匀，配制成浊度为0度、1.0度、2.0度、3.0度、4.0度、5.0度、6.0度、7.0度、8.0度、9.0度和10.0度的标准溶液。

④ 测定水样的浊度　取100mL摇匀的水样（浊度小于10度）于100mL比色管中，在黑色底板上自上而下垂直观察并与上述标准溶液进行比较，选出与水样产生相近视觉效果的标准溶液，记下其浊度值。

⑤ 结束工作　将测定用试液倒入回收瓶，清洗比色管和其他玻璃器皿，并放回原处，清理工作台。

(5) 注意事项

① 样品应收集到具塞玻璃瓶中，取样后应尽快测定。如需保存，可保存在冷暗处。保存时间不超过24h。测试前需激烈振摇并恢复到室温。

② 所有与样品接触的玻璃器皿必须清洁，可用盐酸或表面活性剂清洗。

③ 水样不准有碎屑及易沉颗粒。

(6) 数据处理　根据比较结果确定水样的浊度

(7) 思考题　如果水样的浊度大于10度，应如何配制系列标准溶液？

*1.4.3.3　训练项目1.6　使用浊度仪测定水的浊度

(1) 训练目的

学会使用浊度仪测定水的浊度。

(2) 仪器和试剂

① 仪器　浊度仪、吸收池。

② 试剂　零浊度水、洗涤液。

(3) 训练内容与操作步骤

① 准备工作

a. 仔细阅读仪器使用说明书。

b. 仔细检查浊度标准板（由玻璃制成的浊度标准板在内表面已制作成模拟的浊度值），如发现玻璃外表面有肉眼可见灰尘和其他污渍，应用脱脂棉球蘸上无水乙醇和乙醚各半的混合液揩擦，再用干棉球仔细清洁，最后用绸布擦净。

c. 清洗吸收池。

d. 开机，预热 30 min。

② 校准仪器

a. 将“量程选择”旋钮置“100”挡，在滑块右上方插入浊度标准板。

b. 将拉杆推入，光路不置入任何物体，调整“调零”旋钮，使表头读数为“0”（即空气校零）；拉杆拉出，浊度标准板置入光格，调整“校准”旋钮使表头读数为浊度标准板标定值。

注意，在此以后“校准”旋钮不能再随意变动。

③ 零浊度水调零

a. 取出浊度标准板，“量程选择”旋钮放在相应试样的量程上。

b. 在滑块上插入合适的吸收池架和选用相应的吸收池（量程“1”，“10”只能采用30mm 吸收池和 30mm 吸收池架，而量程“100”必须使用 5mm 吸收池和 5mm 吸收池架），吸收池内装入零浊度水，约为 3/4 高度左右。

c. 将吸收池推入光路，重新调整“调零”旋钮，使表头读数为“0”。

④ 试样测定　倒出零浊度水，放入被测样品，置入光路，表头读数即为该样品的浊度值，记录所得数据。

(4) 注意事项

①在测定其他溶液浊度时，吸收池内应盛入相应的零浊度溶剂。在测量中“量程选择”旋钮如需换挡，除必须换用相应的吸收池和吸收池架外，零浊度水调零步骤也必须重复。

② 在测量中吸收池的两个光面必须无任何脏点，两个侧面和底面无水渍。

(5) 数据处理　根据测定数值，报告水样浊度。

(6) 思考题　你所使用的浊度仪是何种类型？如何操作？请根据仪器说明书写出浊度仪的操作规程。

思考与练习 1.4

(1) 何谓目视比色法？目视比色法所用的仪器是什么？

(2) 何谓标准色阶？如何将试样显色液与标准色阶进行比色？

(3) 称取 0.4994g $CuSO_4 \cdot 5H_2O$ 溶于 1L 水中，取此标准溶液 1.00mL、2.00mL、3.00mL、4.00mL、5.00mL、6.00mL 加入 6 支比色管中，加浓氨水 5mL，用水稀至 25mL 刻度，制成标准色阶。称取含铜试样 0.5g，溶于 250mL 水中，吸取 5mL 试液放入比色管中，加浓氨水，用水稀至 25mL，其颜色深度与第四个比色管的标准溶液相同。求试样中铜的质量分数。

目视比色分析法的发展

早在公元初，古希腊人就曾用五倍子溶液测定醋中的铁。1795 年，俄国人也曾用五倍子的酒精溶液测定矿泉水中的铁。但是比色法作为一种定量分析方法大约开始于 19 世纪 30～40 年代。由于这种分析方法快速简便，首先在工厂和实验室得到推广。起初，人们只是利用金属水合离子溶液本身的颜色，用简单的目视法与标准样进行比较，从而得出结论。由于有色金属水合离子种类有限，灵敏度也不高，应用起来并不很有效。后来发展了有机显色剂，分析方法的灵敏度、普遍性才有了很大提高。为了使比色分析更为精确，化学家曾设计出奈斯勒比色管和实用的蒲夫利希目视比色仪。这两种比色仪器都是将比色的待测溶液与标准液固定在比较特殊的管子里进行目测。

1873 年德国化学家菲罗尔特设计了用分光镜取得单色光的目视分光光度计。不久，另一德国化学家又以有色玻璃滤光片代替分光镜，简化了上面的目视比色法，就这样，比色分析在应用中不断地被改进而日益完善、精确。进入 20 世纪后比色分析的最重要变化是以光电比色法替代目视比色法，这样就避免了眼睛观察所存在的主观误差。

摘自《化学史教程》

1.5 紫外分光光度法

紫外分光光度法是基于物质对紫外线的选择性吸收来进行分析测定的方法。根据电磁波谱，紫外光区的波长范围是 10～400nm，紫外分光光度法主要是利用 200～400nm 的近紫外光区的辐射（200nm 以下远紫外线辐射会被空气强烈吸收）进行测定。

紫外吸收光谱与可见吸收光谱同属电子光谱，都是由分子中价电子能级跃迁产生的。不过紫外吸收光谱与可见吸收光谱相比却具有一些突出的特点。紫外吸收光谱可用来对在紫外光区内有吸收峰的物质进行鉴定和结构分析。虽然这种鉴定和结构分析由于紫外吸收光谱较简单，特征性不强，必须与其他方法（如红外光谱、核磁共振波谱和质谱等）配合使用，才能得出可靠的结论，但它还是能提供分子中具有助色团、生色团和共轭程度的一些信息，这些信息对于有机化合物的结构推断往往恰是很重要的。紫外分光光度法可以测定在近紫外光区有吸收的无色透明的化合物，而不像可见分光光度法那样需要加显色剂显色后再测定，因此它的测定方法简便且快速。由于具有共轭双键的化合物，在紫外光区会产生强烈的吸收，其摩尔吸光系数可达 10^4～10^5，因此紫外分光光度法的定量分析具有很高灵敏度和准确度，可测至 10^{-4}～10^{-7} g·mL^{-1}，相对误差可达 1%以下。因而它在定量分析领域有广泛的应用。

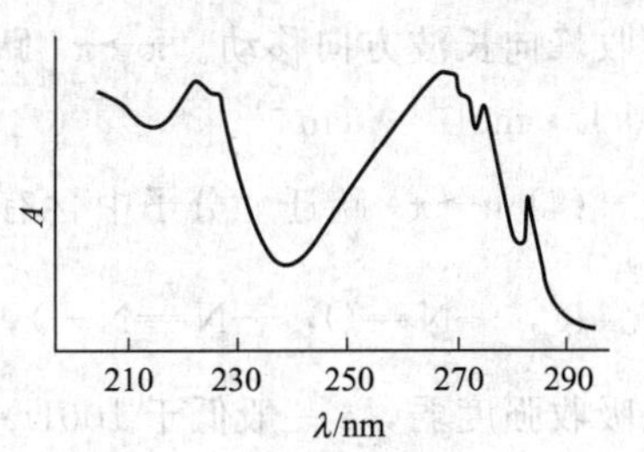

图 1-24　茴香醛紫外吸收光谱

紫外吸收光谱与可见吸收光谱一样，常用吸收光谱曲线来描述。即用一束具有连续波长的紫外线照射一定浓度的样品溶液，分别测量不同波长下溶液的吸光度，以吸光度对波长作图得到该化合物的紫外吸收光谱。如图 1-24 所示的紫外吸收光谱可以用曲线上吸收峰所对应

的最大吸收波长 λ_{max} 和该波长下的摩尔吸光系数 ε_{max} 来表示茴香醛的紫外吸收特征。

1.5.1 紫外吸收光谱的产生

1.5.1.1 电子跃迁类型

紫外吸收光谱是由化合物分子中三种不同类型的价电子，在各种不同能级上跃迁产生的。这三种不同类型的价电子是：形成单键的 σ 电子、形成双键的 π 电子和氧或氮、硫、卤素等含未成键的 n 电子。如甲醛分子所示。

n电子
π电子
σ电子

电子围绕分子或原子运动的概率分布称为轨道。电子所具有的能量不同，它所处的轨道也不同。根据分子轨道理论，σ 和 π 电子所占的轨道称成键分子轨道；n 为非键分子轨道。当化合物分子吸收光辐射后，这些价电子跃迁到较高能态的轨道，称为 σ^*、π^* 反键轨道，它们的能级高低依次为：$\sigma<\pi<n<\pi^*<\sigma^*$。当分子吸收一定能量的光辐射时，分子内 σ 电子、π 电子或 n 电子将由较低能级跃迁到较高能级，即由成键轨道或 n 非键轨道跃迁到相应的反键轨道中（见图 1-25）。三种价电子可能产生 $\sigma\rightarrow\sigma^*$，$\sigma\rightarrow\pi^*$，$\pi\rightarrow\pi^*$，$\pi\rightarrow\sigma^*$，$n\rightarrow\sigma^*$，$n\rightarrow\pi^*$ 六种形式电子跃迁，其中较为常见的是 $\sigma\rightarrow\sigma^*$ 跃迁，$n\rightarrow\sigma^*$ 跃迁，$\pi\rightarrow\pi^*$ 跃迁和 $n\rightarrow\pi^*$ 跃迁四种类型，这些跃迁所需能量大小为

$$\sigma\rightarrow\sigma^*>n\rightarrow\sigma^*>\pi\rightarrow\pi^*>n\rightarrow\pi^*$$

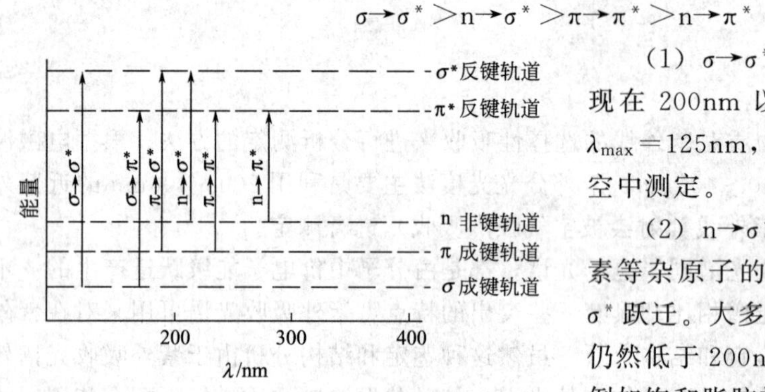

图 1-25 分子轨道能级图及电子跃迁形式

（1）$\sigma\rightarrow\sigma^*$ 跃迁 这类跃迁的吸收带出现在 200nm 以下的远紫外区。如甲烷的 $\lambda_{max}=125$nm，它的吸收光谱曲线必须在真空中测定。

（2）$n\rightarrow\sigma^*$ 跃迁 含有氧、氮、硫、卤素等杂原子的饱和烃衍生物都可发生 $n\rightarrow\sigma^*$ 跃迁。大多数 $n\rightarrow\sigma^*$ 跃迁的吸收带一般仍然低于 200nm，通常仅能见到末端吸收。例如饱和脂肪族醇或醚在 180～185nm，饱和脂肪胺在 190～200nm，饱和脂肪族氯化物在 170～175nm，饱和脂肪族溴化物在 200～210nm。当分子中含有硫、碘等电离能较低的原子时，吸收波长高于 200nm（如 CH_3I 的 $n\rightarrow\sigma^*$ 吸收峰在 258nm）。

（3）$\pi\rightarrow\pi^*$ 跃迁 分子中含有双键、叁键的化合物和芳环及共轭烯烃可发生此类跃迁。孤立双键的最大吸收波长小于 200nm（例如乙烯的 $\lambda_{max}=180$nm）。随着共轭双键数增加，吸收峰向长波方向移动。$\pi\rightarrow\pi^*$ 跃迁的吸收峰多为强吸收，其 ε 值很大，一般情况下 $\varepsilon_{max}\geqslant 10^4\ L\cdot mol^{-1}\cdot cm^{-1}$。

（4）$n\rightarrow\pi^*$ 跃迁 分子中含有孤对电子的原子和 π 键同时存在并共轭时（如含 $>C=O$，$>C=S$，—N=O，—N=N—），会发生 $n\rightarrow\pi^*$ 跃迁。这类跃迁的吸收波长大于 200nm，但吸收强度弱，ε 一般低于 $100L\cdot mol^{-1}\cdot cm^{-1}$。

由于一般紫外-可见分光光度计只能提供 190～850nm 范围的单色光，因此只能测量

$n \to \pi^*$跃迁和部分$n \to \sigma^*$跃迁、$\pi \to \pi^*$跃迁的吸收，而对只能产生200nm以下吸收的$\sigma \to \sigma^*$跃迁则无法测量。

1.5.1.2 紫外吸收光谱常用术语

（1）生色团和助色团　所谓生色团是指在200～1000nm波长范围内产生特征吸收带的具有一个或多个不饱和键和未共用电子对的基团。如 >C=C< ，>C=O ，—N=N—，—C≡N，—C≡C—，—COOH，—N=O等。表1-8列出一些生色团的最大吸收波长。如果两个生色团相邻，形成共轭基，则原来各自的吸收带将消失，并在较长的波长处产生强度比原吸收带强的新吸收带。

助色团是一些含有未共用电子对的氧原子、氮原子或卤素原子的基团。如—OH，—OR，$—NH_2$，—NHR，—SH，—Cl，—Br，—I等。助色团不会使物质具有颜色，但引进这些基团能增加生色团的生色能力，使其吸收波长向长波方向移动，并增加了吸收强度。

（2）红移和蓝移　由于取代基或溶剂的影响造成有机化合物结构的变化，使吸收峰向长波方向移动的现象称为吸收峰“红移”。

由于取代基或溶剂的影响造成有机化合物结构的变化，使吸收峰向短波方向移动的现象称为吸收峰“蓝移”。

表1-8　常见孤立生色团的吸收特征

生色团	实　例	溶　剂	λ_{max}/nm	ε_{max} /（$L \cdot mol^{-1} \cdot cm^{-1}$）	跃迁类型
>C=C<	$C_6H_{13}CH=CH_2$	正庚烷	177	13000	$\pi \to \pi^*$
—C≡C—	$C_5H_{11}C≡CCH_3$	正庚烷	178	10000	$\pi \to \pi^*$
>C=N—	$(CH_3)_2C=NOH$	气态	190，300	5000，—	$\pi \to \pi^*$ $n \to \pi^*$
—C≡N	$CH_3C≡N$	气态	167	—	$\pi \to \pi^*$
>C=O	CH_3COCH_3	正己烷	186，280	1000，16	$n \to \sigma^*$ $n \to \pi^*$
—COOH	CH_3COOH	乙醇	204	41	$n \to \pi^*$
$—CONH_2$	CH_3CONH_2	水	214	60	$n \to \pi^*$
>C=S	$(CH_3)_2CS$	水	400	—	$n \to \pi^*$
—N=N—	$CH_3N=NCH_3$	乙醇	339	4	$n \to \pi^*$
$—C—NO_2$	CH_3NO_2	乙醇	271	186	$n \to \pi^*$
—N=O	C_4H_9NO	乙醚	300，665	100，20	—，$n \to \pi^*$
$—C—O—NO_2$	$C_2H_5ONO_2$	二氧六环	270	12	$n \to \pi^*$
>S=O	$C_6H_{11}SOCH_3$	乙醇	210	1500	$n \to \pi^*$
$—C_6H_5$	$C_6H_5OCH_3$	甲醇	217，269	640，148	$\pi \to \pi^*$ $\pi \to \pi^*$

(3) 增色效应和减色效应　由于有机化合物的结构变化使吸收峰摩尔吸光系数增加的现象称为增色效应。

由于有机化合物的结构变化使吸收峰的摩尔吸光系数减小的现象称为减色效应。

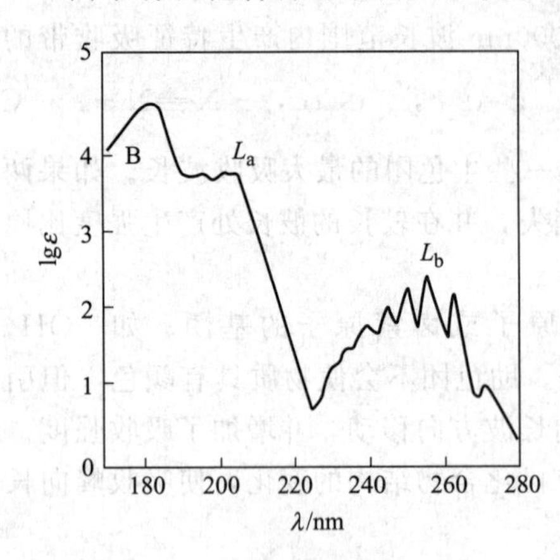

图 1-26　苯的紫外吸收光谱曲线（己烷为溶剂）

(4) 溶剂效应　由于溶剂的极性不同引起某些化合物吸收峰的波长、强度及形状产生变化，这种现象称为溶剂效应。例如亚异丙基丙酮［$H_3C(CH_3)—C═CHCO—CH_3$］分子中有$\pi\rightarrow\pi^*$和$n\rightarrow\pi^*$跃迁，当用非极性溶剂正己烷时，$\pi\rightarrow\pi^*$跃迁的$\lambda_{max}=230nm$，而用水作溶剂时，$\lambda_{max}=243nm$，可见在极性溶剂中$\pi\rightarrow\pi^*$跃迁产生的吸收带红移了。而$n\rightarrow\pi^*$跃迁产生的吸收峰却恰恰相反，以正己烷作溶剂时，$\lambda_{max}=329nm$，而用水作溶剂时，$\lambda_{max}=305nm$，吸收峰产生蓝移。

又如苯在非极性溶剂己烷中（或气态存在）时，在230～270nm处，有一系列中等强度吸收峰（见图1-26），但在极性溶剂中，精细结构变得不明显或全部消失呈现一宽峰。

1.5.2　吸收带的类型

吸收带是指吸收峰在紫外光谱中谱带的位置。化合物的结构不同，跃迁的类型不同，吸收带的位置、形状、强度均不相同。根据电子及分子轨道的种类，吸收带可分为如下四种类型。

(1) R吸收带　R吸收带由德文Radikal（基团）而得名。它是由$n\rightarrow\pi^*$跃迁产生的。特点是强度弱（$\varepsilon<100L\cdot mol^{-1}\cdot cm^{-1}$），吸收波长较长（>270nm）。例如$CH_2═CH—CHO$的$\lambda_{max}=315nm$（$\varepsilon=14L\cdot mol^{-1}\cdot cm^{-1}$）的吸收带为$n\rightarrow\pi^*$跃迁产生，属R吸收带。R吸收带随溶剂极性增加而蓝移，但当附近有强吸收带时则产生红移，有时被掩盖。

(2) K吸收带　K吸收带由德文Konjugation（共轭作用）得名。它是由$\pi\rightarrow\pi^*$跃迁产生的。其特点是强度高（$\varepsilon>10^4L\cdot mol^{-1}\cdot cm^{-1}$），吸收波长比R吸收带短（217～280nm），并且随共轭双键数的增加，产生红移和增色效应。共轭烯烃和取代的芳香化合物可以产生这类谱带。例如：$CH_2═CH—CH═CH_2$的$\lambda_{max}=217nm$（$\varepsilon=10000L\cdot mol^{-1}\cdot cm^{-1}$），属K吸收带。

(3) B吸收带　B吸收带由德文Benzenoid（苯的）得名。它是由苯环振动和$\pi\rightarrow\pi^*$跃迁重叠引起的芳香族化合物的特征吸收带。其特点是：在230～270nm（$\varepsilon=200L\cdot mol^{-1}\cdot cm^{-1}$）谱带上出现苯的精细结构吸收峰（见图1-26），可用于辨识芳香族化合物。当在极性溶剂中测定时，B吸收带会出现一宽峰，产生红移。当苯环上氢被取代后，苯的精细结构也会消失，并发生红移和增色效应。

(4) E吸收带　E吸收带由德文Kthylenicband（乙烯型）而得名。它属于$\pi\rightarrow\pi^*$跃迁，也是芳香族化合物的特征吸收带。苯的E带分为E_1带和E_2带。E_1带$\lambda_{max}=184nm$（$\varepsilon=60000L\cdot mol^{-1}\cdot cm^{-1}$），$E_2$带$\lambda_{max}=204nm$（$\varepsilon=7900L\cdot mol^{-1}\cdot cm^{-1}$）。当苯环上的氢被助色团取代时，$E_2$带红移，一般在210nm左右；当苯环上氢被发色团取代，并与苯环共轭时，E_2带和K带合并，吸收峰红移。

例如乙酰苯（C_6H_5—C(=O)—CH_3）可产生 K 吸收带（$\pi\rightarrow\pi^*$），其 $\lambda_{max}=240nm$（见图 1-27）。此时 B 吸收带（$\pi\rightarrow\pi^*$）也发生红移（$\lambda_{max}=278nm$）。可见 K 吸收带与苯的 E 带相比显著红移，这是由于苯乙酮中羰基与苯环形成共轭体系的缘故。

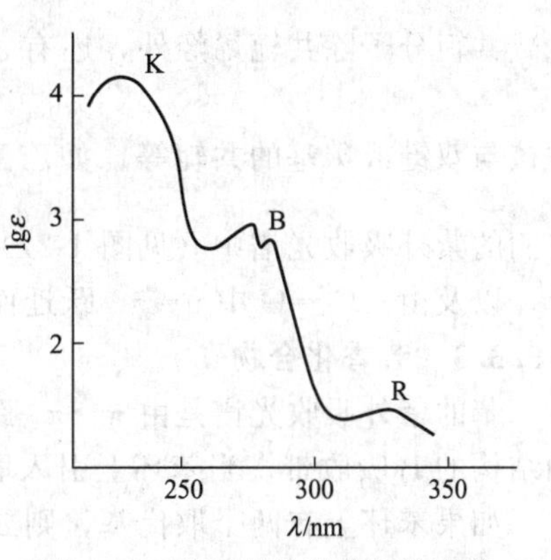

图 1-27 乙酰苯的紫外吸收光谱

1.5.3 重要有机化合物的紫外吸收光谱

1.5.3.1 饱和烃

饱和单键碳氢化合物只有 σ 电子，因而只能产生 $\sigma\rightarrow\sigma^*$ 跃迁。由于 σ 电子最不易激发，需要吸收很大的能量，才能产生 $\sigma\rightarrow\sigma^*$ 跃迁，因而这类化合物在 200nm 以上无吸收，它们在紫外光谱分析中常作为溶剂使用，如己烷、环己烷、庚烷等。

当饱和单键碳氢化合物中的氢被氧、氮、卤素、硫等原子取代时，这类化合物既有 σ 电子，又有 n 电子，可以实现 $\sigma\rightarrow\sigma^*$ 和 $n\rightarrow\sigma^*$ 跃迁，其吸收峰可以落在远紫外区和近紫外区。例如，甲烷的吸收峰在 125nm，而碘甲烷的 $\sigma\rightarrow\sigma^*$ 跃迁为 150～210nm，$n\rightarrow\sigma^*$ 跃迁为 259nm；氯甲烷相应为 154～161nm 及 173nm。可见，烷烃和卤代烃的紫外吸收很小，它们的紫外吸收光谱直接用于分析这类化合物的价值不大。饱和醇类化合物如甲醇、乙醇由于在近紫外区无吸收，常被用作紫外光谱分析的溶剂。

1.5.3.2 不饱和脂肪烃

（1）含孤立不饱和键的烃类化合物　具有孤立双键或叁键的烯烃或炔烃，它们都产生 $\pi\rightarrow\pi^*$ 跃迁，但多数在 200nm 以上无吸收。如乙烯吸收峰在 171nm，乙炔吸收峰在 173nm，丁烯吸收峰在 178nm。若烯分子中氢被助色团如—OH、—NH_2、—Cl 等取代时，吸收峰发生红移，吸收强度也有所增加。

对于含有 >C=O、>C=S 等生色团的不饱和烃类，会产生 $\pi\rightarrow\pi^*$ 和 $n\rightarrow\pi^*$ 跃迁，它们的吸收带处于近紫外区甚至到达可见光区。如丙酮吸收峰在 194nm（$\pi\rightarrow\pi^*$）和 280nm（$n\rightarrow\pi^*$），亚硝基丁烷（C_4H_8NO）吸收峰在 300nm（$\pi\rightarrow\pi^*$）和 665nm（$n\rightarrow\pi^*$）。

（2）含共轭体系的不饱和烃　具有共轭双键的化合物，相间的 π 键相互作用生成大 π 键，由于大 π 键各能级之间的距离较近，电子易被激发，所以产生了 K 吸收带，其吸收峰一般在 217～280nm。如丁二烯（CH_2═CH—CH═CH_2）吸收峰在 217nm，吸收强度也显著增加（$\varepsilon=21000L\cdot mol^{-1}\cdot cm^{-1}$）。K 吸收带的波长及强度与共轭体系的长短、位置、取代基种类等有关，共轭双键越多，波长越长，甚至出现颜色。因此可据此判断共轭体系的存在情况。表 1-9 列出共轭双键增加与吸收波长变化关系。

表 1-9 共轭双键对吸收波长影响

名　称	波长 λ_{max}/nm	摩尔吸收系数 ε /（$L\cdot mol^{-1}\cdot cm^{-1}$）	颜　色
己三烯 $(C{=}C)_3$	258	35000	无色
二甲基八碳四烯 $(C{=}C)_4$	296	52000	无色
十碳五烯 $(C{=}C)_5$	335	118000	微黄
二甲基十二碳六烯 $(C{=}C)_6$	360	70000	微黄
双氢-β-胡萝卜素 $(C{=}C)_8$	415	210000	黄
双氢-α-胡萝卜素 $(C{=}C)_{10}$	445	63000	橙
番茄红素 $(C{=}C)_{11}$	470	185000	红

共轭分子除共轭烯烃外，还有α、β不饱和酮（ $\overset{\beta}{\gt C}=\overset{\alpha}{C}-CH=O$ ），α、β不饱和酸，芳香核与双键或羰基的共轭等。如乙酰苯（ $C_6H_5-\overset{O}{\overset{\|}{C}}-CH_3$ ）由于羰基与苯环双键共轭，因此在它们的紫外吸收光谱中（见图 1-27）可以看到很强的 K 吸收带，另外是苯环的特征吸收 B 带，以及由—C ═O 中 $n\rightarrow\pi^*$ 跃迁而产生的 R 带。

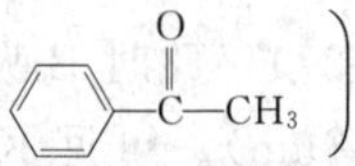

1.5.3.3 芳香化合物

苯的紫外吸收光谱是由 $\pi\rightarrow\pi^*$ 跃迁组成的三个谱带（见图 1-26），即 E_1、E_2 和具有精细结构的 B 吸收带。当苯环上引入取代苯时，E_2 和 B 一般产生红移且强度加强。

如果苯环上有两个取代基，则二取代基的吸收光谱与取代基的种类及取代位置有关。任何种类的取代基都能使苯的 E_2 带发生红移。当两个取代基在对位时，ε_{max} 和 λ_{max} 都较间位和邻位取代时大。例如：

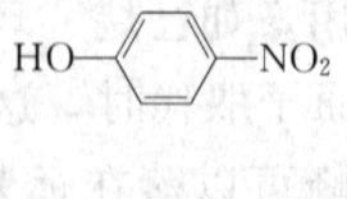

HO—C₆H₄—NO₂（对位） 317nm　　HO—C₆H₄—NO₂（间位） 273.5nm　　HO—C₆H₄—NO₂（邻位） 278.5nm

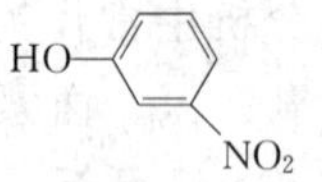

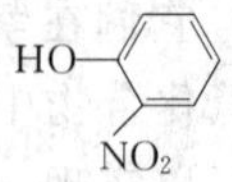

当对位二取代苯中一个取代基为斥电子基，另一个是吸电子基时，吸收带红移最明显的。例如：

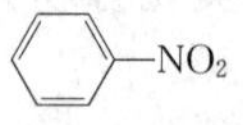

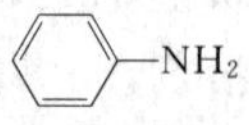

$C_6H_5-NO_2$ 269nm　　$C_6H_5-NH_2$ 230nm　　$H_2N-C_6H_4-NO_2$ 381nm

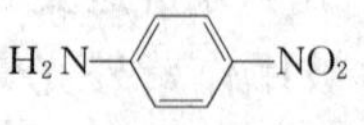

稠环芳烃母体吸收带的最大吸收波长大于苯，这是由于它有两个或两个以上共轭的苯环，苯环数目越多，λ_{max} 越大。例如苯（255nm）和萘（275nm）均为无色，而并四苯为橙色，吸收峰波长在 460nm；并五苯为紫色，吸收峰波长为 580nm。

1.5.3.4 杂环化合物

在杂环化合物中，只有不饱和的杂环化合物在近紫外区才有吸收。以 O、S 或 NH 取代环戊二烯的 CH_2 的五元不饱和杂环化合物，如呋喃、噻吩和吡咯等，既有 $\pi\rightarrow\pi^*$ 跃迁引起的吸收谱带，又有 $n\rightarrow\pi^*$ 跃迁引起的谱带。

吡啶是含有一个杂原子的六元杂环芳香化合物，也是一个共轭体系，也有 $\pi\rightarrow\pi^*$ 和 $n\rightarrow\pi^*$ 跃迁。它的紫外吸收光谱与苯相似，同样，喹啉和萘、氮蒽和蒽的紫外吸收光谱也都很相似。

1.5.4 紫外吸收光谱的应用

1.5.4.1 定性鉴定

不同的有机化合物具有不同的吸收光谱，因此根据化合物的紫外吸收光谱中特征吸收峰的波长和强度可以进行物质的鉴定和纯度的检查。

（1）未知试样的定性鉴定　紫外吸收光谱定性分析一般采用比较光谱法。比较光谱法是将经提纯的样品和标准物用相同溶剂配成溶液，并在相同条件下绘制吸收光谱曲线，比较其吸收光谱是否一致。如果紫外光谱曲线完全相同（包括曲线形状、λ_{max}、λ_{min}、吸收峰数目及 ε_{max} 等）。则可初步认为是同一种化合物。为了进一步确认，可更换一种溶剂重新测定后再作比较。

如果没有标准物，则可借助各种有机化合物的紫外可见标准谱图及有关电子光谱的文献资料进行比较。最常用的谱图资料是萨特勒标准谱图及手册，它由美国费城 Sadtler 研究实验室编辑出版。使用与标准谱图比较的方法时，要求仪器准确度、精密度要高，操作时测定条件要完全与文献规定的条件相同，否则可靠性较差。

紫外吸收光谱只能表现化合物生色团、助色团和分子母核，而不能表达整个分子的特征，因此只靠紫外吸收光谱曲线来对未知物进行定性是不可靠的，还要参照一些经验规则以及其他方法（如红外光谱法、核磁共振波谱、质谱，以及化合物某些物理常数等）配合来确定。

此外，对于一些不饱和有机化合物也可采用一些经验规则，如伍德沃德（Woodward）规则[1]、斯科特（Scott）规则[2]，通过计算其最大吸收波长与实测值比较后，进行初步定性鉴定（具体规定和计算方法可查分析化学手册）。

（2）推测化合物的分子结构　紫外吸收光谱在研究化合物结构中的主要作用是推测官能团、结构中的共轭关系和共轭体系中取代基的位置、种类和数目。

① 推测化合物的共轭体系、部分骨架　先将样品尽可能提纯，然后绘制紫外吸收光谱。由所测出的光谱特征，根据一般规律对化合物作初步判断。如果样品在 200～400nm 无吸收（ε<$10L \cdot mol^{-1} \cdot cm^{-1}$），则说明该化合物可能是直链烷烃或环烷烃及脂肪族饱和胺、醇、醚、腈、羧酸和烷基氟，不含共轭体系，没有醛基、酮基、溴或碘。

如果在 210～250nm 有强吸收带，表明含有共轭双键。若 ε 值在 $1\times10^4 \sim 2\times10^4$ $L \cdot mol^{-1} \cdot cm^{-1}$之间，说明为二烯或不饱和酮；若在 260～350nm 有强吸收带，可能有3～5 个共轭单位。

如果在 250～300nm 有弱吸收带，ε 为 $10\sim100L \cdot mol^{-1} \cdot cm^{-1}$，则含有羰基；在此区域内若有中强吸收带，表示具有苯的特征，可能有苯环。

如果化合物有许多吸收峰，甚至延伸到可见光区，则可能为一长链共轭化合物或多环芳烃。

按以上规律进行初步推断后，能缩小该化合物的归属范围，然后再按前面介绍的对比法做进一步确认。当然还需要其他方法配合才能得出可靠结论。

② 区分化合物的构型　肉桂酸有下面两种构型。

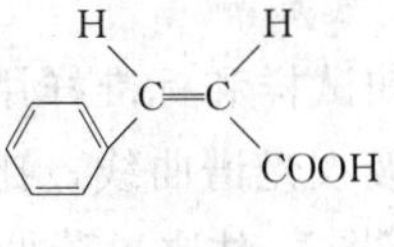

（顺式）
$\lambda_{max}=280nm$
$\varepsilon_{max}=7000L \cdot mol^{-1} \cdot cm^{-1}$

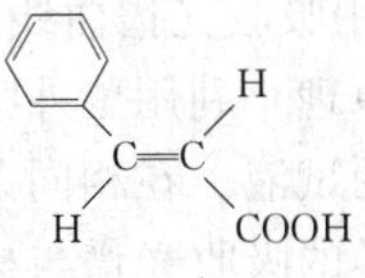

（反式）
$\lambda_{max}=295nm$
$\varepsilon_{max}=13500L \cdot mol^{-1} \cdot cm^{-1}$

它们的波长吸收强度不同，由于反式构型没有立体障碍，偶极矩大，而顺式构型有立体障碍，因此反式的吸收波长和强度都比顺式的大。

③ 互变异构体的鉴别　紫外吸收光谱除应用于推测所含官能团外，还可对某些同分异构体进行判别。例如亚异丙基丙酮有如下两个异构体。

---

[1] 伍德沃德（Woodward）规则：伍德沃德提出的计算共轭二烯烃、多烯烃及共轭烯酮类化合物的 $\pi\rightarrow\pi^*$ 跃迁最大吸收波长的经验规则，是以某一类化合物的基本吸收波长为基础，加入各种取代基对吸收波长所做的贡献，就是该化合物 $\pi\rightarrow\pi^*$ 跃迁最大吸收波长。

[2] 斯科特（Scott）规则：Scott 规则类似于 Woodward 规则，用来计算芳香族羰基衍生物 E_2 带的吸收波长。

$$\underset{\text{(a)}}{CH_3-\underset{\underset{CH_3}{|}}{C}=CHCOCH_3} \qquad \underset{\text{(b)}}{CH_2=\underset{\underset{CH_3}{|}}{C}-CH_2COCH_3}$$

经紫外光谱法测定，其中的一个化合物在235nm（$\varepsilon=12000L\cdot mol^{-1}\cdot cm^{-1}$）有吸收带，而另一个在220nm以上没有强吸收带，所以可以肯定，在235nm有吸收带的应具有共轭体系的结构，如（a）所示；而另一个的结构式则如（b）所示。

（3）化合物纯度的检测　紫外吸收光谱能检查化合物中是否含具有紫外吸收的杂质，如果化合物在紫外光区没有明显的吸收峰，而它所含的杂质在紫外光区有较强的吸收峰，就可以检测出该化合物所含的杂质。例如要检查乙醇中的杂质苯，由于苯在256nm处有吸收，而乙醇在此波长下无吸收，因此可利用这个特征检定乙醇中杂质苯。又如要检查四氯化碳中有无CS_2杂质，只要观察在318nm处有无CS_2的吸收峰就可以确定。

另外还可以用吸光系数来检查物质的纯度。一般认为，当试样测出的摩尔吸光系数比标准样品测出的摩尔吸光系数小时，其纯度不如标样。相差越大，试样纯度越低。例如菲的氯仿溶液，在296nm处有强吸收（$\lg\varepsilon=4.10$），用某方法精制的菲测得ε值比标准菲低10%，说明实际含量只有90%，其余很可能是蒽醌等杂质。

1.5.4.2　定量分析

紫外分光光度定量分析与可见分光光度定量分析的定量依据和定量方法相同，这里不再重复。值得提出的是，在进行紫外定量分析时应选择好测定波长和溶剂。通常情况下一般选择λ_{max}作测定波长，若在λ_{max}处共存的其他物质也有吸收，则应另选ε较大、而共存物质没有吸收的波长作测定波长。选择溶剂时要注意所用溶剂在测定波长处应没有明显的吸收，而且对被测物溶解性要好，不和被测物发生作用，不含干扰测定的物质。

1.5.5　技能训练

1.5.5.1　训练项目1.7　有机化合物紫外吸收曲线的测绘和应用

（1）训练目的

① 掌握有机物紫外吸收光谱曲线的绘制方法。

② 学会利用吸收光谱曲线进行化合物鉴定和纯度检查。

（2）实验原理　利用紫外吸收光谱定性的方法是：将未知试样和标准样用相同的溶剂配制成相同浓度的试液。在相同条件下，分别绘制它们的紫外吸收光谱曲线，比较两者是否一致。或者将试样的吸收光谱与标准谱图（如Sadtler紫外光谱图）对比，若两光谱图λ_{max}和ε_{max}相同，表明是同一物质。

在没有紫外吸收峰的物质中检查有高吸光系数的杂质，也是紫外吸收光谱的重要用途之一。例如，检查乙醇是否存在苯杂质，只需要测定乙醇试样在256nm处有没有苯吸收峰即可，因为乙醇在此波长无吸收。

（3）仪器与试剂

① 仪器　UV-754紫外-可见分光光度计（或其他型号仪器），1cm石英吸收池。

② 试剂　无水乙醇，未知芳香族化合物，乙醇试样（内含微量杂质苯）。

（4）训练内容与操作步骤

① 准备工作

a. 按仪器说明书检查仪器，开机预热20min。

b. 检查仪器波长的正确性和1cm石英吸收池的成套性。

② 未知芳香族化合物的鉴定

a. 配制未知芳香族化合物水溶液　称取未知芳香族化合物 0.1000g 用去离子水溶解后，转移入 100mL 容量瓶，稀释至标线，摇匀。从中移取 10.00mL 于 1000mL 容量瓶中，稀释至标线，摇匀（合适的试样浓度应通过实验来调整）。

b. 用 1cm 石英吸收池，以去离子水作参比溶液，在 200～360nm 范围测绘吸收光谱曲线。

③ 乙醇中杂质苯的检查　用 1cm 石英吸收池，以纯乙醇作参比溶液，在 220～280nm 波长范围内测定乙醇试样的吸收曲线。

（5）注意事项

① 实验中所用的试剂应经提纯处理。

② 石英吸收池每换一种溶液或溶剂都必须清洗干净，并用被测溶液或参比液荡洗三次。

（6）数据处理

① 绘制并记录未知芳香族化合物的吸收光谱曲线和实验条件；确定峰值波长，计算峰值波长处 $A_{1cm}^{1\%}$ 值（指吸光物质的质量浓度为 $10g \cdot L^{-1}$ 的溶液，在 1cm 厚的吸收池中测得的吸光度）和摩尔吸光系数，与标准谱图（查阅资料）比较，确定化合物名称。

② 绘制乙醇试样的吸收光谱曲线，记录实验条件，根据吸收光谱曲线确定是否有苯吸收峰，峰值波长是多少。

（7）思考题

① 试样溶液浓度大小对测量有何影响？实验中应如何调整？

② 如果试样是非水溶性的，则应如何进行鉴定，请设计出简要的实验方案。

1.5.5.2　训练项目 1.8　紫外分光光度法测定蒽醌含量

（1）训练目的

① 学习紫外光谱测定蒽醌含量的原理和方法。

② 了解当样品中有干扰物质存在时，入射光波长的选择方法。

③ 熟练使用紫外-可见分光光度计。

（2）方法原理　蒽醌化学式是（结构式），因此它会产生 $\pi \rightarrow \pi^*$ 跃迁和 $n \rightarrow \pi^*$ 跃迁。蒽醌在 λ_{251} 处有强吸收，其 $\varepsilon = 45820L \cdot mol^{-1} \cdot cm^{-1}$；在 λ_{323} 处还有一中强吸收，其 $\varepsilon = 4700L \cdot mol^{-1} \cdot cm^{-1}$。然而，工业生产的蒽醌中常常混有副产品邻苯二甲酸酐（结构式）它在 λ_{251} 处会对蒽醌吸收产生干扰。因此实际定量测定时选择的波长是 λ_{323} 的吸收，这样可避免干扰。

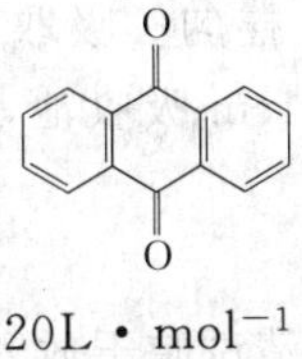

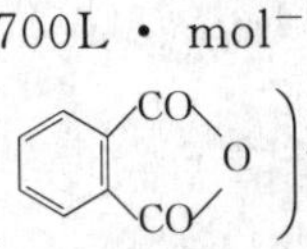

紫外吸收定量测定与可见分光光度法相同。在一定波长和一定比色皿厚度下，绘制工作曲线，由工作曲线找出未知试样中蒽醌含量即可。

（3）仪器与试剂

① 仪器　紫外-可见分光光度计；石英吸收池；1000mL、50mL 容量瓶各一个；10mL 容量瓶 10 个。

② 试剂　蒽醌；邻苯二甲酸酐；甲醇（均为分析纯）；工业品蒽醌试样。

（4）训练内容与操作步骤

① 配制蒽醌标准溶液

a. 0.100mg·mL^{-1}的蒽醌标准溶液　准确称取0.1000g蒽醌，加甲醇溶解后，定量转移至1000mL容量瓶中，用甲醇稀释至标线，摇匀。

注意：蒽醌用甲醇溶解时，应采用回流装置水浴加热方能完全溶解。

b. 0.0400mg·mL^{-1}的蒽醌标准溶液　移取20.00mL质量浓度为0.100mg·mL^{-1}的蒽醌标准溶液于50mL容量瓶中，用甲醇稀释至标线，混匀。

c. 0.0900mg·mL^{-1}邻苯二甲酸酐标准溶液　准确称取0.0900g邻苯二甲酸酐，加甲醇溶解后，定量转移至1000mL容量瓶中，用甲醇稀释至标线，摇匀。

② 仪器使用前准备

a. 打开样品室盖，取出样品室内干燥剂，接通电源，预热20min并点亮氘灯。

b. 检查仪器波长示值准确性。清洗石英吸收池，进行成套性检验。

c. 将仪器调试至工作状态。

③ 绘制吸收曲线

a. 蒽醌吸收曲线的绘制　移取0.0400mg·mL^{-1}的蒽醌标准溶液2.00mL于10mL容量瓶中，用甲醇稀释至标线，摇匀。用1cm吸收池，以甲醇为参比，在200～380nm波段，每隔10nm测定一次吸光度（峰值附近每隔2nm测一次）绘出吸收曲线，确定最大吸收波长。

b. 邻苯二甲酸酐吸收曲线绘制　取0.0900mg·mL^{-1}的邻苯二甲酸酐标准溶液于1cm吸收池中，以甲醇为参比，在240～330nm波段，每隔10nm测定一次吸光度（峰值附近每隔2nm测一次），绘出吸收曲线，确定最大吸收波长。

注意：改变波长，必须重调参比溶液τ=100%。

④ 绘制蒽醌工作曲线　用吸量管分别吸取0.0400mg·mL^{-1}的蒽醌标准溶液2.00mL、4.00mL、6.00mL、8.00mL于4个10mL容量瓶中，用甲醇稀释至标线，摇匀。用1cm吸收池，以甲醇为参比，在最大吸收波长处，分别测定吸光度，并记录之。

⑤ 测定蒽醌试样中蒽醌含量　准确称取蒽醌试样0.0100g，按溶解标样的方法溶解并转移至250mL容量瓶中，用甲醇稀释至标线，摇匀。吸取三份4.00mL该溶液于三个10mL容量瓶中，再以甲醇稀释至标线，摇匀。用1cm吸收池，以甲醇为参比，在确定的入射光波长处测定吸光度并记录之。

⑥ 结束工作

a. 实验完毕，关闭电源，取出吸收池，清洗晾干放入盒内保存。

b. 清理工作台，罩上仪器防尘罩，填写仪器使用记录。

(5) 注意事项

① 本实验应完全无水，故所有玻璃器皿应干燥。

② 甲醇易挥发，对眼睛有害，使用时应注意安全。

(6) 数据处理

① 绘制蒽醌及邻苯二甲酸酐的吸收曲线，确定入射光波长。

② 绘制蒽醌的A-c工作曲线，计算回归方程和相关系数。

③ 利用工作曲线，由试样的测定结果，求出试样中蒽醌的平均含量，计算测定相对平均偏差。

(7) 思考题

① 本实验为什么要使用甲醇作参比？

② 若既要测蒽醌含量又要测出杂质邻苯二甲酸酐的含量，应如何进行？

③ 为什么紫外分光光度计定量测定中没加显色剂？

*1.5.5.3 训练项目1.9 紫外分光光度法同时测定维生素C和维生素E

(1) 训练目的 了解在紫外光谱区同时测定双组分体系——维生素C和维生素E。

(2) 方法原理 维生素C（抗坏血酸）和维生素E（α-生育酚）在食品中能起抗氧化剂作用，即它们在一定时间内能防止油脂变酸。维生素C是水溶性的，维生素E是脂溶性的，但它们都能溶于无水乙醇，因此能在同一溶液中，用与可见分光光度法测定双组分相同的原理，在紫外光区测定它们。

(3) 仪器和试剂

① 仪器 紫外-可见分光光度计，石英吸收池，50mL容量瓶9只，1000mL容量瓶2只，10mL吸量管2只。

② 试剂 维生素C（抗坏血酸），维生素E（α-生育酚），无水乙醇。

(4) 训练内容与操作步骤

① 准备工作

a. 清洗容量瓶等需要使用的玻璃仪器，晾干待用。

b. 检查仪器，开机预热20min，并调试至正常工作状态。

② 配制系列标准溶液

a. 配制维生素C系列标准溶液 称取0.0132g维生素C，溶于无水乙醇中，定量转移入1000mL容量瓶中，用无水乙醇稀释至标线，摇匀，此溶液浓度为$7.50\times10^{-5}\,mol\cdot L^{-1}$。分别吸取上述溶液4.00mL、6.00mL、8.00mL、10.00mL于4个洁净且干燥的50mL容量瓶中，用无水乙醇稀释至标线，摇匀。

b. 配制维生素E系列标准溶液 称取维生素E（α-生育酚）0.0488g溶于无水乙醇中，定量转移入1000mL容量瓶中，用无水乙醇稀释至标线，摇匀，此溶液浓度为$1.13\times10^{-4}\,mol\cdot L^{-1}$。分别吸取上述所配标准溶液4.00mL、6.00mL、8.00mL、10.00mL于4个洁净且干燥的50mL容量瓶中，用无水乙醇稀释至标线，摇匀。

③ 绘制吸收光谱曲线 以无水乙醇为参比，在220～320nm范围绘制维生素C和维生素E的吸收光谱曲线，并确定入射光波长λ_1和λ_2。

④ 绘制工作曲线 以无水乙醇为参比，分别在λ_1和λ_2测定维生素C和维生素E系列标准溶液的吸光度并记录测定结果和实验条件。

⑤ 试样的测定 取未知液5.00mL于50mL容量瓶中，用无水乙醇稀释至标线，摇匀。在λ_1和λ_2分别测出吸光度$A_{\lambda_1}^{C+E}$，$A_{\lambda_2}^{C+E}$。

⑥ 结束工作

a. 实验完毕，关闭电源。取出吸收池，清洗晾干后入盒保存。

b. 清理工作台，罩上仪器防尘罩，填写仪器使用记录。

(5) 注意事项 试液取样量应经实验来调整，使其吸光度在适宜的范围内为宜。

(6) 数据处理

① 绘制维生素C（抗坏血酸）和维生素E（α-生育酚）的吸收曲线。

② 分别绘制维生素C和维生素E在λ_1和λ_2时的四条工作曲线，求出四条直线的斜率，即$\varepsilon_{\lambda_1}^{C}$、$\varepsilon_{\lambda_2}^{C}$、$\varepsilon_{\lambda_1}^{E}$和$\varepsilon_{\lambda_2}^{E}$。

③ 由测得的未知液$A_{\lambda_1}^{C+E}$和$A_{\lambda_2}^{C+E}$，利用式(1-15) 计算未知样中维生素C和维生素E的浓度。

（7）思考题　使用本方法测定维生素C和维生素E是否灵敏？解释其原因。

1.5.5.4　紫外分光光度法——有机物的定性与定量分析

（1）训练目的　能应用紫外分光光度法对有机物进行定性与定量分析。

（2）方法原理　不同的有机化合物具有不同的吸收光谱，因此根据化合物的紫外吸收光谱中特征吸收峰的波长和强度可以进行物质的鉴定和纯度的检查。

紫外吸收光谱定性分析一般采用比较光谱法。所谓比较光谱法是将经提纯的样品和标准物用相同溶剂配成溶液，并在相同条件下绘制吸收光谱曲线，比较其吸收光谱是否一致。如果紫外吸收光谱曲线完全相同（包括曲线形状、λ_{max}、λ_{min}、吸收峰数目、拐点及ε_{max}等)。则可初步认为是同一种化合物。为了进一步确认可更换另一种溶剂重新测定后再作比较。本试验通过比较有机物的紫外吸收光谱曲线进行试样的定性分析。

紫外分光光度法定量分析与可见分光光度法定量分析的定量依据和定量方法相同，在进行紫外定量分析时应选择好测定波长和溶剂。通常情况下一般选择λ_{max}作测定波长，若在λ_{max}处共存的其他物质也有吸收，则应另选ε较大、而共存物质没有吸收的波长作测定波长。选择溶剂时要注意所用溶剂在测定波长处应没有明显的吸收，而且对被测物溶解性要好，不和被测物发生作用，不含干扰测定的物质。配制合适浓度的标准溶液绘制工作曲线进行样品的定量分析。

（3）仪器和试剂

① 仪器　紫外-可见分光光度计，石英吸收池一对，50mL容量瓶8只，100mL容量瓶3只，10mL、5 mL、2 mL、1 mL移液管各1只。

② 试剂

a. 无水乙醇（A. R.）。

b. 标准贮备液：对硝基苯酚（配制成1mg·mL^{-1}乙醇溶液)、硝基苯（配制成1mg·mL^{-1}乙醇溶液)、维生素C（配制成1mg·mL^{-1}乙醇溶液)。

c. 试样溶液（其溶剂为乙醇，主成分为对硝基苯酚、硝基苯、维生素C中一种，浓度在15～25μg·mL^{-1}范围内)。

（4）训练内容与操作步骤

① 准备工作

a. 清洗容量瓶等需要使用的玻璃仪器，晾干待用。

b. 检查仪器，开机预热20min，并调试至正常工作状态。

② 绘制吸收光谱曲线　分别移取1.00mL的标准品贮备液至100mL容量瓶中，稀释至刻线。在210～340nm处绘制各标准溶液相应的吸收曲线。用试样溶液在210～340nm处绘制试样的吸收曲线。

③ 试样成分定性　根据绘制的标准品与试样的紫外吸收曲线，判断试样的成分。

④ 绘制工作曲线　以无水乙醇为溶剂，根据定性结果选择合适的标准品标准溶液，根据试样的吸光度大小，配制一系列标准溶液，并以无水乙醇为参比，做出工作曲线。

⑤ 试样的测定　配制合适的试样浓度，测定试样溶液的吸光度并记录数据，平行测定两次。

⑥ 结束工作

a. 实验完毕，关闭电源。取出吸收池，清洗晾干后入盒保存。

b. 清理工作台，罩上仪器防尘罩，填写仪器使用记录。

（5）注意事项

① 标准品工作曲线相关系数要求在 0.999 以上。

② 试液取样量应经实验来调整，以使其吸光度在适宜的范围内为宜。

（6）数据处理

① 绘制标准品的吸收曲线。

② 绘制试样溶液的吸收曲线。

③ 根据标准品与试样溶液的吸收曲线判断试样的成分。

④ 绘制工作曲线，计算相关系数，根据工作曲线，计算试样含量。

（7）思考题

① 在使用该方法进行试样定性分析的时候，为确保结果准确，可以采用什么方法进行验证？

② 在做工作曲线时，溶液浓度的选择需注意些什么？有没有什么规律？如有，请归纳一下？

思考与练习 1.5

（1）解释下列名词术语

生色团和助色团　红移和蓝移　增色效应和减色效应　溶剂效应

（2）下列含有杂原子的饱和有机化合物均有 $n\rightarrow\sigma^*$ 电子跃迁，试指出哪种化合物出现此吸收带的波长较长？

A. 甲醇　　B. 氯仿

C. 一氟甲烷　　D. 碘仿

（3）在紫外可见光区有吸收的化合物是（　　）。

A. $CH_3-CH_2-CH_3$　　B. CH_3-CH_2-OH

C. $CH_2=CH-CH_2-CH=CH_2$　　D. $CH_3-CH=CH-CH=CH-CH_3$

（4）下列化合物中，吸收波长最长的是（　　）。

A. 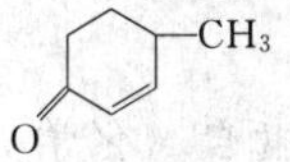 CH_3 O　　B. 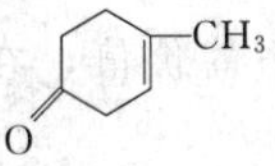 CH_3 O

C. 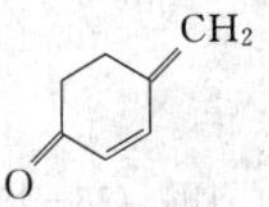 CH_2 O　　D. 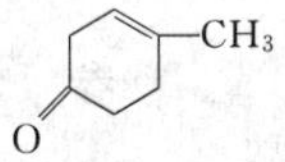 CH_3 O

（5）在亚异丙基丙酮 $CH_3-C(=O)-CH=C(CH_3)_2$ 中，$n\rightarrow\pi^*$ 跃迁的吸收带，在下述哪一种溶剂中测定时，其最大吸收的波长最长（　　）。

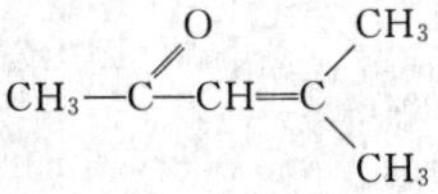

A. 水　　B. 甲醇

C. 正己烷　　D. 氯仿

（6）某化合物在正己烷和乙醇中分别测得最大吸收波长 $\lambda_{max}=305$nm 和 $\lambda_{max}=307$nm，试指出该吸收是由哪一种跃迁类型所引起？

（7）在下列信息基础上，说明各属于哪种异构体：α 异构体的吸收峰在 228nm（$\varepsilon=14000L\cdot mol^{-1}\cdot cm^{-1}$），而 β 异构体在 296nm 处有一吸收带（$\varepsilon=11000L\cdot mol^{-1}\cdot cm^{-1}$）。这两种结构是：

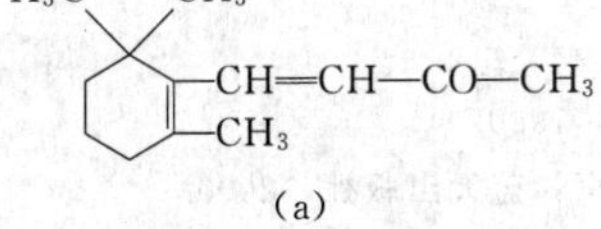

H_3C CH_3 $-CH=CH-CO-CH_3$ CH_3 （a）

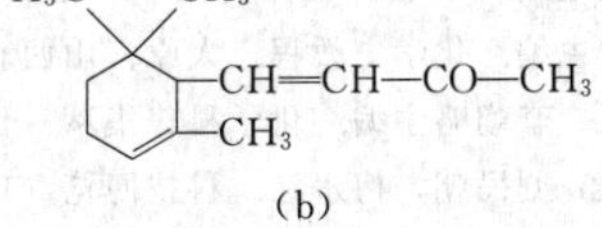

H_3C CH_3 $-CH=CH-CO-CH_3$ CH_3 （b）

伍德沃德与“伍氏规则”

伍德沃德（R. B. Woodward，Robert Burns）1917年4月10日生于美国马塞诸塞州波士顿。他从童年时代就对化学非常有兴趣，常在家中的地下室进行化学实验。16岁时进入麻省理工学院读书，三年后获学士学位，一年后又得到博士学位，年仅20岁。

伍德沃德是当代公认最杰出的有机化学家之一。他一生获得过24个名誉博士学位，都是世界上许多著名大学授予的，其中有哈佛、剑桥、芝加哥、哥伦比亚、鲁文、皮尔及玛丽·居里和曼彻斯特等大学。他还接受过24次各国最高的奖状和奖金，发表了200余篇论文。伍德沃德以合成复杂天然有机化合物闻名于世，达到了当代有机合成的顶峰。但实际上，他是一位非常全面的化学家，绝不仅仅限于有机合成。他的工作及业绩大致可分为三类：一是提倡仪器方法的使用；二是重要理论及方法的创建；三是复杂天然有机化合物结构的测定及合成，但它们彼此之间并不是独立的，而是有着紧密的联系。

在提倡仪器方法的使用上，伍德沃德不仅是对某几项工作做出成果，而是强调这个方法的重要，并预见到它将在整个化学领域起到非常重要的作用。例如，紫外光谱已有很久的历史，但直到20世纪40年代，才逐渐在有机化学领域中得到普遍的使用。伍德沃德是这一方法的积极倡议者和开拓者，他预见到仪器分析法将能发挥无可比拟的威力。在研究萜类天然产物的结构时，他通过观察烷基和羰基取代在共轭体系中紫外吸收变化的规则，得到了一系列经验规律，对紫外吸收光谱法的应用做出重要的贡献，发现了众所周知的“伍氏规则”。这一贡献使紫外吸收在测定结构时成为非常方便的一种方法。至今人们还在利用这个规则推测共轭二烯、多烯烃及共轭烯酮类化合物的最大吸收波长。伍德沃德的工作不仅在理论上达到很高的境界，应用上也有很高的价值，在生产上也起了很大的作用。

摘自《化学史教程》

参 考 文 献

[1] 中华人民共和国国家标准，GB 605—2006，GB/T 9721—2006，GB/T 9739—2006，JJG 178—1996，JJG 375—1996.
[2] 刘珍主编. 化验员读本. 第4版. 北京：化学工业出版社，2004.
[3] 梁述忠主编. 仪器分析. 第2版. 北京：化学工业出版社，2008.
[4] 董慧茹主编. 仪器分析. 北京：化学工业出版社，2000.
[5] 张剑荣，戚苓，方惠群编. 仪器分析实验. 北京：科学出版社，1999.
[6] 陈培榕，邓勃主编. 现代仪器分析实验与技术. 北京：清华大学出版社，1999.
[7] 黄一石主编. 仪器分析技术. 北京：化学工业出版社，2000.
[8] 罗庆尧等编著. 分光光度法. 北京：科学出版社，1998.
[9] 施荫玉，冯亚非编. 仪器分析解题指南与习题. 北京：高等教育出版社，1998.
[10] 朱良漪主编. 分析仪器手册. 北京：化学工业出版社，2002.
[11] 柯以侃，董慧茹主编. 分析化学手册. 第三分册. 第2版. 北京：化学工业出版社，1998.
[12] 汪尔康主编. 21世纪的分析化学. 北京：科学出版社，1999.
[13] 张家治主编. 化学史教程. 太原：山西教育出版社，1997.
[14] 罗盛祖，李朝略主编. 化学科普集萃. 长沙：湖南科学技术出版社，1990.
[15] 冯存礼，刘民朝，梅永红. 科技博览（1998.6～1999.10，下）. 北京：蓝天出版社，2000.
[16] 黄一石主编. 分析仪器操作技术与维护. 北京：化学工业出版社，2005.

紫外-可见分光光度分析技能考核表（一）

知识要求	鉴定范围	鉴定内容	鉴定比重（100）
基础知识	光谱分析基础知识	① 电子跃迁和分子能级以及能级跃迁的条件 ② 电磁波谱的分类以及不同波段对应于不同的光谱分析方法 ③ 分光光度法的基本原理 ④ 光的吸收定律——朗伯-比耳定律	15
专业知识	方法原理	① 物质对光的选择性吸收 ② 可见-紫外分光光度分析有关名词术语（吸收光谱曲线、吸光度、透射比、吸光系数、摩尔吸光系数、吸收池、生色团、助色团、蓝移、红移、K吸收带、B吸收带、R吸收带） ③ 分析方法（目视比色法、分光光度法） ④ 分光光度计的工作流程及组成部分（光源、单色器、吸收池、检测器、显示系统）的构造，工作原理 ⑤ 紫外分光光度法的定性分析 ⑥ 定量分析方法（比较法、工作曲线法） ⑦ 显色反应、显色剂、显色反应的条件选择 ⑧ 测量条件的选择［入射光波长、吸收池厚度、参比液选择、吸光度范围调节（0.2～0.8）］	50
仪器设备的使用与调试	主要仪器	① 可见-紫外分光光度计各部件的使用 ② 可见-紫外分光光度计操作条件的选择	15
	仪器的调试	① 波长的校正 ② 入射光波长的选择 ③ 吸收池配套检验方法 ④ 调仪器零点（$\tau=0$），调参比零点（$\tau=100\%$）	10
相关知识	① 标准溶液配制方法（国家标准），辅助试剂的配制，溶液浓度表示方法 ② 分析天平的使用方法、移液管和容量瓶使用方法		10

紫外-可见分光光度分析技能考核表（二）

操作要求	鉴定范围	鉴定内容	鉴定比重（100）
操作技能	基本操作技能	① 标准贮备溶液的配制和标准工作溶液的配制 ② 开机、关机操作 ③ 光度测量操作（波长校正、调试，吸收池的配套使用，光度测量方法） ④ 正确记录数据和正确绘制工作曲线以及工作曲线的正确使用 ⑤ 显色反应条件的选择（显色剂的选择、用量，酸度，显色时间、温度，干扰离子） ⑥ 能够正确使用镨钕滤光片校正仪器波长 ⑦ 数据的正确处理	60
仪器的使用与维护	设备的使用与维护	① 正确使用光源（钨丝灯、氢灯、氘灯） ② 正确使用单色器（棱镜或衍射光栅） ③ 正确使用光电管（或光电池） ④ 分光光度计日常维护与保养 ⑤ 仪器常见简单故障的排除	15
	玻璃仪器的使用与维护	① 正确使用比色管、吸收池 ② 正确使用烧杯、滴管、容量瓶、移液管、玻璃棒等	15
安全及其他	① 合理支配时间 ② 保持整洁、有序的工作环境 ③ 合理处理、排放废液 ④ 安全用电		10

2 原子吸收光谱法

（Atomic Absorption Spectrometry，AAS）

学习指南 原子吸收光谱法（AAS）是目前微量和痕量元素分析中灵敏且有效的方法之一，它广泛地应用于各个领域。本章主要介绍方法的基本原理、仪器、实验技术等。通过学习，应重点掌握原子吸收光谱法基本原理、原子吸收分光光度计的工作条件和使用及维护方法、最佳实验条件选择、定量方法等知识要点。通过技能训练应能正确配制标准溶液和处理试样；能熟练地将仪器调试到最佳工作状态并对样品进行分析检验；能对实验数据进行正确分析和处理并准确表述分析结果；能对仪器进行日常维护保养工作，学会排除简单的故障。学习过程中，如能复习已经学习过的相关知识，如无机化学中原子结构、金属和可燃性气体等性质，对理解和掌握本章的知识要点会很有帮助。认真完成技能训练是掌握操作技能的最好方法。此外，还可以通过查阅所提供的参考文献和阅读园地了解一些新技术，以拓宽自己的知识面。

2.1 概述

2.1.1 原子吸收光谱的发现与发展

原子吸收光谱法是根据基态原子对特征波长光的吸收，测定试样中待测元素含量的分析方法，简称原子吸收分析法。

早在 1859 年基尔霍夫就成功地解释了太阳光谱中暗线产生的原因，并且应用于太阳外围大气组成的分析。但原子吸收光谱作为一种分析方法，却是从 1955 年澳大利亚物理学家 A. Walsh 发表了“原子吸收光谱在化学分析中的应用”的论文以后才开始的。这篇论文奠定了原子吸收光谱分析的理论基础。20 世纪 50 年代末和 60 年代初，市场上出现了供分析用的商品原子吸收分光光度计。1961 年前苏联的 Б. В. Львов 提出电热原子化吸收分析，提高了原子吸收分析的灵敏度。1965 年威尼斯（J. B. Willis）将氧化亚氮-乙炔火焰成功地应用于火焰原子吸收法，大大扩大了火焰原子化吸收法的应用范围，自 20 世纪 60 年代后期开始“间接”原子吸收光谱法的开发，使得原子吸收光谱法不仅可测金属元素还可测一些非金属元素（如卤素、硫、磷）和一些有机化合物（如维生素 B_{12}、葡萄糖、核糖核酸酶等），为原子吸收光谱法开辟了广泛的应用领域。

近年来，计算机、微电子、自动化、人工智能技术等的发展，各种新材料与元器件的出现，大大改善了仪器性能，使原子吸收分光光度计的精度和准确度及自动化程度有了极大提高，使原子吸收光谱法成为痕量元素分析的灵敏且有效方法之一，广泛地应用于各个领域。

2.1.2 原子吸收光谱分析过程

原子吸收光谱分析过程如图 2-1 所示。试液喷射成细雾与燃气、助燃气混合后进入燃烧的火焰中，被测元素在火焰中转化为原子蒸气。气态的基态原子吸收从光源发射出的与被测元素吸收波长相同的特征谱线，使该谱线的强度减弱，再经分光系统分光后，由检测器接收。产生的电信号，经放大器放大，由显示系统显示吸光度或光谱图。

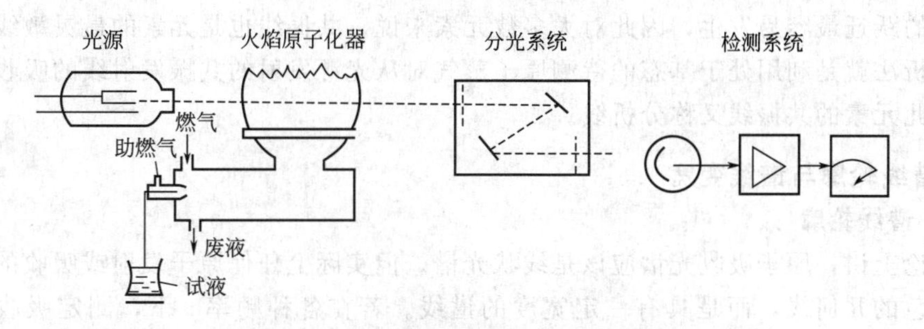

图 2-1 原子吸收光谱分析过程示意图

原子吸收光谱法与紫外吸收光谱法都是基于物质对紫外和可见光的吸收而建立起来的分析方法，属于吸收光谱分析，但它们吸光物质的状态不同。原子吸收光谱分析中，吸收物质是基态原子蒸气，而紫外-可见分光光度分析中的吸光物质是溶液中的分子或离子。原子吸收光谱是线状光谱，而紫外-可见吸收光谱是带状光谱，这是两种方法的主要区别。正是由于这种差别，它们所用的仪器及分析方法都有许多不同之处。

2.1.3 原子吸收光谱法的特点和应用范围

原子吸收光谱法有以下特点。

(1) 灵敏度高检出限低　火焰原子吸收光谱法的检出限可达每毫升微克量级；无火焰原子吸收光谱法的检出限可达 $10^{-10} \sim 10^{-14}$ g。

(2) 准确度好　火焰原子吸收光谱法的相对误差小于 1%，其准确度接近经典化学方法。石墨炉原子吸收法的相对误差一般为 3%～5%。

(3) 选择性好　用原子吸收光谱法测定元素含量时，通常共存元素对待测元素干扰少，若实验条件合适一般可以在不分离共存元素的情况下直接测定。

(4) 操作简便，分析速度快　在准备工作做好后，一般几分钟即可完成一种元素的测定。

(5) 应用广泛　原子吸收光谱法被广泛应用于各领域中，它可以直接测定 70 多种金属元素，也可以用间接方法测定一些非金属元素和有机化合物。

原子吸收光谱法的不足之处是：由于分析不同元素，必须使用不同元素灯，因此多元素同时测定尚有困难。有些元素的灵敏度还比较低（如钍、铪、钽等）。对于复杂样品仍需要进行复杂的化学预处理，否则干扰将比较严重。

2.2 基本原理

2.2.1 共振线和吸收线

任何元素的原子都是由原子核和围绕原子核运动的电子组成的。这些电子按其能量的高低分层分布，而具有不同能级，因此一个原子可具有多种能级状态。在正常状态下，原子处于最低能态（这个能态最稳定）称为基态。处于基态的原子称基态原子。基态原子受到外界能量（如热能、光能等）激发时，其外层电子吸收了一定能量而跃迁到不同高能态，因此原子可能有不同的激发态。当电子吸收一定能量从基态跃迁到能量最低的激发态时所产生的吸收谱线，称为共振吸收线，简称共振线。当电子从第一激发态跃回基态时，则发射出同样频率的光辐射，其对应的谱线称为共振发射线，也简称共振线。

由于不同元素的原子结构不同，因此其共振线也各有特征。由于原子的能态从基态到最低激发态的跃迁最容易发生，因此对大多数元素来说，共振线也是元素的最灵敏线。原子吸收光谱分析法就是利用处于基态的待测原子蒸气对从光源发射的共振发射线的吸收来进行分析的，因此元素的共振线又称分析线。

2.2.2 谱线轮廓与谱线变宽

2.2.2.1 谱线轮廓

从理论上讲，原子吸收光谱应该是线状光谱。但实际上任何原子发射或吸收的谱线都不是绝对单色的几何线，而是具有一定宽度的谱线。若在各种频率 ν 下，测定吸收系数 K_ν，以 K_ν 为纵坐标，ν 为横坐标，可得如图 2-2 所示曲线，称为吸收曲线。曲线极大值对应的频率 ν_0 称为中心频率。中心频率所对应的吸收系数称为峰值吸收系数，用 K_0 表示。在峰值吸收系数一半（$K_0/2$）处，吸收曲线呈现的宽度称为吸收曲线半宽度，以频率差 $\Delta\nu$ 表示。吸收曲线的半宽度 $\Delta\nu$ 的数量级为 10^{-3}～10^{-2}nm（折合成波长）。吸收曲线的形状就是谱线轮廓。

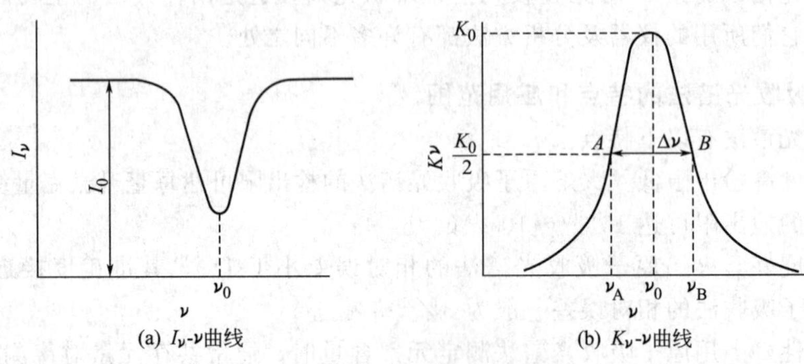

图 2-2 吸收线轮廓

2.2.2.2 谱线变宽

原子吸收谱线变宽的原因较为复杂，一般由两方面的因素决定。一方面是由原子本身的性质决定了谱线的自然宽度；另一方面是由于外界因素的影响引起的谱线变宽。谱线变宽效应可用 $\Delta\nu$ 和 K_0 的变化来描述。

（1）自然变宽 $\Delta\nu_N$　在没有外界因素影响的情况下，谱线本身固有的宽度称为自然宽度（10^{-5}nm）。不同谱线的自然宽度不同，它与原子发生能级跃迁时激发态原子平均寿命（10^{-8}～10^{-5}s）有关，寿命长则谱线宽度窄。谱线自然宽度造成的影响与其他变宽因素相比要小得多，其大小一般在 10^{-5}nm 数量级。

（2）多普勒（Doppler）变宽 $\Delta\nu_D$　多普勒变宽是由于原子在空间做无规则热运动而引起的，所以又称热变宽。多普勒变宽与元素的相对原子质量、温度和谱线的频率有关❶。被测元素的相对原子质量 A_r 越小，温度越高，则 $\Delta\nu_D$ 就越大。在一定温度范围内，温度微小变化对谱线宽度影响较小。

（3）压力变宽　压力变宽是由产生吸收的原子与蒸气中原子或分子相互碰撞而引起的谱线变宽，所以又称为碰撞变宽。根据碰撞种类，压力变宽又可以分为两类：一是劳伦兹（Lorentz）变宽，它是产生吸收的原子与其他粒子（如外来气体的原子、离子或分子）碰撞

❶　多普勒变宽程度可用式 $\Delta\nu_D=0.716\times10^{-6}\nu_0\sqrt{\frac{T}{A_r}}$表示。式中 ν_0 为中心频率；T 为热力学温度；A_r 为相对原子质量。

而引起的谱线变宽。劳伦兹变宽（$\Delta\nu_L$）随外界气体压力的升高而加剧，随温度的升高谱线变宽呈下降的趋势。劳伦兹变宽使中心频率位移，谱线轮廓不对称，影响分析的灵敏度。二是赫鲁兹马克（Holtzmork）变宽，又称共振变宽，它是由同种原子之间发生碰撞而引起的谱线变宽，共振变宽只在被测元素浓度较高时才有影响。

除上面所述的变宽原因之外，还有其他一些影响因素。但在通常的原子吸收实验条件下，吸收线轮廓主要受多普勒和劳伦兹变宽影响。当采用火焰原子化器时，劳伦兹变宽为主要因素。当采用无火焰原子化器时，多普勒变宽占主要地位。

2.2.3 原子蒸气中基态与激发态原子数的比值

原子吸收光谱是以测定基态原子对同种原子特征辐射的吸收为依据的。当进行原子吸收光谱分析时，首先要使样品中待测元素由化合物状态转变为基态原子，这个过程称为原子化过程，通常是通过燃烧加热来实现。待测元素由化合物离解为原子时，多数原子处于基态状态，其中还有一部分原子会吸收较高的能量被激发而处于激发态。理论和实践都已证明，由于原子化过程常用的火焰温度多数低于 3000K，因此对大多数元素来说，火焰中激发态原子数远远小于基态原子数（小于 1%），因此可以用基态原子数 N_0 代替吸收辐射的原子总数。

2.2.4 原子吸收值与待测元素浓度的定量关系

2.2.4.1 积分吸收

原子蒸气层中的基态原子吸收共振线的全部能量称为积分吸收，它相当于如图 2-2 所示吸收线轮廓下面所包围的整个面积，以数学式表示为 $\int K_\nu \mathrm{d}\nu$。理论证明谱线的积分吸收与基态原子数的关系为：

$$\int K_\nu \mathrm{d}\nu = \frac{\pi e^2}{mc} f N_0 \tag{2-1}$$

式中，e 为电子电荷；m 为电子质量；c 为光速；f 为振子强度，表示能被光源激发的每个原子的平均电子数，在一定条件下对一定元素，f 为定值；N_0 为单位体积原子蒸气中的基态原子数。

在火焰原子化法中，当火焰温度一定时，N_0 与喷雾速度、雾化效率以及试液浓度等因素有关，而当喷雾速度等实验条件恒定时，单位体积原子蒸气中的基态原子数 N_0 与试液浓度成正比，即 $N_0 \propto c$。对给定元素，在一定实验条件下，$\frac{\pi e^2}{mc} f$ 为常数。因此

$$\int K_\nu \mathrm{d}\nu = kc \tag{2-2}$$

式(2-2) 表明，在一定实验条件下，基态原子蒸气的积分吸收与试液中待测元素的浓度成正比。因此，如果能准确测量出积分吸收就可以求出试液浓度。然而要测出宽度只有 10^{-3}～10^{-2}nm 吸收线的积分吸收，就需要采用高分辨率的单色器，这在目前的技术条件下还难以做到。所以原子吸收法无法通过测量积分吸收求出被测元素的浓度。

2.2.4.2 峰值吸收

1955 年 A. Walsh 以锐线光源为激发光源，用测量峰值吸收系数 K_0 的方法来替代积分吸收。所谓锐线光源是指能发射出谱线半宽度很窄（$\Delta\nu$ 为 0.0005～0.002nm）的共振线的光源。峰值吸收是指基态原子蒸气对入射光中心频率线的吸收。峰值吸收的大小以峰值吸收系数 K_0 表示。

假如仅考虑原子热运动，并且吸收线的轮廓取决于多普勒变宽，则：

$$K_0 = \frac{N_0}{\Delta\nu_D} \cdot \frac{2\sqrt{\pi \ln 2}\, e^2 f}{mc} \tag{2-3}$$

当温度等实验条件恒定时，对给定元素，$\frac{2\sqrt{\pi\ln2}e^2f}{\Delta\nu_D mc}$为常数，因此

$$K_0=k'c \tag{2-4}$$

式(2-4) 表明，在一定实验条件下，基态原子蒸气的峰值吸收与试液中待测元素的浓度成正比。因此可以通过峰值吸收的测量进行定量分析。

为了测定峰值吸收 K_0，必须使用锐线光源代替连续光源，也就是说必须有一个与吸收线中心频率 ν_0 相同、半宽度比吸收线更窄的发射线作光源，如图 2-3 所示。

2.2.4.3　原子吸收与原子浓度的关系

虽然峰值吸收 K_0 与试液浓度在一定条件下成正比关系，但在实际测量过程中并不是直接测量 K_0 值大小，而是通过测量基态原子蒸气的吸光度并根据吸收定律进行定量的。

设待测元素的锐线光通量为 Φ_0，当其垂直通过光程为 b 的基态原子蒸气时，由于被试样中待测元素的基态原子蒸气吸收，光通量减小为 Φ_{tr}（如图 2-4 所示）。

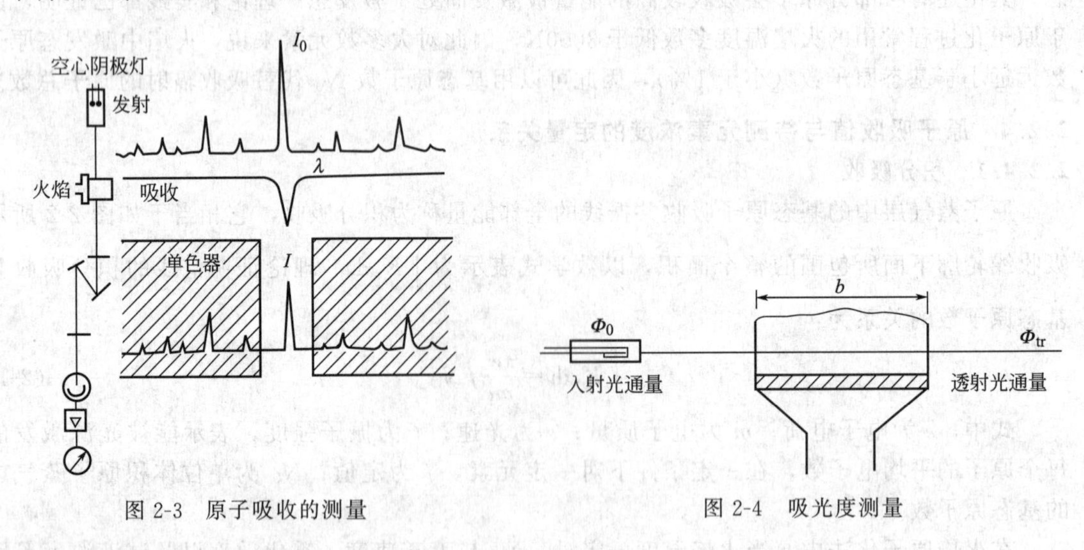

图 2-3　原子吸收的测量　　　　图 2-4　吸光度测量

根据光吸收定律，$\frac{\Phi_{tr}}{\Phi_0}=e^{-K_0b}$

因此
$$A=\lg\frac{\Phi_0}{\Phi_{tr}}=K_0b\lg e$$

即
$$A=\lg eK_0b \tag{2-5}$$

根据式(2-4) 得
$$A=\lg ek'cb$$

当实验条件一定时：$\lg ek'$为一常数，令 $\lg ek'=K$

则
$$A=Kcb \tag{2-6}$$

式(2-6) 表明，当锐线光源强度及其他实验条件一定时，基态原子蒸气的吸光度与试液中待测元素的浓度及光程长度（火焰法中燃烧器的缝长）的乘积成正比。火焰法中 b 通常不变，因此式(2-6) 可写为

$$A=K'c \tag{2-7}$$

式中，K'为与实验条件有关的常数。式(2-6)，式(2-7) 即为原子吸收光谱法定量依据。

思考与练习 2.2

（1）解释以下名词术语

共振发射线　共振吸收线　吸收轮廓　谱线半宽度　中心频率　峰值吸收系数　自然变宽　多普勒变

宽　劳伦兹变宽　积分吸收　峰值吸收

（2）原子吸收光谱法与紫外-可见分光光度法有何异同点？

（3）原子吸收光谱法基本原理是什么？

（4）原子吸收中影响谱线变宽的因素有哪些？

（5）为什么在原子吸收分析时采用峰值吸收而不应用积分吸收？

（6）测量峰值吸收的条件是什么？

化学家的通式“C_4H_4”

厦门大学的著名化学家张资教授曾对化学家应具备的素养提出精辟的见解，并巧妙而形象地概括为：化学家的“组成通式”是 C_3H_3。C_3H_3 指的是：Clear-Head（聪明的头脑）、Clever-Hands（灵巧的双手）和 Clean-Habit（清洁的习惯）。原中国科学院院长卢嘉锡教授对此深表赞赏。从 C_3H_3 可以看出，老一辈化学家对实验方面的要求是非常高的，甚至对应养成干净清洁的习惯也提到了这样高的地位，可见他们治学的严谨态度。

由于现今科学技术迅速发展，科学研究工作的重要性亦日愈增强，贾宗超教授又提出一个新的“CH”，以适应新的要求。这个 CH 即是 Curious-Heart（好奇的精神）。记得一位英国高分子物理化学家说过：“‘好奇心’乃是研究工作的起点”。对于通式 C_4H_4，我们还可以将意思稍稍引申一下，从碳氢比来看，C_4H_4 是高度不饱和的，应具有很高的化学活性，对许多试剂高度敏感而发生反应。由此对照，作为一个化学家，亦应具有高度活力——精力充沛地、创造性地工作、学习，同时对各种新事物新技术高度敏感——尽可能多地吸收新的科学技术。

摘自《化学科普集萃》

2.3　原子吸收分光光度计

2.3.1　原子吸收分光光度计的主要部件

原子吸收光谱分析用的仪器称为原子吸收分光光度计或原子吸收光谱仪。原子吸收分光光度计主要由光源、原子化系统、单色器、检测系统四个部分组成，如图 2-5 所示。

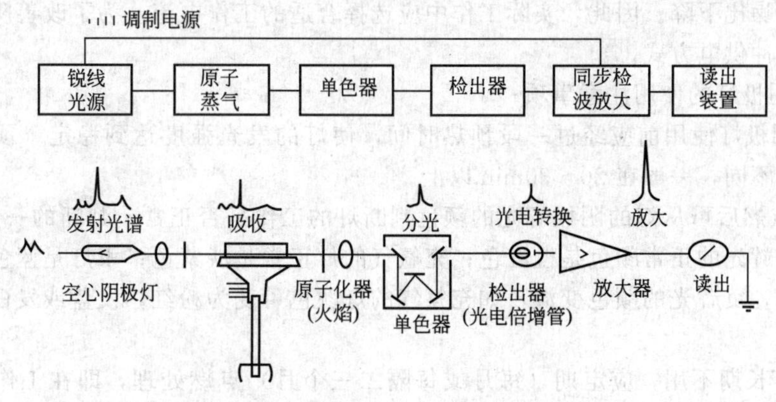

图 2-5　原子吸收分光光度计基本构造示意图

2.3.1.1　光源

光源的作用是发射待测元素的特征光谱，供测量用。为了保证峰值吸收的测量，要求光源必须能发射出比吸收线宽度更窄，并且强度大而稳定、背景低、噪声小，使用寿命长的线光谱。空心阴极灯、无极放电灯、蒸气放电灯和激光光源灯都能满足上述要求，其中应用最广泛的是空心阴极灯和无极放电灯。

(1) 空心阴极灯

① 空心阴极灯的构造和工作原理　空心阴极灯又称元素灯，其构造如图 2-6 所示。它由一个在钨棒上镶钛丝或钽片的阳极和一个由发射所需特征谱线的金属或合金制成的空心筒状阴极组成。阳极和阴极封闭在带有光学窗口的硬质玻璃管内。管内充有几百帕低压惰性气体（氖或氩）。当在两电极施加300～500V电压时，阴极灯开始辉光放电。电子从空心阴极射向阳极，并与周围惰性气体碰撞使之电离。所产生的惰性气体的阳离子获得足够能量，在电场作用下撞击阴极内壁，使阴极表面上的自由原子溅射出来，溅射出的金属原子再与电子、正离子、气体原子碰撞而被激发，当激发态原子返回基态时，辐射出特征频率的锐线光谱。为了保证光源仅发射频率范围很窄的锐线，要求阴极材料具有很高的纯度。通常单元素的空心阴极灯只能用于一种元素的测定，这类灯发射线干扰少、强度高，但每测一种元素需要更换一种灯。若阴极材料使用多种元素的合金，可制得多元素灯。多元素灯工作时可同时发出多种元素的共振线，可连续测定几种元素，减少了换灯的麻烦，但光强度较弱，容易产生干扰，使用前应先检查测定波长附近有无单色器无法分开的非待测元素的谱线。目前应用的多元素灯中，一灯最多可测6～7种元素。

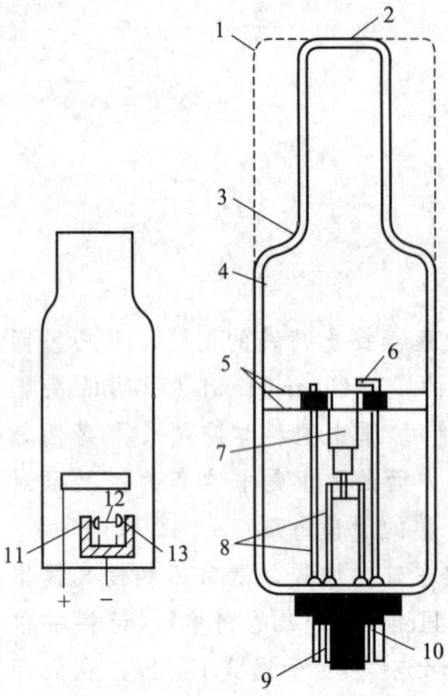

图 2-6　空心阴极灯结构示意图

1—紫外玻璃窗口；2—石英窗口；3—密封层；4—玻璃套；5—云母屏蔽；6—阳极；7—阴极；8—支架；9—管套；10—连接管套；11，13—阴极位降区；12—负辉光区

② 空心阴极灯工作电流　空心阴极灯发光强度与工作电流有关，增大电流可以增加发光强度，但工作电流过大会使辐射的谱线变宽，灯内自吸收增加，使锐线光强度下降，背景增大。同时还会加快灯内惰性气体消耗，缩短灯寿命；灯电流过小，又使发光强度减弱，导致稳定性、信噪比下降。因此，实际工作中应选择合适的工作电流。为了改善阴极灯放电特征，常采用脉冲供电方式。

③ 空心阴极灯的使用注意事项

a. 空心阴极灯使用前应经过一段预热时间，使灯的发光强度达到稳定。预热时间随灯元素的不同而不同，一般在 20～30min 以上。

b. 灯在点燃后可从灯的阴极辉光的颜色判断灯的工作是否正常，判断的一般方法如下：充氖气的灯负辉光的正常颜色是橙红色；充氩气的灯正常是淡紫色；汞灯是蓝色。灯内有杂质气体存在时，负辉光的颜色变淡，如充氖气的灯颜色可变为粉红，发蓝或发白，此时应对灯进行处理。

c. 元素灯长期不用，应定期（每月或每隔二三个月）点燃处理，即在工作电流下点燃1h。若灯内有杂质气体，辉光不正常，可进行反接处理。

d. 使用元素灯时，应轻拿轻放。低熔点的灯用完后，要等冷却后才能移动。

e. 为了使空心阴极灯发射强度稳定，要保持空心阴极灯石英窗口洁净，点亮后要盖好灯室盖，测量过程中不要打开，以免外界环境破坏灯的热平衡。

(2) 无极放电灯　无极放电灯又称微波激发无极放电灯，其结构如图 2-7 所示，它是在石英管内放入少量金属或较易蒸发的金属卤化物，抽真空后充入几百帕压力的氩气，再密封。将它置于微波电场中，微波将灯的内充气体原子激发，被激发的气体原子又使解离的气化金属或金属卤化物激发而发射出待测金属元素的特征谱线。

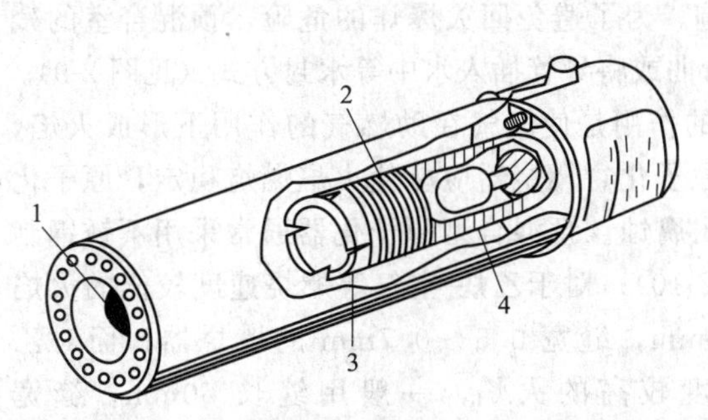

图 2-7　无极放电灯结构示意图

1—石英窗；2—螺旋振荡线圈；3—陶瓷管；4—石英灯管

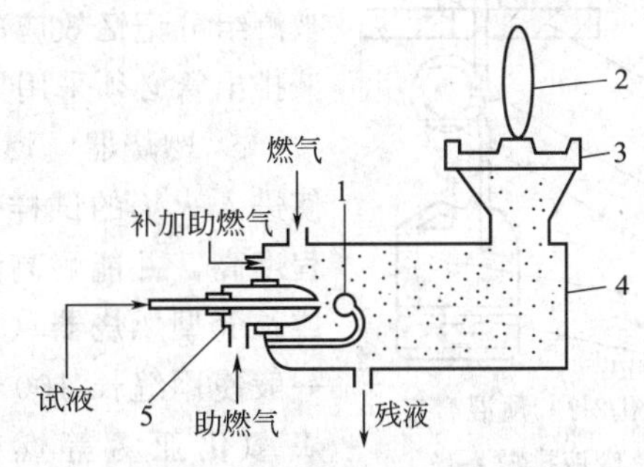

图 2-8　火焰原子化器示意图

1—碰撞球；2—火焰；3—燃烧器；4—雾室；5—雾化器

无极放电灯的发射强度比空心阴极灯大 100～1000 倍，谱线半宽度很窄，适用于对难激发的 As、Se、Sn 等元素的测定。目前已制成 Al、P、K、Rb、Zn、Cd、Hg、Sn、Pb、As 等 18 种元素的商品无极放电灯。

除上述介绍的两种光源外尚有低压汞蒸气放电灯、氙弧灯等，它们的发射强度也比空心阴极灯大，但使用不普遍，本教材不做介绍。

2.3.1.2　原子化系统

将试样中待测元素变成气态的基态原子的过程称为试样的“原子化”。完成试样的原子化所用的设备称为原子化器或原子化系统。原子化系统的作用是将试样中的待测元素转化为原子蒸气。试样中被测元素原子化的方法主要有火焰原子化法和非火焰原子化法两种。火焰原子化法利用火焰热能使试样转化为气态原子。非火焰原子化法利用电加热或化学还原等方式使试样转化为气态原子。

原子化系统在原子吸收分光光度计中是一个关键装置，它的质量对原子吸收光谱分析法的灵敏度和准确度有很大影响，甚至起到决定性的作用，也是分析误差最大的一个来源。

(1) 火焰原子化法

① 火焰原子化器　火焰原子化包括两个步骤，首先将试样溶液变成细小雾滴（即雾化阶段），然后使雾滴接受火焰供给的能量形成基态原子（即原子化阶段）。火焰原子化器由雾化器、预混合室和燃烧器等部分组成，其结构如图 2-8 所示。

a. 雾化器　雾化器的作用是将试液雾化成微小的雾滴。雾化器的性能会对灵敏度、测量精度和化学干扰等产生影响，因此要求其喷雾稳定、雾滴细微均匀和雾化效率高。目前商品原子化器多数使用气动型雾化器。当具有一定压力的压缩空气作为助燃气高速通过毛细管外壁与喷嘴口构成的环形间隙时，在毛细管出口的尖端处形成一个负压区，于是试液沿毛细管吸入并被快速通入的助燃气分散成小雾滴。喷出的雾滴撞击在距毛细管喷口前端几毫米处的撞击球上，进一步分散成更为细小的细雾。这类雾化器的雾化效率一般为 10%～30%，

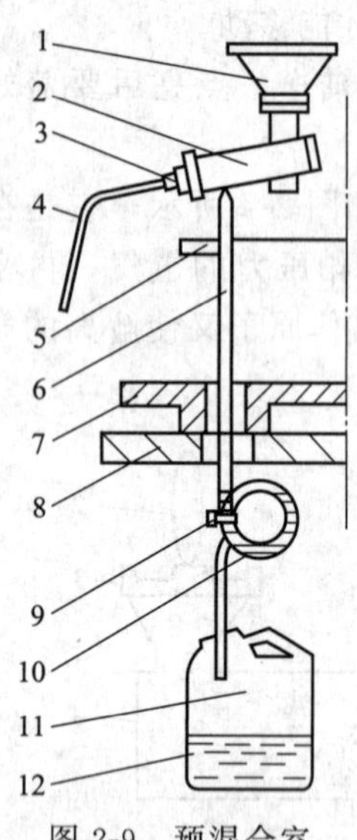

图 2-9 预混合室废液排放系统

1—燃烧头；2—预混合室；3—雾化器；4—进样毛细管；5—燃烧室底板；6—废液管；7—主机底板；8—实验台台板；9—捆扎带；10—水封圈；11—废液容器；12—废液

影响雾化效率的因素有助燃气的流速、溶液的黏度、表面张力以及毛细管与喷嘴口之间的相对位置。

近年来采用的超声雾化器，其雾化效率可达 75%，并且雾滴的粒度均匀，缺点是记忆效应大。

b. 预混合室　预混合室的作用是进一步细化雾滴，并使之与燃料气均匀混合后进入火焰。部分未细化的雾滴在预混合室凝结下来成为残液。残液由预混室排出口排除，以减少前试样被测组分对后试样被测组分记忆效应的影响。为了避免回火爆炸的危险，预混合室的残液排出管必须采用导管弯曲或将导管插入水中等水封方式（见图 2-9）。

c. 燃烧器　燃烧器的作用是使燃气在助燃气的作用下形成火焰，使进入火焰的试样微粒原子化。燃烧器应能使火焰燃烧稳定，原子化程度高，并能耐高温、耐腐蚀。预混合型原子化器通常采用不锈钢制成长缝型燃烧器（见图 2-10）；对于乙炔-空气等燃烧速度较低的火焰一般使用缝长 100～120mm，缝宽 0.5～0.7mm 的燃烧器；而对乙炔-氧化亚氮等燃烧速度较高的火焰，一般用缝长 50mm，缝宽 0.5mm 的燃烧器。也有多缝燃烧器，它可增加火焰宽度。

d. 火焰种类及气源设备　火焰原子化器主要采用化学火焰，常用的火焰有以下几种。

(a) 空气-煤气（丙烷）火焰。这种火焰温度大约为 1900℃，适用于分析那些生成的化合物易挥发、易解离的元素，如碱金属、Cd、Cu、Pb、Ag、Zn、Au 及 Hg 等。

(b) 空气-乙炔火焰。这是一种应用最广的火焰，最高温度约为 2300℃，能用以测定 35 种以上的元素。此种火焰比较透明，可以得到较高的信噪比。

(c) N_2O-乙炔火焰。此种火焰燃烧速度低，火焰温度达 3000℃左右，大约可测定 70 种元素，是目前广泛应用的高温化学火焰，这种火焰几乎对所有能生成难熔氧化物的元素都有较好的灵敏度。

(d) 空气-氢火焰。这是一种无色的低温火焰，最高温度约 2000℃，适用于测定易电离的金属元素，尤其是测定 As、Se 和 Sn 等元素，特别适用于共振线位于远紫外区的元素。

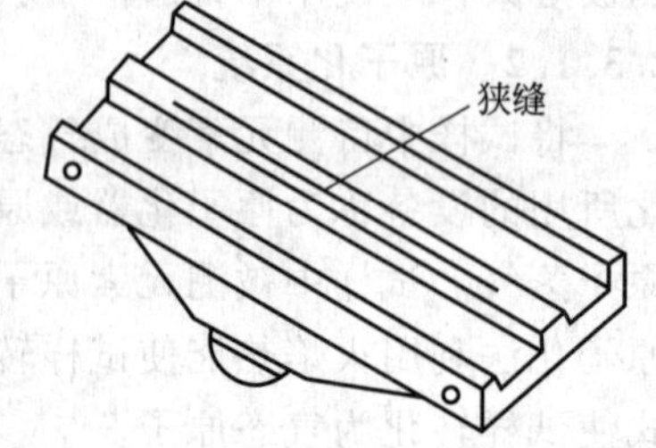

图 2-10　长缝型燃烧器

由火焰的种类得知，火焰原子吸收分析常用的燃气、助燃气主要是乙炔、空气、氧化亚氮（N_2O）、氢气、煤气等。

乙炔气体通常由乙炔钢瓶提供，瓶内最大气压为 1.5MPa。乙炔溶于吸附在活性炭上的丙酮内，乙炔钢瓶使用至 0.5MPa 就应重新充气，否则钢瓶中的丙酮会混入火焰，使火焰不稳定、噪声大，影响测定。乙炔管道系统不能使用纯铜制品，以免产生乙炔铜爆炸。乙炔钢瓶附近不可有明火。使用时应先开助燃气再开燃气并立即点火，关气时应先关燃气再关助燃气。

N_2O 又称笑气，对呼吸有麻醉作用，且易爆。氧化亚氮气体通常由氧化亚氮钢瓶提供，钢瓶内装有液态气体，减压后使用。使用 N_2O-C_2H_2 火焰应小心，注意防止回火，禁止直接点燃 N_2O-C_2H_2 火焰，严格按操作规程使用。

空气一般由气压为1MPa左右的空气压缩机提供（空气压缩机的使用与维护保养见气相色谱法）。

各类高压钢瓶瓶身都有规定的颜色标志，我国部分高压气体钢瓶的漆色及标志如表2-1所示。使用高压钢瓶应按2003年4月24日国家质量监督检验检疫总局发布的《气瓶安全监察规定》规范使用。

表2-1　部分高压气瓶的漆色及标志

气瓶名称	化学式	瓶色	字样	字色
氢	H_2	淡绿	氢	大红
氧	O_2	淡（酞）蓝	氧	黑
氮	N_2	黑	氮	淡黄
空气		黑	空气	白
一氧化碳	CO	银灰	一氧化碳	大红
二氧化碳	CO_2	铝白	液化二氧化碳	黑
氨	NH_3	淡黄	液氨	黑
氯	Cl_2	深绿	液氯	白
氟	F_2	白	氟	黑
一氧化氮	NO	白	一氧化氮	黑
一氧化二氮	N_2O	银灰	液化笑气	黑
二氧化氮	NO_2	白	液化二氧化氮	黑
乙炔	C_2H_2	白	乙炔不可近火	大红
氩	Ar	银灰	氩	深绿
氦	He	银灰	氦	深绿
氖	Ne	银灰	氖	深绿
氪	Kr	银灰	氪	深绿
氙	Xe	银灰	液氙	深绿
碳酰氯	$COCl_2$	白	液化光气	黑

注：摘自GB 7144—1999《气瓶颜色标记》。

② 火焰原子化过程　将试液引入火焰使其原子化是一个复杂的过程，这个过程包括雾滴脱溶剂、蒸发、解离等阶段。图2-11是火焰原子化过程的图解。

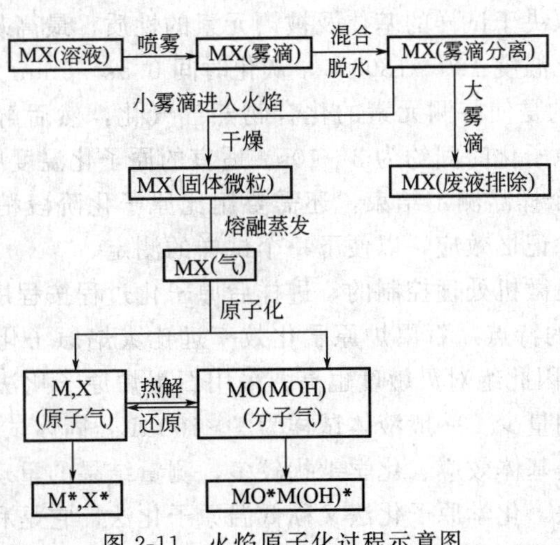

图2-11　火焰原子化过程示意图

在实际工作中，应当选择合适的火焰类型，恰当调节燃气与助燃气比，尽可能不使基态原子被激发、电离或生成化合物。

③ 火焰原子化法特点　火焰原子化法操作简便，重现性好，有效光程大，对大多数元素有较高灵敏度，因此应用广泛。但火焰原子化法原子化效率低，灵敏度不够高，而且一般

不能直接分析固体样品。火焰原子化法这些不足之处，促使了无火焰原子化法的发展。

*（2）电加热原子化法

① 电加热原子化器　电加热原子化器的种类有多种，如电热高温管式石墨炉原子化器、石墨杯原子化器、钽舟原子化器、炭棒原子化器、镍杯原子化器、高频感应炉、等离子喷焰等。在商品仪器中常用的电加热原子化器是管式石墨炉原子化器，其结构如图 2-12 所示。它使用低压（10～25V）、大电流（400～600A）来加热石墨管，可升温至 3000℃，使管中少量液体或固体样品蒸发和原子化。石墨管长 30～60mm，外径 6mm，内径 4mm。管上有 3 个小孔用于注入试液。石墨炉要不断通入惰性气体，以保护原子化基态原子不再被氧化，并用以清洗和保护石墨管。为使石墨管在每次分析之间能迅速降到室温，从上面冷却水入口通入 20℃的水以冷却石墨炉原子化器。

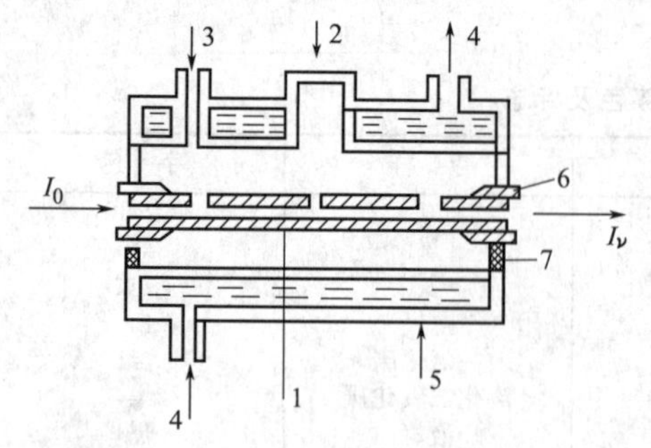

图 2-12　石墨炉原子化器示意图

1—石墨管；2—进样窗；3—惰性气体；4—冷却水；5—金属外壳；6—电极；7—绝缘材料

石墨炉原子化器的优点是：原子化效率高，在可调的高温下试样利用率达 100%，灵敏度高，试样用量少，适用于难熔元素的测定。不足之处是：试样组成不均匀性的影响较大，测定精密度较低；共存化合物的干扰比火焰原子化法大，背景干扰比较严重，一般都需要校正背景。

② 管式石墨炉原子化过程　管式石墨炉原子化法采用直接进样和程序升温方式对试样进行原子化，其过程包括干燥、灰化、原子化、净化四个阶段。

a. 干燥阶段　干燥的目的主要是除去试样中水分等溶剂，以免因溶剂存在引起试样灰化和原子化过程飞溅。干燥温度一般要高于溶剂的沸点，干燥时间取决于试样体积，一般每微升溶液干燥时间约需 1.5s。

b. 灰化阶段　灰化的目的是尽可能除掉试样中挥发的基体和有机物或其他干扰元素。适宜的灰化温度及时间取决于试样的基体及被测元素的性质，最高灰化温度应以待测元素不挥发损失为限。一般灰化温度 100～1800℃，灰化时间 0.5s～5min。

c. 原子化阶段　目的是使待测元素的化合物蒸气气化，然后解离为基态原子。原子化温度随待测元素而异，原子化时间约为 3～10s。适宜的原子化温度应通过实验确定。

d. 净化阶段　当一个样品测定结束，还需要用比原子化阶段稍高的温度加热，以除去石墨管中残留物质，消除记忆效应，以便下一个试样的测定。

石墨炉的升温程序是微机处理控制的，进样后原子化过程按程序自动进行。

③ 管式炉原子化法的特点　石墨炉原子化效率远比火焰原子化效率法高；其绝对检出限可达 10^{-12}～10^{-14}g，因此绝对灵敏度也高；采用石墨炉原子化法无论是固体还是液体均可直接进样，而且样品用量少。一般液体试样为 1～100μL，固体试样可少至 20～40μg。

石墨炉原子化缺点是基体效应、化学干扰较多，测量结果的重现性较火焰法差。

*（3）化学原子化法　化学原子化法又称低温原子化法，它是利用化学反应将待测元素转变为易挥发的金属氢化物或氯化物，然后再在较低的温度下原子化。

① 汞低温原子化法　汞是唯一可采用这种方法测定的元素。因为汞的沸点低，常温下蒸气压高。只要将试液中的汞离子用 $SnCl_2$ 还原为汞，在室温下用空气将汞蒸气引入气体吸收管中就可测其吸光度。这种方法常用于水中有害元素汞的测定。

② 氢化物原子化法　此法适用于 Ge、Sn、Pb、As、Sb、Bi、Se 和 Te 等元素测定。在

酸性条件下，将这些元素还原成易挥发、易分解的氢化物，如 AsH_3、SnH_4、BiH_3 等，然后经载气将其引入加热的石英管中，使氢化物分解成气态原子，并测定其吸光度。

氢化物原子化法的还原效率可达 100%，被测元素可全部转变为气体并通过吸收管，因此测定灵敏度高。由于基体元素不还原为气体因此基体影响不明显。

除上述介绍的三种原子化法外，还有阴极溅射原子化、等离子原子化、激光原子化和电极放电原子化法等，因受篇幅限制本教材不再一一介绍，若需要了解这方面的信息，请参阅分析化学手册或有关专著。

2.3.1.3 单色器

单色器由入射狭缝，出射狭缝和色散元件（棱镜或光栅）组成。单色器的作用是将待测元素的吸收线与邻近谱线分开。由锐线光源发出的共振线，谱线比较简单，对单色器的色散率[1]和分辨率[2]要求不高。在进行原子吸收测定时，单色器既要将谱线分开，又要有一定的出射光强度。所以，当光源强度一定时，选择具有适当色散率的光栅与狭缝宽度配合，可构成适于测定的光谱通带。光谱通带是指单色器出射光谱所包含的波长范围，它由光栅线色散率的倒数（又称倒线色散率）和出射狭缝宽度所决定，其关系为

$$光谱通带=缝宽(mm)\times线色散率倒数(nm\cdot mm^{-1})$$

可见，当单色器的色散率一定时，其光谱通带取决于出射狭缝的宽度。

在实际工作中，通常根据谱线结构和待测共振线邻近是否有干扰来决定狭缝宽度。由于不同类型仪器其单色器的倒线色散率不同，所以常用“单色器通带”表示缝宽。

2.3.1.4 检测系统

检测系统由光电元件，放大器和显示装置等组成。

(1) 光电元件　光电元件一般采用光电倍增管，其作用是将经过原子蒸气吸收和单色器分光后的微弱信号转换为电信号。原子吸收光谱仪的工作波长通常为 190～800nm。近年来“日盲光电倍增管”的应用逐渐增多，其光谱响应范围为 160～320nm，它对大于 320nm 的光无反应，而用在测定吸收波长小于 300nm 的元素时，可以减少干扰和噪声。

使用光电倍增管时，必须注意不要用太强的光照射，并尽可能不使用太高的增益（即光电倍增管放大倍数对数），这样才能保证光电倍增管良好的工作特性，否则会引起光电倍增管的“疲劳”乃至失效。所谓“疲劳”是指光电倍增管刚开始工作时灵敏度下降，过一段时间趋于稳定，但长时间使用灵敏度又下降的光电转换不成线性的现象。

(2) 放大器　放大器的作用是将光电倍增管输出的电压信号放大后送入显示器。放大器分交流、直流放大器两种。由于直流放大不能排除火焰中待测元素原子发射光谱的影响，所以已趋淘汰。目前广泛采用的是交流选频放大和相敏放大器。

(3) 显示装置　放大器放大后的信号经对数转换器转换成吸光度信号，再采用微安表或检流计直接指示读数（目前几乎不再使用），或用数字显示器显示，或记录仪打印进行读数。

现代国内外商品化的原子吸收分光光度计几乎都配备了微处理机系统，具有自动调零、曲线校直、浓度直读、标尺扩展、自动增益等性能，并附有记录器、打印机、自动进样器、阴极射线管荧光屏及计算机等装置，大大提高了仪器的自动化和半自动化程度。

2.3.2 原子吸收分光光度计的类型和主要性能

原子吸收分光光度计按光束形式可分为单光束和双光束两类；按波道数目又有单道、双

---

[1] 色散率指色散元件将波长相差很小的两谱线分开所成的角长或两条谱线投射到聚焦面上的距离的大小。

[2] 分辨率指将波长相近的两条谱线分开的能力。

道和多道之分。目前使用比较广泛的是单道单光束和单道双光束原子吸收分光光度计。

2.3.2.1 单道单光束型

“单道”是指仪器只有一个光源，一个单色器，一个显示系统，每次只能测一种元素。“单光束”是指从光源中发出的光仅以单一光束的形式通过原子化器、单色器和检测系统。单道单光束原子吸收分光光度计光学系统如图 2-13 所示。

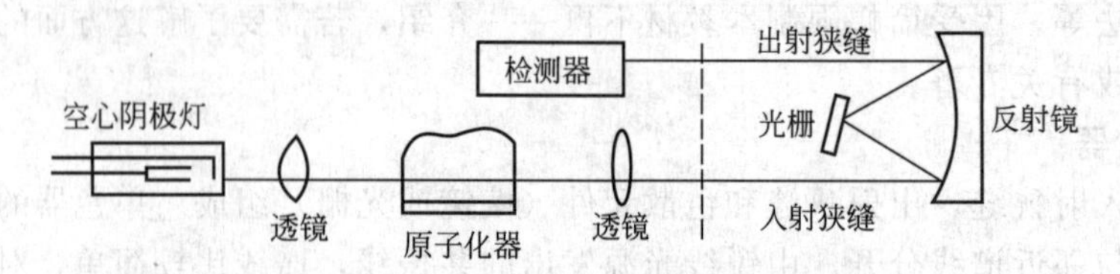

图 2-13 单道单光束原子吸收分光光度计光学系统示意图

这类仪器简单，操作方便，体积小，价格低，能满足一般原子吸收分析的要求。其缺点是不能消除光源波动造成的影响，基线漂移。国产 WYX -1A、WYX -1B、WYX -1C、WYX -1D 等 WYX 系列和 360、360M、360CRT 系列等均属于单道单光束仪器。

2.3.2.2 单道双光束型

双光束型是指从光源发出的光被切光器分成两束强度相等的光，一束为样品光束通过原子化器被基态原子部分吸收；另一束只作为参比光束不通过原子化器，其光强度不被减弱。两束光被原子化器后面的反射镜反射后，交替地进入同一单色器和检测器。检测器将接受到的脉冲信号进行光电转换，并由放大器放大，最后由读出装置显示。图 2-14 是单道双光束型仪器的光学系统示意图。

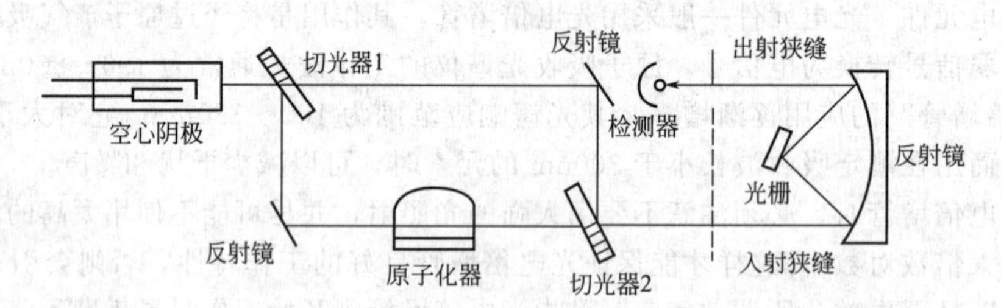

图 2-14 单道双光束型仪器光学系统示意图

由于两光束来源于同一个光源，光源的漂移通过参比光束的作用而得到补偿，所以能获得一个稳定的输出信号。不过由于参比光束不通过火焰，火焰扰动和背景吸收影响无法消除。国产 310 型、320 型、GFU-201 型、WFX-Ⅱ型均属此类仪器。

2.3.2.3 双道单光束型

“双道单光束”是指仪器有两个不同光源，两个单色器，两个检测显示系统，而光束只有一路。仪器光学系统示意图见图 2-15。

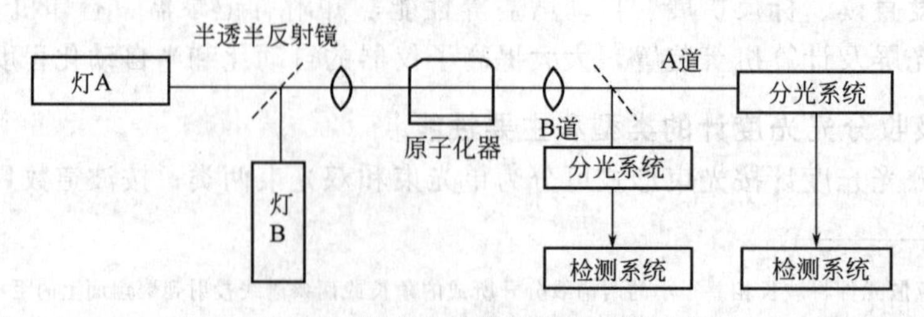

图 2-15 双道单光束型仪器光学系统示意图

两种不同元素的空心阴极灯发射出不同波长的共振发射线，两条谱线同时通过原子化器，被两种不同元素的基态原子蒸气吸收，利用两套各自独立的单色器和检测器，对两路光进行分光和检测，同时给出两种元素检测结果。这类仪器一次可测两种元素，并可进行背景吸收扣除。这类仪器型号有日本岛津 AA-8200 型和 AA-8500 型等。

2.3.2.4 双道双光束型

双道双光束型仪器有两个光源，两套独立的单色器和检测显示系统。但每一光源发出的光都分为两个光束，一束为样品光束，通过原子化器；另一束为参比光束，不通过原子化器。仪器光学系统如图 2-16 所示。

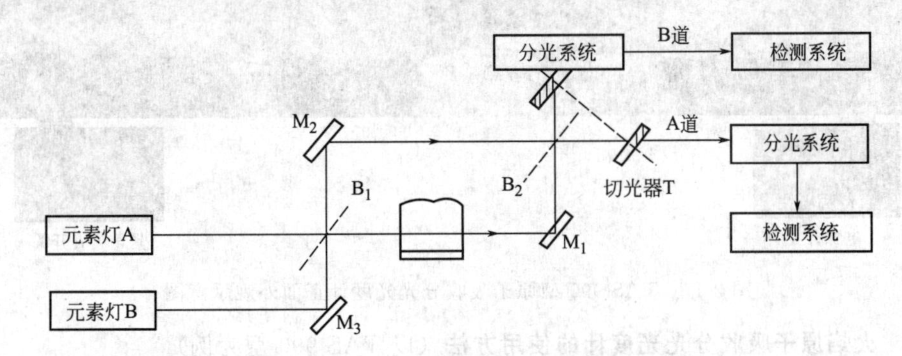

图 2-16 双道双光束型仪器光学系统示意图

M_1，M_2，M_3—平面反射镜；B_1，B_2—半透半反射镜；T—双道切光器

这类仪器可以同时测定两种元素，能消除光源强度波动的影响及原子化系统的干扰，准确度高、稳定性好，但仪器结构复杂。

多道原子吸收分光光度计可用来做多元素的同时测定。目前美国 PE 公司推出的 SIM6000 多元素同时分析原子吸收光谱仪，以新型四面体中阶梯光栅取代普通光栅单色器，获取二维光谱。以光谱响应的固体检测器替代光电倍增管取得了同时检测多种元素的理想效果。

2.3.3 原子吸收分光光度计的使用和维护保养

原子吸收分光光度计型号繁多，不同型号仪器性能和应用范围不同。随着电子技术的不断发展，目前常用的原子吸收分光光度计都已实现自动化控制，仪器的主要操作由仪器的工作软件来实现。下面以 TAS-990 型原子吸收分光光度计为例，简单介绍原子吸收分光光度计的一般使用方法、工作软件操作及日常的维护保养和故障诊断与排除。

2.3.3.1 TAS-990 原子吸收分光光度计的主要功能和主要技术参数

(1) TAS-990 原子吸收分光光度计的主要功能　TAS-990 原子吸收分光光度计是一款全自动智能化的火焰-石墨炉原子吸收分光光度计。该机采用 PC 机和中文界面操作软件，仪器操作简便，直观易懂。仪器具有氘灯背景校正、自吸背景校正功能。应用先进的电子电路系统和串口通信控制，实现了仪器的波长扫描、寻峰定位、光谱通带宽度、回转元素灯架、原子化器高度和位置、燃气流量、灯电流和光电倍增管负高压等功能的自动调节。该仪器具有火焰/石墨炉原子化器相互切换功能，同时支持对火焰和石墨炉自动进样器的扩展。TAS-990 型原子吸收分光光度计正面外观图如图 2-17 所示。

(2) TAS-990 原子吸收分光光度计的主要技术参数　波长范围 190.0～900.0nm；光栅刻线：1200 条/mm；装置：消象差 C-T 型；波长准确度：±0.25nm；分辨率：优于 0.3nm；光谱带宽：0.1、0.2、0.4、1.0 和 2.0 五挡自动切换；仪器稳定性：30min 内基线漂移 A<±0.005。

图 2-17　TAS-990 型原子吸收分光光度计正面外观示意图

2.3.3.2　火焰原子吸收分光光度计的使用方法（以 TAS-990 型为例）

① 按仪器说明书检查仪器各部件，检查电源开关是否处于关闭状态，各气路接口是否安装正确，气密性是否良好。

② 安装空心阴极灯　TAS-990 型原子吸收分光光度计有回转元素灯架，可以同时安装 8 只空心阴极灯，使用时通过软件控制选择所需元素灯进行实验。安装空心阴极灯的具体步骤如下：

a. 将 HCL 灯脚的凸出部分对准灯座的凹槽插入［见图 2-18(a)］；

b. 将 HCL 灯装入灯室，记住灯位编号［见图 2-18(b)］；

c. 拧紧灯座固定螺丝［见图 2-18(c)］；

d. 盖好灯室门［见图 2-18(d)］。

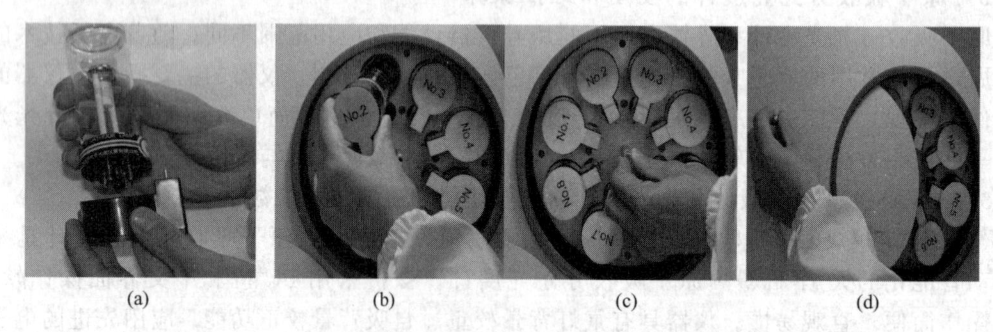

图 2-18　回转元素灯架及空心阴极灯的安装图

③ 打开电源、电脑，对仪器进行初始化。

a. 打开稳压器开关，先打开电脑，然后打开仪器主机开关，最后打开工作软件；

b. 系统对仪器进行初始化，初始化主要是对氘灯电机、元素灯电机、原子化器电机、燃烧头电机、光谱带宽电机以及波长电机进行初始化。

④ 选择合适的元素灯、选择最佳测定波长（见 2.3.3.3）。

a. 选择合适的元素灯（见图 2-20）；

b. 选择最佳测定波长（见图 2-22）；对元素灯的特征波长进行寻峰操作（见图 2-23）。

⑤ 设置实验条件

a. 设置工作灯电流、预热灯电流、光谱带宽和负高压值（见图 2-21）。将所需数据设定完成后，系统将会自动进行元素参数的调整。

b. 调节燃烧器，对准光路。将对光板骑在燃烧器缝隙上［见图 2-19(a)］；调节燃烧器旋转调节钮［见图 2-19(b)］；调节燃烧器前后调节钮［见图 2-19(c)］；使从光源发出的光斑在燃烧缝的正上方，与燃烧缝平行。

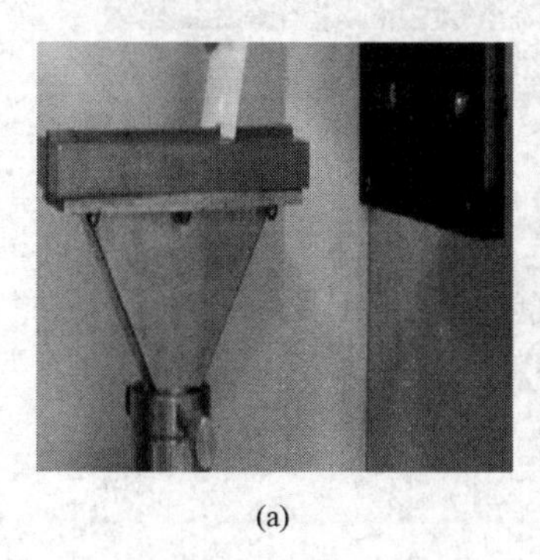
(a)

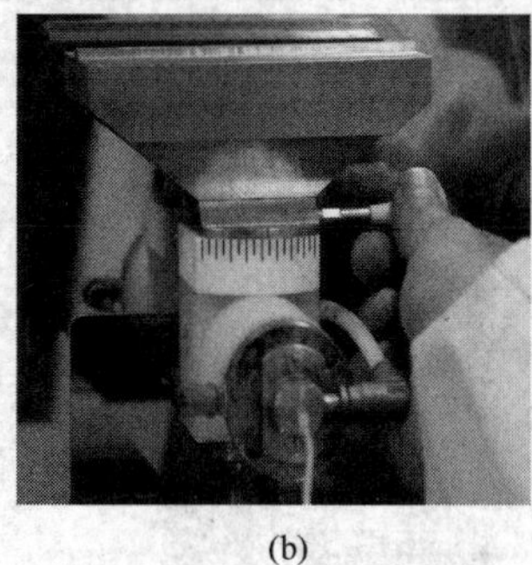
(b)

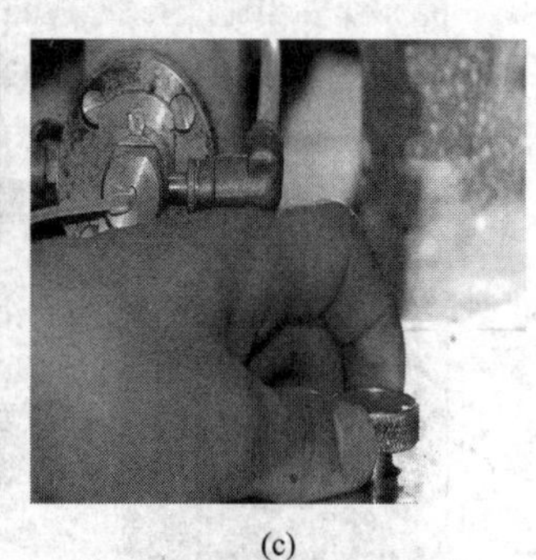
(c)

图 2-19　燃烧器调节钮

⑥ 接通气源、点燃空气-乙炔火焰

a. 检查排水安全联锁装置；开启排风装置电源开关。

b. 排风 10min 后，接通空气压缩机电源，将输出压调至 0.3MPa。

c. 开启乙炔钢瓶总阀调节乙炔钢瓶减压阀输出压为 0.05MPa；将燃气流量调节到 2000～2400mL/min，点火（若火焰不能点燃，可重新点火，或适当增加乙炔流量后重新点火）。点燃后，应重新调节乙炔流量，选择合适的分析火焰。

⑦ 设置测量参数并调零

a. 设置测量参数；

b. 吸喷去离子水（或空白液），点击“校零”，使仪器显示吸光度为零。

⑧ 测定样品数据

a. 将吸喷去离子水调零后的毛细管提出，用滤纸擦去水分；

b. 将毛细管插入试样溶液中，待吸光度稳定后读取并记录吸光度。

注意：测定数据时必须等测得的数据稳定后再记录；每次测定后必须用去离子水调零。

⑨ 关机操作

a. 测量完毕吸喷去离子水 5min；

b. 关闭乙炔钢瓶总阀使火焰熄灭，待压力表指针回到零时再旋松减压阀；

c. 关闭空气压缩机，待压力表和流量计回零时，最后关闭排风机开关；

d. 退出工作软件，关闭主机电源，关闭电脑，填写仪器使用记录；

e. 清洗玻璃仪器，整理实验台。

2.3.3.3　火焰原子吸收分光光度计工作软件的使用方法（以 AAWin 2.0 型为例）

AAWin 2.0 是 TAS-990 型原子吸收分光光度计的工作软件，它可以在 Windows 98/2000/XP 等操作系统中运行，需要 400Hz 处理器、32M 内存、10G 存储空间以上的计算机配置。

(1) 运行 AAWin 2.0　点击电脑桌面的 AAWin 2.0 图标，即运行 AAWin 2.0。

（2）初始化　选择联机模式，系统将自动对仪器进行初始化。初始化主要对氘灯电机、元素灯电机、原子化器电机、燃烧头电机、光谱带宽电机以及波长电机进行初始化。初始化成功的项目将标记为“√”，否则为“×”。如有一项失败，则系统认为初始化没有成功，这时退出工作软件，查找失败的原因，解决后重新初始化。

（3）元素灯的设置

① 选择工作灯及预热灯（如图 2-20 所示）。

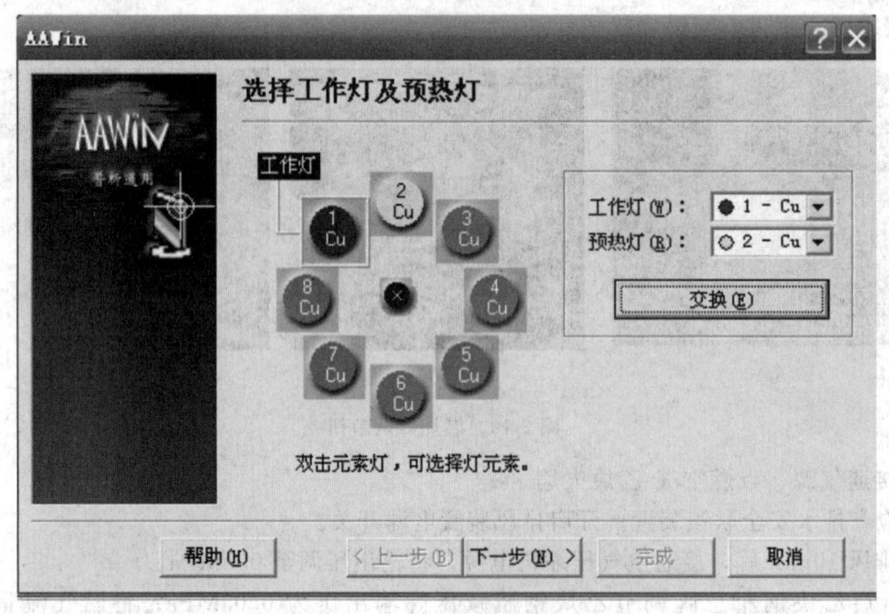

图 2-20　选择工作灯及预热灯

② 对测量条件进行设置　设置包括：工作灯电流、预热灯电流、光谱带宽和负高压值、燃气流量、燃烧器高度（如图 2-21 所示）。将所需数据设定完成后，系统将会自动进行元素参数的调整。

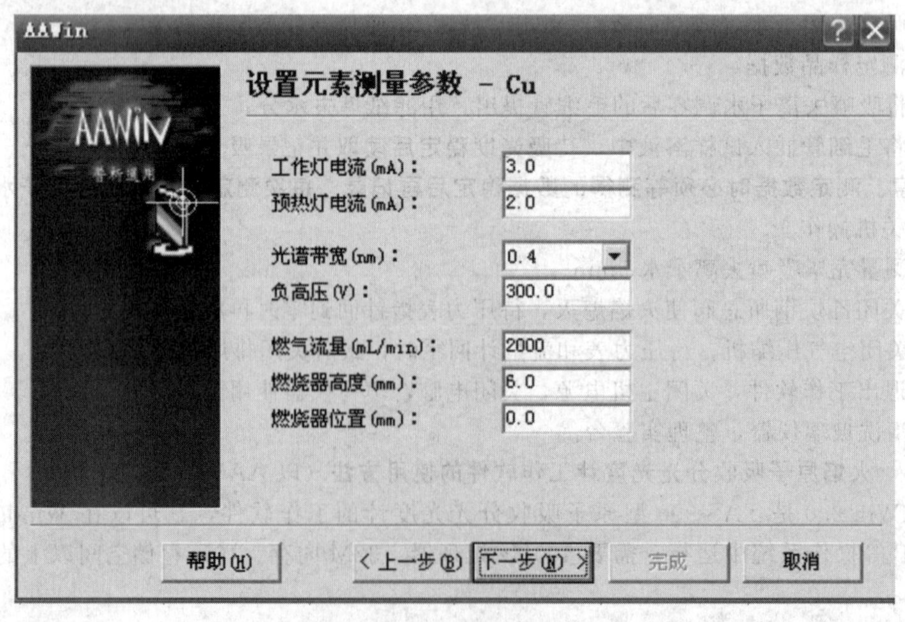

图 2-21　设置元素测量参数对话框

注意：在 AAWin 2.0 系统中，如果需要终止对仪器发送的指令，只需单击“取消”按钮。

③ 选择实验所需元素灯的特征波长（见图 2-22），并对元素灯进行特征波长的寻峰操作。寻峰的扫描过程会以动态图形的方式显示，寻峰结束后，系统会对能量最大点的峰值进行标记（见图 2-23），该波长将作为实验的工作波长。完成寻峰后点击“关闭”，进入测量界面，开始样品吸光度测量。

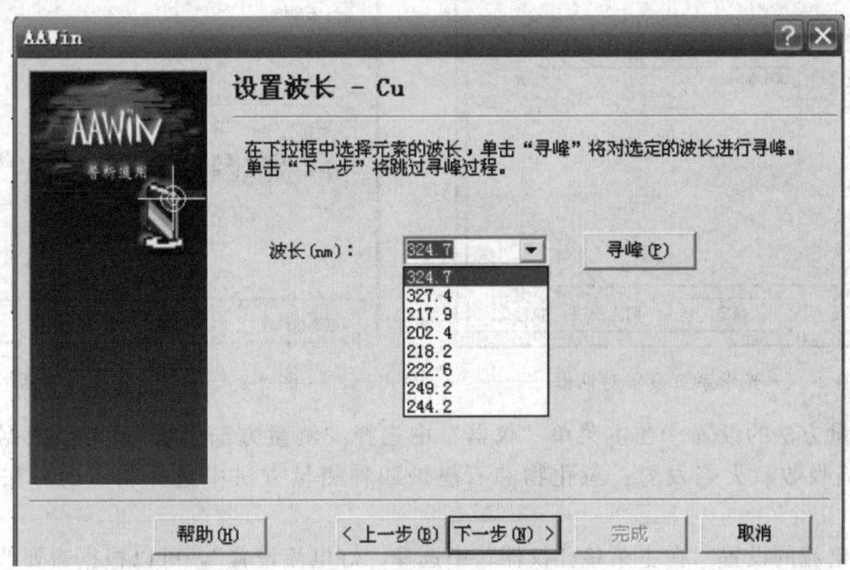

图 2-22 设置特征波长

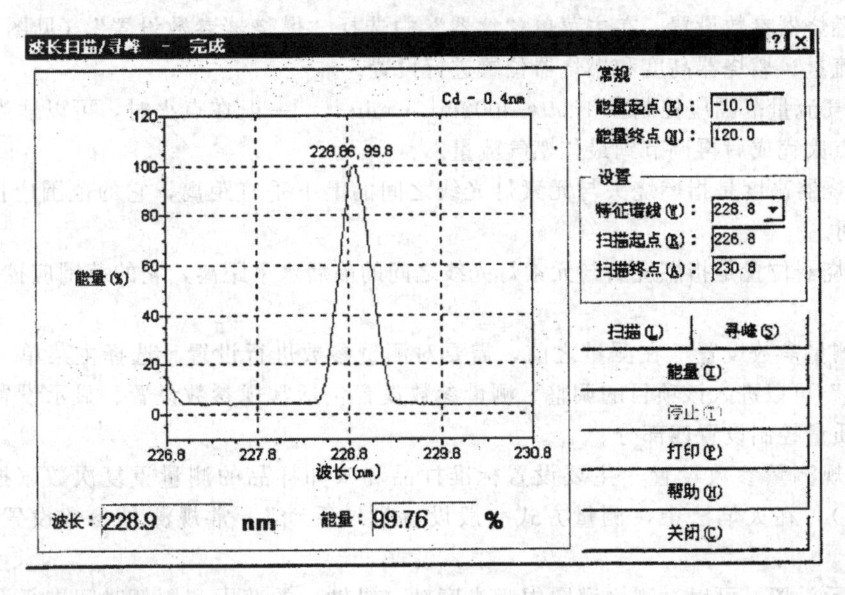

图 2-23 寻峰

(4) 仪器参数的设置　在 AAWin 2.0 系统中进行的仪器参数设置，仪器会进行相应的硬件动作，因此在设置中要正确操作，如出现意外错误将造成仪器的损坏。

① 光学系统设置　在测量界面主菜单“仪器”中选择“光学系统设置”，在光学系统设置对话框中，可以对仪器的工作波长、光谱带宽和负高压进行设置（见图 2-24）。

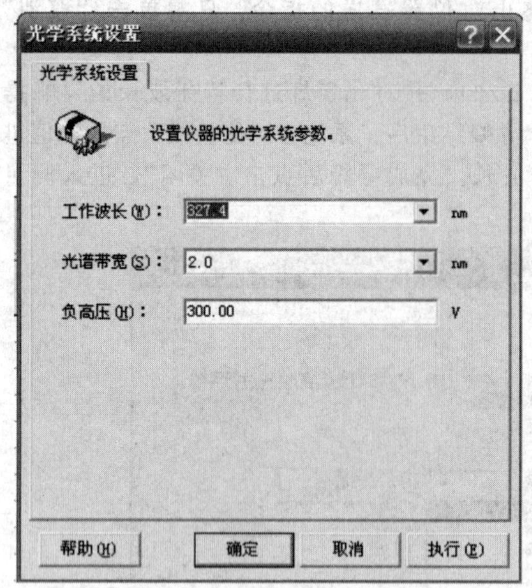

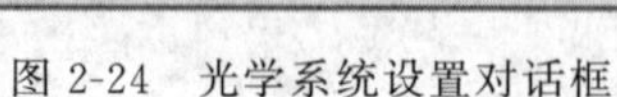
图 2-24　光学系统设置对话框

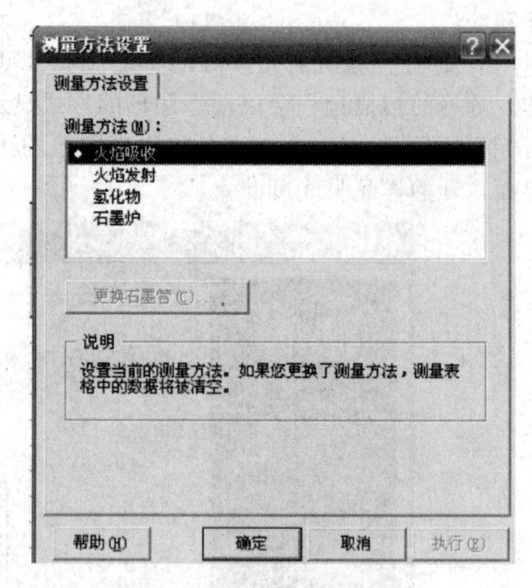

图 2-25　测量方式选择对话框

② 测量方法的设置　在主菜单“仪器”中选择“测量方法设置”，可以根据测量的需要，在火焰吸收、火焰发射、氢化物和石墨炉四种测量方法中选择相应的方法（见图 2-25）。

③ 灯电流的设置　在主菜单“仪器”中选择“灯电流设置”，可以根据需要改变当前的工作灯或预热灯的电流值。

(5) 燃烧器参数设置　在主菜单“仪器”中选择“燃烧器参数设置”（见图 2-26），可以对燃气流量、燃烧器高度和燃烧器位置进行设置。

① 燃气流量范围应控制在 1000～3000mL · min^{-1}。一般在点火时，可以适当调高燃气流量，在点火完成后再调节到最佳燃气流量。

② 燃烧器高度是指燃烧头与元素灯光线之间的上下垂直距离，它的范围应控制在 0～20mm 之间。

③ 燃烧器位置是指燃烧头与元素灯光线之间的前后水平距离，它的范围应控制在－5～5mm 之间。

(6) 测量参数设置　在测量之前，需要对测量参数进行设置。选择主菜单“设置”中“测量参数”可以进入该项目的调整。测量参数设置包括常规参数设置、显示设置、信号处理设置和质量控制设置四部分。

① 常规测量参数设置　主要设置标准样品和未知样品的测量重复次数（控制在 1～20 次之间），在火焰法中，测量方式一般设置为“手动”。常规测量参数设置如图 2-27 所示。

② 显示设置　可以对测量谱图中吸光度轴（纵轴）的范围和刷新时间进行设置（见图 2-28）。刷新时间在火焰法测量中即为测量谱图时间轴（横轴）的最大范围。

③ 信号处理设置　可以对计算方式、积分时间和滤波系数三项进行设置（见图 2-29）。计算方式在火焰法中有连续、峰高、峰面积三种；积分时间是对测量数据进行积分的时间，范围在 0.1～100s 之间；滤波系数是对接受数据进行滤波的一个常数，也就是平滑系数，范围在 0.01～10 之间。

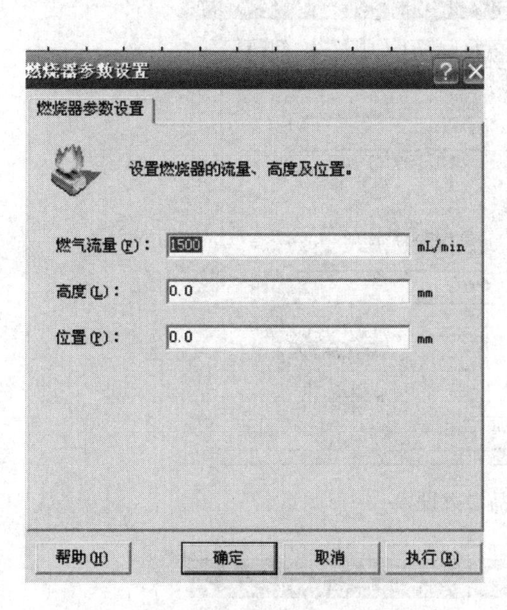

图 2-26　燃烧器参数设置对话框

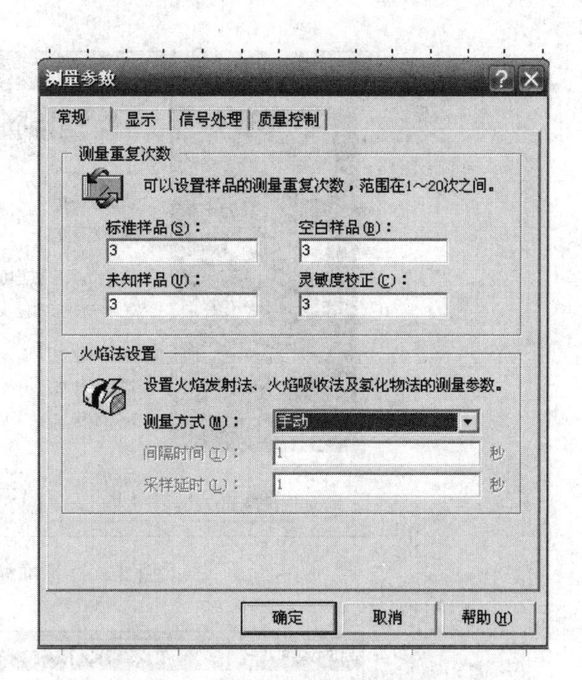

图 2-27　常规测量参数设置

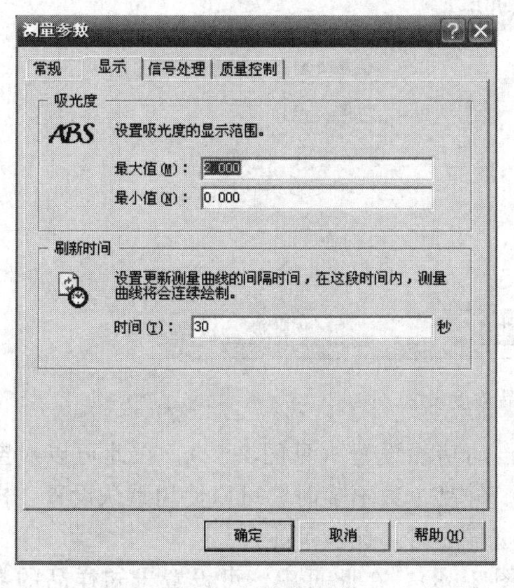

图 2-28　显示设置

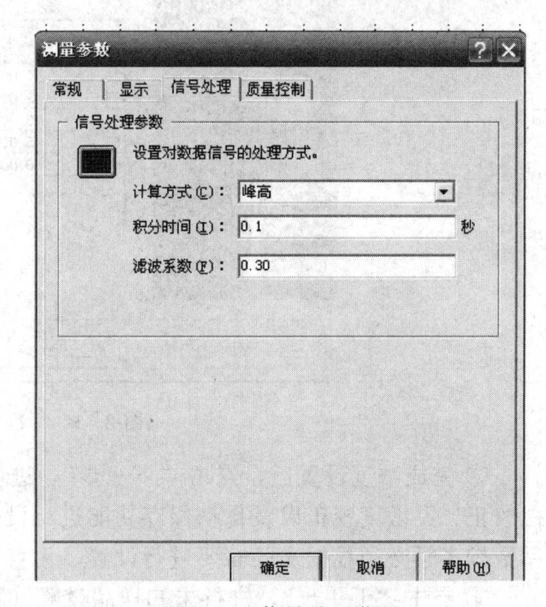

图 2-29　信号处理设置

④ 质量控制设置　主要是为配合自动进样器更好地完成测量工作，这里就不再详细介绍。

(7) 样品设置　样品的设置包括标准样品参数、标准样品浓度、自动功能和未知样品四项设置。

① 标准样品参数设置（见图 2-30）可以对校正方法、曲线方程、浓度单位、名称、起始编号等进行设定，这些参数设定主要根据实验需要进行。

② 完成标准样品参数设置后，点击“下一步”可以进入标准样品的浓度设置页，在这里可以进行标准溶液数目的增减并输入标准溶液的浓度，标准溶液数量范围在 1～8 之间（见图 2-31）。

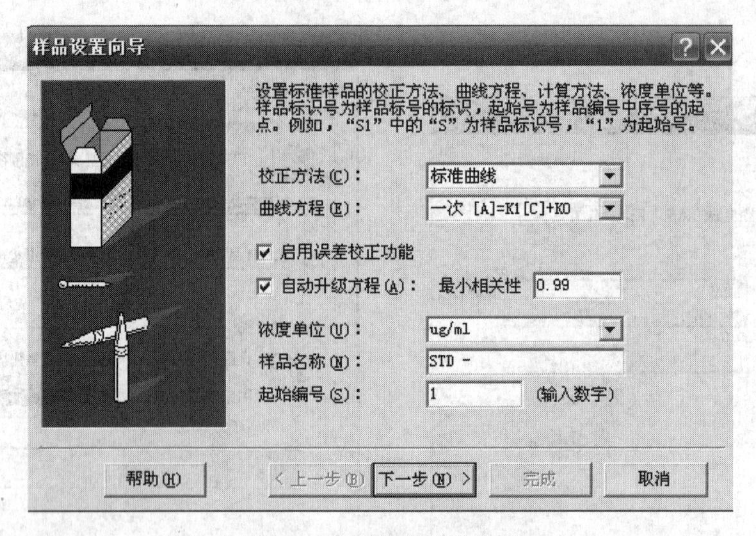

图 2-30　标准样品参数设置

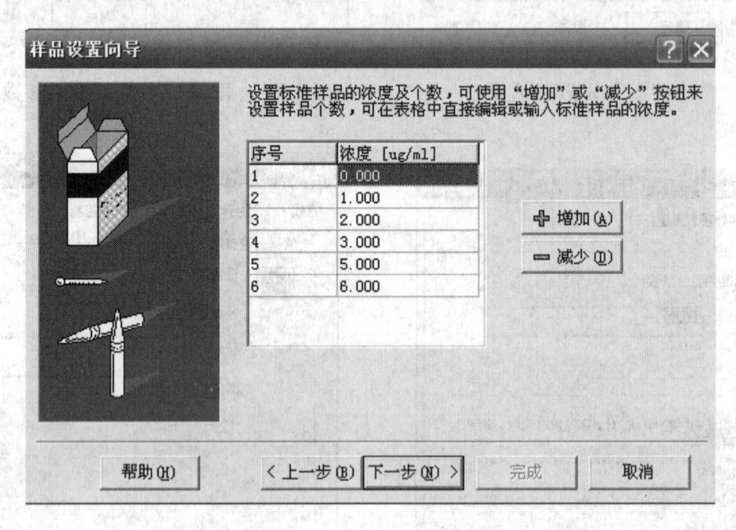

图 2-31　标准样品浓度设置

③ 完成浓度设置后，点击“下一步”，进入自动功能设置（见图 2-32），在此可以对空白校正、灵敏度校正以及自动保存功能进行设置。样品个数不多时，可以使用默认设置，样品数较多时必须根据实验需要进行设置。无自动进样器时，此步可跳过。

④ 点击“下一步”，进行未知样品设置（见图 2-33）。在此页中，可设置未知样品的数量、样品编号以及计算实际浓度所需的系数。在测量表格中，有一项为“实际浓度”，其计算公式为：

$$实际浓度=\frac{浓度\times体积系数\times稀释比例\times修正系数}{重量系数}$$

可以根据具体需要输入相应的系数，进行实际浓度的计算。

（8）样品测定　设置完成后，就可以使用该工作软件进行测量。首先选择主菜单中的“点火”按钮，即可将火焰点燃。然后点击主菜单的“测量”按钮，即可打开测量窗口进行测量，每测定一个数据，该数据将会自动填入到测量表格中，并且，测量谱图中将开始绘制测量曲线，如图 2-34 所示。

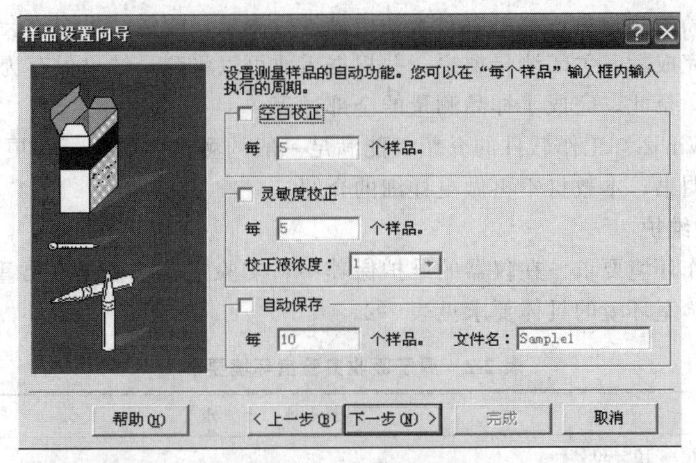

图 2-32　自动功能设置

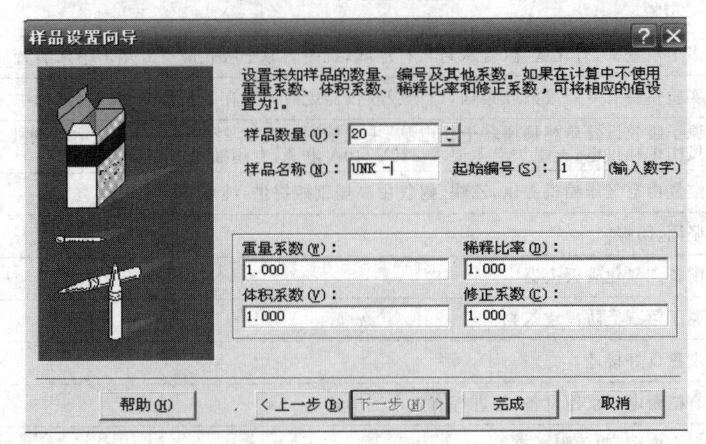

图 2-33　未知样品设置

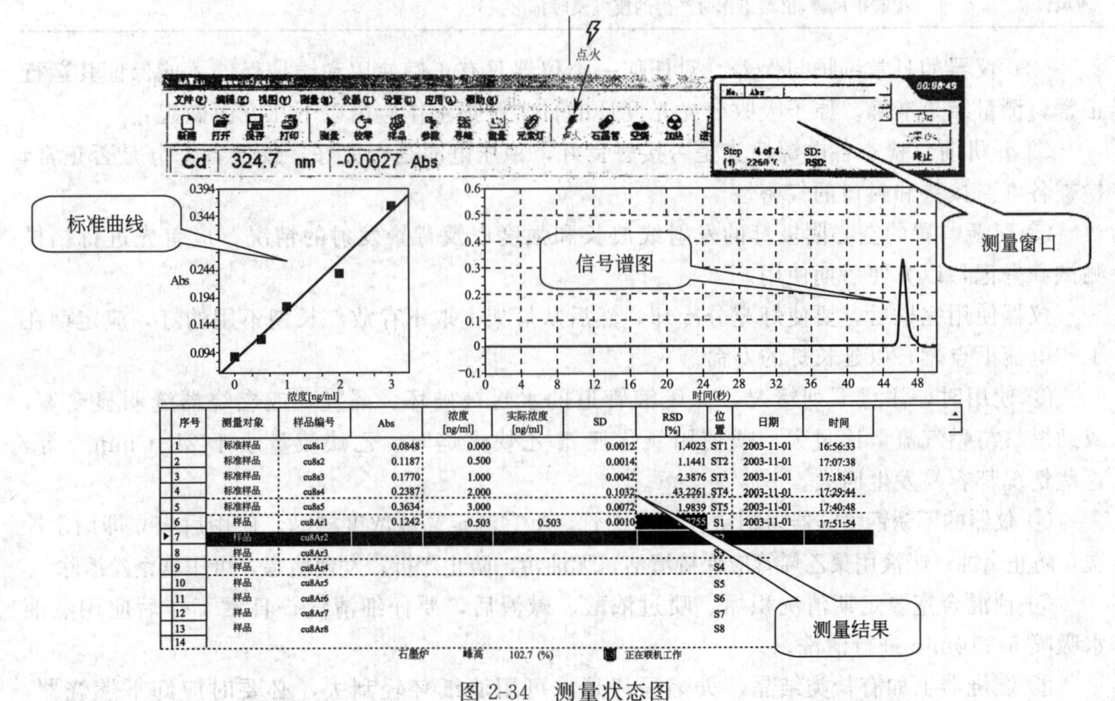

图 2-34　测量状态图

完成标准样品的测量后，就可以对未知样品进行测量，测量结果同样会被自动填充到测量表格中。测量完成后，关闭测量窗口，并根据需要可以将测量结果保存为文件，并将数据与谱图打印出来，至此，完成了样品测量的全部过程。

以上对 AAWin 2.0 工作软件的介绍仅能满足一般的测量，如想了解更为具体的使用方法还需参考其说明书，本教材不再做更详细的介绍。

2.3.3.4　仪器的维护

（1）仪器工作环境要求　在仪器的维护保养中，实验室要求也是非常重要的一个环节，对于原子吸收实验室环境的具体要求见表 2-2。

表 2-2　原子吸收实验室环境要求

条　件	具 体 要 求
温度	恒温 10～30℃
相对湿度	＜70%
供水	多个水龙头，有化验盆（含水封）、有地漏，石墨炉原子吸收应有专用上下水装置
废液排放	实验室备有专用废液收集桶，原子吸收仪器废液排放在与仪器配套的废液桶中
供电	原子吸收设置单相插座若干供电脑、主机使用。要求 220V±10%，如达不到要求需配备稳压电源，通风柜单独供电；石墨炉电源要求 220V/40A 电源，专用插座
供气	空气由空气压缩机提供，乙炔、氩气由高压钢瓶提供，纯度 99.99%
工作台防振	坚固、防振
防火防爆	配备二氧化碳灭火器
避雷防护	属于第三类防雷建筑物
防静电	设置良好接地
电磁屏蔽	有精密电子仪器设备，需进行有效电磁屏蔽
光照	配有窗帘，避免阳光直射
通风设备	配有排风管，仪器工作时产生的废气及时排出室外

（2）仪器的日常维护与保养　对任何一类仪器只有正确使用和维护保养才能保证其运行正常，测量结果准确。原子吸收分光光度计的日常维护工作应由以下几方面做起：

① 开机前，检查各电源插头是否接触良好，稳压电源是否完好，仪器各部分是否正常，检查各气路接头和封口的气密性。

② 对新购置的空心阴极灯的发射线波长和强度以及背景发射的情况，应首先进行扫描测试和登记，以方便后期使用。

仪器使用完毕后，要使灯充分冷却，然后从灯架上取下存放。长期不用的灯，应定期在工作电流下点燃，以延长灯的寿命。

③ 使用时，注意下列情况，如废液管道的水封被破坏、漏气，或燃烧器缝明显变宽，或助燃气与燃气流量比过大，或使用氧化亚氮-乙炔火焰时，乙炔流量小于 $2L \cdot min^{-1}$ 等，这些情况都容易发生回火。

④ 仪器的不锈钢喷雾器为铂铱合金毛细管，不宜测定高氟浓度样品，使用后应立即用水冲洗，防止腐蚀；吸液用聚乙烯管应保持清洁，无油污，防止弯折；发现堵塞，可用软钢丝清除。

⑤ 预混合室要定期清洗积垢，喷过浓酸、碱液后，要仔细清洗；日常工作后应用蒸馏水吸喷 5～10min 进行清洗。

⑥ 燃烧器上如有盐类结晶，火焰呈齿形，可用滤纸轻轻刮去，必要时应卸下燃烧器，

用 1∶1 乙醇-丙酮清洗，如有熔珠可用金相砂纸打磨，严禁用酸浸泡。

⑦ 单色器中的光学元件，严禁用手触摸和擅自调节。备用光电倍增管应轻拿轻放，严禁振动。仪器中的光电倍增管严禁强光照射，检修时要关掉负高压。

⑧ 仪器点火时，先开助燃气，然后开燃气；关闭时先关燃气，然后关助燃气。

⑨ 乙炔钢瓶工作时应直立，严禁剧烈振动和撞击。工作时乙炔钢瓶应放置室外，温度不宜超过 30～40℃，防止日晒雨淋。开启钢瓶时，阀门旋开不超过 1.5 转，防止丙酮逸出。

(3) 仪器常见故障及排除　原子吸收分光光度计常见故障、产生原因及排除方法见表 2-3。

表 2-3　原子吸收分光光度计常见故障、产生原因及排除方法

故障现象	故障原因	排除方法
1. 仪器总电源指示灯不亮	(1)仪器电源线断路或接触不良 (2)仪器保险丝熔断 (3)保险管接触不良 (4)电源输入线路中有断路处 (5)仪器中的电路系统有短路处,因而将保险丝熔断,或某点电压突然增高 (6)指示灯泡坏 (7)灯座接触不良	(1)将电源线接好,压紧插头插座,如仍接触不良则应更换新电源线 (2)更换新保险丝 (3)卡紧保险管使接触良好 (4)用万用表检查,并用观察法寻找断路处,将其焊接好 (5)检查是否元件损坏,更换损坏的元件,或找到电压突然增高的原因进行排除 (6)更换指示灯泡 (7)改善灯座接触状态
2. 初始化中波长电机出现“×”	(1)检查空心阴极灯是否安装并点亮 (2)光路中有物体挡光 (3)主机与计算机通信系统联系中断	(1)重新安装灯 (2)取出光路中的挡光物 (3)重新启动仪器
3. 元素灯不亮	(1)检查灯电源连线是否脱焊 (2)灯电源插座松动 (3)空心阴极灯损坏	(1)重新安装空心阴极灯 (2)更换灯位重新安装 (3)换另一只灯试试
4. 寻峰时能量过低,能量超上限	(1)元素灯不亮 (2)元素灯位置不对 (3)分析线选择错误 (4)光路中有挡光物 (5)灯老化,发射强度低	(1)重新安装空心阴极灯 (2)重新设置灯位 (3)选择最灵敏线 (4)移开挡光物 (5)更换新灯
5. 点击“点火”按钮,点火器无高压放电打火	(1)空气无压力或压力不足 (2)乙炔未开启或压力过小 (3)废液液位过低 (4)紧急灭火开关点亮 (5)乙炔泄漏,报警 (6)有强光照射在火焰探头上	(1)检查空气压缩机出口压力 (2)检查乙炔出口压力 (3)向废液排放安全联锁装置中倒入蒸馏水 (4)按紧急灭火开关使其熄灭 (5)关闭乙炔,检查管路,打开门窗 (6)挡住照射在火焰探头上的强光
6. 点击“点火”按钮,点火器有高压放电打火,但燃烧器火焰不能点燃	(1)乙炔未开启或压力过小 (2)管路过长,乙炔未进入仪器 (3)有强光照射在火焰探头上 (4)燃气流量不合适	(1)(2)检查并调节乙炔压力至正常值,重复多次点火 (3)挡住照射在火焰探头上的强光 (4)调整燃气流量
7. 测试基线不稳定、噪声大	(1)仪器能量低,光电倍增管负高压过高 (2)波长不准确 (3)元素灯发射不稳定 (4)外电压不稳定、工作台振动	(1)检查灯电流是否合适,如不正常重新设置 (2)寻峰是否正常,如不正常重新寻峰 (3)更换已知灯试试 (4)检查稳压电源保证其正常工作,移开震源
8. 测试时吸光度很低或无吸光度	(1)燃烧缝没有对准光路 (2)燃烧器高度不合适 (3)乙炔流量不合适 (4)分析波长不正确 (5)能量值很低或已经饱和 (6)吸液毛细管堵塞,雾化器不喷雾	(1)调整燃烧器 (2)升高燃烧器高度 (3)调整乙炔流量 (4)检查调整分析波长 (5)进行能量平衡 (6)拆下并清洗毛细管
9. 测试时火焰不稳定	(1)空压机出口压力不稳 (2)乙炔压力很低、流量不稳 (3)燃烧缝有盐类结晶,火焰呈锯齿状 (4)仪器周围有风	(1)检查空压机压力表 (2)更换乙炔钢瓶 (3)清洗燃烧器 (4)打开排风,光闭门窗
10. 点击计算机功能键,仪器不执行命令	(1)计算机与主机处于脱机工作状态 (2)主机在执行其他命令且未结束 (3)通信电缆松动 (4)计算机死机	(1)重新开机 (2)关闭其他命令或等待 (3)重新连接通信电缆 (4)重启计算机

续表

故障现象	故障原因	排除方法
11. 标准曲线弯曲	(1)光源灯失气,发射背景大 (2)光源内部的金属释放氢气太多 (3)工作电流过大,由于“自蚀”效应使谱线增宽 (4)光谱狭缝宽度选择不当 (5)废液流动不畅通 (6)火焰高度选择不当,无最大吸收 (7)雾化器未调好,雾化效果不佳 (8)样品浓度太高,仪器工作在非线性区域	(1)更换光源灯或作反接处理 (2)更换光源灯 (3)减小工作电流 (4)选择合适的狭缝宽度 (5)采取措施,使之畅通 (6)选择合适的火焰高度 (7)调好撞击球和喷嘴的相对位置,提高喷雾质量 (8)减小试样浓度,使仪器工作在线性区域
12. 分析结果偏高	(1)溶液中的固体未溶解,造成假吸收 (2)由于“背景吸收”造成假吸收 (3)空白未校正 (4)标准溶液变质 (5)谱线覆盖造成假吸收	(1)调高火焰温度,使固体颗粒蒸发离解 (2)在共振线附近用同样的条件再测定 (3)做空白校正试验 (4)重新配制标准溶液 (5)降低试样浓度,减少假吸收
13. 分析结果偏低	(1)试样挥发不完全,细雾颗粒大,在火焰中未完全离解 (2)标准溶液配制不当 (3)被测试样浓度太高,仪器工作在非线性区域 (4)试样被污染或存在其他物理化学干扰	(1)调整撞击球和喷嘴的相对位置,提高喷雾质量 (2)重新配制标准溶液 (3)减小试样浓度,使仪器工作在线性区域 (4)消除干扰因素,更换试样
14. 不能达到预定的检测限	(1)使用不适当的标尺扩展和积分时间 (2)由于火焰条件不当或波长选择不当,导致灵敏度太低 (3)灯电流太小影响其稳定性	(1)正确使用标尺扩展和积分时间 (2)重新选择合适的火焰条件或波长 (3)选择合适的灯电流

2.3.4 技能训练

训练项目 2.1 原子吸收分光光度计的基本操作

(1) 训练目的

① 掌握原子吸收分光光度计的空心阴极灯的安装，气路的开关及仪器的开关机方法。

② 掌握原子吸收分光光度计工作软件的基本操作。

(2) 仪器与试剂

① 仪器 TAS-990 型原子吸收分光光度计（或其他型号），镁空心阴极灯，空气压缩机，乙炔钢瓶，100mL 烧杯 1 个，100mL 容量瓶 3 个，5mL 移液管 1 支，10mL 移液管 1 支，10mL 吸量管 1 支。

② 试剂 镁贮备液：准确称取于 800℃灼烧至恒重的氧化镁（A. R.）1.6583g，滴加 $1mol \cdot L^{-1}$ HCl 至完全溶解，移入 1000mL 容量瓶中，稀释至标线，摇匀。此溶液镁的质量浓度为 $1.000mg \cdot mL^{-1}$。

(3) 训练内容与操作步骤

① 配制镁标准溶液

a. 配制 $\rho_{Mg}=0.1000mg \cdot mL^{-1}$ 镁标准溶液 移取 10mL $\rho_{Mg}=1.000mg \cdot mL^{-1}$ 贮备液于 100mL 容量瓶中，用蒸馏水稀至标线，摇匀。

b. 配制 $\rho_{Mg}=0.00500mg \cdot mL^{-1}$ 镁标准溶液 移取 5mL $\rho_{Mg}=0.1000mg \cdot mL^{-1}$ 标准溶液于 100mL 容量瓶中，用蒸馏水稀至标线，摇匀。

c. 配制 $\rho_{Mg}=0.300\mu g \cdot mL^{-1}$ 镁标准溶液 移取 6mL $\rho_{Mg}=0.00500mg \cdot mL^{-1}$ 标准溶液于 100mL 容量瓶中，用蒸馏水稀释至标线，摇匀。

② 安装空心阴极灯 将镁空心阴极灯小心从盒中取出，打开灯源室门，取出一号元素灯引脚，将元素灯引脚对准灯电源插座适配插入。并且灯的键体对准电源插座的键槽，轻轻

插入。如果感觉插入困难，说明操作有误，拔出重新安装（见2.3.3.2中的图2-18）

③ 条件设置 打开主机电源，打开电脑，进入AAWin 2.0工作软件，仪器初始化，选择镁元素灯为工作灯，对元素灯的特征波长进行寻峰操作，选择最佳测定波长，并设置实验条件（具体操作参见2.3.3.3或仪器操作手册），检查排水安全联锁装置。

④ 燃烧器对光 在完成寻峰点火之前有时需要调节燃烧器的位置，使空心阴极灯发出的光线在燃烧缝的正上方，与之平行，如不平行可调节燃烧器调节钮使之平行（具体操作见2.3.3.2中的图2-19）。

⑤ 打开气源，点火

a. 检查各气路气密性，开启排风装置电源开关。排风10min后，接通空气压缩机电源，将输出压调至0.3MPa。

b. 开启乙炔钢瓶总阀，调节乙炔钢瓶减压阀输出压为0.05MPa。

c. 将燃气流量调节到2000～2400mL/min，点火（若火焰不能点燃，可重新点火，或适当增加乙炔流量后重新点火）。点燃后，应重新调节乙炔流量，选择合适的分析火焰。

注意！点火前关上燃烧室防护罩。点火时，为安全起见，操作者应尽量远离燃烧器，以防万一发生爆炸时受伤。事实证明，重大事故往往是忘记通风而贸然点火造成的。因此仪器启动前一定要通风。

⑥ 样品测定 在工作软件中设置测定条件，吸入镁标准溶液，测定其吸光度，并保存所得数据。

⑦ 实验结束工作

a. 实验结束，吸喷去离子水5min后，关闭乙炔钢瓶总阀，熄灭火焰，待压力表指针回零后旋松减压阀，关闭空气压缩机。

b. 退出工作软件，关闭电脑，关闭仪器电源总开关。

c. 清洗所用仪器，清理实验台面，填写仪器使用记录，打扫仪器实验室，关闭电源总闸。

（4）注意事项

① 点火时先开空气，后开乙炔。关机时先关乙炔后关空气。

② 完成寻峰，点火之前有时需要调节燃烧器的位置，使空心阴极灯发出的光线在燃烧缝的正上方，与之平行。

③ 与氮气、空气、氧气钢瓶不同，乙炔钢瓶内充活性炭与丙酮，乙炔溶解在丙酮中，使用时不可完全用完，必须留出0.5MPa，否则乙炔挥发进入火焰使背景增大，燃烧不稳定。

④ 仪器在接入电源时应有良好的接地。

⑤ 原子吸收分析中经常接触电器设备、高压钢瓶、使用明火，因此应时刻注意安全，掌握必要的电器常识、急救知识、灭火器的使用。

⑥ 安装好空心阴极灯后应将灯室门关闭，灯在转动时不得将手放入灯室内。

⑦ 当按下点火按钮时应确保其他人员手、脸不在燃烧室上方，并关闭燃烧室防护罩。

⑧ 不得在火焰上放置任何东西，或将火焰挪作他用。

⑨ 在燃烧过程中不可用手接触燃烧器。关闭燃烧室防护罩，高温火焰可能产生紫外线，灼伤人的眼睛。

⑩ 火焰熄灭后燃烧器仍有高温，20min内不可触摸。

（5）思考题

① 每个元素测量时所选择的波长、狭缝、灯电流是否应一样？

② 如何利用仪器测定元素的浓度？

思考与练习 2.3

(1) 原子吸收分光光度计光源起什么作用？对光源有哪些要求？

(2) 使用空心阴极灯应注意哪些问题？

(3) 何谓试样的原子化？试样原子化的方法有哪几种？

(4) 简述火焰原子化和石墨炉原子化过程。试比较火焰原子化法和石墨炉原子化法的特点。

(5) 现有一台原子吸收光谱仪，其单色器色散率倒数是 $15nm \cdot mm^{-1}$，若出射狭缝宽度为 0.020mm，问理论光谱通带是多少？

(6) 原子吸收分光光度计有哪几种类型？它们各有什么特点？

(7) 你所使用的原子吸收分光光度计是属于何种类型？试根据仪器说明书写出仪器操作规程。

(8) 如何维护保养原子吸收分光光度计？

石墨炉原子化新技术

探针原子化技术和平台原子化技术在石墨炉原子吸收法的应用可显著改善某些元素的测定灵敏度，降低基体干扰和化学干扰对测定结果的影响。

探针原子化技术是将几微升至几十微升试样溶液加在一根难熔金属丝探针或石墨探针头上，利用红外线加热使试样液滴蒸干，然后将探针前端连同试样干渣一起插入已预先加热到恒定温度的石墨炉中，从而使试样蒸发并原子化，同时记录相应的原子吸收信号。

平台原子化技术是把一块具有一定形状和大小且各向异性热解石墨或各向同性的普通石墨制成的薄板（称石墨平台），放在正对石墨管加热孔下方的位置，将几微升至几十微升体积的样品溶液加在平台上，适当延长干燥时间并提高干燥的温度，按常规加热程序加热石墨炉，记录瞬时吸收脉冲信号。石墨平台可提供原子化时能满足时间和空间要求的等温条件，以提高灵敏度和消除干扰。同时，平台加热速率比石墨管快，原子化时间短，而且原子在炉内停留时间变化很小，因此吸收脉冲信号大，提高了测定灵敏度。此外平台原子化技术也可用于固体样品的分析，并且可以延长石墨管的使用寿命。

近年来在平台和探针技术基础上发展起来的稳定温度平台石墨炉（Stabilized Temperature Platform Furnace，STPF）被认为是消除基体干扰的有效方法。STPF 技术包括：使用石墨平台，热解涂层石墨管，快速升温，灰化与原子化温度之差不大于 1000℃，采用氩作载气及原子化时停气，积分吸收信号，使用基体改进剂，快速电子信号检测及塞曼效应扣除背景。STPF 技术的应用使得许多复杂组成的试样有效地实现了原子吸收测定。

摘自《分析化学手册》第三分册

2.4 原子吸收光谱分析实验技术

2.4.1 试样的制备和预处理

2.4.1.1 样品的制备

试样制备的第一步是取样，取样要有代表性，取样量大小要适当。样品在采样、碎样等加工过程中，要防止被污染，避免引入杂质。样品制成分析试样后，其化学组成必须与原始样一致。样品存放的容器材质要根据测定要求而定，对不同容器应采取各自合适的洗涤方法洗净。无机样品溶液应置于聚氯乙烯容器中，并维持必要的酸度，存放于清洁、低温、阴暗处；有机试样存放时应避免与塑料、胶木瓶盖等物质直接接触。

2.4.1.2　样品预处理

原子吸收光谱分析通常是溶液进样，被测样品需要事先转化为溶液样品。其处理方法与通常的化学分析相同，要求试样分解完全，在分解过程中不引入杂质和造成待测组分的损失，所用试剂及反应产物对后续测定无干扰。

(1) 样品溶解　对无机试样，首先考虑能否溶于水，若能溶于水，应首选去离子水为溶剂来溶解样品，并配成合适的浓度范围。若样品不能溶于水则考虑用稀酸、浓酸或混合酸处理后配成合适浓度的溶液。常用的酸是 HCl、H_2SO_4、H_3PO_4、HNO_3、$HClO_4$，H_3PO_4 常与 H_2SO_4 混合用于某些合金试样溶解，氢氟酸常与另一种酸生成氟化物而促进溶解。用酸不能溶解或溶解不完全的样品采用熔融法。熔剂的选择原则是：酸性试样用碱性熔剂，碱性试样用酸性熔剂。常用的酸性熔剂有 $NaHSO_4$、$KHSO_4$、$K_2S_2O_7$、酸性氟化物等。常用的碱性溶剂有 Na_2CO_3、K_2CO_3、NaOH、Na_2O_2、$LiBO_2$（偏硼酸锂）、$Li_2B_4O_7$（四硼酸锂），其中偏硼酸锂和四硼酸锂应用广泛。

(2) 样品的灰化　灰化又称消化，灰化处理可除去有机物基体。灰化处理分为干法灰化和湿法消化两种。

① 干法灰化　干法灰化是在较高温度下，用氧来氧化样品。具体做法是：准确称取一定量样品，放在石英坩埚或铂坩埚中，于 80～150℃低温加热，除去大量挥发性有机物，然后放于高温炉中，加热至 450～550℃进行灰化处理。冷却后再将灰分用 HNO_3、HCl 或其他溶剂进行溶解。如有必要则加热溶液以使残渣溶解完全，最后转移到容量瓶中，稀释至标线。干法灰化技术简单，可处理大量样品，一般不受污染。广泛用于无机分析前破坏样品中有机物。这种方法不适于易挥发元素如 Hg、As、Pb、Sn、Sb 等的测定。干法灰化有时可加入氧化剂帮助灰化。在灼烧前加少量盐溶液润湿样品，或加几滴酸，或加入纯 $Mg(NO_3)_2$、醋酸盐作灰化基体，可加速灰化过程和减少某些元素的挥发损失。

还有一种低温干法灰化技术，它是在高频磁场中通入氧，氧被活化，然后将这种活化氧通过被灰化的有机物上方，可以使其在低于 100℃的温度下氧化。这种技术优点是能保留样品的形态，并减少由于样品的挥发造成的损失，从容器或大气中引入的污染也较少。

② 湿法消化　湿法消化是在样品升温下用合适的酸加以氧化。最常用的氧化剂是 HNO_3、H_2SO_4 和 $HClO_4$。它们可以单独使用，也可以混合使用，如 HNO_3+HCl、HNO_3+HClO_4 和 $HNO_3+H_2SO_4$ 等，其中最常用的混合酸是 $HNO_3+H_2SO_4+HClO_4$（体积比为 3∶1∶1）。湿法消化样品损失少，不过 Hg、Se、As 等易挥发元素不能完全避免。湿法消化时由于加入试剂，故被污染的可能性比干法灰化大，而且需要小心操作。

目前，采用微波消解样品法已被广泛采用。无论是地质样品还是有机样品，微波消解均可获得满意结果。采用微波消解法，可将样品放在聚四氟乙烯焖罐中，于专用微波炉中加热，这种方法样品消解快、分解完全、损失少，适合大批量样品的处理工作，对微量、痕量元素的测定结果好。

塑料类和纺织类样品的溶解，应根据样品性质合理选择方法。如聚苯乙烯，乙醇纤维、乙醇丁基纤维，可溶于甲基异丁基酮。聚丙烯酯可溶于二甲基甲酰胺。聚碳酸酯、聚氯乙烯可溶于环己酮。聚酰胺（尼龙）可溶于甲醇，聚酯也可溶于甲醇。羊毛可溶于质量浓度为

$50g\cdot L^{-1}NaOH$ 中。棉花和纤维可溶于质量分数为12%的 H_2SO_4 中。

2.4.2 标准样品溶液的配制

标准样品的组成要尽可能接近未知试样的组成。配制标准溶液通常使用各元素合适的盐类来配制，当没有合适的盐类可供使用时，也可直接溶解相应的高纯（99.99%）金属丝、棒、片于合适的溶剂中，然后稀释成所需浓度范围的标准溶液，但不能使用海绵状金属或金属粉末来配制。金属在溶解之前，要磨光或利用稀酸清洗，以除去表面氧化层。

非水标准溶液可将金属有机物溶于适宜的有机溶剂中配制（或将金属离子转变成可萃取化合物），用合适的溶剂萃取，通过测定水相中的金属离子含量间接加以标定。

所需标准溶液的浓度在低于 $0.1mg\cdot mL^{-1}$ 时，应先配成比使用的浓度高1～3个数量级的浓溶液（大于 $1\ mg\cdot mL^{-1}$）作为贮备液，然后经稀释配成。贮备液配制时一般要维持一定酸度，以免器皿表面吸附。配好的贮备液应贮于聚四氟乙烯、聚乙烯或硬质玻璃容器中。浓度很小（小于 $1\mu g\cdot mL^{-1}$）的标准溶液不稳定，使用时间不应超过1～2d。表2-4列出了常用贮备标准溶液的配制方法。

表2-4 常用贮备标准液的配制

金属	基准物	配制方法（浓度1mg/mL）
Ag	金属银（99.99%）	溶解1.000g银于20mL（1+1）硝酸中，用水稀释至1L
	$AgNO_3$	溶解1.575g硝酸银于50mL水中，加10mL浓硝酸，用水稀释至1L
Au	金属金	将0.1000g金溶解于数毫升王水中，在水浴上蒸干，用盐酸和水溶解，稀释到100mL，盐酸浓度约1mol/L
Ca	$CaCO_3$	将2.4972g在110℃烘干过的碳酸钙溶于（1+4）硝酸中，用水稀释至1L
Cd	金属镉	溶解1.000g金属镉于（1+1）硝酸中，用水稀释到1L
Co	金属钴	溶解1.000g金属钴于（1+1）盐酸中，用水稀释至1L
Cr	$K_2Cr_2O_7$	溶解2.829g重铬酸钾于水中，加20mL硝酸，用水稀释至1L
	金属铬	溶解1.000g金属铬于（1+1）盐酸中，加热使之溶解，完全冷却，用水稀释至1L

标准溶液的浓度下限取决于检出限，从测定精度的观点出发，合适的浓度范围应该是在能产生0.2～0.8单位吸光度或15%～65%透射比之间的浓度。

2.4.3 测定条件的选择

在进行原子吸收光谱分析时，为了获得灵敏、重现性好和准确的结果，应对测定条件进行优选。

2.4.3.1 吸收线的选择

每种元素的基态原子都有若干条吸收线，为了提高测定的灵敏度，一般情况下应选用其中最灵敏线做分析线。但如果测定元素的浓度很高，或为了消除邻近光谱线的干扰等，也可以选用次灵敏线。例如，试液中铷的测定，其最灵敏的吸收线是780.0nm，但为了避免钠、钾的干扰，可选用794.0nm次灵敏线做吸收线。又如分析高浓度试样时，为了保持工作曲线的线性范围，选次灵敏线做吸收线是有利的。但对低含量组分的测量，应尽可能选最灵敏线做分析线。若从稳定性考虑，由于空气-乙炔火焰在短波区域对光的透过性较差，噪声大，若灵敏线处于短波方向，则可以考虑选择波长较长的灵敏线。表2-5列出了常用的各元素分析线，可供使用时参考。

表 2-5　原子吸收分光光度法中常用的元素分析线/nm

元素	分　析　线	元素	分　析　线	元素	分　析　线
Ag	328.1，338.3	Ge	265.2，275.5	Re	346.1，346.5
Al	309.3，308.2	Hf	307.3，288.6	Sb	217.6，206.8
As	193.6，197.2	Hg	253.7	Sc	391.2，402.0
Au	242.3，267.6	In	303.9，325.6	Se	196.1，204.0
B	249.7，249.8	K	766.5，769.9	Si	251.6，250.7
Ba	553.6，455.4	La	550.1，413.7	Sn	224.6，286.3
Be	234.9	Li	670.8，323.3	Sr	460.7，407.8
Bi	223.1，222.8	Mg	285.2，279.6	Ta	271.5，277.6
Ca	422.7，239.9	Mn	279.5，403.7	Te	214.3，225.9
Cd	228.8，326.1	Mo	313.3，317.0	Ti	364.3，337.2
Ce	520.0，369.7	Na	589.0，330.3	U	351.5，358.5
Co	240.7，242.5	Nb	334.4，358.0	V	318.4，385.6
Cr	357.9，359.4	Ni	232.0，341.5	W	255.1，294.7
Cu	324.8，327.4	Os	290.9，305.9	Y	410.2，412.8
Fe	248.3，352.3	Pb	216.7，283.3	Zn	213.9，307.6
Ga	287.4，294.4	Pt	266.0，306.5	Zr	360.1，301.2

2.4.3.2　光谱通带宽度的选择

选择光谱通带，实际上就是选择狭缝的宽度。单色器的狭缝宽度主要是根据待测元素的谱线结构和所选的吸收线附近是否有非吸收干扰来选择的。当吸收线附近无干扰线存在时，放宽狭缝，可以增加光谱通带。若吸收线附近有干扰线存在，在保证有一定强度的情况下，应适当调窄一些，光谱通带一般在 0.5～4nm 之间选择。合适的狭缝宽度可以通过实验的方法确定，具体方法是：逐渐改变单色器的狭缝宽度，使检测器输出信号最强，即吸光度最大时相应的狭缝宽度。也可以利用文献资料（如表 2-6 列出的一些元素在测定时经常选用的光谱通带），根据仪器说明书上列出的单色器线色散率倒数，用光谱通带宽度＝线色散率倒数×狭缝宽度，计算出不同的光谱通带宽度所相应的狭缝宽度。如果仪器上的狭缝不是连续可调的，而是一些固定的数值，这时应根据要求的通带选一个适当的狭缝。

表 2-6　不同元素所选用的光谱通带　　单位：nm

元素	共振线	通带	元素	共振线	通带
Ag	328.1	0.5	Mn	279.5	0.5
Al	309.3	0.2	Mo	313.3	0.5
As	193.7	＜0.1	Na	589.0①	10
Au	242.8	2	Pb	217.0	0.7
Be	234.9	0.2	Pd	244.8	0.5
Bi	223.1	1	Pt	265.9	0.5
Ca	422.7	3	Rb	780.0	1
Cd	228.8	1	Rh	343.5	1
Co	240.7	0.1	Sb	217.6	0.2
Cr	357.9	0.1	Se	196.0	2
Cu	324.7	1	Si	251.6	0.2
Fe	248.3	0.2	Sn	286.3	1
Hg	253.7	0.2	Sr	460.7	2
In	302.9	1	Te	214.3	0.6
K	766.5	5	Ti	364.3	0.2
Li	670.9	5	Tl	377.6	1
Mg	285.2	2	Zn	213.9	5

① 使用 10nm 通带时，单色器通过的是 589.0 和 589.6nm 双线。若用 4nm 通带，测定 589.0 线，灵敏度可提高。

2.4.3.3 空心阴极灯工作电流的选择

灯电流选择原则是：在保证放电稳定和有适当光强输出情况下，尽量选用低的工作电流。空心阴极灯上都标明了最大工作电流，对大多数元素，日常分析的工作电流建议采用额定电流的40%～60%，因为这样的工作电流范围可以保证输出稳定且强度合适的锐线光。对高熔点的镍、钴、钛等空心阴极灯，工作电流可以调大些；对低熔点易溅射的铋、钾、钠、铯等空心阴极灯，使用时工作电流小些为宜。具体采用多大电流，一般要通过实验方法绘出吸光度-灯电流关系曲线，然后选择有最大吸光度读数时的最小灯电流。

2.4.3.4 原子化条件的选择

(1) 火焰原子化条件的选择

① 火焰的选择　火焰的温度是影响原子化效率的基本因素。首先有足够的温度才能使试样充分分解为原子蒸气状态。但温度过高会增加原子的电离或激发，而使基态原子数减少，这对原子吸收是不利的。因此在确保待测元素能充分解离为基态原子的前提下，低温火焰比高温火焰具有较高的灵敏度。但对于某些元素，如果温度太低则试样不能解离，反而灵敏度降低，并且还会发生分子吸收，干扰可能更大。因此必须根据试样具体情况，合理选择火焰温度。火焰温度由火焰种类确定，因此应根据测定需要选择合适种类的火焰。当火焰种类选定后，要选用合适的燃气和助燃气流量比例。对于空气-乙炔焰来说，燃助比（燃气与助燃气流量比）为1∶(4～6)的火焰（称贫燃火焰），为清晰不发亮的蓝焰，燃烧高度较低，温度高，还原性气氛差，仅适用于不易生成氧化物元素，如Ag、Cu、Fe、Co、Ni、Mg、Pb、Zn、Cd、Mn等的测定；燃助比为(1.2～1.5)∶4的火焰（称富燃火焰）发亮，燃烧高度较高，温度较低，噪声较大，且由于燃烧不完全呈强还原性气氛，因此适于易生成氧化物元素，如Ca、Sr、Ba、Cr、Mo等的测定。多数元素测定使用空气-乙炔火焰的流量比在(3～4)∶1之间。

最佳的流量比应通过实验来确定。实验时，以一标准溶液，在固定助燃气流量情况下，调节不同燃料气流量，测得相应吸光度，绘制吸光度-燃气流量曲线，选择吸光度最大时，需要最小的气流量。

② 燃烧器高度的选择　不同元素在火焰中形成的基态原子的最佳浓度区域高度不同，因而灵敏度也不同。因此，应选择合适的燃烧器高度使光束从原子浓度最大的区域通过。一般在燃烧器狭缝口上方2～5mm附近火焰具有最大的基态原子密度，灵敏度最高。但对于不同测定元素和不同性质的火焰有所不同。最佳的燃烧器高度应通过试验选择。其方法是：先固定燃气和助燃气流量，取一固定样品，逐步改变燃烧器高度，调节零点，测定吸光度，绘制吸光度-燃烧器高度曲线图，选择吸光度最大的燃烧器高度为最佳位置。

③ 进样量的选择　试样的进样量一般在3～6mL·min^{-1}较为适宜。进样量过大，对火焰产生冷却效应。同时，较大雾滴进入火焰，难以完全蒸发，原子化效率下降，灵敏度低。进样量过小，由于进入火焰的溶液太少吸收信号弱，灵敏度低，不便测量。

*(2) 电热原子化条件的选择

① 载气的选择　可使用惰性气体氩或氮作载气，通常使用的是氩气。采用氮气作载气时要考虑高温原子化时产生CN带来的干扰。载气流量会影响灵敏度和石墨管寿命。目前大多采用内外单独供气方式，外部供气是不间断的，流量在1～5L·min^{-1}；内部气体流量在60～70mL·min^{-1}。在原子化期间，内气流的大小与测定元素有关，可通过试验确定。

② 冷却水　为使石墨管迅速降至室温，通常使用水温为20℃，流量为1～2 L·min^{-1}的冷却水（可在20～30s冷却）。水温不宜过低，流速亦不可过大，以免在石墨锥体或石英

窗上产生冷凝水。

③ 原子化温度的选择　原子化过程中，干燥阶段的干燥条件直接影响分析结果的重现性。为了防止样品飞溅，又能保持较快的蒸干速度，干燥应在稍低于溶剂沸点的温度下进行。条件选择是否得当，可用蒸馏水或空白溶液进行检查。干燥时间可以调节，并和干燥温度相配合，一般取样 10～100μL 时，干燥时间为 15～60s，具体时间应通过实验确定。

灰化温度和时间的选择原则是：在保证待测元素不挥发损失的条件下，尽量提高灰化温度，以去掉比待测元素化合物容易挥发的样品基体，减少背景吸收。灰化温度和灰化时间由实验确定，即在固定干燥条件，原子化程序不变情况下，通过绘制吸光度-灰化温度或吸光度-灰化时间的灰化曲线找到最佳灰化温度和灰化时间。

不同原子有不同的原子化温度，原子化温度的选择原则是：选用达到最大吸收信号的最低温度作为原子化温度，这样可以延长石墨管的使用寿命。但是原子化温度过低，除了造成峰值灵敏度降低外，重现性也会受到影响。

原子化时间与原子化温度是相配合的。一般情况是在保证完全原子化前提下，原子化时间尽可能短一些。对易形成碳化物的元素，原子化时间可以长些。

现在的石墨炉带有斜坡升温设施，它是一种连续升温设施，可用于干燥、灰化及原子化各阶段。近年来生产的石墨炉还配有最大功率附件，最大功率加热方式是以最快的速率[$(1.5\sim2.0)\times10^3$℃·s^{-1}]加热石墨管至预先确定的原子化温度。用最大功率方式加热可提高灵敏度，并在较宽的温度范围内有原子化平台区。因此可以在较低的原子化温度下，达到最佳原子化条件，延长了石墨管寿命。

④ 石墨管的清洗　为了消除记忆效应，在原子化完成后，一般在 3000℃左右，采用空烧的方法来清洗石墨管，以除去残余的基体和待测元素，但时间宜短，否则使石墨管寿命大为缩短。

2.4.4　干扰及其消除技术

原子吸收分析相对化学分析及发射光谱分析手段来说，是一种干扰较少的检测技术。原子吸收检测中的干扰可分为四种类型，即物理干扰、化学干扰、电离干扰和光谱干扰。明确了干扰的性质，便可以采取适当措施，消除和校正所存在的干扰。

2.4.4.1　物理干扰及其消除

物理干扰是指试样在转移、蒸发和原子化过程中物理性质（如黏度、表面张力、密度和蒸气压等）的变化而引起原子吸收强度下降的效应。物理干扰是非选择性干扰，对试样各元素的影响基本相同。物理干扰主要发生在试液抽吸过程、雾化过程和蒸发过程中。

消除物理干扰的主要方法是配制与被测试样相似组成的标准溶液。在试样组成未知时，可以采用标准加入法或选用适当溶剂稀释试液来减少和消除物理干扰。此外，调整撞击小球位置以产生更多细雾；确定合适的抽吸量等，都能改善物理干扰对结果产生的负效应。

2.4.4.2　化学干扰及其消除

化学干扰是原子吸收光谱分析中的主要干扰。它是由于在样品处理及原子化过程中，待测元素的原子与干扰物质组分发生化学反应，形成更稳定的化合物，从而影响待测元素化合物的解离及其原子化，致使火焰中基态原子数目减少，而产生的干扰。例如，盐酸介质中测定 Ca、Mg 时，若存在 PO_4^{3-} 则会对测定产生干扰，这是由于 PO_4^{3-} 在高温时，与 Ca、Mg 生成高熔点、难挥发、难解离的磷酸盐或焦磷酸盐，使参与吸收的 Ca、Mg 的基态原子数减少而造成的。消除化学干扰的方法如下。

① 使用高温火焰。高温火焰使在较低温度火焰中稳定的化合物在较高温度下解离。如在空气-乙炔火焰中 PO_4^{3-} 对钙测定干扰，Al 对 Mg 的测定有干扰，如果使用氧化亚氮-乙炔火焰，可以提高火焰温度，这样干扰就被消除了。

② 加入释放剂。释放剂与干扰元素形成更稳定更难解离的化合物，而将待测元素从原来难解离化合物中释放出来，使之有利于原子化，从而消除干扰。例如上述 PO_4^{3-} 干扰 Ca 的测定，当加入 $LaCl_3$ 后，干扰就被消除。因为 PO_4^{3-} 与 La^{3+} 生成更稳定的 $LaPO_4$，而将钙从 $Ca_3(PO_4)_2$ 中释放出来。

③ 加入保护剂。保护剂可与待测元素或干扰元素反应生成稳定配合物，因而保护了待测元素，避免了干扰。例如加入 EDTA 可以消除 PO_4^{3-} 对 Ca 的干扰，这是由于 Ca^{2+} 与 EDTA配位后不再与 PO_4^{3-} 反应的结果。又如加入 8-羟基喹啉可以抑制 Al 对 Mg 的干扰，这是由于 8-羟基喹啉与 Al^{3+} 形成螯合物 $Al[O(C_9H_6)N]_3$，减少了 Al 的干扰。

*④ 加入基体改进剂。在石墨炉原子化中加入基体改进剂[1]可提高被测物质的灰化温度或降低其原子化温度以消除干扰。例如汞极易挥发，加入硫化物生成稳定性较高的硫化汞，灰化温度可提高到 300℃。测定海水中 Cu、Fe、Mn 时，加入 NH_4NO_3 则 NaCl 转化为 NH_4Cl，使其在原子化前低于500℃的灰化阶段除去。表 2-7 列出了部分常用的抑制干扰的试剂；表 2-8 列出了部分常见的基体改进剂。

⑤ 化学分离干扰物质。若以上方法都不能有效地消除化学干扰时，可采用离子交换、沉淀分离、有机溶剂萃取等方法，将待测元素与干扰元素分离开来，然后进行测定。化学分离法中有机溶剂萃取法应用较多，因为在萃取分离干扰物质的过程中，不仅可以去掉大部分干扰物，而且可以起到浓缩被测元素的作用。在原子吸收分析中常用的萃取剂多为醇、酯和酮类化合物。

上述各种方法若配合使用，则效果会更好。

表 2-7　用于抑制干扰的一些试剂

试　剂	干扰成分	测定元素	试　剂	干扰成分	测定元素
La	Al，Si，PO_4^{3-}，SO_4^{2-}	Mg	NH_4Cl	Al	Na，Cr
Sr	Al，Be，Fe，Se，NO_3^-，SO_4^{2-}，PO_4^{3-}	Mg，Ca，Sr	NH_4Cl	Sr，Ca，Ba，PO_4^{3-}，SO_4^{2-}	Mo
Mg	Al，Si，PO_4^{3-}，SO_4^{2-}	Ca	NH_4Cl	Fe，Mo，W，Mn	Cr
Ba	Al，Fe	Mg，K，Na	乙二醇	PO_4^{3-}	Ca
Ca	Al，F	Mg	甘露醇	PO_4^{3-}	Ca
Sr	Al，F	Mg	葡萄糖	PO_4^{3-}	Ca，Sr
Mg＋$HClO_4$	Al，Si，PO_4^{3-}，SO_4^{2-}	Ca	水杨酸	Al	Ca
Sr＋$HClO_4$	Al，P，B	Ca，Mg，Ba	乙酰丙酮	Al	Ca
Nd，Pr	Al，P，B	Sr	蔗糖	P，B	Ca，Sr
Nd，Sm，Y	Al，P，B	Ca，Sr	EDTA	Al	Mg，Ca
Fe	Si	Cu，Zn	8-羟基喹啉	Al	Mg，Ca
La	Al，P	Cr	$K_2S_2O_7$	Al，Fe，Ti	Cr
Y	Al，B	Cr	Na_2SO_4	可抑制 16 种元素的干扰	Cr
Ni	Al，Si	Mg	Na_2SO_4＋SO_4	可抑制 Mg 等十几种元素的干扰	Cr
甘油，高氯酸	Al，Fe，Th，稀土，Si，B，Cr，Ti，PO_4^{3-}，SO_4^{2-}	Mg，Ca，Sr，Ba			

[1] 在待测试液中加入某种试剂，使基体成分转变为较易挥发的化合物，或将待测元素转变为更加稳定的化合物，以便允许较高的灰化温度和在灰化阶段更有效地除去干扰基体，这种试剂称为基体改进剂。

表 2-8 分析元素与基体改进剂

分析元素	基体改进剂	分析元素	基体改进剂	分析元素	基体改进剂
镉	硝酸镁	砷	镍	铋	镍
	Triton X-100		镁	硼	钙，钡
	氢氧化铵		钯		钙＋镁
	硫酸铵	铍	铝，钙	镉	焦硫酸铵
锑	铜		硝酸镁		镧
	镍	铋	镍		EDTA
	铂，钯		EDTA，O_2		柠檬酸
	H_2		钯		组氨酸
镉	乳酸	锗	硝酸	汞	硫化钠
	硝酸		氢氧化钠		盐酸＋过氧化氢
	硝酸铵	金	Triton X-100＋Ni		柠檬酸
	硫酸铵		硝酸铵	磷	镧
	磷酸二氢铵	铟	O_2	硒	硝酸铵
	硫化铵	铁	硝酸铵		镍
	磷酸铵	铅	硝酸铵		铜
	氟化铵		磷酸二氢铵		钼
	铂		磷酸		铑
钙	硝酸		镧		高锰酸钾，重铬酸钾
铬	磷酸二氢铵		铂，钯，金	硅	钙
钴	抗坏血酸		抗坏血酸	银	EDTA
铜	抗坏血酸		EDTA	碲	镍
	EDTA		硫脲		铂，钯
	硫酸铵		草酸	铊	硝酸
	磷酸铵	锂	硫酸，磷酸		酒石酸＋硫酸
	硝酸铵	锰	硝酸铵	锡	抗坏血酸
	蔗糖		EDTA	钒	钙，镁
	硫脲		硫脲	锌	硝酸铵
	过氧化钠	汞	银		EDTA
	磷酸		钯		柠檬酸
镓	抗坏血酸	汞	硫化铵		

2.4.4.3 电离干扰及其消除

在高温下，原子电离成离子，而使基态原子数目减少，导致测定结果偏低，此种干扰称电离干扰。电离干扰主要发生在电离电位较低的碱金属和部分碱土金属中。消除电离干扰最有效的方法是在试液中加入过量比待测元素电离电位低的其他元素（通常为碱金属元素）。由于加入的元素在火焰中强烈电离，产生大量电子，而抑制了待测元素基态原子的电离。例如测定 Ba 时，适量加入钾盐可以消除 Ba 的电离干扰。一般说，加入元素的电离电位越低，所加入的量可以越少。适宜的加入量由实验确定，加入量太大会影响吸收信号的测量。

2.4.4.4 光谱干扰及其消除

光谱干扰是由于分析元素吸收线与其他吸收线或辐射不能完全分开而产生的干扰。

光谱干扰包括谱线干扰和背景干扰两种，主要来源于光源和原子化器，也与共存元素有关。

(1) 谱线干扰 谱线干扰有以下三种。

① 吸收线重叠。当共存元素吸收线与待测元素吸收波长很接近时，两谱线重叠，使测定结果偏高。这时应另选其他无干扰的分析线进行测定或预先分离干扰元素。

② 光谱通带内存在的非吸收线。这些非吸收线可能出自待测元素的其他共振线与非共振线，也可能是光源中所含杂质的发射线。消除这种干扰的方法是减小狭缝，使光谱通带小到可以分开这种干扰。另外也可适当减小灯电流，以降低灯内干扰元素发光强度。

③ 原子化器内直流发射干扰。为了消除原子化器内的直流发射干扰，可以对光源进行机械调制，或者是对空心阴极灯采用脉冲供电。

(2) 背景干扰　背景干扰是指在原子化过程中，由于分子吸收和光散射作用而产生的干扰。背景干扰使吸光度增加，因而导致测定结果偏高。

分子吸收是指在原子化过程中，由于燃气、助燃气等火焰气体，试液中盐类和无机酸（主要是硫酸和磷酸）等分子或游离基等对入射光吸收而产生的干扰。例如碱金属卤化物（KBr、NaCl、KI 等）在紫外光区有很强的分子吸收；硫酸、磷酸在紫外区也有很强的吸收（盐酸、硝酸及高氯酸吸收都很小，因此原子吸收光谱法中应尽量避免使用硫酸和磷酸）。乙炔-空气、丙烷-空气等火焰在波长小于 250nm 的紫外区也有明显吸收。

光散射是指试液在原子化过程中形成高度分散的固体微粒，当入射光照射在这些固体微粒上时产生了散射，而不能被检测器检测，导致吸光度增大。通常入射光波长愈短，光散射作用愈强，试液基体浓度愈大，光散射作用也愈严重。

石墨炉原子化法的背景干扰比火焰原子化法严重，有时不扣除背景就无法进行测量。消除背景干扰的方法有以下几种。

① 用邻近非吸收线扣除背景。先用分析线测量待测元素吸收和背景吸收的总吸光度，再在待测元素吸收线附近另选一条不被待测元素吸收的谱线（称为邻近非吸收线）测量试液的吸收度，此吸收即为背景吸收。从总吸光度中减去邻近非吸收线吸光度，就可以达到扣除背景吸收的目的。

邻近非吸收线可用同种元素的非吸收线，也可以用其他不同元素的非吸收线，选用其他不同元素的非吸收线时，样品中不得含有该种元素。邻近非吸收线波长与分析波长愈相近，背景扣除愈有效。例如，Al 的分析线为 309.3nm，可选用 Al 的 307.3nm 非吸收线进行背景扣除。Cr 的分析线为 357.9nm，可用灯内 Ar 惰性气体原子发射线 358.3nm 进行背景扣除。Mg 的分析线为 285.2nm，可用 Cd 的 283.7nm 进行背景扣除。

② 用氘灯校正背景。先用空心阴极灯发出的锐线光通过原子化器，测量待测元素和背景吸收的总和，再用氘灯发出的连续光通过原子化器，在同一波长测出背景吸收。此时待测元素的基态原子对氘灯连续的光谱的吸收可以忽略。因此当空心阴极灯和氘灯的光束交替通过原子化器时，背景吸收的影响就可以扣除，从而进行校正。

氘灯只能校正较低的背景，而且只适于紫外光区的背景校正，可见光区的背景校正可用碘钨灯和氙灯。使用氘灯校正时，要调节氘灯光斑与空心阴极灯光斑完全重叠，并调节两束入射光能量相等。

③ 用自吸收方法校正背景。当空心阴极灯在高电流下工作时，其阴极发射的锐线会被灯内处于基态的原子吸收，使发射的锐线变宽，吸光度下降，灵敏度也下降。这种自吸收现象是客观存在的，也是无法避免的。因此可以先让空心阴极灯在低电流下工作，使锐线光通过原子化器，测得待测元素和背景吸收总和，然后使它再在高电流下工作，再通过原子化器，测得相当于背景的吸收，将两次测得的吸光度数值相减，就可以扣除背景的影响。这方法的优点是使用同一光源，在相同波长下进行的校正，校正能力强。不足之处是长期使用此法会使空心阴极灯加速老化，降低测量灵敏度。

* ④ 塞曼效应校正背景。塞曼效应是指谱线在外磁场作用下发生分裂的现象。塞曼效

应校正背景是先利用磁场将吸收线分裂为具有不同偏振方向的组分，再用这些分裂的偏振成分来区别被测元素和背景吸收的一种背景校正法。塞曼效应校正背景吸收分为光源调制法和吸收线调制法。光源调制法是将强磁场加在光源上，吸收线调制法是将磁场加在原子化器上，目前主要应用的是后者。所施加磁场有恒定磁场和可变磁场。

塞曼效应校正背景可以全波段进行，它可校正吸光度高达 1.5～2.0 的背景，而氘灯只能校正吸光度小于 1 的背景，因此塞曼效应背景校正的准确度比较高。

2.4.5 定量方法

2.4.5.1 工作曲线法

原子吸收分光光度法的工作曲线定量法与紫外-可见分光光度法的工作曲线法相似，关键都是绘制一条工作曲线。其方法是：先配制一组浓度合适的标准溶液，在最佳测定条件下，由低浓度到高浓度依次测定它们的吸光度，然后以吸光度 A 为纵坐标，标准溶液浓度为横坐标，绘制吸光度(A)-浓度(c)的工作曲线（见图 2-35）。

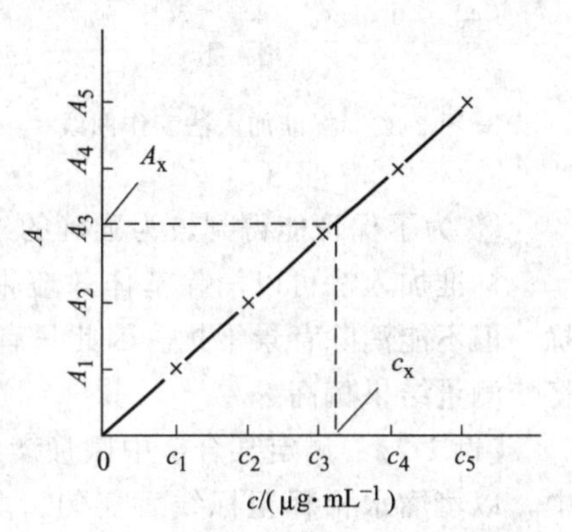

图 2-35 工作曲线

用与绘制工作曲线相同的条件测定样品的吸光度，利用工作曲线以内插法求出被测元素的浓度。为了保证测定的准确度，测定时应注意以下几点。

① 标准溶液与试液的基体（指溶液中除待测组分外的其他成分的总体）要相似，以消除基体效应❶。标准溶液浓度范围应将试液中待测元素的浓度包括在内。浓度范围大小应以获得合适的吸光度读数为准。

② 在测量过程中要吸喷去离子水或空白溶液来校正零点漂移。

③ 由于燃气和助燃气流量变化会引起工作曲线斜率变化，因此每次分析都应重新绘制工作曲线。

工作曲线法简便、快速，适于组成较简单的大批样品分析。

【例 2-1】 测定某样品中铜含量，称取样品 0.9986g，经化学处理后，移入 250mL 容量瓶中，以蒸馏水稀释至标线，摇匀。喷入火焰，测出其吸光度为 0.320，求该样品中铜的质量分数。图 2-36 为铜工作曲线。

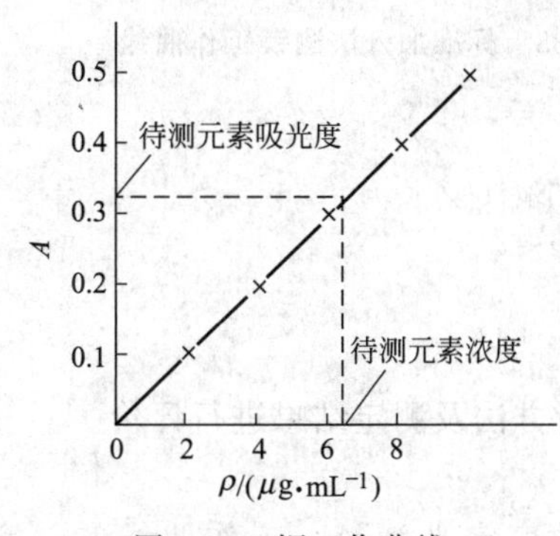

图 2-36 铜工作曲线

由工作曲线查出当 $A=0.320$ 时，$\rho=6.2\mu g \cdot mL^{-1}$，即所测样品溶液中铜的质量浓度，则样品中铜的质量分数为：

$$w(Cu)=\frac{6.2\times250\times10^{-6}}{0.9986}\times100\%=0.16\%$$

2.4.5.2 标准加入法

当试样中共存物不明或基体复杂而又无法配制与试样组成相匹配的标准溶液时，使用标准加入法进行分析是合适的。

标准加入法具体操作方法是：吸取四份以上等量的试液，第一份不加待测元素标准溶

❶ 基体效应是指试样中与待测元素共存的一种或多种组分所引起的种种干扰。

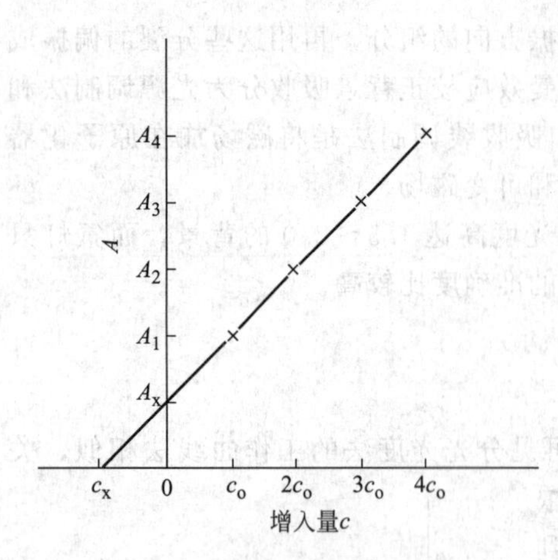

图 2-37　标准加入法工作曲线

液，第二份开始，依次按比例加入不同量待测组分标准溶液，用溶剂稀释至同一的体积，以空白为参比，在相同测量条件下，分别测量各份试液的吸光度，绘出工作曲线，并将它外推至浓度轴，则在浓度轴上的截距，即为未知样品浓度 c_x，如图 2-37 所示。

使用标准曲线加入法时应注意下面几个问题。

① 所使用的系列标准溶液浓度应符合线性要求。

② 第二份中加入的标准溶液的浓度与试样的浓度应当接近（可通过试喷样品和标准溶液比较两者的吸光度来判断），以免曲线的斜率过大或过小，给测定结果引入较大的误差。

③ 为了保证能得到较为准确的外推结果，至少要采用四个点来制作外推曲线。

标准加入法可以消除基体效应带来的影响，并在一定程度上消除了化学干扰和电离干扰，但不能消除背景干扰。因此只有在扣除背景之后，才能得到待测元素的真实含量，否则将使测量结果偏高。

【例 2-2】 测定某合金中微量镁。称取 0.2687g 试样，经化学处理后移入 50mL 容量瓶中，以蒸馏水稀释至标线后摇匀。取上述试液 10mL 于 25mL 容量瓶中（共取四份），分别加入镁 0.0μg、1.0μg、2.0μg、3.0μg、4.0μg，以蒸馏水稀释至标线，摇匀。测出上述各溶液的吸光度依次为 0.100、0.200、0.300、0.400、0.500。求试样中镁的质量分数。

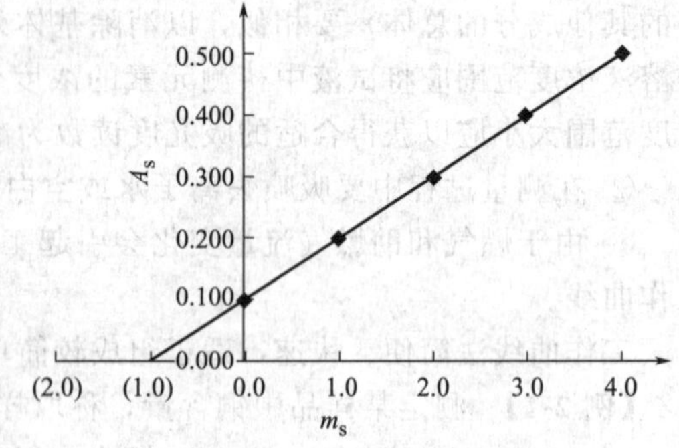

图 2-38　标准加入法测镁工作曲线

根据所测数据绘出如图 2-38 所示的工作曲线，曲线与横坐标交点到原点距离为 1.0，即未加标准溶液镁的 25mL 容量瓶内，含有 1.0μg 镁，这 1.0μg 镁只来源于所加入的 10mL 试样溶液，所以可由下式算出试样中镁的质量分数。

$$w(\mathrm{Mg})=\frac{1.0\times10^{-6}}{0.2687\times\frac{10}{50}}\times100\%=0.0019\%$$

2.4.6　灵敏度和检出限

原子吸收光谱分析中，常用灵敏度和检出限对定量分析方法及测定结果进行评价。

2.4.6.1　灵敏度

根据 1975 年 IUPAC 规定，将原子吸收分析法的灵敏度定义为 A-c 工作曲线的斜率（用 S 表示），即当待测元素的浓度或质量改变一个单位时，吸光度的变化量。

在火焰原子吸收光谱分析中，通常习惯于用能产生 1%吸收（即吸光度值为 0.0044）时所对应的待测溶液质量浓度（$\mu g\cdot mL^{-1}$）来表示分析的灵敏度，称为特征浓度（c_c）或特征（相对）灵敏度。特征浓度的测定方法是配制一待测元素的标准溶液（其浓度应在线性范围内），调节仪器至最佳条件，测定标准溶液的吸光度。然后按下式计算

$$c_c=\frac{c\times 0.0044}{A} \tag{2-8}$$

式中，c_c 为特征浓度，$\mu g\cdot mL^{-1}/1\%$吸收；c 为被测溶液质量浓度，$\mu g\cdot mL^{-1}$；A 为测得的溶液吸光度。

在电热原子化测定中，常用特征质量来表示测定灵敏度，即能产生 1%吸收（A 为 0.0044）信号所对应的待测元素质量（μg），又称绝对量。对分析工作来说，显然是特征浓度或特征质量愈小愈好。

2.4.6.2 检出限

由于灵敏度没有考虑仪器噪声的影响，故不能作为衡量仪器最小检出量的指标。检出限可用于表示能被仪器检出的元素的最小浓度或最小质量。

根据 IUPAC 规定，将检出限定义为，能够给出 3 倍于空白标准偏差的吸光度时，所对应的待测元素的浓度或质量。可用下式进行计算

$$D_c=\frac{c\times 3\sigma}{A} \tag{2-9}$$

$$D_m=\frac{cV\times 3\sigma}{A} \tag{2-10}$$

式中，D_c 为相对检出限，$\mu g\cdot mL^{-1}$；D_m 为绝对检出限，g；c 为待测溶液浓度，$g\cdot mL^{-1}$；V 为溶液体积，mL；σ 为空白溶液测量标准偏差，是对空白溶液或接近空白的待测组分标准溶液的吸光度进行不少于 10 次的连续测定后，由下式计算求得的。

$$\sigma=\sqrt{\frac{\sum(A_i-A)^2}{n-1}} \tag{2-11}$$

式中，A_i 为空白溶液单次测量的吸光度；$\bar{A}$ 为空白溶液多次平行测定的平均吸光度值；n 为测定次数（$n\geqslant 10$）。

检出限取决于仪器稳定性，并随样品基体的类型和溶剂的种类不同而变化。信号的波动来源于光源、火焰及检测器噪声，因而不同类型仪器的检出限可能相差很大。两种不同元素可能有相同的灵敏度，但由于每种元素光源噪声、火焰噪声及检测器噪声等的不同，检出限就可能不一样。因此，检出限是仪器性能的一个重要指标。待测元素的存在量只有高出检出限，才可能可靠地将有效分析信号与噪声信号分开。“未检出”就是待测元素的量低于检出限。

2.4.7 技能训练

2.4.7.1 训练项目 2.2 火焰原子吸收法最佳实验条件的选择

（1）训练目的

① 熟练掌握原子吸收分光光度计及其工作软件的基本操作。

② 学会最佳实验条件的优选试验方法。

（2）方法原理 在火焰原子吸收法中，分析方法的灵敏度、准确度、干扰情况和分析过程是否简便快速等，除与所用仪器有关外，在很大程度上取决于实验条件。因此最佳实验条件的选择是个重要的问题。本实验以镁的实验条件优选为例，分别对分析线、灯电流、光谱通带、燃烧器高度等因素进行优化选择。在条件优选时，可以进行单个因素的选择，即先将其他因素固定在同一水平上，逐一改变所研究因素的条件，然后测定某一标准溶液的吸光度，选取吸光度大且稳定性好的条件作该因素的最佳工作条件。

（3）仪器与试剂

① 仪器　TAS-990 型原子吸收分光光度计（或其他型号），镁空心阴极灯，空气压缩机，乙炔钢瓶；100mL 烧杯 1 个，100mL 容量瓶 3 个，5mL 移液管 1 支，10mL 移液管 1 支，10mL 吸量管 1 支。

② 试剂　镁贮备液：见 2.3.4 中（2）。

（4）训练内容与操作步骤

① $\rho_{Mg}=0.300\mu g \cdot mL^{-1}$镁标准溶液的配制：配制方法见 2.3.4 中（3）。

② 安装镁元素空心阴极灯。

③ 打开主机电源，打开电脑，进入 AAWin 2.0 工作软件，仪器初始化，选择镁元素灯为工作灯，对元素灯的特征波长进行寻峰操作，选择最佳测定波长，并设置实验条件（具体操作参见 2.3.3.3 或仪器操作手册）。

④ 打开气源，点火。

a. 检查气路的气密性，检查排水安全联锁装置，开启排风装置电源开关。排风 10min 后，接通空气压缩机电源，将输出压调至 0.3MPa。

b. 开启乙炔钢瓶总阀，调节乙炔钢瓶减压阀输出压为 0.05MPa。

c. 将燃气流量调节到 $2000\sim2400mL \cdot min^{-1}$，点火（若火焰不能点燃，可重新点火，或适当增加乙炔流量后重新点火）。点燃后，应重新调节乙炔流量，选择合适的分析火焰。

⑤ 最佳实验条件选择　初步固定镁的工作条件为：

吸收线波长 λ/nm	285.2
空心阴极灯灯电流 I/mA	8
狭缝宽度/mm	0.4
乙炔流量/($mL \cdot min^{-1}$)	2000

a. 选择分析线　根据对试样分析灵敏度的要求和干扰情况，选择合适的分析线。试液浓度低时，选最灵敏线；试液浓度高时选次灵敏线，并要选择没有干扰的谱线。

b. 选择空心阴极灯工作电流　吸喷 $0.300\mu g \cdot mL^{-1}$镁标准溶液，固定其他实验条件，改变灯电流分别为 0.5mA、1mA、2mA、3mA、4mA、5mA，以不同灯电流测定镁标准溶液的吸光度并记录相应的灯电流和吸光度。

注意！每次测定后都应该用去离子水为空白液喷雾，重新调节吸光度“零”点。

灯电流/mA						
A						

c. 选择乙炔流量　固定其他实验条件和助燃气流量，乙炔流量设定为 $1800mL \cdot min^{-1}$、$2000mL \cdot min^{-1}$、$2200mL \cdot min^{-1}$、$2400mL \cdot min^{-1}$、$2600mL \cdot min^{-1}$喷入镁标准溶液，记录相应的乙炔流量和吸光度。

注意！改变流量后，都要用去离子水调节吸光度“零”点。

空气流量/($mL \cdot min^{-1}$)					
乙炔流量/($mL \cdot min^{-1}$)					
A					

d. 选择燃烧器高度　吸喷镁标准溶液，改变燃烧器高度分别为 2.0mm、4.0mm、6.0mm、8.0mm、10.0mm，逐一记录相应的燃烧器高度和吸光度。

燃烧器高度/mm					
A					

e. 光谱通带选择　在以上最佳燃助比及燃烧器高度条件下，改变狭缝宽度分别为0.1nm、0.2nm、0.4nm、1nm、2nm，测定镁标准溶液的吸光度并记录。

狭缝宽度/mm					
A					

⑥ 结束工作

a. 训练结束，吸喷去离子水 5min 后，关闭乙炔钢瓶总阀，熄灭火焰，待压力表指针回零后旋松减压阀；关闭空气压缩机。

b. 退出工作软件，关闭电脑，关闭仪器电源总开关。

c. 清洗所用仪器，清理工作台面，填写仪器使用记录，打扫仪器实验室，关闭电源总闸。

(5) 注意事项

① 仪器工作环境要求：室温 5～35℃，相对湿度≤85%，室内保持清洁以防止光学零件污染。

② 为了确保安全，使用燃气、助燃气应严格按操作规程进行。如果在训练过程中突然停电，应立即关闭燃气，然后将空气压缩机及主机上所有开关和旋钮都恢复至操作前状态。操作过程中，若嗅到乙炔气味，则可能气路管道或接头漏气，应立即仔细检查。

③ 每次分析工作后，都应该让火焰继续点燃并吸喷去离子水 3～5min 清洗原子化器。定期检查废液收集容器的液面，及时倒出过多的废液，但又要保证足够的水封。

④ 为了保证分析结果有良好的重现性，应该注意燃烧器缝隙的清洁、光滑。发现火焰不整齐，中间出现锯齿状分裂时，说明缝隙内已有杂质堵塞，此时应该仔细进行清理。清理方法是：待仪器关机、燃烧器冷却以后，取下燃烧器，用洗衣粉溶液刷洗缝隙，然后用水冲，清除沉积物。

(6) 数据处理　通过上面的实验得出的最佳实验条件为：

灯电流　　　mA；

分析线　　　nm；

光谱带宽　　nm；

燃气流量　　$mL \cdot min^{-1}$；

燃烧器高度　mm。

(7) 思考题

① 如何选择最佳实验条件？实验时，若条件发生变化，对结果有何影响？

② 在分析工作结束后，仪器关机前，应对原子化器作怎样处理？

③ 为什么使用火焰原子吸收分光光度计时，对燃气、助燃气开关的先后顺序要严格按操作步骤进行？

2.4.7.2　训练项目 2.3　工作曲线法测定自来水中镁含量

(1) 训练目的

① 学会用工作曲线法对实际样品进行定量分析的方法。

② 熟练掌握原子吸收分光光度计使用方法；学会使用原子吸收分析软件。

(2) 方法原理　在一定条件下，基态原子蒸气对锐线光源发出的共振线的吸收符合朗伯-比尔定律，其吸光度与待测元素在试样中的浓度成正比，即

$$A = K'c$$

根据这一关系对组成简单的试样可用工作曲线法进行定量分析。

原子吸收光谱分析中工作曲线法与紫外-可见分光光度分析中的工作曲线法相似。工作曲线是否呈线性受许多因素的影响，分析过程中，必须保持标准溶液和试液的性质及组成接近，设法消除干扰，选择最佳测定条件，保证测定条件一致，才能得到良好的工作曲线和准确的分析结果。原子吸收法工作曲线的斜率经常可能有微小变化，这是由于喷雾效率和火焰状态的微小变化而引起的，所以每次进行测定，应同时制作工作曲线，这一点和紫外-可见吸收光度法有所不同。

(3) 仪器和试剂

① 仪器　原子吸收分光光度计，乙炔钢瓶，空气压缩机，镁空心阴极灯；100mL 容量瓶 6 个，10mL 吸量管 1 支。

② 试剂　$\rho_{Mg}=0.00500mg \cdot mL^{-1}$ 镁标准溶液（配制方法见 2.3.4）。

(4) 训练内容与操作步骤

① 配制镁系列标准溶液　用 10mL 吸量管分别吸取 $\rho_{Mg}=0.00500mg \cdot mL^{-1}$ 标准溶液 2.00mL、4.00mL、6.00mL、8.00mL、10.00mL 于 5 个 100mL 容量瓶中，用蒸馏水稀释至标线，摇匀。此溶液含 Mg 为 $0.10\mu g \cdot mL^{-1}$、$0.20\mu g \cdot mL^{-1}$、$0.30\mu g \cdot mL^{-1}$、$0.40\mu g \cdot mL^{-1}$、$0.50\mu g \cdot mL^{-1}$。

② 制备水样　用 10mL 移液管移取水样 10mL（可根据水质适当调节水样量）于 100mL 容量瓶中，用蒸馏水稀释至标线，摇匀。

③ 开机并调试仪器

a. 检查仪器各部件及气路连接正确性和气密性。

b. 安装镁空心阴极灯，接通电源，打开电脑，进入工作软件，进行光源对光和燃烧器对光。

c. 利用训练项目 2.2 所得的最佳实验条件按 2.3.3.3 相关步骤进行条件设置，将仪器调试到最佳工作状态。

④ 测定系列标准溶液和水样的吸光度　由稀至浓逐个测量系列标准溶液的吸光度，最后测量水样的吸光度，并列表记录。

注意！每次测完一个溶液，都要用去离子水喷雾调零后，再测下一个溶液。

⑤ 结束工作

a. 训练结束，吸喷去离子水 3～5min 后，按关机操作顺序关机。

b. 清理工作台面和试剂，填写仪器使用记录。

(5) 注意事项

① 试样的吸光度应在工作曲线的中部，否则应改变取样体积。

② 经常检查管道气密性，防止气体泄漏，严格遵守有关操作规定，注意安全。

(6) 数据处理

① 在坐标纸上绘制镁的 A-c 工作曲线。

② 根据试液吸光度从工作曲线中找出相应浓度，然后按取样体积求出水样中镁的质量浓度。

(7) 思考题

① 使用工作曲线法定量应注意哪些问题？工作曲线法适用于何种情况下的分析？

② 如果试样成分较复杂，应怎样进行测定？

*2.4.7.3 训练项目 2.4 火焰原子吸收光谱法测定钙时磷酸根的干扰和消除

（1）训练目的

① 了解火焰原子吸收法中化学干扰的消除方法。

② 进一步熟练原子吸收分光光度计的使用。

（2）方法原理 火焰原子吸收光谱法测定 Ca 时，由于溶液中存在的 PO_4^{3-} 与 Ca^{2+} 形成在空气-乙炔火焰中不能完全解离的热稳定性很高的磷酸钙，降低了溶液吸光度，而且随 PO_4^{3-} 浓度的增高，钙的吸收逐渐下降。为消除这种化学干扰，可以添加高浓度的锶盐，锶盐会优先与 PO_4^{3-} 反应，释放了待测元素钙，从而消除干扰。

（3）仪器与试剂

① 仪器 原子吸收分光光度计；50mL 容量瓶 10 个，100mL 容量瓶 1 个。

② 试剂

a. $\rho_{Ca}=1mg \cdot mL^{-1}$ 钙标准储备液 准确称取于 110℃ 干燥过的 $CaCO_3$（A.R.）2.4972g 于 500mL 烧杯中，加水 20mL，滴加 HCl（1+1）溶液至完全溶解，再加 HCl（1+1）10mL。煮沸除去 CO_2，冷却后移入 1L 容量瓶中，用蒸馏水稀释至标线，摇匀，备用。

b. $\rho_{PO_4^{3-}}=1mg \cdot mL^{-1}$ 磷酸盐标准贮备液 称取 1.433g KH_2PO_4 溶于少量蒸馏水中，移入 1L 容量瓶中，用蒸馏水稀释至标线，摇匀。

c. $\rho_{Sr}=1mg \cdot mL^{-1}$ 锶贮备液 称取 $SrCl_2 \cdot 6H_2O$ 3.04g 溶于物质的量浓度为 0.3 $mol \cdot L^{-1}$ 盐酸溶液中，移入 1L 容量瓶中，用浓度为 0.3$mol \cdot L^{-1}$ 的 HCl 溶液稀释至标线，摇匀。

（4）训练内容与操作步骤

① 配制溶液

a. 体积分数为 1% 的 HCl 溶液 移取浓 HCl（A.R.）5mL 置于 500mL 容量瓶中，用蒸馏水稀释至标线。

b. $\rho_{Ca}=100\mu g \cdot mL^{-1}$ Ca 标准溶液 取 Ca 标准贮备液 10mL，移入 100mL 容量瓶中，用蒸馏水稀释至标线，摇匀。

② 条件设置 打开主机电源，打开电脑，设置工作条件，将仪器调试到最佳工作状态。

③ 测定干扰曲线

a. 在 5 个 50mL 容量瓶中移取 2.5mL $\rho_{Ca}=100\mu g \cdot mL^{-1}$ 钙标准溶液和不同体积的 KH_2PO_4 溶液，用体积分数为 1% 的 HCl 溶液稀释至标线，摇匀。此溶液钙的质量浓度均为 $5\mu g \cdot mL^{-1}$，PO_4^{3-} 的质量浓度分别为 $0\mu g \cdot mL^{-1}$、$2\mu g \cdot mL^{-1}$、$4\mu g \cdot mL^{-1}$、$6\mu g \cdot mL^{-1}$、$8\mu g \cdot mL^{-1}$。

b. 吸喷蒸馏水进行调零，将配好的上述溶液由稀至浓依次进行测试，并记录各相应吸光度。

④ 消除干扰

a. 取 5 个洁净的 50mL 容量瓶，配制以 Sr 消除 PO_4^{3-} 干扰的试样溶液。Ca 的质量浓度仍为 $5\mu g \cdot mL^{-1}$，含 PO_4^{3-} 分别为 $0\mu g \cdot mL^{-1}$、$10\mu g \cdot mL^{-1}$、$10\mu g \cdot mL^{-1}$、$10\mu g \cdot mL^{-1}$、$10\mu g \cdot mL^{-1}$，含 Sr 分别为 $0\mu g \cdot mL^{-1}$、$25\mu g \cdot mL^{-1}$、$50\mu g \cdot mL^{-1}$、$75\mu g \cdot mL^{-1}$、$100\mu g \cdot mL^{-1}$，并用体积分数为 1%HCl 溶液稀释至标线，摇匀。

b. 吸喷蒸馏水调零，将配好的上述溶液由稀至浓依次进行测试，并记录各相应吸光度。

⑤ 结束工作

a. 训练结束，吸喷去离子水3～5min后，按关机操作顺序关机。

b. 清理工作台面和试剂，填写仪器使用记录。

(5) 注意事项　经常检查管道气密性，防止气体泄漏，严格遵守有关操作规定，注意安全。

(6) 数据处理

① 绘制加入PO_4^{3-}后的溶液吸光度对所加PO_4^{3-}浓度的曲线（即PO_4^{3-}对Ca的干扰曲线）。

② 绘制加入锶后溶液吸光度对所加入Sr的浓度曲线（即Sr消除干扰曲线）。

(7) 思考题

① 本实验若不采用加入锶的方法进行消除干扰，还可以采用何种方法进行消除干扰？为什么？

② 分别对所绘制PO_4^{3-}对Ca的干扰曲线和Sr消除干扰的曲线进行讨论。

2.4.7.4　训练项目2.5　原子吸收法测水中铜

(1) 训练目的　掌握标准加入法测定元素含量的操作。

(2) 方法原理　当试样复杂、配制的标准溶液与试样组成之间存在较大差别时，试样的基体效应对测定有影响或干扰，不易消除，分析样品数量少时，用标准加入法较好。将已知的不同浓度的几个标准溶液加入到几个相同量的待测样品溶液中去，然后一起测定，并绘制工作曲线，将绘制的直线延长，与横轴相交，交点至原点所相应的浓度即为待测试液的浓度。

(3) 仪器与试剂

① 仪器　原子吸收分光光度计，铜空心阴极灯；50mL容量瓶6个，100mL容量瓶1个，5mL吸量管2支，10mL移液管1支，25mL移液管1支。

② 试剂　$\rho_{Cu^{2+}}=100.0\mu g \cdot mL^{-1}$的铜标准溶液。称取金属铜0.1000g，置于100mL烧杯中，加HNO_3(1+1) 20mL，加热溶解。蒸至近干，冷却后加HNO_3(1+1) 5mL，加去离子水煮沸，溶解盐类，冷却后定量移入1000mL容量瓶中，并用去离子水稀至标线，摇匀。

(4) 训练内容与操作步骤

① 配制系列溶液　按下表中所给数据移取溶液于4个50mL容量瓶中，以(2+100)稀硝酸溶液稀释至标线，摇匀。

容量瓶编号	1#	2#	3#	4#
含Cu^{2+}水样/mL	25.00	25.00	25.00	25.00
$100.0\mu g \cdot mL^{-1} Cu^{2+}$标准液/mL	0.0	1.0	2.0	3.0
吸光度A				

② 按操作规范打开仪器，将仪器调至最佳工作状态。

③ 测量系列标准溶液吸光度　由稀至浓逐个测定各标准溶液的吸光度，并逐一记录。

注意！每测量一次都要喷去离子水调零。

④ 结束工作　实验结束，按操作规范要求关气、关电，并将仪器开关、旋钮置于初始位置。

(5) 注意事项

① 标准溶液加入量应视水中铜的大致含量来设定，原则是：2#容量瓶中标准加入量与

所加试液中铜含量尽量接近。本实验是以水样中铜含量约为 $4\mu g \cdot mL^{-1}$ 来设定铜标准溶液加入量的。

② 经常检查管道，防止气体泄漏，严格遵守有关操作规定，注意安全。

(6) 数据处理　在坐标纸上绘制铜的标准加入法工作曲线，并用外推法求得试样中铜的含量。

(7) 思考题

① 标准加入法有什么特点？适用于何种情况下的分析？

② 标准加入法对待测元素标准溶液加入量有何要求？

***2.4.7.5　训练项目 2.6　原子吸收法测定葡萄糖酸锌口服液中锌含量**

(1) 训练目的

① 熟练使用原子吸收分光光度计。

② 学会使用消化法处理有机物样品的操作方法和实验技术。

(2) 方法原理　原子吸收分析通常是溶液进样，所以被测样品需要事先转化为溶液样品。样品经高温灰化，用盐酸或硝酸溶解提取，将其微量锌以金属离子状态转入到溶液中。用工作曲线法进行分析。

葡萄糖酸锌口服液是一种常用的小儿补锌制剂。处方中含有葡萄糖酸锌、蔗糖、蜂蜜、枸橼酸等多种组分。每 100mL 中含锌 30～40mg。葡萄糖酸锌口服液中锌的测定可以采用配位滴定法，但操作复杂，干扰严重。

原子吸收测定微量元素含量具有灵敏度高，选择性好等特点。

(3) 仪器与试剂

① 仪器　原子吸收分光光度计，高温炉，石英坩埚；100mL 烧杯 2 只，100mL 容量瓶 2 个，25mL 容量瓶 7 个，10mL 吸量管 1 支，10mL 移液管 2 支。

② 试剂

a. HNO_3 (G.R.)。

b. 配制 $\rho_{Zn}=1.000mg \cdot mL^{-1}$ 的锌标准贮备液　称取 1g 金属锌（称准至 0.0002g）置于 200mL 烧杯中，加 30～40mL HCl (1+1) 溶液，使其溶解，待溶解完全后，加热煮沸几分钟，冷却。定量转移至 1000mL 容量瓶中，用去离子水稀至标线，摇匀。

c. 配制 $\rho_{Zn}=100.0\mu g \cdot mL^{-1}$ 的锌标准溶液　移取 10mL 质量浓度为 $1.000mg \cdot mL^{-1}$ 的锌贮备液于 100mL 容量瓶中用去离子水稀至标线，摇匀。

d. 配制 $\rho_{Zn}=10.0\mu g \cdot mL^{-1}$ 的锌标准溶液　移取 10mL 质量浓度为 $100\mu g \cdot mL^{-1}$ 的锌标准溶液于 100mL 容量瓶中，用去离子水稀至标线，摇匀。

(4) 训练内容与操作步骤

① 样品的预处理和试液制备　准确称取一定量样品（根据实际锌含量确定样品量），放在石英坩埚或铂坩埚中，于 80～150℃低温加热，赶去大量有机物，然后放于高温炉中，加热至 450～550℃进行灰化处理。冷却后再将灰分用 HNO_3、HCl 或其他溶剂进行溶解。如有必要则加热溶液以使残渣溶解完全，最后转移到 25mL 容量瓶中，用去离子水稀释至标线。

② 配制系列标准溶液　分别吸取质量浓度为 $10.0\mu g \cdot mL^{-1}$ 的锌标准溶液 0.00mL、2.50mL、5.00mL、7.50mL、10.00mL、12.50mL 于 6 个 25mL 的容量瓶中，用体积分数为 1% $HClO_4$ 溶液稀至标线摇匀。

③ 检查气路气密性和仪器状态，按规范打开仪器并调试至最佳工作状态。

④ 测定系列标准溶液和试样吸光度　由稀至浓逐个测量系列标准溶液的吸光度，然后测量试液和试样空白溶液的吸光度并记录。

注意！每测完一个溶液都要用去离子水喷雾后，再测下一个溶液。

⑤ 结束工作

a. 实验结束，吸喷去离子水 3～5min 后，按操作要求关气，关电源；将各开关、旋钮置初始位置。

b. 清理工作台面和试剂，填写仪器使用记录。

（5）注意事项

① 试样的吸光度应在工作曲线中部，否则应改变系列标准溶液浓度。

② 经常检查管道气密性，防止气体泄漏，严格遵守有关操作规定，注意安全。

（6）数据处理

① 在坐标纸上绘制 Zn 的 *A-c* 工作曲线。

② 用样品吸光度减去空白溶液吸光度所得的值从工作曲线中找出相应浓度，然后按样品质量算出 Zn 的含量。

（7）思考题　样品的处理与消解是否完全对分析结果影响较大，本实验在样品处理等方面应注意哪些问题？还有没有其他样品处理的方法，用课余时间查阅资料，设计实验方案并完成，与本次实验比较，有何不同？分析原因。

思考与练习 2.4

（1）解释以下名词

贫燃焰　富燃焰　灵敏度　特征浓度　特征质量　检出限

（2）用原子吸收光谱法测定铷时，加入 1% 的钠盐溶液，其作用是（　）。

A. 减小背景　B. 释放剂　C. 消电离剂　D. 提高火焰温度

（3）原子吸收光谱法中的物理干扰用下述哪种方法消除？（　）

A. 释放剂　B. 保护剂　C. 标准加入法　D. 扣除背景

（4）原子吸收光度法的背景干扰表现为下述哪种形式？（　）

A. 火焰中被测元素发射的谱线　　B. 火焰中干扰元素发射的谱线

C. 光源产生的非共振线　　D. 火焰中产生的分子吸收

*（5）非火焰原子吸收法的主要缺点是（　）。

A. 检测限高　　B. 不能检测难挥发元素

C. 精密度低　　D. 不能直接分析黏度大的试样

（6）原子吸收的定量方法——标准加入法，消除了下列哪种干扰？（　）

A. 基体干扰　B. 背景吸收　C. 光散射　D. 电离干扰

（7）原子吸收分析中在下列不同干扰情况①、②下，宜采用什么方法消除干扰？

① 灯中有连续背景发射。（　）

② 吸收线重叠。（　）

A. 减小狭缝　　B. 用纯度较高的单元素灯

C. 另选测定波长　　D. 采用标准加入法

（8）在原子吸收光谱分析中主要操作条件有哪些？应如何进行优化选择？

（9）原子吸收光谱法中有哪些干扰因素？如何消除？

（10）吸取 0.00mL、1.00mL、2.00mL、3.00mL、4.00mL，浓度为 $10\mu g \cdot mL^{-1}$ 的镍标准溶液，分别置于 25mL 容量瓶中，稀释至标线，在火焰原子吸收光谱仪上测得吸光度分别为 0.00、0.06、0.12、0.18、0.23。另称取镍合金试样 0.3125g，经溶解后移入 100mL 容量瓶中，稀释至标线。准确吸取此溶液 2.00mL，放入另一 25mL 容量瓶中，稀释至标线，在与标准曲线相同的测定条件下，测得溶液的吸光度为

0.15。求试样中镍的含量。

(11) 测定硅酸盐试样中的Ti含量，称取1.000g试样，经溶解处理后，转移至100mL容量瓶中，稀释至刻度，吸取10.0mL该试液于50mL容量瓶中，用去离子水稀释到刻度，测得吸光度为0.238。取一系列不同体积的钛标准溶液（质量浓度为10.0μg·mL^{-1}）于50mL容量瓶中，同样用去离子水稀释至刻度。测量各溶液的吸光度如下，计算硅酸盐试样中钛的含量。

V_{Ti}/mL	1.00	2.00	3.00	4.00	5.00
A	0.112	0.224	0.338	0.450	0.561

(12) 称取含镉试样2.5115g，经溶解后移入25mL容量瓶中稀释至标线。依次分别移取此样品溶液5.00mL，置于4个25mL容量瓶中，再向此4个容量瓶中依次加入浓度为0.5μg·mL^{-1}的镉标准溶液0.00mL、5.00mL、10.00mL、15.00mL，并稀释至标线，在火焰原子吸收光谱仪上测得吸光度分别为0.06、0.18、0.30、0.41。求样品中镉的含量。

(13) 用火焰原子化法测定血清中钾的浓度（人正常血清中含钾量为3.5～8.5mmol·L^{-1}）。将4份0.20mL血清试样分别加入25mL容量瓶中，再分别加入质量浓度为40μg·mL^{-1}的钾标准溶液0.00mL、1.00mL、2.00mL、4.00mL，用去离子水稀释至刻度，测得吸光度如下：

$V_{K标}$/mL	0.00	1.00	2.00	4.00
A	0.105	0.216	0.328	0.550

计算血清中钾的含量，并说明是否在正常范围内。[已知M(K) =39.10g·mol^{-1}]

(14) 某原子吸收分光光度计，对浓度均为0.20μg·mL^{-1}的Ca^{2+}溶液和Mg^{2+}溶液进行测定，吸光度分别为0.054和0.072。试问这两种元素哪个灵敏度高？

(15) 以0.05μg·mL^{-1}的Co标准溶液，在石墨炉原子化器的原子吸收分光光度计上，每次以5mL与去离子水交替连续测定，共测10次，测得吸光度如下表。计算该原子吸收分光光度计对Co的检出限。

测定次数 n	1	2	3	4	5	6	7	8	9	10
吸光度 A	0.165	0.170	0.168	0.165	0.168	0.167	0.168	0.166	0.170	0.167

色谱-原子吸收联用技术

将原子吸收分析法直接用于某项具体分析工作，有时灵敏度不够该怎么办？选择另一种更灵敏的方法当然是解决问题的优选途径，但有时难于实现，因为较之原子吸收法更灵敏的方法不多。因此保留原子吸收方法，设法预分离富集样品，使待测元素含量达到方法可测量的范围，仍不失为有效途径。近年来仪器联用技术发展很快，比如气相色谱法（GC）与原子吸收法（AAS）联用或液相色谱法与原子吸收法联用就可达到这个目的。

虽然早在30年前原子吸收方法发展的初期就有人将其作为气相色谱的检测器，测定了汽油中的烷基铅，但这种GC-AAS联用的思路直到20世纪80年代才引起重视。现在这种联用技术已用于环境、生物、医学、食品、地质等领域，分析元素也由原来的铅、砷、锡、硒等扩展到20多种。色谱-原子吸收联用的方法已不仅用于测定有机金属化合物的含量，而且可进行相应元素的形态分析。

虽然目前色谱-原子吸收联用尚无定型的商品仪器，但原子吸收分光光度计与色谱仪的连接较简单，某些情况下，一支保温金属管自色谱仪出口引入原子吸收仪器即可实现联用目的。

色谱-原子吸收联用方法可以综合色谱和原子吸收两种方法各自的特点，是金属有机化合物和化学形态分析强有力的方法之一。它在生命科学中揭示微量元素的毒理和营养作用及在环境科学中正确评价环境质量等方面将会得到更为广阔的发展。

摘自《原子吸收及原子荧光光谱分析》

参考文献

[1] 中华人民共和国国家标准，GB/T 9723—2007.

[2] 刘珍主编. 化验员读本. 第4版. 北京：化学工业出版社，2004.

[3] 梁述忠主编. 仪器分析. 第2版. 北京：化学工业出版社，2008.

[4] 谭湘成主编. 仪器分析. 北京：化学工业出版社，1991

[5] 董慧茹主编. 仪器分析. 北京：化学工业出版社，2000

[6] 张剑荣，戚苓，方惠群编. 仪器分析实验. 北京：科学出版社，1999

[7] 陈培榕，邓勃主编. 现代仪器分析实验与技术. 北京：清华大学出版社，1999

[8] 黄一石主编. 仪器分析技术. 北京：化学工业出版社，2000

[9] 施荫玉，冯亚非编. 仪器分析解题指南与习题. 北京：高等教育出版社，1998

[10] 朱良漪主编. 分析仪器手册. 北京：化学工业出版社，2002.

[11] 汪尔康主编. 21世纪的分析化学. 北京：科学出版社，1999

[12] 柯以侃，董慧茹主编. 分析化学手册：第三分册. 第2版. 北京：化学工业出版社，1998.

[13] 李安模，魏继中编. 原子吸收及原子荧光光谱分析. 北京：科学出版社，2000.

[14] 罗盛祖，李朝略主编. 化学科普集萃. 长沙：湖南科学技术出版社，1990.

[15] 黄一石主编. 分析仪器操作技术与维护. 北京：化学工业出版社，2005.

原子吸收光谱分析技能考核表（一）

知识要求	鉴定范围	鉴定内容	鉴定比重(100)
基础知识	光谱分析基础知识	① 电子跃迁和分子能级以及能级跃迁的条件 ② 电磁波谱的分类以及不同波段对应于不同的波谱分析方法 ③ 光的吸收定律——朗伯-比耳定律	15
专业知识	方法原理	① 原子吸收光谱分析的基本原理 ② 原子吸收光谱分析有关术语(共振吸收线、共振发射线、锐线光源、光谱通带、积分吸收、峰值吸收) ③ 原子吸收线的形状及其变宽原因 ④ 光源的选择 ⑤ 原子吸收光谱仪的工作流程，主要组成部分(光源、原子化器、单色器、检测显示系统)的构造及其工作原理 ⑥ 影响测定的干扰因素及其消除方法	50
仪器设备的调试使用与日常维护保养	仪器设备的调试使用与维护保养	① 空心阴极灯的安装、调整以及工作条件的选择(灯电流) ② 火焰原子化器操作条件的选择(火焰种类、燃助比、燃烧器高度、提升量) ③ 原子吸收光谱仪的性能指标(灵敏度，检测限) ④ 光电倍增管负高压的选择 ⑤ 色散元件(棱镜或衍射光栅)的作用 ⑥ 仪器维护保养知识	25
相关知识	① 标准溶液配制方法及其浓度表示方法 ② 分析天平的使用方法 ③ 可燃性气体的使用方法 ④ 高压气体钢瓶和空气压缩机的使用方法		10

原子吸收光谱分析技能考核表（二）

操作要求	鉴定范围	鉴　定　内　容	鉴定比重 （100）
操作技能	基本操作技能	① 标准贮备溶液的配制和标准操作溶液的配制 ② 开机、关机操作 ③ 空心阴极灯的选择、安装和使用（灯电流的选择） ④ 电路和气路的连接，水封管的水封 ⑤ 吸光度测定的条件选择（样品处理、提升量、最佳燃助比、燃烧器高度） ⑥ 吸收光谱分析数据处理	50
仪器的使用与维护	设备的使用维护	① 正确使用无油空气压缩机和乙炔等高压气瓶 ② 正确使用减压阀、稳压阀、压力表 ③ 仪器常见故障判断与排除	20
	玻璃仪器的使用	① 正确使用烧杯、容量瓶、滴管、移液管、玻璃棒等 ② 正确使用温度计	15
安全及其他	① 合理支配时间 ② 保持整洁、有序的工作环境 ③ 合理处理、排放废液 ④ 可燃性气体（HC≡CH）的正确操作 ⑤ 高压钢瓶的正确操作 ⑥ 安全用电		15

3 电位分析法

(Potentiometry Analysis)

学习指南 电位分析法是电化学分析法中一种常用的成分分析方法，目前广泛地用于环境监测、生化分析、临床检验及工业流程中的自动在线分析。本章主要介绍电位分析法基本原理、直接电位法测定溶液的pH、直接电位法测定溶液离子活（浓）度、电位滴定法等。通过学习，应重点掌握电极电位与溶液中离子活度的关系、指示电极和参比电极种类、选择和使用方法、pH实用定义、酸度计和离子计的使用及维护方法、测定溶液离子活（浓）度的原理和定量分析方法、电位滴定法基本仪器装置和电极的选择、电位滴定终点的确定方法和自动电位滴定仪的使用方法等知识要点。通过技能训练应能对电极进行正确预处理和安装；能正确选择、配制标准缓冲溶液，并会利用二点校正法校正酸度计，测定溶液pH；能熟练使用离子计绘制 *E-c* 工作曲线并利用它对离子的活（浓）度进行定量；会规范安装连接和使用电位滴定仪，正确选择电极对进行电位滴定并确定滴定终点；能对实验数据进行正确分析和处理，并准确表述分析结果；能对酸度计、离子计和电位滴定仪进行日常维护保养工作，学会排除简单的故障。学习时，复习已经学习过的相关知识，如无机化学中电化学基础和物理学中的电学及化学分析基本操作等知识，对理解和掌握本章的知识要点很有帮助。此外，还可以通过查阅所提供的参考文献和阅读材料了解一些新技术，以拓宽自己的知识面。

3.1 基本原理

3.1.1 概述

电位分析法是电化学分析法的一个重要组成部分。电化学分析是利用物质的电学及电化学性质进行分析的一类分析方法，是仪器分析的一个重要分支。

电化学分析法的特点是灵敏度、选择性和准确度都很高，适用面广。由于测定过程中得到的是电信号，因而易于实现自动化、连续化和遥控测定，尤其适用于生产过程的在线分析。随着科学技术的飞速发展，近年来电化学分析在方法、技术和应用上也得到了发展，并呈蓬勃上升的趋势。

根据测量的参数不同，电化学分析法主要分为电位分析法、库仑分析法、极谱分析法、电导分析法及电解分析法等（本教材只介绍电位分析法）。这些电化学分析法尽管在测量原理、测量对象及测量方式上都有很大差别，但它们都是在一种电化学反应装置上进行的，这反应装置就是化学电池。

3.1.1.1 化学电池

化学电池是化学能和电能进行相互转换的电化学反应器，它分为原电池和电解池两类。原电池能自发地将本身的化学能转变为电能，而电解池则需要外部电源供给电能，然后将电能转变为化学能。电位分析法是在原电池内进行的，而库仑分析法、极谱分析法和电解分析法是在电解池内进行的。化学电池均由两支电极、容器和适当的电解质溶液组成。图 3-1 是

Cu-Zn 原电池示意图；图 3-2 是 Cu-Zn 电解池示意图。

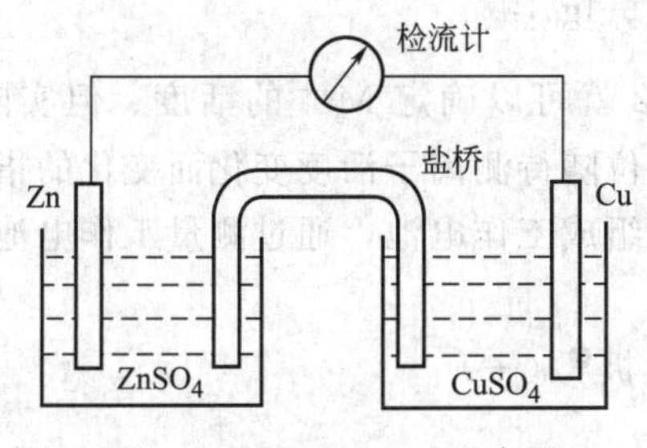

图 3-1　Cu-Zn 原电池示意图

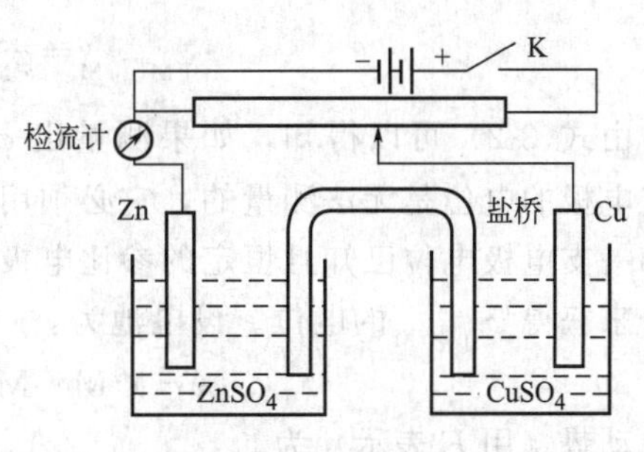

图 3-2　Cu-Zn 电解池示意图

为了使电池的描述简化，通常可以用电池表达式表示。如上述原电池可以表示为：

$$(-)Zn \mid ZnSO_4(x mol \cdot L^{-1}) \parallel CuSO_4(y mol \cdot L^{-1}) \mid Cu(+)$$

单竖线“|”表示不同相界面，双竖线“‖”表示盐桥，说明有两个接界面，双竖线两侧为两个半电池。习惯上把负极写在左边，正极写在右边。

3.1.1.2　电位分析法的分类和特点

电位分析法是将一支电极电位与被测物质的活（浓）度有关的电极（称指示电极）和另一支电位已知且保持恒定的电极（称参比电极）插入待测溶液中组成一个化学电池，在零电流的条件下，通过测定电池电动势，进而求得溶液中待测组分含量的方法。它包括直接电位法和电位滴定法。

直接电位法是通过测量上述化学电池的电动势，从而得知指示电极的电极电位，再通过指示电极的电极电位与溶液中被测离子活（浓）度的关系，求得被测组分含量的方法。直接电位法具有简便、快速、灵敏、应用广泛的特点，常用于溶液 pH 和一些离子浓度的测定，在工业连续自动分析和环境监测方面有独到之处。近年来，随着各种新型电化学传感器的出现，直接电位法的应用更加广泛。

电位滴定法是通过测量滴定过程中电池电动势的变化来确定滴定终点的滴定分析法。与化学分析法中的滴定分析不同的是电位滴定的滴定终点是由测量电位突跃来确定，而不是由观察指示剂颜色变化来确定。因此，电位滴定法分析结果准确度高，容易实现自动化控制，能进行连续和自动滴定，广泛用于酸碱、氧化还原、沉淀、配位等各类滴定反应终点的确定，特别是那些滴定突跃小、溶液有色或浑浊的滴定，使用电位滴定可以获得理想的结果。此外，电位滴定还可以用来测定酸碱的离解常数、配合物稳定常数等。

3.1.2　电极电位与溶液中离子浓度的关系

将金属片 M 插入含有该金属离子 M^{n+} 的溶液中，此时金属与溶液的接界面上将发生电子的转移形成双电层，产生电极电位，其电极半反应为：

$$M^{n+} + ne^- \rightleftharpoons M$$

电极电位 $\varphi_{M^{n+}/M}$ 与 M^{n+} 活度的关系，可用能斯特（Nernst）方程式表示，

$$\varphi_{M^{n+}/M} = \varphi^{\ominus}_{M^{n+}/M} + \frac{RT}{nF} \cdot \ln a_{M^{n+}} \tag{3-1}$$

式中，$\varphi^{\ominus}_{M^{n+}/M}$ 是标准电极电位，V；R 为气体常数，8.3145J · mol^{-1} · K^{-1}；T 为热力学温度，K；n 为电极反应中转移的电子数；F 为法拉第（Faraday）常数，96486.7C · mol^{-1}；$a_{M^{n+}}$ 为金属离子 M^{n+} 的活度，mol · L^{-1}；当离子浓度很小时，可用 M^{n+} 的浓度代替活度。为了便于使用，用常用对数代替自然对数。因此在温度为 25℃时，能斯特方程式

可近似地简化成下式：

$$\varphi_{M^{n+}/M}=\varphi^{\ominus}_{M^{n+}/M}+\frac{0.0592}{n}\lg a_{M^{n+}} \tag{3-2}$$

由式(3-2) 可以得知，如果测量出 $\varphi_{M^{n+}/M}$，那么就可以确定 M^{n+} 的活度。但实际上，单支电极的电位是无法测量的，它必须用一支电极电位随待测离子活度变化而变化的指示电极和一支电极电位已知且恒定的参比电极与待测溶液组成工作电池，通过测量工作电池的电动势来获得 $\varphi_{M^{n+}/M}$的电位。设电池为：

(－) M | M^{n+} ‖ 参比电极❶ (＋)

则电动势（用 E 表示）为

$$E=\varphi_{(+)}-\varphi_{(-)}$$ ❷

式中，$\varphi_{(+)}$为电位较高的正极的电极电位；$\varphi_{(-)}$为电位较低的负极的电极电位。

所以
$$E=\varphi_{参比}-\varphi_{M^{n+}/M}=\varphi_{参比}-\varphi^{\ominus}_{M^{n+}/M}-\frac{0.0592}{n}\lg a_{M^{n+}} \tag{3-3}$$

式(3-3) 中 $\varphi_{参比}$ 和 $\varphi^{\ominus}_{M^{n+}/M}$在一定温度下都是常数，因此，只要测量出工作电池电动势，就可以求出待测离子 M^{n+} 的活度，这是直接电位法的定量依据。

若 M^{n+} 是被滴定的离子，在滴定过程中，电极电位 $\varphi_{M^{n+}/M}$将随着被滴定溶液中的 M^{n+} 的活度即 $a_{M^{n+}}$ 的变化而变化，因此电动势 E 也随之不断变化。当滴定进行至化学计量点附近时，由于 $a_{M^{n+}}$ 发生突变，因而电池电动势 E 也相应发生突跃。因此通过测量 E 的变化就可以确定滴定的终点，根据标准滴定溶液消耗的体积可以计算出被测物的含量，这是电位滴定法的基本理论依据。

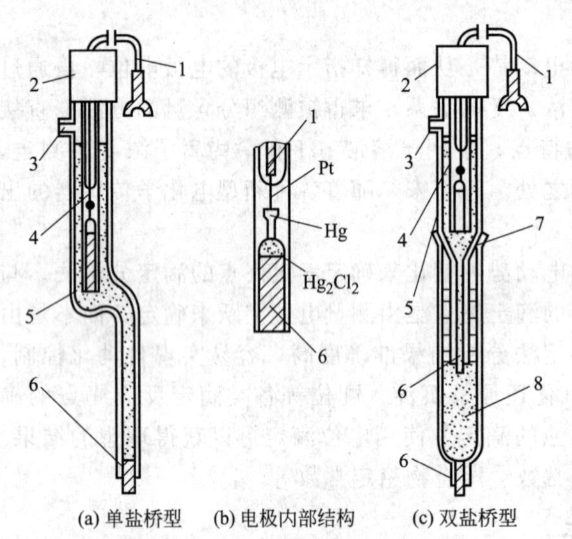

图 3-3 甘汞电极

1—导线；2—绝缘帽；3—加液口；4—内电极；5—饱和 KCl 溶液；6—多孔性物质；7—可卸盐桥磨口套管；8—盐桥内充液

3.1.3 参比电极和指示电极

3.1.3.1 参比电极

参比电极是用来提供电位标准的电极。对参比电极的主要要求是：电极的电位值已知且恒定，受外界影响小，对温度或浓度没有滞后现象，具备良好的重现性和稳定性。电位分析法中最常用的参比电极是甘汞电极和银-氯化银电极，尤其是饱和甘汞电极（SCE）。

（1）甘汞电极

① 电极组成和结构　甘汞电极由纯汞、Hg_2Cl_2-Hg 混合物和 KCl 溶液组成。其结构如图 3-3 所示。

甘汞电极有两个玻璃套管，内套管封接一根铂丝，铂丝插入纯汞中，汞下装有甘汞和汞（Hg_2Cl_2-Hg）的糊状物；外套管装入 KCl 溶液，电极下端与待测溶液接触处是熔接陶瓷芯或玻璃砂芯等多孔物质。

---

❶ 参比电极可作正极，也可作负极，由两电极电位的高低而定。

❷ 严格讲 $E=\varphi_{(+)}-\varphi_{(-)}+\varphi_{(L)}$，$\varphi_{(L)}$为液接电位。由于液接电位的值很小可以忽略不计。

② 甘汞电极的电极反应和电极电位　甘汞电极的半电池为：

$$Hg, Hg_2Cl_2\ (固)\ |\ KCl\ (液)$$

电极反应为：

$$Hg_2Cl_2 + 2e^- \rightleftharpoons 2Hg + 2Cl^-$$

25℃时电极电位为：

$$\varphi_{Hg_2Cl_2/Hg} = \varphi^{\ominus}_{Hg_2Cl_2/Hg} - \frac{0.0592}{2}\lg a^2_{Cl^-} = \varphi^{\ominus}_{Hg_2Cl_2/Hg} - 0.0592\lg a_{Cl^-} \tag{3-4}$$

可见，在一定温度下，甘汞电极的电位取决于 KCl 溶液的浓度，当 Cl^- 活度一定时，其电位值是一定的。表 3-1 给出了不同浓度 KCl 溶液制得的甘汞电极的电位。

表 3-1　25℃时甘汞电极的电极电位

名　　称	KCl 溶液浓度/$(mol \cdot L^{-1})$	电极电位/V
饱和甘汞电极(SCE)	饱和溶液	0.2438
标准甘汞电极(NCE)	1.0	0.2828
$0.1mol \cdot L^{-1}$甘汞电极	0.10	0.3365

由于 KCl 的溶解度随温度而变化，电极电位与温度有关。因此，只要内充 KCl 溶液浓度、温度一定，其电位值就保持恒定。

电位分析法最常用的甘汞电极的 KCl 溶液为饱和溶液，因此称为饱和甘汞电极(SCE)。

③ 饱和甘汞电极的使用　在使用饱和甘汞电极时，需要注意下面几个问题。

a. 使用前应先取下电极下端口和上侧加液口的小胶帽，不用时戴上。

b. 电极内饱和 KCl 溶液的液位应保持有足够的高度（以浸没内电极为度），不足时要补加。为了保证内参比溶液是饱和溶液，电极下端要保持有少量 KCl 晶体存在，否则必须由上加液口补加少量 KCl 晶体。

c. 使用前应检查玻璃弯管处是否有气泡，若有气泡应及时排除掉，否则将引起电路断路或仪器读数不稳定。

d. 使用前要检查电极下端陶瓷芯毛细管是否畅通。检查方法是：先将电极外部擦干，然后用滤纸紧贴瓷芯下端片刻，若滤纸上出现湿印，则证明毛细管未堵塞。

e. 安装电极时，电极应垂直置于溶液中，内参比溶液的液面应较待测溶液的液面高，以防止待测溶液向电极内渗透。

f. 饱和甘汞电极在温度改变时常显示出滞后效应（如温度改变 8℃时，3h 后电极电位仍偏离平衡电位 0.2～0.3mV），因此不宜在温度变化太大的环境中使用。但若使用双盐桥型电极［见图 3-3(c)］，加置盐桥可减小温度滞后效应所引起的电位漂移。饱和甘汞电极在 80℃ 以上时电位值不稳定，此时应改用银-氯化银电极。

g. 当待测溶液中含有 Ag^+、S^{2-}、Cl^- 及高氯酸等物质时，应加置 KNO_3 盐桥。

(2) 银-氯化银电极

① 电极的组成和结构　将表面镀有 AgCl 层的金属银丝，浸入一定浓度的 KCl 溶液中，即构成银-氯化银电极，其结构如图 3-4 所示。

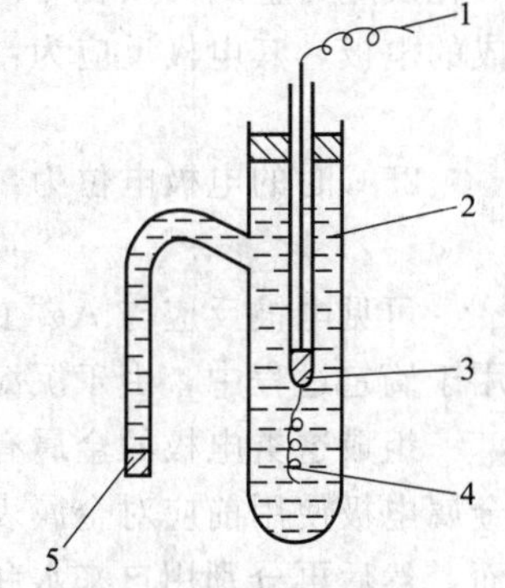

图 3-4　银-氯化银电极
1—导线；2—KCl 溶液；3—Hg；4—镀 AgCl 的银丝；5—多孔物质

② 银-氯化银电极的电极反应和电极电位　银-氯化银电极的

半电池为：

$$Ag,AgCl(固) \mid KCl(液)$$

电极反应为：

$$AgCl + e^- \rightleftharpoons Ag + Cl^-$$

25℃时电极电位为：

$$\varphi_{AgCl/Ag} = \varphi^{\ominus}_{AgCl/Ag} - 0.0592\lg a_{Cl^-} \tag{3-5}$$

可见，在一定温度下银-氯化银电极的电极电位同样也取决于 KCl 溶液中 Cl^- 的活度。25℃时，不同浓度 KCl 溶液的银-氯化银电极的电位如表 3-2 所示。

表 3-2　25℃时银-氯化银电极的电极电位

名　　称	KCl 溶液的浓度/($mol \cdot L^{-1}$)	电极电位/V
饱和银-氯化银电极	饱和溶液	0.2000
标准银-氯化银电极	1.0	0.2223
0.1$mol \cdot L^{-1}$银-氯化银电极	0.10	0.2880

③ 银-氯化银电极的使用　银-氯化银电极常在 pH 玻璃电极和其他各种离子选择性电极中用作内参比电极。银-氯化银电极不像甘汞电极那样有较大的温度滞后效应，它制备简单、电位稳定，甚至在高达 275℃左右的温度下仍能使用，而且有足够稳定性，因此可在高温下替代甘汞电极。

银-氯化银电极用作外参比电极使用时，使用前必须除去电极内的气泡。内参比溶液应有足够高度，否则应添加 KCl 溶液。应该指出，银-氯化银电极所用的 KCl 溶液必须事先用 AgCl 饱和，否则会使电极上的 AgCl 溶解。因为 AgCl 在 KCl 溶液中有一定溶解度。

3.1.3.2　指示电极

电位分析法中，电极电位随溶液中待测离子活（浓）度的变化而变化，并指示出待测离子活（浓）度的电极称为指示电极。

常用的指示电极有金属基电极和离子选择性电极两大类。

(1) 金属基电极　金属基电极是以金属为基体的电极，其特点是：它们的电极电位主要来源于电极表面的氧化还原反应，所以在电极反应过程中都发生电子交换。最常用的金属基电极有以下几种。

① 金属-金属离子电极　这类电极又称活性金属电极或第一类电极。它是由能发生可逆氧化反应的金属插入含有该金属离子的溶液中构成。例如将金属银丝浸在 $AgNO_3$ 溶液中构成的电极，其电极反应为：

$$Ag^+ + e^- \rightleftharpoons Ag$$

25℃时的电极电位为：

$$\varphi_{Ag^+/Ag} = \varphi^{\ominus}_{Ag^+/Ag} + 0.0592\lg a_{Ag^+} \tag{3-6}$$

可见电极反应与 Ag^+ 的活度有关，因此这种电极不但可用于测定 Ag^+ 的活度，而且可用于滴定过程中，由于沉淀或配位等反应而引起 Ag^+ 活度变化的电位滴定。

组成这类电极的金属有银、铜、镉、锌、汞等。铁、钴、镍等金属不能构成这种电极。金属电极使用前应对金属表面作彻底清洗。清洗方法是先用细砂纸（金相砂纸）打磨金属表面，然后再分别用自来水和蒸馏水清洗干净。

② 金属-金属难溶盐电极　金属-金属难溶盐电极又称第二类电极。它由金属、该金属难溶盐和难溶盐的阴离子溶液组成。如前所述的甘汞电极和银-氯化银电极都属于这类电极，其电极电位随所在溶液中的难溶盐阴离子活度变化而变化。例如银-氯化银电极可用来测定

氯离子活度。由于这类电极具有制作容易、电位稳定、重现性好等优点，因此主要用做参比电极。

③ 惰性金属电极　惰性金属电极是由铂、金等惰性金属（或石墨）插入含有氧化还原电对（如 Fe^{3+}/Fe^{2+}，Ce^{4+}/Ce^{3+}，I_3^-/I^- 等）物质的溶液中构成的。例如铂片插入含 Fe^{3+} 和 Fe^{2+} 的溶液中组成的电极，其电极组成表示为：

$$Pt \mid Fe^{3+}, Fe^{2+}$$

电极反应为：

$$Fe^{3+} + e^- \rightleftharpoons Fe^{2+}$$

25℃时电极电位为：

$$\varphi_{Fe^{3+}/Fe^{2+}} = \varphi^{\ominus}_{Fe^{3+}/Fe^{2+}} + 0.0592\lg\frac{a_{Fe^{3+}}}{a_{Fe^{2+}}} \tag{3-7}$$

由式(3-7) 可见，这类电极的电位能指示出溶液中氧化态和还原态离子活度之比。但是，惰性金属本身并不参与电极反应，它仅提供了交换电子的场所。

铂电极使用前，先要在 $w(HNO_3)=10\%$ 硝酸溶液中浸泡数分钟，然后清洗干净后再用。

(2) pH 玻璃电极

① pH 玻璃电极的构造　pH 玻璃电极是测定溶液 pH 的一种常用指示电极，其结构如图 3-5 所示。它的下端是一个由特殊玻璃制成的球形玻璃薄膜。膜厚为 0.08～0.1mm，膜内密封以 $0.1mol \cdot L^{-1}$ HCl 内参比溶液，在内参比溶液中插入银-氯化银作内参比电极。由于玻璃电极的内阻很高，因此电极引出线和连接导线要求高度绝缘，并采用金属屏蔽线，防止漏电和周围交变电场及静电感应的影响。

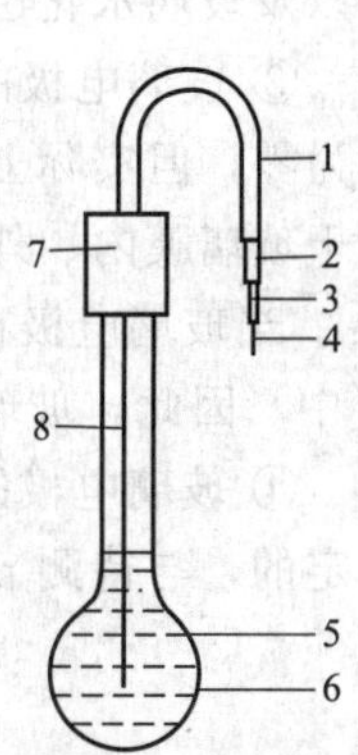

图 3-5　pH 玻璃电极的结构示意图

1—外套管；2—网状金属屏；3—绝缘体；4—导线；5—内参比溶液；6—玻璃膜；7—电极帽；8—银-氯化银内参比电极

pH 玻璃电极之所以能测定溶液 pH，是由于玻璃膜与试液接触时会产生与待测溶液 pH 有关的膜电位。

② 膜电位　pH 玻璃电极的玻璃膜由 SiO_2，Na_2O 和 CaO 熔融制成。当电极浸入水溶液中时，玻璃外表面吸收水产生溶胀，形成很薄的水合硅胶层（见图 3-6）。水合硅胶层只容许氢离子扩散进入玻璃结构的空隙并与 Na^+ 发生交换反应

$$—Si—O^-—Na^+ + H^+ \longrightarrow —Si—O^-—Na^+$$

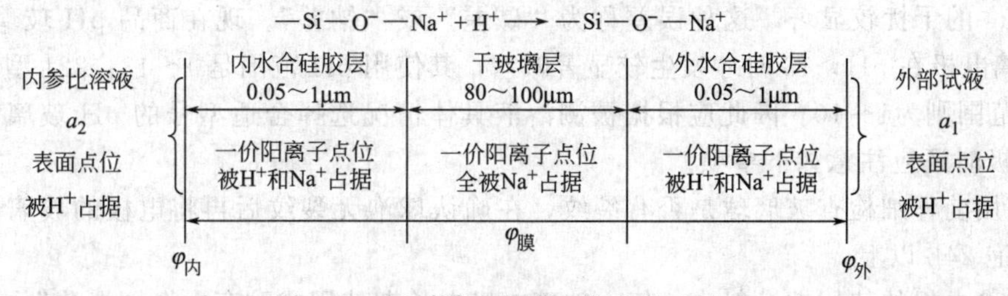

图 3-6　pH 玻璃电极膜电位形成示意图

当玻璃电极外膜与待测溶液接触时，由于水合硅胶层表面与溶液中的氢离子的活度不同，氢离子便从活度大的朝活度小的相迁移。这就改变了水合硅胶层和溶液两相界面的电荷分布，产生了外相界电位。玻璃电极内膜与内参比溶液同样也产生内相界电位。可见，玻璃电极两侧的相界电位的产生不是由于电子得失，而是由于氢离子在溶液和玻璃水化层界面之

间转移的结果。根据热力学推导，25℃时，玻璃电极内外膜电位可表示为

$$\varphi_{膜}=\varphi_{外}-\varphi_{内}=0.0592\lg a_{H^+(外)}/a_{H^+(内)} \tag{3-8}$$

式中，$\varphi_{外}$ 为外膜电位，V；$\varphi_{内}$ 为内膜电位，V；$a_{H^+(外)}$ 为外部待测溶液的 H^+ 的活度；$a_{H^+(内)}$ 为内参比溶液 H^+ 的活度。由于内参比溶液的 H^+ 活度 $a_{H^+(内)}$ 恒定，因此，25℃时式(3-8) 可表示为

$$\varphi_{膜}=K'+0.0592\lg a_{H^+(外)}=K'-0.0592\text{pH}_{外} \tag{3-9}$$

式中，K'由玻璃膜电极本身的性质决定，对于某一确定的玻璃电极，其 K' 是一个常数。由式(3-9) 可以看出，在一定温度下，玻璃电极的膜电位与外部溶液的 pH 成线性关系。

从以上分析可以看到，pH 玻璃电极膜电位是由于玻璃膜上的钠离子与水溶液中的氢离子以及玻璃水化层中氢离子与溶液中氢离子之间交换和扩散的结果。

③ 玻璃电极的不对称电位　根据式(3-8)，当玻璃膜内、外溶液氢离子活度相同时，$\varphi_{膜}$ 应为零，但实际上测量表明此时 $\varphi_{膜}\neq 0$，玻璃膜两侧仍存在几到几十毫伏的电位差，这是由于玻璃膜内、外结构和表面张力性质的微小差异而产生的，称为玻璃电极的不对称电位 $\varphi_{不}$。当玻璃电极在水溶液中长时间浸泡后，可使 $\varphi_{不}$ 达到恒定值，合并于式(3-9) 的常数 K'中。因此，玻璃电极在使用前应在蒸馏水中浸泡 24h 以上。

④ 玻璃电极的电极电位　玻璃电极具有内参比电极，通常用 AgCl-Ag 电极，其电位是恒定的，与待测 pH 无关。所以玻璃电极的电极电位应是内参比电极电位和膜电位之和：

$$\varphi_{玻璃}=\varphi_{AgCl/Ag}+\varphi_{膜}=\varphi_{AgCl/Ag}+K'-0.0592\text{pH}_{外}$$

$$\varphi_{玻璃}=K_{玻}-0.0592\text{pH}_{外} \tag{3-10}$$

其中　$K_{玻}=\varphi_{AgCl/Ag}+K'$

可见，当温度等实验条件一定时，pH 玻璃电极的电极电位与试液的 pH 成线性关系。

⑤ pH 玻璃电极的特点和使用注意事项　使用 pH 玻璃电极测定溶液 pH 的优点是不受溶液中氧化剂或还原剂的影响，玻璃膜不易因杂质的作用而中毒，能在胶体溶液和有色溶液中应用。缺点是本身具有很高的电阻，必须辅以电子放大装置才能测定，其电阻又随温度而变化，一般只能在 5～60℃使用。

在测定酸度过高（$\text{pH}<1$）或碱度过高（$\text{pH}>9$）的溶液时，其电位响应会偏离线性，产生 pH 测定误差。在酸度过高的溶液中测得的 pH 偏高，这种误差称为“酸差”。在碱度过高的溶液中，由于 a_{H^+} 太小，其他阳离子在溶液和界面间可能进行交换而使得 pH 偏低，尤其是 Na^+ 的干扰较显著，这种误差称为“碱差”或“钠差”。现在商品 pH 玻璃电极中，231 型玻璃电极在 $\text{pH}>13$ 时才发生较显著碱差，其使用 pH 范围是 1～13；221 型玻璃电极使用 pH 范围则为1～10。因此应根据被测溶液具体情况选择合适型号的 pH 玻璃电极。使用玻璃电极时还应注意如下事项。

① 使用前仔细检查玻璃球是否有裂纹，在确认球泡无裂纹后再将电极的玻璃球泡置蒸馏水中浸泡 24h 以上。

② 玻璃电极的使用期一般为一年。玻璃电极在长期使用或贮存中会“老化”，老化的电极不能再使用。

③ 电极球泡的玻璃膜很薄，容易因碰撞或受压而破裂，使用时必须特别注意。

④ 玻璃球泡沾湿时可以用滤纸吸去水分，但不能擦拭。玻璃球泡不能用浓 H_2SO_4 溶液、洗液或浓乙醇洗涤，也不能用于含氟较高的溶液中，否则电极将失去功能。

⑤ 电极导线绝缘部分及电极插杆应始终保持清洁干燥。

为方便起见，也可以使用将 pH 玻璃电极和银-氯化银电极组合在一起的复合电极，如 E-201-C9 复合电极。使用时要注意：初次使用或久置后重新使用的复合电极应将电极球泡及砂芯浸在 $3mol \cdot L^{-1}$ KCl 溶液中活化 8h 以上；测量时应拔去外罩，去掉橡皮套将电极球泡及砂芯同时浸在被测溶液内；测量另一溶液时电极要先用蒸馏水冲洗干净；电极内参比溶液量应保持在内腔容量的 1/2 以上，若不足，应从上端小口补充氯化银饱和的 $3.33mol \cdot L^{-1}$ KCl 溶液。

（3）离子选择性电极　离子选择性电极是一种电化学传感器，它是由对溶液中某种特定离子具有选择性响应的敏感膜及其他辅助部分组成。前面所讨论的 pH 玻璃电极就是对 H^+ 有响应的氢离子选择性电极，其敏感膜就是玻璃膜。与 pH 玻璃电极相似，其他各类离子选择性电极在其敏感膜上同样也不发生电子转移，而只是在膜表面上发生离子交换而形成膜电位。因此这类电极与金属基电极在原理上有本质区别。由于离子选择性电极都具有一个传感膜，所以又称为膜电极，常用符号“SIE”表示。

① 离子选择性电极的分类　离子选择性电极自 20 世纪 70 年代以来发展迅速，目前已被广泛应用于各领域的科研和生产中。离子选择性电极的分类如下：

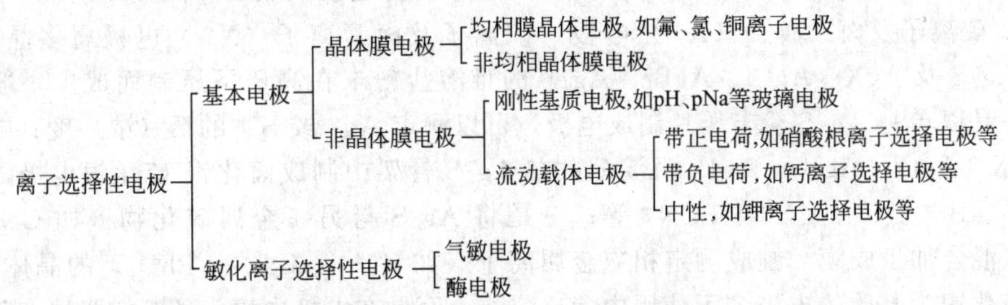

② 离子选择性电极的基本构造　离子选择性电极种类繁多，各种电极的形状、结构也不尽相同，但其基本构造大致相似。

如图 3-7 所示，离子选择性电极由电极管、内参比电极、内参比溶液和敏感膜构成。电极管一般由玻璃或高分子聚合材料制成。内参比电极常用银-氯化银电极。内参比液一般由响应离子的强电解质及氯化物溶液组成。敏感膜由不同敏感材料做成，它是离子选择性电极的关键部件。敏感膜用胶黏剂或机械方法固定于电极管端部。由于敏感膜内阻很高，故需要良好的绝缘，以免发生旁路漏电而影响测定。

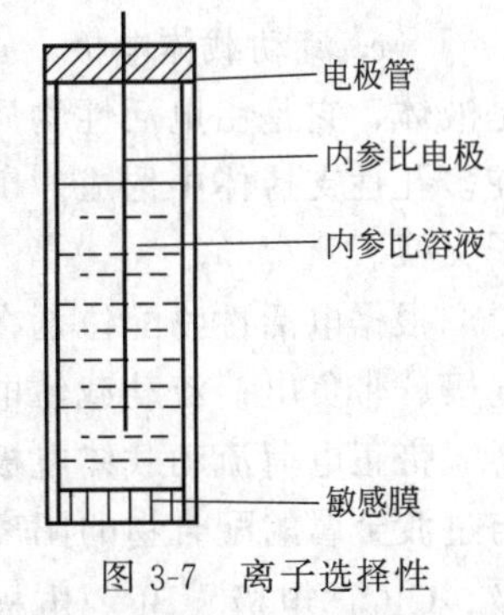

图 3-7　离子选择性电极基本结构

③ 离子选择性电极膜电位　将某一合适的离子选择性电极浸入含有一定活度的待测离子溶液中时，在敏感膜的内外两个相界面处会产生电位差，这个电位差就是膜电位（$\varphi_膜$）。膜电位产生的根本原因是离子交换和扩散。

离子选择性电极的膜电位与溶液中待测离子活度的关系符合能斯特方程，即 25℃时

$$\varphi_膜 = K \pm \frac{0.0592}{n_i} \lg a_i \tag{3-11}$$

式中，K 为离子选择性电极常数，在一定实验条件下为一常数，它与电极的敏感膜、内参比电极、内参比溶液及温度等有关；a_i 为 i 离子的活度；n_i 为 i 离子的电荷数。当 i 为阳离子时，式中第二项取正值；i 为阴离子时该项取负值。

④ 常用的离子选择性电极的结构和应用

a. 氟离子选择性电极　氟离子选择性电极是晶体膜电极中典型的单晶膜电极。氟离子

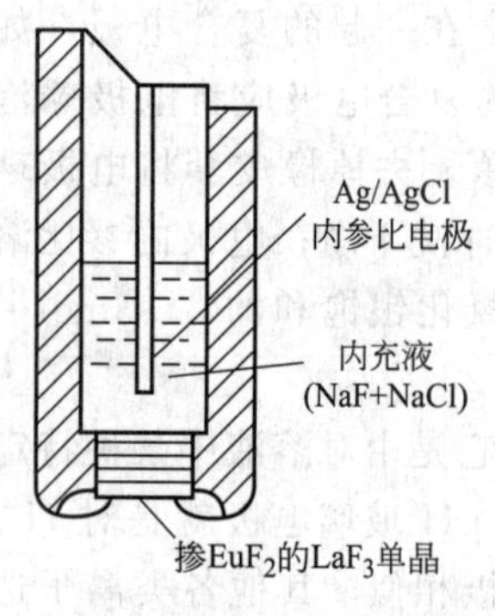

图 3-8　氟离子选择电极
内充液：0.1mol・L^{-1}NaF-0.1mol・L^{-1}NaCl

选择性电极的电极膜为 LaF_3 单晶，为了改善导电性，晶体中还掺入少量的 EuF_2 和 CaF_2。单晶膜封在硬塑料管的一端，管内装有 0.1mol・L^{-1} NaF-0.1mol・L^{-1} NaCl 溶液作内参比溶液，以 Ag-AgCl 电极作内参比电极，其结构如图 3-8 所示。

当氟电极插入含氟溶液中时，F^- 在膜表面交换。所产生的膜电位与溶液中 F^- 活度的关系在氟离子活度为 10^{-1}～10^{-6} mol・L^{-1}范围内遵守能斯特方程式。25℃时膜电位为

$$\varphi_{膜}=K+0.0592\text{pF} \tag{3-12}$$

式中，$\text{pF}=-\lg a_{F^-}$。

氟离子选择性电极对 F^- 有很好的选择性，阴离子中除 OH^- 外，均无明显干扰。为了避免 OH^- 的干扰，测定时需要控制 pH 在 5～6 之间。当被测溶液中存在能与 F^- 生成稳定配合物或难溶化合物的阳离子（如 Al^{3+}、Ca^{2+}）时，会造成干扰，需加入掩蔽剂消除。但切不可使用能与 La^{3+} 形成稳定配合物的配位剂，以免溶解 LaF_3 而使电极灵敏度降低。

* b. 硫离子及卤素离子（X^-）电极　硫离子及卤素离子（X^-）电极属多晶膜电极，它是用 Ag_2S 及 AgX（AgCl、AgBr、AgI）的难溶盐粉末在高压下压制而成。一般有三种类型，一是以单一 Ag_2S 粉末压片制成电极，可以测定 Ag^+ 或 S^{2-} 的活（浓）度；二是由卤化银 AgX（AgCl、AgBr、AgI）沉淀分散在 Ag_2S 骨架中制成卤化银-硫化银电极，可用来测定 Cl^-、Br^-、I^-、CN^-、SCN^- 等；三是将 Ag_2S 与另一金属硫化物（如 CaS、CdS、PbS 等）混合加工成膜，制成测定相应金属离子（如 Cu^{2+}、Cd^{2+}、Pb^{2+}）的晶体膜电极。目前以硫化银为基质的电极多不使用内参比溶液，而是在电极内填入环氧树脂填充剂，使电极成为全固态结构，以银丝直接与 Ag_2S 膜片相连。这种电极可以在任意方向倒置使用，且消除了压力和温度对含有内部溶液的电极所加的限制，特别适宜于对生产过程的监控检测。

* c. 流动载体电极　这类电极又称液态膜电极或离子交换膜电极。这类电极的敏感膜是液体，它是由电活性物质金属配位剂（即载体）溶在与水不相混溶的有机溶剂中，并渗透在多孔性支持体中构成。敏感膜将试液与内充液分开，膜上的电活性物质与被测离子进行离子交换。

根据电活性物配位剂在有机溶剂中所存在的形态，可将液膜电极分为带正电荷流动载体电极、带负电荷流动载体电极和中性流动载体电极三种。

带正电荷流动载体电极用于测定阴离子，其活性物质主要是季铵盐的阳离子、邻二氮菲与过渡金属的配合物的阳离子，以及碱性染料类阳离子如亚甲基蓝等。该类电极有 NO_3^- 电极、ClO_4^- 电极、BF_4^- 电极等。

带负电荷流动载体电极用于测定阳离子，其活性物质主要是烷基磷酸盐如二癸基磷酸根(BDCP)、羧基硫醚、四苯硼酸盐等。钙离子选择性电极是这类电极的一个典型例子。

中性载体的电极的电活性物质是电中性的有机大分子环状化合物，它只对具有适当电荷和原子半径的离子进行配位，因此，适当的载体可使电极具有很高的选择性。这类电极中典型的例子是钾离子选择性电极。钾离子选择性的离子交换剂是中性的缬氨霉素，将其溶于有机溶剂二苯醚并渗入多孔薄膜中，形成对 K^+ 具有选择性响应的敏感膜，它可在一万倍钠存在下测定钾。

* d. 敏化离子选择性电极　敏化离子选择性电极是在基本电极上覆盖一层膜或其他活性物质，通过某种界面的敏化反应（如气敏反应或酶敏反应）将试剂中被测物质转变成能被

基本电极响应的离子。这类电极包括气敏电极和酶电极。

气敏电极是对某气体敏感的电极，用于测定试液中气体含量。它以离子选择性电极与参比电极组成复合电极，然后将此复合电极置于塑料管内，再在管内注入电解质溶液，并在管的端部紧贴离子选择性电极的敏感膜处装有只让待测气体通过的透气膜，使电解质和外部试液隔开。如氨气敏电极（见图 3-9）就是以 pH 玻璃电极为指示电极，Ag-AgCl 电极为参比电极组成的复合电极，复合电极置于装有 $0.1mol \cdot L^{-1}$ NH_4Cl 溶液（内充溶液）的塑料套管中，管底用一层极薄的透气膜与试液隔开。测定试样中的氨时，向试液中加入强碱，使其中铵盐转化为氨，氨气通过透气膜进入 NH_4Cl 溶液中，并建立了下列平衡关系：

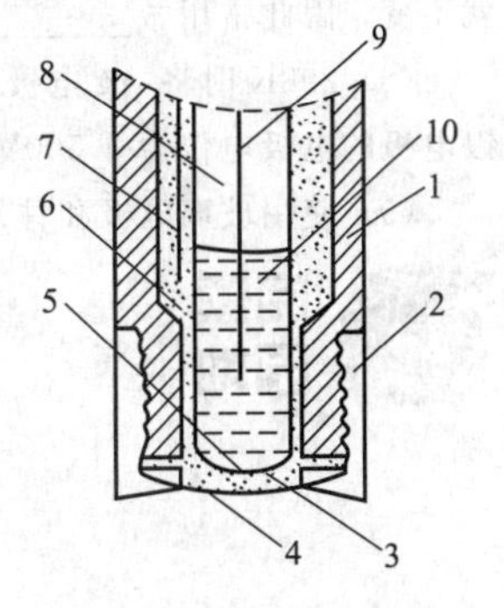

图 3-9 氨气敏电极的结构示意图

1—电极管；2—电极头；3,6—中介液；4—透气膜；5—离子电极的敏感膜；7—参比电极；8—pH 玻璃膜电极；9—内参比电极；10—内参比液

$$NH_3 + H_2O \rightleftharpoons NH_4^+ + OH^-$$

由于气体与内充溶液发生反应，使内充溶液中 OH^- 活度发生变化，即内充溶液 pH 发生变化。pH 的变化由内部 pH 复合电极测出，其电位与 a_{NH_3} 的关系符合能斯特方程。目前已研制成的气敏电极有 NH_3、CO_2、NO_2、SO_2、H_2S、HCN 等电极。

酶电极是将酶的活性物质覆盖在离子选择性电极的敏感膜表面上。当某些待测物与电极接触时在酶的催化作用下，被测物质转变成一种基本电极可以响应的物质。由于酶是具有特殊生物活性的催化剂，它的催化反应具有选择性强、催化效率高、绝大多数催化反应能在常温下进行等优点，其催化反应的产物如 CO_2、NH_3、CN^-、S^{2-} 等，大多能被现有的离子选择性电极所响应。特别是它能测定生物体液的组分，所以备受生物化学和医学界的关注。近年来发展了不少新型的电极，如生物电化学传感器系列的组织传感器、微生物传感器、免疫传感器和场效应晶体管生物传感器等。随着科学技术的高度发展，适合于各种需要的传感器还在不断地制造出来。

思考与练习 3.1

(1) 请解释下列名词术语

电化学分析法 电位分析法 直接电位法 电位滴定法 参比电极 指示电极 不对称电位 离子选择性电极

(2) 在电位法中作为指示电极，其电位应与被测离子的活（浓）度的关系是（ ）。

A. 无关 B. 成正比 C. 与被测离子活（浓）度的对数成正比 D. 符合能斯特方程

(3) 常用的参比电极是（ ）。

A. 玻璃电极 B. 气敏电极 C. 饱和甘汞电极 D. 银-氯化银电极

(4) 关于 pH 玻璃电极膜电位的产生原因，下列说法正确的是（ ）。

A. 氢离子在玻璃表面还原而传递电子

B. 钠离子在玻璃膜中移动

C. 氢离子穿透玻璃膜而使膜内外氢离子产生浓度差

D. 氢离子在玻璃膜表面进行离子交换和扩散的结果

(5) 玻璃电极在使用前，需在蒸馏水中浸泡 24h 以上，目的是__________；饱和甘汞电极使用温度不得超过__________℃，这是因为温度较高时________________。

(6) 玻璃电极的碱误差使测得的 pH 较实际的 pH 偏______，国产 213 型 pH 玻璃电极可测量溶液的 pH 高达__________。

(7) 甘汞电极是由________、________及含________的溶液构成，只要______不变，其电位值就不变，因此常用做________________。

(8) 298K 时将 Ag 电极浸入浓度为 $1\times10^{-3}mol\cdot L^{-1}$ $AgNO_3$ 溶液中，计算该银电极的电极电位。若银电极的电极电位为 0.500V，则 $AgNO_3$ 溶液的浓度为多少？

(9) 使用玻璃电极和甘汞电极应注意哪些问题？

超微电极和纳米电极

近年来，电分析化学在方法、技术和应用方面得到长足发展并呈蓬勃上升的趋势。在方法上，追求超高灵敏度和超高选择性的倾向导致宏观向微观尺度迈进，出现了不少新型的电极体系；在技术上，随着表面科学、纳米技术和物理谱学等的兴起，利用交叉学科方法将声、光、电、磁等功能有机地结合到电化学界面，从而达到实时现场和活体监测的目的以及分子和原子水平；在应用上，侧重生命科学领域中有关问题研究，如生物、医学、药物、人口与健康等，为解决生命现象中的某些基本过程和分子识别作用显示出潜在的价值，已引起生物界的关注。

由于医学临床生理生化测量的需要，希望能检测单个细胞中的液体，因而发展了尖端直径在 1mm 以下的微电极。直径为几个微米甚至小于 0.5μm 的电极称超微电极。超微电极具有传质快响应迅速、信噪比高等优良的电化学性质，适合微区和痕量分析及电极过程动力学研究。

当超微电极的直径进一步降低至纳米级时，则出现不寻常的传质过程，乃至发生量子现象，带来许多新的性质，这些性质集中反映在极高的传质速率和极高的分辨率两方面，它使研究单一分子事件成为可能，大大地扩展了实验的时空局限，为在微观上研究电化学过程提供了有效手段。

摘自《21 世纪的分析化学》

3.2 直接电位法测定溶液的 pH

3.2.1 方法原理

3.2.1.1 测定 pH 的工作电池

溶液 pH 是溶液中氢离子活度的负对数，即 $pH=-\lg a_{H^+}$。测定溶液的 pH 通常用 pH 玻璃电极作指示电极（负极），甘汞电极作参比电极（正极），与待测溶液组成工作电池，用精密毫伏计测量电池的电动势（见图 3-10）。工作电池可表示为

玻璃电极｜试液‖甘汞电极

25℃时工作电池的电动势为

$$E=\varphi_{SCE}-\varphi_{玻}=\varphi_{SCE}-K_{玻}+0.0592pH_{试}$$

由于式中 φ_{SCE}、$K_{玻}$ 在一定条件下是常数，所以上式可表示为

$$E=K'+0.0592pH_{试} \tag{3-13}$$

可见，测定溶液 pH 的工作电池的电动势 E 与试液的 pH 成线性关系，据此可以进行溶液 pH 的测量。

3.2.1.2 pH 实用定义

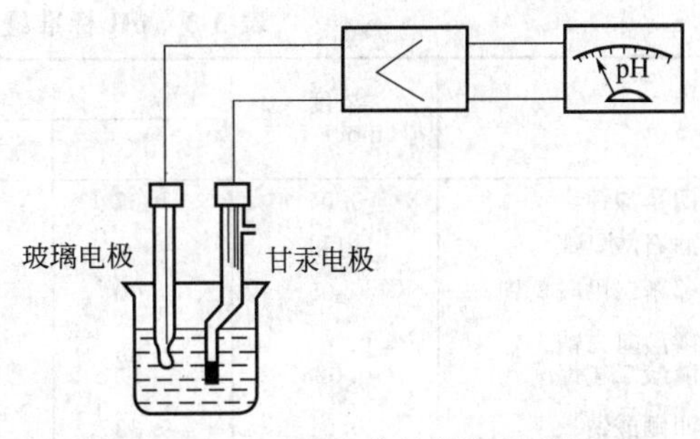

图 3-10 pH 的电位法测定示意图

式(3-13) 说明，只要测出工作电池电动势，并求出 K'值，就可以计算试液的 pH。但 K'是个十分复杂的项目，它包括了饱和甘汞电极的电位、内参比电极电位、玻璃膜的不对称电位及参比电极与溶液间的接界电位，其中有些电位很难测出。因此实际工作中不可能采用式(3-13) 直接计算 pH，而是用已知 pH 的标准缓冲溶液为基准，通过比较由标准缓冲溶液参与组成和待测溶液参与组成的两个工作电池的电动势来确定待测溶液的 pH。即测定一标准缓冲溶液（pH_S）的电动势 E_S，然后测定试液（pH_x）的电动势 E_x。

25℃时，E_S 和 E_x 分别为

$$E_S = K'_S + 0.0592pH_S$$

$$E_x = K'_x + 0.0592pH_x$$

在同一测量条件下，用同一支 pH 玻璃电极和 SCE，则上两式中 $K'_S \approx K'_x$，将二式相减得

$$pH_x = pH_S + \frac{E_x - E_S}{0.0592} \tag{3-14}$$

式中，pH_S 为已知值，测量出 E_x、E_S 即可求出 pH_x。通常将式(3-14) 称为 pH 实用定义或 pH 标度。实际测定中，将 pH 玻璃电极和 SCE 插入 pH 为 pH_S 的标准溶液中，通过调节测量仪器上的“定位”旋钮使仪器显示出测量温度下的 pH_S 值，就可以达到消除 K 值、校正仪器的目的，然后再将电极对浸入试液中，直接读取试液的 pH。

由式(3-14) 可知，E_x 和 E_S 的差值与 pH_x 和 pH_S 的差值成线性关系，在 25℃时直线斜率为 0.0592，直线斜率$\left(S=\frac{2.303RT}{F}\right)$是温度函数。为保证在不同温度下测量精度符合要求，在测量中要进行温度补偿。用于测量溶液 pH 的仪器设有此功能。式（3-14）还表明 E_x 与 E_S 差值改变 0.0592V，溶液的 pH 也相应改变了 1 个 pH 单位。测量 pH 的仪器表头即按此间隔刻出进行直读。

由于式(3-14) 是在假定 $K'_S = K'_x$ 情况下得出的，而实际测量过程中往往因为某些因素的改变（如试液与标准缓冲液的 pH 或成分的变化，温度的变化等），导致 K'值发生变化。为了减少测量误差，测量过程应尽可能使溶液的温度保持恒定，并且应选用 pH 与待测溶液相近的标准缓冲溶液。

3.2.2 pH 标准缓冲溶液

pH 标准缓冲溶液是具有准确 pH 的缓冲溶液，是 pH 测定的基准，故缓冲溶液的配制及 pH 的确定是至关重要的。我国国家标准物质研究中心通过长期工作，采用尽可能完善的方法，确定 30～95℃水溶液的 pH 工作基准，它们分别由七种六类标准缓冲物质组成。这七种六类标准缓冲物质分别是：四草酸钾、酒石酸氢钾、邻苯二甲酸氢钾、磷酸氢二钠-磷酸二氢钾、四硼酸钠和氢氧化钙。这些标准缓冲物质按 GB 11076—89《pH 测量用缓冲溶液制备方法》配制出的标准缓冲溶液的 pH 均匀地分布在 0～13 的 pH 范围内。标准缓冲溶液的 pH 随温度变化而改变，表 3-3 列出了六类标准缓冲溶液 10～35℃时相应的 pH，以便查阅。

表 3-3　pH 标准缓冲溶液在通常温度下的 pH

试　剂	浓度 $c/(mol \cdot L^{-1})$	pH					
		10℃	15℃	20℃	25℃	30℃	35℃
四草酸钾	0.05	1.67	1.67	1.68	1.68	1.68	1.69
酒石酸氢钾	饱和	—	—	—	3.56	3.55	3.55
邻苯二甲酸氢钾	0.05	4.00	4.00	4.00	4.00	4.01	4.02
磷酸氢二钠 磷酸二氢钾	0.025 0.025	6.92	6.90	6.88	6.86	6.86	6.84
四硼酸钠	0.01	9.33	9.28	9.23	9.18	9.14	9.11
氢氧化钙	饱和	13.01	12.82	12.64	12.46	12.29	12.13

注：表中数据引自国家标准 GB 11076—89。

一般实验室常用的标准缓冲物质是邻苯二甲酸氢钾、混合磷酸盐（KH_2PO_4-Na_2HPO_4）及四硼酸钠。目前市场上销售的“成套 pH 缓冲剂”就是上述三种物质的小包装产品，使用很方便。配制时不需要干燥和称量，直接将袋内试剂全部溶解稀释至一定体积（250mL）即可使用。

配制标准缓冲溶液的实验用水应符合 GB 6682—92 中三级水的规格。配好的 pH 标准缓冲溶液应贮存在玻璃试剂瓶或聚乙烯试剂瓶中，硼酸盐和氢氧化钙标准缓冲溶液存放时应防止空气中 CO_2 进入。标准缓冲溶液一般可保存 2～3 个月。若发现溶液中出现浑浊等现象，不能再使用，应重新配制。

3.2.3　测量仪器及使用方法

3.2.3.1　测量仪器

测定溶液 pH 值的仪器是酸度计（又称 pH 计），是根据 pH 的实用定义设计而成的。酸度计是一种高阻抗的电子管或晶体管式的直流毫伏计，它既可用于测量溶液的酸度，又可以用作毫伏计测量电池电动势。根据测量要求不同，酸度计分为普通型、精密型和工业型 3 类，读数值精度最低为 0.1pH，最高为 0.001pH，使用者可以根据需要选择不同类型仪器。

不同类型的酸度计一般均由两部分组成，即电极系统和高阻抗毫伏计部分。电极与待测溶液组成原电池，以毫伏计测量电极间电位差，电位差经放大电路放大后，由电流表或数码管显示。下面将介绍数显式的 pHSJ-3F 型实验室 pH 计结构和使用方法。图 3-11 为 pHSJ-3F 型酸度计的正、后视图。

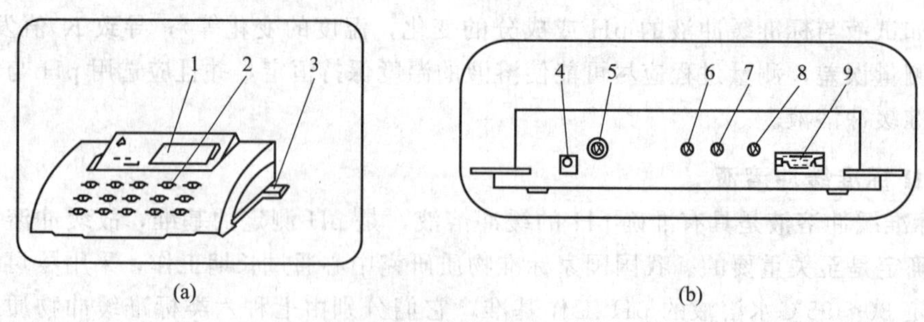

图 3-11　pHSJ-3F 型酸度计的正（a）、后（b）视图

图 3-11 中的各部件调节钮和开关的作用简要介绍如下。

1—数字显示屏；

2—键盘，仪器的主要操作部件，通过键盘的操作，可以实现该仪器的所有的测定过程；

3—电极架座，用于插电极架立杆的装置；

4—电源插座；

5—测量电极插座，用于接 pH 复合电极和在关机状态下接短路插头；

6—参比电极接线柱；

7—接地接线柱；

8—温度传感器插座，用于接温度传感器；

9—PS-232 接口；若用户配制 TP-16 打印机（打印机的安装见产品使用说明书），则将打印机连接线分别插入仪器的 RS-232 接口和打印机插座内，就可以直接打印。

仪器还有部分仪器配件及附件，包括多功能电极架、E-202-C-9 型复合电极、电极套、Q9 短路插头、T-818-B-6 型温度传感器、打印机连接线等。

酸度计型号繁多，不同型号的酸度计，其旋钮、开关的位置以及仪器配件和附件会有所不同，但以上介绍的仪器功能基本一致，仪器具体结构及功能可见各仪器使用说明书。

3.2.3.2　仪器使用方法

（1）pH 复合电极的使用方法　把 pH 玻璃电极和参比电极组合在一起的电极就是 pH 复合电极。复合电极最大的好处就是使用方便。使用 pH 复合电极应注意以下几个问题。

① 初次使用或久置重新使用时，把电极球泡及砂芯浸在 $3mol \cdot L^{-1}$ KCl 溶液中活化 8h。

② 保持电极插头清洁干燥。

③ 电极的外参比溶液为 $3mol \cdot L^{-1}$KCl 溶液。

④ 测量时拔去外罩，去掉橡皮套，将电极的球泡及砂芯微孔同时浸在被测组分溶液内。测量另一溶液时，先在蒸馏水中洗净，防止杂质带入溶液，避免溶液间交错污染，保证测量精度。内参比溶液为 AgCl 饱和的 $3.33mol \cdot L^{-1}$ KCl 溶液，从上端小孔补充，溶液量保持在内腔容量的 1/2 以上。不用时，小孔用橡皮套盖上。

⑤ 电极避免长期浸在酸性氟化物溶液中。

⑥ 电极球泡或砂芯玷污会使电极响应速度减慢。根据污染物性质用适当溶液清洗，使电极性能恢复。

（2）pHSJ-3F 型酸度计的使用方法

① 仪器使用前准备。打开仪器电源开关预热 20min。将多功能电极架插入电极架座内，将 pH 复合电极和温度传感器夹在多功能电极架上，并分别将电极插线柱插入仪器的测量电极插座和温度传感器插座内。用蒸馏水清洗 pH 复合电极和温度传感器需要插入溶液的部分，并用滤纸吸干电极外壁上的水。

② 溶液 pH 的测量

a. 仪器的校正（以二点校正法为例）：将 pH 复合电极和温度传感器放入 pH 标准缓冲溶液 A 中（选择 pH＝7 的标准缓冲溶液）；在仪器处于任何工作状态下，按“校准”键，再按“▲、▼”键，使电子单元处于“手动标定”状态，再按“确认”键，使仪器即进入“标定 1”工作状态，此时，仪器显示“标定 1”以及当时测得的 pH 值和温度值；当显示屏上的 pH 读数趋于稳定后，按“▲、▼”键调节仪器显示值为标准缓冲溶液 A 的 pH 值，再按“确认”键，仪器显示“标定 1 结束!”以及 pH 值和斜率值；将电极取出重新用蒸馏水清洗干净，放入 pH 标准缓冲溶液 B 中（选择接近于待测溶液 pH 的标准缓冲溶液）；再按“校准”键，使仪器进入“标定 2”工作状态，仪器显示“标定 2”以及当前的 pH 值和温度值；当显示屏上的 pH 值读数趋于稳定后，按“▲、▼”键调节仪器显示值为标准缓冲溶液 B 的 pH 值，再按“确认”键，仪器显示“标定 2 结束!”以及 pH 值和斜率值（一般要求斜率在 90%～100%)，仪器完成二点标定。

此时，pH、mV 和等电位点键均有效。如按下其中某一键，则仪器进入相应的工作状态。

b. 移去标准缓冲溶液，清洗电极，并用滤纸吸干电极外壁水。取一洁净试杯（或 100mL 小烧杯)，用待测试液荡洗三次后倒入 50mL 左右试液。将电极插入被测试液中，轻摇试杯以促使电极平衡。待数字显示稳定后读取并记录被测试液的 pH 值。平行测定两次，并记录。

3.2.4 技能训练

训练项目 3.1 直接电位法测定水溶液 pH

(1) 训练目的

① 掌握用直接电位法测定溶液 pH 的方法和实验操作；

② 熟练掌握酸度计的使用；

③ 熟练掌握标准缓冲溶液的配制操作。

(2) 方法原理 在生产和科研中常会接触到有关 pH 的问题，粗略的 pH 测量可用 pH 试纸，而比较精确的 pH 测量都需要用电位法，这就是根据能斯特公式，用酸度计测量电池电动势来确定 pH。这种方法常用 pH 玻璃电极为指示电极（接酸度计的负极)，饱和甘汞电极为参比电极（接酸度计的正极）与被测溶液组成电池，则 25℃时

$$E_{电池}=K'+0.0592\text{pH}$$

式中，K'在一定条件下虽有定值，但不能准确测定或计算得到，在实际测量中要按 pH 实用定义［见式(3-14)］用标准缓冲溶液来校正酸度计（即进行“定位”）后，才可在相同条件下测量溶液 pH 值。酸度计上的 pH 示值按 pH 实用定义中$\frac{\Delta E}{0.0592}$分度，此分度值只适用于温度为 25℃时。为适应不同温度下的测量，在用标准缓冲溶液“定位”前先要进行温度补偿（将“温度补偿”旋钮调至溶液的温度处)。在进行“温度补偿”和校正后将电极插入待测试液中，仪器就可以直接显示被测溶液 pH 值。

pH 测量结果的准确度决定于标准缓冲溶液 pH_S 值的准确度，电极的性能及酸度计的精度和质量。

(3) 仪器与试剂

① 仪器 pHSJ-3F 酸度计（或其他类型酸度计)；pH 复合电极（或使用 231 型 pH 玻璃电极和 222 型饱和甘汞电极)；温度传感器。

② 试剂

a. 两种不同 pH 的未知液（A）和（B)。

b. pH＝4.00 的标准缓冲液：称取在 110℃下干燥过 1h 的邻苯二甲酸氢钾 5.11g，用无 CO_2 的水溶解并稀释至 500mL。贮于用所配溶液荡洗过的聚乙烯试剂瓶中，贴上标签。

c. pH＝6.86 标准缓冲液：称取已于（120℃±10℃）下干燥过 2h 的磷酸二氢钾 1.70g 和磷酸氢二钠 1.78g，用无 CO_2 水溶解并稀释至 500mL。贮于用所配溶液荡洗过的聚乙烯试剂瓶中贴上标签。

d. pH＝9.18 标准缓冲液：称取 1.91g 四硼酸钠，用无 CO_2 水溶解并稀释至 500mL。贮于用所配溶液荡洗过的聚乙烯试剂瓶中，贴上标签。

e. 广泛 pH 试纸（pH 1～14)。

(4) 训练内容与操作步骤

① 配制 pH 值分别为 4.00、6.86 和 9.18 的标准缓冲溶液各 250mL。

② 酸度计使用前准备　接通酸度计电源，预热 20min。

③ 电极处理和安装　将在 3mol·L^{-1} KCl 浸泡活化 8h 的复合电极和温度传感器安装在多功能电极架上，并按要求搭建实验装置。用蒸馏水冲洗电极和温度传感器，用滤纸吸干电极外壁水分。

④ 校正酸度计（二点校正法）

a. 将选择按键开关置“pH”位置。取一洁净塑料试杯（或 100mL 烧杯）用 pH＝6.86（25℃）的标准缓冲溶液荡洗三次，倒入 50mL 左右该标准缓冲溶液。

b. 将电极与温度传感器插入标准缓冲溶液中，小心轻摇几下试杯，以促使电极平衡。

注意！电极不要触及杯底，插入深度以溶液浸没玻璃球泡为限。

c. 按“校正”钮，进行手动“定位”。调节“▲”或“▼”，使数字显示屏稳定显示该标准缓冲溶液在当时温度下的 pH。随后将电极从标准缓冲溶液中取出，移去试杯，用蒸馏水清洗，并用滤纸吸干外壁水。

d. 另取一洁净试杯（或 100mL 小烧杯），用另一种与待测试液（A）pH（可用 pH 试纸预先测试）相接近的标准缓冲溶液荡洗三次后，倒入 50mL 左右该标准缓冲溶液。将电极插入溶液中，小心轻摇标准缓冲溶液，致使电极平衡。按“校正”钮，进行手动调“斜率”。调节“▲”或“▼”，将 pH 值调至溶液温度下的 pH。按“校正”钮进行第二次校正，按“确认”钮，待仪器读数稳定后，再按“确认”钮，调节“▲”或“▼”，将 pH 值调至溶液温度下的 pH，再按“确认”钮。

e. 校正完毕后，仪器显示校正系数 K，测定要求 K 值在 90%～100%之间，如不在该范围之内，需要进行重新校正。

⑤ 测量待测试液的 pH 值

a. 移去标准缓冲溶液，清洗电极，并用滤纸吸干电极外壁水。取一洁净试杯（或 100mL 小烧杯），用待测试液（A）荡洗三次后倒入 50mL 左右试液。

注意！待测试液温度应与标准缓冲溶液温度相同或接近。若温度差别大，则应待温度相近时再测量。

b. 将电极插入被测试液中，轻摇试杯以促使电极平衡。待数字显示稳定后读取并记录被测试液的 pH 值。平行测定两次，并记录。

c. 按步骤④，⑤测量另一未知液（B）的 pH［**注意！若（B）与（A）的 pH 相差大于 3 个 pH 单位，则酸度计必须重新再用另一与未知液（B）pH 相近的 pH 标准缓冲溶液按④中 c、d 步骤进行校正，若相差小于 3 个 pH 单位，一般可以不需重新校正**］。

⑥ 实验结束工作　关闭酸度计电源开关，拔出电源插头。取出 pH 复合电极用蒸馏水清洗干净后浸泡在电极套中。取出温度传感器用蒸馏水清洗，再用滤纸吸干外壁水分，放在盒内。清洗试杯，晾干后妥善保存。用干净抹布擦净工作台，罩上仪器防尘罩，填写仪器使用记录。

（5）注意事项

① 酸度计的输入端（即测量电极插座）必须保持干燥清洁。在环境湿度较高的场所使用时，应将电极插座和电极引线柱用干净纱布擦干。读数时电极引入导线和溶液应保持静止，否则会引起仪器读数不稳定。

② 标准缓冲溶液配制要准确无误，否则将导致测量结果不准确。

③ 若要测定某固体样品水溶液的 pH 值，除特殊说明外，一般应称取 5g 样品（称准至

0.01g)，用无 CO_2 的水溶解并稀释至 100mL，配成试样溶液，然后再进行测量。

由于待测试样的 pH 常随空气中 CO_2 等因素的变化而改变，因此采集试样后应立即测定，不宜久存。

④ 注意用电安全，合理处理、排放实验废液。

（6）数据处理　分别计算各试液 pH 的平均值。

（7）思考题

① pH 玻璃电极对溶液中氢离子活度的响应，在酸度计上显示的 pH 值与氢离子活度之间有何定量关系？

② 在测量溶液的 pH 值时，既然有用标准缓冲溶液“校正”这一操作步骤，为什么在酸度计上还要有温度补偿装置？

③ 测量过程中，读数前轻摇试杯起什么作用？读数时，是否还要继续晃动溶液？为什么？

思考与练习 3.2

（1）电位法测定溶液 pH 的原理是什么？

（2）用酸度计测量溶液 pH 时，为什么要用标准缓冲溶液校正仪器？应如何进行？

（3）测量溶液 pH 时，为什么需要进行温度补偿？

（4）酸度计一般由哪两部分组成？

（5）pH 玻璃电极和饱和甘汞电极组成工作电池，25℃时测定 pH＝9.18 的硼酸钠标准溶液时，电池电动势是 0.220V；而测定一未知 pH 试液时，电池电动势是 0.180V。求未知试液 pH 值。

（6）当下列电池中的溶液是 pH＝4.00 的缓冲溶液时，在 25℃测得电池电动势为 0.209V

$$玻璃电极 | H^+ (a=x) \| SCE$$

当缓冲溶液由未知溶液代替时，测得电动势为：（1）0.312V；（2）0.088V，求每种溶液的 pH。

“pH”的来历和世界上第一台 pH 计

“pH”由丹麦化学家彼得·索伦森在 1909 年提出的。索伦森当时在一家啤酒厂工作，经常要化验啤酒中所含氢离子浓度。每次化验结果都要记载许多个零，这使他感到很麻烦。经过长期潜心研究，他发现用氢离子的负对数来表示氢离子浓度非常方便，并把它称为溶液的 pH。就这样“pH”成为表述溶液酸碱度的一种重要数据。

第一台 pH 计是由美国的贝克曼在 1934 年设计制造的。他的一位同学尤素福在加利福尼亚的一个水果培育站工作，经常要测定用二氧化硫气体处理过的柠檬汁的 pH。他求助于贝克曼，帮他设计一台能测定溶液 pH 的仪器。贝克曼利用业余时间，制作了一台电子放大器，将其与玻璃电极、灵敏电流计组成一台 pH 计，效果很好。这就是世界上第一台 pH 计。

第一台 pH 计的研制成功使贝克曼很受鼓舞。后来他辞去了教学工作，专门开办了一个 pH 计生产工厂，专心致志从事于 pH 计的设计和制造工作。他发明的 pH 计为研究分析化学和生物化学创造了条件。

摘自《21 世纪中心科学——化学》

3.3 直接电位法测定溶液离子活（浓）度

3.3.1 测定原理

与电位法测定 pH 相似，离子活（浓）度的电位法测定也是将对待测离子有响应的离子选择性电极与参比电极浸入待测溶液组成工作电池，并用仪器测量其电池电动势（见图 3-12）。

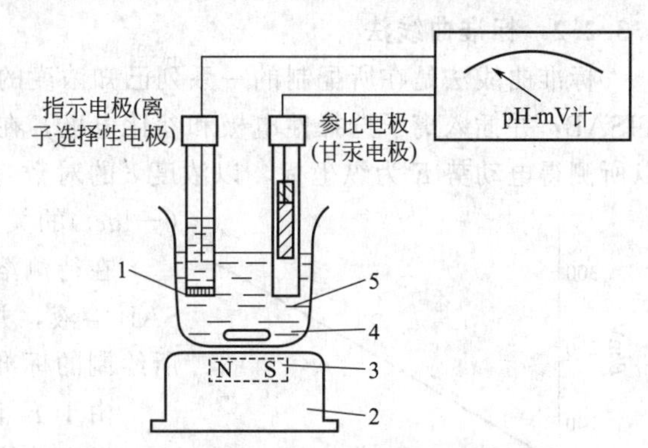

图 3-12 离子活（浓）度的电位法测定装置

1—容器；2—电磁搅拌器；3—旋转磁铁；4—玻璃封闭铁搅棒；5—待测离子试液

例如，用氟离子选择性电极测定氟离子的活（浓）度，其工作电池为

SCE‖试液（$a_{F^-}=x$）|氟离子选择性电极

则 25℃时，电池电动势与 a_{F^-} 或 pF（pF＝$-\lg a_{F^-}$）的关系为

$$E=K'-0.0592\lg a_{F^-} \tag{3-15}$$

或

$$E=K'+0.0592\text{pF} \tag{3-16}$$

式中，K'在一定实验条件为一常数。

用各种离子选择性电极测定与其响应的相应离子的活度时可用下列通式：

$$E=K'\pm\frac{2.303RT}{nF}\lg a_i \tag{3-17}$$

当离子选择性电极作正极时，对阳离子响应的电极，式(3-17) 中 K'后面一项取正值；对阴离子响应的电极 K'后面一项取负值。

与测定 pH 同样原理，K'的数值也取决于离子选择性电极的薄膜、内参比溶液及内外参比电极的电位，它同样是一项很复杂的参数，也需要用一个已知离子活度的标准溶液为基准，比较包含待测溶液和包含标准溶液的两个工作电池的电动势来确定待测试液的离子活度。但目前能提供离子选择性电极校正用的标准活度溶液，除用于校正 Cl^-、Na^+、Ca^{2+}、F^- 电极用的标准参比溶液 NaCl、KF、$CaCl_2$ 外，其他离子活度标准溶液尚无标准。通常在要求不高并保证离子活度系数不变的情况下，用浓度代替活度进行测定。

3.3.2 定量分析方法

3.3.2.1 离子选择性电极测定离子浓度的条件

离子选择性电极响应的是离子的活度，活度与浓度的关系是：

$$a_i=\gamma_i c_i \tag{3-18}$$

式中，γ_i 为 i 离子的活度系数；c_i 为 i 离子的浓度。

因此，要用离子选择性电极测定溶液中被测离子浓度的条件是：在使用标准溶液校正电极和用此电极测定试液这两个步骤中，必须保持溶液中离子活度系数不变。由于活度系数是离子强度的函数，因此也就要求保持溶液的离子强度不变。要达到这一目的的常用方法是：在试液和标准溶液中加入相同量的惰性电解质，称为离子强度调节剂。有时将离子强度调节剂、pH 缓冲溶液和消除干扰的掩蔽剂等事先混合在一起，这种混合液称为总离子强度调节缓冲剂，其英文缩写为“TISAB”。TISAB 的作用主要有：第一，维持试液和标准溶液恒定的离子强度；第二，保持试液在离子选择性电极适合的 pH 范围内，避免 H^+ 或 OH^- 的干扰；第三，消除对被测离子的干扰。例如用氟离子选择性电极测定水中的 F^- 所加入的

TISAB 的组成为 NaCl(1mol·L^{-1})、HAc(0.25mol·L^{-1})、NaAc(0.75mol·L^{-1}) 及柠檬酸钠 (0.001mol·L^{-1})。其中 NaCl 溶液用于调节离子强度；HAc-NaAc 组成缓冲体系，使溶液 pH 保持在氟离子选择性电极适合的 pH (5～5.5) 范围之内；柠檬酸作为掩蔽剂消除 Fe^{3+}、Al^{3+} 的干扰。

值得注意的是，所加入的 TISAB 中不能含有能被所用的离子选择性电极所响应的离子。

3.3.2.2 标准曲线法

标准曲线法是在所配制的一系列已知浓度的含待测离子的标准溶液中，依次加入相同量 TISAB，并插入离子选择性电极和参比电极，在同一条件下，测出各溶液的电动势 E，然后以所测得电动势 E 为纵坐标，以浓度 c 的对数（或负对数值）为横坐标，绘制 E-$\lg c_i$ 或 E-($-\lg c_i$)的关系曲线[❶]。图 3-13 是 F^- 的标准曲线。

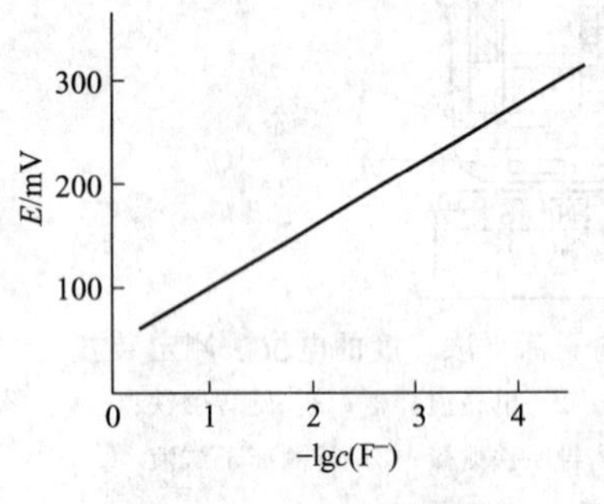

图 3-13 F^- 的标准曲线

在待测溶液中加入与绘制标准曲线同样量的同一 TISAB 溶液，并用同一对电极测定其电池电动势 E_x，再从所绘制的标准曲线上查出 E_x 所对应的 $\lg c_x$，换算为 c_x。

由于 K' 值容易受温度、搅拌速度及液接电位等的影响，标准曲线不是很稳定，容易发生平移。实际工作中，每次使用标准曲线都必须先选定 1～2 标准溶液测出 E 值，确定曲线平移的位置，再供分析试液。若试剂等更换，应重做标准曲线。采用标准曲线法进行测量时实验条件必须保持恒定，否则将影响其线性。

标准曲线法主要适用于大批同种试样的测定。对于要求不高的少数试样，也可用一个浓度与试液相近的标准溶液，在相同条件下，分别测出 E_x 与 E_S，然后用与 pH 实用定义相似的公式计算出。即

$$\lg c_x = \lg c_S + \frac{E_x - E_S}{S}$$

式中，c_x、c_S 分别为待测试液和标准溶液的浓度；E_x、E_S 为相同条件下测得待测溶液与标准溶液的电动势；S 为电极的斜率，其值可通过两份不同浓度标准溶液在相同条件下测量出的 E 值用 $S=\frac{E_1-E_2}{\lg c_1-\lg c_2}$ 求得。

*3.3.2.3 标准加入法

分析复杂样品时宜采用标准加入法，即将标准溶液加入到样品溶液进行测定。具体做法是：在一定实验条件下，先测定体积为 V_x，浓度为 c_x 的试液电池的电动势 E_x，然后在其中加入浓度为 c_S，体积为 V_S 的含待测离子的标准溶液（要求：V_S 约为试液体积的 $\frac{1}{100}$，而 c_S 则为 c_x 的 100 倍左右)，在同一实验条件下再测其电池的电动势 E_{x+S}，则 25℃时

$$E_x = K' + \frac{0.0592}{n}\lg\gamma c_x$$

式中，γ 为离子活度系数；n 为离子的电荷数。同理

$$E_{x+S} = k' + \frac{0.0592}{n}\lg\gamma(c_x + \Delta c)$$

---

❶ 当 c_i 浓度以物质的量 mol·L^{-1}表示时，由于其数值小，宜用 $-\lg c$ 作横坐标；如果 c_i 以 μg·L^{-1}表示时，其数值大，用 $\lg c$ 为横坐标较为方便。标准曲线不一定是通过零点的直线，电位值也不一定是正值，也可以是负值。对于阴离子，浓度愈大电位值愈小。

则 $$\Delta E = E_{x+S} - E_x = \frac{0.0592}{n}\lg\frac{\gamma'(c_x+\Delta c)}{\gamma c_x}$$

式中，γ'为加入标准溶液后，溶液离子活度系数；Δc 为加入标准溶液后，试液浓度的增量，其值为

$$\Delta c = \frac{c_S V_S}{V_x + V_S}$$

由于 $V_S \ll V_x$，因而 $$\Delta c = \frac{c_S V_S}{V_x} \tag{3-19}$$

由于 $\gamma \approx \gamma'$，因而

$$\Delta E = \frac{0.0592}{n}\lg\frac{c_x+\Delta c}{c_x}$$

令 $S=\frac{0.0592}{n}$，则

$$c_x = \Delta c(10^{\Delta E/S}-1)^{-1} \tag{3-20}$$

因此，只要测出 ΔE、S、计算出 Δc，就可以求出 c_x。

标准加入法的优点是：只需要一种标准溶液，溶液配制简便，适于组成复杂的个别试样的测定，测定准确度高。必须指出的是，标准加入法需要在相同实验条件下测量电极的实际斜率（简便的测量方法是：在测量 E_x 后，将所测试液用空白溶液稀释一倍，再测定 $E_{x'}$，则 $S=\frac{|E_{x'}-E_x|}{\lg 2}=\frac{|E_{x'}-E_x|}{0.301}$）。

【例 3-1】 用氯离子选择性电极测定果汁中氯化物含量时，在 100mL 的果汁中测得电动势为 -26.8mV，加入 1.00mL，0.500mol·L^{-1} 经酸化的 NaCl 溶液，测得电动势为 -54.2mV。计算果汁中氯化物浓度（假定加入 NaCl 前后离子强度不变）。

解：应用式（3-19）

$$\Delta c = \frac{c_S V_S}{V_x}$$

则 $$\Delta c = \frac{0.500\times 1.00}{100}$$

利用式（3-20） $$c_x = \Delta c(10^{\Delta E/S}-1)^{-1}$$

则 $$c_x = \frac{0.500\times 1.00}{100}\left[10^{\frac{(54.2-26.8)\times 10^{-3}}{0.0592}}-1\right]^{-1}$$

$$= 2.63\times 10^{-3}(\text{mol}\cdot\text{L}^{-1})$$

*3.3.2.4 格氏作图法

格氏（Gran）作图法相当于多次标准加入法。假如试液的浓度为 c_x，体积为 V_x，加入浓度为 c_S 含待测离子的标准溶液 V_S（mL）后，测得电池电动势为 E，则

$$E = K' + S\cdot\lg\frac{c_x V_x + c_S V_S}{V_x + V_S}$$

即 $$(V_x+V_S)10^{E/S} = (c_x V_x + c_S V_S)10^{K'/S} \tag{3-21}$$

在体积为 V_x 的试液中，每加一次待测离子标准溶液 V_S（mL）就测量一次电池电动势 E，并计算出相应的（V_x+V_S）$10^{E/S}$，再在一般坐标纸上，以此值为纵坐标，以加入的标准溶液体积 V_S 为横坐标作图，将得一直线，如图 3-14 所示。

将直线外推，在横轴相交于 V_e（见图 3-14）。此时

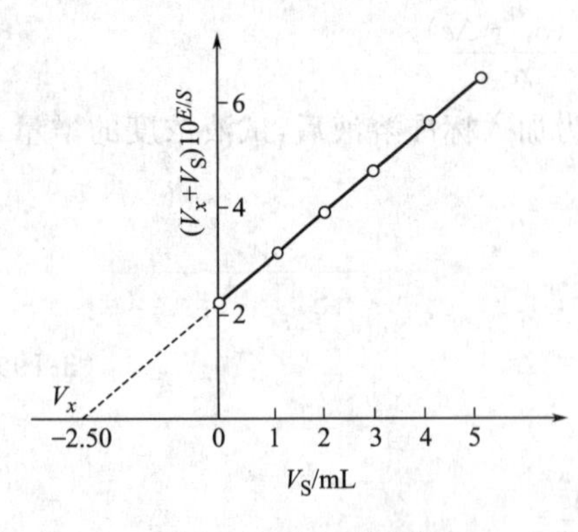

图 3-14 Gran 作图法

$$(V_x+V_S)\ 10^{E/S}=0$$

根据式(3-21)，则

$$c_x V_x + c_S V_e = 0$$

所以

$$c_x = \frac{c_S V_e}{V_x} \tag{3-22}$$

格氏作图法具有简便、准确及灵敏度高的特点。现在市场上可以购到的格氏坐标纸，它可以避免将 E 换算 $10^{E/S}$ 的数学计算，加快分析速度。格式作图法适于低浓度物质的测定。

3.3.2.5 浓度直读法

与使用酸度计测量试液 pH 相似，测定溶液中待测离子的活（浓）度，也可以由经过标准溶液校正后的测量仪器上直接读出待测溶液 pX 值或 X 的浓度值，这就是浓度直读法。它简便快速，所用的仪器称为离子计。

3.3.3 测量仪器及使用方法

3.3.3.1 测量仪器

离子选择性电极法测量离子活（浓）度的仪器包括：指示电极、参比电极、电磁搅拌器及用来测量电池电动势的离子计。离子计也是一种高阻抗（约为 $10^{11}\ \Omega$）、高精度（其表头的最大分度一般为 0.1mV）的毫伏计，其电位测量精度高于一般的酸度计，而且稳定性好。为了使电极的实际斜率达到理论值，各型号离子计都设置了斜率校正电路，通过改变比例放大器的放大倍数完成斜率校正。国产离子计型号多，目前有直读浓度数字式离子计，以及带微处理机多功能离子计等。实际工作中应根据测定要求来选择。

3.3.3.2 821 型数字式离子计的使用方法

图 3-15 是一种数字式离子计的仪器面板示意图。使用该仪器进行 pX 测量的方法如下。

① 将仪器选择开关拨至 pX 挡，接上电极，电源开关置“开”位置。调节温度补偿至溶液的温度。

② 选择两种已知 pX 的标准溶液，例如溶液 A 为 pX＝5.00，溶液 B 为 pX＝3.00。选择的依据是被测对象的 pX 在两者之间。

③ 将电极浸入较浓的一种标准溶液 B 中，调节定位旋钮使仪器显示为零。

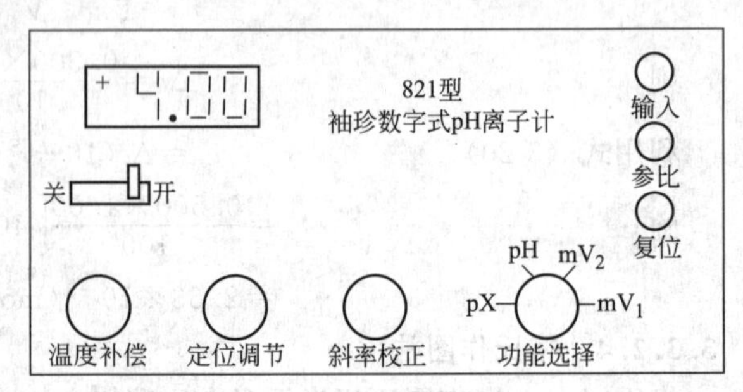

图 3-15 数字式离子计

④ 将电极用蒸馏水冲洗干净，吸干外壁的水，插入较稀的溶液 A 中，如果电极的斜率符合理论值，则此时显示应为两种标准溶液的 pX 值的差（即 ΔpX＝5.00－3.00）。如果仪器显示值不符合 ΔpX 值，可调节斜率旋钮使显示器上指示值为 ΔpX 值。接着进行定位，用定位调节器使显示器指示出溶液 A 的 pX 值 5.00，此时斜率补偿及定位完毕。在测量过程中该两旋钮应保持不动。

⑤ 定位完毕后，用去离子水洗净电极，吸干外壁水，浸入被测溶液中，即显示出被测溶液的 pX 值。

3.3.4 影响离子活（浓）度测定准确度的因素

在直接电位法中影响离子活（浓）度测定的因素主要有以下几种。

(1) 温度　根据式(3-17) 温度的变化会引起直线斜率和截距的变化，而 K' 值所包括的参比电极电位、膜电位、液接电位等均与温度有关。因此在整个测量过程中应保持温度恒定，以提高测量的准确度。

(2) 电动势的测量　电动势测量的准确度直接影响测定结果准确度。因此，测量电动势所用的仪器必须具有较高的精度，通常要求电动势测量误差小于 0.01～0.1mV。

(3) 干扰离子　干扰离子能直接为电极响应的，则其干扰效应为正误差；干扰离子与被测离子反应生成一种在电极上不发生响应的物质，则其干扰效应为负误差。例如 Al^{3+} 对氟离子选择性电极无直接影响，但它能与待测离子 F^- 生成不为电极所响应的稳定的配离子 AlF_6^{3-}，因而造成负误差。消除共存干扰离子的简便方法是，加入适当的掩蔽剂掩蔽干扰离子，必要时则需要预分离。

(4) 溶液的酸度　溶液测量的酸度范围与电极类型和被测溶液浓度有关，在测定过程中必须保持恒定的 pH 范围，必要时使用缓冲溶液来维持。例如氟离子选择性电极测氟时 pH 控制在 5～7。

(5) 待测离子浓度　离子选择性电极可测定的浓度范围约为 10^{-1}～10^{-6} mol·L^{-1}。检测下限主要决定于组成电极膜的活性物质性质，除此之外还与共存离子的干扰、溶液 pH 等因素有关。

(6) 迟滞效应　迟滞效应是指对同一活度值的离子试液测出的电位值与电极在测定前接触的试液成分有关的现象，也称为电极存储效应，它是直接电位法出现误差的主要原因之一。如果每次测量前都用去离子水将电极电位清洗至一定的值，则可有效地减免此类误差。

3.3.5 直接电位法的应用

直接电位法广泛应用于环境监测，生化分析，医学临床检验及工业生产流程中的自动在线分析等。表 3-4 列出了直接电位法中部分应用实例。

表 3-4　直接电位法中部分应用举例

被测物质	离子选择电极	线性浓度范围 c/(mol·L^{-1})	适用的 pH 范围	应用举例
F^-	氟	10^0～5×10^{-7}	5～8	水,牙膏,生物体液,矿物
Cl^-	氯	10^{-2}～5×10^{-8}	2～11	水,碱液,催化剂
CN^-	氰	10^{-2}～10^{-6}	11～13	废水,废渣
NO_3^-	硝酸根	10^{-1}～10^{-5}	3～10	天然水
H^+	pH 玻璃电极	10^{-1}～10^{-14}	1～14	溶液酸度
Na^+	pNa 玻璃电极	10^{-1}～10^{-7}	9～10	锅炉水,天然水,玻璃
NH_3	气敏氮电极	10^0～10^{-6}	11～13	废气,土壤,废水
脲	气敏氮电极			生物化学
氨基酸	气敏氮电极			生物化学
K^+	钾微电极	10^{-1}～10^{-4}	3～10	血清
Na^+	钠微电极	10^{-1}～10^{-3}	4～9	血清
Ca^{2+}	钙微电极	10^{-1}～10^{-7}	4～10	血清

3.3.6 技能训练

3.3.6.1 训练项目 3.2　氟离子选择性电极测定饮用水中的氟离子浓度

(1) 实验目的

① 学会直接电位法测定水中氟离子浓度的方法及实验操作。

② 掌握离子计的使用操作。

(2) 方法原理　以氟离子选择电极为指示电极，饱和甘汞电极为参比电极，可测定溶液中氟离子含量。工作电池的电动势 E，在一定条件下与氟离子活度 a_{F^-} 的对数值成直线关系，测量时，若指示电极接正极，则 $E=K'-0.0592\lg a_{F^-}$ (25℃)。

当溶液的总离子强度不变时，上式可改写为

$$E=K-0.0592\lg c_{F^-}$$

因此在一定条件下，电池电动势与试液中的氟离子浓度的对数呈线性关系，可用标准曲线法和标准加入法进行测定。

温度、溶液 pH、离子强度、共存离子均会影响测定的准确度。因此为了保证测定准确度，需向标准溶液和待测试样中加入 TISAB，以使溶液中离子平均活度系数保持定值，并控制溶液的 pH 和消除共存离子干扰。

使用离子计也可以对氟离子进行浓度直读测量（即测溶液的 pF），其方法与测定溶液中 pH 的方法相似。但要注意保持标准溶液和水样的离子强度基本相同。

(3) 仪器与试剂

① 仪器　821 型数字式离子计（或其他型号离子计，或精密酸度计）；饱和甘汞电极；电磁搅拌器。

② 试剂

a. $1.000\times10^{-1}mol\cdot L^{-1}F^-$ 标准贮备液　准确称取 NaF（120℃烘 1h）4.199g 用蒸馏水溶解后，定量移入 1000mL 容量瓶中，再用蒸馏水稀释至刻线，摇匀。贮于聚乙烯瓶中待用。

b. 总离子强度调节缓冲溶液（TISAB）　称取氯化钠 58g，柠檬酸钠 10g 溶于 800mL 蒸馏水中，再加冰醋酸 57mL，用 $6mol\cdot L^{-1}NaOH$ 溶液调至 pH5.0～5.5 之间，然后稀释至 1000mL。

c. 含 F^- 自来水样。

(4) 训练内容与操作步骤

① 电极的准备

a. 氟电极的准备　氟电极在使用前，宜在 $10^{-3}mol\cdot L^{-1}$ 的 NaF 溶液中浸泡活化 1～2h，然后用蒸馏水清洗电极数次，直至测得的电位值[1]约为－300mV（此值各支电极不同）。

注意！电极晶片勿与坚硬物碰擦（晶片上如有油污，用脱脂棉依次以酒精、丙酮轻拭，再用蒸馏水洗净。为了防止晶片内侧附着气泡，测量前，让晶片朝下，轻击电极杆，以排除晶片上可能附着的气泡）。

b. 检查和预处理饱和甘汞电极。

② 仪器的准备和电极的安装　按仪器说明书，接通电源，预热 20min。接入饱和甘汞电极和氟离子选择性电极。

③ 绘制标准曲线　在 5 只 100mL 容量瓶中，用 $1.000\times10^{-1}mol\cdot L^{-1}$ 的 F^- 标准贮备液分别配制内含 10mLTISAB 的 1.000×10^{-2}～$1.000\times10^{-6}mol\cdot L^{-1}F^-$ 标准溶液。

将适量的所配制的标准溶液（浸没电极的晶片即可）分别倒入 5 只洁净的塑料烧杯中，插入氟离子选择性电极和饱和甘汞电极，放入搅拌子。启动搅拌器，在搅拌的条件下，由稀至浓分别测量标准溶液的电位值 E。

[1] 氟电极在蒸馏水中的电位值又称氟电极的空白电位值。

注意！读数时应停止搅拌。每测完一次均要用去离子水清洗至原空白电位值。

④ 水样中氟的测定

a. 标准曲线法　准确移取自来水水样 50mL 于 100mL 容量瓶中，加入 10mLTISAB，用蒸馏水稀释至刻度，摇匀，然后倒入一干燥的塑料烧杯中，插入电极。在搅拌条件下待电位稳定后读出电位值 E_x（此溶液别倒掉，留下步实验用）。重复测定 2 次，取平均值。

*b. 标准加入法　在上步实验［步骤④中 a］测得电位值 E_x 后的溶液中，准确加入 1.00mL 浓度为 1.000×10^{-4} mol·L^{-1} 的 F^- 标准溶液。搅拌后，在相同的条件下测定电位值 E_1（若读得电位值变化 ΔE 小于 20mV 则应使用 1.000×10^{-3} mol·L^{-1} 的 F^- 标准溶液，此时实验应重新开始）。重复测定两次，取平均值。

⑤ 结束工作

a. 用蒸馏水清洗电极数次，直至接近空白电位值，晾干后收入电极盒中保存（电极暂不使用时宜干放；若在连续使用期间的间隙内，可浸泡在水中）。

b. 关闭仪器电源开关。清洗试杯，晾干后放回原处。整理工作台，罩上仪器防尘罩，填写仪器使用记录。

(5) 注意事项

① 测量时浓度应由稀至浓。每次测定前要用被测试液清洗电极、烧杯及搅拌子。

② 绘制标准曲线时，测定一系列标准溶液后，应将电极清洗至原空白电位值，然后再测定未知液的电位值。

③ 测定过程中更换溶液时，“测量”键必须处于断开位置，以免损坏离子计。

④ 测定过程中搅拌溶液的速度应恒定。

(6) 数据处理

① 以所测出的 F^- 标准溶液的电位值 E，对所对应的标准溶液 F^- 的浓度的对数作图（E-$\lg c_{F^-}$）。从标准曲线的线性部分求出该离子选择性电极的实际斜率，并由 E_x 值求试样中 F^- 的浓度以 mg·L^{-1} 表示。

② 根据标准加入法公式求出试样中 F^- 的浓度。

(7) 思考题

① 为什么要加入总离子强度调节剂？

② 在测量前氟电极应怎样处理，达到什么要求？

③ 试比较标准曲线法和标准加入法的测定结果。

*3.3.6.2　训练项目 3.3　铜离子选择性电极法测定还原糖的含量

(1) 训练目的　学习用铜离子选择性电极标准加入法测定还原糖的原理和方法。

(2) 方法原理　离子选择性电极测定还原糖的方法是：加入一种过量的氧化剂将糖氧化后，再用适当的电极测定剩余的氧化剂的量，借此间接测定糖含量。常用的氧化剂有酶、铜、汞或高碘酸盐等，本法采用 Cu^{2+} 作氧化剂。用 Cu^{2+} 作氧化剂测定还原糖含量的方法是基于在微碱性溶液中，葡萄糖可被 Cu^{2+} 氧化成羧酸：

$$R-CHO+2Cu^{2+}+5OH^- \longrightarrow Cu_2O+RCOO^-+3H_2O$$

而过量的 Cu^{2+} 可用铜离子选择性电极测定，从而求得还原糖含量。此方法可用于蜂蜜、果酱、果汁、血液中还原糖的测定。

用已知过量的 Benedict 试剂作氧化剂将还原糖氧化。为防止空气氧化 Cu_2O 产生误差，将生成的 Cu_2O 过滤除去，滤液稀释至一定体积，由铜离子选择标准加入法测定过量的 Cu^{2+} 含量。测定方法是：先测定 V_x（mL）滤液的电位值 E_1，然后准确加入体积为 V_S 浓

度为 c_S 的 Cu^{2+} 标准溶液，测定溶液的电位值 E_2。如果测得铜离子选择性电极对 Cu^{2+} 斜率为 S，则未知样中未还原的 Cu^{2+} 浓度为

$$c(Cu^{2+})=\frac{c_S V_S}{V_x}(10^{\Delta E/S}-1)^{-1}$$

上式中 $\Delta E=E_2-E_1$。再由不同的标准糖含量得到未还原的 Cu^{2+} 含量，进而绘得糖含量与未还原 Cu^{2+} 含量的标准曲线。根据所测得的试样未还原 Cu^{2+} 的含量，利用标准曲线计算出样品中糖的含量。

实验合适的 pH 为 2～5。可用乙酸缓冲溶液调至 pH 为 4.1，该缓冲溶液兼有离子强度调节缓冲作用。若 50mL 试样溶液中 Fe^{3+} 含量大于 0.56mg，Cl^- 含量大于 7.2mg，Br^- 含量大于 0.08mg，对测定将产生干扰。因实验样品中 Cl^-、Br^- 含量不高，加入 NaF 可消除 Fe^{3+} 的干扰。

(3) 仪器与试剂

① 仪器　离子计（或精密酸度计）；铜离子选择性电极；双液接饱和甘汞电极；电磁搅拌器；可调微量进样器（200μL）；具塞试管 5 支；50mL 容量瓶 12 个。

② 试剂

a. 标准葡萄糖溶液　质量浓度为 1.000mg・mL^{-1}，配制 500mL，用烘干的无水葡萄糖配制。

b. pH＝4.1 乙酸缓冲溶液　将 11.8mL 冰醋酸溶于 400mL 蒸馏水中，加 NaF 0.84g，用 1mol・L^{-1}NaOH 调节 pH 于 4.1，最后配成 500mL。

c. Benedict 试剂　称取 50g（A.R. 级）柠檬酸（$C_6H_8O_7 \cdot H_2O$）溶于 50mL 蒸馏水中；25g $CuSO_4 \cdot 5H_2O$ 溶于 300mL 蒸馏水中，388g 无水 Na_2CO_3 溶于 350mL 蒸馏水中。先将柠檬酸溶液加入 Na_2CO_3 溶液中，然后加入 $CuSO_4$ 溶液，稀释至 1L。混匀，静置几天后，过滤使用。

d. 0.1000mol・L^{-1}Cu^{2+} 标准溶液　准确称取高纯铜片（99.99%），以硝酸溶解，配至容量瓶中。

e. 葡萄糖试样和蜂蜜试样。

(4) 训练内容与操作步骤

① 测定铜离子选择性电极响应曲线的斜率　逐级稀释 Cu^{2+} 标准溶液，配制一系列浓度分别为 1.0×10^{-2} mol・L^{-1}、1.0×10^{-3} mol・L^{-1}、1.0×10^{-4} mol・L^{-1}、1.0×10^{-5} mol・L^{-1}、1.0×10^{-6} mol・L^{-1}Cu^{2+} 标准溶液各 50mL，其中各含 20mL 乙酸缓冲溶液。倒入干燥烧杯中，插入电极，搅拌 2min，静置 1min，待读数稳定后读取并记录电位值及相对应的 Cu^{2+} 的浓度。

② 绘制标准曲线　在带塞试管中准确加含 0.5mg、1.0mg、1.5mg、2.0mg 葡萄糖标准溶液，加 0.6mL Benedict 试剂，再加 5mL 蒸馏水。于沸水浴中加热 10min 后冷却，过滤洗涤至预置有 20mL 乙酸缓冲溶液的 50mL 容量瓶中，以蒸馏水稀释至标线。取此溶液 25.00mL 于干燥烧杯中，插入电极，搅拌 2min，静置 1min，待读数稳定后，读取电位值 E_1 并记录。然后用微量进样器加入 100μL 0.1000mol・L^{-1} 铜标准溶液，同上操作，测出 E_2 并记录。

③ 测定葡萄糖水溶液、蜂蜜样品的含糖量

a. 测定葡萄糖水溶液的含糖量　移取葡萄糖水溶液（含糖量为 0.5～2.0mg）按上述相同方法测定 E_{x_1}，并记录。

b. 测定蜂蜜样品的含糖量　移取蜂蜜样品 1.00mL（含蜂蜜 $1.4mg \cdot mL^{-1}$），按上述方法测定 E_{x_2}，并记录。

(5) 注意事项　为了保证测定的准确度，样品含糖量应在标准曲线的线性部分。

(6) 数据处理

① 以步骤①测出的 Cu^{2+} 标准系列各溶液的电位值对所对应的 Cu^{2+} 浓度的对数作图（E-$\lg c_i$）。求响应曲线线性部分的斜率 S。

② 根据步骤②测得的各标准溶液的 E_1 和 E_2，按公式 $c(Cu^{2+})=\frac{c_S V_S}{V_x}(10^{\Delta E/S}-1)^{-1}$ 计算各标准溶液中未还原的铜浓度 $c(Cu^{2+})$，以 $c(Cu^{2+})$ 对葡萄糖标准溶液含糖量绘制标准曲线。

③ 根据所测得的试样中未还原铜的浓度在标准曲线上求出试样中的含糖量。

(7) 思考题

① 铜离子选择性电极测定还原糖含量的基本原理是什么？

② 在测定过量铜含量时，可用碘量法滴定，在弱酸溶液中加过量 KI，反应如下：

$$2Cu^{2+}+4I^- \rightleftharpoons 2CuI\downarrow+I_2$$

生成的 I_2 用 $Na_2S_2O_3$ 标准溶液滴定：

$$I_2+2S_2O_3^{2-} \rightleftharpoons 2I^-+S_4O_6^{2-}$$

以铂电极指示滴定过程中 I_2/I^- 或 $S_4O_6^{2-}/S_2O_3^{2-}$ 浓度的变化来确定滴定终点。问：本法能否用碘离子电极？为什么？

思考与练习 3.3

(1) 用玻璃电极测量溶液的 pH 时，采用的定量分析方法为（　　）。

A. 标准曲线法　B. 直接比较法　C. 一次标准加入法　D. 增量法

(2) 用氟离子选择性电极测定水中（含的微量的 Fe^{3+}、Al^{3+}、Ca^{2+}、Cl^-）的氟离子时，应选用的离子强度调节缓冲液为（　　）。

A. $0.1mol \cdot L^{-1}$ KNO_3　B. $0.1mol \cdot L^{-1}$ NaOH

C. $0.05mol \cdot L^{-1}$ 柠檬酸钠（pH 调至 5～6）　D. $0.1mol \cdot L^{-1}$ NaAc（pH 调至 5～6）

(3) 用离子选择性电极以标准曲线法进行定量分析时，应要求（　　）。

A. 试液与标准系列溶液的离子强度相一致

B. 试液与标准系列溶液的离子强度大于 1

C. 试液与标准系列溶液中待测离子活度相一致

D. 试液与标准系列溶液中待测离子强度相一致

*(4) 用离子选择性电极，以标准加入法进行定量分析时，应对加入的标准溶液的体积和浓度有什么要求？为什么？

(5) 在用离子选择性电极法测量离子浓度时，加入 TISAB 的作用是什么？

*(6) 在使用标准加入法测定离子浓度时，电极的实际斜率应如何测量？

(7) 影响直接电位法测定准确度的因素有哪些？

(8) 以 Pb^{2+} 选择性电极测定 Pb^{2+} 标准溶液，得如下数据

$c(Pb^{2+})/(mol \cdot L^{-1})$	1.00×10^{-5}	1.00×10^{-4}	1.00×10^{-3}	1.00×10^{-2}
E/mV	−208.0	−181.6	−158.0	−132.2

求：①绘制标准曲线；②若对未知试液测定得 $E=-154.0mV$，求未知试液 Pb^{2+} 浓度。

*(9) 以氟离子选择性电极用标准加入法测定试样中 F^- 浓度时，原试样是 5.00mL，稀释至 100mL

后测其电位值。在加入 1.00mL 0.0100mol·L^{-1} NaF 标准溶液后测得电池电动势改变了 18.0mV。求试样溶液的 F^- 的含量。

超微修饰电极

修饰电极是通过对电极表面的分子剪裁，可按意图给电极预定的功能，以便在其上有选择地进行所期望的反应，在分子水平上实现电极功能的设计，是当前电化学、电分析化学方面十分活跃的研究领域。超微修饰电极结合了超微电极和化学修饰电极的优点，拓展了其在电化学和电分析化学领域的应用。

近来氧化还原蛋白质和酶的直接电化学研究得到了迅速的发展，这些研究对于了解生命体内的能量转换和物质代谢，了解生物分子的结构和物理性质，探索其在生物体内的生理作用及作用机制，开发新型的生物传感器等均有重要的意义。但由于蛋白质和酶在金属电极上的氧化还原通常是不可逆的，且浓度很低，用常规电极难以有效地进行研究。为了克服这一问题，人们提出用超微修饰电极对生物分子进行研究。超微修饰电极表面修饰一层媒介体，加速氧化还原蛋白质和酶与电极间的电子转移，可提高测定的选择性；同时在超微修饰电极上扩散速度快，电极表面电流密度高，测定的信噪比高，从而可提高测定的灵敏度。因此，超微修饰电极已成为直接研究生物大分子电化学的有力的手段。例如在 *L*-半胱氨酸微银修饰电极上进行了血红蛋白的电化学行为的研究结果表明，*L*-半胱氨酸微银修饰电极通过半胱氨酸与铁原子的结合，加速血红蛋白和电极间的电子传递速率，从而促进血红蛋白的氧化还原反应，在微银修饰电极上得到较好的电化学响应。采用阳极化预富集和示差脉冲阴极溶出伏安方法，能够对低浓度的血红蛋白进行检测，微银修饰电极比用直径 2mm 的常规银盘修饰电极直接测定检测限降低了两个数量级。

摘自《分析化学》(湖南大学编)

3.4 电位滴定法

电位滴定法是根据滴定过程中指示电极电位的突跃来确定滴定终点的一种滴定分析方法。电位滴定法与化学分析法中的滴定法相似，都是根据标准滴定溶液的浓度和消耗体积来计算被测物的含量，不同之处是判断滴定终点的方法不同。普通的滴定法是利用指示剂颜色的变化来指示滴定终点，而电位滴定则是利用电池电动势的突跃来指示终点。因此，电位滴定虽然没有用指示剂确定终点那样方便，但可以用在浑浊、有色溶液以及找不到合适指示剂的滴定分析中。另外，电位滴定的一个诱人的特点是可以连续滴定和自动滴定。

3.4.1 基本原理

进行电位滴定时，在待测溶液中插入一支对待测离子或滴定剂有电位响应的指示电极，并与参比电极组成工作电池。随着滴定剂的加入，由于待测离子与滴定剂之间发生化学反应，待测离子浓度不断变化，造成指示电极电位也相应发生变化。在化学计量点附近，待测离子活度发生突变，指示电极的电位也相应发生突变。因此，测量电池电动势的变化，可以确定滴定终点。最后根据滴定剂浓度和终点时滴定剂消耗体积计算试液中待测组分含量。

电位滴定法不同于直接电位法，直接电位法是以所测得的电池电动势（或其变化量）作为定量参数，因此其测量值的准确与否直接影响定量分析结果。电位滴定法测量的是电池电动势的变化情况，它不以某一电动势的变化量作为定量参数，只根据电动势变化情况确定滴定终点，其定量参数是所消耗的滴定剂的体积，因此在直接电位法中影响测定的一些因素如不对称电位、液接电位、电动势测量误差等在电位滴定中可得以抵消。

电位滴定法与化学分析法的区别是终点确定方法不同。化学法中的滴定是利用指示剂颜色变化来指示滴定终点，而电位滴定则是利用电池电动势的突跃来确定终点，因此电位滴定虽然没有用指示剂确定终点方便，但可以用在浑浊、有色溶液以及找不到合适指示剂的滴定分析中。

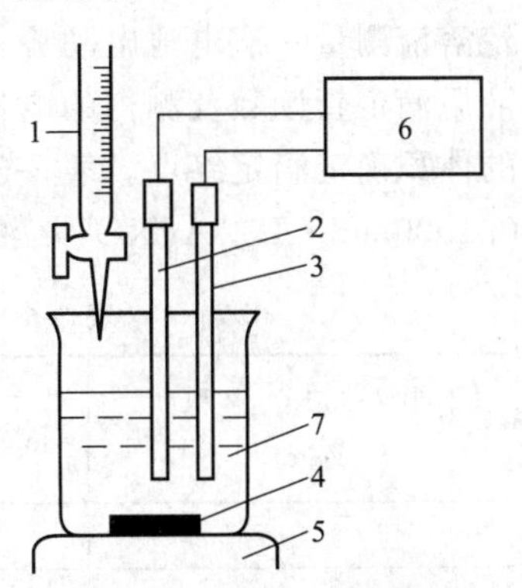

图 3-16　电位滴定的基本装置示意图

1—滴定管；2—指示电极；3—参比电极；4—铁芯搅拌棒；5—电磁搅拌器；6—高阻抗毫伏计；7—试液

3.4.2　电位滴定装置

电位滴定的基本装置如图 3-16 所示。

（1）滴定管　根据被测物质含量的高低，可选用常量滴定管或微量滴定管、半微量滴定管。

（2）电极

① 指示电极　电位滴定法在滴定分析中应用广泛，可用于进行酸碱滴定、沉淀滴定、氧化还原滴定及配位滴定。不同类型滴定需要选用不同的指示电极，表 3-5 列出各类滴定常用的电极和电极预处理方法，以供参考。

表 3-5　各类滴定常用电极

序号	滴定类型	电极系统		预处理
		指示电极	参比电极	
1	酸碱滴定（水溶液中）	玻璃电极 锑电极	饱和甘汞电极 饱和甘汞电极	①玻璃电极：使用前需在水中浸泡 24h 以上，使用后立即清洗并浸于水中保存 ②锑电极：使用前用砂纸将表面擦亮，使用后应冲洗并擦干
2	氧化还原滴定	铂电极	饱和甘汞电极（双盐桥型）	铂电极：使用前应注意电极表面不能有油污物质，必要时可在丙酮或硝酸溶液中浸洗，再用水洗涤干净
3	银量法	银电极	饱和甘汞电极（双盐桥型）	①银电极：使用前应用细砂纸将表面擦亮然后浸入含有少量硝酸钠的稀硝酸(1+1)溶液中，直到有气体放出为止，取出用水洗干净 ②双盐桥型饱和甘汞电极：盐桥套管内装饱和硝酸钠或硝酸钾溶液。其他注意事项与饱和甘汞电极相同
4	EDTA 配位滴定	金属基电极 离子选择性电极 Hg/Hg-EDTA	饱和甘汞电极 饱和甘汞电极 饱和甘汞电极	

② 参比电极　电位滴定通常使用饱和甘汞电极作为参比电极。

（3）高阻抗毫伏计　可用酸度计或离子计代用。

（4）电磁搅拌器。

3.4.3　电位滴定终点的确定方法

3.4.3.1　电位滴定实验方法

进行电位滴定时，先要称取一定量试样并将其制备成试液。然后选择一对合适的电极，经适当的预处理后，浸入待测试液中，并按图 3-16 连接组装好装置。开动电磁搅拌器和毫伏计，先读取滴定前试液的电位值（读数前要关闭搅拌器），然后开始滴定。滴定过程中，每加一次一定量的滴定溶液就应测量一次电动势（或 pH），滴定刚开始时测量间隔可大些（如可每次滴入 5mL 标准滴定溶液测量一次），当标准滴定溶液滴入约为所需滴定体积的 90％的时候，测量间隔要小些。滴定进行至近化学计量点前后时，应每滴加 0.1mL 标准滴定溶液测量一次电池电动势（或 pH）直至电动势变化不大为止。记录每次滴加标准滴定溶液后滴定管读数及测得的电位或 pH。根据所测得的一系列电动势（或 pH）以及滴定消耗的体积确定滴定终点。表 3-6 所列的是以银电极为指示电极，饱和甘汞电极为参比电极，用 0.1000mol・L^{-1} $AgNO_3$ 溶液滴定 NaCl 溶液的实验数据。

表 3-6　以 0.1000mol・L^{-1} $AgNO_3$ 溶液滴定含 Cl^- 溶液

加入 $AgNO_3$ 体积 V/mL	工作电池电动势 E/V	$(\Delta E/\Delta V)$/(V/mL)	$\Delta^2 E/\Delta V^2$
5.0	0.062		
		0.002	
15.0	0.085		
		0.004	
20.0	0.107		
		0.008	
22.0	0.123		
		0.015	
23.0	0.138		
		0.016	
23.50	0.146		
		0.050	
23.80	0.161		
		0.065	
24.00	0.174		
		0.09	
24.10	0.183		
		0.11	
24.20	0.194		2.8
		0.39	
24.30	0.233		4.4
		0.83	
24.40	0.316		−5.9
		0.24	
24.50	0.340		−1.3
		0.11	
24.60	0.351		−0.4
		0.07	
24.70	0.358		
		0.050	
25.00	0.373		
		0.024	
25.50	0.385		
		0.022	
26.00	0.396		

3.4.3.2　滴定终点的确定方法

电位滴定终点的确定方法通常有三种，即 E-V 曲线法，$\Delta E/\Delta V$-$\overline{V}$曲线法和二阶微商法。

（1）E-V 曲线法　以加入滴定剂的体积 V（mL）为横坐标以相应的电动势 E(mV)为纵坐标，绘制 E-V 曲线。E-V 曲线上的拐点（曲线斜率最大处）所对应的滴定体积即为终点时滴定剂所消耗体积（V_{ep}）。拐点的位置可用下面的方法来确定：做两条与横坐标成 45°的 E-V 曲线的平行切线，并在两条切线间作一与两切线等距离的平行线（见图 3-17），该线与 E-V 曲线交点即为拐点。

E-V 曲线法适于滴定曲线对称的情况，而对滴定突跃不十分明显的体系误差大。

（2）$\Delta E/\Delta V$-$\overline{V}$曲线法　此法又称一阶微商法。$\Delta E/\Delta V$ 是 E 的变化值与相应的加入标

准滴定溶液体积的增量的比。如表 3-6 中，在加入 $AgNO_3$ 体积为 24.10mol·mL^{-1} 和 24.20mol·mL^{-1}之间，相应的

$$\frac{\Delta E}{\Delta V}=\frac{0.194-0.183}{24.20-24.10}=0.11$$

其对应的体积 $\overline{V}=\frac{24.20+24.10}{2}=24.15$（mL）

将 $\overline{V}$ 对 $\Delta E/\Delta V$ 作图，可得到一呈峰状曲线（见图 3-18），曲线最高点由实验点连线外推得到，其对应的体积为滴定终点时标准滴定溶液所消耗的体积（即 V_{ep}）。用此法作图确定终点比较准确，但手续较繁杂。

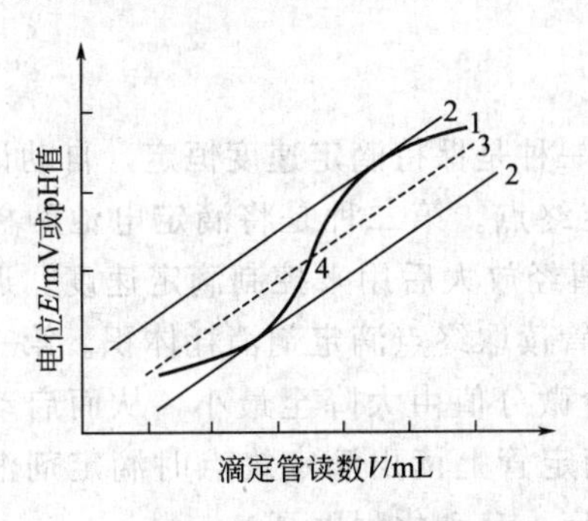

图 3-17 E-V 曲线

1—滴定曲线；2—切线；3—平行等距离线；4—滴定终点

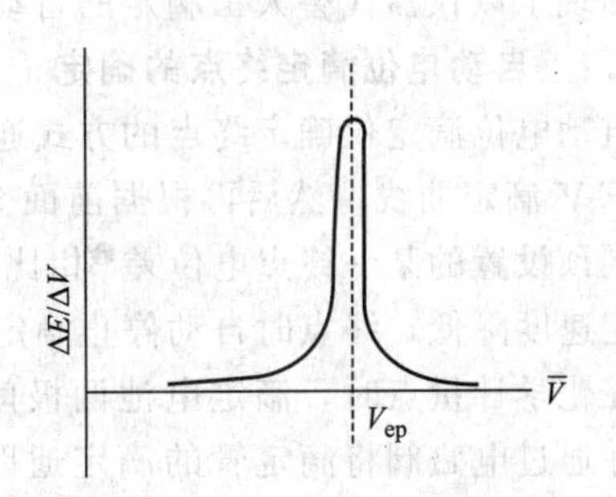

图 3-18 $\Delta E/\Delta V$-$\overline{V}$ 曲线

（3）二阶微商法　此法依据是一阶微商曲线的极大点对应的是终点体积，则二阶微商（$\Delta^2E/\Delta V^2$）等于零处对应的体积也是终点体积。二阶微商法有作图法和计算法两种。

① 计算法　如表 3-6 中，加入 $AgNO_3$ 体积为 24.30mL 时

$$\frac{\Delta^2 E}{\Delta V^2}=\frac{\left(\frac{\Delta E}{\Delta V}\right)_{24.35}-\left(\frac{\Delta E}{\Delta V}\right)_{24.25}}{V_{24.35}-V_{24.25}}$$

$$=\frac{0.830-0.390}{24.35-24.25}=4.4$$

同理，加入 $AgNO_3$ 体积为 24.40mL 时

$$\frac{\Delta^2 E}{\Delta V^2}=\frac{0.24-0.83}{24.45-24.35}=-5.9$$

则终点体积必然在$\frac{\Delta^2 E}{\Delta V^2}$为 +4.4 和 −5.9 所对应的体积之间，即在 24.30mL 至 24.40 之间。具体数字可以用内插法计算，即

滴定体积	24.30	V_{ep}	24.40
$\Delta^2E/\Delta V^2$	+4.4	0	−5.9

$$\frac{24.40-24.30}{-5.9-4.4}=\frac{V_{ep}-24.30}{0-4.4}$$

$$V_{ep}=24.30+\frac{0-4.4}{-5.9-4.4}\times 0.10=24.34\ (\text{mL})$$

② $\Delta^2E/\Delta V^2$-$\overline{V}$ 曲线法　以 $\Delta^2E/\Delta V^2$ 对 $\overline{V}$ 作图，得图 3-19 曲线，曲线最高点与最低点

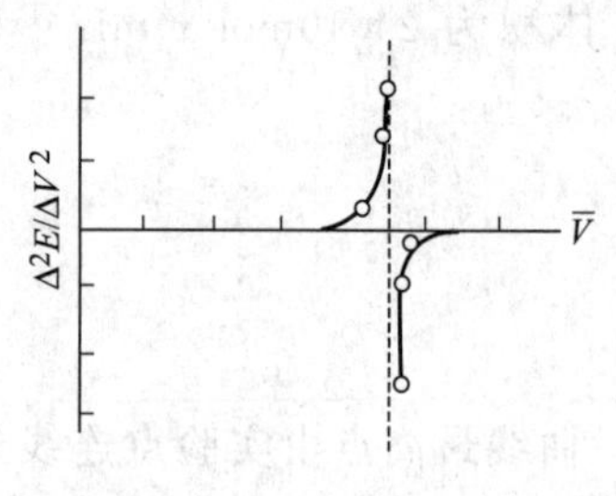

图 3-19 $\Delta^2E/\Delta V^2$-$\overline{V}$ 曲线

连线与横坐标的交点即为滴定终点体积。

GB/T 9725—2007 规定确定滴定终点可以采用二阶微商计算法，也可以用作图法，但实际工作中一般多采用二阶微商计算法求得。

3.4.4 自动电位滴定法

在上述电位滴定过程中，用人工操作进行滴定并随时测量、记录滴定电池的电位，最后通过绘图法或计算法来确定终点，这种方法麻烦且费时。随着电子技术和自动化技术发展，出现了以仪器代替人工滴定的自动电位滴定计。

3.4.4.1 自动电位滴定终点的确定

自动电位滴定仪确定终点的方式通常有三种，第一种是保持滴定速度恒定，自动记录完整的 E-V 滴定曲线，然后再根据前面介绍的方法确定终点。第二种是将滴定电池两极间电位差同预设置的某一终点电位差[1]相比较，两信号差值经放大后用来控制滴定速度。近终点时滴定速度降低，终点时自动停止滴定，最后由滴定管读取终点滴定剂消耗体积。第三种是基于在化学计量点时，滴定电池两极间电位差的二阶微分值由大降至最小，从而启动继电器，并通过电磁阀将滴定管的滴定通路关闭，再从滴定管上读出滴定终点时滴定剂消耗体积。这种仪器不需要预先设定终点电位就可以进行滴定，自动化程度高。

3.4.4.2 自动电位滴定仪介绍

商品自动电位滴定仪有多种型号，如 ZD-2 型自动电位滴定仪，MIA-3-DAB-B 全自动电位滴定仪等，目前使用较普遍是 ZD-2 自动电位滴定仪。

ZD-2 自动电位滴定仪是根据“终点电位补偿”的原理设计的。仪器能自动控制滴定速度，终点时会自动停止滴定，其基本装置见图 3-20。

插在滴定液中的两个电极与控制器相连，控制器与滴定管的电磁阀相连接。进行自动电位滴定前先将仪器的比较电位调到预先用手动方法测出的终点电位上，滴定开始后至未达到终点前时，设定的终点电位与滴定池两极电位差不相等，控制器向电磁阀发出吸通信号，使滴定剂滴入被测溶液中。当接近终点时，两者的电位差值逐渐减小，电磁阀吸通时间逐渐缩短，滴定剂加入速度逐渐缓慢。到达滴定终点时设定的电位值与滴定池两极电位差相等，控制器无电位差信号输出，电磁阀关闭，终止滴定。

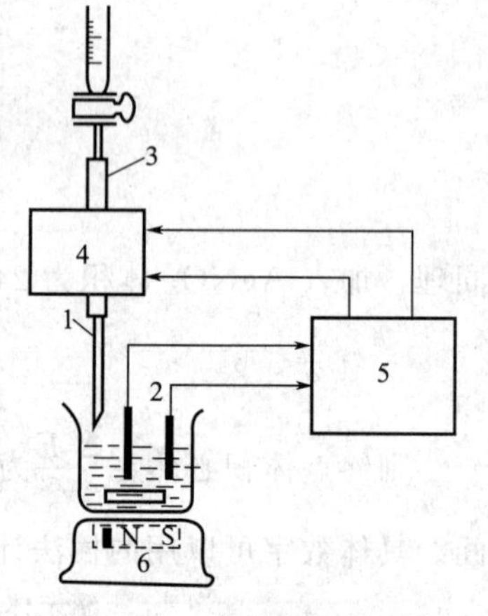

图 3-20 自动电位滴定装置示意图

1—毛细管；2—电极；3—乳胶管；4—电磁阀；5—自动滴定控制器；6—电磁搅拌器

图 3-21 是 ZD-2 自动电位滴定仪的前后面板图，图中各部件调节钮和开关的作用简要介绍如下。

4,6—斜率补偿调节旋钮、定位调节旋钮，pH 标定时使用。

5—温度补偿调节旋钮，pH 标定及测量时使用。

7—“设置”选择开关，此开关置“终点”时，可进行终点 mV 值或 pH 值设定（pH/mV 开关置“pH”，进行 pH 终点

[1] 先用手动方法对待测试液进行预滴定做 E-V 曲线，并以此确定滴定终点的电位。

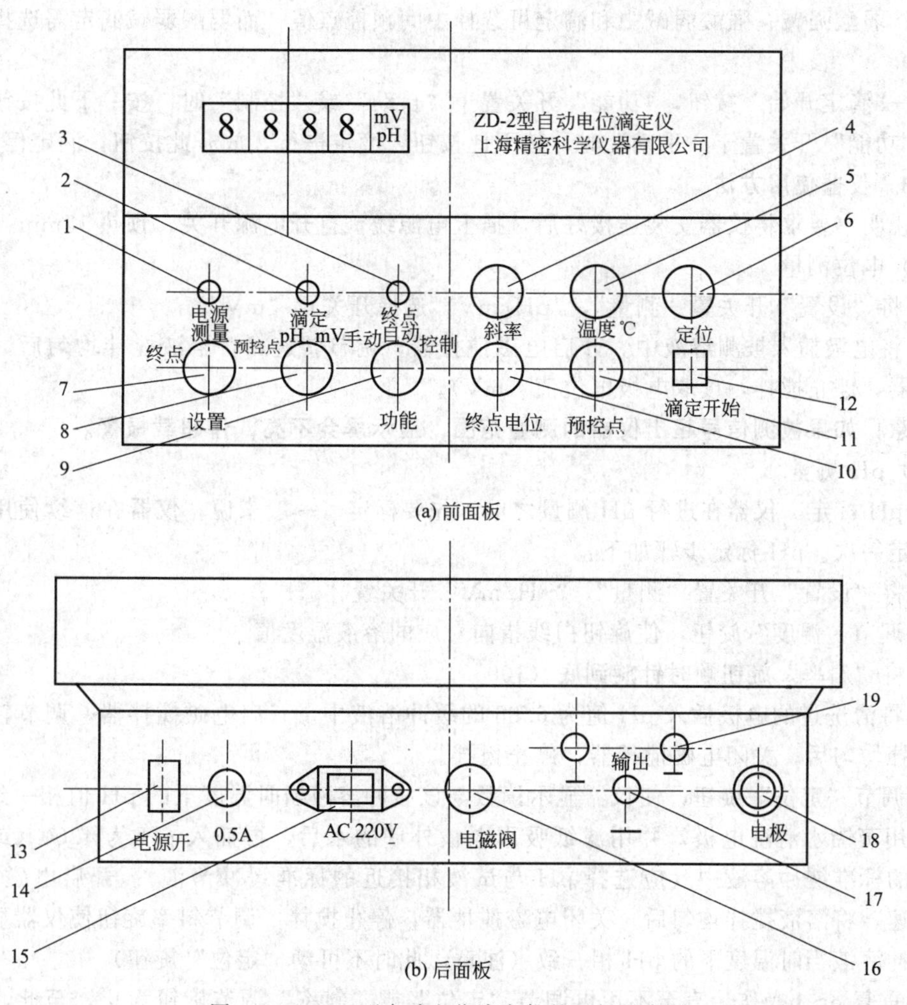

图 3-21　ZD-2 型自动电位滴定仪的面板示意图

1—电源指示灯；2—滴定指示灯；3—终点指示灯；4—斜率补偿调节旋钮；5—温度补偿调节旋钮；6—定位调节旋钮；7—"设置"选择开关；8—"pH/mV"选择开关；9—"功能"选择开关；10—"终点电位"调节旋钮；11—"预控点"调节旋钮；12—"滴定开始"按钮；13—电源开关；14—保险丝座；15—电源插座；16—电磁阀接口；17—接地接线柱；18—电极插口；19—记录仪输出

设定；置"mV"，进行 mV 终点设定）。此开关置"测量"时，进行 mV 或 pH 测量（mV 还是 pH 测量同样取决于 pH/mV 开关的位置）。此开关置于预控点时，可进行 pH 或 mV 的预控点设置。如设置预控点为 100mV，仪器将在离终点 100mV 时自动从快滴转为慢滴。

8—"pH/mV"选择开关，此开关置于"pH"时，可进行 pH 测量或 pH 终点值设置，或 pH 预控点设置。此开关置于"mV"时，可进行 mV 测量，或 mV 终点设置，或 mV 预控点设置。

9—"功能"选择开关，此开关置于"手动"时，可进行手动滴定；置"自动"时，进行预设终点滴定，到终点后，滴定终止，滴定灯亮。若开关置于"控制"时，进行 pH 或由 mV 控制滴定，到达终点 pH 或 mV 值后，仪器仍处于准备滴定状态，滴定灯始终不亮。

10—"终点电位"调节旋钮，用于设置终点电位或 pH 值。

11—"预控点"调节旋钮，用于设置预控点 mV 和 pH 值，其大小取决于化学反应的性质，即滴定突跃的大小。一般氧化还原滴定、强酸强碱中和滴定和沉淀滴定可选择预控点值小一些；弱酸强碱、强酸弱碱中和滴定可选择中间预控点值；而弱酸弱碱滴定需选择大预控点值。

12—“滴定开始”按钮，“功能”开关置于“自动”或“控制”时，按一下此按钮，滴定开始。“功能”开关置于“手动”时，按下此按钮，滴定进行，放开此按钮，滴定停止。

3.4.4.3 仪器使用方法

按说明书要求将仪器安装连接好后，插上电源线，打开电源开关，预热15min。

(1) 电位测量

① 将“设置”开关置“测量”，“pH/mV”选择开关置“mV”。

② 将电极插入被测溶液中。开启电磁搅拌器，调节转速，将溶液搅拌均匀后，关闭电磁搅拌器，停止搅拌，读取电极电位值（mV）。

注意！如果被测信号超出仪器的测量范围，显示屏会不亮，作超载报警。

(2) pH测量

① pH标定　仪器在进行pH测量之前，先要标定。一般来说，仪器在连续使用时，每天要标定一次。pH标定步骤如下：

a. 将“设置”开关置“测量”，“pH/mV”开关置“pH”。

b. 调节“温度”旋钮，使旋钮白线指向对应的溶液温度值。

c. 将“斜率”旋钮顺时针旋到底（100%）。

d. 将清洗过的电极插入pH值为6.86的缓冲溶液中。开启电磁搅拌器，调节转速，将溶液搅拌均匀后，关闭电磁搅拌器，停止搅拌。

e. 调节“定位”旋钮，使仪器显示读数与该缓冲溶液当时温度下的pH值相一致。

f. 用蒸馏水清洗电极，并用滤纸吸干电极外壁的水后，再插入pH为4.00（或pH为9.18）的标准缓冲溶液中（应选择pH与试液相接近的标准缓冲溶液）。开启电磁搅拌器，调节转速，将溶液搅拌均匀后，关闭电磁搅拌器，停止搅拌。调节斜率旋钮使仪器显示读数与该缓冲溶液当时温度下的pH相一致（注意，此时不可动“定位”旋钮）。

g. 重复e～f操作，直至不用再调节“定位”或“斜率”调节旋钮为止，至此，仪器完成标定。标定结束后，“定位”和“斜率”旋钮不应再动，直至下一次标定。

② 试液pH测量　经标定过的仪器即可用来测量pH，其步骤如下：

a. 将“设置”开关置“测量”，“pH/mV”开关置“pH”。

b. 用蒸馏水清洗电极头部，再用被测溶液清洗一次。

c. 用温度计测出被测溶液的温度值。

d. 调节“温度”旋钮，使旋钮白线指向对应的溶液温度值。

e. 将电极插入被测溶液中，搅拌溶液使溶液均匀后，读取该溶液的pH。

(3) 电位滴定分析操作

① 电位滴定前的准备工作

a. 安装好滴定装置。

b. 在滴定管内倒入标准滴定溶液（在这之前，滴定管应先用所装的标准滴定溶液荡洗3～4次），用滴定管内的标准滴定溶液将电磁阀橡皮管冲洗3～4次，再向滴定管内倒入标准滴定溶液，并将滴定管液面调至0.00刻度（**注意！电磁阀橡皮管内不能有气泡**）。

c. 取一定量的试液于试杯中，在试杯中放入清洗过的搅拌子，再将试杯放在电动搅拌器上。

d. 选择并处理、清洗电极，再将电极夹在电极夹上，并将电极头浸入试液中。

② 终点设定　将“设置”开关置“终点”，“pH/mV”开关置“mV”，“功能”开关置“自动”，调节“终点电位”旋钮，使显示屏显示所要设定的终点电位值。终点电位选定后，“终点电位”旋钮不可再动。

③ 预控点设定　预控点的作用是当离开终点较远时，滴定速度很快；当到达预控点后，滴定速度很慢。设定预控点就是设定预控点到终点的距离。设置方法：将“设置”开关置“预控点”，调节“预控点”旋钮，使显示屏显示所要设定的预控点数值。例如，设定预控点为 100mV，仪器将在离终点 100mV 处转为慢滴。

注意！预控点选定后，“预控点”调节旋钮不可再动。

④ 将“设置”开关置“测量”，打开搅拌器电源，调节转速使搅拌从慢逐渐加快至适当转速。

⑤ 按下“滴定开始”按钮，仪器即开始滴定，滴定指示灯闪亮，滴定管中的标准溶液快速滴下，在接近终点时，滴定速度减慢。到达终点后，滴定指示灯不再闪亮，过 10s 左右，终点指示灯亮，滴定结束。

注意！到达终点后，不可再按“滴定开始”按钮，否则仪器将认为另一极性相反的滴定开始，而继续进行滴定。

⑥ 记录滴定管内标准溶液的消耗读数。

(4) 手动滴定

① 将“功能”开关置“手动”，“设置”开关置“测量”。

② 按下“滴定开始”开关，滴定灯亮，此时标液滴下，控制按下此开关的时间，即控制标液滴下的数量，放开此开关，则停止滴定。

(5) 操作注意事项

① 测量时，电极引入导线应保持静止，否则会引起测量不稳定。

② 到达终点后，不可再按“滴定开始”按钮，否则仪器又将开始滴定。

3.4.4.4　仪器的维护和常见故障的排除

(1) 仪器的维护

① 仪器的输入端（电极插座）必须保持干燥、清洁。仪器不用时，应将短路插头插入插座，防止灰尘及水汽侵入。

② 滴定时不能使用与橡皮管起作用的高锰酸钾等溶液，以免损坏橡皮管。

③ 与电磁阀弹簧片接触的橡皮管久用易变形，导致弹性变差，这时可放开电磁阀上的压紧螺钉，变动橡皮管上下位置，或者更换新管。橡皮管更换前最好在略带碱性的溶液中蒸煮数小时。

(2) 常见故障的排除　ZD-2 型自动电位滴定仪故障分析和排除方法见表 3-7。

表 3-7　ZD-2 型自动电位滴定仪故障分析和排除方法

故障现象	故障原因	排除方法
1. 滴定开始后，滴定灯闪亮，但无标液滴下	(1)电磁阀插头连接错误 (2)电磁阀插头连接无误，但压紧螺丝未调好 (3)电磁阀橡皮管老化，无弹性	(1)重新连接 (2)调节电磁阀支头螺钉，直至电磁阀关闭时无漏液，而打开时，滴液可滴下 (3)更换新橡皮管
2. 电磁阀关闭时，仍有滴液滴下	(1)压紧螺丝未调好 (2)电磁阀橡皮管老化，无弹性，或橡皮管安装位置不合适	(1)重新调节支头螺钉 (2)变动橡皮管上下位置或取下橡皮管，更换新橡皮管
3. 若电磁阀无漏滴，但有过量滴定现象	滴定控制器存在故障	送生产厂家维修

3.4.5 永停终点法

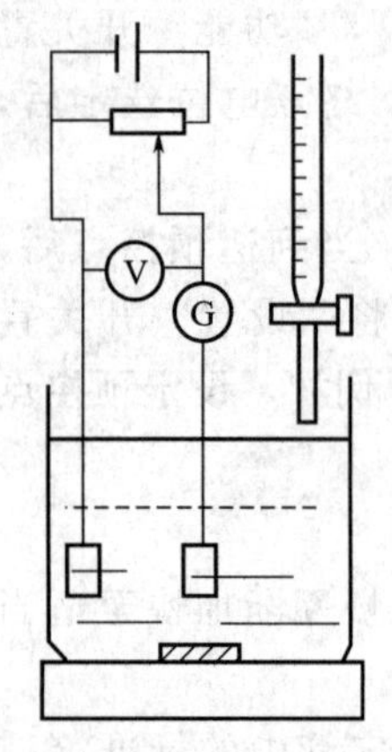

图 3-22 永停终点法仪器示意图

永停终点法也称死停终点法，它是电位滴定法的一个特例，原理也有所不同。将 2 支相同的铂电极插入被测溶液中（见图 3-22），在 2 个电极间外加一个小量电压（10～100mV），观察滴定过程中电解电流的变化以确定终点，这种方法叫做永停终点法。

3.4.5.1 基本原理及终点的确定

当溶液中存在氧化还原电对时，插入一支铂电极，它的电极电位服从能斯特方程，但在该溶液中插入 2 支相同的铂电极时，由于电极电位相同，电池的电动势等于零。这时若在 2 个电极间外加一个很小的电压，接正端的铂电极发生氧化反应，接负端的铂电极发生还原反应，此时溶液中有电流通过。这种外加很小电压引起电解反应的电对称为可逆电对。如 I_2/I^- 电对就是可逆电对，电解反应为 $I_2 + 2e^- \rightleftharpoons 2I^-$。反之，有些电对在此小电压下不能发生电解反应，称为不可逆电对，如 $S_4O_6^{2-}/S_2O_3^{2-}$ 电对。永停滴定法就是利用滴定过程中，溶液可逆电对的形成，两极回路中电流突变来指示终点的。

例如用 $S_2O_3^{2-}$ 滴定 I_2，在滴定开始到化学计量点前，溶液中存在 I_2/I^- 可逆电对，此时有电流流过溶液；滴定到终点时，溶液中的 I_2 均被还原为 I^-；过量半滴 $S_2O_3^{2-}$ 时，溶液中存在 $S_4O_6^{2-}/S_2O_3^{2-}$ 不可逆电对，所以电流立即变为零，即电流计指针偏回零，此即滴定终点。终点后再滴加 $S_2O_3^{2-}$ 溶液，电流永远为零，电流计指针永远停在零点，所以称它为“永停”或“死停”终点法。反之，若以 I_2 滴定 $S_2O_3^{2-}$，在理论终点前，溶液中存在 $S_4O_6^{2-}/S_2O_3^{2-}$ 不可逆电对，溶液中无电流流过，电流计指针指零，过了终点，多余的半滴 I_2 与溶液中的 I^- 构成 I_2/I^- 可逆电对，产生电解反应，电流计指针立即产生较大的偏转，表示终点已经达到。永停终点法可用于碘量法、铈量法、卡尔·费休法和重氮化法等滴定分析的终点指示。

3.4.5.2 永停滴定仪介绍

实验室用永停滴定仪种类很多，如 WA-Ⅰ型高灵敏微量水分测定仪和 WA-Ⅱ型高灵敏微量水分测定仪、ZDJ-3Y 全自动永停滴定仪等。下面以 WA-Ⅱ型高灵敏微量水分测定仪（见图 3-23）为例对永停滴定仪做个简单介绍。图 3-23 为 WA-Ⅱ型高灵敏微量水分测定仪的正视图及全套玻璃仪器。

3.4.5.3 WA-Ⅱ型永停滴定仪的使用

（1）准备工作

① 按说明书要求将仪器各部件连接好（见图 3-23），并调试确保能正常使用。

② 在所有干燥器中均装入变色硅胶，用真空脂处理好各玻璃活塞、玻璃标准口塞，然后在干燥的双口瓶中倒入费休试剂。

③ 旋转滴定管玻璃三通阀至上液位置，按仪器面板上压液按钮，待液面上上升漫过零点口时即转动三通阀，然后松开压液按钮。

④ 向滴定池中加入 20mL 无水甲醇，放入搅拌子。

⑤ 打开电磁搅拌开关，由慢到快逐渐调整到所需的转速。

⑥ 打开测量系统开关，拉出终点定值电位器，并调整数字屏读数至 100。

（2）卡尔·费休试剂的标定　在适宜的电磁搅拌速度下，在 20mL 无水甲醇中滴加费休

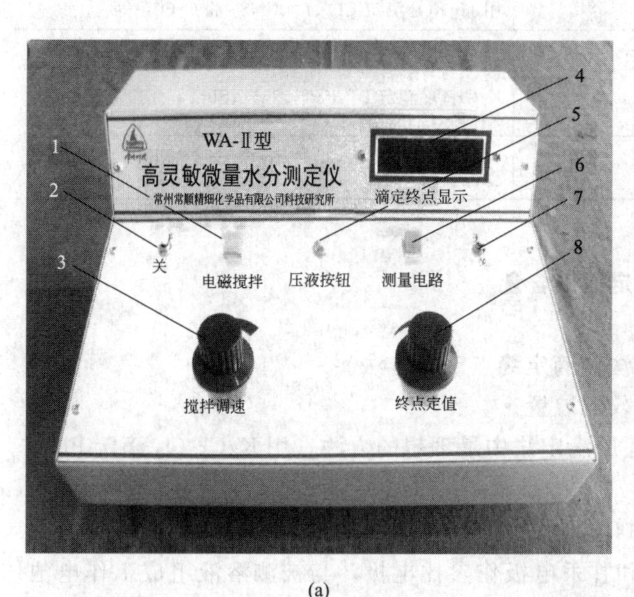

(a)

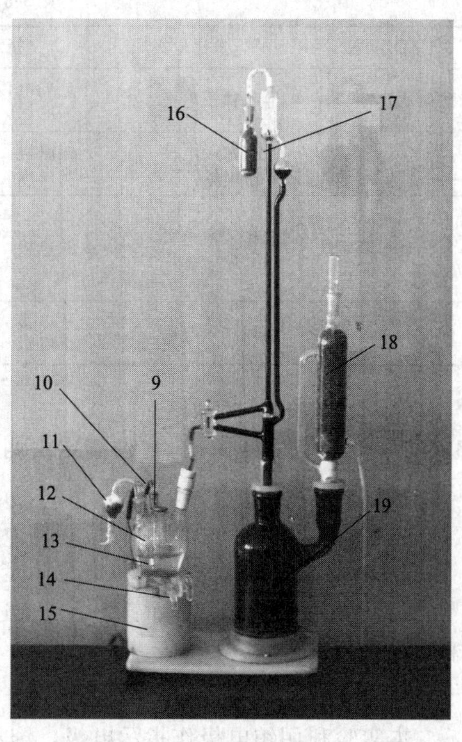

(b)

图 3-23　WA-Ⅱ型高灵敏微量水分测定仪正视图（a）和全套玻璃仪器（b）

1—搅拌电源指示灯；2—搅拌机开关；3—搅拌转速调节旋钮，调节搅拌速度；4—滴定终点数字显示屏；5—压液按钮，自动为滴定管加液；6—测量电路电源指示灯；7—测量电路开关；8—滴定终点“100”给定旋钮，用于调节仪器的最大指示值；9—液、固试样进样口；10—电极；11—单球干燥管；12—滴定池；13—搅拌子；14—溶液出口；15—搅拌器；16—干燥管；17—微量滴定管；18—干燥塔；19—双口瓶

试剂，当数字显示屏上读数为最大值并能保持 30s 不降时，无水甲醇中的微量水恰好反应完全，即达到滴定终点。

用微量注射器抽取适量纯水（纯水的具体用量要根据费休试剂的浓度而定，一般控制在费休试剂消耗在 3mL 左右为宜），并快速将纯水注入反应容器中，记下加水的质量，用费休试剂再次滴定至终点，记录所消耗的试剂体积。平行标定三次。求费休试剂对应于水的滴定度。

（3）样品中微量水含量测定　称取适量样品，从进样口加入滴定容器中，盖上进样口瓶塞，搅拌使其溶解，用费休试剂滴定至读数最大并保持 30s 不下降即为终点。平行测定三次。

随着电子技术和计算机的不断发展，永停滴定仪向小型化、自动化方向发展，目前已出现了多种全自动永停滴定仪，具有中文显示、中文输入、中文输出；可以打印标定结果，可以存储测试结果，可以对同一批多组数据进行统计，使测定过程更加简单准确。

3.4.6　电位滴定法应用

电位滴定法在滴定分析中应用非常广泛，除能用于各类滴定分析外，还能用以测定一些化学常数，如酸（碱）的离解常数、电对的条件电位等。表 3-8 列出电位滴定法在各类滴定分析中部分应用。

表 3-8 电位滴定法的应用

滴定方法	参比电极	指示电极	应用举例
酸碱滴定	饱和甘汞电极	玻璃电极 锑电极	在 HAc 介质中,用 $HClO_4$ 溶液滴定吡啶;在乙醇介质中用 HCl 滴定三乙醇胺
沉淀滴定	饱和甘汞电极 玻璃电极	银电极 汞电极	用 $AgNO_3$ 滴定 Cl^-、Br^-、I^-、CNS^-、S^{2-}、CN^- 等;用 $HgNO_3$ 滴定 Cl^-、I^-、CNS^- 和 $C_2O_4^{2-}$ 等
氧化还原滴定法	饱和甘汞电极 钨电极	铂电极	$KMnO_4$ 滴定 I^-、NO_2^-、Fe^{2+}、V^{4+}、Sn^{2+}、$C_2O_4^{2-}$ 等; $K_2Cr_2O_7$ 滴定 I^-、Fe^{2+}、Sn^{2+}、Sb^{3+}; $K_3[Fe(CN)_6]$滴定 Co^{2+}
配位滴定	饱和甘汞电极	汞电极 铂电极	用 EDTA 滴定 Cu^{2+}、Zn^{2+}、Ca^{2+}、Mg^{2+} 和 Al^{3+} 等多种金属离子

3.4.7 技能训练

3.4.7.1 训练项目 3.4 电位滴定法测定亚铁含量

(1) 训练目的

① 掌握氧化还原电位滴定法操作方法和滴定终点确定方法。

② 学会选择电极对，组装电位滴定仪器装置。

(2) 方法原理 电位滴定法是氧化还原滴定法中最理想的方法。用 $K_2Cr_2O_7$ 滴定 Fe^{2+}，滴定反应如下：

$$Cr_2O_7^{2-} + 6Fe^{2+} + 14H^+ \longrightarrow 2Cr^{3+} + 6Fe^{3+} + 7H_2O$$

本实验利用铂电极作指示电极，饱和甘汞电极作参比电极，与被测溶液组成工作电池。在滴定过程中，由于滴定剂（$Cr_2O_7^{2-}$）加入，待测离子氧化态（Fe^{3+}）与还原态（Fe^{2+}）的活度比值发生变化，因此铂电极的电位也发生变化，在化学计量点附近产生电位突跃，可用作图法或二阶微商法确定滴定终点。

(3) 仪器与试剂

① 仪器 离子计（或精密酸度计）；铂电极；双液接甘汞电极；电磁搅拌器；滴定管；移液管。

② 试剂

a. $c\left(\frac{1}{6}K_2Cr_2O_7\right)=0.1000mol \cdot L^{-1}$重铬酸钾标准溶液 准确称取在 120℃ 干燥过的基准试剂重铬酸钾 4.9033g，溶于水中后，定量移入 1000mL 容量瓶中，稀释至刻线。

b. H_2SO_4-H_3PO_4混合酸（1+1）。

c. 邻苯氨基苯甲酸指示液 $2g \cdot L^{-1}$。

d. $w(HNO_3)=10\%$硝酸溶液。

e. 硫酸亚铁铵试液。

(4) 训练内容与操作步骤

① 准备工作

a. 铂电极预处理 将铂电极浸入热的 $w=10\%$硝酸溶液中数分钟，取出用水冲洗干净，再用蒸馏水冲洗，置电极夹上。

b. 饱和甘汞电极的准备 检查饱和甘汞电极内液位、晶体、气泡及微孔砂芯渗漏情况并作适当处理后，用蒸馏水清洗外壁，并吸干外壁上水珠，套上充满饱和氯化钾溶液的盐桥套管，用橡皮圈扣紧，置电极夹上。

c. 在洗净的滴定管中加入重铬酸钾标准滴定溶液，并将液面调至 0.00 刻线上。

d. 开启仪器电源开关，预热20min。

② 试液中Fe^{2+}含量的测定　移取20.00mL试液于250mL的高型烧杯中，加入硫酸和磷酸混合酸10mL，稀释至50mL左右。加一滴邻苯氨基苯甲酸指示液，放入洗净的搅拌子，将烧杯放在搅拌器盘上，插入两电极，电极对正确连接于测量仪器上。

开启搅拌器，将选择开关置"mV"位置上，记录溶液的起始电位，然后滴加$K_2Cr_2O_7$溶液，待电位稳定后读取电位值及滴定剂加入体积。在滴定开始时，每加5mL标准滴定溶液记一次数，然后依次减少体积加入量为1.0mL、0.5mL后记录。在化学计量点附近（电位突跃前后1mL左右）每加0.1mL记一次，过化学计量点后再每加0.5mL或1mL记录一次，直至电位不再变大为止。观察并记录溶液颜色变化和对应的电位值及滴定体积。平行测定三次。

③ 结束工作

a. 关闭仪器和搅拌电源开关。

b. 清洗滴定管、电极、烧杯并放回原处。

c. 清理工作台，罩上仪器防尘罩，填写仪器使用记录。

(5) 注意事项

① 滴定速度不宜过快，尤其是接近化学计量点处，否则体积不准。

② 滴入滴定剂后，继续搅拌至仪器显示的电位值基本稳定，然后停止搅拌，放置至电位值稳定后，再读数。

(6) 数据处理

① 计算试液中Fe^{2+}的质量浓度（$g \cdot L^{-1}$），求出三次平行测定的平均值和相对平均偏差。

② 报告测定结果平均值和相对平均偏差。

(7) 思考题

① 为什么氧化还原滴定可以用铂电极作指示电极？滴定前为什么也能测得一定的电位？

② 本实验采用的两种滴定终点指示方法，哪一种指示灵敏准确且不受试液底色的影响？

3.4.7.2　训练项目3.5　电位滴定法标定硝酸银溶液浓度

(1) 训练目的

① 熟练掌握电位滴定仪的使用操作。

② 学会使用电位滴定法标定硝酸银溶液浓度的方法。

(2) 方法原理　根据GB 601—2002，标定$AgNO_3$溶液应以氯化钠为基准物，用216型银电极作指示电极，217型双盐桥饱和甘汞电极作参比电极进行滴定。标定反应如下：

$$Ag^{+} + Cl^{-} \longrightarrow AgCl\downarrow$$

滴定过程中Cl^-浓度逐渐减小，Ag^+浓度逐渐增大，即pAg值逐渐减小，在化学计量点附近发生pAg突跃，引起银电极电位和电池电动势突跃而指示出滴定终点。

(3) 仪器与试剂

① 仪器　自动电位滴定仪一台（也可使用酸度计或离子计）；217型双盐桥饱和甘汞电极和216型银电极各一支；

② 试剂

a. $c(AgNO_3)=0.1mol \cdot L^{-1}$的硝酸银溶液　称取17.5g硝酸银，溶于1000mL水中，摇匀。溶液保存于棕色瓶中。

b. 氯化钠（基准试剂）。

c. $\rho_{淀粉}=10g \cdot L^{-1}$的淀粉溶液。

d. 饱和硝酸钾溶液。

(4) 训练内容与操作步骤

① 准备工作

a. 准备银电极。用细砂纸将银电极表面擦亮后，用蒸馏水冲洗干净置电极夹上。

b. 准备饱和甘汞电极。检查电极内液位、晶体和气泡及微孔砂芯渗漏的情况，并作适当处理后，用蒸馏水清洗干净，吸干外壁水分，套上装满饱和 KNO_3 溶液的盐桥套管，并用橡皮圈扣紧，置电极夹上。

c. 按仪器说明书连接好仪器，开启仪器电源，预热 20min。

d. 在洗净的滴定管内装入待标定 $0.1mol \cdot L^{-1}$ $AgNO_3$ 溶液，清洗电磁阀橡皮管并将液位调至 0.00 刻线上 **(注意！电磁阀橡皮管内不能有气泡)**。

② 于 150mL 烧杯中称取 0.2g（称准至 0.0001g）已在 500～600℃灼烧至恒重的基准氯化钠，加 70mL 水溶解，加入 10mL 淀粉溶液。在试杯中放入清洗过的搅拌子，再将试杯放在电动搅拌器上，插入电极。

③ 开启电磁搅拌器，调节转速。

④ 设定终点电位和预控点。将“设置”开关置“终点”，“pH/mV”开关置“mV”，“功能”开关置“自动”，调节“终点电位”旋钮进行终点设定；将“设置”开关置“预控点”，调节“预控点”旋钮进行预控点设定（不同型号的仪器终点电位和预控点设定方法可能有所不同，应按仪器说明书进行）。

注意！终点电位和预控点选定后，“终点电位”旋钮和“预控点”调节旋钮不可再动。

⑤ 将“设置”开关置“测量”，按下“滴定开始”按钮，滴定开始，至滴定指示灯不再闪亮，过 10s 左右，终点指示灯亮，滴定结束。

注意！到达终点后，不可再按“滴定开始”按钮，否则仪器将认为另一极性相反的滴定开始，而继续进行滴定。

⑥ 读取 $AgNO_3$ 溶液消耗体积 V 并记录。

⑦ 平行标定四次。

⑧ 结束工作

a. 关闭电磁搅拌器，关闭滴定计电源开关。

b. 清洗电极、烧杯、滴定管等器件，并放回原处，妥善保管。

c. 清理工作台，填写仪器使用记录。

(5) 注意事项

① 测量前正确处理好电极。

② 每测完一份试液，电极均要清洗干净。银电极上黏附沉淀物用擦镜纸擦掉后再清洗。

(6) 数据处理

① 由 $AgNO_3$ 溶液消耗体积 V 和相应的氯化钠基准试剂的质量计算硝酸银标准滴定溶液的浓度。

② 计算硝酸银标准滴定溶液的平均浓度与极差/平均值。

(7) 思考题

① 为什么 $AgNO_3$ 滴定氯离子需要用双盐桥饱和甘汞电极作参比电极？如果用 KCl 盐桥的饱和甘汞电极对测定结果有何影响？

② 如果用铬酸钾为指示剂指示滴定终点，结果是否会与电位滴定法相同？你认为这两

种方法哪一种更准确，更方便？

③ 你所用仪器的型号是什么？请写出你所用仪器的操作规程。

*3.4.7.3 训练项目3.6 自动电位滴定法测定I^-和Cl^-的含量

(1) 训练目的

① 了解用自动电位滴定法测定I^-和Cl^-含量的原理和方法。

② 会熟练使用自动电位滴定仪。

(2) 方法原理 用$AgNO_3$溶液可以一次取样连续滴定Cl^-、Br^-和I^-的含量。滴定时，由于AgI的溶度积（$K_{sp,AgI}=1.5\times10^{-16}$）小于AgBr的溶度积（$K_{sp,AgBr}=7.7\times10^{-13}$），所以AgI首先沉淀。随$AgNO_3$溶液滴入，溶液中［$I^-$］不断降低，而［$Ag^+$］逐渐增大，当溶液中［$Ag^+$］达到使$[Ag^+][Br^-]\geqslant K_{sp,AgBr}$时，AgBr开始沉淀。如果溶液中［$Br^-$］不是很大，则AgI几乎沉淀完全时，AgBr才会开始沉淀。同理，AgCl的溶度积$K_{sp;AgCl}=1.56\times10^{-10}$，当溶液中［$Cl^-$］不是很大时，AgBr几乎沉淀完全后AgCl才开始沉淀。这样就可以在一次取样中连续分别测定I^-、Br^-、Cl^-的含量。若I^-、Br^-、Cl^-的浓度均为$1mol\cdot L^{-1}$，理论上各离子的测定误差小于0.5%。滴定曲线如图3-24所示。然而在实际滴定中发现，当进行Br^-与Cl^-混合物滴定时，AgBr沉淀往往引起AgCl共沉淀，所以Br^-的测定值偏高，而Cl^-的测定值偏低，准确度差，只能达到1%～2%。不过Cl^-与I^-混合物滴定可以获得准确结果。

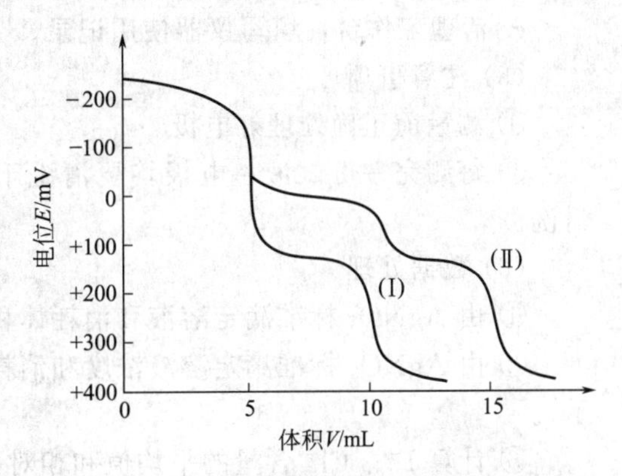

图3-24 Ag^+滴定卤素混合离子滴定曲线

（Ⅰ）Ag^+滴定Cl^-、I^-；

（Ⅱ）Ag^+滴定Cl^-、Br^-、I^-

本实验用$AgNO_3$滴定Cl^-和I^-的混合液，指示电极用银电极（也可用银离子选择性电极），其电极电位与［Ag^+］的关系符合能斯特方程。参比电极用217型双液接饱和甘汞电极，盐桥管内充饱和KNO_3溶液。

(3) 仪器与试剂

① 仪器 DZ-2型自动电位滴定仪（或其他型号）；银电极；217型双液接饱和甘汞电极；滴定管、移液管。

② 试剂

a. $0.1000mol\cdot L^{-1}AgNO_3$标准滴定溶液。

b. 含Cl^-，I^-的未知液。

(4) 实验内容与操作步骤

① 准备工作

a. 准备银电极。用细砂纸将银电极表面擦亮后，用蒸馏水冲洗干净置电极夹上。

b. 准备饱和甘汞电极。检查电极内液位、晶体和气泡及微孔砂芯渗漏的情况，并作适当处理后，用蒸馏水清洗干净，吸干外壁水分，套上装满饱和KNO_3溶液的盐桥套管，并用橡皮圈扣紧，置电极夹上。

c. 按仪器说明书连接好仪器，开启仪器电源，预热20min。

d. 在洗净的滴定管内装入待标定$0.1mol\cdot L^{-1}AgNO_3$溶液，清洗电磁阀橡皮管并将液位调至0.00刻线上（**注意！电磁阀橡皮管内不能有气泡**）。

② 于100mL烧杯中移取25.00mL含Cl^-，I^-的试液，加入10mL蒸馏水。在试杯中放

入清洗过的搅拌子，再将试杯放在电动搅拌器上，插入电极。

③ 开启电磁搅拌器，调节转速。

④ 设定终点电位和预控点。将“设置”开关置“终点”，“pH/mV”开关置“mV”，“功能”开关置“自动”，调节“终点电位”旋钮将终点电位一设在第一终点电位 E_1 处；将“设置”开关置“预控点”，调节“预控点”旋钮进行第一预控点设定。

⑤ 将“设置”开关置“测量”，按下“滴定开始”按钮，滴定开始，至滴定结束。读取 $AgNO_3$ 溶液消耗体积 V_1 并记录。

⑥ 将终点电位设定在第二个终点电位 E_2 处，设定预控点，继续滴定至第二个终点，读取 $AgNO_3$ 消耗的体积 V_2 并记录。

⑦ 平行测定三次。

⑧ 结束工作

a. 关闭电磁搅拌器，关闭滴定计电源开关。

b. 清洗电极、烧杯、滴定管等器件，并放回原处，妥善保管。

c. 清理工作台，填写仪器使用记录。

(5) 注意事项

① 测量前正确处理好电极。

② 每测完一份试液，电极均要清洗干净。银电极上黏附的沉淀物用擦镜纸擦掉后再清洗。

(6) 数据处理

① 由 $AgNO_3$ 标准滴定溶液和消耗体积 V_1 计算试液中 I^- 的含量（以 $mg \cdot L^{-1}$表示）。

② 由 $AgNO_3$ 标准滴定溶液浓度和消耗体积 V_2 计算试液中 Cl^- 的含量（以 $mg \cdot L^{-1}$ 表示）。

③ 计算 I^-、Cl^- 含量的平均值和相对平均偏差。

(7) 思考题

① 为什么可以用 $AgNO_3$ 溶液一次取样连续滴定 Cl^-、Br^- 和 I^- 的含量？

② 通过本实验你能体会到自动电位滴定法的哪些优点？

3.4.7.4 训练项目 3.7 卡尔·费休法测定升华水杨酸中的含水量

(1) 训练目的

① 学会永停滴定法测定微量水的方法。

② 掌握水分测定仪的组装和使用方法。

(2) 方法原理 卡尔·费休法所用的标准滴定溶液是由碘、二氧化硫、吡啶和甲醇按一定比例组成，称为卡尔·费休试剂，其准确浓度一般用纯水标定。标定后的费休试剂才可用于测定样品中的水分含量。卡尔·费休试剂与水的反应式如下：

$$I_2 + SO_2 + 2H_2O \Longrightarrow H_2SO_4 + 2HI$$

本实验将两个铂电极插入滴定溶液中，在两电极间加一小电压 10～15mV。根据半电池反应：

$$I_2 + 2e^- \Longrightarrow 2I^-$$

在滴定过程中，费休试剂与试样中的水分发生反应，溶液中只有 I^- 而无 I_2 存在，则溶液中无电流通过。当费休试剂稍过量时，溶液中同时存在 I^- 和 I_2，电极上发生电解反应，有电流通过两电极，电流计指针突然偏转至一最大值并稳定 1min 以上，此时即为终点。此法确定终点较灵敏、准确。

（3）仪器与试剂

① 仪器　WA-Ⅱ高灵敏度微量水分测定仪（或其他型号永停仪）；铂电极；电子天平；微量注射器。

② 试剂　卡尔·费休试剂；变色硅胶；无水甲醇；升华水杨酸样品。

（4）方法内容与操作步骤

① 准备工作

a. 按说明书要求将仪器各部件连接好，并调试，确保能正常使用。

b. 在所有干燥器中均装入变色硅胶，用真空脂处理好各玻璃活塞、玻璃标准口塞，然后在双口瓶中倒入费休试剂。

c. 向滴定容器中加入20mL无水甲醇，放入搅拌子。

d. 打开电磁搅拌开关，由慢到快逐渐调整到所需转速。

e. 打开测量系统开关，拉出终点定值电位器，并调整数字屏读数至100。

② 费休试剂的标定　在20mL无水甲醇中滴加费休试剂，在临近终点时，可逐滴加入，当数字显示屏上读数为最大值并能保持30s不降时，无水甲醇中的微量水恰好反应完全，即达到滴定终点（不必计数）。

用微量注射器抽取3～5μL纯水（纯水的具体用量要根据费休试剂的浓度而定，一般控制在消耗费休试剂在3mL左右为宜），并快速将纯水注入反应容器中，记下加入水的体积，用费休试剂再次滴定至终点，记录所消耗的试剂体积V。

平行标定三次。求费休试剂对应于水的滴定度。计算公式如下：

$$T=\frac{m}{V}\times 1000$$

式中，T为每毫升费休试剂相当于水的毫克数，$mg\cdot mL^{-1}$；m为加入纯水的质量，g；V为消耗的费休试剂体积，mL。

注意！必须准确称量加入甲醇中的纯水质量。水质量的确定方法：在用微量注射器抽取3～5μL纯水后，在电子天平上迅速称量后，将纯水快速注入反应容器中后，再次称量微量注射器质量，两次质量之差即为加入甲醇中的纯水质量。

③ 升华水杨酸含水量分析（固体试样）调整滴定容器液位，在适当的搅拌速度下，滴入费休试剂，使显示屏读数升到最大值，并保持30s不下降（不计数）。用电子天平以减量法称取升华水杨酸样品0.5g（称准至0.0001g），从进样口加入滴定容器中，盖上进样口瓶塞，搅拌使其溶解，用费休试剂滴定至读数最大并保持30s不下降即为终点，记录所消耗的试剂体积。平行测定三次。按下式计算水杨酸中水分含量（%）：

$$\text{升华水杨酸水分}(\%)=\frac{V\times T\times 100}{m\times 1000}$$

式中，V为滴定消耗费休试剂的体积，mL；T为费休试剂的滴定度，$mg\cdot mL^{-1}$；m为升华水杨酸样品的质量，g。

④ 结束工作

a. 关闭仪器和搅拌电源开关。

b. 清洗滴定管、电极、微量注射器，晾干后放回原处。

c. 清理工作台，罩上仪器防尘罩，填写仪器使用记录。

（5）注意事项

① 滴定速度不宜过快，尤其是接近化学计量点处，否则体积不准。

② 样品瓶、注射器每次使用后都必须洗涤烘干。

③ 滴定过程中，读数会不断上升，但必须是显示屏读数显示最大值并保持 30s 不变才能认为达到终点。

④ 标定和测量过程中纯水与样品加入的速度要快，避免吸收空气中的水分。

(6) 数据处理

① 计算费休试剂的滴定度（$mg \cdot mL^{-1}$），求出三次平行测定的平均值和标准偏差。

② 计算升华水杨酸水分（%），报告样品的结果及偏差。

(7) 思考题

① 标定卡尔·费休试剂除用纯水外，还可以用其他什么试剂？如有，如何进行测定？

② 本实验当溶液呈现什么样的颜色时，表示滴定将接近终点，需要缓慢滴加费休试剂？

思考与练习 3.4

(1) 在电位滴定中，以 E-V 作图绘制滴定曲线，滴定终点为（　　）。

A. 曲线的最大斜率点　　B. 曲线的最小斜率点

C. E 为最正值的点　　D. E 为最负值的点

(2) 在电位滴定中，以 $\Delta E/\Delta V$-$\overline{V}$ 作图绘制曲线，滴定终点为（　　）。

A. 曲线突跃的转折点　　B. 曲线的最大斜率点

C. 曲线的最小斜率点　　D. 曲线的斜率为零时的点

(3) 在电位滴定中，以 $\Delta^2 E/\Delta V^2$-$\overline{V}$ 作图绘制曲线，滴定终点为（　　）。

A. $\Delta^2 E/\Delta V^2$ 为最正值的点　　B. $\Delta^2 E/\Delta V^2$ 为最负值的点

C. $\Delta^2 E/\Delta V^2$ 为零时的点　　D. 曲线的斜率为零时的点

(4) 电位滴定法与用指示剂指示滴定终点的滴定分析法及直接电位法有什么区别？

(5) 用 $0.1052 mol \cdot L^{-1}$ NaOH 标准溶液电位滴定 25.00mL HCl 溶液，以玻璃电极作指示电极，饱和甘汞电极作参比电极，测得以下数据：

V(NaOH)/mL	0.55	24.50	25.50	25.60	25.70	25.80	25.90	26.00	26.10	26.20	26.30	26.40	26.50	27.00	27.50
pH	1.70	3.00	3.37	3.41	3.45	3.50	3.75	7.50	10.20	10.35	10.47	10.52	10.56	10.74	10.92

计算：① 用二阶微商计算法确定滴定终点体积；

② 计算 HCl 溶液浓度。

(6) 测定海带中 I^- 的含量时，称取 10.56g 海带，经化学处理制成溶液，稀释到约 200mL，用银电极-双盐桥饱和甘汞电极，以 $0.1026 mol \cdot L^{-1}$ $AgNO_3$ 标准溶液进行滴定，测得如下数据：

$V(AgNO_3)$/mL	0.00	5.00	10.00	15.00	16.00	16.50	16.60	16.70	16.80	16.90	17.00	17.10	17.20	18.00	20.00
E/mV	−253	−234	−210	−175	−166	−160	−153	−142	−123	+244	+312	+332	+338	+363	+375

计算：① 用二阶微商计算法确定终点体积；

② 海带试样中 KI 的含量[已知 $M(KI)=166.0 g \cdot mol^{-1}$]。

(7) 用银电极作指示电极，双盐桥饱和甘汞电极作参比电极，以 $0.1000 mol \cdot L^{-1}$ $AgNO_3$ 标准滴定溶液滴定 10.00mL Cl^- 和 I^- 的混合液，测得以下数据。

$V(AgNO_3)$/mL	0.00	0.50	1.50	2.00	2.10	2.20	2.30	2.40	2.50	2.60	3.00	3.50
E/mV	−218	−214	−194	−173	−163	−148	−108	83	108	116	125	133
$V(AgNO_3)$/mL	4.50	5.00	5.50	5.60	5.70	5.80	5.90	6.00	6.10	6.20	7.00	7.50
E/mV	148	158	177	183	190	201	219	285	315	328	365	377

① 根据 E-V（$AgNO_3$）的曲线，从曲线拐点确定终点；

② 绘制 $\Delta E/\Delta V$-$\overline{V}$ 曲线，确定终点；

③ 用二阶微商计算法，确定终点时滴定剂消耗体积；

④ 根据③计算的终点时滴定剂消耗体积，计算 Cl^- 及 I^- 的含量（以 $mg \cdot mL^{-1}$表示）。

科学家能斯特

德国物理化学家能斯特 H. W.（Nernst Hermann Walther），1864 年 6 月 25 日生于西普鲁士的布利森，1887 年获博士学位。1889 年他提出溶解压假说，从热力学导出了电极电位与溶液浓度的关系式，即电化学中著名的能斯特方程，在电化学中一直应用至今。能斯特的这一成果使他在二十多岁时就在电化学中获得了国际声誉。同年，他还引入溶度积这个概念，用来解释沉淀反应。1906 年，他又根据对低温现象的研究，得出了热力学第三定律，人们称之为“能斯特热定理”，这个定理有效地解决了计算平衡常数的问题和许多工业生产难题。因此获得了 1920 年诺贝尔化学奖。

能斯特对科学的发现以及它们在工业上应用有着不可抑制的热情。他喜欢从实验研究去发现新的规律。他对可靠的实验结果很感兴趣，但并不在乎仪器样子是否笨重，对拼凑而成的实验装置从不介意。他时常动手自己建立实验仪器（如变压器、压力及温度控制器甚至是微量天平等）。在能斯特的实验室几乎所有的仪器都是按仪器越小越好，组装材料越少越好的前提下建造的。在材料及能源的使用上能斯特是极为节省的，他轻视随便滥用自然资源。能斯特对于物理化学在实际中的应用也非常重视，他是第一个在高压条件下研究合成氨反应的人。

摘自《化学史教程》

参 考 文 献

[1] 中华人民共和国国家标准，GB 601—2002，GB/T 9724—2007，GB/T 9775—1999，GB 11076—89，GB/T 14666—2003.

[2] 陈培榕，邓勃主编．现代仪器分析实验与技术．北京：清华大学出版社，1999.

[3] 梁述忠主编．仪器分析．第 2 版．北京：化学工业出版社，2008.

[4] 刘珍主编．化验员读本．第 4 版．北京：化学工业出版社，2004.

[5] 张剑荣等主编．仪器分析实验．北京：科学出版社，1999.

[6] 董惠茹主编．仪器分析．北京：化学工业出版社，2000.

[7] 刘瑞雪编．化验员习题集．北京：化学工业出版社，1999.

[8] 施荫玉，冯亚菲编．仪器分析解题指南与习题．北京：高等教育出版社，1996.

[9] 印永嘉，刘宗寅，吕志清编．21 世纪的中心科学——化学．北京：中国华侨出版社.

[10] 汪尔康主编．21 世纪分析化学．北京：科学出版社，1999.

[11] ［日］山冈望著．化学史传．廖正衡，陈耀亭，赵世良译．上海：商务印书馆，1995.

[12] 冯存礼，刘民朝，梅永红．科技博览（1998．6～1999，10，下）．北京：蓝天出版社，2000.

[13] 朱良漪主编．分析仪器手册．北京：化学工业出版社，2002.

[14] 张家治主编．化学史教程．太原：山西教育出版社，1997.

[15] 黄一石主编．分析仪器操作技术与维护．北京：化学工业出版社，2005.

直接电位法技能考核表（一）

项　目	鉴定范围	鉴　定　内　容	鉴定比重（100）
基础知识	电化学分析知识	① 电位分析法原理及分类 ② 电极反应及能斯特方程式表达式 ③ 工作电池表示方法及其电动势表达式 ④ 参比电极和指示电极概念	15
专业知识	方法原理	① 电位与离子浓度关系 ② 工作电池的组成 ③ pH 操作定义有关知识	20
	仪器与设备的使用维护知识	① pH 玻璃电极基本构造、电位表达式和使用维护知识 ② 饱和甘汞电极基本构造、电位表达式和使用维护知识 ③ 酸度计使用方法	30
	仪器调试知识	① 标准缓冲溶液选择 ② 温度补偿 ③ 酸度计定位方法	20
相关知识	相关专项专业知识	① 溶液浓度表示方法 ② 溶液配制方法 ③ 台秤使用方法 ④ 量筒（杯）使用方法 ⑤ 温度计的选择使用方法 ⑥ 电磁搅拌器使用	15

直接电位法技能考核表（二）

项　目	鉴定范围	鉴　定　内　容	鉴定比重（100）
操作技能	基本操作技能	① pH 玻璃电极使用前检查（含裂痕气泡内参比电极位置，使用时间等项）方法正确，无遗项 ② pH 玻璃电极使用前处理（含清洗、浸泡等项）方法正确，无遗项 ③ 饱和甘汞电极使用前检查、处理（含氯化钾液位、晶体量、瓷芯通畅情况等项）方法正确，无遗项 ④ 饱和甘汞电极使用前处理（脱上下胶帽、添加 KCl 饱和液或晶体等项）方法正确，无遗项 ⑤ 电极安装、接线正确规范 ⑥ 标准缓冲溶液选择配制正确 ⑦ 酸度计校正（定位）操作熟练规范 ⑧ 试样测量前处理正确 ⑨ 温度补偿准确 ⑩ 酸度计使用操作（开机、测量、关机）正确 ⑪ 测定结果准确（根据所用仪器精度情况决定准确度要求）	70
仪器设备的使用与维护	设备的使用与维护	① 正确使用台秤 ② 正确使用电磁搅拌器 ③ 酸度计维护 ④ 酸度计常见故障的判断与排除	12
	玻璃仪器使用	① 正确使用温度计 ② 正确使用烧杯	8
安全及其他	① 合理支配时间 ② 保持整洁有序的工作环境 ③ 合理处理排放废水 ④ 安全用电		10

电位滴定分析法技能考核表（一）

知识要求	鉴定范围	鉴定内容	鉴定比重（100）
基础知识	滴定分析基础知识	① 滴定分析法中有关术语（化学计量点、滴定终点、指示剂、滴定突跃范围、终点误差、标准溶液、活度与活度系数） ② 适用滴定分析法的化学反应的必要条件	10
	电位分析法基础知识	① 电位分析法的定义、原理（能斯特方程）、分类（电位测定法、电位滴定法） ② 电极电位、参比电极（甘汞电极、Ag-AgCl电极）、指示电极（金属电极、惰性金属电极、膜电极） ③ 离子选择性电极的构造、工作原理、分类及使用范围	15
专业知识	电位滴定分析专业知识	① 电位滴定分析的原理、特点及分类（酸碱滴定、氧化还原滴定、沉淀滴定、络合滴定） ② 电位滴定电极系统选择原则 ③ 终点的确定方法（E-V 曲线法、$\Delta E/\Delta V$-$\bar{V}$ 曲线法、二级微商法） ④ 自动电位滴定法的一般原理	25
仪器的使用与调试	主要仪器	① 电位滴定仪各部件的作用 ② 自动电位滴定仪各部件的作用	20
	仪器的调试	① 电位滴定分析仪器及设备的安装和组建 ② 电位滴定操作 ③ 参比电极、指示电极的选择与使用	20
相关知识	① 标准溶液的配制方法（国家标准），辅助试剂的配制以及溶液浓度的表示方法 ② 分析天平的使用方法 ③ 滴定管的使用方法		10

电位滴定分析法技能考核表（二）

操作要求	鉴定范围	鉴定内容	鉴定比重（100）
操作技能	基本操作技能	① 标准贮备溶液的配制和标准工作溶液配制 ② 开机、调试、关机操作 ③ 电位滴定条件的选择（参比电极、指示电极、盐桥、搅拌速度） ④ 滴定管零刻度液位调节以及正确读数 ⑤ 滴定速度的正确控制 ⑥ 正确记录数据以及数据的正确处理	45
仪器的使用与维护	设备的使用与维护	① 电极的检查、预处理、安装和使用 ② 仪器零点的校正 ③ 电位滴定仪的正确使用 ④ 自动电位滴定仪维护保养	25
	玻璃仪器的使用	① 正确使用滴定管 ② 正确使用烧杯、滴管、容量瓶、移液管、玻璃棒、称量瓶等	20
安全及其他	① 合理支配时间 ② 保持清洁、有序的工作环境 ③ 合理处理、排放废液 ④ 安全用电		10

4 气相色谱分析法

(Gas Chromatography)

学习指南 气相色谱法是近40多年来迅速发展起来的一种新型的分离、分析技术。气相色谱法能解决那些物理常数相近、化学性质相似的同系物、异构体等复杂组分混合物的分离和检测，目前已成为有机合成、天然产物、生物化学、石油化工、医药工业以及环境监测等各个领域中不可缺少的一种重要分析手段。

本章主要介绍气相色谱分析法的方法原理、气相色谱仪、分离基本理论、分离操作条件的选择以及定性定量和气相色谱法的应用等基础知识。通过本章的学习应重点掌握色谱图及有关名词术语、气相色谱分类及分离原理、气相色谱仪的工作流程与主要组成系统、气相色谱操作条件的选择以及气相色谱定性定量的方法等知识点。通过技能训练应重点掌握气相色谱仪各个部件的使用方法和日常维护保养、气路系统的安装和检漏、色谱柱的制备技术以及空气压缩机和真空泵等辅助设备的使用和维护等实验技术。

在学习本章前先复习《物理化学》中关于分配的知识，对更好地掌握本章内容有很大的帮助。此外，通过阅读有关文献和补充材料，可以了解气相色谱的部分新技术，同时拓宽知识面，以便更好地掌握气相色谱分析法。

4.1 方法原理

4.1.1 色谱法概述

4.1.1.1 色谱法由来及分类

(1) 色谱法的由来 1906年，俄国植物学家茨维特（M. S. Tswett）在研究植物色素的过程中，做了一个经典的实验，实验是这样的：在一根玻璃管的狭小一端塞上小团棉花，在管中填充沉淀碳酸钙，这就形成了一个吸附柱，如图4-1所示。然后将其与吸滤瓶连接，使绿色植物叶子的石油醚抽取液自柱中通过。结果植物叶子的几种色素便在玻璃柱上展开：留在最上面的是绿色叶绿素；绿色层下接着是两三种黄色的叶黄素；随着溶剂到吸附层最下层的是黄色的胡萝卜素。这样一来，吸附柱便成为一个有规则的、与光谱相似的色层。接着他用纯溶剂淋洗，使柱中各层进一步展开，从而达到清晰的分离。然后他把该潮湿的吸附柱从玻璃管中推出，依色层的位置用小刀切开，于是各种色素就得到了分离。再以醇为溶剂将它们分别溶解，即得到了各成分的纯溶液。茨维特在他的原始论文中，把上述分离方法叫做色谱法，把填充$CaCO_3$的玻璃柱管叫做色谱柱，把其中的具有大表面积的$CaCO_3$固体颗粒称为固定相，把推动被分离的组分（色素）流过固定相的惰性流体（本实验用的是石油醚）称为流动相，把柱中出现的有颜色的色带叫做色谱图。现在的色谱分析已经失去颜色的含义，只是沿用色谱这个名词。

色谱分析法实质上是一种物理化学分离方法，即利用不同物质在两相（固定相和流动相）中具有不同的分配系数（或吸附系数），当两相作相对运动时，这些物质在两相中反复多次分配（即组分在两相之间进行反复多次的吸附、脱附或溶解、挥发过程）从而使各物质得到完全分离。

（2）色谱法的分类　色谱法有多种类型，从不同的角度可以有不同的分类方法。通常是按照下述三种方法进行分类的。

① 按固定相和流动相所处的状态分类，见表 4-1。

表 4-1　按两相所处状态分类

流动相	总　称	固 定 相	色谱名称
气　体	气相色谱（GC）	固体	气-固色谱（GSC）
		液体	气-液色谱（GLC）
液　体	液相色谱（LC）	固体	液-固色谱（LSC）
		液体	液-液色谱（LLC）

② 按固定相性质和操作方式分类，见表 4-2。

目前，应用最广泛的是气相色谱法和高效液相色谱法。

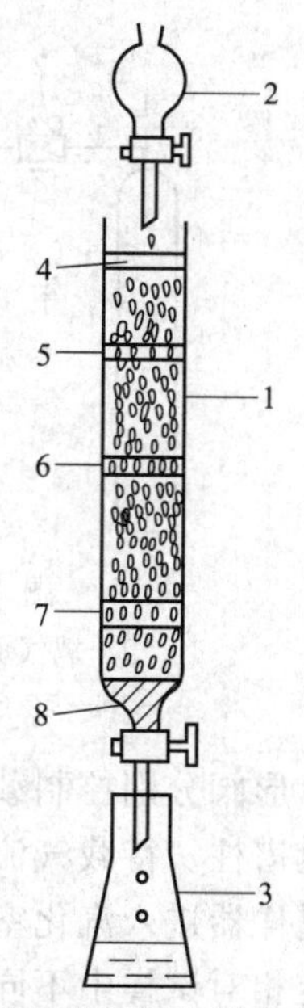

图 4-1　茨维特吸附色谱分离实验示意图

1—装有 $CaCO_3$ 的色谱柱；2—装有石油醚的分液漏斗；3—接收洗脱液的锥形瓶；4—色谱柱顶端石油醚层；5—绿色叶绿素；6—黄色叶黄素；7—黄色胡萝卜素；8—色谱柱出口填充的棉花

表 4-2　按固定相性质和操作方式分类

固定相形式	柱		纸	薄层板
	填充柱	开口管柱		
固定相性质	在玻璃或不锈钢柱管内填充固体吸附剂或涂渍在惰性载体上的固定液	在弹性石英玻璃或玻璃毛细管内壁附有吸附剂薄层或涂渍固定液等	具有多孔和强渗透能力的滤纸或纤维素薄膜	在玻璃板上涂有硅胶 G 薄层
操作方式	液体或气体流动相从柱头向柱尾连续不断地冲洗		液体流动相从滤纸一端向另一端扩散	液体流动相从薄层板一端向另一端扩散
名　称	柱色谱		纸色谱	薄层色谱

③ 按色谱分离过程的物理化学原理分类，见表 4-3。

表 4-3　按分离过程的物理化学原理分类

名称	吸附色谱	分配色谱	离子交换色谱	凝胶色谱
原理	利用吸附剂对不同组分吸附性能的差别	利用固定液对不同组分分配性能差别	利用离子交换剂对不同离子亲和能力的差别	利用凝胶对不同组分分子的阻滞作用的差别
平衡常数	吸附系数 K_A	分配系数 K_P	选择性系数 K_S	渗透系数 K_{PF}
流动相为液体	液固吸附色谱	液液分配色谱	液相离子交换色谱	液相凝胶色谱
流动相为气体	气固吸附色谱	气液分配色谱		

4.1.1.2　气相色谱法的分析流程

图 4-2 是气相色谱分析流程图。N_2 或 H_2 等载气（用来载送试样而不与待测组分作用的惰性气体）由高压载气钢瓶供给，经减压阀减压后进入净化器，以除去载气中杂质和水分，

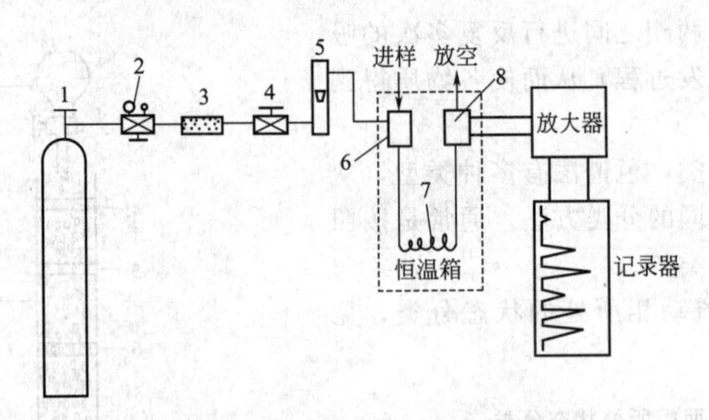

图 4-2　单柱单气路气相色谱结构示意图

1—载气钢瓶；2—减压阀；3—净化器；4—气流调节阀；
5—转子流量计；6—汽化室；7—色谱柱；8—检测器

再由稳压阀和针形阀分别控制载气压力（由压力表指示）和流量（由流量计指示），然后通过汽化室进入色谱柱。待载气流量和汽化室、色谱柱、检测器的温度以及记录仪的基线稳定后，试样可由进样器进入汽化室，同时液体试样立即汽化为气体并被载气带入色谱柱。由于色谱柱中的固定相对试样中不同组分的吸附能力或溶解能力是不同的，因此有的组分流出色谱柱的速度较快，有的组分流出色谱柱的速度较慢，从而使试样中各种组分彼此分离而先后流出色谱柱，然后进入检测器。检测器将混合气体中组分的浓度（$mg \cdot mL^{-1}$）或质量流量（$g \cdot s^{-1}$）转变成可测量的电信号，并经放大器放大后，通过记录仪即可得到其色谱图。

4.1.1.3　气相色谱法的特点和应用范围

气相色谱法是基于色谱柱能分离样品中各组分，检测器能连续响应，能同时对各组分进行定性定量分析的一种分离分析方法，所以气相色谱法具有分离效率高、灵敏度高、分析速度快、应用范围广等优点。

分离效率高是指它对性质极为相似的烃类异构体、同位素等有很强的分离能力，能分析沸点十分接近的复杂混合物。例如用毛细管气相色谱柱可分析汽油中 50～100 多个组分。

灵敏度高是指使用高灵敏度检测器可检测出 10^{-11}～10^{-13}g 的痕量物质。

分析速度快是相对化学分析法而言的。一般情况下，完成一个样品的分析仅需几分钟。目前气相色谱仪普遍配有色谱数据处理机（或色谱工作站），能自动绘制出色谱图，打印出保留时间和分析结果，分析速度更快、更方便。此外进行气相色谱分析所用样品量很少，通常气体样品仅需要 1mL，液体样品仅需 1μL。

气相色谱法的上述特点，扩展了它在工业生产中的应用。它不仅可以分析气体，还可以分析液体和固体。只要样品在－190～450℃温度范围内，可以提供 26～1330Pa 蒸气都可以用气相色谱法进行分析。

气相色谱法的不足之处，首先是由于色谱峰不能直接给出定性的结果，它不能用来直接分析未知物，必须用已知纯物质的色谱图和它对照；其次，当分析无机物和高沸点有机物时比较困难，需要采用其他的色谱分析方法来完成。

4.1.2　色谱图及色谱常用术语

4.1.2.1　色谱图与色谱流出曲线

色谱图（也称色谱流出曲线）是指色谱柱流出物通过检测器系统时所产生的响应信号对时间或流动相流出体积的曲线图（如图 4-3 所示）。一般是以组分流出色谱柱的时间（t）或载气流出体积（V）为横坐标，以检测器对各组分的电信号响应值（mV）为纵坐标的一条

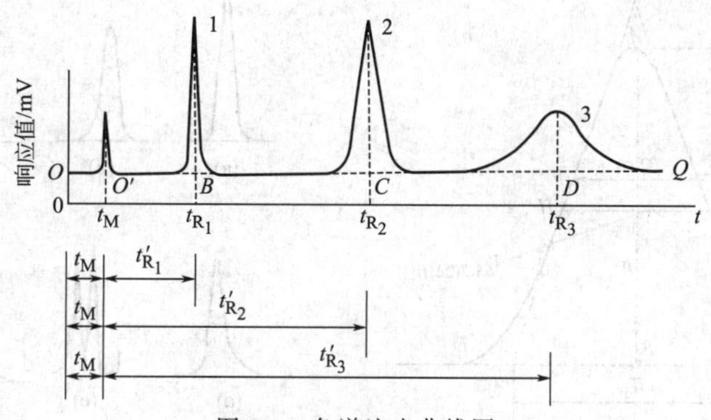

图 4-3 色谱流出曲线图

曲线。由图 4-3 可以看出，色谱图上有一组色谱峰，每个色谱峰至少代表样品中的一个组分。

4.1.2.2 色谱有关名词术语

(1) 基线 当没有组分进入检测器时，色谱流出曲线是一条只反映仪器噪声随时间变化的曲线（即在正常操作下，仅有载气通过检测器系统所产生的响应信号曲线），称为基线。操作条件变化不大时，常可得到如同一条直线的稳定基线。图 4-3 中 OQ 即为流出曲线的基线。

① 基线噪声 指由各种因素引起的基线起伏，如图 4-4(a)、(b)、(c) 所示；

② 基线漂移 指基线随时间定向的缓慢变化，如图 4-4 (d) 所示。

(2) 色谱峰 当有组分进入检测器时，色谱流出曲线就会偏离基线，这时检测器输出的信号随检测器中组分浓度的改变而改变，直至组分全部离开检测器，此时绘出的曲线（即色谱柱流出组分通过检测系统时所产生的响应信号的微分曲线），称为色谱峰（如图 4-5 所示）。理论上讲色谱峰应该是对称的，符合高斯正态分布。实际上，一般情况下的色谱峰都是非对称的，如图 4-6 所示。

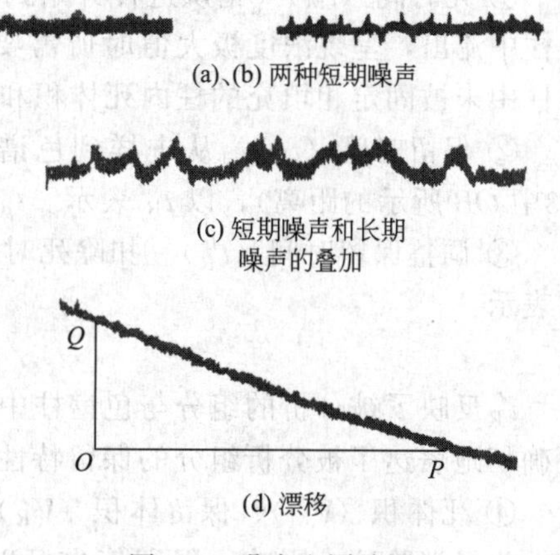

图 4-4 噪声和漂移图

① 前伸峰：前沿平缓后部陡起的不对称色谱峰，如图 4-6(a)、(b) 所示；

② 拖尾峰：前沿陡起后部平缓的不对称色谱峰，如图 4-6(c)、(d) 所示；

③ 分叉峰：两种组分没有完全分开而重叠在一起的色谱峰，如图 4-6(e) 所示；

④ “馒头”峰：峰形比较矮而胖的色谱峰，如图 4-6(f) 所示。

(3) 峰高和峰面积 峰高（h）是指峰顶到基线的距离（如图 4-5 中 AB），以 h 表示。峰面积（A）是指每个组分的流出曲线与基线间所包围的面积。峰高或峰面积的大小和每个组分在样品中的含量相关，因此色谱峰的峰高或峰面积是气相色谱进行定量分析的主要依据。

(4) 峰拐点 在组分流出曲线上二阶导数等于零的点，称为峰拐点，如图 4-5 中的 E 点与 F 点。

(5) 峰宽与半峰宽 色谱峰两侧拐点处所作的切线与基线相交两点之间的距离，称为峰宽，如图 4-5 的 IJ，常用符号 W_b 表示。在峰高为 $h/2$ 处的峰宽 GH，称为半峰宽，常用符号 $W_{1/2}$ 表示。

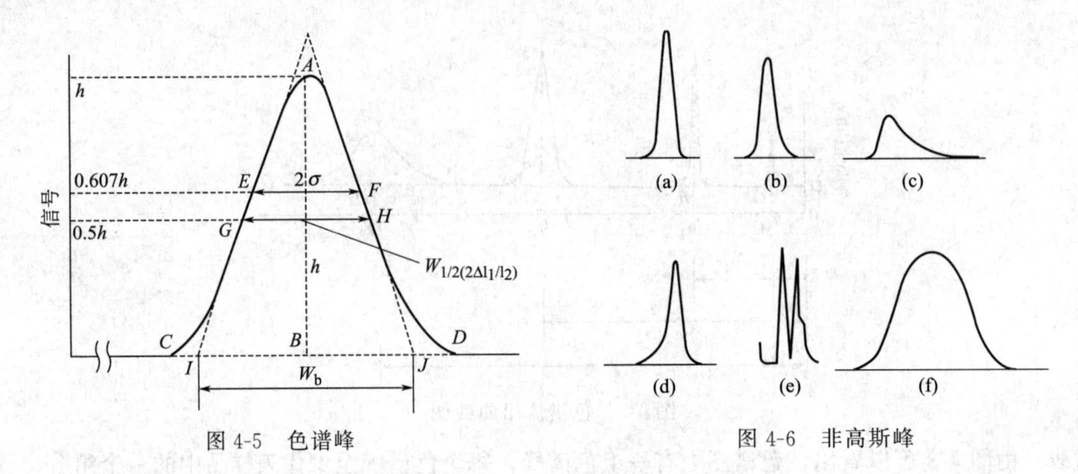

图 4-5　色谱峰　　　　图 4-6　非高斯峰

(6) 保留值　保留值是用来描述各组分色谱峰在色谱图中的位置，在一定实验条件下，组分的保留值具有特征性，是气相色谱定性的参数。保留值通常用时间或用将组分带出色谱柱所需载气的体积来表示。

① 死时间（t_M）　指从进样开始到惰性组分（指不被固定相吸附或溶解的空气或甲烷）从柱中流出，呈现浓度极大值时所需要的时间（如图4-3中 OO' 所示的距离），t_M 反映了色谱柱中未被固定相填充的柱内死体积和检测器死体积的大小，与被测组分的性质无关。

② 保留时间（t_R）　从进样到色谱柱后出现待测组分信号极大值所需要的时间（如图4-3中 OB 所示的距离），以 t_R 表示。t_R 可作为色谱峰位置的标志。

③ 调整保留时间（t'_R）　扣除死时间后的保留时间（如图 4-3 中 $O'B$ 所示的距离），以 t'_R 表示：

$$t_R' = t_R - t_M \tag{4-1}$$

t'_R 反映了被分析的组分与色谱柱中固定相发生相互作用，而在色谱柱中滞留的时间，它更确切地表达了被分析组分的保留特性，是气相色谱定性分析的基本参数。

④ 死体积（V_M）、保留体积（V_R）和调整保留体积（V'_R）　保留时间受载气流速的影响，为了消除这一影响，保留值也可以用从进样开始到出现色谱峰（空气或甲烷峰，组分峰）极大值所流过的载气体积来表示，即用保留时间乘以载气平均流速。

死体积　$$V_M = t_M F_c \tag{4-2}$$

保留体积　$$V_R = t_R F_c \tag{4-3}$$

调整保留体积　$$V'_R = t'_R F_c \tag{4-4}$$

式中，F_c 为操作条件下柱内载气的平均流速[1]。

⑤ 相对保留值 r_{iS}　一定的色谱操作条件下组分 i 与另一标准组分 S 的调整保留时间或调整保留体积之比：

$$r_{iS} = \frac{t'_{R_i}}{t'_{R_S}} = \frac{V'_{R_i}}{V'_{R_S}} \tag{4-5}$$

r_{iS} 仅与柱温及固定相性质有关，而与其他操作条件如柱长、柱内填充情况及载气的流

---

[1] F_c 可用下式计算：

$$F_c = F_0 \left[\frac{p_0 - p_w}{p_0}\right] \cdot \frac{3}{2}\left[\frac{(p_i/p_0)^2 - 1}{(p_i/p_0)^3 - 1}\right]\frac{T_c}{T_r}$$

式中，F_0 是用皂膜流量计测得的柱后流速；p_0 是柱后压，即大气压；p_w 是饱和水蒸气压；p_i 是柱进口压力；T_c、T_r 分别是柱温和室温（用热力学温度表示）。

速等无关。

⑥ 选择性因子（α） 指相邻两组分调整保留值之比，以 α 表示：

$$\alpha=\frac{t'_{R_1}}{t'_{R_2}}=\frac{V'_{R_1}}{V'_{R_2}} \tag{4-6}$$

α 数值的大小反映了色谱柱对难分离物质对的分离选择性，α 值越大，相邻两组分色谱峰相距越远，色谱柱的分离选择性愈高。当 α 接近于 1 或等于 1 时，说明相邻两组分色谱峰重叠未能分开。

(7) 相比率（β） 色谱柱内气相与吸附剂或固定液体积之比。它能反映各种类型色谱柱不同的特点，常用符号 β 表示。

对于气-固色谱：

$$\beta=\frac{V_G}{V_S} \tag{4-7}$$

对于气-液色谱：

$$\beta=\frac{V_G}{V_L} \tag{4-8}$$

式中，V_G 是色谱柱内气相空间，mL；V_S 是色谱柱内吸附剂所占体积，mL；V_L 是色谱柱内固定液所占体积，mL。

(8) 分配系数（K） 平衡状态时，组分在固定相与流动相中的浓度比。如在给定柱温下组分在流动相与固定相间的分配达到平衡时，对于气-固色谱，组分的分配系数为：

$$K=\frac{\text{每平方米吸附剂表面所吸附的组分量}}{\text{柱温及柱平均压力下每毫升载气所含组分量}} \tag{4-9}$$

对于气-液色谱，分配系数为：

$$K=\frac{\text{每毫升固定液中所溶解的组分量}}{\text{柱温及柱平均压力下每毫升载气所含组分量}}=\frac{c_L}{c_G} \tag{4-10}$$

式中，c_L 与 c_G 分别是组分在固定液与载气中的浓度。

(9) 容量因子（k） 又称分配比，容量比，指组分在固定相和流动相中分配量（质量、体积、物质的量）之比。

$$k=\frac{\text{组分在固定相中的质量}}{\text{组分在流动相中的质量}} \tag{4-11}$$

k 与其他色谱参数有以下一些关系：

$$k=K\frac{V_L}{V_G}=\frac{K}{\beta}=\frac{t_R-t_M}{t_M}=\frac{t'_R}{t_M} \tag{4-12}$$

4.1.3 色谱分离原理

色谱分离的基本原理是试样组分通过色谱柱时与填料之间发生相互作用，这种相互作用大小的差异使各组分互相分离而按先后次序从色谱柱后流出。这种在色谱柱内不移动、起分离作用的填料称为固定相。固定相可分为固体固定相、液体固定相两大类，分别对应于气相色谱中的气-固色谱和气-液色谱。

4.1.3.1 气-固色谱

气-固色谱的固定相是固体吸附剂，试样气体由载气携带进入色谱柱，与吸附剂接触时，很快被吸附剂吸附。随着载气的不断通入，被吸附的组分又从固定相中洗脱下来（这种现象称为脱附），脱附下来的组分随着载气向前移动时又再次被固定相吸附。这样，随着载气的不断通入，组分在固定相上吸附-脱附的过程反复进行。显然，由于组分性质的差异，固定相对它们的吸附能力有所不同。易被吸附的组分，脱附较难，在柱内移动的速度慢，停留的时间长；反之，不易被吸附的组分在柱内移动速度快，停留时间短。所以，经过一定的时间间隔（一定柱长）后，性质不同的组分便彼此达到了分离。

4.1.3.2　气-液色谱

气-液色谱的固定相是涂在载体表面的固定液，试样气体由载气携带进入色谱柱，与固定液接触时，气相中各组分就溶解到固定液中。随着载气的不断通入，被溶解的组分又从固定液中挥发出来，挥发出的组分随着载气向前移动时又再次被固定液溶解。随着载气的不断通入，溶解-挥发的过程反复进行。显然，由于组分性质的差异，固定液对它们的溶解能力将有所不同。易被溶解的组分，挥发较难，在柱内移动的速度慢，因而在柱内停留的时间长；反之，不易被溶解的组分，挥发快，随载气移动的速度快，因而在柱内停留时间短。经一定的时间间隔（一定柱长）后，性质不同的组分便彼此达到了分离。

物质在固定相和流动相之间发生的吸附-脱附和溶解-挥发的过程，称为分配过程。显然，分配系数或分配比相同的两组分，它们的色谱峰重合；分配系数或分配比的差别越大，则相应的色谱峰距离越远，分离越好。一般来说，对气-固色谱而言，先出峰的是吸附能力小而脱附能力大的物质；对气-液色谱而言，先出峰的是溶解度小而挥发性强的物质。总的来说，分配系数小的物质先出峰，分配系数大的物质后出峰。

思考与练习 4.1

（1）色谱分析法实质上是这样一种________方法，即利用不同物质在两相（________）中具有不同的________（或________），当两相作相对运动时，这些物质在两相中反复多次分配（即组分在两相之间进行反复多次的________、________或________、________过程）从而使各物质得到完全分离。

（2）色谱图是指____________通过检测器系统时所产生的____________对________或____________的曲线图。

（3）指出图 4-7 色谱流出曲线中各线段的名称与符号

线　段	名　称	符　号
$O'A'$		
$O'B$		
$A'B$		
AB		
IJ		
GH		

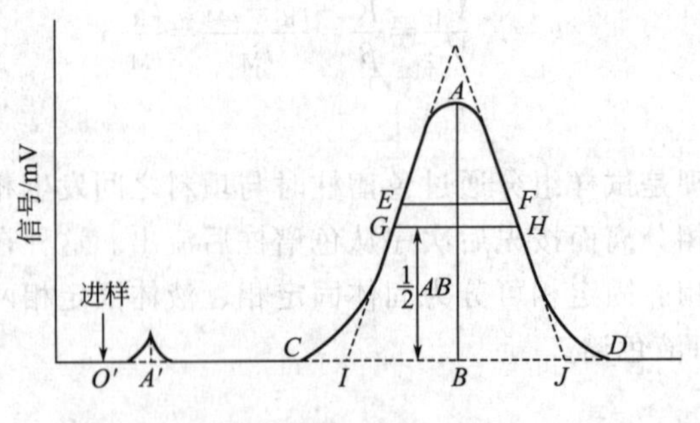

图 4-7　色谱流出曲线

（4）一个组分的色谱峰，其峰位置（即保留值）可用于________，峰高或峰面积可用于________。

（5）色谱分离的基本原理是________通过色谱柱时与________之间发生相互作用，这种相互作用大小的差异使________互相分离而按先后次序从色谱柱后流出；这种在色谱柱内________、起________作用的填料称为固定相。

(6) 气-固色谱的固定相是________；气-液色谱的固定相是________。

(7) 在气-固色谱中，各组分的分离是基于组分在吸附剂上的________和________能力的不同；而在气-液色谱中，分离是基于各组分在固定液中________和________能力的不同。

(8) 在一定温度下，组分在两相之间的分配达到平衡时的浓度比称之为________。

(9) 俄国植物学家茨维特（Tswett）在研究植物色素的成分时所采用的色谱方法属于（　　）。

A. 气-液色谱　　B. 气-固色谱　　C. 液-液色谱　　D. 液-固色谱

(10) 气相色谱谱图中，与组分含量成正比的是（　　）。

A. 保留时间　　B. 相对保留值　　C. 峰高　　D. 峰面积

(11) 在气-固色谱中，样品中各组分的分离是基于（　　）。

A. 组分性质的不同　　B. 组分溶解度的不同

C. 组分在吸附剂上吸附能力的不同　D. 组分在吸附剂上脱附能力的不同

(12) 在气-液色谱中，首先流出色谱柱的组分是（　　）。

A. 吸附能力大的　　B. 吸附能力小的　　C. 挥发性大的　　D. 溶解能力小的

(13) 解释下列名词

固定相　流动相　色谱图　色谱峰　保留时间　调整保留时间　死时间　分配系数

(14) 简要说明气相色谱的分析流程。

阅读园地

气相色谱——马丁与辛格（Martin & Synage）

马丁于1910年3月1日出生于英国伦敦一个书香门第，早年就读于著名的贝德福德学校。在学校，他的物理、化学成绩总是名列前茅。1929年，他进入剑桥大学学习，1932年大学毕业，1935年和1936年他先后拿到了硕士和博士学位。辛格1914年10月28日出生于英国的利物浦，1936年他从剑桥大学毕业，1939年他获得了硕士学位，1941年马丁、辛格联名发表了第一篇有关分配层析法的文章，因此，辛格获得了博士学位。

1937年，马丁到剑桥大学与辛格共事。1938年，他们制成第一台液相色谱仪，但还有很大的缺陷。1940年，马丁改进设计出一台合用的分配色谱仪。1941年，马丁、辛格联合发表了第一篇有关分配层析的文章，1943年，辛格离开利兹，但他还始终与马丁联系与合作，继续对分配层析法进行探索，1944年马丁等人在上述探索的基础上，用普通滤纸代替硅胶作为载体，也获得了成功。分配色谱法和纸色谱法的发明和推广极大地推动了化学研究，特别是有机化学和生物化学的发展，可以说是分析方法上一次了不起的革命。正是认识到这一意义，诺贝尔评奖委员会将1952年的诺贝尔化学奖授予了马丁和辛格。

摘自《诺贝尔奖百年鉴——化学中的火眼金睛》

4.2 气相色谱仪

4.2.1 概述

4.2.1.1 气相色谱仪基本构造

气相色谱仪的型号种类繁多，但它们的基本结构是一致的。它们都由气路系统、进样系统、分离系统、检测系统、温度控制系统、数据处理系统六大部分组成。

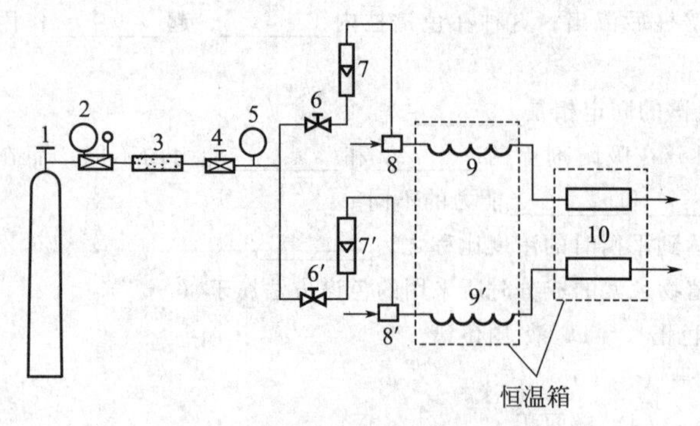

图 4-8 双柱双气路气相色谱仪结构示意图

1—载气钢瓶；2—减压阀；3—净化器；4—稳压阀；5—压力表；6，6′—针形阀；7，7′—转子流速计；8，8′—进样-气化室；9，9′—色谱柱；10—检测器

4.2.1.2 气相色谱仪分类和工作流程

常见的气相色谱仪有单柱单气路和双柱双气路两种类型，其结构示意图参见图4-2和图4-8。单柱单气路（如图4-2所示）工作流程为：由高压气瓶供给的载气经减压阀、稳压阀、转子流量计、色谱柱、检测器后放空。这种气路结构简单，操作方便。国产102G型、HP4890型等气相色谱仪均属于这种类型。

双柱双气路（如图4-8所示）是将经过稳压阀后的载气分成两路进入各自的色谱柱和检测器，其中一路作分析用，另一路作补偿用。这种结构可以补偿因气流不稳或固定液流失对检测器产生的影响，提高了仪器工作的稳定性，因而特别适用于程序升温和痕量分析。新型双气路仪器的两个色谱柱可以装性质不同的固定相，供选择进样，具有两台气相色谱仪的功能。浙江温岭福立GC 9790、PE AutosystemXL型气相色谱仪均属于此种类型。

4.2.2 气路系统

4.2.2.1 气路系统的要求

气相色谱仪中的气路是一个载气连续运行的密闭管路系统。整个气路系统要求载气纯净、密闭性好、流速稳定及流速测量准确。

气相色谱的载气是载送样品进行分离的惰性气体，是气相色谱的流动相。常用的载气为氮气，氢气（在使用氢火焰离子化检测器时作燃气，在使用热导检测器时常作为载气），氦气，氩气（氦、氩由于价格高，应用相对较少）。

4.2.2.2 气路系统主要部件

（1）气体钢瓶和减压阀　载气一般可由高压气体钢瓶或气体发生器来提供。实验室一般使用气体钢瓶较好，因为气体厂生产的气体既能保证质量，成本也不高。

由于气相色谱仪使用的各种气体压力为0.2～0.4MPa，因此需要通过减压阀使钢瓶气源的输出压力下降（高压钢瓶和减压阀的使用安装详见4.2.2.3节）。

（2）净化管　气体钢瓶供给的气体经减压阀后，必须经净化管净化处理，以除去水分和杂质。净化管通常为内径50mm，长200～250mm的金属管，如图4-9所示。

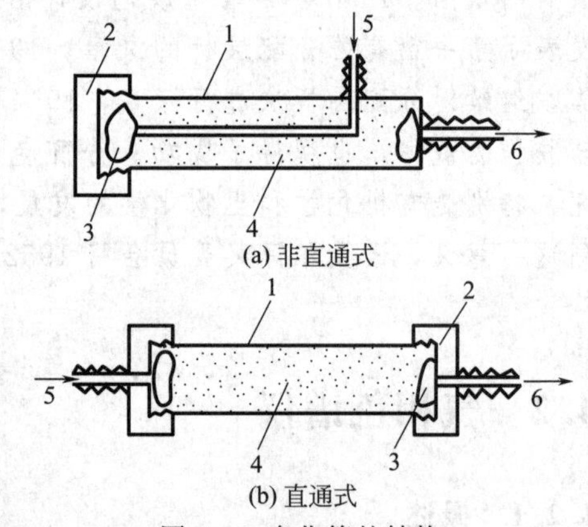

图 4-9 净化管的结构

1—干燥管；2—螺帽；3—玻璃毛；4—干燥剂；5—载气入口；6—载气出口

净化管在使用前应该清洗烘干，方法为：用热的$100g \cdot L^{-1}$ NaOH溶液浸泡0.5h，而后用自来水冲洗干净，用蒸馏水荡洗后，烘干。净化管内可以装填5A分子筛和变色硅胶，以吸附气源中的微量水和低相对分子质量的有机杂质，有时还可以在净化管中装入一些活性炭，以吸附气源中相对分子质量较大的有机杂质。具体装填什么物质取决于载气

纯度的要求。净化管的出口和入口应加上标志，出口应当用少量纱布或脱脂棉轻轻塞上，严防净化剂粉尘流出净化管进入色谱仪。当硅胶变色时，应重新活化分子筛和硅胶后，再装入使用。

(3) 稳压阀　通常在减压阀输出气体的管线中还要串联稳压阀，用以稳定载气（或燃气）的压力。常用的是波纹管双腔式稳压阀。

使用这种稳压阀时，气源压力应高于输出压力 0.05MPa，进气口压力不得超过 0.6MPa，出气口压力一般在 0.1～0.3MPa 时稳压效果最好。稳压阀不工作时，应顺时针转动放松调节手柄，使阀关闭，以防止波纹管、压簧长期受力疲劳而失效。使用时进气口和出气口不要接反，以免损坏波纹管。所用气源应干燥，无腐蚀性、无机械杂质。

(4) 针形阀　针形阀可以用来调节载气流量，也可以用来控制燃气和空气的流量。由于针形阀结构简单，当进口压力发生变化时，处于同一位置的阀针其出口的流量也发生变化，所以用针形阀不能精确的调节流量。针形阀常安装于空气的气路中，用以调节空气的流量。

当针形阀不工作时，应使针形阀全开（此点和稳压阀相反），以防止阀针密封圈粘在阀门入口处，也可防止压簧长期受压而失效。

(5) 稳流阀　当用程序升温进行色谱分析时，由于色谱柱柱温不断升高引起色谱柱阻力不断增加，也会使载气流量发生变化。为了在气体阻力发生变化时，也能维持载气流速的稳定，需要使用稳流阀来自动控制载气的稳定流量。

稳流阀的输入压力为 0.03～0.3MPa，输出压力为 0.01～0.25MPa，输出流量为 5～400mL・min^{-1}。当柱温从 50℃升至 300℃时，若流量为 40mL・min^{-1}，此时的流量变化可小于±1%。

使用稳流阀时，应使其针形阀处于“开”的状态，从大流量调至小流量。气体的进、出口不要反接，以免损坏流量控制器。

(6) 管路连接　气相色谱仪的管路多数采用内径为 3mm 的不锈钢管，靠螺母、压环和“O”形密封圈进行连接。有的也采用成本较低、连接方便的尼龙管或聚四氟乙烯管，但效果不如金属管好。特别是在使用电子捕获检测器时，为了防止氧气通过管壁渗透到仪器系统造成事故，最好使用不锈钢管或紫铜管。连接管道时，要求既要能保证气密性，又不会损坏接头。

(7) 检漏　气相色谱仪的气路要认真仔细的进行检漏，气路不密封将会使以后的实验出现异常现象，造成数据的不准确。用氢气作载气时，氢气若从柱接口漏进恒温箱，可能会发生爆炸事故。

气路检漏常用的方法有两种：一种是皂膜检漏法，即用毛笔蘸上肥皂水涂在各接头上检漏，若接口处有气泡溢出，则表明该处漏气，应重新拧紧，直到不漏气为止。检漏完毕应使用干布将皂液擦净。

另一种叫做堵气观察法，即用橡皮塞堵住出口处，转子流量计流量为 0，同时关闭稳压阀，压力表压力不下降，则表明不漏气；反之，若转子流量计流量指示不为 0，或压力表压力缓慢下降（在半小时内，仪器上压力表指示的压力下降大于 0.005MPa），则表明该处漏气，应重新拧紧各接头以至不漏气为止。

(8) 载气流量的测定　载气流量是气相色谱分析的一个重要的操作条件，正确选择载气流量，可以提高色谱柱的分离效能，缩短分析时间。由于气相色谱分析中，所用气体流量较小，一般采用转子流量计（如图 4-10 所示）和皂膜流量计（如图 4-11 所示）进行测量。目前高档的气相色谱仪也常采用刻度阀（如图 4-12 所示）或电子气体流量计指示气体流量。

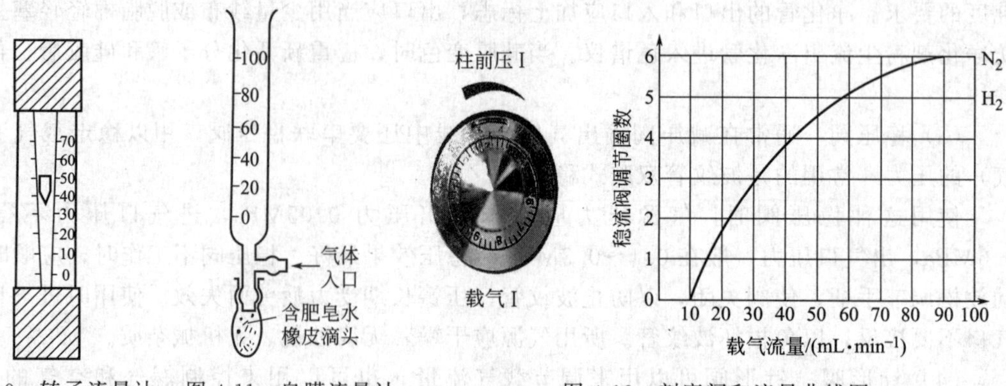

图 4-10　转子流量计　图 4-11　皂膜流量计　图 4-12　刻度阀和流量曲线图

转子流量计是由一个上宽下窄的锥形玻璃管和一个能在管内自由旋转的转子组成的，其上、下接口处用橡胶圈密封。当气体自下端进入转子流量计又从上端流出时，转子随气体流动方向而上升，转子上浮高度和气体流量有关，因此根据转子的位置就可以确定气体流量的大小。对于一定的气体，气体的流量和转子的高度并不成直线关系，转子流量计上的刻度只是等距离的标记而不是流量数值。因此实际使用时必须先用皂膜流量计来标定，绘制气体的体积流量与转子高度的关系曲线图（不同压力、不同气体流量与转子位置关系不一样）。

皂膜流量计是目前用于测量气体流量的标准方法。它是由一根带有气体进口的量气管和橡皮滴头组成，使用时先向橡皮滴头中注入肥皂水，挤动橡皮滴头就有皂膜进入量气管。当气体自流量计底部进入时，就顶着皂膜沿着管壁自下而上移动。用秒表测定皂膜移动一定体积时所需时间就可以计算出气体流量（$mL \cdot min^{-1}$），测量精度达 1%。

刻度阀如图 4-12 所示，可利用针形阀、稳流阀上阀旋转的度数（在图中表现为阀旋转的圈数）与流量近似成正比这一原理先绘制圈数与流量的曲线（如图 4-12 所示），然后可通过该曲线来查阅气体的近似流量。

电子气体流量计。在气体的流路中接入一个流量传感器，流量传感器将气体流量这个物理量转化成与之成正比的模拟量（电压或电流），再将其量化后转化成数字量，即可在色谱仪的屏幕上以数字的形式显示出对应气体的流量。

4.2.2.3　气路系统辅助设备

(1) 高压气体钢瓶　气体钢瓶是高压容器，采用无缝钢管制成圆柱形容器，底部再装上钢质平底的座，使气体钢瓶可以竖放。气瓶顶部装有开关阀，瓶阀上装有防护装置（钢瓶帽）。每个气体钢瓶筒体上都套有两个橡皮腰圈，以防震动后撞击。

为了保证安全，各类气体钢瓶都必须定期作抗压试验，每次试验都要有详细记录（如试验日期、检验结论等），并载入气瓶档案。经检验，需降压后使用或报废的气体钢瓶，检验单位还会在瓶上打上钢印说明。

(2) 高压气瓶阀和减压阀　减压阀装在高压气瓶的出口，用来将高压气体调节到较小的压力（通常将 10～15MPa 压力减小到 0.1～0.5MPa）。高压瓶顶部开关阀（又称总阀）与减压阀结构如图 4-13 所示。

使用时将减压阀用螺旋套帽装在高压气瓶总阀的支管 B 上，并且能使该压力在工作时保持不变。因此减压阀的功用是高压气体的减压和稳压。用活络扳手打开钢瓶总阀 A（逆时针方向转动），此时高压气体进入减压阀的高压室，其压力表（0～25MPa）指示出气体钢瓶内压力。沿顺时针方向缓慢转动减压阀中 T 形阀杆 C，使气体进入减压阀低压室，其压力表（0～2.5MPa）指示输出气体的压力。当低压室的压力大于最大工作压力（2.5MPa）的1.1～1.5倍时，减压阀安全装置就全部打开放气，以确保安全。不用气时应先关闭气体钢瓶总阀，待压力表指针指向零点后，再将减压阀T形阀杆C沿逆时针方向转动旋松关闭（避免减压阀中的弹簧长时间压缩失灵）。

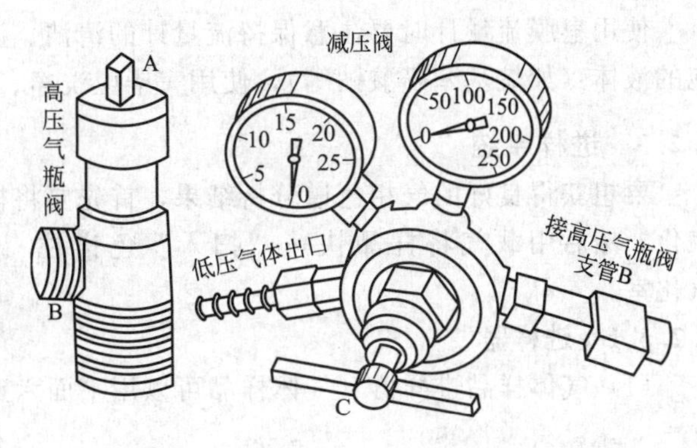

图4-13 高压气瓶阀和减压阀

实验室常用减压阀有氢、氧、乙炔气三种。每种减压阀只能用于规定的气体物质，如氢气钢瓶选氢气减压阀；氮气、空气钢瓶选氧气减压阀；乙炔钢瓶选乙炔减压阀等，决不能混用。导管、压力计也必须专用，千万不可忽视。安装时应先检查螺纹是否符合，然后用手拧满全部螺纹后再用扳手拧紧。打开钢瓶总阀之前应检查减压阀是否已经关好（T形阀杆松开），否则容易损坏减压阀。

（3）空气压缩机　压缩机的种类很多，按工作原理可分为两大类：容积式压缩机和速度式压缩机。目前化学实验室常采用无油空气压缩机来提供压缩空气，其特点是工作时噪声小，排出的气体无油。

4.2.2.4　气路系统的日常维护

（1）气体管路的清洗　清洗气路连接金属管时，应首先将该管的两端接头拆下，再将该段管线从色谱仪中取出，这时应先把管外壁灰尘擦洗干净，以免清洗完管内壁时再产生污染。清洗管内壁时应先用无水乙醇进行疏通处理，这可除去管路内大部分颗粒状堵塞物及易被乙醇溶解的有机物和水分。在此疏通步骤中，如发现管路不通，可用洗耳球加压吹洗，加压后仍无效可考虑用细钢丝捅针疏通管路。如此法还不能使管路畅通，可使用酒精灯加热金属管使堵塞物在高温下碳化而达到疏通的目的。

用无水乙醇清洗完气体管路后，应考虑管路内壁是否有不易被乙醇溶解的污染物。如没有，可加热该管并用干燥气体对其进行吹扫，将管装回原气路待用。如果由分析样品过程判定气路内壁可能还有其他不易被乙醇溶解的污染物，可针对具体物质溶解特性选择其他清洗液。选择清洗液的顺序应先使用高沸点溶剂，而后再使用低沸点溶剂浸泡和清洗。可供选择的清洗液有萘烷、*N*,*N*-二甲基酰胺、甲醇、蒸馏水、丙酮、乙醚、氟利昂、石油醚、乙醇等。

（2）阀的维护　稳压阀、针形阀及稳流阀的调节需缓慢进行。稳压阀不工作时，必须放松调节手柄（顺时针转动）；针形阀不工作时，应将阀门处于“开”的状态（逆时针转动）；原因如前所述。对于稳流阀，当气路通气时，必须先打开稳流阀的阀针，流量的调节应从大流量调到所需要的流量；稳压阀、针形阀及稳流阀均不可作开关使用；各种阀的进、出气口不能接反。

（3）转子流量计和皂膜流量计的维护　使用转子流量计时应注意气源的清洁，若由于载气中微量水分干燥净化不够，在玻璃管壁吸附一层水雾造成转子跳动，或由于灰尘落入管中将转子卡住等现象时，应对转子流量计进行清洗。方法是：旋松上下两只大螺钉，小心地取出两边的小弹簧（防止转子吹入管道内）及转子，用乙醚或酒精冲洗锥形管（也可将棉花浸透清洗液后塞入管内捅洗）及转子，用电热吹风机把锥形管吹干，重新安装好。安装时应注意转子和锥形管不能放倒，同时要注意锥形管应垂直放置，以免转子和管壁产生不必要的摩擦。

使用皂膜流量计时要注意保持流量计的清洁、湿润，皂水要用澄清的皂水，或其他能起泡的液体（如烷基苯磺酸钠等），使用完毕应洗净、晾干（或吹干）放置。

4.2.3 进样系统

要想获得良好的气相色谱分析结果，首先要将样品定量引入色谱系统，并使样品有效地汽化，然后用载气将样品快速“扫入”色谱柱。气相色谱仪的进样系统包括进样器和汽化室。

4.2.3.1 进样器

（1）气体样品进样器　气体样品可以用平面六通阀（又称旋转六通阀）（见图4-14）进样。取样时，气体进入定量管，而载气直接由图中A到B。进样时，将阀旋转60°，此时载气由A进入，通过定量管，将管中气体样品带入色谱柱中。定量管有0.5mL、1mL、3mL、5mL等规格，实际进行色谱分析时，可以根据需要选择合适体积的定量管。这类定量管阀是目前气体定量阀中比较理想的阀件，使用温度较高、寿命长、耐腐蚀、死体积小、气密性好，可以在低压下使用。

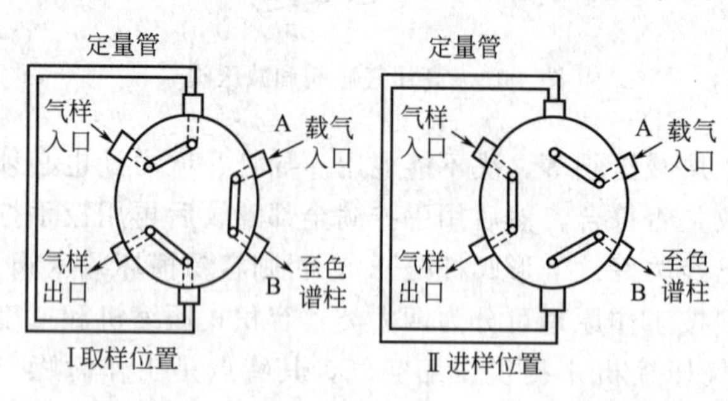

图4-14　平面六通阀结构，取样和进样位置

当然，常压气体样品也可以用0.25～5mL注射器直接量取进样。这种方法虽然简单、灵活，但是误差大、重现性差。

（2）液体样品进样器　液体样品可以采用微量注射器直接进样，图4-15显示了各种规格进样瓶和微量注射器。常用的微量注射器有1μL、5μL、10μL、50μL、100μL等规格。实际进行色谱分析时可根据需要选择合适规格的微量注射器。

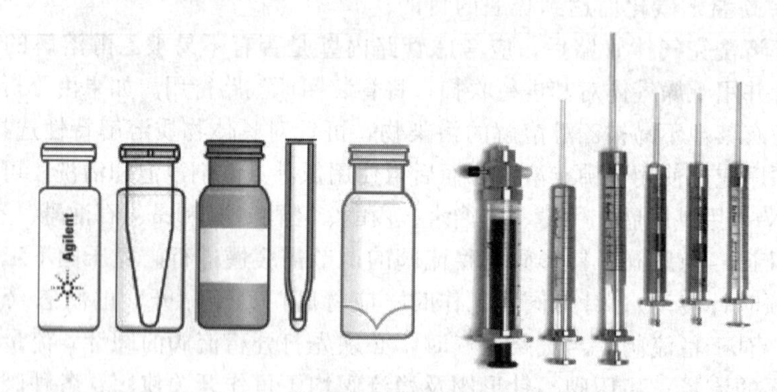

图4-15　各种规格进样瓶和微量注射器

（3）固体样品进样器　固体样品通常用溶剂溶解后，用微量注射器进样，方法同液体试样。对高分子化合物进行裂解色谱分析时，通常先将少量高聚物放入专用的裂解炉中，经过电加热，高聚物分解、汽化，然后再由载气将分解的产物带入色谱仪进行分析。

除上述几种常用的进样器外，现在许多高档的气相色谱仪还配置了自动进样器，它使得气相色谱分析实现了完全的自动化，其具体结构可参阅相关专著。

4.2.3.2 汽化室

汽化室的作用是将液体样品瞬间汽化为蒸气。它实际上是一个加热器，通常采用金属块作加热体。气相色谱分析要求汽化室热容量要大，温度要足够高，汽化室体积尽量小，无死角，以防止样品扩散减小死体积，提高柱效。

图 4-16 是一种常用的填充柱进样口，它的作用就是提供一个样品汽化室，所有汽化的样品都被载气带入色谱柱进行分离。汽化室内不锈钢套管中插入石英玻璃衬管❶能起到保护色谱柱的作用。在进行色谱分析时，应保持衬管干净，及时清洗。进样口的隔垫一般为硅橡胶，其作用是防止漏气。硅橡胶在使用多次后会失去作用，应经常更换。一个隔垫的连续使用时间不能超过一周。

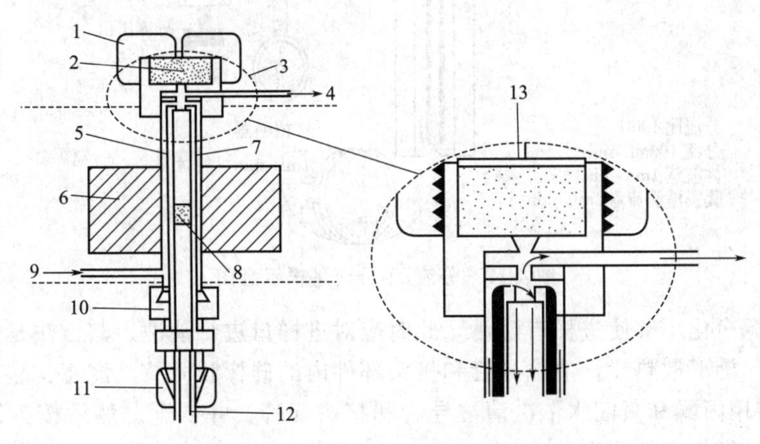

图 4-16　填充柱进样口结构示意图

1—固定隔垫的螺母；2—隔垫；3—隔垫吹扫装置；4—隔垫吹扫气出口；5—汽化室；6—加热块；7—玻璃衬管；8—石英玻璃毛；9—载气入口；10—柱连接件固定螺母；11—色谱柱固定螺母；12—色谱柱；13—3 的放大图

因于硅橡胶中不可避免地含有一些残留溶剂或低分子齐聚物，且硅橡胶在汽化室高温的影响下还会发生部分降解，这些残留溶剂和降解产物进入色谱柱，就可能出现“鬼峰”（即不是样品本身的峰），影响分析。图 4-16 中隔垫吹扫装置就可以消除这一现象。

使用毛细管柱时，由于柱内固定相的量少，柱对样品的容量要比填充柱低，为防止柱超载，要使用分流进样器。样品注入分流进样器汽化后，只有一小部分样品进入毛细管柱，而大部分样品都随载气由分流气体出口放空（如图 4-17 所示）。在分流进样时，进入毛细管柱内的载气流量与放空的载气流量的比称为分流比。气相色谱分析时使用的分流比范围一般为 (1∶10)～(1∶100)。

除分流进样外，还有冷柱上进样、程序升温汽化进样、大体积进样、顶空进样等进样方式，具体内容可参阅相关专著。

正确选择液体样品的汽化温度十分重要，尤其对高沸点和易分解的样品，要求在汽化温度下，样品能瞬间汽化而不分解。一般仪器的最高汽化温度为 350～420℃，有的可达 450℃。大部分气相色谱仪应用的汽化温度在 400℃以下，高档仪器的汽化室有程序升温功能。

4.2.3.3　日常维护

（1）汽化室进样口的维护　由于仪器的长期使用，硅橡胶微粒可能会积聚造成进样口管

---

❶ 其作用是：1. 提供一个温度均匀的汽化室，防止局部过热。2. 玻璃的惰性比不锈钢好，减少了在汽化期间样品催化分解的可能性。3. 易于拆换清洗，以保持清洁的汽化室表面。一些痕量非挥发性组分会逐渐积累残存于汽化室，高温下会慢慢分解，使基流增加，噪声增大，通过清洗玻璃衬套可以消除这种影响。4. 可根据需要选择管壁厚度及内径适宜的玻璃衬套，以改变汽化室的体积，而不用更换整个进样加热块。

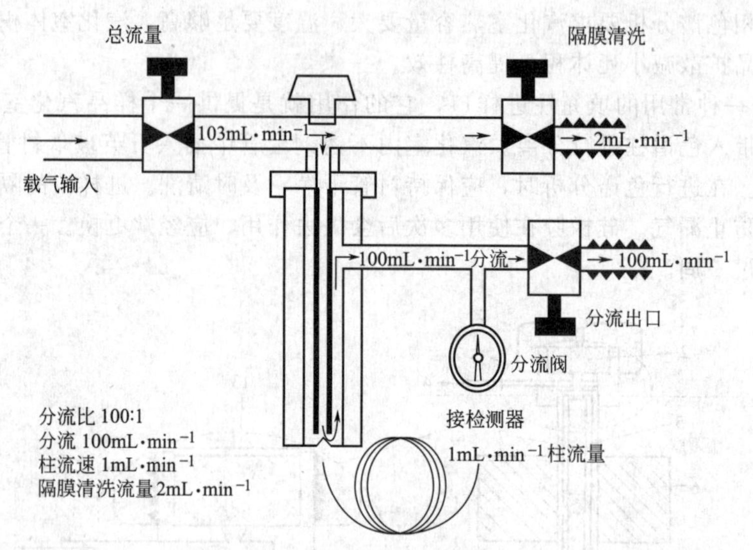

图 4-17　分流/不分流进样示意图

道阻塞，或气源净化不够使进样口玷污，此时应对进样口进行清洗。其方法是首先从进样口处拆下色谱柱，旋下散热片，清除导管和接头部件内的硅橡胶微粒（注意：接头部件千万不能碰弯），接着用丙酮和蒸馏水依次清洗导管和接头部件，并吹干。然后按拆卸的相反程序安装好，最后进行气密性检查。

（2）微量注射器的维护　微量注射器使用前要先用丙酮等溶剂洗净，使用后立即清洗处理（一般常用下述溶液依次清洗：5% NaOH 水溶液、蒸馏水、丙酮、氯仿，最后用真空泵抽干），以免芯子被样品中高沸点物质玷污而阻塞；切忌用重碱性溶液洗涤，以免玻璃受腐蚀失重和不锈钢零件受腐蚀而漏水漏气；对于注射器针尖为固定式者，不宜吸取有较粗悬浮物质的溶液；一旦针尖堵塞，可用 ϕ0.1mm 不锈钢丝串通；高沸点样品在注射器内部分冷凝时，不得强行多次来回抽动拉杆，以免发生卡住或磨损而造成损坏；如发现注射器内有不锈钢氧化物（发黑现象）影响正常使用时，可在不锈钢芯子上蘸少量肥皂水塞入注射器内，来回抽拉几次就可去掉，然后洗清即可；注射器的针尖不宜在高温下工作，更不能用火直接烧，以免针尖退火而失去穿戳能力。

（3）六通阀的维护　六通阀在使用时应绝对避免带有小颗粒固体杂质的气体进入六通阀，否则，在拉动阀杆或转动阀盖时，固体颗粒会擦伤阀体，造成漏气；六通阀使用长了，应该按照结构装卸要求卸下进行清洗。

4.2.4　分离系统

分离系统主要由柱箱和色谱柱组成，其中色谱柱是核心，它的主要作用是将多组分样品分离为单一组分的样品。

4.2.4.1　柱箱

在分离系统中，柱箱其实相当于一个精密的恒温箱。柱箱的基本参数有两个：一个是柱箱的尺寸，另一个是柱箱的控温参数。

柱箱的尺寸主要关系到是否能安装多根色谱柱，以及操作是否方便。尺寸大一些是有利的，但太大了会增加能耗，同时增大仪器体积。目前商品气相色谱仪柱箱的体积一般不超过 $15dm^3$。

柱箱的操作温度范围一般在 −90～450℃。除特殊用途的 GC 外，一般都带有多阶程序升温设计，能满足色谱优化分离的需要。低温功能一般用液氮或液态 CO_2 来实现，主要用于冷柱上进样。

4.2.4.2 色谱柱的类型

色谱柱一般可分为填充柱和毛细管柱。

(1) 填充柱 填充柱是指在柱内均匀、紧密填充固定相颗粒的色谱柱。柱长一般在 1～5m，内径一般为 2～4mm。依据内径大小的不同，填充柱又可分为经典型填充柱、微型填充柱和制备型填充柱。填充柱的柱材料多为不锈钢和玻璃，其形状有 U 形和螺旋形，使用 U 形柱时柱效较高。

*(2) 毛细管柱 毛细管柱又称空心柱（如图 4-18 所示），其分离效率比填充柱高，可解决复杂的、填充柱难以解决的分析问题。常用的毛细管柱为涂壁空心柱（WCOT)，其内壁直接涂渍固定液，柱材料大多用熔融石英，即所谓弹性石英柱。柱长一般在 25～100m，内径一般为0.1～0.5mm。按柱内径的不同，WCOT 可进一步分为微径柱、常规柱和大口径柱。涂壁空心柱的缺点是柱内固定液的涂渍量相对较小，且固定液容易流失。为了尽可能地增加柱的内表面积，以增加固定液的涂渍量，人们又发明了涂载体空心柱（SCOT，即内壁上沉积载体后再涂渍固定液的空心柱）和属于气-固色谱柱的多孔性空心柱［PLOT，即内壁上有多孔层（吸附剂）的空心柱］。其中 SCOT 柱由于制备技术比较复杂，应用不太普遍，而 PLOT 柱则主要用于永久性气体和低相对分子质量有机化合物的分离分析。表 4-4 列出常用色谱柱的特点及用途。

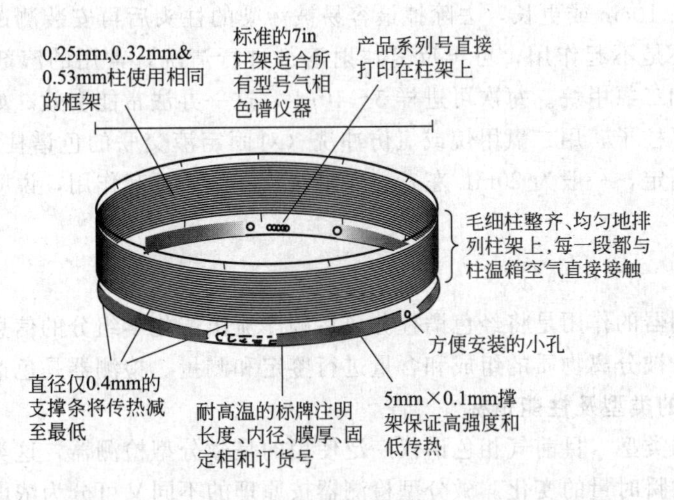

图 4-18 毛细管气相色谱柱的结构（1in＝0.0254m）

表 4-4 常用色谱柱的特点及用途

参数		柱长/m	内径/mm	柱效 N/m	进样量/ng	液膜厚度/μm	相对压力	主要用途
填充柱	经典	1～5	2～4	500～1000	10～10^6	10	高	分析样品
	微型		≤1					分析样品
	制备		＞4					制备纯化合物
WCOT	微径柱	1～10	≤0.1	4000～8000	10～1000	0.1～1	低	快速 GC
	常规柱	10～60	0.2～0.32	3000～5000				常规分析
	大口径柱	10～50	0.53～0.75	1000～2000				定量分析

4.2.4.3 色谱柱的维护

使用色谱柱时应注意如下几点。

① 新装色谱柱在使用前必须进行老化（具体方法见 4.4）。

② 新购买的色谱柱一定要在分析样品前先测试柱性能是否合格，如不合格可以退货或更换新的色谱柱。色谱柱使用一段时间后，柱性能可能会发生变化，当分析结果有问题时，应该用测试标样测试色谱柱，并将结果与前一次测试结果相比较。这有助于确定问题是否出在色谱柱上，以便于采取相应措施排除故障。每次测试结果都应保存起来作为色谱柱寿命的记录。

③ 色谱柱暂时不用时，应将其从仪器上卸下，在柱两端套上不锈钢螺帽（或者用一块硅橡胶堵上），并放在相应的柱包装盒中，以免柱头被污染。

④ 每次关机前都应将柱箱温度降到 50℃以下，然后再关电源和载气。若温度过高时切断载气，则空气（氧气）扩散进入柱管会造成固定液氧化和降解。仪器有过温保护功能时，每次新安装了色谱柱都要重新设定保护温度（超过此温度时，仪器会自动停止加热），以确保柱箱温度不超过色谱柱的最高使用温度，避免对色谱柱造成一定的损伤（如固定液的流失或者固定相颗粒的脱落），降低色谱柱的使用寿命。

*⑤ 对于毛细管柱，如果使用一段时间后柱效有大幅度的降低，往往表明固定液流失太多，有时也可能只是由于一些高沸点的极性化合物的吸附而使色谱柱丧失分离能力，这时可以在高温下老化，用载气将污染物冲洗出来。若柱性能仍不能恢复，就需从仪器上卸下色谱柱，将柱头截去 10cm 或更长，去除掉最容易被污染的柱头后再安装测试，这样往往能恢复柱性能。如果还是不起作用，可再反复注射溶剂进行清洗，常用的溶剂依次为丙酮、甲苯、乙醇、氯仿和二氯甲烷。每次可进样 5～10μL，这一办法常能奏效。如果色谱柱性能还不好，就只有卸下柱子，用二氯甲烷或氯仿冲洗（对固定液交联的色谱柱而言），溶剂用量依柱子污染程度而定，一般为 20mL 左右。如果这一办法仍不起作用，说明该色谱柱只有报废了。

4.2.5 检测系统

气相色谱检测器的作用是将经色谱柱分离后顺序流出的化学组分的信息转变为便于记录的电信号，然后对被分离物质的组成和含量进行鉴定和测量。检测器是色谱仪的“眼睛”。

4.2.5.1 检测器的类型及性能指标

（1）检测器的类型　目前气相色谱仪广泛使用的是微分型检测器，这类检测器显示的信号是组分随时间的瞬时量的变化。微分型检测器按原理的不同又可分为浓度敏感型检测器和质量敏感型检测器。浓度敏感型检测器的响应值取决于载气中组分的浓度。常见的浓度型检测器有热导检测器及电子捕获检测器等。质量敏感型检测器输出信号的大小取决于组分在单位时间内进入检测器的量，而与浓度关系不大。常见的质量型检测器有氢火焰离子化检测器和火焰光度检测器等。

（2）检测器的性能指标　对检测器的一般要求是结构简单、操作方便、应用范围广、价格低；对检测器的技术要求是灵敏度高、噪声低、稳定性好、线性范围宽和响应速度快。

① 噪声和漂移　在没有样品进入检测器的情况下，仅由于检测仪器本身及其他操作条件（如柱内固定液流失，橡胶隔垫流失，载气、温度、电压的波动，漏气等因素）使基线在短时间内发生起伏的信号，称为噪声（N），单位用毫伏表示。噪声是检测器的本底信号。使基线在一定时间内对原点产生的偏离，称为漂移（M），单位用 mV · h^{-1}表示，可从图 4-

4 看出噪声与漂移的关系。良好的检测器其噪声与漂移都应该很小，它们表明检测器的稳定状况。

② 检测器的线性与线性范围　检测器的线性是指检测器内载气中组分浓度与响应信号成正比的关系。线性范围是指被测物质的量与检测器响应信号成线性关系的范围，以最大允许进样量与最小允许进样量的比值表示。良好的检测器其线性接近于1。检测器的线性范围越宽越好。

③ 检测器的灵敏度　气相色谱检测器的灵敏度（S）是指通过检测器物质量的变化时，该物质响应值的变化率。一定浓度的组分（Q）进入到检测器产生响应信号（R），将不同的物质量与相应的响应信号作图，其中线性部分的斜率就是检测器的灵敏度，即

$$S=\frac{\Delta R}{\Delta Q} \tag{4-13}$$

式中，R 的单位为毫伏；Q 的单位则因检测器的类型不同而异；S 的单位随之亦有不同，浓度敏感型检测器的灵敏度用下式计算

$$S=\frac{Ac_1c_2F}{m} \tag{4-14}$$

式中，A 为峰面积，mm^2；c_1 为记录器或数据处理机灵敏度，$mV \cdot mm^{-1}$；c_2 为纸速倒数，$min \cdot mm^{-1}$；F 为载气流速，$mL \cdot min^{-1}$；m 为样品质量，mg。

因气体和液体的样品浓度单位不同，故 S 值的单位、含义等也略有不同，见表 4-5。

表 4-5　气体和液体的灵敏度符号、单位及含义

样品状态	灵敏度	符号	单位	含义
气体	体积灵敏度	S_V	$mV \cdot mL \cdot mL^{-1}$	每毫升载气中含有 1mL 气体组分时，所产生的毫伏数
液体	质量灵敏度	S_g	$mV \cdot mL \cdot mg^{-1}$	每毫升载气中含有 1mg 组分时，所产生的毫伏数

质量敏感型检测器的灵敏度用下式计算

$$S_t=\frac{\Delta R}{\Delta m}=\frac{60Ac_1c_2}{m} \tag{4-15}$$

式中符号意义同式(4-14)，S_t 单位为 $mV \cdot s \cdot g^{-1}$，即有 1g 样品通过检测器时，每秒钟所产生的电位数。

④ 检测器的检测限　在灵敏度计算中没有明确噪声大小，因而操作者可以将检测器的输出信号，通过放大器放到足够大，从而使灵敏度相当高。显然这种办法是不妥的，因为必须考虑到噪声这一参数。通常将产生两倍噪声信号时，单位体积的载气或单位时间内进入检测器的组分量称为检测限 D（亦称敏感度），其定义可用下式表示

$$D=\frac{2N}{S} \tag{4-16}$$

由于灵敏度 S 有不同的单位，所以检测限也有不同的单位。

$$D_g=\frac{2N}{S_g}\text{，单位为 } mg \cdot mL^{-1} \tag{4-17}$$

$$D_V=\frac{2N}{S_V}\text{，单位为 } mL \cdot mL^{-1} \tag{4-18}$$

$$D_t=\frac{2N}{S_t}\text{，单位为 } g \cdot s^{-1} \tag{4-19}$$

灵敏度和检测限是从两个不同角度表示检测器对物质敏感程度的指标。灵敏度越大，检测限越小，则表明检测器性能越好。

检测器的灵敏度的测定方法是：在一定实验条件下，将一定量的纯物质（常用苯）注入色谱柱进行分析，测量其峰面积，然后应用灵敏度的计算公式，即可求得对应灵敏度。

【例 4-1】 已知进样 0.5μL 纯苯，测得峰面积 $A_{苯}=0.166cm^2$，苯的密度为 $0.88g \cdot mL^{-1}$，记录仪灵敏度为 $0.4mV \cdot cm^{-1}$，记录纸速为 $0.5cm \cdot min^{-1}$。求氢火焰离子化检测器的灵敏度 S_t。

解： $S_t=\frac{60A_i c_1 c_2}{m_i}=\frac{60\times 0.166\times 0.4}{0.5\times 10^{-3}\times 0.88\times 0.5}=1.81\times 10^4\ (mV \cdot s \cdot g^{-1})$

⑤ 检测器的响应时间　气相色谱检测器响应时间，是指进入检测器的组分输出达到63%所需的时间。显然，检测器的响应时间越小，表明检测器性能越好。

4.2.5.2 气相色谱常用检测器

目前可用于气相色谱分析法的检测器已有几十种，其中最常用的是热导检测器（TCD）、氢火焰离子化检测器（FID）。普及型的仪器大都配有这两种检测器。此外电子捕获检测器（ECD）、氮磷检测器（NPD）及火焰光度检测器（FPD）等也用得比较多。表4-6总结了几种常用检测器的特点和技术指标（以商品检测器的最好性能为例）。

表 4-6 常用气相色谱仪检测器的特点和技术指标

检测器	类型	最高操作温度/℃	最低检测限	线性范围	主要用途
火焰离子化检测器(FID)	质量型,通用型	450	丙烷：$<5pg \cdot s^{-1}$碳	10^7 (±10%)	各种有机化合物的分析,对碳氢化合物的灵敏度高
热导检测器(TCD)	浓度型,通用型	400	丙烷：$<400pg \cdot mL^{-1}$；壬烷：$20000mV \cdot mL \cdot mg^{-1}$	10^5 (±5%)	适用于各种无机气体和有机物的分析,多用于永久气体的分析
电子俘获检测器(ECD)	浓度型,选择型	400	六氯苯：$<0.04pg \cdot s^{-1}$	$>10^4$	适合分析含电负性元素或基团的有机化合物,多用于分析含卤素化合物
微型 ECD	浓度型,选择型	400	六氯苯：$\leq 0.008pg \cdot s^{-1}$	$>5\times 10^4$	同 ECD
氮磷检测器(NPD)	质量型,选择型	400	用偶氮苯和马拉硫磷的混合物测定：$<0.4pg \cdot s^{-1}$氮；$<0.2pg \cdot s^{-1}$磷	$>10^5$	适合于含氮和含磷化合物的分析
火焰光度检测器(FPD)	质量型,选择型	250	用十二烷硫醇和三丁基膦酸酯混合物测定：$<20pg \cdot s^{-1}$硫；$<0.9pg \cdot s^{-1}$磷	硫：$>10^5$ 磷：$>10^6$	适合于含硫、含磷和含氮化合物的分析
脉冲 FPD(PFPD)	质量型,选择型	400	对硫磷：$<0.1pg \cdot s^{-1}$磷；对硫磷：$<1pg \cdot s^{-1}$硫；硝基苯：$<10pg \cdot s^{-1}$氮	磷：10^5 硫：10^3 氮：10^2	同 FPD

(1) 热导检测器（TCD）　热导检测器（TCD）是利用被测组分和载气的热导率不同而响应的浓度型检测器，有的亦称为热导池。

① TCD结构和工作原理

a. 结构　热导池由池体和热敏元件构成，有双臂热导池和四臂热导池两种（如图 4-19所示）。双臂热导池池体如图 4-19(a) 所示用不锈钢或铜制成，具有两个大小、形状完全对称的孔道，每一孔道装有一根热敏铼钨丝（其电阻值随本身温度变化而变化），其形状、电阻值在相同的温度下，基本相同。四臂热导池如图 4-19(b) 所示，具有四根相同的铼钨丝，灵敏度比双臂热导池约高一倍。目前大多采用四臂热导池。

热导池气路形式有三种，即直通式、扩散式和半扩散式，如图 4-20 所示。直通式热导池响应快，但对气流波动较敏感；扩散式具有稳定的特点，但响应慢、灵敏度低；半扩散式介于二者之间。

热导池池体中，只通纯载气的孔道称为参比池，通载气与样品的孔道为测量池。双臂热导池中一个是参比池，另一个是测量池；四臂热导池中，有两臂为参比池，另两臂为测量池。

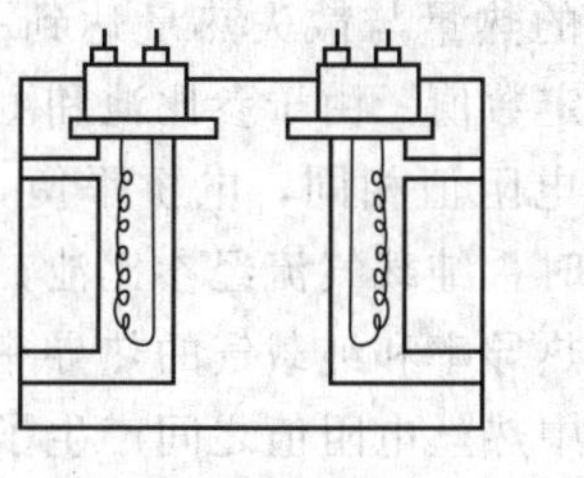

(a) 双臂热导池

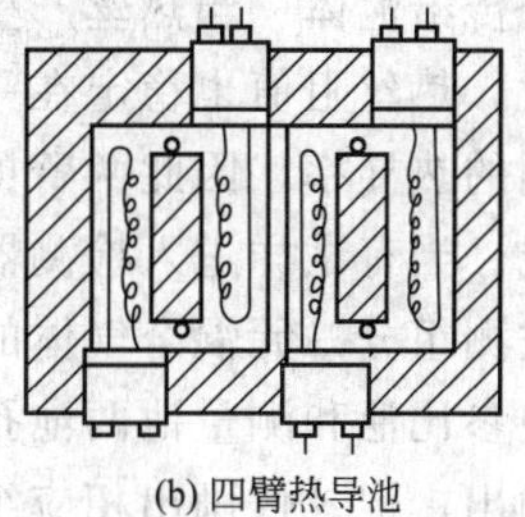

(b) 四臂热导池

图 4-19　热导池结构

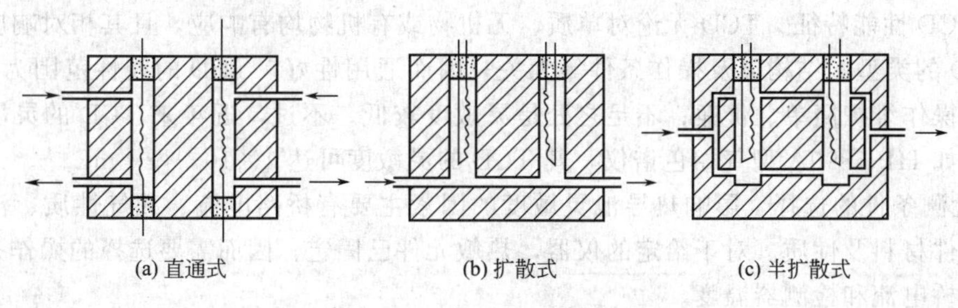

(a) 直通式　(b) 扩散式　(c) 半扩散式

图 4-20　热导池气路形式

早期 TCD 的池体积多为 500～800μL，后减小至 100～500μL，适用于填充柱。近年来发展的微型热导池（μ-TCD），其池体积均在 100μL 以下，μ-TCD 可与毛细管色谱柱配合使用。惠普公司推出的单丝流路调制式 TCD 只用一根热丝，稳定性好、噪声小、响应快、灵敏度很高（灵敏度可提高 3 个数量级，线性范围扩大了 2 个数量级），也可与毛细管色谱柱配合使用。

b. 测量电桥　热导池检测器中，热敏元件电阻值的变化可以通过惠斯通电桥来测量。图 4-21 为四臂热导池基本原理电路示意图。

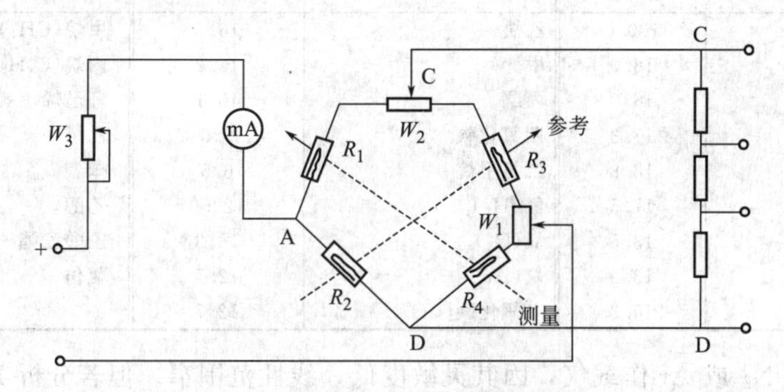

图 4-21　四臂热导池测量电桥

将四臂热导池的四根热丝分别作为电桥的四个臂，四根热丝阻值分别为 R_1、R_2、R_3、R_4。在同一温度下，四根热丝阻值相等，即 $R_1=R_2=R_3=R_4$；其中 R_1 和 R_4 为测量池中热丝，作为电桥测量臂；R_2 和 R_3 为参比池中热丝，作为电桥的参考臂。W_1、W_2、W_3，分别为三个电位器，可用于调节电桥平衡和电桥工作电流的大小。

c. 工作原理　热导池检测器的工作原理是基于不同气体具有不同的热导率。热丝具有电阻随温度变化的特性。当有一恒定直流电通过热导池热丝时（此时池内已预先通有一定流速的纯载气），热丝被加热。由于载气的热传导作用使热丝的一部分热量被载气带走，一部分传给池体。当热丝产生的热量与散失热量达到平衡时，热丝温度就稳定在一定数值。此时，热丝阻值也稳定在一定数值。由于参比池和测量池通入的都是纯载气，同一种载气有相同的热导率，因此两臂的电阻值相同，电桥平衡，无信号输出，记录系统记录的是一条直线。当有试样进入检测器时，纯载气流经参比池，载气携带着组分流经测量池，由于载气和被测组分二元混合气体的热导率和纯载气的热导率不同，测量池中散热情况因而发生变化，使参比池和测量池两池孔中热丝电阻值之间产生了差异，电桥失去平衡，检测器有电压信号输出，记录仪画出相应组分的色谱峰。载气中待测组分的浓度愈大，测量池中气体热导率改变就愈显著，温度和电阻值改变也愈显著，电压信号就愈强。此时输出的电压信号（色谱峰面积或峰高）与样品的浓度成正比，这正是热导检测器的定量基础。

② TCD性能特征　TCD无论对单质、无机物或有机物均有响应，且其相对响应值与使用的TCD的类型、结构以及操作条件等无关，因而通用性好。TCD的线性范围为10^5，定量准确，操作维护简单、价廉；不足之处是灵敏度较低。不过，近年来TCD的灵敏度又有了提高，如HP 5890A型气相色谱仪，其TCD的灵敏度可达$4\times10^{-10}g\cdot mL^{-1}$。

③ 检测条件的选择　影响热导池灵敏度的因素主要有桥路电流、载气性质、池体温度和热敏元件材料及性质。对于给定的仪器，热敏元件已固定，因而需要选择的操作条件就只有载气、桥电流和检测器温度。

a. 载气种类、纯度和流量

(a) 载气种类　载气与样品的导热能力相差越大，检测器灵敏度越高。由于相对分子质量小的H_2、He等导热能力强，而一般气体和蒸气导热能力（如表4-7所示）较小，所以TCD通常用He或H_2作载气。用H_2或He作载气的TCD，其灵敏度高，且峰形正常，易于定量，线性范围宽。

表4-7　一些化合物蒸气和气体的相对热导率

化合物	相对热导率 He=100	化合物	相对热导率 He=100	化合物	相对热导率 He=100
氦(He)	100.0	乙炔	16.3	甲烷(CH_4)	26.2
氮(N_2)	18.0	甲醇	13.2	丙烷(C_3H_8)	15.1
空气	18.0	丙酮	10.1	环已烯	12.0
一氧化碳	17.3	四氯化碳	5.3	乙烯	17.8
氨(NH_3)	18.8	二氯甲烷	6.5	苯	10.6
乙烷(C_2H_6)	17.5	氢(H_2)	123.0	乙醇	12.7
正丁烷(C_4H_{10})	13.5	氧(O_2)	18.3	乙酸乙酯	9.8
异丁烷	13.9	氩(Ar)	12.5	氯仿	6.0
环已烷	10.3	二氧化碳(CO_2)	12.7		

通常不使用N_2或Ar作载气，因其灵敏度低，线性范围窄。但若分析He或H_2时，则宜用N_2或Ar作载气。用N_2或Ar作载气时要注意，因其相对热导率小，热丝达到相同温度所需桥流值，比He或H_2作载气要小得多。毛细管色谱柱接TCD时，最好都加尾吹气[1]，尾吹气的种类同载气。

(b) 载气的纯度　载气的纯度影响TCD的灵敏度。一般来说，在桥流160～200mA范围内，用99.999%的超纯H_2比用99%的普通H_2灵敏度高6%～13%。载

[1] 尾吹气是从色谱柱出口处直接进入检测器的一路气体，又叫补充气或辅助气。其作用一是保证检测器在最佳载气流量条件下工作，二是消除检测器死体积的柱外效应。

气纯度对峰形亦有影响，用 TCD 作高纯气中杂质检测时，载气纯度应比被测气体高 10 倍以上，否则将出倒峰。

(c) 载气流量　TCD 为浓度敏感型检测器，色谱峰的峰面积响应值反比于载气流量。因此，在检测过程中，载气流量必须保持恒定。在柱分离许可的情况下，载气应尽量选用低流速，流速波动可能导致基线噪声和漂移增大。对 μ-TCD，为了有效地消除柱外峰形扩张，同时保持高灵敏度，通常载气加尾吹的总流量在 10～20mL · min^{-1}。参考池的气体流速通常与测量池相等，但在程序升温时，可调整参考池之流速至基线波动和漂移最小为佳。

b. 桥电流　一般认为灵敏度 S 值与桥电流的三次方成正比。所以，用增大桥电流来提高灵敏度是最常用的方法。但是，桥流偏大，噪声也由逐渐增大变成急剧增大，结果是信噪比下降，检测限变大。而且，桥流越高，热丝越易被氧化，因此使用寿命也越短，过高的桥流甚至可能使热丝被烧断。所以，在满足分析灵敏度要求的前提下，应尽量选取低的桥电流，这时噪声小，热丝寿命长。但是 TCD 若长期在低桥电流下工作，可能造成池污染，此时可用溶剂清洗热导池。一般商品 TCD 使用说明书中，均有不同检测器温度时推荐使用的桥电流值，进行分析测试时通常可参考此值来设定桥电流的具体数值。

c. 检测器温度　TCD 的灵敏度与热丝和池体间的温差成正比。进行分析测试时，增大其温差主要有两个途径：一是提高桥电流，以提高热丝温度；二是降低检测器池体温度，这决定于被分析样品的沸点。检测器池体温度不能低于样品的沸点，以免样品在检测器内冷凝而造成污染或堵塞。因此，对具有较高沸点的样品的分析而言，采用降低检测器池体温度来提高灵敏度是有限的，而对那些永久性气体的分析而言，用此法则可大大提高灵敏度。

④ 应用　热导检测器是一种通用的非破坏型浓度检测器，一直是实际分析工作中应用最多的气相色谱检测器之一。TCD 特别适用于气体混合物的分析，对于那些氢火焰离子化检测器不能直接检测的无机气体的分析，TCD 更是显示出独到之处。TCD 在检测过程中不破坏被检测的组分，有利于样品的收集，或与其他仪器联用。TCD 能满足工业分析中峰高定量的要求，很适于工厂控制分析。

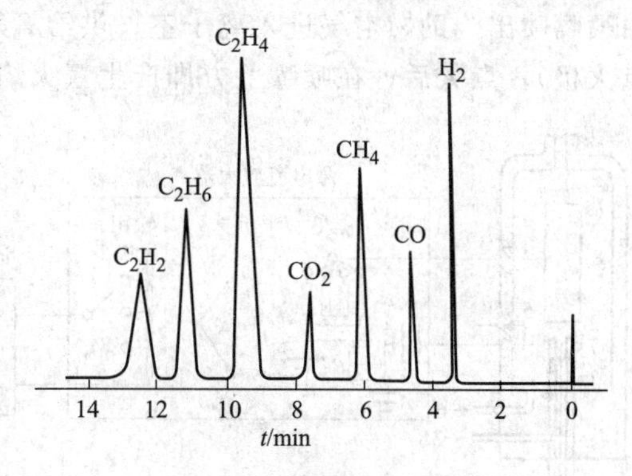

图 4-22　裂解气分析色谱图

TCD 在工厂中的应用最典型的实例要数石油裂解气的分析。这是因为：第一，石油裂解气的分析为工厂控制分析，是 TCD 应用最多的场合；第二，裂解气为无机气体和轻烃的混合物，这是最能体现 TCD 应用特征的样品类型；第三，裂解气分析用工业色谱仪在线监测，要求能长期稳定运行，而 TCD 是所有气相色谱检测器中，最能满足要求的检测器。图 4-22 为裂解气分析色谱图，它采用 4 个阀和 4 根填充柱配合，自动取样，自动柱切换，自动反吹，15min 一次，对无机和轻烃混合的 7 组分同时进行检测。

⑤ 热导池检测器的维护

a. 使用注意事项

(a) 尽量采用高纯气源，载气与样品气中应无腐蚀性物质、机械性杂质或其他污染物。

(b) 载气至少通入 0.5h，保证将气路中的空气赶走后，方可通电，以防热丝元件的氧化。未通载气严禁加载桥电流。

(c) 根据载气的性质，桥电流不允许超过额定值。如载气用 N_2 时，桥电流应低于150mA；用 H_2 时，则应低于270mA。

(d) 检测器不允许有剧烈振动。

(e) 热导池高温分析时如果停机，除首先切断桥电流外，最好等检测室温度低于100℃以下时，再关闭气源，这样可以延长热丝元件的使用寿命。

b. 热导池检测器的清洗　当热导池使用时间长或被玷污后，必须进行清洗。方法是将丙酮、乙醚、十氢萘等溶剂装满检测器的测量池，浸泡一段时间（20min左右）后倾出，如此反复进行多次，直至所倾出的溶液比较干净为止。

当选用一种溶剂不能洗净时，可根据污染物的性质先选用高沸点溶剂进行浸泡清洗，然后再用低沸点溶剂反复清洗。洗净后加热使溶剂挥发，冷却至室温后，装到仪器上，然后加热检测器，通载气数小时后即可使用。

(2) 氢火焰离子化检测器（FID）　氢火焰离子化检测器（FID），简称氢焰检测器，是气相色谱仪中使用最广泛的一种质量型检测器。

① FID结构和工作原理

a. FID的结构　FID的结构如图4-23(a) 所示。氢焰检测器的主要部件是离子室。离子室一般由不锈钢制成，包括气体入口、出口、火焰喷嘴、极化极和收集极以及点火线圈等部件。极化极为铂丝做成的圆环，安装在喷嘴之上。收集极是金属圆筒，位于极化极上方。两极间距可以用螺丝调节（一般不大于10mm）。在收集极和极化极间加一定的直流电压（常用150～300V），以收集极作负极、极化极作正极，构成一外加电场。载气一般用氮气，燃气用氢气，分别由入口处通入，调节载气和燃气的流量配比，使它们以一定比例混合后，由喷嘴喷出。助燃空气进入离子室，供给氧气。在喷嘴附近安装有点火装置（一般极化极兼点火极），点火后，在喷嘴上方即产生氢火焰。

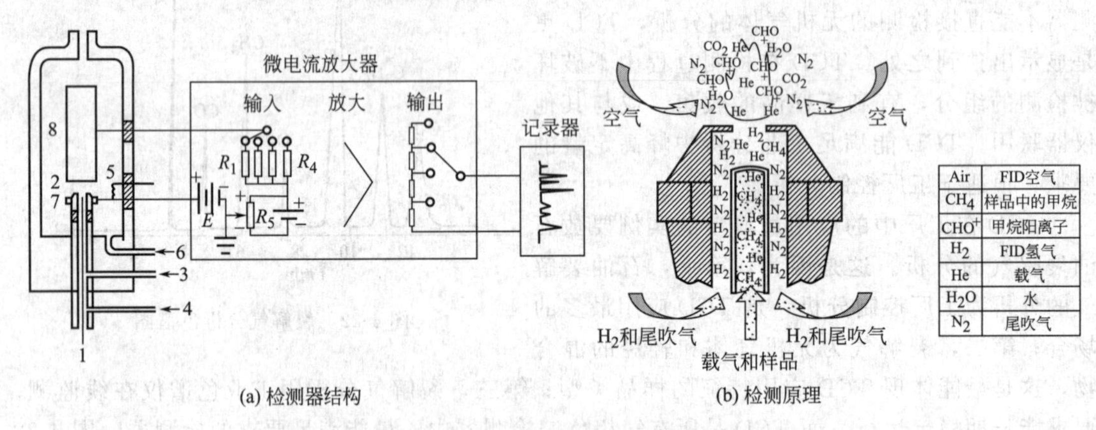

(a) 检测器结构　　(b) 检测原理

图4-23　氢火焰离子化检测器结构与检测原理示意图

1—填充柱或毛细管柱；2—喷嘴；3—氢气入口；4—尾吹气入口；5—点火灯丝；6—空气入口；7—极化极；8—收集极

b. FID工作原理［见图4-23(b)］　当仅有载气从毛细管柱后流出进入检测器时，载气中的有机杂质和流失的固定液在氢火焰（2100℃）中发生化学电离（载气 N_2 本身不会被电离），生成正、负离子和电子。在电场作用下，正离子移向收集极（负极），负离子和电子移向极化极（正极），形成微电流，流经输入电阻 R_1 时，在其两端产生电压降 E。它经微电流放大器放大后，在记录仪上便记录下一信号，称为基流。只要载气流速、柱温等条件不变，该基流亦不变。分析过程中，总是希望基流越小越好。但是，基流总是存在的，因此，通常

通过调节 R_5 上的反方向的补差电压来使流经输入电阻的基流降至“零”，这就是所谓的“基流补偿”。一般在进样前均要使用基线补偿，将记录器上的基线调至零。进样后，载气和分离后的组分一起从柱后流出，氢火焰中增加了组分被电离后产生的正、负离子和电子，从而使电路中收集极的微电流显著增大，此即该组分的信号。该信号的大小与进入火焰中组分的质量是成正比的，这便是 FID 的定量依据。

② 性能特征　FID 的特点是灵敏度高，比 TCD 的灵敏度高约 10^3 倍；检出限低，可达 10^{-12} g·s^{-1}；线性范围宽，可达 10^7；FID 结构简单，死体积一般小于 1μL，响应时间仅为 1ms，既可以与填充色谱柱联用，也可以直接与毛细管色谱柱联用，如图 4-24 所示；FID 对能在火焰中燃烧电离的有机化合物都有响应，可以直接进行定量分析，是目前应用最为广泛的气相色谱检测器之一。FID 的主要缺点是不能检测永久性气体、水、一氧化碳、二氧化碳、氮的氧化物、硫化氢等物质。

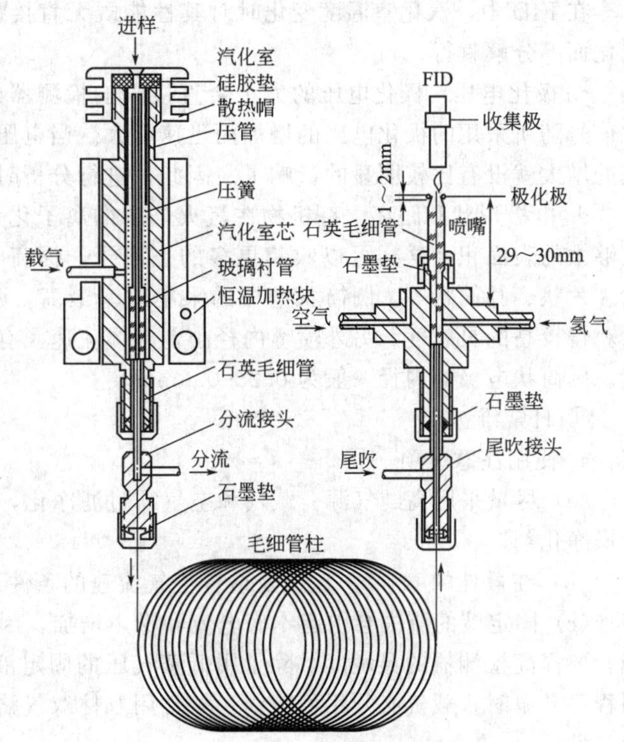

图 4-24　毛细管色谱柱与 FID 检测器的连接

③ 检测条件的选择　FID 可供操作者选择的主要参数有：载气种类和载气流量；氢气和空气的流量；柱、汽化室和检测室的温度；极化电压；电极形状和距离等。

a. 气体种类、流速和纯度

(a) 载气　载气将被测组分带入 FID，同时又是氢火焰的稀释剂。N_2、Ar、H_2、He 均可作 FID 的载气。N_2、Ar 作载气时 FID 灵敏度高、线性范围宽。因 N_2 价格较 Ar 低，所以通常用 N_2 作载气。

载气流量通常根据柱分离的要求进行调节。对 FID 而言，过大的载气流量会降低检测灵敏度。进行分析测试时往往通过实验选择适宜的载气流量。

(b) 氮氢比　一般来说，在使用 FID 时，氮氢比在 1∶1 左右检测器的响应值最大。如果是常量组分的质量检验，增大氢气流量，使氮氢比下降至 0.43～0.72 范围内，虽然减小了灵敏度，但可使检测器的线性和线性范围得到改善和提高。

(c) 空气流量　空气是氢火焰的助燃气。它为火焰化学反应和电离反应提供必要的氧，同时也起着把 CO_2、H_2O 等燃烧产物带走的吹扫作用。通常空气流量约为氢气流量的 10 倍。流量过小，供氧量不足，响应值低；流量过大，易使火焰不稳，噪声增大。一般情况下空气流量在 300～500mL·min^{-1} 范围。

(d) 气体纯度　在作常量分析时，载气、氢气和空气纯度在 99.9%以上即可。但在作痕量分析时，则要求三种气体的纯度相应提高，一般要求达 99.999%以上，空气中总烃含量应小于 0.1μL·L^{-1}。钢瓶气源中的杂质，可能造成 FID 噪声、基线漂移、假峰，以及加快色谱柱流失，缩短柱寿命等后果。

b. 温度　FID为质量敏感型检测器，它对温度变化不敏感。但在用填充色谱柱或毛细管色谱柱作程序升温时要特别注意基线漂移。可用双柱进行补偿，或者用仪器配置的自动补偿装置进行“校准”和“补偿”两步骤。

在FID中，由于氢气燃烧，产生大量水蒸气。若检测器温度低于80℃，水蒸气不能以蒸汽状态从检测器排出，冷凝成水，使高阻值的收集极阻值大幅度下降，减小灵敏度，增加噪声。所以，进行分析测试时，要求FID检测器温度必须在120℃以上。

在FID中，汽化室温度变化时对其性能既无直接影响亦无间接影响，只要能保证试样汽化而不分解就行。

c. 极化电压　极化电压的大小会直接影响检测器的灵敏度。当极化电压较低时，离子化信号随所采用的极化电压的增加而迅速增大。当电压超过一定值时，增加电压对离子化电流的增大就没有比较明显的影响了。因此，进行分析时，FID极化电压一般为150～300V。

d. 电极形状和距离　有机物在氢火焰中的离子化效率很低，因此要求收集极必须具有足够大的表面积，这样可以收集更多的正离子，提高收集效率。收集极的形状多样，有网状、片状、圆筒状等。圆筒状电极的采集效率最高。两极之间距离为5～7mm时，往往可以获得较高的灵敏度。另外喷嘴内径小，气体流速大有利于组分的电离，从而提高检测灵敏度。圆筒状电极的内径一般为0.2～0.6mm。

④ 日常维护

a. 使用注意事项

(a) 尽量采用高纯气源。载气和空气需过滤净化，一般常用分子筛、活性炭和硅胶作为干燥净化剂。

(b) 在最佳的N_2/H_2比以及最佳空气流速的条件下使用。

(c) 固定液的流失会引起本底电流和噪声增加，因此要求色谱柱必须经过严格的老化处理。要提高检测器的灵敏度，除了用低蒸气压的固定液外，还要保持柱温和流速的稳定性，用程序升温时，载气必须用稳流阀，并常用双柱双气路补偿，使仪器在高温下仍能获得高的稳定性。

(d) 离子室要注意外界干扰，离子头屏蔽要好，要有良好的接地，要避免强电场、强磁场的干扰。

(e) 各电极对地绝缘要好，同轴电缆绝缘和接触要好。放大器和极化电压等电路要求稳定。

(f) 离子室要保持一定温度，以防止水蒸气冷凝在离子室造成信号波动，使灵敏度降低，并使基线不稳，故检测器温度要求至少大于120℃。当分析样品中水分太多或进样量太大时，会使火焰温度下降，影响灵敏度，有时甚至会使火焰熄灭。

(g) 离子头、管道和离子室必须清洁，不得有有机物污染（FID长期使用也会使喷嘴堵塞)，否则将引起本底电流增大，噪声增大，灵敏度降低。

b. 氢火焰离子化检测器的清洗　若检测器玷污不太严重时，FID的清洗方法是：将色谱柱取下，用一根管子将进样口与检测器连接起来，然后通载气将检测器恒温箱升至120℃以上，再从进样口注入20μL左右的蒸馏水，接着再用几十微升丙酮或氟利昂溶剂进行清洗，并在此温度下保持1～2h，检查基线是否平稳。若基线不理想，则可再洗一次或卸下清洗（注意：更换色谱柱，必须先切断氢气源)。

当检测器玷污比较严重时，必须卸下FID进行清洗。具体方法是：先卸下收集极、极化极、喷嘴等。若喷嘴是石英材料制成的，则先将其放在水中进行浸泡至过夜；若喷嘴是不锈钢等材料制成的，则可将喷嘴与电极等一起，先小心用300～400号细砂纸磨光，再用适当溶液（如1∶1甲醇-苯）浸泡，超声波清洗，最后用甲醇清洗后置于烘箱中烘干。注意切勿用卤素类溶剂（如氯仿、二氯甲烷等）浸泡，以免与卸下零件中的聚四氟乙烯材料作用，导致噪声增加。洗净后的各个部件要用镊子取出，勿用手摸。各部件烘干后，在装配时也要小心，否则会再度玷污。部件装入仪器后要先通载气30min，再点火升高检测室的温度。实际操作过程中，最好先在120℃的温度下保持数小时后，再升至工作温度。

⑤ 应用　FID广泛应用于烃类工业、化学、化工、药物、农药、法医化学、食品和环境科学等诸多领域。FID除用于各种常量样品的常规分析以外，由于其灵敏度高还特别适合作各种样品的痕量分析。

*(3) 电子捕获检测器（ECD）　电子捕获检测器（ECD）也是一种离子化检测器，它可以与氢焰检测器共用一个放大器，其应用仅次于热导检测器和氢焰检测器。

① ECD结构和工作原理

a. 结构　电子捕获检测器的结构如图4-25所示。电子捕获检测器的主体是电离室，目前广泛采用的是圆筒状同轴电极结构。阳极是外径约2mm的铜管或不锈钢管，金属池体为阴极。离子室内壁装有β射线放射源，常用的放射源是^{63}Ni。在阴极和阳极间施加一直流或脉冲极化电压。载气用N_2或Ar。

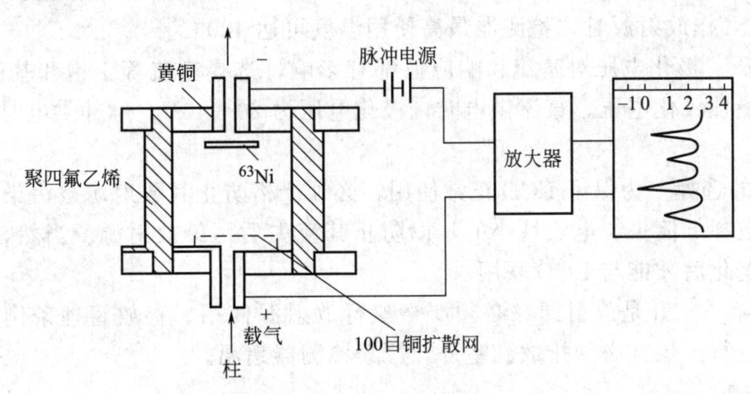

图4-25　ECD的结构示意图

b. 检测原理　当载气（N_2）从色谱柱流出进入检测器时，放射源放射出的β射线，使载气电离，产生正离子及低能量电子：

$$N_2 \xrightarrow{\beta射线} N_2^+ + e^-$$

这些带电粒子在外电场作用下向两电极定向流动，形成了约为10^{-8}A的离子流，即为检测器基流。

当电负性物质AB进入离子室时，因为AB有较强的电负性，可以捕获低能量的电子，而形成负离子，并释放出能量。电子捕获反应如下。

$$AB + e^- \longrightarrow AB^- + E$$

反应式中，E为反应释放的能量。

电子捕获反应中生成的负离子AB^-与载气的正离子N_2^+复合生成中性分子。反应式为

$$AB^- + N_2^+ \longrightarrow N_2 + AB$$

由于电子捕获和正负离子的复合，使电极间电子数和离子数目减少，致使基流降低，产生了样品的检测信号。由于被测样品捕获电子后降低了基流，所以产生的电信号是负峰（如

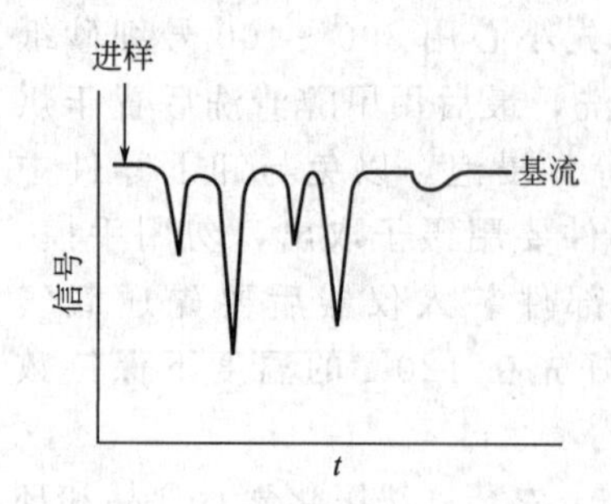

图 4-26　ECD 产生的色谱图

图 4-26 所示)，负峰的大小与样品的浓度成正比，这正是 ECD 的定量基础。实际进行分析测试时，常可通过改变极性使负峰变为正峰。

② 性能特征及应用　ECD 是一种灵敏度高，选择性强的检测器。ECD 只对具有电负性的物质，如含 S、P、卤素的化合物，金属有机物及含羰基、硝基、共轭双键的化合物有输出信号；而对电负性很小的化合物，如烃类化合物等，只有很小甚至无输出信号。被测物的电负性越大，ECD 的检测限越小（可达 10^{-12}～10^{-14}g），所以 ECD 特别适合于分析痕量电负性化合物。虽然 ECD 的线性范围较窄，仅有 10^4 左右，但 ECD 仍然被广泛用于生物、医药、农药、环保、金属螯合物及气象追踪等领域。

③ 操作条件的选择

a. 载气和载气流量　ECD 一般采用 N_2 作载气，载气必须严格纯化，彻底除去水和氧。

载气流量增加，基流随之增大，N_2 在 100mL・min^{-1}左右，基流最大，为了同时获得较好的柱分离效果和较高基流，通常采用在柱与检测器间引入补充的 N_2，以便检测器内 N_2 达到最佳流量。

b. 检测器的使用温度　当电子捕获检测器采用^{3}H 作放射源时，检测器温度不能高于 220℃；采用^{63}Ni 作放射源时，检测器最高使用温度可达 400℃。

c. 极化电压　极化电压对基流和响应值都有影响，选择基流等于饱和基流值的 85％时的极化电压为最佳极化电压。直流供电时，极化电压为 20～40V；脉冲供电时，极化电压为 30～50V。

d. 固定液的选择　为保证 ECD 正常使用，必须严格防止其放射源被污染。因此色谱柱的固定液必须选择低流失、电负性小的，以防止其流失后污染放射源。当然，实际过程中，柱子必须充分老化后才能与 ECD 联用。

e. 安全保障　^{63}Ni 是放射源，必须严格执行放射源使用、存放管理条例。拆卸、清洗应由专业人员进行。尾气必须排放到室外，严禁检测器超温。

④ 日常维护

a. 使用高纯度载气和尾吹气　ECD 使用过程中必须保持整个系统的洁净，要求系统气密性好，主体纯度高（载气及尾吹气的纯度大于 99.999％）。

b. 使用耐高温隔垫和洁净样品　使用流失小的耐高温的隔垫，汽化室洁净，柱流失少；使用洁净的样品；检测器温度必须高于柱温 10℃以上。

c. 检测器的污染及其净化　若直流和恒频率方式 ECD 基流下降或恒电流方式基流增大，噪声增高，信噪比下降，或者基线漂移变大，线性范围变小，甚至出负峰，则表明 ECD 可能污染，必须要进行净化。目前常用的净化方法是将载气或尾吹气换成 H_2，调流量至 30～40 mL・min^{-1}。汽化室和柱温为室温，将检测器升至 300～350℃，保持 18～24h，使污染物在高温下与氢作用而除去。这种方法称之为“氢烘烤”。氢烘烤毕，将系统调回至原状态，稳定数小时即可。

*(4) 火焰光度检测器（FPD）　火焰光度检测器（FPD）是一种选择性检测器，它对含硫、磷化合物有高的选择性和灵敏度，适宜于分析含硫、磷的农药及环境分析中监测含微量硫、磷的有机污染物。

① FPD 的结构和工作原理

a. 结构 FPD由氢焰部分和光度部分构成。氢焰部分包括火焰喷嘴、遮光槽、点火器等。光度部分包括石英窗、滤光片和光电倍增管，如图 4-27 所示。含硫或磷的化合物由载气携带，先与空气（或纯氧）混合后由检测器下部进入喷嘴，在喷嘴周围有四个小孔，供给过量的燃气氢气，点燃后产生光亮、稳定的富氢火焰。喷嘴上面的遮光槽可以将火焰本身及烃类物质发出的光挡去，这样可以使火焰更稳定，减少噪声。硫、磷燃烧产生的特征光通过石英窗口、滤光片（硫用 394nm 滤光片，磷用 526nm 滤光片），然后经光电倍增管转换为电信号，由记录仪记录色谱峰。

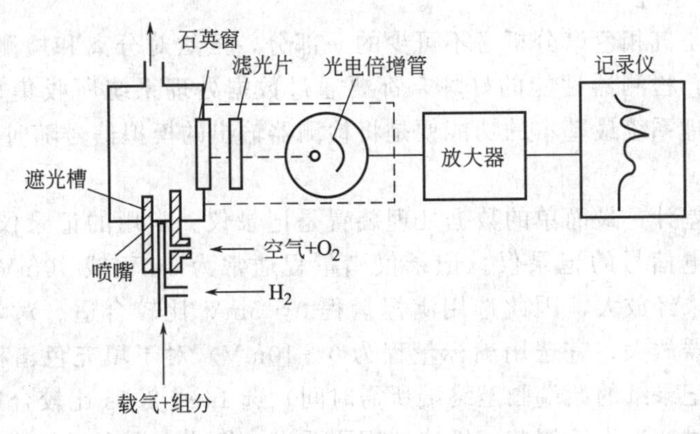

图 4-27 FPD结构示意图

b. FPD检测原理 含硫或磷的有机化合物在富氢火焰中燃烧时，硫、磷被激发而发射出特征波长的光谱。当硫化物进入火焰，形成激发态的 S_2^* 分子，此分子回到基态时发射出特征的蓝紫色光（波长 350～430nm，最大强度对应的波长为 394nm）；当磷化物进入火焰，形成激发态的 HPO^* 分子，它回到基态时发射出特征的绿色光（波长为 480～560nm，最大强度对应的波长为 526nm）。这两种特征光的光强度与被测组分的含量均成正比，这正是 FPD 的定量基础。特征光经滤光片（对 S 394nm，对 P 526nm）滤光，再由光电倍增管进行光电转换后，产生相应的光电流。经放大器放大后由记录系统记录下对应的色谱图。

② 检测条件的选择 硫、磷化合物的检测条件比较接近，实际上硫的检测条件更为苛刻，操作时更应慎重。影响 FPD 响应值的主要因素是气体流速、检测器温度和样品浓度等。当使用毛细管色谱柱时，如何使 FPD 与之适应，也是检测条件中必须考虑的问题。

a. 气体流量的选择 通常 FPD 中用三种气体：空气、氢气和载气。O_2/H_2 比是影响响应值最关键的参数，它决定了火焰的性质和温度，从而影响灵敏度。进行分析测试时应针对 FPD 型号和被测组分，参照仪器说明书由操作者实际测量最佳 O_2/H_2 比。

一般来说，FPD 的载气最好用 H_2，其次是 He，最好不用 N_2。这是因为 H_2 作载气在相当大范围内，响应值随流速增加而增大；而且在用 N_2 作载气时，FPD 对硫的响应值随流速的增加而减小。因此，最佳载气流速应视具体情况做实验来确定。

b. 检测器温度的选择 检测器温度对硫和磷的响应值有不同的影响：硫的响应值随检测器温度升高而减小；而磷的响应值基本上不随检测器温度变化而改变。实际过程中，检测器的使用温度应大于 100℃，目的是防止 H_2 燃烧生成的水蒸气冷凝在检测器中而增大噪声。

c. 样品浓度的适用范围 在一定的浓度范围内，样品浓度对磷的检测无影响，是呈线性的；而对硫的检测却密切相关，因为这是非线性的。同时，当被测样品中同时含硫和磷时，测定就会互相干扰。通常磷的响应干扰不大，而硫的响应对磷的响应产生干扰较大，因此使用 FPD 测硫和测磷时，应选用不同滤光片和不同火焰温度来消除彼此的干扰。

③ 性能和应用　FPD 是一种具有高灵敏度和高选择性的检测器。它对磷的响应为线性，检测限可达 $0.9pg \cdot s^{-1}$，线性范围大于 10^6；它对硫的响应为非线性，检测限可达 $20pg \cdot s^{-1}$，线性范围大于 10^5。FPD 现已广泛用于石油产品中微量硫化合物及农药中有机磷化合物的分析。

4.2.6　数据处理系统和温度控制系统

4.2.6.1　数据处理系统

数据处理系统是气相色谱分析必不可少的一部分，虽然对分离和检测没有直接的贡献，但分离效果的好坏，检测器性能的好坏，都要通过数据处理系统所收集显示的数据反映出来。所以，数据处理系统最基本的功能便是将检测器输出的模拟信号随时间的变化曲线（即色谱图）绘制出来。

(1) 电子电位差计　最简单的数据处理装置是记录仪。常用的记录仪是电子电位差计，它是一种记录直流电信号的记录仪。记录仪满量程通常为 5mV 或 10mV。对热导检测器，由于它输出电信号未经放大，因此选用满标量程 0～5mV 比较合适。对氢焰检测器，由于输出电信号经放大器放大，宜选用满标量程为 0～10mV。对于填充色谱柱，记录仪的满标时间（指记录笔由记录纸的始端画至终端所需时间）选 1s 或 2.5s 比较合适。记录仪中记录纸的移动速度可通过变速齿轮调节，纸速使用要适当，纸速太慢会增加峰面积的误差，太快则造成纸张浪费。由于电子电位差计记录的色谱图，其色谱峰面积和峰高等数据必须用手工测量，这样往往会带来人为的误差，故记录仪的使用越来越不受欢迎，有被完全淘汰的趋势。

(2) 积分仪　目前，使用较为普遍的数据处理装置是电子积分仪。它实质上是一个积分放大器，是利用电容的充放电性能，将一个峰信号（微分信号）变成一个积分信号，这样就可以直接测量出峰面积，最后打印出色谱峰的保留时间、峰面积和峰高等数据。

(3) 色谱数据处理机　20 世纪 70 年代后期把单片机引入到数据积分仪中，可以将积分仪得到的数据进行存储、变换，采用多种定量分析方法进行色谱定量分析，并将色谱分析结果（包括色谱峰的保留时间、峰面积、峰高、色谱图、定量分析结果等）同时打印在记录纸上。这种功能较多的积分仪称为色谱数据处理机。它还可以从一个磁盘拷贝到另一个磁盘中。色谱数据处理机除可以存储色谱数据外，还可以文件号的方式存储不同分析方法的操作参数，使用这一方法只需要调出文件号，不必一个参数一个参数再去设定。色谱数据处理机的功能越来越多，日新月异，目前除了处理从检测器输出采集到的色谱数据外，很多色谱数据处理机还增加了对色谱仪的控制功能。如气相色谱仪的进样口温度、柱温（包括程序升温）、检测器温度和参数等都可以由色谱数据处理机设定和控制。

总之，色谱数据处理机的发展大大减轻了色谱工作者的劳动，同时使色谱定性、定量分析的结果更加准确、可靠。

(4) 色谱工作站　色谱工作站是由一台微型计算机来实时控制色谱仪器，并进行数据采集和处理的一个系统。它是由硬件和软件两个部分组成。

硬件是一台微型计算机，不同厂家的色谱工作站对微型计算机的配置要求也有所不同。一般色谱工作站都要求配置：586 或更高的处理器，16M 以上的内存，1G 以上的空闲硬盘，两个以上空闲扩展槽，一台显示器，一个标准键盘，一个鼠标器，一台打印机，以及色谱数据采集卡和色谱仪器控制卡。

软件主要包括色谱仪实时控制程序、峰识别和峰面积积分程序、定量计算程序、报告打印程序等。

色谱仪通过色谱数据采集卡和色谱仪器控制卡与计算机连接，在色谱工作站软件控制下，可以对气相色谱、高效液相色谱、离子色谱、凝胶渗透色谱、超临界流体色谱、薄层色谱及毛细管电泳等的检测器输出的色谱峰的模拟信号进行转换、采集、存储和处理，并对采集和存储的色谱图进行分析校正和定量计算，最后打印出色谱图和分析报告。

色谱工作站在数据处理方面的功能有：色谱峰的识别，基线的校正，重叠峰和畸形峰的解析，计算峰参数（包括保留时间、峰高、峰面积、半峰宽等），定量计算组分含量（定量方法有归一化法、内标法、外标法等）等。色谱工作站在对重叠峰的数据处理时，一般采用高精度拟合法，有较高的准确度。色谱工作站的软件还有谱图再处理功能，包括对已存储的色谱图整体或局部的调出、检查；色谱峰的加入或删除；对色谱图进行放大或缩小处理；对色谱图进行叠加或相减运算等。

色谱工作站对色谱仪器的实时控制功能包括了色谱仪各单元中单片机具有的所有功能，包括色谱仪器一般操作条件的控制；程序的控制，如气相色谱的程序升温，液相色谱的梯度洗脱等；自动进样的控制，流路切换及阀门切换的控制；自动调零、衰减、基线补偿的控制等。

4.2.6.2 温度控制系统

在气相色谱测定中，温度的控制是重要的指标，它直接影响柱的分离效能、检测器的灵敏度和稳定性。控制温度主要指对色谱柱、汽化室、检测器三处的温度控制，尤其是对色谱柱的控温精度要求很高。

(1) 柱箱　为了适应在不同温度下使用色谱柱的要求，通常把色谱柱放在一个恒温箱中，以提供可以改变的、均匀的恒定温度。恒温箱使用温度为室温～450℃，要求箱内上下温度差在 3℃以内，控制点的控温精度在±(0.1～0.5)℃。

现在气相色谱仪多采用可控硅温度控制器。这种控温方式使用安全可靠，控温连续，精度高、操作简便。

恒温箱的温度测量可使用水银温度计或热电偶测量，通过测温毫伏计指示出色谱柱温（注意测温毫伏计上指示的温度应加上室温，才是色谱柱的真实温度）。近年来生产的仪器已基本上采用数字显示式温度指示装置。

当分析沸点范围很宽的混合物时，用等温的方法就很难完成分离的任务，此时可以采用程序升温的方法来改善宽沸程样品的分离效果并缩短分析时间。所谓程序升温就是指在一个分析周期里，色谱柱的温度连续地随分析时间的增加从低温升到高温，升温速率可为 1～30℃/min。

(2) 检测器和汽化室　在现代气相色谱仪中，检测器和汽化室也有自己独立的恒温调节装置，其温度控制及测量和色谱柱恒温箱类似。

(3) 温度控制系统的维护　一般来说，温度控制系统只需每月一次或按生产者规定的校准方法进行检查，就足以保证其工作性能。校准检查的方法可参考相关仪器的说明书。实际使用过程中，为防止温度控制系统受到损害，应严格按照仪器的说明书操作，不能随意乱动。

4.2.7 技能训练

4.2.7.1 训练项目 4.1　气相色谱仪气路连接、安装和检漏

(1) 训练目的

① 学会连接安装气路中各部件；

② 学习气路的检漏和排漏方法；

③ 学会用皂膜流量计测定载气流量。

(2) 仪器与试剂

① 仪器 GC 9790J 型气相色谱仪（或其他型号气相色谱仪）、气体钢瓶（N_2）、减压阀（O_2）、气体净化器、填充色谱柱（SE-30 或其他型号色谱柱，长 3m，Φ3mm，80～100 目）、聚乙烯塑料管、石墨垫圈与 O 形圈、皂膜流量计

② 试剂 新鲜肥皂水。

(3) 训练内容与操作步骤

① 准备工作

a. 根据所用气体选择减压阀 使用氢气钢瓶选择氢气减压阀（氢气减压阀与钢瓶连接的螺母为左旋螺纹）；使用氮气（N_2）、空气等气体钢瓶，选择氧气减压阀（氧气减压阀与钢瓶连接的螺母为右旋螺纹）。

b. 准备气体净化器 清洗气体净化管并烘干，分别装入分子筛、硅胶和活性炭。在气体出口处，塞一段脱脂棉（防止将净化剂的粉尘吹入气相色谱仪中）。

c. 准备一定长度（视具体需要而定）的不锈钢管（或尼龙管、聚乙烯塑料管）。

② 连接气路

a. 钢瓶与减压阀的连接。用手将减压阀接高压钢瓶端连接在高压钢瓶的出口端，至不能旋紧时用扳手拧紧（如图 4-28 所示）。

b. 减压阀与气体管道的连接。用手将橡皮管旋进减压阀的另一端，旋进后拧紧卡套，再用扳手旋紧卡套。

c. 气路管线连接方式。气相色谱仪的管线多数采用内径为 3mm 的不锈钢管，靠螺母、压环和 O 形密封圈进行连接（各部件连接顺序如图 4-29 所示）。有的也采用成本较低、连接方便的尼龙管或聚四氟乙烯管，但效果不如金属管好。连接管道时，要求既要能保证气密性，又不会损坏接头。

图 4-28 高压钢瓶与减压阀的连接

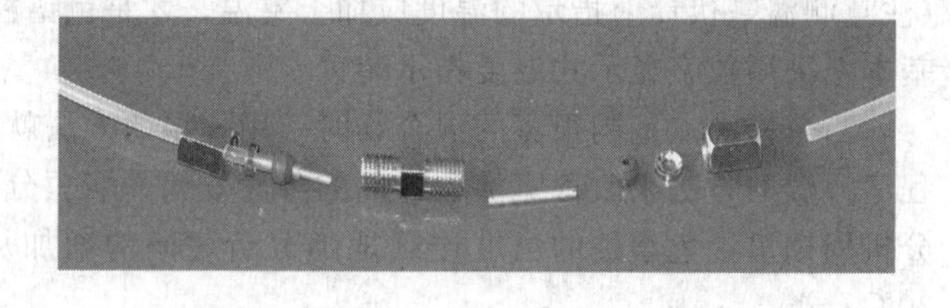

图 4-29 气相色谱仪气路管线连接方式

d. 气体管道与气体净化器的连接。按步骤 c 的连接方式，将气体管道的出口连接至气体净化器相应气体的进口上。

注意：连接时不要将进出口混淆，不要将气体种类接错。

e. 气体净化器与 GC 9790J 型气相色谱仪的连接。如图 4-30 所示，按步骤 c 的连接方式，将气体净化器的出口接至气相色谱仪相应的进口上。

注意：连接时同样要求不要将气体种类接错。

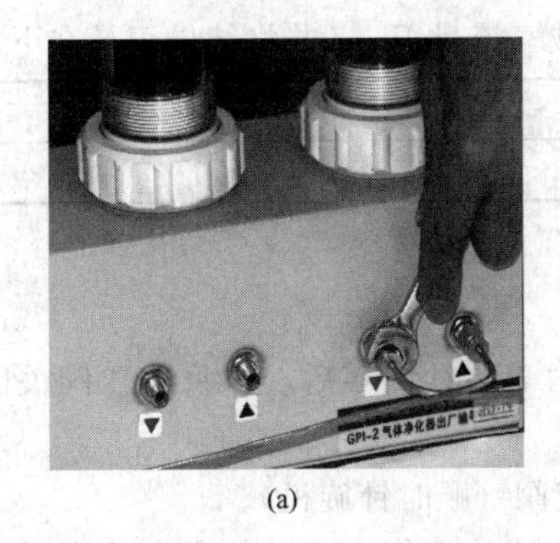

(a)

(b)

图 4-30 气体管道与气体净化器的连接（a）和气体净化器与气相色谱仪的连接（b）

f. 填充色谱柱的安装。按步骤 c 的连接方式，将选定的填充色谱柱的一端接在气相色谱仪进样器出口处，另一端接在检测器入口处。

注意：连接时应用石墨垫替换 O 形圈，并应注意石墨垫圈与填充色谱柱直径大小的配套性。此外，安装时还需注意填充色谱柱两端的高度。

③ 气路检漏

a. 钢瓶至减压阀间的检漏　关闭钢瓶减压阀上的气体输出节流阀，打开钢瓶总阀门（此时操作者不能面对压力表，应位于压力表右侧），用皂液（洗涤剂饱和溶液）涂在各接头处（钢瓶总阀门开关、减压阀接头、减压阀本身），如有气泡不断涌出，则说明这些接口处有漏气现象，应重新安装后，再行试漏，直至不漏气为止。

b. 汽化密封垫圈的检查　检查汽化密封垫圈是否完好，如有渗漏应更换新垫圈。

c. 气源至色谱柱间的检漏（此步在连接色谱柱之前进行）　用垫有橡胶垫的螺帽封死汽化室出口，打开减压阀输出节流阀并调节至输出表压 0.4MPa；打开仪器的载气稳流阀（逆时针方向打开，旋至压力表呈一定值，如 0.2MPa）；用皂液涂各个管接头处，观察是否漏气，若有漏气，需重新仔细连接。关闭气源，半小时后，若仪器上压力表指示的压力下降小于 0.005MPa，则说明汽化室前的气路不漏气，否则，应仔细检查找出漏气处，重新连接，再行试漏，直至不漏气为止。

d. 汽化室至检测器出口间的检漏　接好色谱柱，开启载气，输出压力调在 0.2～0.4MPa。将柱前压对应的稳流阀的圈数调至最大，然后堵死仪器检测器出口，用皂液逐点检查各接头，看是否有气泡溢出，若无，则说明此间气路不漏气（或关载气稳压阀，半小时后，若仪器上压力表指示的压力降小于 0.005MPa，则说明此段不漏气，反之则漏气）。若漏气，则应仔细检查找出漏气处，重新连接，再行试漏，直至不漏气为止。

④ 转子流量计的校正

a. 打开载气（本次实验用 N_2）钢瓶总阀，调节减压阀输出压力为 0.4MPa。

b. 准确调节气相色谱仪总压为 0.3MPa。

c. 将皂膜流量计支管口接在气相色谱仪载气排出口（色谱柱出口或检测器出口）。

d. 调节载气稳流阀至圈数分别为 2.0、2.5、3.0、3.5、4.0、4.5、5.0、5.5、6.0 等示值处。

e. 轻捏一下皂膜流量计胶头，使皂液上升封住支管，并产生一个皂膜。

f. 用秒表（多数气相色谱仪自带秒表功能）测量皂膜上升至一定体积所需要的时间，记录相关数据。

g. 计算测得的与载气稳流阀圈数对应的载气流量 $F_{皂}$，并将结果记录在下表中。

稳流阀圈数	2.0	2.5	3.0	3.5	4.0	4.5	5.0	5.5	6.0
$F_{皂}/mL \cdot min^{-1}$									

⑤ 结束工作

a. 关闭气源。

b. 关闭高压钢瓶。关闭钢瓶总阀，待压力表指针回零后，再将减压阀关闭（T 字阀杆逆时针方向旋松）。

c. 关闭主机上载气净化器开关和载气稳流阀（顺时针旋松）。

d. 填写仪器使用记录，做好实验室整理和清洁工作，并进行安全检查后，方可离开实验室。

（4）注意事项

① 高压气瓶和减压阀螺母一定要匹配，否则可能导致严重事故；

② 安装减压阀时应先将螺纹凹槽擦净，然后用手旋紧螺母，确实入扣后再用扳手拧紧；

③ 安装减压阀时应小心保护好“表舌头”，所用工具忌油；

④ 在恒温室或其他近高温处的接管，一般用不锈钢管和紫铜垫圈而不用塑料垫圈；

⑤ 检漏结束应将接头处涂抹的肥皂水擦拭干净，以免管道受损，检漏时氢气尾气应排出室外；

⑥ 用皂膜流量计测流速时每改变载气稳流阀圈数后，都要等一段时间（约 0.5～1min），然后再测流速。

（5）数据处理　依据实验数据在坐标纸上绘制 $F_{皂}$-稳流阀圈数校正曲线，并注明载气种类和柱温、室温及大气压力等参数。

（6）思考题

① 为什么要进行气路系统的检漏试验？

② 如何打开气源？如何关闭气源？

4.2.7.2　训练项目 4.2　氢焰检测器的使用

（1）训练目的

① 能正确选择氢焰检测器的操作条件；

② 学会氢焰检测器的开机、点火及调试至正常工作状态的操作；

③ 掌握微量注射器进样的基本操作；

④ 掌握色谱工作站的基本操作。

（2）仪器与试剂

① 仪器　福立 GC 9790J 型气相色谱仪（如图 4-31 所示）或其他型号带 FID 检测器的气相色谱仪，气体钢瓶（H_2、N_2），空气钢瓶（或空气压缩机），氢气减压阀 1 个，氧气减压阀 2 个，色谱数据处理机（或色谱工作站）；微量注射器（10μL），盛放测试样品的样品瓶（如无专用样品瓶，可以医用青霉素瓶等洗净烘干后替代），DNP 色谱柱（内径 3mm、长 2m、80～100 目 6201 载体、10%邻苯二甲酸二壬酯固定液）。

② 试剂　苯的 CS_2 溶液（5μL 苯溶于 10mL CS_2 中）或苯的正己烷溶液（20μL 苯溶于 5mL 正己烷中）。

（3）训练内容与操作步骤

① 仪器的开机

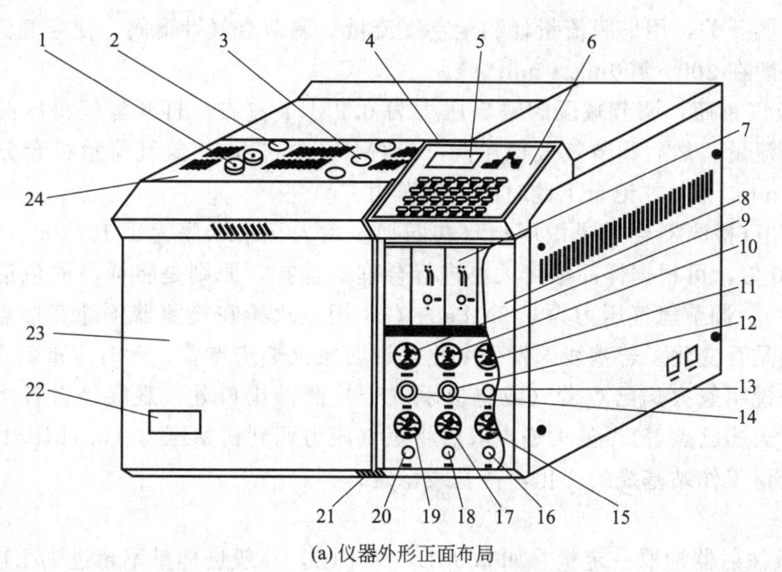

(a) 仪器外形正面布局

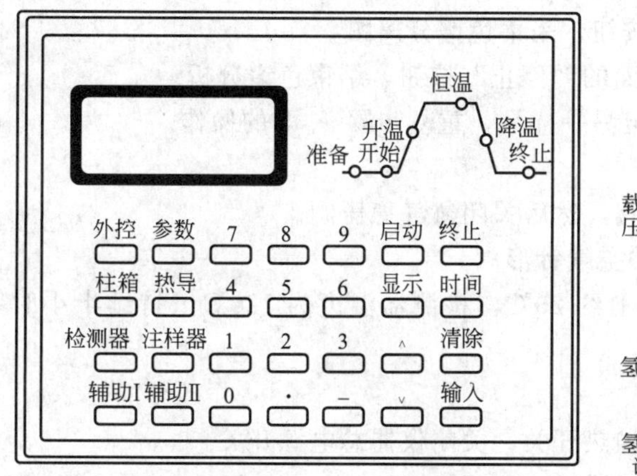

(b) 温度控制器及电子单元控制面板

载气总压表
柱前压Ⅰ 柱前压Ⅱ 总压
载气总压调节阀
载气柱前压力指示
载气Ⅰ 载气Ⅱ 载气
空气压力指示
载气调节阀
空气调节阀
氢气压力指示
氢气Ⅰ 氢气Ⅱ 空气
氢气压力调节阀

(c) 气路控制面板

图 4-31 GC 9790J 型气相色谱仪

1—毛细管进样器；2—填充柱进样器；3—FID 检测器；4—气路电子机箱部分；5—4×16 点阵带背光液晶显示器；6—温度控制器及电子单元操作面板；7—检测器电子单元；8—气路电子机箱门；9—载气Ⅰ柱前压压力表；10—载气Ⅱ柱前压压力表；11—载气总压压力表；12—载气Ⅱ带刻度稳流调节阀；13—载气总压力调节阀；14—载气Ⅰ带刻度稳流调节阀；15—空气压力表；16—空气流量调节阀；17—氢气Ⅱ压力表；18—氢气Ⅱ流量调节阀；19—氢气Ⅰ压力表；20—氢气Ⅰ流量调节阀；21—手动柱箱门开关；22—仪器铭牌；23—柱箱门；24—仪器上盖

a. 安装填充柱（DNP），通入载气（N_2），对整个气路做气密性检查。

b. 打开载气（N_2）钢瓶总阀，调节减压阀输出压力为 0.4MPa 左右，打开载气净化器开关。

c. 在确认整个气路不漏气的情况下，用皂膜流量计测量载气（N_2）流量。调节柱前压稳流阀，使载气流量符合分析条件要求（一般为 20～50mL·min^{-1}）。

d. 打开主机电源总开关和加热开关，分别设定色谱柱柱箱温度（100℃）、注样器（即汽化室）温度（140℃）和检测器温度（120℃），仪器升温。

e. 打开色谱工作站，设置分析方法，可命名为“氢焰检测器的使用”。

f. 待各路温度达到设定值后，打开空气钢瓶或空气压缩机开关，打开空气净化器开关，打开空气针形阀开关，用皂膜流量计测量空气流量。调节空气针形阀，使空气流量符合分析条件要求（一般在 200～400mL·min^{-1}）。

g. 打开氢气钢瓶，调节减压阀输出压力为 0.2MPa 左右。打开氢气稳压阀，用皂膜流量计测量氢气流量。然后调节氢气稳压阀（0.1MPa 左右），使氢气流量符合分析条件要求（20～30mL·min^{-1}），并记录下此时的氢气压力。

h. 调节 FID 检测器合适灵敏度挡（共四挡，由大至小顺序为 1/10/100/1000，其灵敏度依次降低 10 倍，可根据样品浓度大小进行合理的选择，原则是将样品的色谱峰峰高控制在 10mV 左右），调节氢气压力为 0.2MPa 左右，用点火枪在检测器顶部直接点火。观察色谱工作站基线是否变化。若基线未发生变化，说明氢火焰未点着，此时应重新点火。如若基线发生变化，说明氢火焰已点着（或将扳手置于检测器出口处，观察是否有水珠生成，若有，则表明氢火焰已点着）。氢火焰点着后将氢气压力调到初始压力（0.1MPa）。

i. 观察色谱工作站基线的变化，待基线稳定。

② 测量

a. 用微量注射器抽取一定量（如 0.5μL，对 FID，一般进样量不超过 1μL）的样品进样分析，同时点击色谱工作站界面的“开始”按钮，采集色谱分离图。

b. 待色谱峰出完后，点击色谱工作站界面的“停止”按钮，结束色谱分析。

若需要重复测定或在相同色谱条件下测定另一样品，重复步骤 a、b 的操作。

③ 结束工作

a. 先关闭氢气钢瓶总阀，回零后关减压阀，然后关闭氢气稳压阀。

b. 关空气钢瓶（或空气压缩机开关），关空气针形阀。

c. 设置柱箱温度与注样器温度为室温以上约 20℃，检测器温度为 120℃（持续半小时后再将其温度设置为室温以上约 20℃）。

d. 关闭色谱工作站。

e. 待各路温度达到设定值后，关闭仪器加热开关，关闭仪器总电源开关。

f. 关闭载气总阀及减压阀，关柱前压稳流阀。

g. 清洗进样器；清理台面，填写仪器使用记录。

（4）注意事项

① 氢气钢瓶出口处应接上氢气回火截流器以保证安全。

② FID 在使用过程中，必须罩好离子室外罩，旋上端盖，以保证良好的屏蔽，并防止外界空气侵入。

③ 氢火焰点火时应在检测器恒温稳定后进行，以防止水汽冷凝，影响电极绝缘，引起基线不稳定。

④ 不点火时严禁通入氢气，通了氢气应及时点火，并保证火是点着的，以免引起爆炸。

⑤ 氢火焰点燃以后，不允许直接点击色谱工作站上的“调零”按钮进行调零，应该使用仪器上的“调零”旋钮将基线调至“0”点附近（±1mV 内）再点击色谱工作站上的“调零”按钮进行调零。

⑥ 要打开检测器室时，应将正负选择开关拨到零位，以防触电。

（5）思考题

① 使用 FID 时，应如何调试仪器至正常工作状态？如果氢火焰点不着你将怎样处理？若实验中途突然停电，你又将作何处置？

② 实验结束时，应如何正常关机？

③ 使用 FID 时，为了确保安全，实际操作中应注意什么？

附图：福立 GC 9790J 型气相色谱仪操作程序

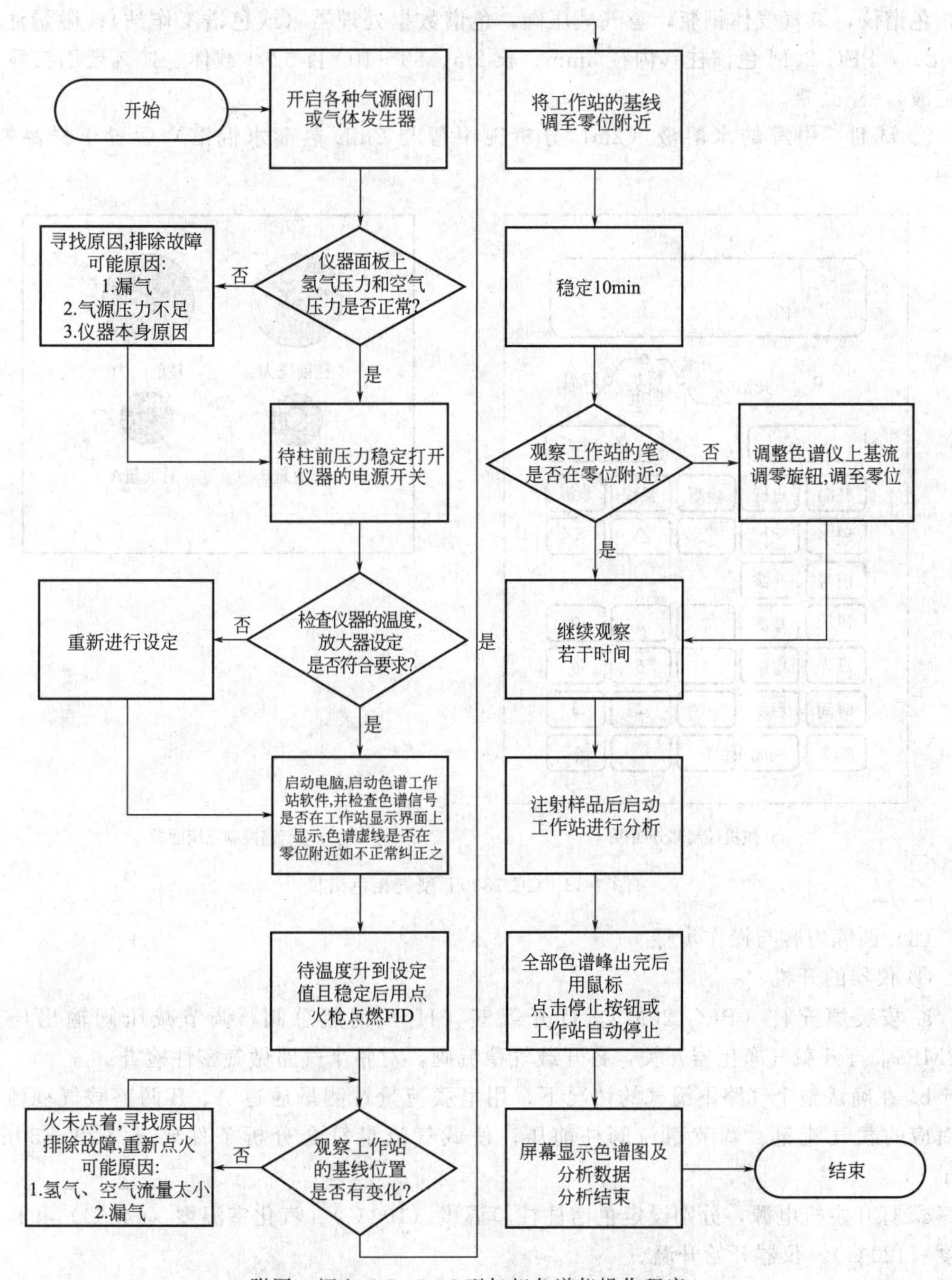

附图：福立 GC 9790J 型气相色谱仪操作程序

4.2.7.3　训练项目 4.3　热导检测器的使用

（1）训练目的

① 能够正确选择热导检测器的操作条件；

② 学会热导检测器的开机、调试及关机操作；

③ 掌握色谱数据处理机的基本操作。

（2）仪器与试剂

① 仪器　天美 GC 7890T 型气相色谱仪（如图 4-32 所示）或其他型号带热导检测器的气相色谱仪，氢气气体钢瓶，氢气减压阀，色谱数据处理器（或色谱工作站）；微量注射器（10μL），PEG 20M 色谱柱（内径 3mm、长 2m、80～100 目 6201 载体、10％聚乙二醇 20M 固定液），样品瓶。

② 试剂　甲醇的水溶液（2mL 分析纯甲醇与 2mL 蒸馏水混溶）后置于样品瓶中，待用。

(a) 微机控制部分面板

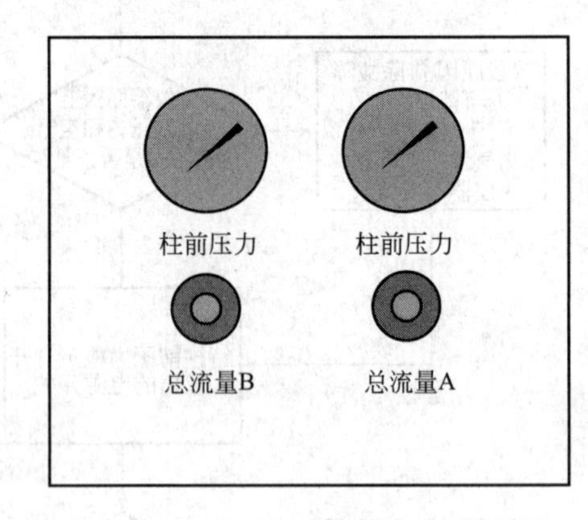

(b) 气路控制系统面板

图 4-32　GC 7890T 型气相色谱仪

（3）训练内容与操作步骤

① 仪器的开机

a. 安装填充柱（PEG 20M），打开载气（H_2）钢瓶总阀，调节减压阀输出压力为 0.2MPa，打开载气净化器开关，打开载气稳流阀，对整个气路做气密性检查。

b. 在确认整个气路不漏气的情况下，用皂膜流量计测量通道 A、B 两路载气稳流阀圈数对应的载气流量。调节稳流阀柱前压，使载气流量符合分析条件要求（20～50mL · min^{-1}）。

c. 打开主机电源，分别设定色谱柱柱箱温度（100℃）、汽化室温度（140℃）和检测器温度（120℃），仪器开始升温。

d. 当各路温度达到设定值后，在确保色谱柱内有载气通入的前提下，按仪器面板上的“量程”键，输入桥电流为“120mA”（桥电流一般可设置在 80～250mA 之间，具体数值可根据样品峰出峰的大小来确定）。

e. 按仪器面板上的“衰减”键，设置衰减值为“2”，即衰减倍数为 4 倍（也可设置衰减值为其他值，具体数值可根据样品峰出峰的大小来确定）。

f. 打开色谱数据处理机，输入相关测量参数。按色谱数据处理机的“START”键，数据处理机开始走基线。调节仪器右侧的“调零”旋钮，使基线在记录纸合适的位置。

g. 待基线稳定后，按色谱数据处理机的“STOP”键。

② 测量

a. 用微量注射器抽取一定量的样品进样，同时按下色谱数据处理机的“START”键。

b. 待色谱峰出完后，按色谱数据处理机的“STOP”键。

若需要重复测定或在相同色谱条件下测定另一样品，重复步骤 a 和步骤 b 的操作。

③ 结束工作

a. 实验结束后，先关闭桥电流（该仪器的操作方法是设置仪器面板“量程”为“0.0”）。

b. 关闭色谱数据处理机。

c. 设置柱温、检测器温度与汽化室温度在室温以上约 20℃。

d. 待各路温度降至设定值后，关闭仪器总电源开关。

e. 关闭钢瓶总阀，待压力表指针回零后，再将减压阀关闭（T 形阀杆逆时针方向旋松）。

f. 关闭仪器上载气柱前压稳流阀。

g. 清理仪器台面，填写仪器使用记录。

(4) 注意事项

a. 在分析过程中，为防止热丝（铼钨丝）烧断，一定要先开载气，保证载气通入色谱系统中才能设置桥电流；在关机的时候应当先关闭桥电流，待各个温度降至约室温时，在关闭仪器总电源后才能关闭载气。

b. 若用氢气作载气，桥电流一般不能高于 270mA；若用氮气做载气，则桥电流一般不能超过 150mA。

c. 载气钢瓶的输出压应比柱前压高 0.05MPa。

d. 若发现气路系统漏气，应立即关闭钢瓶总阀，检修后再通入载气。

e. 氢气是一种危险气体，分析过程中一定要严格按照操作规程使用，而且色谱实验室一定要有良好的通风设备。

(5) 思考题

① 使用热导检测器时，应如何调试仪器至正常工作状态？

② 实验结束应如何正常关机？

③ 为保护热丝，在 TCD 的使用过程中应注意什么？

思考与练习 4.2

(1) 装在高压气瓶的出口，用来将高压气体调节到较小的压力是（　　）。

A. 减压阀　B. 稳压阀　C. 针形阀　D. 稳流阀

(2) 既可用来调节载气流量，也可用来控制燃气和空气的流量的是（　　）。

A. 减压阀　B. 稳压阀　C. 针形阀　D. 稳流阀

(3) 下列试剂中，一般不用于气体管路清洗的是（　　）。

A. 甲醇　B. 丙酮　C. 5%氢氧化钠水溶液　D. 乙醚

(4) 在毛细管色谱中，应用范围最广的柱是（　　）。

A. 玻璃柱　B. 石英玻璃柱　C. 不锈钢柱　D. 聚四氟乙烯管柱

(5) 下列哪些情况发生后，应对色谱柱进行老化？（　　）

A. 每次安装了新的色谱柱后　B. 色谱柱使用一段时间后

C. 分析完一个样品后，准备分析其他样品之前　　D. 更换了载气或燃气

(6) 评价气相色谱检测器的性能好坏的指标有（　　）。

A. 基线噪声与漂移　　B. 灵敏度与检测限

C. 检测器的线性范围　　D. 检测器体积的大小

(7) 下列气相色谱检测器中，属于浓度敏感型检测器的有（　　）。

A. TCD　　B. FID　　C. ECD　　D. FPD

(8) 影响热导检测器灵敏度的最主要因素是（　　）。

A. 载气的性质　　B. 热敏元件的电阻值　　C. 热导池的结构

D. 热导池池体的温度　　E. 桥电流

(9) 使用热导检测器时，为使检测器有较高的灵敏度，应选用的载气是（　　）。

A. N_2　　B. H_2　　C. Ar　　D. N_2-H_2 混合气

(10) 所谓检测器的线性范围是指（　　）。

A. 检测曲线呈直线部分的范围

B. 检测器响应呈线性时，最大的和最小进样量之比

C. 检测器响应呈线性时，最大的和最小进样量之差

D. 最大允许进样量与最小检测量之比

(11) 气-液色谱法中，氢火焰离子化检测器优于热导检测器的原因有（　　）。

A. 装置简单　　B. 更灵敏

C. 可以检出更多的有机化合物　　D. 较短的柱能够完成同样的分离

(12) 测定以下各种样品时，宜选用何种检测器？

① 从野鸡肉的萃取液中分析痕量的含氯农药（　　）

② 测定有机溶剂中微量的水（　　）

③ 啤酒中微量硫化物（　　）

④ 石油裂解气的分析（　　）

A. TCD　　B. FID　　C. ECD　　D. FPD

(13) 双柱双气路与单柱单气路相比有什么优点？

(14) 试说明气路检漏的两种常用的方法。

(15) 怎样清洗气路管路？

(16) 试说明六通阀进样器的工作原理。

(17) 简述气相色谱柱的日常维护。

(18) TCD 的日常维护要注意哪些问题？

(19) 试说明氢焰检测器的日常维护应注意哪些方面？

(20) 简述 ECD 性能特征及使用注意事项。

(21) 解释下列名词

检测器的灵敏度　检测器的噪声与漂移　检测器的线性范围

微型气相色谱的特点及应用

在现代高科技和实际需要的推动下，各种仪器的小型化和微型化一直是一个重要的发展趋势，很突出的例子有各种化学传感器和生物传感器的开发。现已有多种传感器可用于矿井中易燃易爆和有毒有害气体的监测、战地化学武器的监测等。传感器有很高的灵敏度和专属性，但对复杂混合物的分析，如工业气体原料的质量控制、油气田勘探中的气体组成的分

析、航天飞机机舱中的气体监测等，单靠传感器显然是不够的。这就需要用小型、轻便、快速的 GC 进行分析。

事实上，GC 的微型化一直是人们追求的目标，并已经历了几十年的发展。总的看来，开发微型 GC 有两种思路。一是将常规仪器按比例小型化，如 PE 公司的便携式 GC，其大小相当于一个旅行箱，质量为 20kg 左右；二是用高科技制造技术实现元件的微型化，如 HP 公司的微型 GC，其大小相当于一个文件包，质量可达 5.2kg。中国科学院大连化物所的关亚风教授也成功地研制出了微型 GC。这些微型 GC 的共同特点是：

(1) 体积小，质量轻，便于携带。可安装在航天飞机及各种宇宙探测器上，也可由工作人员随身携带进行野外考查分析。

(2) 分析速度快，保留时间以秒计，很适合于有毒有害气体的监测和化工过程的质量控制。

(3) 灵敏度高，对许多化合物的最低检测限为 10^{-5} 级。

(4) 可靠性高，适合于不同的环境，可连续进行 2500000 次分析。

(5) 功耗低，省能源，一般采用 12V 直流电，功耗不超过 100W。

(6) 自动化程度高，可用笔记本电脑控制整个分析过程和数据处理，也可遥控分析。

(7) 样品适用范围有限。目前市场上的微型 GC 基本都采用 TCD 检测器，进口温度不超过 150℃，故主要用于常规气体的分析，如天然气、炼厂气、氟利昂、工业废气以及液体和固体样品的顶空分析，而不适于分析高沸点样品。

目前已开发出多种专用的系列微型 GC，如天然气分析仪等。

摘自《气相色谱方法及应用》

*4.3 气相色谱基本理论

色谱工作者对高度复杂的色谱过程进行了大量的研究工作，提出了几种理论用以解释色谱分离过程中的各种柱现象和描述色谱流出曲线的形状以及评价色谱柱的有关参数，其中应用较为广泛的是塔板理论和速率理论。

4.3.1 塔板理论

塔板理论是 1941 年马丁（Martin）和詹姆斯（James）提出的半经验式理论，他们将色谱分离技术比拟作一个蒸馏过程，即将连续的色谱过程看做是许多小段平衡过程的重复。

4.3.1.1 塔板理论的基本假设

塔板理论把色谱柱比作一个分馏塔，这样色谱柱可由许多假想的塔板组成（即色谱柱可分成许多个小段)，在每一小段（塔板）内，一部分空间为涂在载体上的液相占据，另一部分空间充满载气（气相)，载气占据的空间称为板体积 ΔV。当欲分离的组分随载气进入色谱柱后，就在两相间进行分配。由于流动相在不停地移动，组分就在这些塔板间隔的气液两相间不断地达到分配平衡。塔板理论假设如下：

① 每一小段间隔内，气相平均组成与液相平均组成可以很快地达到分配平衡；

② 载气进入色谱柱，不是连续的而是脉动式的，每次进气为一个板体积；

③ 试样开始时都加在 0 号塔板上，且试样沿色谱柱方向的扩散（纵向扩散）可忽略不计；

④ 分配系数在各塔板上是常数。

这样，单一组分进入色谱柱，在固定相和流动相之间经过多次分配平衡，流出色谱柱时便可得到一趋于正态分布的色谱峰，色谱峰上组分的最大浓度处所对应的流出时间或载气板体积即为该组分的保留时间或保留体积。若试样为多组分混合物，则经过很多次的平衡后，如果各组分的分配系数有差异，则在柱出口处出现最大浓度时所需的载气板体积数亦将不同。由于色谱柱的塔板数相当多，因此不同组分的分配系数只要有微小差异，仍然可能得到很好的分离效果。

4.3.1.2 理论塔板数 n

在塔板理论中，把每一块塔板的高度，即组分在柱内达成一次分配平衡所需要的柱长称为理论塔板高度，简称板高，用 H 表示。假设整个色谱柱是直的，则当色谱柱长为 L 时，所得理论塔板数 n 为：

$$n=\frac{L}{H} \tag{4-20}$$

显然，当色谱柱长 L 固定时，每次分配平衡需要的理论塔板高度 H 越小，则柱内理论塔板数 n 越多，组分在该柱内被分配于两相的次数就越多，柱效能就越高。

计算理论塔板数 n 的经验式为：

$$n=5.54\left(\frac{t_R}{W_{1/2}}\right)^2=16\left(\frac{t_R}{W_b}\right)^2 \tag{4-21}$$

式中，n 是理论塔板数；t_R 是组分的保留时间；$W_{1/2}$ 是以时间为单位的半峰宽；W_b 是以时间为单位的峰底宽。

由式(4-21) 可以看出，组分的保留时间越长，峰形越窄，则理论塔板数 n 越大。

4.3.1.3 有效理论塔板数 $n_{有效}$

在实际应用中，常常出现计算出的 n 值很大，但色谱柱的实际分离效能却并不高的现象。这是由于保留时间 t_R 中包括了死时间 t_M，而 t_M 不参加柱内的分配，即理论塔板数还未能真实地反映色谱柱的实际分离效能。为此，提出了以 t_R'代替 t_R 计算所得到的有效理论塔板数 $n_{有效}$ 来衡量色谱柱的柱效能。计算公式为：

$$n_{有效}=\frac{L}{H_{有效}}=5.54\left(\frac{t_R'}{W_{1/2}}\right)^2=16\left(\frac{t_R'}{W_b}\right)^2 \tag{4-22}$$

式中，$n_{有效}$ 是有效理论塔板数；$H_{有效}$ 是有效理论塔板高度；t_R'是组分调整保留时间；$W_{1/2}$ 是以时间为单位的半峰宽；W_b 是以时间为单位的峰底宽。

由于同一根色谱柱对不同组分的柱效能是不一样的，因此在使用 $n_{有效}$ 或 $H_{有效}$ 表示柱效能时，除了应说明色谱条件外，还必须说明对什么组分而言。在比较不同色谱柱的柱效能时，应在同一色谱操作条件下，以同一种组分通过不同色谱柱，测定并计算不同色谱柱的 $n_{有效}$ 或 $H_{有效}$，然后再进行比较。

4.3.2 速率理论

由于塔板理论的某些假设是不合理的，如分配平衡是瞬间完成的，溶质在色谱柱内运行是理想的（即不考虑扩散现象）等，以致塔板理论无法说明影响塔板高度的物理因素是什么，也不能解释为什么在不同的流速下测得不同的理论塔板数这一实验事实。但塔板理论提出的“塔板”概念是形象的，“理论塔板高度”的计算简便，所得到的色谱流出曲线方程式也符合实验事实。速率理论是在继承塔板理论的基础上得到发展的。它阐明了影响色谱峰展宽的物理化学因素，并指明了提高与改进色谱柱效率的方向。它为毛细管色谱柱的发展，高效液相色谱的发展起到了指导性的作用。

4.3.2.1 速率理论方程式

在速率理论发展的进程中，首先由格雷科夫提出了影响色谱动力学过程的四个因素：在流动相内与流速方向一致的扩散、在流动相内的纵向扩散、在颗粒间的扩散和颗粒大小。到1956年，范第姆特（Van Deemter）在物料（溶质）平衡理论模型的基础上提出了在色谱柱内溶质的分布用物料平衡偏微分方程式来表示，并且设定了柱内区带展宽是由于溶质在两相间的有效传质速率、溶质沿着流动相方向的扩展和流动相的流动性质造成的。从而得到偏微分方程式的近似解，也即速率理论方程式（亦称范第姆特方程式）：

$$H=A+\frac{B}{u}+Cu \tag{4-23}$$

式中，H 为塔板高度；u 为载气的线速度（$cm \cdot s^{-1}$）；A 为涡流扩散项；B/u 为分子扩散项；Cu 为传质阻力项。

4.3.2.2 影响柱效能的因素

（1）涡流扩散项　式(4-23)中的 A 称为涡流扩散项（亦称多路效应项）。由于试样组分分子进入色谱柱碰到柱内填充颗粒时不得不改变流动方向，因而它们在气相中形成紊乱的类似“涡流”的流动［如图 4-33(a) 所示］。组分分子所经过的路径长度不同，达到柱出口的时间也不同，因而引起色谱峰的扩张。$A=2\lambda d_p$，说明涡流扩散项所引起的峰形变宽与固定相颗粒平均直径 d_p 和固定相的填充不均匀因子 λ 有关。显然，使用直径小、粒度均匀的固定相，并尽量填充均匀，可以减小涡流扩散，降低塔板高度，提高柱效。

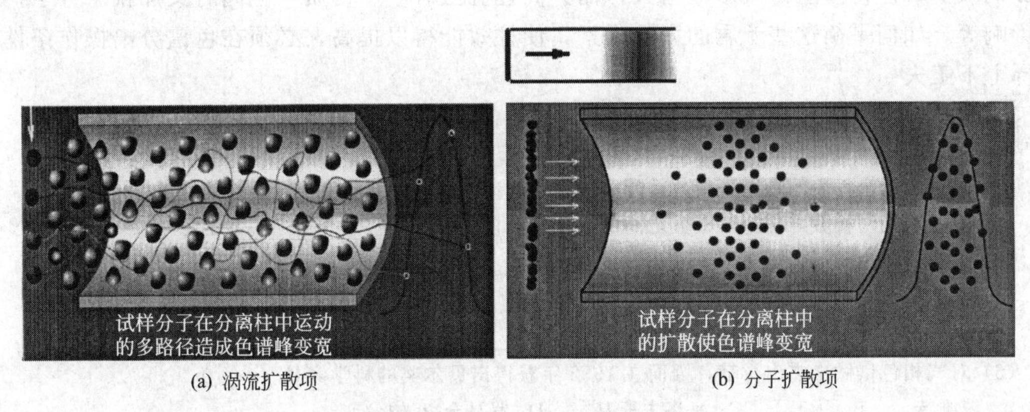

(a) 涡流扩散项　(b) 分子扩散项

图 4-33　涡流扩散项与分子扩散项

（2）分子扩散项

式(4-23)中的 B/u 称为分子扩散项（亦称纵向扩散项）。组分进入色谱柱后，随载气向前移动，由于柱内存在浓度梯度，组分分子必然由高浓度向低浓度扩散（其扩散方向与载气运动方向一致），从而使峰扩张［如图 4-33(b) 所示］。$B/u=2\gamma D_g/u$，式中 γ 为弯曲因子，它反映了固定相对分子扩散的阻碍程度。填充柱的 $\gamma<1$，空心柱 $\gamma=1$。D_g 为组分在气相中的扩散系数，随载气和组分的性质、温度、压力而变化。u 为载气的线速度，u 越小，组分在气相中停留时间越长，分子扩散也就越大。所以，分析过程中若加快载气流速，可以减少由于分子扩散而产生的色谱峰扩张。由于组分在气相中的扩散系数 D_g 近似地与载气的相对分子质量的平方根成反比，所以进行分析测试时使用摩尔质量大的载气可以减小分子扩散。

（3）传质阻力项　式(4-23)中的 Cu 项为传质阻力项，它包括气相传质阻力项 $C_g u$ 和

液相传质阻力项$C_L u$两项，即

$$Cu=(C_g+C_L)u \tag{4-24}$$

式中，C_g、C_L分别为气相传质阻力系数和液相传质阻力系数。气相传质阻力是组分从气相到气液界面间进行质量交换所受到的阻力，这个阻力会使柱横断面上的浓度分配不均匀。阻力越大，所需时间越长，浓度分配就越不均匀，峰扩散就越严重。由于$C_g u \propto (d_p^2/D_g)u$，所以分析过程中若采用小颗粒的固定相，以$D_g$较大的$H_2$或He作载气（当然，合适的载气种类，还必须根据检测器的类型选择），可以减少传质阻力提高柱效。

液相传质阻力是指试样组分从固定相的气液界面到液相内部进行质量交换达到平衡后，又返回到气液界面时所受到的阻力。显然这个传质过程需要时间，而且在流动状态下分配平衡不能瞬间达到，其结果是进入液相的组分分子，因其在液相里有一定的停留时间，当它回到气相时，必然落后于原在气相中随载气向柱出口方向运动的分子，这样势必造成色谱峰扩张。由于$C_L u \propto (d_f^2/D_L)u$（式中$d_f$为固定相液膜厚度；$D_L$为组分在液相中的扩散系数）。所以分析过程中若采用液膜薄的固定液则有利于液相传质，但不宜过薄，否则会减少样品的容量，降低柱的寿命。组分在液相中的扩散系数D_L大，也有利于传质、减少峰扩张。

速率理论指出了影响柱效能的因素，为色谱分离操作条件的选择提供了理论指导。由范第姆特方程可以看出许多影响柱效能的因素彼此以对立关系存在，如增加载气流速分子扩散项影响减少，但传质阻力项影响增大；而升高柱温虽有利于传质，但同时又加剧了分子扩散的影响等。如何平衡这些矛盾的影响因素，使柱效能得以提高，必须在色谱分离操作条件的选择上下工夫。

思考与练习 4.3

(1) 色谱峰越窄，表明理论塔板数就越______，理论塔板高度就越______，柱效能越______。

(2) 有效理论塔板数与理论塔板数之间的区别在于前者__________________的影响。

(3) 范第姆特方程式，说明了_________和_________关系。

(4) 涡流扩散与______________和______________有关。

(5) 分子扩散又称______________，与______________及______________有关。

(6) 对气相色谱做出杰出贡献，因而在1952年获得诺贝尔奖的科学家是（　　）。

A. 茨维特　B. 马丁　C. 海洛夫斯基　D. 罗马金-赛柏

(7) 某组分在色谱柱中分配到固定相的质量为m_A，分配到流动相中的质量为m_B，而该组分在固定相中的浓度为c_A，在流动相中的浓度为c_B，则该组分的分配系数为（　　）。

A. m_A/m_B　B. $m_A/(m_A+m_B)$　C. c_A/c_B　D. c_B/c_A

(8) 范第姆特方程式主要说明（　　）。

A. 板高的概念　B. 色谱峰的扩张

C. 柱效降低的影响因素　D. 组分在两相间的分配情况

(9) 试说明塔板理论的四个基本假设。

(10) 试写出范第姆特方程式的表达式，并说明其中各个参数的物理意义。

(11) 影响涡流扩散的因素有哪些？它们是怎样影响理论板高的？

(12) 试说明温度对传质阻力项的影响。

(13) 速率理论考虑了影响色谱动力学过程的哪些因素？

(14) 解释下列名词

理论塔板高度　有效理论塔板数　分子扩散项

水中的重金属元素

在水体中存在着各种金属离子，这些金属离子有些是水体中的有利离子，有些则有着很大的毒性，比如水体中的重金属离子有汞、镉、铅、铬、铜、钴、锌等，它们都有一定的毒性。这些重金属主要来自采矿、冶炼、电镀、化工等工业废水，随着工业的飞速发展，水资源的重金属污染越趋严重。而这些重金属离子通过食物或饮水及呼吸进入人体，且不易排泄，能在人体的一定部位积累，使人慢性中毒。众所周知的日本水俣病是由于汞的污染所造成的；骨痛病是由于镉污染所致；铬为有毒元素，长年吸入六价铬能引起鼻中隔穿孔，在肺组织内积存可能引起肺癌，连续饮用含铬的水，在肝、肾、脾脏中积累，造成危害。所以，在环境污染的检测特别是对水资源的检测中，重金属元素是必须检测的内容之一。为此，为保护环境和人体健康的需要，要建立对环境样品中超微量重金属元素的检验方法。

对重金属离子的螯合物进行的气相色谱分析法，已经被广泛地应用于对自来水、污水、海水、血液、尿、生物组织中重金属离子的检验，此法具有方法灵敏、选择性好、仪器也较简单等优点。

4.4 气相色谱分离操作条件的选择

4.4.1 色谱柱的总分离效能指标——分离度

根据塔板理论，有效理论塔板数 $n_{有效}$ 是衡量柱效能的指标，表示组分在柱内进行分配的次数，但样品中各组分，特别是难分离物质对（即物理常数相近，结构类似的相邻组分）在一根柱内能否得到分离，取决于各组分在固定相中分配系数的差异，也就是取决于固定相的选择性，而不是由分配次数的多少来确定。因而柱效能不能说明难分离物质对的实际分离效果，而选择性却无法说明柱效率的高低。因此，必须引入一个既能反映柱效能，又能反映柱选择性的指标，作为色谱柱的总分离效能指标，来判断难分离物质对在柱中的实际分离情况。这一指标就是分离度 R。

分离度又称分辨率，其定义为：相邻两组分色谱峰的保留时间之差与两峰底宽度之和一半的比值，即：

$$R=\frac{t_{R_2}-t_{R_1}}{(W_{b_1}+W_{b_2})/2} \tag{4-25}$$

或

$$R=\frac{2(t_{R_2}-t_{R_1})}{1.699[W_{1/2(1)}+W_{1/2(2)}]} \tag{4-26}$$

式中，t_{R_1}、t_{R_2} 分别为 1、2 组分的保留时间；W_{b_1}、W_{b_2} 分别为 1、2 两组分的色谱峰峰底宽度；$W_{1/2(1)}$、$W_{1/2(2)}$ 分别为 1、2 两组分色谱峰的半峰宽，如图 4-34 所示。

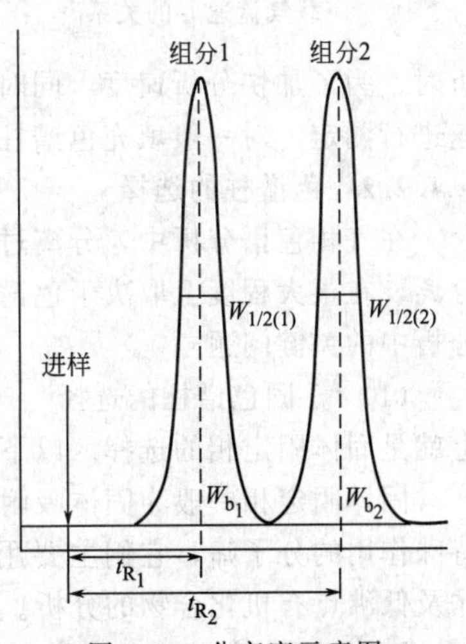

图 4-34 分离度示意图

显然，分子项中两保留时间差愈大，即两峰相距愈远，分母项愈小，即两峰愈窄，R 值就愈大。R 值愈大，两组分分离得就愈完全。一般来说，当 $R=1.5$ 时，两相邻组分间的分离程度可达 99.7%；当 $R=1$ 时，分离程度可达 98%；当 $R<1$ 时，两峰有明显的重叠。所以，通常用 $R\geqslant1.5$ 作为相邻两色谱峰得到完全分离的指标。

由于分离度总括了实现组分分离的热力学和动力学（即峰间距和峰宽）两方面因素，定量地描述了混合物中相邻两组分实际分离的程度，因而用它作为色谱柱的总分离效能指标。分离度（R）与柱效能（$n_{有效}$）和选择性因子（$\alpha_{2.1}$）三者的关系可用数学式表示为：

$$n_{有效}=16R^2\left(\frac{\alpha_{2.1}}{\alpha_{2.1}-1}\right)^2 \tag{4-27}$$

4.4.2 分离操作条件的选择

在固定相确定后，对一项分析任务，主要以在较短时间内，实现试样中难分离的相邻两组分的定量分离为目标来选择分离操作条件。

4.4.2.1 载气及其流速的选择

(1) 载气种类的选择　载气种类的选择首先要考虑使用何种检测器。比如使用 TCD，选用氢或氦作载气，能提高灵敏度；使用 FID 则选用氮气作载气。然后再考虑所选的载气要有利于提高柱效能和分析速度。例如选用相对分子质量大的载气（如 N_2）可以使 D_g 减小，提高柱效能。关于载气种类的选择可参阅 4.2.5 节。

(2) 载气流速的选择　由速率理论方程式可以看出，分子扩散项与载气流速成反比，而传质阻力项与载气流速成正比，所以必然有一最佳流速使板高 H 最小，柱效能最高。

最佳载气流速一般通过实验来选择。其方法是：选择好色谱柱和柱温后，固定其他实验条件，依次改变载气流速，将一定量待测组分纯物质注入色谱仪。出峰后，分别测出在不同载气流速下，该组分的保留时间和峰底宽。利用式(4-22)，计算出不同流速下的有效理论塔板数 $n_{有效}$ 值，并由 $H=L/n$ 求出相应的有效塔板高度。以载气流速 u 为横坐标，板高 H 为纵坐标，绘制出 H-u 曲线（如图 4-35 所示）。

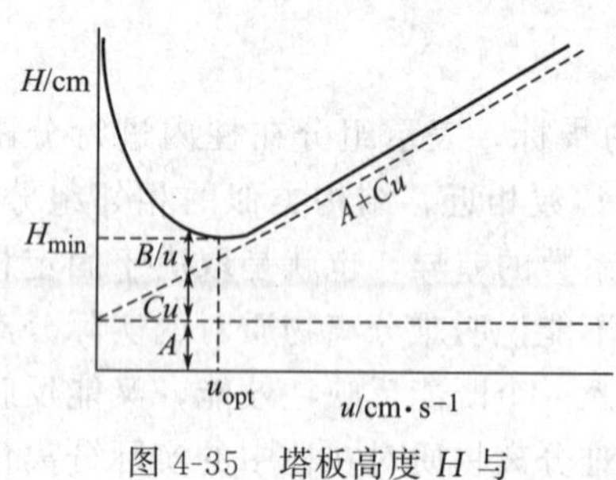

图 4-35　塔板高度 H 与载气流速 u 的关系

图 4-35 中曲线最低点处对应的塔板高度最小，因此对应载气的最佳流速 u_{opt}，在最佳流速下操作可获得最高柱效。所对应的载气流速称为最佳载气流速。使用最佳载气流速虽然柱效高，但分析速度慢，因此进行分析时，为了加快分析速度，同时又不明显增加塔板高度的情况下，一般采用比 u_{opt} 稍大的流速进行测定。对一般填充色谱柱（内径 3～4mm）常用的载气流速为 20～100mL·min^{-1}。

4.4.2.2 色谱柱的选择

在气相色谱分析中，分离过程是在色谱柱内完成的。混合组分能否在色谱柱中得到完全分离，在很大程度上取决于色谱柱的选择是否合适。因此，色谱柱的选择和制备就成为色谱分析中的关键问题。

(1) 气-固色谱柱的选择　气-固色谱所采用的固定相为固体，因此，气-固色谱柱的选择也就是固体固定相的选择。以下简单讨论固体固定相的性质及应用。

固体固定相一般为固体吸附剂，主要有强极性硅胶、中等极性氧化铝、非极性活性炭及特殊作用的分子筛，它们主要用于惰性气体和 H_2、O_2、N_2、CO、CO_2、CH_4 等永久性气体及低沸点有机化合物的分析。

固体吸附剂的优点是吸附容量大，热稳定性好，无流失现象，且价格便宜。其缺点是吸附等温线不成线性，进样量稍大就得不到对称峰；重现性差、柱效低、吸附活性中心易中毒等。由于固体吸附剂在高温下常具有催化活性，因而不宜分析高沸点和有活性组分的试样。此外，由于吸附剂的种类少，应用范围有限。吸附剂在使用前需要先进行活化处理，然后再装入柱中制成填充柱再使用。表 4-8 列出几种常用吸附剂的性能和处理方法，供选择时参考。

表 4-8　气相色谱法常用吸附剂的性能比较

吸附剂	主要化学成分	最高使用温度/℃	极性	分析对象	活化方法	备　注
碳素吸附剂活性炭	C	＜300	非极性	永久性气体及低沸点烃类	用苯浸泡，在350℃用水蒸气洗至无浑浊，在180℃烘干备用	加少量减尾剂或极性固定液（＜2%）可提高柱效，减少拖尾获对称峰
石墨化炭黑	C	＞500	非极性	分离气体及烃类，对高沸点有机化合物峰形对称	同上	
硅胶	$SiO_2 \cdot nH_2O$	＜400	氢键型	分离永久性气体及低级烃类	用(1＋1)HCl浸泡2h，水洗至无Cl^-，180℃烘干备用，或在装柱后200℃载气下活化2h	在200～300℃活化，可脱去95%以上水分
氧化铝	Al_2O_3	＜400	极性	分离烃类及有机异构体，低温情况下可分离氢的同位素	200～1000℃烘烤活化，冷却至室温备用	随活化温度不同，含水量也不同，从而影响保留值和柱效
分子筛	$x(MO) \cdot y(Al_2O_3)$ $x(SiO_2) \cdot nH_2O$	＜400	强极性	特别适用于永久性气体和惰性气体的分离	在350～550℃下烘烤活化3～4h，超过600℃会破坏分子筛结构而失效	

(2) 气-液色谱柱的选择　气-液色谱填充柱中所用的填料是液体固定相。它是由惰性的固体支持物和其表面上涂渍的高沸点有机物液膜所构成的。通常把惰性的固体支持物称为“载体”，把涂渍的高沸点有机物称为“固定液”。气-液色谱柱的选择主要就是固定液和载体的选择。

① 固定液

a. 对固定液的要求

(a) 固定液应是一种高沸点有机化合物，其蒸气压要低，挥发性要小，以免在操作柱温下发生流失而影响柱寿命（一般根据固定液沸点确定其最高使用温度）。

(b) 稳定性好，在操作柱温下不分解，并呈液态（一般根据固定液的凝固点决定其最低使用温度），其黏度较低，以保证固定液能均匀地分布在载体上，并减小液相传质阻力。

(c) 溶解度大并且具有良好的选择性，这样才能根据各组分溶解度的差异，达到相互分离。

(d) 化学稳定性好，在操作柱温下，不与载体以及待测组分发生不可逆的化学反应。

b. 常用固定液的分类　在气液色谱中所使用的固定液已达 1000 多种，为了便于选择和使用，一般按固定液的“极性”大小进行分类。固定液极性是表示含有不同官能团的固定液，与分析组分中官能团及亚甲基间相互作用的能力。通常用相对极性（P）的大小来表示。这种表示方法规定：β,β'-氧二丙腈的相对极性 $P=100$，角鲨烷的相对极性 $P=0$，其他固定液以此为标准通过实验测出它们的相对极性均在 0～100 之间。通常将相对极性值分为五级，每 20 个相对单位为一级，相对级性在 0～＋1 间的为非极性固定液（亦可用“－1”表示非极性）；＋2、＋3 为中等极性固定液；＋4、＋5 为强极性固定液。表 4-9 列出了一些常用固定液相对极性数据，最高使用温度和主要分析对象等资料，供使用时选择和参考。

表 4-9 常用固定液

固定液		最高使用温度/℃	常用溶剂	相对极性	分析对象
非极性	十八烷	室温	乙醚	0	低沸点碳氢化合物
	角鲨烷	140	乙醚	0	C_8 以前碳氢化合物
	阿匹松(L. M. N)	300	苯、氯仿	+1	各类高沸点有机化合物
	硅橡胶(SE-30,E-301)	300	丁醇+氯仿(1+1)	+1	各类高沸点有机化合物
中等极性	癸二酸二辛酯	120	甲醇、乙醚	+2	烃、醇、醛酮、酸酯各类有机物
	邻苯二甲酸二壬酯	130	甲醇、乙醚	+2	烃、醇、醛酮、酸酯各类有机物
	磷酸三苯酯	130	苯、氯仿、乙醚	+3	芳烃、酚类异构物、卤化物
	丁二酸二乙二醇酯	200	丙酮、氯仿	+4	
极性	苯乙腈	常温	甲醇	+4	卤代烃、芳烃和 $AgNO_3$ 一起分离烷烯烃
	二甲基甲酰胺	20	氯仿	+4	低沸点碳氢化合物
	有机皂-34	200	甲苯	+4	芳烃、特别对二甲苯异构体有高选择性
	β,β′-氧二丙腈	<100	甲醇、丙酮	+5	分离低级烃、芳烃、含氧有机物
氢键型	甘油	70	甲醇、乙醇	+4	醇和芳烃、对水有强滞留作用
	季戊四醇	150	氯仿+丁醇(1+1)	+4	醇、酯、芳烃
	聚乙二醇 400	100	乙醇、氯仿	+4	醇、酯、醛、腈、芳烃
	聚乙二醇 20M	250	乙醇、氯仿	+4	醇、酯、醛、腈、芳烃

近年来通过大量实验数据，利用电子计算机优选出 12 种最佳固定液。这 12 种固定液的特点是：在较宽的温度范围内稳定，并占据了固定液的全部极性范围。12 种固定液如表 4-10 所示。从中可以看出：实验室只需贮存少量标准固定液就可以满足大部分分析任务的需要。

表 4-10 12 种最佳固定液

固定液名称	型号	相对极性	最高使用温度/℃	溶剂	分析对象
角鲨烷	SQ	−1	150	乙醚、甲苯	气态烃、轻馏分液态烃
甲基硅油或甲基硅橡胶	SE-30 OV-101	+1	350 200	氯仿、甲苯	各种高沸点化合物
苯基(10%)甲基聚硅氧烷	OV-3	+1	350	丙酮、苯	各种高沸点化合物、对芳香族和极性化合物保留值增大 OV-17+QF-1 可分析含氯农药
苯基(25%)甲基聚硅氧烷	OV-7	+2	300	丙酮、苯	
苯基(50%)甲基聚硅氧烷	OV-17	+2	300	丙酮、苯	
苯基(60%)甲基聚硅氧烷	OV-22	+2	300	丙酮、苯	
三氟丙基(50%)甲基聚硅氧烷	QF-1 OV-210	+3	250	氯仿 二氯甲烷	含卤化合物、金属螯合物、甾类
β-氰乙基(25%)甲基聚硅氧烷	XE-60	+3	275	氯仿 二氯甲烷	苯酚、酚醚、芳胺、生物碱、甾类
聚乙二醇	PEG-20M	+4	225	丙酮、氯仿	选择性保留分离含 O、N 官能团及 O、N 杂环化合物
聚己二酸二乙二醇酯	DEGA	+4	250	丙酮、氯仿	分离 $C_1 \sim C_{24}$ 脂肪酸甲酯，甲酚异构体
聚丁二酸二乙二醇酯	DEGS	+4	220	丙酮、氯仿	分离饱和及不饱和脂肪酸酯，苯二甲酸酯异构体
1,2,3-三(2-氰乙氧基)丙烷	TCEP	+5	175	氯仿、甲醇	选择性保留低级含 O 化合物，伯、仲胺，不饱和烃、环烷烃等

c. 固定液的选择　选择固定液应根据不同的分析对象和分析要求进行。一般可以按照“相似相溶”原理进行选择，即按待分离组分的极性或化学结构与固定液相似的原则来选择，其一般规律如下。

(a) 分离非极性物质，一般选用非极性固定液。试样中各组分按沸点从低到高的顺序流出色谱柱。

(b) 分离极性物质，一般按极性强弱来选择对应极性的固定液。试样中各组分一般按极性从小到大的顺序流出色谱柱。

(c) 分离非极性和极性混合物时，一般选用极性固定液。这时非极性组分先出峰，极性组分后出峰。

(d) 能形成氢键的试样，如醇、酚、胺和水的分离，一般选用氢键型固定液。此时试样中各组分按与固定液分子间形成氢键能力大小的顺序流出色谱柱。

(e) 对于复杂组分，一般可选用两种或两种以上的固定液配合使用，以增加分离效果。

(f) 对于含有异构体的试样（主要是含有芳香型异构部分），一般应选用特殊保留作用的有机皂土或液晶做固定液。

上面几点是选择固定液的大致原则。由于色谱柱中的作用比较复杂，因此合适的固定液还必须通过实验进行选择。

② 载体　载体也称作担体，它的作用是提供一个具有较大表面积的惰性表面，使固定液能在它的表面上形成一层薄而均匀的液膜。由于载体结构和表面性质会直接影响柱的分离效果，因此在气-液色谱中，要求载体表面应是化学惰性的，即无吸附性、无催化性，且热稳定性要好。为了能涂渍更多的固定液又不增加液膜厚度，要求载体比表面积要大，孔径分布均匀。另外还要求载体机械强度好，不易破碎。

a. 载体的种类　常用的载体大致可分为无机载体和有机聚合物载体两大类。前者应用最为普遍的主要有硅藻土型载体和玻璃微球载体；后者主要包括含氟载体以及其他各种聚合物载体。

(a) 硅藻土型载体　硅藻土型载体使用的历史最长，应用也最普遍。这类载体绝大部分是以硅藻土为原料，加入木屑及少量黏合剂，加热煅烧制成的。一般分为红色硅藻土载体和白色硅藻土载体两种。这两种载体的化学组成基本相同，内部结构相似，都是以硅、铝氧化物为主体，以水合无定形氧化硅和少量金属氧化物杂质为骨架。但是它们的表面结构差别很大，红色硅藻土载体和硅藻土原来的细孔结构一样，表面孔隙密集，孔径较小，表面积大，能负荷较多的固定液。由于结构紧密，所以机械强度较好。常见的红色硅藻土载体有国产的6201 载体及国外的 C-22 耐火砖和 Chromosorb P 等。白色硅藻土载体在烧结过程中破坏了大部分的细孔结构，变成了较多松散的烧结物，所以孔径比较粗，表面积小，能负荷的固定液少，机械强度不如红色载体。但是和红色硅藻土载体相比，它的表面吸附作用和催化作用比较小，能用于高温分析，应用于极性组分分析时，易于获得对称峰。常见的白色硅藻土载体有国产的 101 白色载体、405 白色载体，国外的 Celite 和 Chromosorb W 载体等。

(b) 玻璃微球　玻璃微球是一种有规则的颗粒小球。它具有很小的表面积，通常把它看做是非孔性、表面惰性的载体。为了得到较为理想的表面特性，增大表面积，使用时往往在玻璃微球上涂覆一层固体粉末，如硅藻土、氧化铁、氧化铝等。也可以用含铝量较高的碱石灰玻璃制成蜂窝状结构的低密度微球；或者用硅酸钠玻璃制成表面具有纹理的微球；或者用酸、碱腐蚀法制成表面惰性、多孔性的微球等。这类载体的主要优点是能在较低的柱温下分析高沸点物质，使某些热稳定性差但选择性好的固定液获得应用。缺点是柱负荷量小，只能用于涂渍低配比固定液，而且，柱寿命较短。国产的各种筛目的多孔玻璃微球载体性能很好，可供选择使用。

(c) 氟载体　这类载体的特点是吸附性小，耐腐蚀性强，适合于强极性物质和腐蚀性气体的分析。其缺点是表面积较小，机械强度低，对极性固定液的浸润性差，涂渍固定液的量一般不超过5%。

这类载体主要有两种，常用的一种是聚四氟乙烯载体，通常可以在200℃柱温以下使用，主要产品有国外的Teflon，Chromosorb T，Hablopart F等；另一种是聚三氟氯乙烯载体，与前者相比，颗粒比较坚硬，易于填充操作，但表面惰性和热稳定性较差，使用温度不能超过160℃，其主要产品有国外的Ekatlurin，Daiflon Kel-F-300和Halopart K等。

b. 载体的预处理　载体主要是起承担固定液的作用，它表面应是化学惰性的，但实际上，载体总是呈现出不同程度的催化活性，特别是当固定液的液膜厚度较小，分离极性物质时，载体对组分有明显的吸附作用。其结果是造成色谱峰严重地不对称，所以载体在使用前必须先经过处理，具体方法如下。

(a) 酸洗法　用$6mol \cdot L^{-1}$盐酸溶液浸泡载体2h，然后用水洗至呈中性，于110℃烘箱中烘干备用。酸洗可除去载体表面的铁等金属氧化物杂质。酸洗后的载体可用于分析酸性物和酯类样品。

(b) 碱洗法　将酸洗后的载体放在$100g \cdot L^{-1}$的NaOH甲醇溶液中浸泡后过滤，再用甲醇和水洗至中性，在110℃烘箱中烘干备用。碱洗可以除去载体表面的Al_2O_3等酸性作用点。碱洗后载体可用于分析胺类碱性物质。

(c) 硅烷化处理　硅烷化处理是指利用硅烷化试剂处理载体，使载体表面的硅醇和硅醚基团失去氢键力，因而纯化了表面，消除了色谱峰拖尾现象。常用的硅烷化试剂有三甲基氯硅烷，二甲基二氯硅烷和六甲基二硅胺等。硅烷化处理后的载体只适于涂渍非极性及弱极性固定液，而且只能在低于270℃柱温下使用。

(d) 釉化处理　将待处理的载体在$20g \cdot L^{-1}$的硼砂水溶液中浸泡48h，搅拌数次后，吸滤，并于120℃烘干，再在860℃高温下灼烧70min，在950℃下保持30min，最后再用蒸馏水煮沸20～30min，过滤烘干，过筛备用。处理过的载体吸附性能低，强度大，可用于分析强极性物质（对一般极性和非极性样品，可不必用此法处理）。

除以上介绍的几种常用的处理方法外，尚有物理钝化处理、涂减尾剂等方法。相关知识可查阅有关专著。

目前，市售载体有的已经处理过。因此，购买回来后只需过筛，用蒸馏水漂洗除去粉末（已硅烷化的载体应用无水乙醇漂洗）后即可直接使用（常选用载体规格为60～80目或80～100目）。当然，涂渍前还需将载体放在105℃烘箱中烘4～6h，以除去吸附在载体表面的水蒸气等。

c. 载体的选择　选择适当载体能提高柱效，有利于混合物的分离。表4-11为载体选择参考表。选择载体的大致原则如下。

(a) 固定液用量>5%（质量分数）时，一般选用硅藻土白色载体或红色载体。

若固定液用量<5%（质量分数）时，一般选用表面处理过的载体。

(b) 腐蚀性样品可选氟载体；而高沸点组分可选用玻璃微球载体。

(c) 载体颗粒大小一般选用60～80目或80～100目；高效柱可选用100～120目。

③ 合成固定相

a. 高分子多孔小球　高分子多孔小球（GDX）是以苯乙烯等为单体与交联剂二乙烯基苯交联共聚的小球，从化学性质上可分为极性和非极性两种。这种聚合物在有些方面具有类似吸附剂的性能，而在另外一些方面又显示出固定液的性能。高分子多孔小球作为固定相主要具有吸附活性低、对含羟基的化合物具有相对低的亲和力、可选择的范围大等优点。

表 4-11 载体选择参考表

固定液	样品	选用硅藻土载体	备注
非极性	非极性	未经处理过的载体	
非极性	极性	酸、碱洗或经硅烷化处理过的载体	当样品为酸性时，最好选用酸洗载体，为碱性时用碱洗载体
极性或非极性，固定液含量(质量分数)＜5%时	极性及非极性	硅烷化载体	
弱极性	极性及非极性	酸洗载体	
弱极性，固定液含量(质量分数)＜5%时	极性及非极性	硅烷化载体	
极性	极性及非极性	酸洗载体	
极性	化学稳定性低	硅烷化载体	对化学活性和极性特强的样品，可选用聚四氟乙烯等特殊载体

高分子多孔小球本身既可以作为吸附剂在气-固色谱中直接使用，也可以作为载体涂渍固定液后使用。在烷烃、芳烃、卤代烃、醇、酮、醛、醚、酯、酸、胺、腈以及各种气体的气相色谱分析中已得到广泛应用。高分子多孔小球在交联共聚过程中，使用不同的单体或不同的共聚条件，可获得不同分离效能、不同极性的产品。

b. 化学键合固定相　化学键合固定相，又称化学键合多孔微球固定相。这是一种以表面孔径度可人为控制的球形多孔硅胶为基质，利用化学反应方法把固定液键合在载体表面上制成的键合固定相。这种键合固定相大致可以分为硅氧烷型、硅脂型以及硅碳型三种类型。

与载体涂渍固定液制成的固定相比较，化学键合固定相主要有以下优点：具有良好的热稳定性；适合于作快速分析；对极性组分和非极性组分都能获得对称峰；耐溶剂。化学键合固定相在气相色谱中常用于分析 C_1～C_3 烷烃、烯烃、炔烃、CO_2、卤代烃及有机含氧化合物等。国产商品主要有上海试剂一厂的500硅胶系列与天津试剂二厂的 HDG 系列产品，国外的品种主要有美国 Waters 公司生产的 Durapak 系列。

④ 气-液色谱柱的制备　色谱柱分离效能的高低，不仅与选择的固定液和载体有关，而且与固定液的涂渍和色谱柱的填充情况有密切的关系。因此，色谱柱的制备是色相气谱法的重要操作技术之一。

气-液色谱填充柱的制备过程主要包括下面三个步骤。

a. 色谱柱柱管的选择与清洗

(a) 色谱柱柱形、柱内径、柱长度的选择　色谱柱柱形、柱内径、柱长度都会影响柱的分离效果，一般直形优于U形、螺旋形，但后者体积小，为一般仪器常用。柱的内径大小要合适，若内径太大，柱的分离效果不好；若太小容易造成填充困难和柱压降增大，给操作带来麻烦，所以一般选用3～4mm。色谱柱长，柱的分离效果好，但色谱柱的压降增大，保留时间长，甚至会出现扁平峰，使分离效果下降。因此，选择柱长的原则是：在使最难分离的物质对得以分离的情况下，尽量选择短柱。通常使用1～2m长的不锈钢色谱柱。

(b) 柱管的试漏与清洗方法　在选定色谱柱后，需要对色谱柱进行试漏清洗。试漏的方法是将色谱柱的一端堵住，全部浸入水中，另一端通入气体，在高于分析时的操作压力下，不应有气泡冒出，否则应更换色谱柱。

色谱柱的清洗方法应根据柱的材料来选择。若使用的是不锈钢柱，可以用 50～100g·L^{-1}的热 NaOH 水溶液抽洗 4～5 次，以除去管内壁的油渍和污物，然后用自来水冲洗至中性，烘干后备用。若使用的是玻璃柱，可注入洗涤剂浸泡洗涤两次，然后用自来水冲洗至呈中性。再用蒸馏水洗两次（洗净的玻璃柱内壁不应挂有水珠），在 110℃烘箱中烘干后使用。对于铜柱，则需要使用 $w(\mathrm{HCl})=10\%$的盐酸溶液浸泡，抽洗，直至抽洗液中没有铜锈或其他浮杂物为止，再用自来水冲洗至呈中性，烘干备用。对经常使用的柱管，在更换固定相时，只要倒出原来装填的固定相，用水清洗后，再用丙酮、乙醚等有机溶剂冲洗 2～3 次，然后烘干，即可重新装填新的固定相。

b. 固定液的涂渍

(a) 固定液用量的选择　固定液的用量要视载体的性质及其他情况而定。通常将固定液与载体的质量比称为液载比。液载比的大小会直接影响载体表面固定液液膜的厚度，因而也将影响色谱柱的分离效果。一般来说，液载比低可以提高柱的分离效果。但液载比不能太低，如果载体表面不能全部被固定液覆盖，则载体会出现吸附现象，从而出现峰的拖尾。同时，用量小柱的容量也小，进样量也就要减少。因此，固定液不是越少越好。一般常用的液载比是 5%左右。

(b) 固定液的涂渍　固定液的涂渍是一项重要的基本操作，它要求固定液能均匀的涂覆在载体表面，形成一层牢固的液膜，其方法如下。

在确定液载比后，先根据柱的容量，称取一定量的固定液和载体分别置于两个干燥烧杯中，然后在固定液中加入适当的低沸点有机溶剂（所用的溶剂应能够与固定液完全互溶，并易挥发。常用的溶剂有乙醚、甲醇、丙酮、苯、氯仿等），溶剂用量应刚好能浸没所称取的载体。待固定液完全溶解后，倒入一定量经预处理和筛分过的载体，在通风橱中轻轻晃动烧杯，让溶剂均匀挥发，以保证固定液在载体表面上均匀分布。然后在通风橱中或红外灯下除去溶剂，待溶剂挥发完全后，过筛，除去细粉，即可准备装柱。

对于一些溶解性差的固定液，如硬脂酸盐类、氟橡胶、山梨醇等，则需要采用回流法进行涂渍。

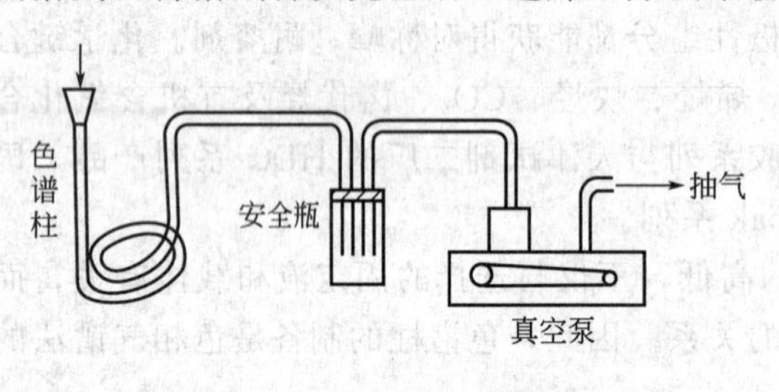

图 4-36　泵抽装柱示意图

c. 色谱柱的装填　将已洗净烘干的色谱柱的一端塞上玻璃棉，包以纱布，接入真空泵；在柱的另一端放置一专用小漏斗，在不断抽气下，通过小漏斗加入涂渍好的固定相。在装填时，应用小木棍不断轻敲柱管，使固定相填充得均匀紧密，直至填满（如图 4-36）。取下柱管，将柱入口端塞上玻璃棉，并标上记号。

为了制备性能良好的填充柱，在操作中应遵循以下几条原则：第一，尽可能筛选粒度分布均匀的载体和固定相；第二，保证固定液在载体表面涂渍均匀；第三，保证固定相在色谱柱内填充均匀；第四，避免载体颗粒破碎和固定液的氧化作用等。

d. 色谱柱的老化　新装填好的色谱柱不能马上用于测定，需要先进行老化处理。色谱柱老化的目的有两个，一是彻底除去固定相中残存的溶剂和某些易挥发的杂质；二是促使固定液更均匀，更牢固地涂布在载体表面上。

色谱柱的老化方法是：将色谱柱接入色谱仪气路中，将色谱柱的出气口（接真空泵的一端）直接通入大气，不要接检测器，以免柱中逸出的挥发物污染检测器。开启载气，在稍高于操作柱温下（老化温度可选择为分析测试用柱温以上 30℃），以较低流速连续通入载气一段时间（老化时间因载体和固定液的种类及质量而异，2～72h不等）。然后将色谱柱出口端接至检测器上，开启色谱数据处理机或色谱工作站，继续老化。待基线平直、稳定、无干扰峰时，说明色谱柱的老化工作已基本完成，此时可以进样分析了。

4.4.2.3 柱温的选择

柱温是气相色谱法的重要操作条件，柱温直接影响色谱柱的使用寿命、柱的选择性、柱效能和分析速度。柱温低有利于分配，有利于组分的分离；但柱温过低，被测组分可能在柱中冷凝，或者传质阻力增加，使色谱峰扩张，甚至拖尾。柱温高，虽有利于传质，但分配系数变小不利于分离。一般可通过实验选择最佳柱温。原则是：使物质既分离完全，又不使峰形扩张、拖尾。柱温一般选各组分沸点平均温度或稍低些。表4-12列出了各类组分适宜的柱温和固定液配比，以供选择参考。

表4-12 柱温和固定液配比

样品沸点/℃	固定液配比/%	柱温/℃	样品沸点/℃	固定液配比/%	柱温/℃
气体、气态烃、低沸点化合物	15～25	室温或<50	200～300的混合物	5～10	150～200
100～200的混合物	10～15	100～150	300～400的混合物	<3	200～250

当被分析组分的沸点范围很宽时，用恒定的柱温往往造成低沸点组分分离不好，而高沸点组分峰形扁平，此时采用程序升温的方法就能使高沸点及低沸点组分都能获得满意结果（如图4-37所示）。在选择柱温时还必须注意：柱温不能高于固定液最高使用温度，否则会

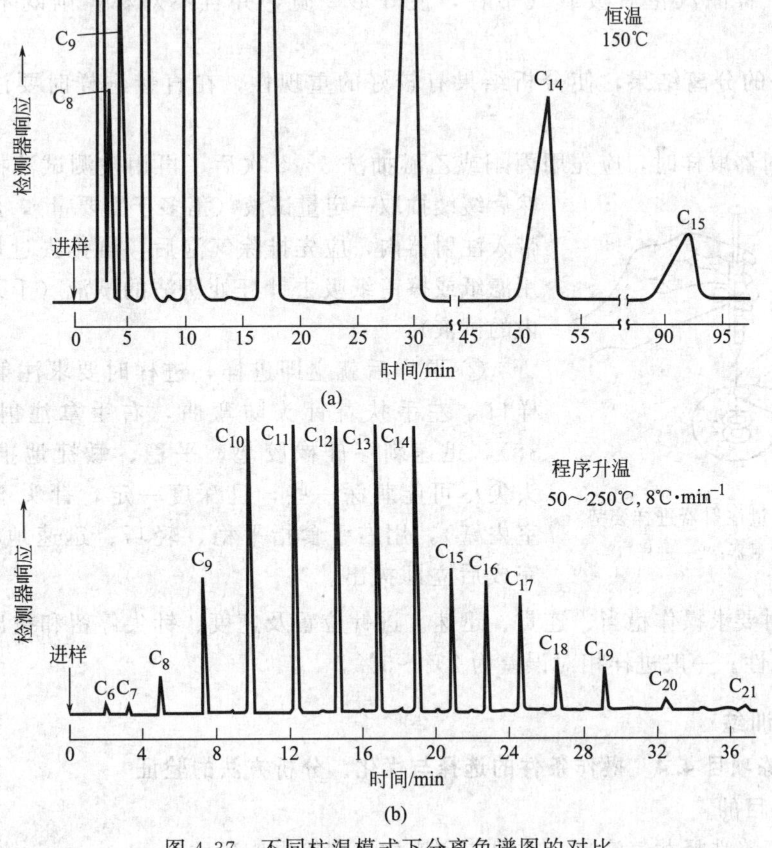

图4-37 不同柱温模式下分离色谱图的对比

（a）恒温模式下的分离色谱图，柱温为150℃；（b）程序升温模式下的分离色谱图，色温方式为50℃升至250℃，升温速率为8℃·min^{-1}

造成固定液大量挥发流失。同时，柱温至少必须高于固定液的熔点，这样才能使固定液有效地发挥作用。

4.4.2.4 汽化室温度选择

合适的汽化室温度既能保证样品迅速且完全汽化，又不引起样品分解。一般汽化室温度比柱温高30～70℃或比样品组分中最高沸点高30～50℃，即可满足分析要求。汽化室温度是否合适，可通过实验来检查。检查方法是：重复进样时，若出峰数目变化，重现性差，则说明汽化室温度过高；若峰形不规则，出现平头峰或宽峰，则说明汽化室温度太低；若峰形正常，峰数不变，峰形重现性好，则说明汽化室温度合适。

4.4.2.5 进样量与进样操作

（1）进样量　在进行气相色谱分析时，进样量要适当。若进样量过大，所得到的色谱峰峰形不对称程度增加，峰变宽，分离度变小，保留值发生变化，峰高、峰面积与进样量不成线性关系，无法定量。若进样量太小，又会因检测器灵敏度不够，不能检出。色谱柱最大允许进样量可以通过实验来确定。方法是：其他实验条件不变，仅逐渐加大进样量，直至所出的峰的半峰宽变宽或保留值改变时，此进样量就是最大允许进样量。对于内径3～4mm，柱长2m，固定液用量为5%左右的色谱柱，液体进样量为0.1～10μL；检测器为FID时进样量应小于1μL。

（2）进样操作　进样时，要求速度快，这样可以使样品在汽化室汽化后随载气以浓缩状态进入柱内，而不被载气所稀释，因而峰的原始宽度就窄，有利于分离。反之若进样缓慢，样品汽化后被载气稀释，使峰形变宽，并且不对称，则既不利于分离也不利于定量。

为保证好的分离结果，使分析结果有较好的重现性，在直接进样时要注意以下操作要点。

① 用注射器取样时，应先用丙酮或乙醚抽洗5～6次后，再用被测试液抽洗5～6次，然后缓缓抽取一定量试液（稍多于需要量），此时若有空气带入注射器内，应先排除气泡后，再排去过量的试液，并用滤纸或擦镜纸吸去针杆处所沾的试液（千万勿吸去针头内的试液）。

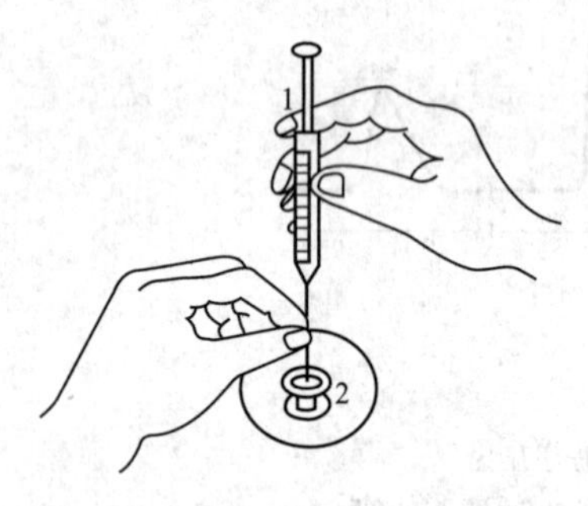

图4-38　微量注射器进样姿势
1—微量注射器；2—进样口

② 取样后就立即进样，进样时要求注射器垂直于进样口，左手扶着针头防弯曲，右手拿注射器（见图4-38），迅速刺穿硅橡胶垫，平稳、敏捷地推进针筒（针头尖尽可能刺深一些，且深度一定，针头不能碰着汽化室内壁），用右手食指平稳、轻巧、迅速地将样品注入，完成后立即拔出。

③ 进样时要求操作稳当、连贯、迅速。进针位置及速度、针尖停留和拔出速度都会影响进样的重现性。一般进样相对误差为2%～5%。

4.4.3 技能训练

4.4.3.1 训练项目4.4　操作条件的选择与优化、分析方法的验证

（1）训练目的

① 学会正确选择载气流速、柱温与色谱柱类型等操作条件；

② 能归纳分离条件的选择原则与优化方法，并能将其运用于实际问题的解决；

③ 学会气相色谱分析方法的验证方法，并能将其用于实际分析方法的评价之中。

(2) 方法原理　理论塔板数（n）或有效理论塔板数（$n_{有效}$）是衡量色谱柱柱效的重要指标。从理论上讲，理论塔板数越多，柱效越高。但理论塔板数多到什么程度才能满足实际分离的要求呢？一般可用分离度来衡量，因为分离度是色谱柱总分离效能的量化指标。

分离度主要是针对两个相邻色谱峰而言的，由式(4-27) 可以看出，分离度 R 是塔板数(n)、选择性因子（α）的函数。因此，可通过调整柱温、柱压和组分在气液相体积等因素来改变 n 或 α，从而达到改善分离度的目的。

(3) 仪器与试剂

① 仪器　福立 GC 9790J 型气相色谱仪（或其他型号带 FID 的气相色谱仪），气体高压钢瓶（N_2、H_2 与空气，其中空气高压钢瓶可用空气压缩机替代），氧气减压阀与氢气减压阀，气体净化器，填充色谱柱（PEG 20M，2m×3mm，100～120 目；SE-30，2m×3mm，100～120 目；OV-17，2m×3mm，100～120 目；PEG 20M 毛细管色谱柱，30m×0.25mm；也可根据实验室的配置选择其他类型的色谱柱）；石墨垫圈；硅橡胶垫；色谱工作站；样品瓶；电子天平；微量注射器（10μL、1μL）。

② 试剂　甲醇、乙醇、正丙醇、正丁醇、异丁醇、正戊醇（均为 GC 级）和异丙醇(GC 级)，未知混合样（含微量甲醇、乙醇、正丙醇、异丙醇、正丁醇、异丁醇、正戊醇)，蒸馏水。

(4) 训练内容与操作步骤

① 准备工作

a. 标准溶液的配制　用蒸馏水将甲醇、乙醇、异丙醇、正丙醇、正丁醇、异丁醇、正戊醇等标样配制成合适浓度（以其在气相色谱仪上出峰在几个毫伏为准）。

b. 甲醇标准溶液的配制　用蒸馏水配制适当浓度的甲醇标准溶液。

c. 色谱仪的开机和调试　按 4.2.7.2 节步骤（3）的方法正常开机、设置相关测量参数(汽化室温度为 180℃，检测器温度为 160℃）并调试 FID 检测器至工作状态。

d. 打开色谱工作站，输入测量参数。

② 分离条件的选择与优化

a. 最佳载气流量的选择　选择一种类型的色谱柱，固定柱温为 120℃，将载气流速调整为 $10mL \cdot min^{-1}$、$20mL \cdot min^{-1}$、$30mL \cdot min^{-1}$、$40mL \cdot min^{-1}$、$50mL \cdot min^{-1}$、$60mL \cdot min^{-1}$、$80mL \cdot min^{-1}$、$100mL \cdot min^{-1}$、$140mL \cdot min^{-1}$，用甲醇标准溶液和空气重复进样，测量甲醇与空气的保留时间及相应半峰宽，绘制 H-u 曲线，获取最佳载气流速值，再将其转化成最佳载气流量值。

b. 最佳柱温的选择　在比最佳载气流量值稍大的实际载气流量下，将柱温分别设置在 80℃、90℃、100℃、110℃、120℃、130℃（可根据实际情况自行选择合适柱温)，重复进样分析测定未知混合样，记录有效理论塔板数（甲醇)、分离度数值（最难分离对）和拖尾因子（最大值)。

根据实际分离情况设置程序升温的初始温度与终温，选择三种升温速率，重复分析测定未知混合样，记录有效理论塔板数（甲醇)、分离度数值（最难分离对）和拖尾因子（最大值)。

最后根据实验结果，确定未知混合样分析测定的最佳柱温。

c. 色谱柱类型的选择　选择另外两种类型的色谱柱（含毛细管色谱柱)，重复步骤 a、b 的操作，最后根据实验结果，确定未知混合样分析测定的最佳色谱柱类型。

注意：若选择毛细管色谱柱，则可不必测量最佳载气流量，条件允许的话可以测量合适分流比值。

③ 分析方法的验证

a. 准备工作　用给定色谱纯标样配制已知准确浓度的甲醇、乙醇、正丙醇、正丁醇、异丁醇、正戊醇（均为GC级）混合标准测试溶液和异丙醇标准溶液（此为内标物）。

取一样品瓶，加入3mL蒸馏水，加入100μL上述标准测试溶液，准确称其质量，再加入20μL异丙醇标准溶液，混合均匀，备用。此为分析方法验证用的测试样品。

b. 准确度的测定　在最佳测试条件下，取1μL或更少量上述测试样品进样分析，记录相关数据，计算原混合标准测试溶液中甲醇的含量，填写在对应表格中。

将测试数据与已知准确值进行比对，计算回收率，并将其填写在对应表格中。

注意：回收率的测定也可以采用“加标法”进行测定，其详细内容可参考有关资料。

c. 精密度的测定　在最佳测试条件下，取1μL或更少量上述测试样品连续进样分析6次，记录相关数据，计算各次测定原混合标准测试溶液中甲醇的含量，并将其填写在对应表格中。

最后计算6次测定结果的相对平均偏差，以此评价分析方法的精密度。

d. 灵敏度和检测限的测定　记录步骤c各次测定色谱图中甲醇的峰面积、噪声等参数，按下列公式计算该分析方法的灵敏度与检测限。

FID检测器灵敏度计算公式：$S=\frac{A}{\rho V}$

式中，A为峰面积；ρ为样品质量浓度；V为进样体积。

TCD检测器灵敏度计算公式：$S=\frac{\Delta R}{\Delta Q}=\frac{AF_0}{\rho V}\times\frac{T_{检}}{T_{室}}$

式中，A为峰面积；F_0为载气流量；T为温度；ρ为样品质量浓度；V为进样体积。

FID检测器检测限的计算公式：$D=\frac{2N\rho V}{A}$

式中，A为峰面积；ρ为样品质量浓度；V为进样体积；N为基线噪声。

TCD检测器检测限计算公式：$D=\frac{2N}{S}=\frac{2N\rho V}{AF_0}\times\frac{T_{室}}{T_{检}}$

式中，A为峰面积；F_0为载气流量；T为温度；ρ为样品质量浓度；V为进样体积；N为基线噪声。

注意：如果训练时间宽裕的话，也可以测定该分析方法的线性及线性范围。

④ 结束工作

a. 实验完毕后先关闭氢气钢瓶总阀，待压力表回零后，关闭仪器上氢气稳压阀，关闭氢气净化器开关。

b. 关闭空气钢瓶总阀，待压力表回零后，关闭仪器上空气稳压阀，关闭空气净化器开关。

c. 设置汽化室温度、柱温在室温以上约10℃，检测室温度120℃。

d. 待柱温达到设定值时关闭气相色谱仪电源开关。

e. 关闭载气钢瓶和减压阀，关闭载气净化器开关。

f. 清理台面，填写仪器使用记录。

（5）注意事项

① 改变柱温和流速后，必须待仪器稳定后再进样；

② 为了保证峰宽测量的准确，应调整适当的峰宽参数；

③ 控制柱温的升温速率，切忌过快，以保持色谱柱的稳定性。

(6) 数据处理

① 记录色谱操作条件。

② 对每一次进样分析的色谱分离图进行适当优化处理。

③ 将进行优化后的色谱图上显示出的峰面积等数值填入下表。

分析者：________班级：________学号：________分析日期：________

仪 器 条 件		
样品名称：	样品编号：	进样体积/μL
仪器名称：	仪器型号：	仪器编号：
载气种类与流量：	H_2 流量：	空气流量：
分流比：	尾吹流量：	汽化温度：
检测器类型：	检测器温度：	检测器灵敏度挡：

分离条件的选择与优化				
第1种色谱柱：				
柱温/℃		有效理论塔板数（以甲醇计算）	分离度（最难分离对）	拖尾因子（最大值）
恒温				
程序升温/℃		有效理论塔板数（以甲醇计算）	分离度（最难分离对）	拖尾因子（最大值）
初温：	时间：			
终温：	时间：			
升温速率				
最优柱温				
第2种色谱柱：				
柱温/℃		有效理论塔板数（以甲醇计算）	分离度（最难分离对）	拖尾因子（最大值）
恒温				

续表

<table>
<tr><td colspan="2">程序升温/℃</td><td rowspan="3">有效理论塔板数
（以甲醇计算）</td><td rowspan="3">分离度
（最难分离对）</td><td rowspan="3">拖尾因子
（最大值）</td></tr>
<tr><td>初温：</td><td>时间：</td></tr>
<tr><td>终温：</td><td>时间：</td></tr>
<tr><td rowspan="3">升温速率</td><td></td><td></td><td></td><td></td></tr>
<tr><td></td><td></td><td></td><td></td></tr>
<tr><td></td><td></td><td></td><td></td></tr>
<tr><td>最优柱温</td><td colspan="4"></td></tr>
<tr><td colspan="5">第 3 种色谱柱：</td></tr>
<tr><td colspan="2">柱温/℃</td><td>有效理论塔板数
（以甲醇计算）</td><td>分离度
（最难分离对）</td><td>拖尾因子
（最大值）</td></tr>
<tr><td rowspan="6">恒温</td><td></td><td></td><td></td><td></td></tr>
<tr><td></td><td></td><td></td><td></td></tr>
<tr><td></td><td></td><td></td><td></td></tr>
<tr><td></td><td></td><td></td><td></td></tr>
<tr><td></td><td></td><td></td><td></td></tr>
<tr><td></td><td></td><td></td><td></td></tr>
<tr><td colspan="2">程序升温/℃</td><td rowspan="3">有效理论塔板数
（以甲醇计算）</td><td rowspan="3">分离度
（最难分离对）</td><td rowspan="3">拖尾因子
（最大值）</td></tr>
<tr><td>初温：</td><td>时间：</td></tr>
<tr><td>终温：</td><td>时间：</td></tr>
<tr><td rowspan="3">升温速率</td><td></td><td></td><td></td><td></td></tr>
<tr><td></td><td></td><td></td><td></td></tr>
<tr><td></td><td></td><td></td><td></td></tr>
<tr><td>最优柱温</td><td colspan="4"></td></tr>
<tr><td>结　　论</td><td colspan="4"></td></tr>
</table>

<table>
<tr><td colspan="5">准确度的测定——直接测定回收率</td></tr>
<tr><td>测定次数</td><td>浓度
（准确值）</td><td>浓度（测定值）</td><td>回收率/%</td><td>平均值/%</td></tr>
<tr><td>1</td><td rowspan="3"></td><td></td><td></td><td rowspan="3"></td></tr>
<tr><td>2</td><td></td><td></td></tr>
<tr><td>3</td><td></td><td></td></tr>
</table>

<table>
<tr><td colspan="6">准确度的测定——加标测定回收率</td></tr>
<tr><td>测定次数</td><td>加标量</td><td>未加标测定值</td><td>加标测定值</td><td>回收率/%</td><td>平均值/%</td></tr>
<tr><td>1</td><td rowspan="3"></td><td></td><td></td><td></td><td rowspan="3"></td></tr>
<tr><td>2</td><td></td><td></td><td></td></tr>
<tr><td>3</td><td></td><td></td><td></td></tr>
<tr><td>结论</td><td colspan="5"></td></tr>
</table>

<table>
<tr><td colspan="7">精密度的测定</td></tr>
<tr><td>测定次数</td><td>1</td><td>2</td><td>3</td><td>4</td><td>5</td><td>6</td></tr>
<tr><td>测定结果</td><td></td><td></td><td></td><td></td><td></td><td></td></tr>
<tr><td>RSD/%</td><td colspan="6"></td></tr>
<tr><td>结论</td><td colspan="6"></td></tr>
</table>

续表

灵敏度和检测限的测定						
测定次数	1	2	3	4	5	6
峰面积 A						
噪声 N						
灵敏度 S						
平均值						
检测限 D						
平均值						
结论						

④ 数据处理　如各个实验步骤所述，完成各个参数的计算。

(7) 思考题

① 分离度是不是越高越好？为什么？

② 影响分离度的因素有哪些？提高分离度的途径有哪些？

③ k 值的最佳范围是 2～5，如何调节 k 值？

④ 在实验给定的条件下，如果使丙醇与相邻两峰的分离度为 $R=1.5$，所需的柱长是多少(假设塔板高度为 $H=10\text{mm}$)？

附图：GC 方法开发一般步骤

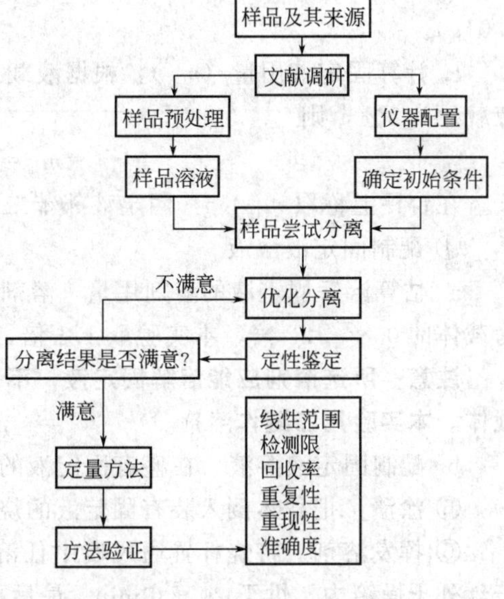

附图　GC 方法开发一般步骤

*4.4.3.2　训练项目 4.5　气相色谱填充柱的制备

(1) 训练目的

① 学会固定液的涂渍操作方法。

② 学会气-液色谱填充柱的装填和老化操作。

(2) 仪器和试剂

① 仪器　托盘天平，分析天平，真空泵，标准筛；GC 9790J 气相色谱仪或其他型号气相色谱仪，不锈钢空柱。

② 试剂　6201 红色硅藻土载体（60～80 目)，乙醚，邻苯二甲酸二壬酯（色谱纯)，盐酸（A. R.)，氢氧化钠（A. R.)。

(3) 训练内容与操作步骤

① 选择、清洗和干燥色谱柱管

a. 选择一根内径为 3mm，柱长为 1～2m 的不锈钢柱（若使用已用过的柱管，应先倒出原装填的固定相)。

b. 清洗柱管。将选好的柱管用 50～100g · L^{-1}氢氧化钠热溶液反复抽洗柱管内壁 3～4 次后，用自来水抽洗，再用 $w(\text{HCl})=10\%$的盐酸溶液抽洗 3 次，最后用自来水冲至中性。

c. 试漏烘干。将柱管一端堵住，另一端通入气体，用肥皂水检查有无漏气。若无漏气，再将柱管用蒸馏水冲洗至无 Cl^-，并抽去水分后于烘箱内 120℃左右干燥。

② 载体的预处理　称取 100g 60～80 目的 6201 红色硅藻土载体置于 400mL 烧杯中，加

入 $c(HCl)=6mol\cdot L^{-1}$ 盐酸溶液，浸泡 20～30min，然后用水清洗至中性，抽滤后转移至蒸发皿中，于 105℃烘箱内烘干 4～6h。取出，冷却后，再用 60～80 目标准筛除去过细或过粗的筛分，并保存在干燥器内备用（若为已经预处理的市售商品载体，则可不必酸洗，但需要在 105℃烘箱内烘干 4～6h 后再使用）。

③ 估算载体和固定液的用量

a. 估算载体用量（$m_{载}$）：先根据柱管长度（L）和管内径（d）计算柱管容积再过量 20%～40%。

$$柱管容积\ V_{柱}=\frac{1}{4}\pi d^2 L$$

当 $L=2m$，$d=3mm$ 时，$V_{柱}=\frac{1}{4}\times 3.14\times 0.3^2\times 200=14.1\ (cm^3)$

b. 按过量 30%计算，$V_{实际}=14.1\times(1+30\%)=18.3(mL)$

用量筒量取经筛分为 60～80 目的红色载体 18mL，然后称出其质量 m_S（准确至 0.01g）。

c. 计算固定液用量（m_L）：根据液载比及载体质量 m_S，计算固定液用量。本实验选用液载比为 5%，则

$$m_L=m_S\times(5/100)$$

在台秤上称取 m_L（g）固定液邻苯二甲酸二壬酯于 400mL 烧杯中。

④ 配制固定液溶液

a. 估算溶解固定液的溶剂用量　溶剂用量以恰能完全浸没载体为宜。一般按体积计算，为载体的 0.8～1.2 倍，本实验取 1.1 倍，即 20mL。

注意：所选溶剂应能溶解固定液，不可出现悬浮或分层等现象，同时溶剂应能完全浸没载体。本实验用乙醚作溶剂。

b. 配制固定液溶液　在盛有固定液的烧杯中，加入 20mL 乙醚，搅拌，使固定液溶解。

⑤ 涂渍　把载体倒入装有固定液的烧杯中，轻轻摇匀。

⑥ 挥发溶剂　将烧杯置通风橱中任溶剂自然挥发，并随时轻摇，待近干后再将烧杯置于红外干燥箱内，烘干 20～30min，最后再用 60～80 目筛子筛分。

⑦ 柱子的装填　在已清洗烘干的不锈钢柱管一端塞入一小段玻璃棉，管口包扎纱布后，按图 4-36 通过三通活塞开关和缓冲瓶接真空泵减压抽气。另一端接一小漏斗，向小漏斗中连续加入固定相，并用小木棒轻轻敲打柱管，当漏斗中固定相不再下降时，说明柱已填满。此时使三通活塞通大气，然后关泵，去掉漏斗，并在这一端塞入一小段玻璃棉，作好进气端和出气端标记。

装柱前在台秤上先称好空柱质量，装完后再称一次实柱质量，两者之差便是装填量。

⑧ 老化处理

a. 把填充好的色谱柱的进口端（接小漏斗的一端）接入仪器的汽化室，另一端连接一小段细接管抵住玻璃棉后放空。

b. 通入载气、控制较低流速（$10\sim15mL\cdot min^{-1}$），开启色谱仪上总电源和加热控制开关，调节柱箱温度至 110℃进行老化处理 4～8h。然后接上检测器，按训练项目 4.2 步骤（3）的方法正常开机并启动色谱数据处理机电源或色谱工作站，若记录的基线平直，说明老化处理完成，即可用于测定。

⑨ 关机　老化结束后，按训练项目 4.2 中的关机步骤关机，结束实验工作。

(4) 注意事项

① 载体在浸泡、清洗和涂渍过程中不可用玻璃棒搅拌。

② 挥发溶剂时，烘烤温度不宜过高，以免载体爆裂。烘干过程中要经常轻摇烧杯，溶剂挥发应缓慢进行，否则涂渍不均匀。

③ 填充色谱柱时，不得敲打过猛，以免固定相破碎；填充后，若色谱柱内的固定相出现断层或间隙，应重新装填。

(5) 数据记录

实验结束后，按下列格式填写实验记录。

色谱柱编号____；制备日期____；柱材____；柱长____；柱内径____；

载体名称____；筛目范围____；载体用量____ mL ____ g；

固定液名称____；固定液用量____ g；溶剂名称____；溶剂用量____ mL；

载体涂渍方法____；柱实际装填量____ g；液载比____；

老化温度____℃；时间____ h。

(6) 思考题

① 如何估计载体、固定液、溶剂的用量？

② 涂渍固定液时，为使载体和固定液混合均匀，可否采用强烈搅拌的方法？为什么？

③ 色谱柱为什么要老化处理？

思考与练习 4.4

(1) 气-固色谱的固定相是______；气-液色谱的固定相是______。

(2) 固体固定相包括______、______和______等。

(3) 气-液色谱填充柱中，通常把惰性的固体支持物称为______，把涂渍的高沸点有机物称为______。

(4) 常用的载体大致可分为无机载体和______载体；前者应用最为普遍的主要有______载体和____载体；后者主要包括______载体以及其他各种______载体。

(5) 化学键合固定相，又称______固定相。这是一种以表面孔径度可人为控制的______为基质，利用______方法把固定液键合于载体表面上制成的键合固定相。

(6) 适合于强极性物质和腐蚀性气体分析的载体是（　　）。

A. 红色硅藻土载体　　B. 白色硅藻土载体　　C. 玻璃微球　　D. 氟载体

(7) 下列型号柱中，属于非极性柱的是（　　）。

A. SE-30　　B. OV-101　　C. PEG 20M　　D. DEGS

(8) 试说明高分子多孔小球作为固定相的特点。

(9) 适合于作气-液色谱的固定液应具备哪些条件？

(10) 与载体涂渍固定液制成的固定相比较，化学键合固定相具有哪些优点？

(11) 简要说明载体的预处理方法有哪几种？

(12) 用实例说明固定液选择的一般原则。

(13) 简述色谱柱的老化方法。

(14) 名词解释

相对极性

(15) 某水样，其中含有微量的甲醇、乙醇、正丙醇、正丁醇与正戊醇，现欲分别测定其中五种醇的质量分数。实验室的配制为一台 HP 6890 气相色谱仪（含 FID、TCD、ECD）和 5 根不锈钢填充色谱柱（SE-30、OV-101、SE-54、OV-1701 与 PEG 20M，其规格均为 2m×3mm，80～100 目）。试根据上述条件选择合适的色谱柱、检测器、柱温、汽化室温度、检测室温度、载气种类与流量等色谱分离条件及合适的定量

方法，并说明理由。(已知甲醇、乙醇、正丙醇、正丁醇与正戊醇的沸点分别为65℃、78℃、98℃、118℃和138℃)

气相色谱专家系统

现代色谱仪的发展目标是智能色谱仪，它不仅是一种全盘自动化的色谱仪，而且还将具有色谱专家的部分智能。智能色谱的核心是色谱专家系统。气相色谱专家系统是一个具有大量色谱分析方法的专门知识和经验的计算机软件系统，它应用人工智能技术，根据色谱专家提供的专门知识、经验进行推理和判断，模拟色谱专家来解决那些需要色谱专家才能解决的气相色谱方法及建立复杂组分的定性和定量问题。

色谱专家系统的研制始于20世纪80年代中期，中国科学院大连化学物理研究所的ESC (Expert System for Chromatography) 有气相与液相两大部分，可以分别用于气相色谱和液相色谱，使用的是个人微型计算机。

许多色谱数据站都有在线定性和定量功能，但其定性、定量软件只起自动化的作用，ESC气相色谱专家系统，力求的是要起智能化的作用。ESC气相色谱专家系统智能定性方法的核心是：只储存物质在一个柱温和固定液时的保留指数的文献值，在一定范围内，可利用储存的少数与柱温、固定液有关的参数，预测其他柱温及固定液时的计算值，用其供作定性。对于出现组分分离不完全的情况，ESC专家系统应用曲线拟合法时，先在计算机屏幕上显示色谱图，利用加减法解决数值难以求准确的问题，然后用色谱峰分析软件分析色谱峰。

总之，10多年来，色谱专家系统取得很大进展，在生化、环保、石油化工等生产实践中已显示出其价值。可以预测，新的专用性专家系统软件还将不断推出，它们将会解决更多的各种实际问题。

摘自《分析化学手册》(第五分册)

4.5 气相色谱定性定量分析

4.5.1 气相色谱定性分析

气相色谱定性分析的目的是确定试样的组成，即确定每个色谱峰各代表何种组分。定性分析的理论依据是：在一定固定相和一定操作条件下，每种物质都有各自确定的保留值或确定的色谱数据，并且不受其他组分的影响。也就是说，保留值具有特征性。但在同一色谱操作条件下，不同物质也可能具有相似或相同的保留值，即保留值并非是专属的。因此对于一个完全未知的混合样品单靠色谱法定性比较困难，往往需要采用多种方法综合解决，例如与质谱仪、红外吸收光谱仪等联用。实际工作中一般所遇到的分析任务，绝大多数其成分大体是已知的，或者可以根据样品来源、生产工艺、用途等信息推测出样品的大致组成和可能存在的杂质。在这种情况下，只需利用简单的气相色谱定性方法便能解决问题。

4.5.1.1 利用保留值定性

在气相色谱分析中利用保留值定性是最基本的定性方法，其基本依据是：两个相同的物质在相同的色谱操作条件下应该具有相同的保留值。但是，相反的结论却不成立，即在相同的色谱操作条件下，具有相同保留值的两个物质却不一定是同一物质。因此使用保留值定性时必须十分慎重。

利用已知标准物质直接对照定性是一种最简单的定性方法。这种方法要求必须有已知标准物质，其具体操作方法是：将未知物和已知标准物质用同一根色谱柱，在相同的色谱操作条件下进行分析，做出色谱图后进行对照比较。如图 4-39 所示将未知试样与已知标准物质在同样的色谱操作条件下得到的色谱图直接进行比较。可以推测未知样品中色谱峰 2 可能是甲醇，色谱峰 3 可能是乙醇，色谱峰 4 可能是正丙醇，色谱峰 7 可能是正丁醇，色谱峰 9 可能是正戊醇。当然，这样的推测只能是初步的，若想要得到更准确可靠的结论，则可再用另一根极性完全不同的色谱柱，做同样的对照比较。如果结论同上，那么最终的定性结果便更可靠。如果对这个结果还是持怀疑态度，那么便只有用其他定性分析方法去确认了，比如与红外吸收光谱仪或质谱仪联用。

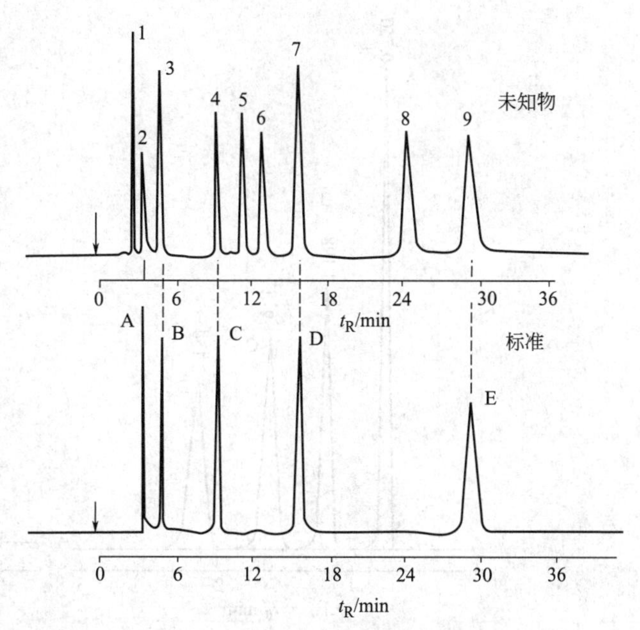

图 4-39 利用已知标准物质直接对照定性

标准物：A—甲醇；B—乙醇；C—正丙醇；D—正丁醇；E—正戊醇

实际分析过程中，在利用已知纯物质直接对照进行定性时是利用保留时间（t_R）直接比较，这时要求载气的流速，载气的温度和柱温一定要恒定，载气流速的微小波动、载气温度和柱温的微小变化，都会使保留值（t_R）有变化，从而对定性结果产生影响。为了避免这个问题，有时利用保留体积（V_R）定性。不过，保留体积的直接测量是很困难的，因此一般都是利用载气流速和保留时间来计算保留体积的数值。

为避免因载气流速和温度的微小变化而引起的保留时间的变化，从而给定性分析结果带来影响，实际分析过程中常采用下面两种方法予以解决。

(1) 用相对保留值定性　式(4-5) 定义了相对保留值（r_{iS}）的概念——在相同色谱操作条件下，组分与参比组分的调整保留值之比。相对保留值只受柱温和固定相性质的影响，而柱长、固定相的填充情况和载气的流速均不影响相对保留值的大小。所以在柱温和固定相一定时，相对保留值为一定值，用它来定性可得到较可靠的结果。

(2) 用已知标准物增加峰高法来定性　得到未知样品的色谱图后，在未知样品中加入一定量的已知标准物质，然后在同样的色谱条件下，作加入已知标准物质的未知样品的色谱图。对比这两张色谱图，哪个峰增高了，则说明该峰就是加入的已知纯物质的色谱峰（如图 4-40 所示）。这一方法既可避免因载气流速的微小变化对保留时间的影响而影响定性分析的结果，又可避免色谱图图形复杂时准确测定保留时间的困难。可以说，本法是在确认某一复杂样品中是否含有某一组分的最好方法。

4.5.1.2　利用保留指数定性

在利用已知标准物直接对照定性时，已知标准物质的获取往往是一个很困难的问题，一个实验室也不可能备有需要的各种各样的已知标准物质。因此，人们发展了利用文献值对照

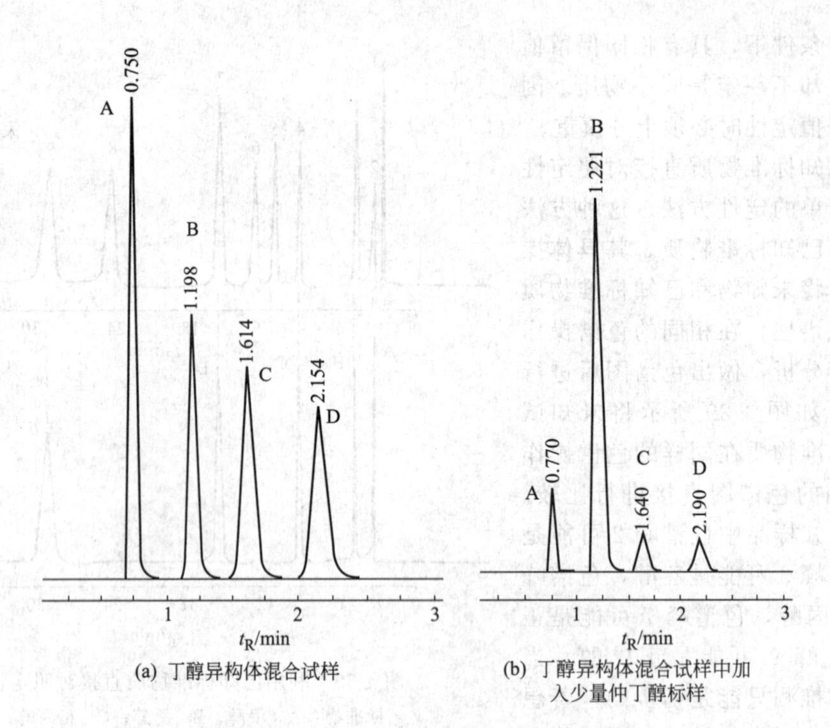

图 4-40 峰高增加法定性

由图（a）与图（b）可知，虽然加入仲丁醇标样后由于操作条件不完全一致导致各组分的保留时间不完全相同，但仍可由加入仲丁醇标样后试样中色谱峰 B 的相对峰高明显增加，可推断出丁醇异构体混合试样中色谱峰 B 代表的物质可能是仲丁醇

定性的方法，即利用已知的标准物质的文献保留值与未知物的测定保留值进行对照进行定性分析。当然，为了使得这样的定性分析结果准确可靠，就必须要求从理论上去解决保留值的通用性及它的可重复性。为此，1958 年匈牙利色谱学家柯瓦特（E. Kovats）首先提出用保留指数（I）作为保留值的标准用于定性分析，这是目前使用最广泛并被国际上公认的定性指标。

（1）保留指数的定义　保留指数是把物质的保留行为用紧靠近它的两个正构烷烃标准物来标定（要使这两个正构烷烃的调整保留时间一个在被测组分的调整保留时间之前，一个在其后）。某物质 X 的保留指数 I_X 可用下式计算：

$$I_X = 100 \times \left[Z + n \frac{\lg t'_{R(X)} - \lg t'_{R(Z)}}{\lg t'_{R(Z+n)} - \lg t'_{R(Z)}} \right] \tag{4-28}$$

式中，$t'_{R(X)}$、$t'_{R(Z)}$、$t'_{R(Z+n)}$分别代表组分 X 和具有 Z 及 $Z+n$ 个碳原子数的正构烷烃的调整保留时间（也可用调整保留体积）。n 为两个正构烷烃碳原子差值，可以为 1、2、3、…，但数值不宜过大。

用保留指数定性时，人为规定正构烷烃的保留指数均为其碳原子数乘以 100，如正己烷、正庚烷、正辛烷的保留指数分别为 600、700、800。

（2）保留指数的确定　要测定某一物质的保留指数，只要与相邻两正构烷烃混合在一起（或分别进行），在相同色谱操作条件下进行分析，测出保留值，按式(4-28) 即可计算出被测组分的保留指数 I_X，再将计算出的 I_X 值与文献值进行对照定性。测定出的保留指数的准确度和重现性都很好，用同一色谱柱测定误差小于 1%，因此只要柱温和固定液相同，就可以用文献上发表的保留指数进行定性。但在使用文献上的数据时，色谱实验条件要求必须与文献一致而且要用几个已知组分验证，最好也用双柱法确认。

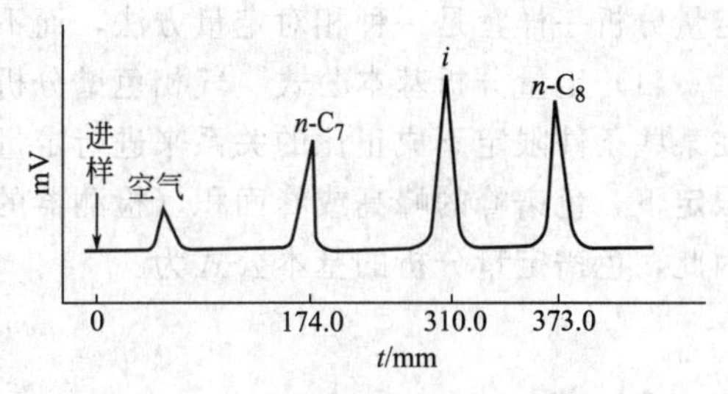

图 4-41 保留指数测定示意图

【例 4-2】 实验测得某组分的调整保留时间以记录纸距离表示为 310.0mm。又测得正庚烷和正辛烷的保留时间分别为 174.0mm 和 373.4mm，如图 4-41 所示。计算此组分的保留指数（测定条件为：阿皮松 L 柱、柱温 100℃）。

解： 已知：$t'_{R(X)}=310.0\text{mm}$；$t'_{R(Z)}=174.0\text{mm}$；$t'_{R(Z+n)}=373.4\text{mm}$；

$$Z=7;\ Z+n=8;\ n=8-7=1$$

代入式(4-28) 得：

$$I_X=100\times\left(7+1\times\frac{\lg 310.0-\lg 174.0}{\lg 373.4-\lg 174.0}\right)=775.6$$

从文献上查得，在该色谱操作条件下，$I_{乙酸乙酯}=775.6$，再用纯乙酸乙酯对照实验，可以确认该组分是乙酸乙酯。

（3）利用保留指数定性的特点　保留指数仅与柱温和固定相性质有关，与色谱操作其他条件无关。不同的实验室测定的保留指数的重现性较好，精度可达±0.03 个指数单位。所以，使用保留指数定性具有一定的可靠性。又由于很多色谱文献上都可以查到很多纯物质的保留指数，因此使用保留指数定性也是十分方便的。保留指数定性与用已知标准物直接对照定性相比，虽然避免了寻找已知标准物质的困难，但它也有一定的局限性，对一些多官能团的化合物和结构比较复杂的天然产物是无法采用保留指数进行定性的，主要原因是这些化合物的保留指数文献上很少有报道。

4.5.1.3　联机定性

色谱法具有很高的分离效能，但它不能对已分离的每一组分进行直接定性。利用前述两种办法定性，也常因找不到对应的已知标准物质而发生困难。同时，很多物质的保留值十分接近，常影响定性结果的准确性。

通常称为“四大谱”的质谱法、红外吸收光谱法、紫外吸收光谱法和核磁共振波谱法对于单一组分（纯物质）的有机化合物具有很强的定性能力。因此，若将色谱分析与这些仪器联用，就能发挥各自方法的长处，很好地解决组成复杂的混合物的定性分析问题。

气相色谱仪与其他仪器联用的方法一般有两种：一种方法是将色谱分离后需要进行定性分析的某些组分分别收集起来，然后再用上述“四大谱”的方法或其他的定性分析方法进行分析。这一方法烦琐、费时且易污染样品，一般只在没有办法的时候（如与某仪器没有合适的连接技术）才采用；另一种方法是将色谱与上述几种仪器通过适当的连接技术——“接口”直接连接起来。将色谱分离后的每一组分，通过“接口”直接送到上述仪器中进行定性分析。这样，色谱和所联用的仪器就成为一个整体——联用仪，可以同时得到样品的定性和定量结果。

除以上介绍的常用定性方法外，还有碳数规律法、沸点规律法、与化学反应结合定性等方法，这里不再作一一介绍，读者可查阅相关专著。

4.5.2　气相色谱定量分析

4.5.2.1　定量分析基础

定量分析就是要确定样品中某一组分的准确含量。气相色谱定量分析与绝大部分的仪器定量分析一样，是一种相对定量方法，而不是绝对定量方法。

(1) 定量分析基本公式　气相色谱分析法是根据仪器检测器的响应值与被测组分的量，在某些条件限定下成正比的关系来进行定量分析的。也就是说，在色谱分析中，在某些条件限定下，色谱峰的峰高或峰面积（检测器的响应值）与所测组分的数量（或浓度）成正比。因此，色谱定量分析的基本公式为：

$$m_i = f_i A_i \tag{4-29}$$

或

$$c_i = f_i h_i \tag{4-30}$$

式中，m_i 为组分的质量；c_i 为组分的浓度；f_i 为组分的校正因子；A_i 为组分 i 的峰面积；h_i 为组分 i 的峰高。在色谱定量分析中，什么时候采用 A_i，什么时候采用 h_i，将视具体情况而定。一般来说，对浓度敏感型检测器，常用峰高定量；对质量敏感型检测器，常用峰面积定量。

(2) 峰高和峰面积的准确测定　峰高和峰面积是气相色谱的定量参数，它们的测量精度将直接影响定量分析的精度。峰高是峰尖至峰底（或基线）的距离，峰面积是色谱峰与峰底（或基线）所围成的面积。因此要准确地测量峰高和峰面积，关键在于峰底（或基线）的确定。峰底是从峰的起点与峰的终点之间的一条连接直线。一个完全分离的峰，峰底与基线是相重合的。

在使用积分仪和色谱工作站测量峰高和峰面积时，仪器可根据人为设定积分参数（半峰宽、峰高和最小峰面积等）和基线来计算每个色谱峰的峰高和峰面积。然后直接打印出峰高和峰面积的结果，以供定量计算使用。

当使用记录仪记录色谱峰时，则需要用手工测量的方法对色谱峰的峰高和峰面积进行测量。虽然目前已很少采用手工测量法去测量色谱峰的峰高和峰面积。但是了解手工测量色谱峰峰高和峰面积的方法对理解积分仪和色谱工作站的工作原理及各种积分参数的设定是大有裨益的。所以，下面我们简单介绍几种常用的手工测量法。

① 峰高乘以半峰宽法　当色谱峰形对称且不太窄时，可采用此法。即：

$$A = hW_{1/2} \tag{4-31}$$

式中，h 为峰高，$W_{1/2}$ 为半峰宽。

这种方法测得的峰面积约为实际峰面积的 0.94，因此实际面积约为：

$$A_{实际} = 1.065hW_{1/2} \tag{4-32}$$

② 峰高乘以平均峰宽　当峰不对称时，一般可采用此法。即先分别测出峰高为 $0.15h$ 和 $0.85h$ 处的峰宽，然后按下式计算面积。

$$A = \frac{1}{2}(W_{0.15} + W_{0.85})h \tag{4-33}$$

此法计算出的峰面积较准确。

③ 峰高乘以保留时间法　在一定操作条件下，同系物的半峰宽与保留时间成正比，即：

$$W_{1/2} \propto t_R \qquad W_{1/2} = bt_R$$

$$A = hW_{1/2} = hbt_R \tag{4-34}$$

作相对计算时，b 可以约去。

此法适用于狭窄的峰，或有的峰窄、有的峰又较宽的同系物的峰面积的测量。

对一些对称的狭窄峰，可直接以峰高代替峰面积。

(3) 定量校正因子的测定　气相色谱定量分析的依据是基于待测组分的量与其峰面积成正比的关系。但是峰面积的大小不仅与组分的量有关，而且还与组分的性质及检测器性能有关。用同一检测器测定同一种组分，当实验条件一定时，组分量愈大，相应的峰面积就愈大。但同一检测器测定相同质量的不同组分时，却由于不同组分性质不同，检测器对不同物质的响应值不同，因而产生的峰面积也不同，所以不能直接应用峰面积计算组分含量。为此，需要引入“定量校正因子”来校正峰面积。定量校正因子分为绝对校正因子和相对校正因子。

① 绝对校正因子（f_i） 绝对校正因子是指单位峰面积或单位峰高所代表的组分的量，即

$$f_i = m_i / A_i \tag{4-35}$$

或

$$f_{i(h)} = m_i / h_i \tag{4-36}$$

式中，m_i 为组分质量（或物质的量，或体积）；A_i 为峰面积；h_i 为峰高。峰高定量校正因子 $f_{i(h)}$ 受操作条件影响大，因而在用峰高定量时，一般不直接引用文献值，必须在实际操作条件下用标准纯物质测定。显然要准确求出各组分的绝对校正因子，一方面要准确知道进入检测器的组分的量 m_i，另一方面要准确测量出峰面积或峰高，并要求严格控制色谱操作条件，这在实际分析工作中有一定困难。因此，实际分析测量中通常不采用绝对校正因子，而采用相对校正因子。

② 相对校正因子（f_i'） 相对校正因子是指组分 i 与另一标准物 S 的绝对校正因子之比，用 f_i' 表示：

$$f_i' = \frac{f_i}{f_S} = \frac{m_i A_S}{m_S A_i} \tag{4-37}$$

或

$$f_i' = \frac{f_i}{f_S} = \frac{c_i h_S}{c_S h_i} \tag{4-38}$$

式中，f_i' 为相对校正因子；f_i 为 i 物质的绝对校正因子；f_S 为基准物质的绝对校正因子；m_i 为 i 物质的质量；c_i 为 i 物质的浓度；A_i 为 i 物质的峰面积；h_i 为 i 物质的峰高；m_S 为基准物质的质量；c_S 为基准物质的浓度；A_S 为基准物质的峰面积；h_S 为基准物质的峰高。

一般来说，不同类型的检测器选择的基准物质是不同的，如热导检测器常用苯作基准物，氢火焰离子化检测器常用正庚烷作基准物质。

通常将相对校正因子简称为校正因子，它是一个无量纲的量，数值与所用的计量单位有关。根据物质量的表示方法不同，校正因子分类如下。

a. 相对质量校正因子 组分的量以质量表示时的相对校正因子，用 f_m' 表示。这是最常用的校正因子。

$$f_m' = \frac{f_{i(m)}}{f_{S(m)}} = \frac{m_i / A_i}{m_S / A_S} = \frac{A_S m_i}{A_i m_S} \tag{4-39}$$

式中，下标 i、S 分别代表被测物和标准物。

b. 相对摩尔校正因子 组分的量以物质的量 n 表示时的相对校正因子，用 f_M' 表示。

$$f_M' = \frac{f_{i(M)}}{f_{S(M)}} = f_m' \frac{M_S}{M_i} \tag{4-40}$$

式中，M_i、M_S 分别为被测物和标准物的相对分子质量。

c. 相对体积校正因子 对于气体样品，以体积计量时，对应的相对校正因子称为相对体积校正因子，以 f_V' 表示。当温度和压力一定时，相对体积校正因子等于相对摩尔校正因子，即：

$$f'_V = f'_M \tag{4-41}$$

上面所介绍的相对校正因子均是峰面积校正因子，若将各式中的峰面积 A_i、A_S 用峰高 h_i、h_S 表示，则可以得到三种峰高相对校正因子，即 $f'_{m(h)}$、$f'_{M(h)}$、$f'_{V(h)}$。

③ 校正因子的实验测定方法　准确称取色谱纯（或已知准确含量）的被测组分和基准物质，配制成已知准确浓度的样品，在已定的色谱操作条件下，取一定体积的样品进样，准确测量所得组分和基准物质的色谱峰峰面积，根据式(4-39)、式(4-40) 和式(4-41)，就可以计算出相对质量校正因子，相对摩尔校正因子和相对体积校正因子。

④ 相对响应值 S'_i　相对响应值是物质 i 与标准物质 S 的响应值（灵敏度）之比，单位相同时，与校正因子互为倒数，即：

$$S'_i = \frac{1}{f'_i} \tag{4-42}$$

f'_i 和 S'_i 只与试样、标准物质以及检测器类型有关，而与色谱操作条件如柱温、载气流速、固定液性质等无关，是一个能通用的参数。本教材附录 3 和附录 4 列有 TCD 和 FID 作检测器时部分有机化合物的 f'_i、S'_i 值。

4.5.2.2　定量方法

色谱中常用的定量方法有归一化法、标准曲线法、内标法和标准加入法。按测量参数，上述四种定量方法又可分为峰面积法和峰高法。这些定量方法各有优缺点和使用范围，因此实际工作中应根据分析的目的、要求以及样品的具体情况选择合适的定量方法。

(1) 归一化法　当试样中所有组分均能流出色谱柱，并在检测器上都能产生信号时，可用归一化法计算组分含量。所谓归一化法就是以样品中被测组分经校正过的峰面积（或峰高）占样品中各组分经校正过的峰面积（或峰高）的总和的比例来表示样品中各组分含量的定量方法。

设试样中有 n 个组分，各组分的质量分别为 m_1，m_2，…，m_n，在一定操作条件下测得各组分峰面积分别为 A_1，A_2，…，A_n，各组分峰高分别为 h_1，h_2，…，h_n，则组分 i 的质量分数 w_i 为：

$$w_i = \frac{m_i}{m} \times 100\% = \frac{m_i}{m_1 + m_2 + \cdots + m_n} \times 100\% = \frac{f'_i A_i}{f'_1 A_1 + f'_2 A_2 + \cdots + f'_n A_i} \times 100\%$$

$$= \frac{f'_i A_i}{\sum f'_i A_i} \times 100\% \tag{4-43}$$

或 $$w_i = \frac{m_i}{m} \times 100\% = \frac{m_i}{m_1 + m_2 + \cdots + m_n} \times 100\% = \frac{f'_{i(h)} h_i}{f'_{1(h)} h_1 + f'_{2(h)} h_2 + \cdots + f'_{n(h)} h_n} \times 100\%$$

$$= \frac{f'_{i(h)} h_i}{\sum f'_{i(h)} h_i} \times 100\% \tag{4-44}$$

式中，f'_i 为 i 组分的相对质量校正因子；A_i 为组分 i 的峰面积。

当 f'_i 为摩尔校正因子或体积校正因子时，所得结果分别为 i 组分的摩尔分数或体积分数。

若试样中各组分的相对校正因子很接近（如同分异构体或同系物)，则可以不用校正因子，直接用峰面积归一化法进行定量。这样，式(4-43) 可简化为：

$$w_i = \frac{A_i}{\sum A_i} \times 100\% \tag{4-45}$$

采用积分仪或色谱工作站处理数据时，往往采用峰面积直接归一化定量，得出各组分的峰面积百分比，其结果的相对误差在10%左右；若是对校正因子比较接近的组分（如同系物）而言，直接峰面积归一化定量结果的误差是很小的，在误差允许范围之内。

归一化法定量的优点是简便，进样量的多少与测定结果无关，操作条件（如流速，柱温）的变化对定量结果的影响较小。

归一化法定量的主要问题是校正因子的测定较为麻烦，虽然从文献中可以查到一些化合物的校正因子，但要得到准确的校正因子，还是需要用各个组分的基准物质直接测量。如果试样中的组分不能全部出峰，则绝对不能采用归一化法定量。

【例 4-3】 有一个含四种物质的样品，现用气相色谱法 FID 检测器测定其含量，实验步骤如下：

(1) 校正因子的测定　准确配制苯（基准物）与组分甲、乙、丙及丁的纯品混合溶液，其质量（g）分别为0.594、0.653、0.879、0.923及0.985。吸取混合溶液0.2μL，进样三次，测得平均峰面积分别为121、165、194、265及181面积单位。

(2) 样品中各组分含量的测定　在相同实验条件下，取该样品0.2μL，进样三次，测得组分甲、乙、丙及丁的平均峰面积分别是172、185、219及192。已知它们的相对分子质量分别为32.0、60.0、74.0及88.0。

试计算 (1) 各组分的相对质量校正因子与相对摩尔校正因子；

(2) 各组分的质量分数与摩尔分数。

解：(1) 由式(4-37) 有 $f'_m=\dfrac{m_iA_S}{m_SA_i}$，即

$$f'_{m(甲)}=\frac{0.653\times121}{0.594\times165}=0.806;\quad f'_{m(乙)}=\frac{0.879\times121}{0.594\times194}=0.923$$

$$f'_{m(丙)}=\frac{0.923\times121}{0.594\times265}=0.710;\quad f'_{m(丁)}=\frac{0.985\times121}{0.594\times181}=1.11$$

又由式(4-40) 有 $f'_M=f'_m\dfrac{M_S}{M_i}$，则

$$f'_{M(甲)}=0.806\times\frac{78.0}{32.0}=1.96;\quad f'_{M(乙)}=0.923\times\frac{78.0}{60.0}=1.20$$

$$f'_{M(丙)}=0.710\times\frac{78.0}{74.0}=0.748;\quad f'_{M(丁)}=1.11\times\frac{78.0}{88.0}=0.984$$

(2) 由式(4-43) 有各组分质量分数 $w_i=\dfrac{f'_{im}A_i}{\sum f'_{im}A_i}\times100\%$，即

$$w_{甲}=\frac{0.806\times172}{0.806\times172+0.923\times185+0.710\times219+1.11\times192}\times100\%=20.4\%$$

$$w_{乙}=\frac{0.923\times185}{0.806\times172+0.923\times185+0.710\times219+1.11\times192}\times100\%=25.2\%$$

$$w_{丙}=\frac{0.710\times219}{0.806\times172+0.923\times185+0.710\times219+1.11\times192}\times100\%=22.9\%$$

$$w_{丁}=\frac{1.11\times192}{0.806\times172+0.923\times185+0.710\times219+1.11\times192}\times100\%=31.4\%$$

各组分的摩尔分数 $\delta_i=\dfrac{f'_{iM}A_i}{\sum f'_{iM}A_i}\times100\%$，即

$$\delta_{甲}=\frac{1.96\times172}{1.96\times172+1.20\times185+0.748\times219+0.984\times192}\times100\%=37.0\%$$

$$\delta_{乙}=\frac{1.20\times185}{1.96\times172+1.20\times185+0.748\times219+0.984\times192}\times100\%=24.3\%$$

$$\delta_{丙}=\frac{0.748\times219}{1.96\times172+1.20\times185+0.748\times219+0.984\times192}\times100\%=18.0\%$$

$$\delta_{丁}=\frac{0.984\times192}{1.96\times172+1.20\times185+0.748\times219+0.984\times192}\times100\%=20.7\%$$

(2) 标准曲线法　标准曲线法也称外标法或直接比较法，是一种简便、快速的定量方法。

与分光光度分析中的标准曲线法相似，首先用欲测组分的标准样品绘制标准曲线。具体方法是：用标准样品配制成不同浓度的标准系列，在与待测组分相同的色谱操作条件下，等体积准确进样，测量各色谱峰的峰面积或峰高，用峰面积或峰高对样品浓度绘制标准曲线，此标准曲线应是通过原点的直线。若标准曲线不通过原点，则说明存在系统误差。标准曲线的斜率即为绝对校正因子。

在测定样品中欲测组分含量时，要在与绘制标准曲线完全相同的色谱操作条件绘制出色谱图，测量欲测组分色谱峰峰面积或峰高，然后根据峰面积和峰高在标准曲线上直接查出注入色谱柱中样品组分的浓度。

当欲测组分含量变化不大，并已知这一组分的大概含量时，也可以不必绘制标准曲线，而用单点校正法，即直接比较法定量。具体方法是：先配制一个和待测组分含量相近的已知浓度的标准溶液，在相同的色谱操作条件下，分别将待测样品溶液和标准样品溶液等体积进样，绘制出色谱图，测量待测组分和标准样品中目标组分色谱峰的峰面积或峰高，然后由下式直接计算样品溶液中待测组分的含量，即

$$w_i=\frac{w_S}{A_S}A_i \tag{4-46}$$

$$w_i=\frac{w_S}{h_S}h_i \tag{4-47}$$

式中，w_S 为标准样品溶液质量分数；w_i 为样品溶液中待测组分质量分数；A_S（h_S）为标准样品的峰面积（峰高）；A_i（h_i）为样品中组分的峰面积（峰高）。

显然，当方法存在系统误差时（即标准工作曲线不通过原点），单点校正法的误差比之标准曲线法要大得多。

标准曲线法的优点是：绘制好标准工作曲线后测定工作就变得相当简单，可直接从标准工作曲线上读出含量，因此特别适合于大批样品的分析。

标准曲线法的缺点是：每次样品分析的色谱操作条件（检测器的响应性能，柱温，流动相流量及组成，进样量，柱效等）很难完全相同，因此容易出现较大误差。此外，标准工作曲线绘制时，一般使用欲测组分的标准样品（或已知准确含量的样品），而实际样品的组成却千差万别，因此必将给测量带来一定的误差。

【例 4-4】 下表是分别吸取 1.0μL 不同浓度的苯胺标准溶液，注入气相色谱仪分析后所得到的苯胺峰峰高的数据：

苯胺浓度/$(mg\cdot mL^{-1})$	0.02	0.10	0.20	0.30	0.40
苯胺峰高/cm	0.3	1.7	3.7	5.3	7.3

测定水样中苯胺的浓度时，将水样先富集 50 倍，然后取浓缩液 1.0μL，注入色谱仪，所得苯胺峰峰高为 2.7cm，已知富集的回收率为 92.8%，试计算水样中苯胺的浓度。

解：根据上表可绘制苯胺工作曲线，如图 4-42 所示。

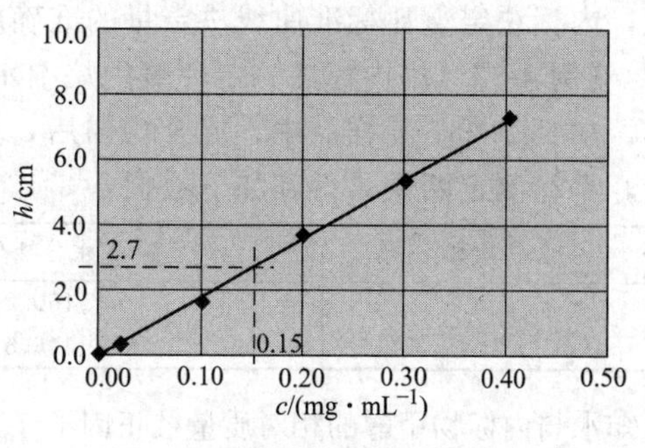

图 4-42　测定苯胺的工作曲线

由图 4-42 可查出，当未知试样中苯胺的峰高为 2.7cm 时，对应苯胺的浓度为 0.15mg・mL^{-1}。则按下式可以计算出水样中苯胺的浓度，即

$$\rho_{苯胺}=\frac{0.15\text{mg}\cdot\text{mL}^{-1}}{富集倍数\times回收率}=\frac{0.15}{50\times92.8\%}$$
$$=0.0032\text{mg}\cdot\text{mL}^{-1}$$
$$=3.2\text{mg}\cdot\text{L}^{-1}$$

(3) 内标法　若试样中所有组分不能全部出峰，或只要求测定试样中某个或某几个组分的含量时，可以采用内标法定量。

所谓内标法就是将一定量选定的标准物（称内标物 S）加入到一定量试样中，混合均匀后，在一定操作条件下注入色谱仪，出峰后分别测量组分 i 和内标物 S 的峰面积（或峰高），按下式计算组分 i 的含量。

$$w_i=\frac{m_i}{m_{试样}}\times100\%=\frac{m_S\dfrac{f'_iA_i}{f'_SA_S}}{m_{试样}}\times100\%=\frac{m_S}{m_{试样}}\frac{A_i}{A_S}\frac{f'_i}{f'_S}\times100\% \tag{4-48}$$

式中，f'_i、f'_S分别为组分 i 和内标物 S 的质量校正因子；A_i、A_S 分别为组分 i 和内标物 S 的峰面积。也可以用峰高代替面积，则

$$w_i=\frac{m_Sf'_{i(h)}h_i}{m_{试样}f'_{S(h)}h_S}\times100\% \tag{4-49}$$

式中，$f'_{i(h)}$、$f'_{S(h)}$分别为组分 i 和内标物 S 的峰高校正因子。

内标法中，常以内标物为基准，即 $f'_S=1.0$，则式(4-48) 可改写为

$$w_i=f'_i\frac{m_SA_i}{m_{试样}A_S}\times100\% \tag{4-50}$$

式(4-50) 可改为：

$$w_i=f'_{i(h)}\frac{m_Sh_i}{m_{试样}h_S}\times100\% \tag{4-51}$$

内标法的关键是选择合适的内标物，对于内标物的要求如下。

① 内标物应是试样中不存在的纯物质；

② 内标物的性质应与待测组分性质相近，以使内标物的色谱峰与待测组分色谱峰靠近并与之完全分离；

③ 内标物与样品应完全互溶，但不能发生化学反应；

④ 内标物加入量应接近待测组分含量。

内标法的优点是：进样量的变化、色谱条件的微小变化对内标法定量结果的影响不大，特别是在样品前处理（如浓缩、萃取、衍生化等）前加入内标物，然后再进行前处理时，可部分补偿欲测组分在样品前处理时的损失。若要获得很高精度的结果时，可以加入数种内标物，以提高定量分析的精度。

内标法的缺点是：选择合适的内标物比较困难，内标物的称量要准确，操作较复杂。使用内标法定量时要测量待测组分和内标物的两个峰的峰面积（或峰高），根据误差叠加原理，内标法定量的误差中，由于峰面积测量引起的误差是标准曲线法定量的$\sqrt{2}$倍。但是由于进样量的变化和色谱操作条件变化引起的误差，内标法比标准曲线法要小很多，所以总的来

说，内标法定量比标准曲线法定量的准确度和精密度都要好。

【例 4-5】 用内标法测定环氧丙烷中水分的含量，以甲醇作为内标物，称取 0.0115g 甲醇，加到 2.2679g 样品中，混合均匀后，用微量注射器吸取 0.2μL 该样品进行气相色谱分析，平行测定两次，得到如下数据：

分析次数	水分峰高	甲醇峰高
1	150.2	174.8
2	148.8	172.3

已知水与内标物甲醇的相对质量校正因子 f'_m 分别为 0.70 和 0.75，计算样品中水分的质量分数。

解：由式(4-49) 有

$$w_i=\frac{m_S f'_{i(h)} h_i}{m_{试样} f'_{S(h)} h_S}\times 100\%$$

因此，第一次分析

$$w(H_2O)_1=\frac{0.0115\times 0.70\times 150.2}{2.2679\times 0.75\times 174.8}\times 100\%=0.41\%$$

第二次分析

$$w(H_2O)_2=\frac{0.0115\times 0.70\times 148.8}{2.2679\times 0.75\times 172.3}\times 100\%=0.41\%$$

两次分析的平均值为

$$w(H_2O)=\frac{0.41\%+0.41\%}{2}=0.41\%$$

(4) 标准加入法 标准加入法实质上是一种特殊的内标法，是在选择不到合适的内标物时，以欲测组分的纯物质为内标物，加入到待测样品中，然后在相同的色谱条件下，测定加入欲测组分纯物质前后欲测组分的峰面积（或峰高），从而计算欲测组分在样品中的含量的方法。

标准加入法具体操作方法如下：首先在一定的色谱操作条件下绘制出欲分析样品的色谱图，测定其中欲测组分 i 的峰面积 A_i（或峰高 h_i）；然后在该样品中准确加入定量欲测组分 (i) 的标样或纯物质（与样品相比，欲测组分的浓度增量为 Δw_i），在完全相同的色谱操作条件下，绘制出已加入欲测组分 (i) 标样或纯物质后的样品的色谱图。测定这时欲测组分 (i) 的峰面积 A'_i（或峰高 h'_i），此时待测组分的含量为

$$w_i=\frac{\Delta w_i}{\frac{A'_i}{A_i}-1}\times 100\% \tag{4-52}$$

或

$$w_i=\frac{\Delta w_i}{\frac{h'_i}{h_i}-1}\times 100\% \tag{4-53}$$

标准加入法的优点是：不需要另外的标准物质作内标物，只需欲测组分的纯物质，进样量不必十分准确，操作简单。若在样品的预处理之前就加入已知准确量的欲测组分，则可以完全补偿欲测组分在预处理过程中的损失，是色谱分析中较常用的定量分析方法。

标准加入法的缺点是：要求加入欲测组分前后两次色谱测定的色谱操作条件完全相同，以保证两次测定时的校正因子完全相等，否则将引起分析测定的误差。

4.5.3 技能训练

4.5.3.1 训练项目 4.6 用相对保留值定性分析未知试样

(1) 训练目的

① 熟练气相色谱仪操作，学习相对保留值的测定方法；

② 掌握利用相对保留值进行色谱对照的定性方法。

(2) 仪器与试剂

① 仪器　GC 7890T 型气相色谱仪（或其他带 TCD 的气相色谱仪），氢气钢瓶，氧气减压阀、氢气减压阀，记录仪（或数据色谱处理机），色谱柱（使用邻苯二甲酸二壬酯柱）；1 支 5μL 微量注射器，1 支 10μL 微量注射器和 1 支 1mL 医用注射器，4 只 10mL 容量瓶。

② 试剂　苯、甲苯、乙苯、邻二甲苯、1,2,3-三甲苯正己烷（均为 A.R. 级）。

(3) 实验内容与操作步骤

① 配制标准样品溶液　在 4 只洁净干燥的 10mL 容量瓶中，按（1+1）比例分别配制：苯+邻二甲苯、甲苯+邻二甲苯、乙苯+邻二甲苯、1,2,3-三甲苯+邻二甲苯的正己烷溶液，摇匀备用。要求苯、邻二甲苯、乙苯、1,2,3-三甲苯各加入 100μL

② 仪器开机

a. 连接电源及相应连线，接通载气，并检查管路气密性。

b. 按操作规范启动色谱仪，并设置实验条件如下：柱温 110℃；汽化室温度 150℃；检测器温度 110℃，热导池桥电流 110mA；载气流量，20mL·min^{-1}。

c. 调节仪器至可进样状态（待仪器电路和气路系统达到平衡，记录仪基线平直时）。

③ 测量

a. 试样的分析测定　用微量注射器（已用被吸溶液抽洗过 5～6 次）分别吸取步骤①中所配制的各种混合液 1μL，依次进样，并在记录纸上于信号附近标明混合液组分名称，重复进样两次。

b. 标样的分析测定　用微量注射器吸取 1μL 已加入邻二甲苯的未知试样（配制方法同步骤①），进样，记录色谱图。重复进样两次。

c. 死时间的测定　在相同实验条件下，取 10～50μL 空气进样，记录色谱图和实验操作条件，重复进样两次。

d. 关机　实验完毕，清洗进样器，并按规范关闭仪器和气源。

(4) 注意事项

① 先通载气，确保载气通过检测器后，再打开热导检测器桥流；

② 取样进样要按规范操作。

(5) 数据处理

① 根据色谱图测量出标准样中各组分保留时间（t_R）和空气保留时间（t_M），并计算出各组分的调整保留时间（t'_R）及相对保留时间（r_{iS}）（以邻二甲苯作标准物质），并将数据列于下表：

项目	空气				苯				甲苯				乙苯				1,2,3-三甲苯			
	1	2	3	平均值	1	2	3	平均值	1	2	3	平均值	1	2	3	平均值	1	2	3	平均值
t_M																				
t_{R_i}																				
t'_R																				
r_{iS}																				

注：若采用记录仪，保留时间可以 min 作单位。

② 测量未知样品各组分的 t_R，并计算 t'_R 和 r_{iS} 值；

③ 将未知样品各组分的保留值与上表中的数据作比较，确定未知试样中各组分的类别。

(6) 思考题

① 如何测量组分的相对保留值？

② 在利用 r_{iS} 进行色谱定性分析时，对实验条件是否可以不必严格控制？为什么？

4.5.3.2 训练项目 4.7 归一化法测定丁醇异构体混合物的含量

(1) 训练目的

① 进一步熟练掌握气相色谱法进样基本操作。

② 进一步熟练掌握 FID 检测器的基本操作。

③ 掌握相对校正因子的测定操作。

④ 能使用归一化法对样品进行定性定量测定。

(2) 方法原理 聚乙二醇（PEG）是一种常用的具有强极性且带有氢键的固定液，用它制备的 PEG 20M 色谱柱对醇类有很好的选择性。如：在一定的色谱操作条件下，使用 PEG 20M 柱可将 4 种丁醇异构化合物可完全分离（其分离色谱图如图 4-43 所示），而且分析时间短，一般只需 4min 左右。

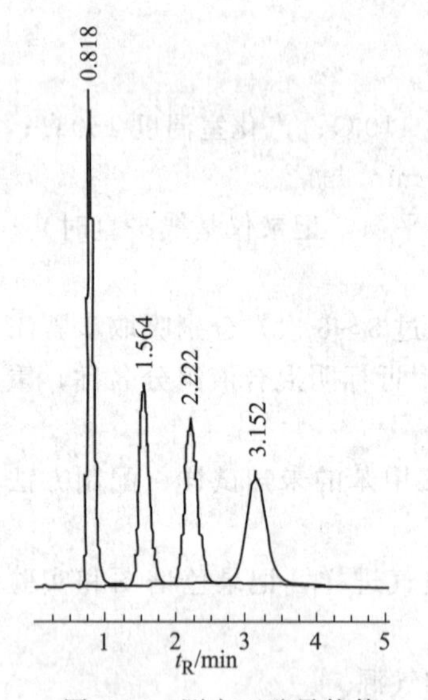

图 4-43 测定丁醇异构体混合物气相色谱分离图

0.818min—叔丁醇；1.564min—仲丁醇；2.222min—异丁醇；3.152min—正丁醇

(3) 仪器与试剂

① 仪器 GC 9790J 型气相色谱仪（或其他型号带 FID 的气相色谱仪），气体高压钢瓶（N_2、H_2 与空气，其中空气高压钢瓶可用空气压缩机替代），氧气减压阀与氢气减压阀，气体净化器；填充色谱柱（PEG 20M，2m×3mm，100～120 目），石墨垫圈，硅胶垫，色谱工作站，样品瓶，电子天平，微量注射器（1μL）。

② 试剂 异丁醇、仲丁醇、叔丁醇、正丁醇（此 4 种标样均为 GC 级），丁醇试样（上述 4 种醇的混合物，教师可在实验前先用蒸馏水进行稀释），蒸馏水。

(4) 训练内容与操作步骤

① 准备工作

a. 测试标样的配制。取一个干燥洁净的样品瓶，吸取 3mL 水，再分别加入 100μL 叔丁醇、仲丁醇、异丁醇与正丁醇标样（GC 级），准确称其质量（精确至 0.2mg），其质量依次记为 m_{S1}、m_{S2}、m_{S3}、m_{S4}。摇匀备用，此为每位操作者所配制的丁醇测试标样。

b. 测试样的准备。另取一个干燥洁净的样品瓶，加入约 3mL 丁醇试样，备用。

② 气相色谱仪的开机及参数设置

a. 打开载气（N_2）钢瓶总阀，调节输出压力为 0.4MPa。

b. 打开载气净化气开关，调节载气合适柱前压，如 0.1MPa，控制载气流量为约 30mL/min。

c. 打开气相色谱仪电源开关和加热开关。

注：气相色谱仪柱箱内预装 PEG 20M 填充柱（PEG 20M，2m×3mm，100～120 目），**先完成老化操作**（老化时注意不要超过填充色谱柱的最高使用温度）。

d. 设置柱温为 90℃、汽化室温度为 160℃和检测器温度为 140℃。

③ 氢火焰离子化检测器的基本操作

a. 待柱温、汽化室温度和检测器温度到达设定值并稳定后，打开空气高压钢瓶，调节减压阀输出压力为 0.4MPa；打开氢气钢瓶，调节减压阀输出压力为 0.2MPa。

b. 打开空气净化气开关，调节空气合适柱前压，如 0.02MPa（或 0.03MPa），控制其流量为约 200mL/min（流量曲线参见仪器右侧边门）。

c. 打开氢气净化气开关，调节氢气合适柱前压，如 0.2MPa，控制其流量为约 60mL/min。

d. 用点火枪点燃氢火焰。

e. 点着氢火焰后，缓缓将氢气压力降至 0.1MPa，控制其流量为约 30mL/min。

f. 让气相色谱仪走基线，待基线稳定。

④ 试样的定性定量分析

a. 取两支 10μL 微量注射器，以溶剂（如无水乙醇）清洗完毕后，备用。

b. 打开色谱工作站（如 FL9500），观察基线是否稳定。

c. 基线稳定后，将其中一支微量注射器用丁醇测试标样润洗后，准确吸取 1μL 该标样按规范进样，启动色谱工作站，绘制色谱图，完毕后停止数据采集。

d. 按相同方法再测定 2 次丁醇测试标样与 3 次丁醇试样，记录各主要色谱峰的峰面积。

e. 在相同色谱操作条件下分别以叔丁醇、仲丁醇、异丁醇与正丁醇（GC 级）标样（用蒸馏水稀释至适当浓度）进样分析，以各标样出峰时间（即保留时间）确定丁醇测试标样与丁醇试样中各色谱峰所代表的组分名称。

⑤ 结束工作

a. 实训完毕后先关闭氢气钢瓶总阀，待压力表回零后，关闭仪器上氢气稳压阀，关闭氢气净化器开关。

b. 关闭空气钢瓶总阀，待压力表回零后，关闭仪器上空气稳压阀，关闭空气净化器开关。

c. 设置汽化室温度、柱温在室温以上约 10℃，检测室温度 120℃。

d. 待柱温达到设定值时关闭气相色谱仪电源开关。

e. 关闭载气钢瓶和减压阀，关闭载气净化器开关。

f. 清理台面，填写仪器使用记录。

(5) 注意事项

a. 注射器使用前应先用丙酮或无水乙醇抽洗 15 次左右，然后再用所要分析的样品抽洗 15 次左右。

b. 在完成定性操作时，要注意进样与色谱工作站采集数据在时间上的一致性。

c. 氢气是一种危险气体，使用过程中一定要按要求规范操作，而且色谱实验室一定要有良好的通风设备。

d. 实训过程中注意防止高温烫伤。

(6) 数据处理

① 记录色谱操作条件。

② 对每一次进样分析的色谱分离图进行适当优化处理。

③ 将进行优化后的色谱图上显示出的峰面积等数值填入下表。

分析者：________班级：________学号：________分析日期：________

仪　器　条　件		
样品名称：		样品编号：
仪器名称：	仪器型号：	仪器编号：
色谱柱型号：	柱温：	载气种类和流量：
检测器类型：	检测器温度：	检测器灵敏度挡：
汽化温度：	H_2 流量：	空气流量：

相　对　校　正　因　子　的　测　定					
组分名称	质量/g	峰面积 A	相对校正因子 f'_{im}	相对校正因子 f'_{im} 的平均值	相对平均偏差 /%
叔丁醇					
仲丁醇					
异丁醇					
正丁醇					

样　品　测　定						
测定次数	组分名称	相对校正因子 f'_{im}	峰面积 A	质量分数 /%	质量分数的平均值/%	相对平均偏差/%
	叔丁醇					
	仲丁醇				叔丁醇：	
	异丁醇					
	正丁醇					
	叔丁醇				仲丁醇：	
	仲丁醇					
	异丁醇					
	正丁醇				异丁醇：	
	叔丁醇					
	仲丁醇					
	异丁醇				正丁醇：	
	正丁醇					

④ 数据处理

a. 对丁醇测试标样所绘制色谱图，按公式 $f'_i=\frac{f_i}{f_S}=\frac{m_iA_S}{A_im_S}$（以正丁醇或其他丁醇异构体为基准物质）计算各丁醇异构体混合物的相对校正因子 f'_i。

b. 对丁醇试样所绘制色谱图，按公式

$$w_i=\frac{f'_iA_i}{f'_1A_1+f'_2A_2+\cdots+f'_nA_i}\times100\%$$

$$=\frac{f'_iA_i}{\sum f'_iA_i}\times100\%$$

计算丁醇试样中各同分异构体的质量分数（%），并计算其平均值与相对平均偏差（%）。

（7）思考题

① 使用FID时，应如何调试仪器至正常工作状态？如果火点不着你将怎样处理？若实训中途突然停电，你又将作何处置？

② 实训结束时，应如何正常关机？

③ 使用FID时，为了确保安全，实际操作中应注意什么？

④ 什么情况下可以采用峰高归一化法？如何计算？

⑤ 归一化法对进样量的准确性有无严格要求？

⑥ 本实训如用DNP柱分离伯、仲、叔、异丁醇时，出峰顺序如何？有什么规律吗？

4.5.3.3 训练项目4.8 内标法测定甲苯试剂的纯度

（1）训练目的

① 能用内标法对试样中待测组分进行定性定量测定。

② 能排除分析测定过程中仪器出现的简单故障。

（2）方法原理

DNP柱（使用邻苯二甲酸二壬酯作固定液）是中等极性的固定液，在一定的色谱操作条件下可对一些简单的苯系化合物进行完全的分离（其分离色谱图如图4-44所示）。

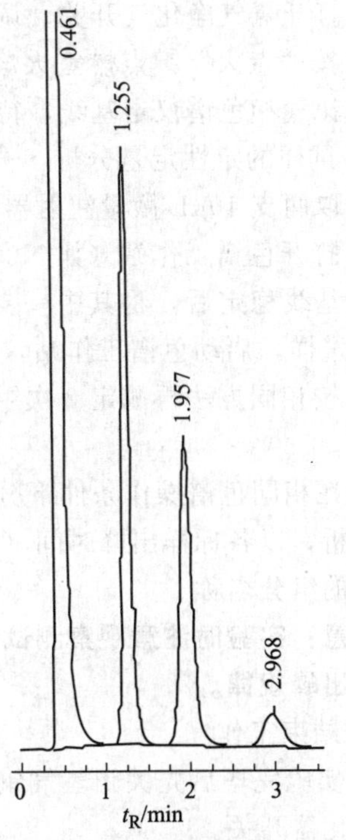

图4-44 内标法测定甲苯试剂纯度气相色谱分离图

0.461min—正己烷（溶剂）；1.255min—苯（内标）；1.957min—甲苯；2.968min—杂质

（3）仪器与试剂

① 仪器　GC 7890F型气相色谱仪（或其他型号气相色谱仪），气体高压钢瓶（N_2、H_2 与空气，其中空气高压钢瓶可用空气压缩机替代），氧气减压阀与氢气减压阀，气体净化器；填充色谱柱（DNP，2m × 3mm，100～120目）；石墨垫圈，硅胶垫，色谱工作站，样品瓶，电子天平，微量注射器（1μL）。

② 试剂　苯、甲苯（均GC级），甲苯试样（C.P.级或自制），正己烷（A.R.），蒸馏水。

（4）训练内容与操作步骤

① 准备工作

a. 配制标准溶液。取一个干燥洁净的样品瓶，加入

3mL 正己烷。加入 100μL 甲苯（GC 级），准确称其质量，记为 m_{S1}；加入 100μL 苯（GC 级，内标物），准确称其质量，记为 m_{S2}，摇匀备用。此为每位操作者所配制甲苯测试标样。

b. 配制测试溶液。另取一个干燥洁净的样品瓶，加入 3mL 正己烷。加入 100μL 所测甲苯试样，准确称其质量，记为 $m_{样}$；加入 100μL 苯（GC 级，内标物），准确称其质量，记为 m_{S3}，摇匀备用。此为每位操作者所配制甲苯测试试样。

② 气相色谱仪的开机及参数设置（用上海天美 GC 7890F 型或其他型号气相色谱仪完成测定过程）

a. 打开载气（N_2）钢瓶总阀，调节输出压力为 0.4MPa。

b. 打开载气净化气开关，调节载气合适柱前压，如 0.14MPa，稳流阀控制为 4.4 圈，控制载气流量为约 35mL/min。

c. 打开气相色谱仪电源开关。

注意：气相色谱仪柱箱内预装 DNP 填充柱（DNP，2m×3mm，100～120 目），**先完成老化操作**（老化温度不能超过 DNP 色谱柱的最高使用温度 140℃）。

d. 设置柱温为 85℃、汽化室温度为 160℃和检测器温度为 140℃。

③ 氢火焰离子化检测器的基本操作

a. 待柱温、汽化室温度和检测器温度达到设定值并稳定后，打开空气钢瓶，调节输出压力为 0.4MPa；打开氢气钢瓶，调节输出压力为 0.2MPa。

b. 打开空气净化气开关，调节空气稳流阀为 5.0 圈，控制其流量为约 200mL/min。

c. 打开氢气净化气开关，调节氢气稳流阀为 4.5 圈，控制其流量为约 30mL/min。

d. 按“点火”键点燃氢火焰。

e. 让气相色谱仪走基线，待基线稳定。

④ 试样的定性定量分析

a. 取两支 10μL 微量注射器，以溶剂（如无水乙醇）清洗完毕后，备用。

b. 打开色谱工作站（如 N2000），观察基线是否稳定。

c. 基线稳定后，将其中一支微量注射器用甲苯测试标样润洗后，准确吸取 1μL 该标样按规范进样，启动色谱工作站，绘制色谱图，完毕后停止数据采集。

d. 按相同方法再测定 2 次甲苯测试标样与 3 次甲苯测试试样，记录各主要色谱峰的峰面积。

e. 在相同色谱操作条件下分别以苯、甲苯（GC 级）标样（用正己烷稀释至适当浓度）进样分析，以各标样出峰时间（即保留时间）确定甲苯测试标样与甲苯测试试样中各色谱峰所代表的组分名称。

注意：实验时注意观察测试试样中苯（内标物）、**甲苯、乙苯**（主要杂质）**的出峰顺序，总结其出峰规律。**

⑤ 结束工作

a. 实验完毕后先关闭氢气钢瓶总阀，待压力表回零后，关闭仪器上氢气稳压阀，关闭氢气净化器开关。

b. 关闭空气钢瓶总阀，待压力表回零后，关闭仪器上空气稳压阀，关闭空气净化器开关。

c. 设置汽化室温度、柱温在室温以上约 10℃，检测室温度 120℃。

d. 待柱温达到设定值时关闭气相色谱仪电源开关。

e. 关闭载气钢瓶和减压阀，关闭载气净化器开关。

f. 清理台面，填写仪器使用记录。

（5）注意事项

① 微量注射器使用前应先用环己烷抽洗 15 次左右，然后再用所要分析的样品抽洗 15 次左右。

② 在完成定性操作时，要注意进样与色谱工作站采集数据在时间上的一致性。

③ 氢气是一种危险气体，使用过程中一定要按要求操作，而且色谱实验室一定要有良好的通风设备。

④ 实训过程中注意防止高温烫伤。

（6）数据处理

① 记录色谱操作条件。

② 对每一次进样分析的色谱分离图进行适当优化处理。

③ 将进行优化后的色谱图上显示出的峰面积等数值填入下表。

分析者：________班级：________学号：________分析日期：________

仪 器 条 件		
样品名称：		样品编号：
仪器名称：	仪器型号：	仪器编号：
色谱柱型号：	柱温：	载气种类与流量：
检测器类型：	检测器温度：	检测器灵敏挡：
汽化温度：	H_2 流量：	空气流量：

相 对 校 正 因 子 的 测 定						
组分		质量/g	峰面积 A 或峰高 h	f'_{im}（以苯为基准）	f'_{im} 的平均值	相对平均偏差/%
第 1 次	苯					
	甲苯					
第 2 次	苯					
	甲苯					
第 3 次	苯					
	甲苯					

试 样 测 定						
测定次数	组分名称	f'_{im}	峰面积 A 或峰高 h	样品中甲苯的质量分数/%	质量分数平均值/%	相对平均偏差/%
第 1 次	苯					
	甲苯					
第 2 次	苯					
	甲苯					
第 3 次	苯					
	甲苯					

④ 数据处理

a. 相对校正因子的计算　对甲苯测试标样所绘制色谱图，按公式

$$f'_{im}=\frac{f_i}{f_S}=\frac{m_{S1}A_{S(苯)}}{A_{i(甲苯)}m_{S2(苯)}}\text{（以苯为基准物质）}$$

或

$$f'_{i(h)}=\frac{f_{i(h)}}{f_{S(h)}}=\frac{m_{S1}h_{S(苯)}}{h_{i(甲苯)}m_{S2(苯)}}$$

计算甲苯的相对校正因子 f'_i。

b. 市售甲苯试剂纯度的计算　对甲苯试样所绘制色谱图，按公式

$$w_i=f'_{im}\times\frac{m_{S3(苯)}\times A_{i(甲苯)}}{m_{样}\times A_{S(苯)}}\times100\%$$

或

$$w_i=f'_{i(h)}\times\frac{m_{S3(苯)}\times h_{i(甲苯)}}{m_{样}\times h_{S(苯)}}\times100\%$$

计算甲苯试剂中甲苯的质量分数（%），并计算其平均值与相对平均偏差（%）。

（7）思考题

① 内标法定量有哪些优点？方法的关键是什么？

② 本次分析采用峰高进行定量分析，与采用峰面积进行定量分析，哪一个更合适，为什么？

4.5.3.4　训练项目 4.9　标准加入法测定丙酮试剂中微量水分的含量

（1）训练目的

① 学会配制外加水标准样品。

② 进一步熟练掌握 TCD 检测器的基本操作。

③ 能用标准加入法对试样中的待测组分进行定性定量测定。

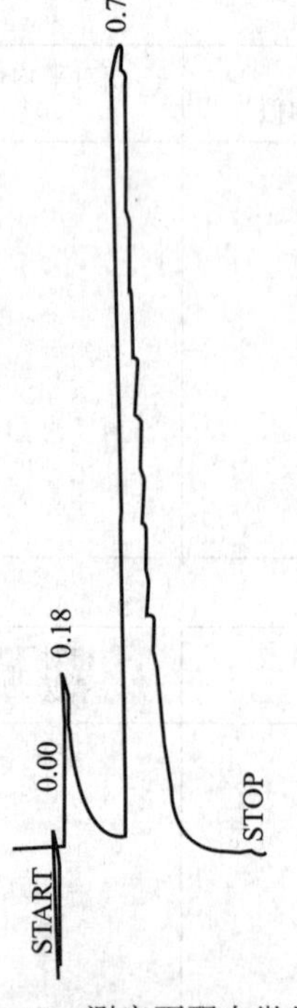

图 4-45　测定丙酮中微量水分含量气相色谱分离图

0.18min—水；0.78min—丙酮

（2）方法原理　以 GDX 为固定相，利用高分子多孔小球的弱极性和强憎水性可分析有机溶剂（醇类、酮类、醛类、烃类、氯代烃、酯类和部分氧化剂、还原剂）中的微量水分。其特点是水保留值小，水峰陡而对称，从而使水峰在一般有机溶剂峰之前流出。图 4-45 是用外标法测定丙酮中微量水分的色谱分离图。

（3）仪器与试剂

① 仪器　GC 7890T 型气相色谱仪（或其他型号带 TCD 检测器的气相色谱仪），填充色谱柱（GDX101，2m×3mm，100～120 目），氢气高压钢瓶与氢气减压阀，微量注射器（10μL），样品瓶，色谱数据处理机。

② 试剂　丙酮试样，蒸馏水。

（4）训练内容与操作步骤

① 准备工作

a. 外加水标样的配制　取一个干燥洁净的样品瓶，吸取 3mL 丙酮试剂，准确称其质量，记为 $m_{样}$；然后在其中加入 20μL 纯蒸馏水，准确称其质量，记为 m_S。摇匀备用。此为每位同学所配制的丙酮标样。

b. 另取一个干燥洁净的称量瓶，加入约 3mL 丙酮试剂，备用。

② 气相色谱仪的开机及参数设置

a. 打开载气（H_2）钢瓶总阀，调节输出压力为0.2MPa。

b. 打开载气净化气开关，调节载气合适柱前压，如0.1MPa。

注意：气相色谱仪柱箱内预装两根填充柱（GDX101，2m×3mm，100～120目），**先完成老化操作，而且应同时调节通道A与通道B载气稳压阀压力，保证柱箱内两根色谱柱均通入载气。**

c. 打开气相色谱仪电源开关。

d. 设置柱温为170℃、汽化室温度为220℃和检测器温度为190℃。

③ 热导检测器的基本操作

a. 待柱温、汽化室温度和检测器温度达到设定值并稳定后，设置合适的桥电流值（如120mA）。

b. 让气相色谱仪走基线，待基线稳定。

④ 试样的定性定量分析

a. 取两支10μL微量注射器，以溶剂（如无水乙醇）清洗完毕后，备用。

b. 打开色谱数据处理机，观察基线是否稳定。

c. 待基线稳定后，将其中一支微量注射器用丙酮试样润洗后，准确吸取2μL丙酮试样按规范进样，启动色谱数据处理机，绘制色谱图，完毕后停止数据采集。

d. 按相同方法再测定2次丙酮试样与3次所配制外加水丙酮标样。

e. 取1μL纯蒸馏水，进样分析，记录保留时间，根据保留时间确定前6次色谱图中水分的位置，并记录其峰高h_i（丙酮试样）与h_{i+s}（所配制外加水丙酮标样）。

⑤ 结束工作

a. 实训完毕后先设置桥电流数值为0.0（有些气相色谱仪还需同时关闭桥电流开关）。

b. 设置汽化室温度、柱温、检测器温度在室温以上约10℃。

c. 待柱温达到设定值时关闭气相色谱仪电源开关。

d. 关闭载气钢瓶和减压阀，关闭载气净化器开关。

e. 清理台面，填写仪器使用记录。

（5）注意事项

① 外加水标准溶液应当使用时现配。

② 容量瓶洗净晾干后应置于干燥器中备用。

③ 平行测定时进样量要一致，进样速度要快，针尖在汽化室停留时间要短且统一。

④ 平行测定相对偏差应小于5%，否则应重做。

⑤ 氢气是一种危险气体，使用过程中一定要按要求操作，而且色谱实验室一定要有良好的通风设备。

⑥ 气相色谱开机时一定要先通载气，确保通入热导检测器后，方可打开桥电流开关；在关机时，则一定要先关桥电流，待热导检测器温度降下来后才能断开载气。

⑦ 在完成定性操作时，要注意进样与色谱数据处理机采集数据在时间上的一致性。

⑧ 实训过程中注意防止高温烫伤。

（6）数据处理

① 记录色谱操作条件。

② 将丙酮试样色谱图中水峰和外加水标准溶液色谱图中水峰峰高填写在下表。

分析者：________班级：________学号：________分析日期：________

仪器条件		
样品名称：		样品编号：
仪器名称：	仪器型号：	仪器编号：
色谱柱型号：	柱温：	载气种类：
检测器类型：	检测器温度：	桥流：
汽化温度：	进样量(μL)：	

丙酮试样的测定

测定次数	组分	峰高 h	峰高的平均值	相对平均偏差/%
第1次	水			
第2次	水			
第3次	水			

丙酮试样＋标准（水）的测定

丙酮试样质量/g：			标准物（水）的质量/g：		
测定次数	组　分	峰高 h	丙酮试样中水的质量分数/%	平均值/%	相对平均偏差/%
第1次	水				
第2次	水				
第3次	水				

③ 数据处理

用下式计算丙酮中水分的含量

$$w_{水}=\frac{m_S}{m_{样}\times\left(\frac{h_{i+S}}{h_i}-1\right)}\times100\%$$

计算丙酮试样中水分的质量分数（%），并计算其平均值与相对平均偏差（%）。

(7) 思考题

① 使用热导检测器时，应如何调试仪器至正常工作状态？

② 实训结束应如何正常关机？

③ 为保护热丝，在TCD的使用过程中应注意什么？

④ 标准加入法定量有哪些注意事项？

4.5.3.5 训练项目4.10　外标法测定乙醇试剂中微量水分的含量

(1) 训练目的

① 学会配制水饱和苯溶液。

② 学会绘制外标工作曲线。

③ 能利用外标法对试样中待测组分进行定性定量测定。

(2) 方法原理　本实验以 GDX101 为固定相，用外标法测定乙醇中微量水。图 4-46 是外标法测定乙醇中微量水分含量的色谱图。

(3) 仪器与试剂

① 仪器　GC 7890T 型气相色谱仪（或其他型号带 TCD 检测器的气相色谱仪），填充色谱柱（GDX101，2m×3mm，100～120 目），氢气高压钢瓶与氢气减压阀；微量注射器（10μL），60mL 分液漏斗，容量瓶，样品瓶，色谱数据处理机。

② 试剂　苯（GC 级），蒸馏水，乙醇试样。

(4) 训练内容与操作步骤

① 准备工作

a. 制备水饱和苯溶液　将一定量 GC 级的苯置于分液漏斗中，用同体积的蒸馏水振荡洗涤，去掉水溶性物质，如此洗涤次数不应小于 5 次。最后一次振荡均匀后连水一起装入容量瓶中备用。

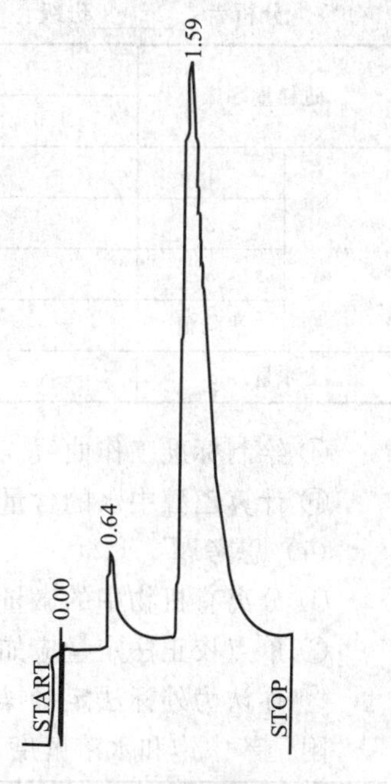

图 4-46　测定乙醇试剂中微量水分气相色谱分离图

0.64min—水；1.59min—乙醇

b. 气相色谱仪的开机与参数的设置　按 4.5.3.4 节步骤（4）进行操作。各参数的设置值与训练项目 4.9 完全相同。

c. TCD 检测器的基本操作　按 4.5.3.4 节步骤（4）进行操作。测试条件完全与训练项目 4.9 相同。

② 水饱和苯溶液的分析测定　待仪器调试至基线平直后，抽洗微量注射器 5～10 次，分别按 2.0μL，3.0μL，4.0μL，5.0μL，6.0μL 的进样量进样。记录样品名对应的文件名，打印出色谱图和分析结果，同时记录苯层温度。

重复进样 3 次。

③ 乙醇试样的分析测定　在与测定水饱和苯溶液完全一致的操作条件下，取 3.0μL 乙醇试样进样，分析结束后，打印出色谱图和分析结果。

重复进样 3 次。

④ 结束工作　实验结束后清洗进样器，并按 4.5.3.4 节步骤（4）的方法正确关闭气相色谱仪和气源，同时清理台面，填写仪器使用记录。

(5) 注意事项

① 水饱和苯溶液在每次开始使用前，都需要振荡 30s 以上，静置 2min 后，方可取苯层进样，同时用温度计准确量取苯层温度。

② 进样量要准确，进样速度要快，针尖在汽化室停留时间要短且统一，否则工作曲线线性较差。

③ 取样以及整个分析过程中要尽量保证样品瓶的密封性，防止样品吸潮或挥发。

④ 平行测定的水峰峰高相对偏差要小于 5%，否则实验应重做。

(6) 数据处理

① 记录色谱操作条件。

② 记录苯层温度。

③ 将水饱和苯溶液和试样中的水峰峰高填入下表：

分析者：______班级：______学号：______分析日期：______

进样量/μL		水饱和苯溶液					试样
		1.0	2.0	3.0	4.0	5.0	3.0
$h_水$	1						
	2						
	3						
	平均值						
含水量/mg							

④ 绘制标准工作曲线。

⑤ 计算乙醇中水的含量。

(7) 思考题

① 分离有机物中的微量水分，为什么选有机高分子化合物为固定相?

② 单点校正法定量应如何进行? 什么情况下适用?

③ 你认为外标法定量操作关键是什么?

附：苯中饱和水溶解度

温度/℃	含水量/%	温度/℃	含水量/%	温度/℃	含水量/%	温度/℃	含水量/%
10	0.0440	17	0.0561	24	0.0696	31	0.0888
11	0.0457	18	0.0579	25	0.0716	32	0.0918
12	0.0474	19	0.0597	26	0.0745	33	0.0947
13	0.0491	20	0.0614	27	0.0773	34	0.0977
14	0.0508	21	0.0635	28	0.0802	35	0.1006
15	0.0525	22	0.0655	29	0.0830	36	0.1055
16	0.0543	23	0.0676	30	0.0859	37	0.1104

*4.5.3.6 训练项目 4.11 程序升温毛细管柱气相色谱法分析白酒主要成分

(1) 训练目的

① 学会程序升温的操作方法。

② 了解毛细管柱的功能、操作方法与应用。

③ 掌握毛细管柱气相色谱法分析白酒中主要成分的定性定量操作。

(2) 方法原理

程序升温是气相色谱分析中一项常用而且十分重要的技术。对于每一个欲分析的组分来说，都对应着一个最佳的柱温，但是当分析样品比较复杂、沸程很宽的时候，若使用同一柱温进行分离，其分离效果很差，因为低沸点的组分由于柱温太高，很早流出色谱柱，色谱峰重叠在一起不易分开；高沸点的组分则因为柱温太低，很晚流出色谱柱，甚至不流出色谱柱，其结果是各组分的色谱峰分布疏密不均，有时还出现“怪峰”，给分析工作带来困难。因此，对于宽沸程多组分的混合物样品，必须采用程序升温来代替等温操作。程序升温的方式可分为线性升温和非线性升温，根据分析任务的具体情况，可通过实验来选择适宜的升温方式，以期达到比较理想的分离效果。白酒主要成分的分析便是用程序升温来进行的，图 4-47 显示了程序升温毛细管柱气相色谱法分析白酒主要成分的分离色谱图。

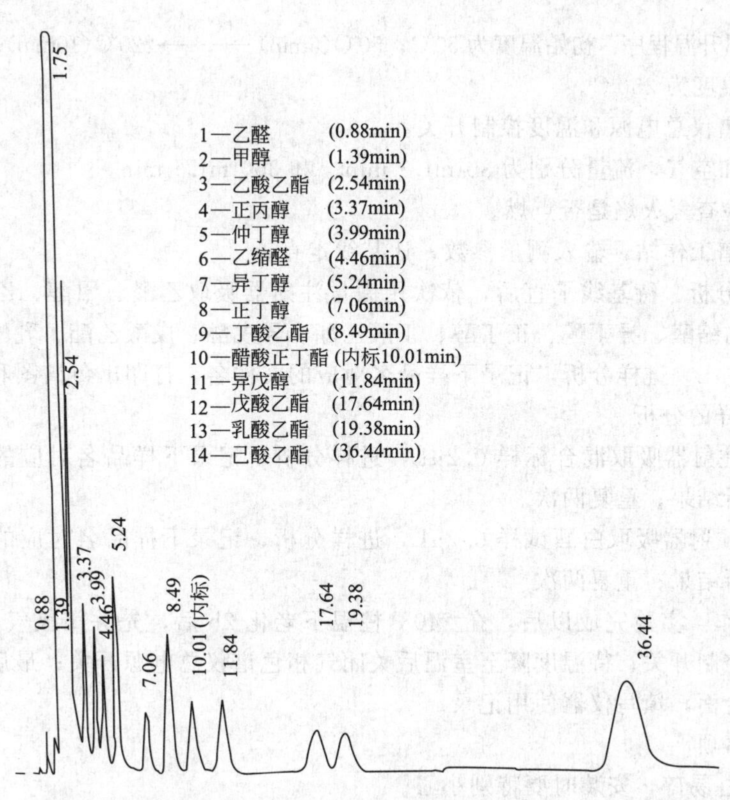

图 4-47 程序升温毛细管柱色谱法分析白酒主要成分的分离谱图

毛细管气相色谱柱的柱效比填充色谱柱要高很多，因此在分离难分离物质对（如 $\alpha=1.03$）时，必须采用毛细管气相色谱法。

(3) 仪器与试剂

① 仪器 GC 900A 型气相色谱仪（或其他型号气相色谱仪），交联石英毛细管柱（冠醚+FFAP 30m×0.25mm，如所检验要求不是很高或所分析检测的白酒品质不是很高，也可采用 SE-54 替代），微量注射器（1μL），进样瓶，容量瓶。

② 试剂 氢气、压缩空气、氮气；乙醛、甲醇、乙酸乙酯、正丙醇、仲丁醇、乙缩醛、异丁醇、正丁醇、丁酸乙酯、醋酸正丁酯（内标）、异戊醇、戊酸乙酯、乳酸乙酯、己酸乙酯（均为 GC 级）；市售白酒一瓶；乙醇（无甲醇）。

(4) 训练内容与操作步骤

① 标样和试样的配制

a. 标样（1%～2%）的配制 分别吸取乙醛、甲醇、乙酸乙酯、正丙醇、仲丁醇、乙缩醛、异丁醇、正丁醇、丁酸乙酯、异戊醇、戊酸乙酯、乳酸乙酯、己酸乙酯各 2.00mL，用 60%乙醇（无甲醇）溶液定容至 100 mL。

b. 内标（2%）的配制 吸取醋酸正丁酯 2mL，用 60%乙醇（无甲醇）溶液定容至 100mL；

c. 混合标样（带内标）的配制 分别吸取标样 0.80mL 与内标样 0.40mL，混合后用上述 60%乙醇溶液配成 25mL 混合标样。

d. 白酒试样的配制 取白酒试样 10mL，加入 2%内标 0.40mL，混合均匀。

② 气相色谱仪的开机

a. 通载气（N_2），调节流速约 100mL·min^{-1}；调分流比为 1∶100。

b. 设置柱温升温程序：初始温度为50℃；50℃(6min) $\xrightarrow{4℃/min}$ 220℃(10min)；恒温在220℃。

c. 汽化室温度为250℃。

d. 打开色谱仪总电源和温度控制开关。

e. 通氢气和空气，流量分别为30 mL·min^{-1}和300 mL·min^{-1}。

f. 点火，检查氢火焰是否点燃。

g. 打开色谱工作站，输入测量参数，让基线走直。

③ 标样的分析　待基线平直后，依次用微量注射器吸取乙醛、甲醇、乙酸乙酯、正丙醇、仲丁醇、乙缩醛、异丁醇、正丁醇、丁酸乙酯、异戊醇、戊酸乙酯、乳酸乙酯、己酸乙酯标样溶液0.2μL，进样分析，记录下样品名对应的文件名，打印出色谱图和分析结果。

④ 白酒试样的分析

a. 用微量注射器吸取混合标样0.2μL，进样分析，记录下样品名对应的文件名，打印出色谱图和分析结果；重复两次。

b. 用微量注射器吸取白酒试样0.2μL，进样分析，记录下样品名对应的文件名，打印出色谱图和分析结果；重复两次。

⑤ 结束工作　实验完成以后，在240℃柱温下老化2h后，先关闭氢气，再关闭空气，然后关闭温度控制开关；待温度降至室温后关闭气相色谱仪总电源开关；最后关闭载气。

清理实验台面，填写仪器使用记录。

(5) 注意事项

① 毛细管柱易碎，安装时要特别小心。

② 不同型号的色谱柱，其色谱操作条件有所不同，应视具体情况做相应调整。

③ 进样量不宜太大，一般不宜超过1μL。

④ 根据实际分析情况调节合适的分流比，一般在(1∶50)～(1∶100)之间。

(6) 数据处理

① 定性　测定酒样中各组分的保留时间，求出相对保留时间值(r)，即各组分与标准物(异戊醇)的保留时间的比值 $r_{iS}=t'_{R_i}/t'_{R_S}$，将酒样中各组分的相对保留值与标样的相对保留值进行比较定性。也可以在酒样中加入纯组分，使被测组分峰高增大的方法来进一步证实和定性。

② 求相对校正因子　相对校正因子计算公式 $f'_i=\frac{A_S m_i}{A_i m_S}$，$A_i$，$A_S$ 分别为组分 i 和内标物S的面积；m_i，m_S 分别为组分 i 和内标物S的质量。根据所测的实验数据计算出各个物质的相对校正因子。

③ 计算酒样中各物质的质量浓度　计算公式为 $w_i=\frac{h_i}{h_S}\times\frac{m_S}{m_{样}}f'_i$，式中 i 为酒样中各种物质；S为内标物。

(7) 思考题

① 白酒分析时为什么用FID，而不用TCD?

② 程序升温的起始温度如何设置？升温速率如何设置？

③ 分流比如何调节？

思考与练习 4.5

(1) 在气相色谱定量分析中，样品中各组分不能全部出峰时或在多种组分中只要定量测定其中某几个组分时，可采用__________法；当样品中所有组分都能流出色谱柱产生相应的色谱峰，并要求对所有组分都做定量分析时，宜采用__________法。

（2）气相色谱的定性参数有（　　）。

A. 保留值　　B. 相对保留值　　C. 保留指数　　D. 峰高或峰面积

（3）气相色谱的定量参数有（　　）。

A. 保留值　　B. 相对保留值　　C. 保留指数　　D. 峰高或峰面积

（4）如果样品比较复杂，相邻两峰间距离太近或操作条件不易控制稳定，要准确测量保留值有一定困难时，可采用（　　）。

A. 相对保留值进行定性　　B. 加入已知物以增加峰高的办法进行定性

C. 文献保留值数据进行定性　　D. 利用选择性检测器进行定性

（5）在法庭上，涉及审定一个非法的药品，起诉表明该非法药品经气相色谱分析测得的保留时间，在相同条件下，刚好与已知非法药品的保留时间相一致。辩护证明：有几个无毒的化合物与该非法药品具有相同的保留值。你认为用下列哪个检定方法为好？（　　）

A. 利用相对保留值进行定性　　B. 用加入已知物以增加峰高的办法

C. 利用文献保留指数进行定性　　D. 用保留值的双柱法进行定性

（6）气相色谱定性的理论依据是什么？

（7）试说明保留指数定性的优点。

（8）简述定量校正因子的测定方法。

（9）应用归一化法定量应该满足什么条件？

（10）选择内标物的条件是什么？

（11）标准加入法与内标法有何异同？

（12）准确称取苯、正丙苯、正己烷、邻二甲苯四种纯化合物，配制成混合溶液，进行气相色谱分析，得到如下数据：

组分	m/g	A/cm^2	组分	m/g	A/cm^2
苯	0.435	3.96	正己烷	0.785	8.02
正丙苯	0.864	7.48	邻二甲苯	1.760	15.0

求正丙苯、正己烷、邻二甲苯三种化合物以苯为标准时的相对校正因子。

（13）已知在混合酚试样中仅含有苯酚、邻甲苯酚、间甲苯酚与对甲苯酚四种组分，经乙酰化处理后，用液晶柱测得色谱图，图上各组分色谱峰的峰高、半峰宽以及各组分的面积校正因子分别如下表所示：

组　分	h/mm	$W_{1/2}$/mm	f'_m
苯酚	64	1.94	0.85
邻甲苯酚	104	2.40	0.95
间甲苯酚	89	2.85	1.03
对甲苯酚	70	3.22	1.00

求各组分的质量分数（提示：$A \approx hW_{1/2}$）。

（14）在管式裂解气制乙二醇生产中，分析乙二醇及其杂质丙二醇与水含量时，采用热导检测气相色谱法进行分析测定，以归一化法进行测量。测得数据如下：

组　分	h/mm	$W_{1/2}$/mm	f'_m	衰减
水	18.0	2.0	1.21	1
丙二醇	38.4	1.0	0.86	4
乙二醇	79.2	2.3	1.00	8

试计算各组分的质量分数（提示：衰减是指将色谱峰缩小的倍数）。

（15）在某色谱分析中，用热导检测器进行检测，测得数据如下：

组分	A/mm^2	f'_m	$M/(g \cdot mol^{-1})$
正戊烷	28.41	0.88	72
正庚烷	55.06	0.89	100
异戊醇	33.02	1.06	88
甲苯	68.63	1.02	92

求试样中各组分的质量分数和摩尔分数。

（16）测定二甲苯氧化母液中二甲苯的含量时，由于母液中除二甲苯外，还有溶剂和少量甲苯、甲酸，在分析二甲苯的色谱条件下不能流出色谱柱，所以常用内标法进行测定，以正壬烷作内标物。称取试样1.528g，加入内标物0.147g，测得色谱数据如下表所示：

组分	A/cm^2	f'_m	组分	A/cm^2	f'_m
正壬烷	90	1.14	间二甲苯	120	1.08
乙苯	70	1.09	邻二甲苯	80	1.10
对二甲苯	95	1.12			

计算母液中乙苯和二甲苯各异构体的质量分数。

（17）分析燕麦敌1号样品中燕麦敌含量时，采用内标法，以正十八烷为内标物。称取燕麦敌样品8.12g，加入内标物1.88g，色谱分析测得峰面积为$A_{燕麦敌}=68.0mm^2$，$A_{正十八烷}=87.0mm^2$。已知燕麦敌以正十八烷为标准的相对质量校正因子为2.40。求样品中燕麦敌的质量分数。

（18）测定冰醋酸的含水量时，内标物为甲醇，质量为0.4896g，冰醋酸质量为2.16g，用热导检测器测定，其色谱图中水峰峰高为16.30cm，半峰宽为0.159cm，甲醇峰峰高为14.40cm，半峰宽为0.239cm。试计算该冰醋酸的含水量（分别以峰高及峰面积质量校正因子计算其含量）。已知水和甲醇的峰面积相对质量校正因子分别为0.70和0.75，水和甲醇的峰高相对质量校正因子分别为0.224和0.340。

*（19）在某一150cm长的色谱柱上，分离长链脂肪酸甲酯（C_{18}^{0}）和油酸甲酯（$C_{18}^{=}$），两物质出峰时距进样位置的距离依次为279.1mm、307.5mm，峰底宽依次为21.2mm与23.2mm，死时间为5.2mm，若记录纸的纸速为12.7mm/min，试计算：

① C_{18}^{0}与$C_{18}^{=}$的相对保留值及分离度；

② 如果在C_{18}^{0}与$C_{18}^{=}$之间存在一杂质峰，该峰与$C_{18}^{=}$的相对保留值为1.053，计算杂质与$C_{18}^{=}$的分离度；

③ 若柱效不变，要使杂质峰与$C_{18}^{=}$间的分离度达到①中C_{18}^{0}与$C_{18}^{=}$的分离度，则色谱柱长要增加至多少？

*（20）在一根500cm长的色谱柱上分析正己烷，得到如下数据：

$u/(cm \cdot s^{-1})$	0.91	1.5	3.0	4.2	5.6	7.0	8.0	9.0
t'_R	27.5	29.7	32.3	31.5	26.8	24.2	22.6	21.4
W_b	0.98	0.95	0.94	0.96	0.89	0.86	0.84	0.83

① 绘制H-u曲线；

② 求出最佳载气流速u_{opt}及相应的最小板高H_{min}。

（21）分别取0.10μL、0.20μL、0.30μL、0.40μL、0.50μL的苯胺标准溶液（$533mg \cdot L^{-1}$水溶液），在适宜条件下注入色谱仪，测得苯胺峰高如下表所示：

苯胺标准溶液/μL	0.10	0.20	0.30	0.40	0.50
苯胺进样量/mg	0.053	0.107	0.160	0.213	0.267
苯胺峰高/cm	4.4	8.9	13.3	17.7	22.1

试绘制出峰高～进样量曲线。

分析未知水样时，将水样浓缩50倍，取所得浓缩液0.30μL注入色谱仪，测得其峰高为13.8cm，计算水样中苯胺的浓度（以$mg \cdot L^{-1}$表示）。

*（22）某水样，其中含有微量的甲醇、乙醇、正丙醇、正丁醇与正戊醇，现欲分别测定其中 5 种醇的质量分数。实验室的配置为一台 HP 6890 气相色谱仪（含 FID、TCD、ECD）和 5 根不锈钢填充色谱柱（SE-30、OV-101、SE-54、OV-1701 与 PEG 20M，其规格均为 2m×3mm，80～100 目）。试根据上述条件选择合适的色谱柱、检测器种类、柱温、汽化室温度、检测器温度、载气种类与流速等色谱分离操作条件及合适的定性定量方法，并说明理由。（已知甲醇、乙醇、正丙醇、正丁醇与正戊醇的沸点分别为 65℃、78℃、98℃、118℃和 138℃）

水体的“富营养化”

人类每天都要补充营养，但过分的进补，会使人体内营养过剩，直接导致人体一些疾病的产生。对于水资源，同样也存在这个问题。水的污染有两类，一是自然污染，二为人为污染，而后者是主要的。

人为污染是人类生活和生产活动中产生的废污水对水的污染，它们包括污水、工业废水、农田排水和矿山排水。流入水体的城市污水和食品等工业废水、农田排水中常含有磷、氮等水生植物生长、繁殖所必需的营养元素。当水流动时，这些富营养物可以随水流而稀释，就像人体每天补充的一定量营养一样，影响不大，但在湖泊、水库、内海、海湾、河口等地区的水体，水流缓慢，停留的时间长，既适于植物营养元素的发展，又适于水生植物的繁殖。这样，像人体内营养过多一样，水中大量的磷、氮元素引起藻类及其他浮游生物迅速繁殖，在有机物分解过程中大量消耗水中的溶解氧，使水体缺氧，以致使大多数水生动、植物不能生存，鱼类及其他生物大量死亡。这种水体的“富营养化”污染主要是由氮、磷等元素的密集造成的，所以在治理这种污染时，首先要测定氮、磷的含量。在 20 世纪 60 年代以前，使用比色法测定，但难以把各组分区分开来，分析结果重复性比较差。到了 70 年代后，用气相色谱法可以检测出污水中 0.5×10^{-6}（0.5ppm）有机磷杂质。这样就解决了这种“富营养化”污染的检测，有利于对它进行针对性的治理。

4.6 气相色谱的应用实例

气相色谱法广泛用于各种领域，如石油化工、高分子材料、药物、食品、香料与精油、农药、环境保护等。以下以几个简单的实例来说明气相色谱法的广泛应用。

4.6.1 石油化工

石油产品包括各种气态烃类物质、汽油与柴油、重油与蜡等，早期气相色谱的目的之一便是快速有效地分析石油产品。图 4-48 显示了用 Al_2O_3/KCl PLOT 柱分离分析 C_1～C_5 烃的色谱图。

4.6.2 高分子材料

分析高分子材料的主要目的是为了弄清高分子化合物由哪些单体共聚而成。高分子材料的分子量比较大，分析时常用衍生法、裂解法或顶空分析法，具体方法可参阅相关专著。图 4-49 显示了标准单体混合物的色谱图。

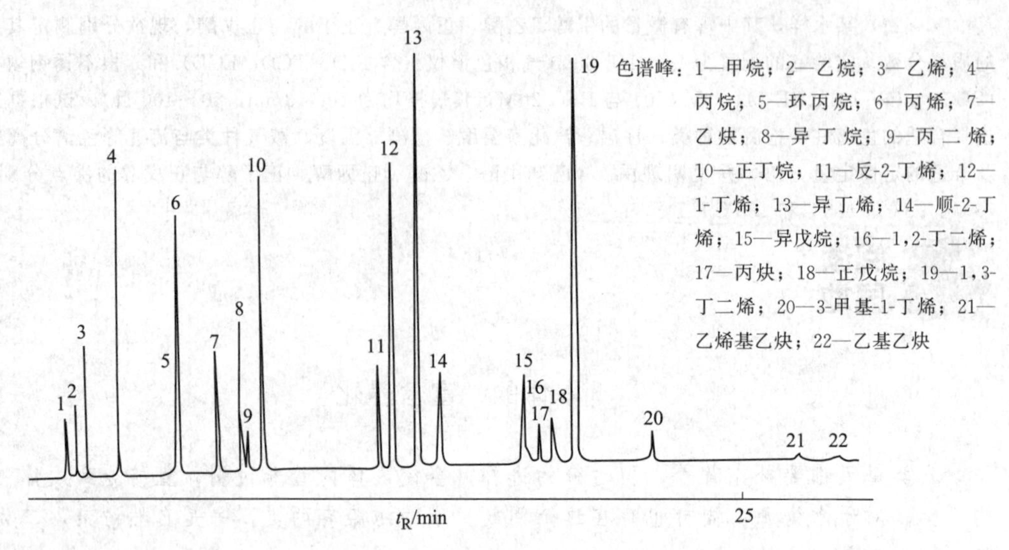

图 4-48　C_1～C_5 烃类物质的分离分析色谱图

色谱柱：Al_2O_3/KCl PLOT 柱，50m×0.32mm，d_f=5.0μm

载　气：N_2，$\bar{u}$=26cm·s^{-1}

汽化室温度：250℃

柱　温：70℃→200℃，3℃·min^{-1}

检测器：FID

检测器温度：250℃

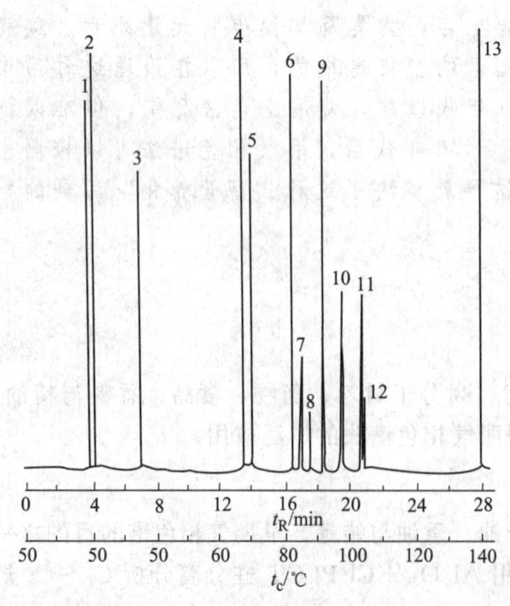

色谱峰：1—丙烯酸乙酯；2—异丁烯酸甲酯；3—异丁烯酸乙酯；4—聚乙烯；5—丙烯酸正丁酯；6—异丁烯酸异丁酯；7—2-羟基丙基丙烯酸酯；8—1-甲基-2-羟基乙基丙烯酸酯；9—异丁烯酸正丁酯；10—2-羟基乙基异丁烯酸酯；11—2-羟基丙基异丁烯酸酯；12—1-甲基-2-羟基乙基异丁烯酸酯；13—2-乙基己基丙烯酸酯

色谱柱：二甲基聚硅氧烷，25m×0.33mm，d_f=1.0μm

柱　温：50℃(10min)→150℃，5℃·min^{-1}→250℃(10min)，40℃·min^{-1}

载气：He

检测器：FID

汽化室温度：220℃

检测器温度：250℃

图 4-49　标准单体混合物色谱图

4.6.3　药物

许多中西成药在提纯浓缩后，能直接或衍生化后进行分析，其中主要有镇静催眠药、镇痛药、兴奋剂、抗生素、磺胺类药以及中药中常见的萜烯类化合物等。图 4-50 显示了镇静药的分离分析色谱图。

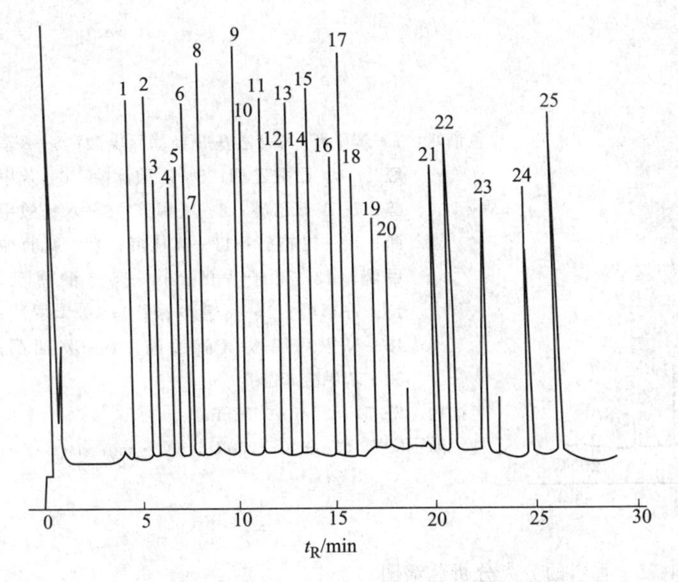

色谱峰：1—巴比妥；2—二丙烯巴比妥；3—阿普巴比妥；4—异戊巴比妥；5—戊巴比妥；6—司可巴比妥；7—眠尔通；8—导眠能；9—苯巴比妥；10—环巴比妥；11—美道明；12—安眠酮；13—丙咪嗪；14—异丙嗪；15—丙基解痉素（内标）；16—舒宁；17—安定；18—氯丙嗪；19—3-羟基安定；20—三氟拉嗪；21—氟安定；22—硝基安定；23—利眠宁；24—三唑安定；25—佳静安定

色谱柱：SE-54，22m×0.24mm

柱　温：120℃→250℃(15min)，10℃·min^{-1}

载　气：H_2　　检测器：FID

汽化室温度：280℃　检测器温度：280℃

图 4-50　镇静药分离分析色谱图

4.6.4　食品

食品分析可分为三个方面：一是食品组成，如水溶性类、类脂类、糖类等样品的分析；二是污染物，如农药、生产和包装中污染物的分析；三是添加剂，如防腐剂、乳化剂、营养补剂等的分析。目前对食品的组成分析居多，其中酒类与其他饮料、油脂和瓜果是重点分析对象。图 4-51 显示了牛奶中有机氯农药的分离分析色谱图。

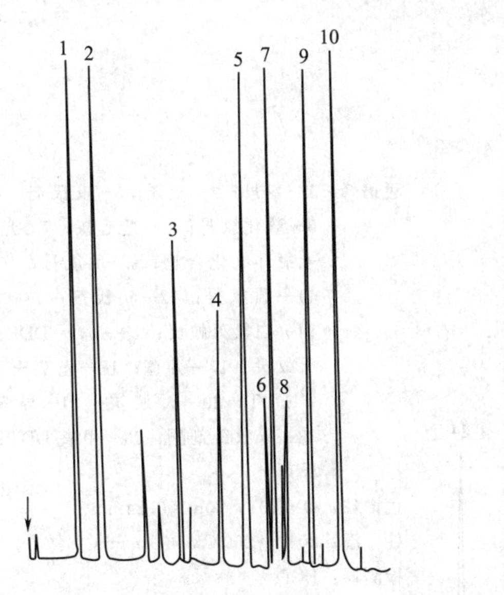

色谱峰：1—六氯苯；2—林丹；3—艾氏剂；4—环氧七氯；5—p'-滴滴伊；6—狄氏剂；7—p,p'-滴滴伊；8—异艾氏剂；9—o,p'-滴滴涕；10—p,p'-滴滴涕

色谱柱：SE-52，25m×0.32mm，d_f=0.15μm

柱　温：40℃（1min）→140℃，20℃·min^{-1}→220℃，3℃·min^{-1}

载　气：H_2，2mL·min^{-1}　　检测器：ECD

图 4-51　牛奶中有机氯农药的分析

4.6.5　香料与精油

天然植物用油提等方法预处理后，可分离出很多色谱峰，需要用气相色谱-质谱联用（GC-MS）进行定性，实际操作也比较困难。目前国内主要对玫瑰花、玉兰花、茉莉、薄荷、橘子皮等香料或精油进行了分析测定，结果都比较好。图 4-52 显示了香料的分离分析色谱图。

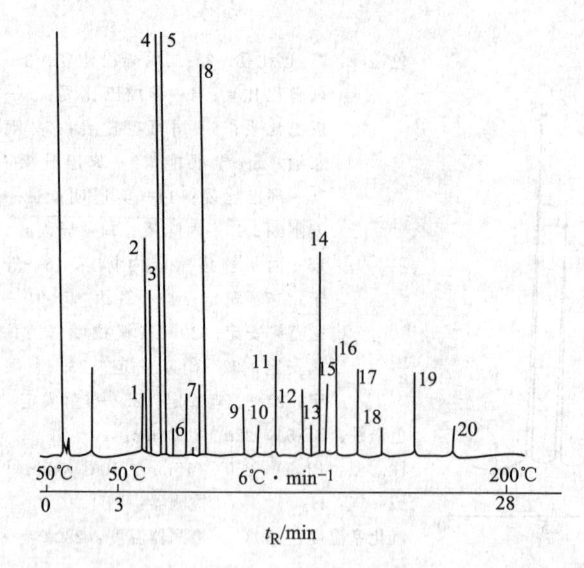

色谱峰：1—苯甲醛；2—乙基-α-羟基异戊酸；3—β-辛醛-1；4—己酸乙酯；5—乙酸己酯；6—苯甲醇；7—1-苯乙醇；8—里哪醇；9—水杨酸甲酯；10—橙花醇；11—肉桂醛；12—氨茴酸甲酯；13—丁子香酚；14—肉桂酸甲酯；15—香草醛；16—α-紫罗酮；17—β-紫罗酮；18—N-甲基甲酰氨茴酸酯；19—姜油酮；20—苯甲酸苯酯

色谱柱：SE-52，25m×0.32mm

柱　温：50℃（3min）→200℃，6℃·min^{-1}

图 4-52　香料的分离分析色谱图

4.6.6　农药

气相色谱法在农药中的应用主要是指对含氯、含磷、含氮三类农药的分析，可使用选择性检测器，可直接进行痕量分析。图 4-53 显示了用 ECD 分析有机氯农药的色谱图。

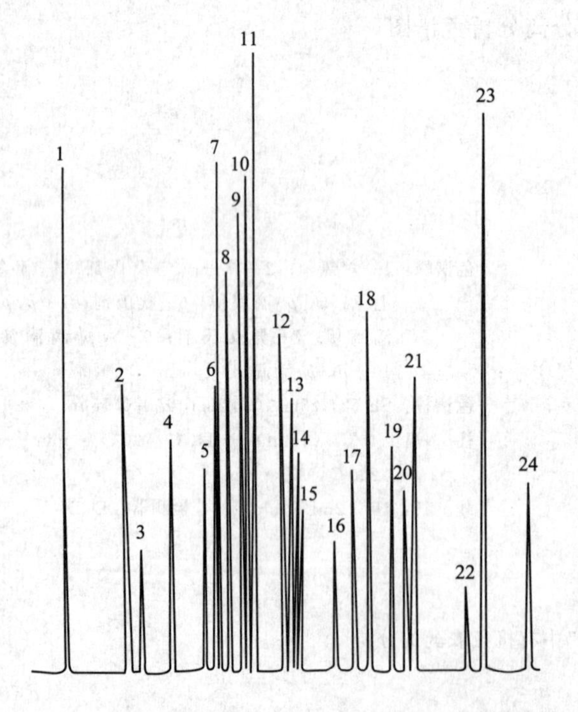

色谱峰：1—氯丹；2—七氯；3—艾氏剂；4—碳氯灵；5—氧化氯丹；6—光七氯；7—光六氯；8—七氯环氧化合物；9—反氯丹；10—反九氯；11—顺氯丹；12—狄氏剂；13—异狄氏剂；14—二氢灭蚁灵；15—p,p'-DDE；16—氢代灭蚁灵；17—开蓬；18—光艾氏剂；19—p,p'-DDT；20—灭蚁灵；21—异狄氏剂醛；22—异狄氏剂酮；23—甲氧 DDT；24—光狄氏剂

色谱柱：OV-101，20m×0.24mm

柱　温：80℃→250℃，4℃·min^{-1}

检测器：ECD

图 4-53　有机氯农药的分离分析色谱图

4.6.7　环境保护

目前利用气相色谱法也可以分析许多环境保护的样品，如有关气体、水质和土壤的污染情况的分析。图 4-54 显示了水中溶剂常见有机溶剂的分离分析色谱图。

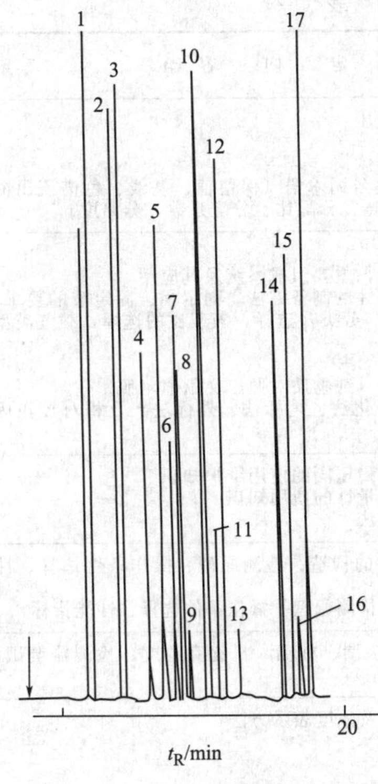

色谱峰：1—乙腈；2—甲基乙基酮；3—仲丁醇；4—1,2-二氯乙烷；5—苯；6—1,1-二氯丙烷；7—1,2-二氯丙烷；8—2,3-二氯丙烷；9—氯甲代氧丙环；10—甲基异丁基酮；11—反-1,3-二氯丙烷；12—甲苯；13—未定；14—对二甲苯；15—1,2,3-三氯丙烷；16—2,3-二氯取代的醇；17—乙基戊基酮

色谱柱：CP-Sil 5CB，25m×0.32mm

柱 温：35℃(3min)→220℃，10℃·min^{-1}

载 气：H_2

检测器：FID

图 4-54 水中溶剂的分离分析色谱图

参考文献

[1] 刘虎威编著．气相色谱方法及应用．第 2 版．北京：化学工业出版社，2007.

[2] 黄一石主编．仪器分析技术．北京：化学工业出版社，2000.

[3] 吴烈钧编著．气相色谱检测方法．北京：化学工业出版社，2000.

[4] 黄一石主编．分析仪器操作技术与维护．北京：化学工业出版社，2005.

[5] 刘国诠，余兆楼编著．色谱柱技术．北京：化学工业出版社，2000.

[6] 汪正范编著．色谱定性与定量．北京：化学工业出版社，2000.

[7] 吴方迪编著．色谱仪器维护与故障排除．北京：化学工业出版社，2000.

[8] 王立，汪正范编著．色谱分析样品处理．第 2 版．北京：化学工业出版社，2006.

[9] 李浩春，卢佩章编著．气相色谱法．北京：科学出版社，1993.

[10] 陈培榕，李景虹，邓勃主编．现代仪器分析实验与技术．第 2 版．北京：清华大学出版社，2006.

[11] 李攻科，胡玉玲，阮贵华等编著．样品前处理仪器与装置．北京：化学工业出版社，2007.

[12] 朱明华编．仪器分析．北京：高等教育出版社，1993.

[13] 张济新，孙海霖，朱明华编．仪器分析实验．北京：高等教育出版社，1994.

[14] 施荫玉，冯亚菲编．仪器分析解题指南与习题．北京：高等教育出版社，1998.

[15] 李浩春．分析化学手册：第五分册．第 2 版．北京：化学工业出版社，2004.

[16] 浙江大学分析化学教研组．分析化学选择题填充题选集：第三册．北京：高等教育出版社，1988.

[17] 李宪昌编著．气相色谱分析指南．呼和浩特：内蒙古人民出版社，1994.

[18] 金鑫荣，孙科夫编．近代色谱原理与技术．上海：华东理工大学出版社，1998.

[19] 傅若农编著．色谱分析概论．第 2 版．北京：化学工业出版社，2005.

[20] ［日］泉美治等主编．仪器分析导论：第二册．第 2 版．李春鸿，刘振海译．北京：化学工业出版社，2005.

气相色谱分析技能考核表（一）

知识要求	鉴定范围	鉴 定 内 容	鉴定比重(100)
基础知识	气相色谱分析基础知识	① 气体流速、饱和蒸气压 ② 溶解、分配、吸附 ③ 扩散系数（气体、液体）、热导率 ④ 色谱分类、色谱有关名词术语（保留值、基线、色谱流出曲线、峰高、峰面积、半峰宽、分配比、分配系数、分离度）	10
专业知识	方法原理	① 气相色谱分离原理 ② 气相色谱仪工作流程，主要组成系统及其应用 ③ 色谱操作条件选择（柱的制备方法，固定相、固定液的要求、分类及选择，载体的要求、分类及选择，液载比的选择，载气类型的选择） ④ 塔板理论，速率理论 ⑤ 定性依据和定性方法（纯物质对照、文献值对照） ⑥ 定量分析方法（归一化法、内标法、外标法）及相对校正因子等术语	25
仪器与设备的使用维护	辅助设备的使用	① 高压钢瓶、减压阀、稳压阀的使用维护知识 ② 转子流量计和皂膜流量计的使用知识 ③ 空气压缩机的使用方法	20
	主要仪器的使用	① 氢火焰离子化检测器的构造、检测原理、操作条件选择、性能指标 ② 热导检测器的构造、检测原理、操作条件选择、性能指标	20
	仪器调试知识	仪器调试（气路连接、检漏、柱温、汽化室温度、检测器调试、记录仪或数据处理机的使用）	10
相关知识	相关知识	① 标准溶液配制方法以及浓度表示方法 ② 真空泵的使用方法 ③ 分析天平的使用方法 ④ 蒸馏操作方法 ⑤ 可燃性气体的使用方法	15

气相色谱分析技能考核表（二）

知识要求	鉴定范围	鉴 定 内 容	鉴定比重(100)
操作技能	基本操作技能	① 柱前检漏（气路系统的检漏），汽化室、检测器的检漏 ② 固定相制备技术（柱的清洗、柱的填充、柱的老化、载体表面处理、固定液涂渍、溶剂挥发） ③ 开机、关机操作 ④ 进样方法［六通阀进样，微量注射器（清洗、试样的抽洗、取样技术、进样技术）］ ⑤ 色谱数据处理机（或工作站） ⑥ 温控系统调试方法 ⑦ 检测器（热导检测器、氢火焰检测器）调试方法	60
仪器的使用与维护	设备的使用与维护	① 正确使用真空泵 ② 正确使用空气压缩机 ③ 正确使用红外干燥器 ④ 正确使用分析天平 ⑤ 正确使用减压阀、稳压阀、压力表 ⑥ 正确使用皂膜流量计、转子流量计 ⑦ 正确使用微量注射器	20
	玻璃仪器的使用	① 正确使用温度计 ② 正确使用蒸馏装置 ③ 正确使用烧杯	10
安全及其他		① 合理支配时间 ② 保持整洁、有序的工作环境 ③ 合理处理、排放废液 ④ 可燃性气体的正确使用 ⑤ 高压气体钢瓶的正确操作 ⑥ 安全用电	10

*5 其他仪器分析法简介

(The Brief Introduce of Other Instrumental Analysis)

学习指南 高效液相色谱法(HPLC)、离子色谱法(IC)、红外吸收光谱法(IR)和毛细管电泳法(CE)是目前用途比较广泛的几种分析方法。其中,高效液相色谱法适用于大量高沸点化合物、非挥发性物质及热不稳定性物质等的分离分析,离子色谱法适用于离子型化合物的分离分析,红外吸收光谱法适用于各种形态物质的定性分析,而近年来出现的毛细管电泳法因其具有极高的柱效而广泛应用于生物大分子如蛋白质等的分离分析。

本章主要介绍高效液相色谱法、离子色谱法、红外吸收光谱法和毛细管电泳法四种分析方法的基本原理、仪器基本构造、分析条件的选择以及方法的应用等基础知识。通过本章的学习应重点掌握这四种分析方法的有关名词术语、方法基本原理、仪器工作流程与主要组成系统、分析操作条件的选择以及方法的定性或定量等知识点。通过技能训练应重点掌握这四种方法所用仪器各个部件的使用方法与日常维护保养、各种辅助设备的使用和维护等实验技术。

在学习本章前先复习《物理化学》中关于分配与电迁移的知识和《物理学》中关于光吸收的知识,对更好地掌握本章内容有很大帮助。此外,通过阅读参考文献和补充材料,可以了解本章所介绍方法的部分新技术,同时也拓宽了知识面,以便更好地掌握本章内容。

5.1 高效液相色谱法

5.1.1 方法原理

5.1.1.1 液相色谱法概述

液相色谱法就是以液体作为流动相的色谱法。1906 年,俄国植物学家茨维特(Tswett)为了分离植物色素所采用的色谱法就是液相色谱法,但柱效极低,没有引起分析学家太多的注意力。一直到 20 世纪 60 年代后期,将业已比较成熟的气相色谱的理论与技术应用于经典液相色谱,经典液相色谱才得到了迅速的发展。填料制备技术的发展、化学键合型固定相的出现、柱填充技术的进步以及高压输液泵的研制,使液相色谱实现了高速化和高效化,才产生了具有现代意义的高效液相色谱,而具有真正优良性能的商品高效液相色谱仪一直到 1967 年才出现。

5.1.1.2 高效液相色谱法的特点

高效液相色谱法(HPLC)与经典柱色谱原理相同,是由液体流动相将被分离混合物带入色谱柱中,根据各组分在固定相及流动相中吸附能力、分配系数、离子交换作用或分子尺寸大小的差异来进行分离。由于高压输液泵、高灵敏度检测器和高效固定相的使用,提高了柱效率,降低了检出限,缩短了分析时间。

高效液相色谱法与气相色谱法一样,具有选择性高、分离效率高、灵敏度高、分析速度快的特点,恰好能适用于分析气相色谱法不能分析的高沸点有机化合物、离子型化合物、高分子化合物、热稳定性差的化合物以及具有生物活性的物质,弥补了气相色谱法的不足。

高效液相色谱法与气相色谱法各有所长，互相补充。实际应用中，凡能用气相色谱法分析的样品，一般不用液相色谱法，这是因为用气相色谱法分析更快、更方便，而且分析成本相对较低。

5.1.1.3 高效液相色谱法的固定相与流动相

（1）固定相　高效液相色谱法的固定相以结构来分类，可分为表面多孔型和全多孔型固定相两大类。

表面多孔型固定相的基体是实心玻璃珠，在玻璃珠表面涂渍一层多孔活性材料，如硅胶、氧化铝、离子交换剂、分子筛等。其主要特点是：相对死体积小、出峰迅速、柱效高；颗粒较大、装柱容易、梯度洗脱时能迅速达到平衡，比较适合做常规分析。由于多孔层厚度薄，最大进样量受到一定限制。

全多孔型固定相由直径为 10nm 的硅胶微粒凝聚而成，其主要特点是：传质速率快，易实现高效、高速，特别适合复杂混合物的分离分析和痕量分析。

（2）流动相　在高效液相色谱分析中，除了固定相对样品的分离起主要作用外，流动相（又称淋洗液）的适当选择对改善分离效果也产生重要的辅助效应。

从实用角度考虑，选用作为流动相的溶剂除具有价廉、易购的特点外，还应满足高效液相色谱分析的下述要求。

① 选用的溶剂应当与固定相互不相溶，并能保持色谱柱的稳定性。

② 选用的溶剂应有高纯度，以防所含微量杂质在柱中积累，引起柱性能的改变。

③ 选用的溶剂性能应与所使用的检测器相匹配。如使用紫外吸收检测器，就不能选用在检测波长下有紫外吸收的溶剂；若使用示差折光检测器，就不能使用梯度洗脱。

④ 选用的溶剂应对样品有足够的溶解能力，以提高测定的灵敏度。

⑤ 选用的溶剂应具有低的黏度和适当低的沸点。使用低黏度溶剂，可减少溶质的传质阻力，有利于提高柱效。

⑥ 应尽量避免使用具有显著毒性的溶剂，以保证工作人员的安全。

液相色谱中常用的流动相有正己烷、正庚烷、甲醇、乙腈等，表 5-1 列出了液相色谱中常用流动相的性质。

表 5-1　液相色谱中常用流动相的性质

溶　剂	沸点/℃	黏度/cP	毒性/($\mu g \cdot mL^{-1}$)	溶　剂	沸点/℃	黏度/cP	毒性/($\mu g \cdot mL^{-1}$)
正己烷	68	0.32	500	四氢呋喃	66	—	200
正庚烷	98	—	500	乙腈	80	0.29	40
二氯甲烷	40	0.44	—	甲醇	65	0.58	200
氯仿	61	0.57	50	乙醇	78	1.19	1000
四氯化碳	77	0.97	—	异丙醇	82	2.30	400
丙酮	56	0.32	1000	水	100	1.01	—
二噁烷	101	1.54	100				

5.1.1.4 高效液相色谱法的主要类型

依据分离原理的不同，高效液相色谱法可分为液-固吸附色谱法、液-液分配色谱法、离子交换色谱法和凝胶色谱法等类型。由于离子交换色谱法在 5.2 节有专门介绍，因此下面仅对其他三种类型色谱法做一简单介绍。

（1）液-固吸附色谱法

① 分离原理　液-固吸附色谱法是基于各组分吸附能力的差异来进行混合物分离的。液-

固吸附色谱法的固定相都是一些不同极性的吸附剂，如硅胶、氧化铝等。当混合物随流动相（亦称淋洗液）通过吸附剂时，由于流动相及混合物中各个组分对吸附剂的吸附能力不同，故在吸附剂表面，混合物中各组分和流动相分子对吸附剂表面活性中心发生吸附竞争。这种吸附竞争能力的大小，决定了保留值大小，即被活性中心分子吸附得越牢的分子保留值越大，反之越小，从而使得不同的组分达到了彼此的分离。

② 固定相　液-固吸附色谱法的固定相可分为极性和非极性两大类。极性固定相主要有硅胶、氧化镁等。非极性固定相主要有多孔微粒活性炭、多孔石墨化炭黑等。目前在液-固吸附色谱法中应用最广泛的固定相是极性硅胶。早期的经典液相色谱中，通常使用粒径在100μm以上的无定形硅胶颗粒，其传质速度慢，柱效低。现在主要使用全多孔型和表面多孔型硅胶微粒固定相。其中，表面多孔型硅胶微粒固定相吸附剂出峰快、柱效能高，适用于极性范围较宽的混合样品的分析，缺点是样品容量小。而全多孔型硅胶微粒固定相由于其表面积大，柱效高而成为液-固吸附色谱中使用最广泛的固定相。

液-固吸附色谱法适用于分离具有中等相对分子质量的非极性或非离子型的油样品，也适用于分离异构体，但不适用于分离同系物，因为它对相对分子质量的选择性较小。

③ 流动相　在液-固吸附色谱法中，选择流动相的基本原则是：极性大的试样用极性较强的流动相，极性小的则用低极性流动相。对于一种未知混合物的分析，应通过实验来选择合适的流动相。

(2) 液-液分配色谱法

① 分离原理　液-液分配色谱法是利用混合物中各组分在固定相和流动相中溶解度的差异来进行分离的。液-液分配色谱法的固定相是涂渍在载体上的一层固定液，流动相为与固定液不相溶的液体。其分离原理与气-液分配色谱法有相似之处，即分配系数大的组分保留值大，反之保留值小，从而使得不同的组分达到了彼此的分离。

② 正相与反相液-液分配色谱　在液-液分配色谱中，通常为了避免固定液的流失，对极性固定液常采用非极性或弱极性流动相，即流动相极性小于固定液的极性，这种以极性物质为固定相，非极性溶剂为流动相的液-液分配色谱称为正相液-液分配色谱，它适用于极性组分的分离。反之，若流动相极性大于固定液极性，即以非极性物质作为固定相，极性溶剂作为流动相的液-液分配色谱，则称为反相液-液分配色谱，它适用于非极性组分的分离。

③ 固定相　液-液分配色谱法中涂渍固定液的方法与气相色谱法相同，也是将固定液涂渍在载体或微球型吸附剂上。液-固吸附色谱法中适用的全多孔型和表面多孔型吸附剂都可用做载体。

凡是在气-液色谱法中使用的固定液，只要不和流动相混溶，原则上都可以在液-液分配色谱法中使用。由于液相色谱法中流动相也影响分离，流动相极性的微小变化都会使组分的保留值出现明显的改变。因此，在液-液分配色谱法中，只需几种固定液就可以解决一般样品的分离分析，表5-2列出了液-液分配色谱法中常用的几种固定液。

表5-2　液-液分配色谱法中常用的固定液

正相液-液分配色谱法的固定液		反相液-液分配色谱法的固定液
β、β'-氧二丙腈	乙二醇	甲基硅酮
1,2,3-三（2-氰乙氧基）丙烷	乙二胺	氰丙基硅酮
聚乙二醇400，600	二甲基亚砜	聚烯烃
甘油，丙二醇	硝基甲烷	正庚烷
冰醋酸	二甲基甲酰胺	

化学键合固定相是新型的固定相，它是利用化学反应的方法，通过化学键把有机分子键合到硅胶载体表面所构成的固定相。它解决了固定液的流失问题，增加了色谱柱的使用寿命，使固定相的性能得到了改善。这类固定相往往兼有液-固吸附色谱与液-液分配色谱的分离功能。由于各种不同极性键合固定相的出现，涂渍固定液的液-液分配色谱法目前已经基本上被键合相色谱所取代。

键合相色谱法依据键合固定相与流动相相对极性的强弱分类，可分为正相键合相色谱法和反相键合相色谱法。在正相键合相色谱法中，键合固定相的极性大于流动相的极性，适用于分离油溶性或水溶性的极性与强极性化合物。在反相键合相色谱法中，键合固定相的极性小于流动相的极性，适用于分离非极性、极性或离子型化合物，其应用范围比正相键合相色谱法广泛得多。据统计：在高效液相色谱法中，约70％～80％的分析任务是由反相键合相色谱法来完成的。

④ 流动相　在液-液分配色谱法中，除一般要求外，还要求流动相尽可能不与固定液互溶。实际过程中选用流动相的依据是溶剂的极性，例如在正相液-液分配色谱中，可先选中等极性的溶剂为流动相，若组分的保留时间过短，表示溶剂的极性过大，则改用极性较弱的溶剂；此时若组分保留时间太长，则选择极性在上述两种溶剂极性之间的溶剂，如此重复多次实验可选得最适宜的溶剂。

常用溶剂的极性顺序如下：

水＞甲酰胺＞乙腈＞甲醇＞乙醇＞丙醇＞丙酮＞四氢呋喃＞甲乙酮＞正丁醇＞醋酸乙酯＞乙醚＞异丙醚＞二氯甲烷＞氯仿＞溴乙烷＞苯＞氯丙烷＞甲苯＞四氯化碳＞二硫化碳＞环已烷＞正已烷＞正庚烷＞煤油

为了获得合适的溶剂极性，实际分析过程中常采用二元或多元混合溶剂系统为流动相。具体操作方法是，在正相液-液分配色谱法中以正已烷或正庚烷为流动相主体溶剂，加入＜20％的极性改性剂，如1-氯丁烷、异丙醚、二氯甲烷、四氢呋喃、氯仿、乙酸乙酯、乙醇、乙腈等；在反相液-液分配色谱法中，以水为流动相的主体，加入一定量的改性剂，如二甲基亚砜、乙二醇、乙腈、甲醇、丙酮、二噁烷、乙醇、四氢呋喃、异丙醇等。

键合相色谱法所用的流动相与液-液分配色谱法类似。

(3) 凝胶色谱法　凝胶色谱法又称分子排阻色谱法，它是按分子尺寸大小顺序进行分离的一种色谱方法。凝胶色谱法的固定相凝胶是一种多孔性的聚合材料，有一定的形状和稳定性。当被分离的混合物随流动相通过凝胶色谱柱时，尺寸大的组分不发生渗透作用，沿凝胶颗粒间孔隙随流动相流动，流程短，流动速度快，先流出色谱柱。尺寸小的组分则渗入凝胶颗粒内，流程长，流动速度慢，后流出色谱柱。

根据所用流动相的不同，凝胶色谱法可分为两类：即用水溶剂作流动相的凝胶过滤色谱法（GFC）与用有机溶剂如四氢呋喃作流动相的凝胶渗透色谱法（GPC）。

凝胶色谱法主要用来分析高分子物质的分子量分布，以此来鉴定高分子聚合物。由于聚合物的分子量及其分布与其性能有着密切的关系，因此凝胶色谱的结果可用于研究聚合机理，选择聚合工艺及条件，并考察聚合材料在加工和使用过程中分子量的变化等。在未知物的剖析中，凝胶色谱作为一种预分离手段，再配合其他分离方法，能有效地解决各种复杂的分离问题。

5.1.2　高效液相色谱仪

5.1.2.1　仪器基本构造

高效液相色谱仪现在多做成一个个单元组件，然后根据分析要求将所需单元组件组合起来，最基本的组件是高压输液系统、进样器、色谱柱、检测器和工作站（数据处理系统）。此外，还可根据需要配置自动进样系统、预柱、流动相在线脱气装置和自动控制系统等装置。图 5-1 是一种典型 HPLC 系统的结构示意图。

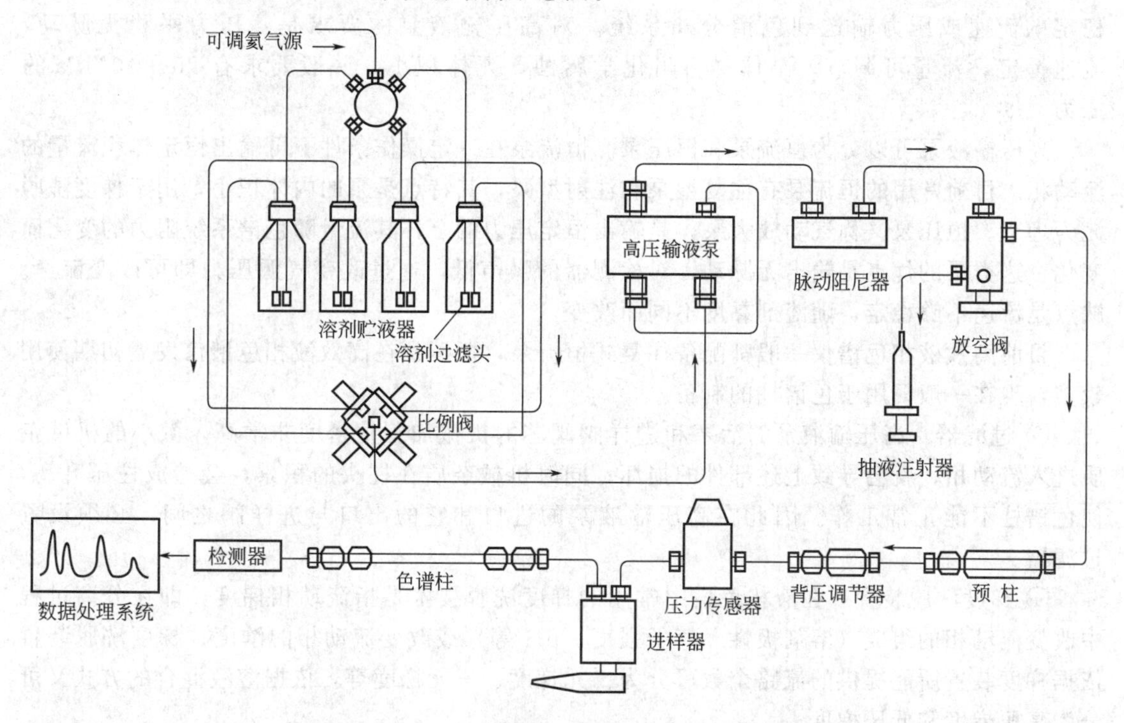

图 5-1　带有预柱的高效液相色谱仪结构示意图

(1) 仪器工作流程　高效液相色谱仪的工作流程为：高压输液泵将贮液器中的流动相以稳定的流速（或压力）输送至分析体系，在色谱柱之前通过进样器将样品导入，流动相将样品依次带入预柱、色谱柱，在色谱柱中各组分被分离，并依次随流动相流至检测器，检测到的信号送至工作站记录、处理和保存。

(2) 流动相净化装置

① 流动相的过滤　为了防止不溶物堵塞流路或色谱柱，高效液相色谱的流动相在使用前必须采用特殊的流动相过滤器，用 0.45μm 以下微孔滤膜进行过滤后方可使用。滤膜可分为有机溶剂专用和水溶剂专用两种。

② 流动相的脱气　流动相溶液中往往因溶解有氧气或混入了空气而形成气泡，这会使色谱图上出现尖锐的噪声峰；气泡变大进入流路或色谱柱时会使流动相的流速变慢或不稳定，致使基线起伏。为了避免这类问题的出现，液相色谱实际分析过程中必须先对流动相进行脱气处理。

液相色谱流动相脱气目前使用较多的方法有超声波振荡脱气、惰性气体鼓泡吹扫脱气以及在线（真空）脱气三种。目前液相色谱实验室广泛使用的是超声波振荡脱气，其方法是将配制好的流动相连同容器一起放入超声波水槽中脱气 10～20 min 即可。该方法操作简便，基本能满足日常分析的要求。

(3) 高压输液系统　高压输液系统一般包括贮液器、高压输液泵、过滤器、梯度洗脱装置等。

① 贮液器　贮液器一般由玻璃、不锈钢或特种塑料制成，容量约为 0.5～2L，用来贮

存作流动相的各种溶剂。有的贮液器还附有脱气装置，以除去溶解在流动相中的气体，脱气后的流动相液体应密封保存，防止外部气体的重新溶入。

② 高压输液泵　高压输液泵是高效液相色谱仪的关键部件，其作用是将流动相以稳定的流速或压力输送到色谱分离系统。对高压输液泵的要求是：压力平稳无脉动，流速恒定，流量可调节，泵体材料耐化学腐蚀，死体积小，一般要求有 25～40MPa 的压力。

高压输液泵可以分为恒流泵和恒压泵。恒流泵在一定操作条件下可输出恒定体积流量的流动相。目前常用的恒流泵有往复型泵和注射型泵，其特点是泵的内体积小，用于梯度洗脱尤为理想。恒压泵又称气动放大泵，是输出恒定压力的泵，其流量随色谱系统阻力的变化而变化。这类泵的优点是输出无脉动，对检测器的噪声低，通过改变气源压力即可改变流速。缺点是流速不够稳定，随溶剂黏度不同而改变。

目前高效液相色谱仪一般都配备往复式恒流泵，恒压泵在高效液相色谱仪发展初期使用较多，现在一般只用于色谱柱的制备。

③ 过滤器　高压输液泵的活塞和进样阀阀芯的机械加工精密度非常高，微小的机械杂质进入流动相，就会导致上述部件的损坏；同时机械杂质在柱头的积累，会造成柱压升高，使色谱柱不能正常工作。因此在高压输液泵的进口和它的出口与进样阀之间，必须设置过滤器。

④ 梯度洗脱装置　在液相色谱中常用的梯度洗脱技术是指流动相梯度，即在分离过程中改变流动相的组成（溶剂极性、离子强度、pH 等）或改变流动相的浓度。梯度洗脱装置依据梯度装置所能提供的流路个数可分为二元梯度、三元梯度等，依据溶液混合的方式又可分为高压梯度和低压梯度。

梯度洗脱技术可以改进复杂样品的分离，改善峰形，减少拖尾并缩短分析时间，而且还能降低最小检测量和提高分离精度。梯度洗脱对复杂混合物、特别是保留值相差较大的混合物的分离是极为重要的手段。

(4) 进样装置　进样器是将样品溶液准确送入色谱柱的装置，要求密封性好，死体积小，重复性好，进样引起色谱分离系统的压力和流量波动要很小。

液相色谱中常用的进样器是六通阀进样器，它具有耐高压、重复性好和操作方便的特点，其结构如图 5-2 所示。操作时先将阀柄置于图 5-2 所示的取样（Load）位置，这时进样口只与定量管接通，处于常压状态。用平头微量注射器（体积应约为定量管体积的 4～5 倍）注入样品溶液，则样品溶液停留在定量管中，而多余的样品溶液从 3 处溢出。将进样器阀柄顺时针转动 60°至图 5-2 所示的进样（Inject）位置时，流动相与定量管接通，样品溶液被流动相带到色谱柱中进行分离分析。

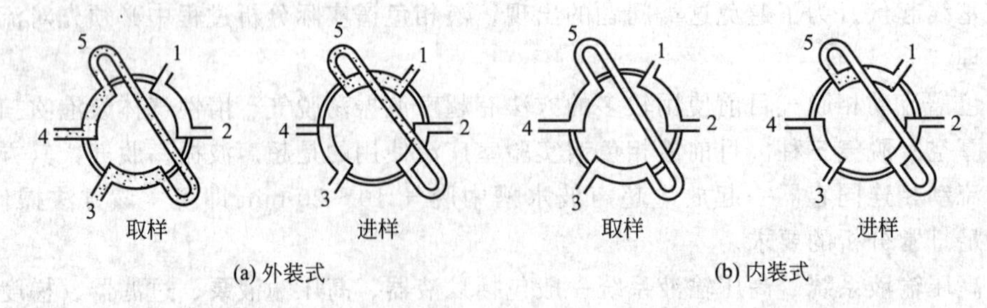

图 5-2　高效液相色谱仪六通阀进样器

1—色谱柱；2—泵；3—放空；4—样品；5—样品环（定量管）

六通阀进样器的进样体积由定量管确定，一般高效液相色谱仪中使用的定量管规格主要有 10μL 和 20μL，在某些特殊情况下需要进行大体积进样分析的时候也可以采用 100μL 的定量管。

除六通阀进样器之外，还可以使用自动进样器。它是由自动控制定量阀，按预先编制的注射样品操作程序进行工作的。取样、进样、复位、样品管路清洗和样品盘的转动，全部按预定程序自动进行，一次可进行几十个或上百个样品的分析。自动进样器的样品量可连续调节，进样重复性高，适合作大量样品分析。但此装置一次性投资高，目前在国内尚未得到广泛应用。

(5) 色谱柱　色谱柱是整个色谱仪的心脏，它要耐高压及流动相和样品的腐蚀，所以一般都用不锈钢制作。为了获得较高的柱效能，柱管内表面必须光滑、无刻痕裂缝及颗粒物等，因此内壁必须做抛光处理。色谱柱一般为直柱，柱内径一般为 2～5mm，最常用的是 3.9mm 和 4.6mm，柱长一般在 15～50cm 之间。

为了保护延长分析柱的寿命往往在色谱柱的入口端，装有与色谱柱相同固定相的可以经常更换的短柱（5～30 mm 长)，这就是所谓的保护柱，它可以挡住流动相中的细小颗粒，以阻止其堵塞色谱柱。

由于温度的微小波动可导致基线的起伏，因此，高效液相色谱系统一般配有恒温装置。详细内容可查阅有关专著。

色谱柱在装填料之前是没有方向性的，但填充完毕的色谱柱是有方向的，即流动相的方向应与柱的填充方向（装柱时填充液的流向）一致。色谱柱的管外都以箭头显著地标示了该柱的使用方向，安装和更换色谱柱时一定要使流动相能按箭头所指方向流动。

高效液相色谱法的装柱是一项技巧性很强的工作，对色谱分离效果影响很大。根据固定相微粒的大小，填充色谱柱的方法有干法和湿法两种。微粒直径大于 20μm 的可用干法填充，方法与气相色谱法相同；微粒直径在 10μm 以下的，只能用湿法装柱，即先将填料配成悬浮液贮于容器中，然后在高压泵的作用下压入色谱柱。

(6) 检测器　HPLC 检测器是用于连续监测被色谱系统分离后的柱流出物组成和含量变化的装置。其作用是将柱流出物中样品组成和含量的变化转化为可供检测的信号，完成定性定量分析的任务。

常用的液相色谱检测器有紫外-可见光检测器（UV-Vis)、折光指数检测器（RI)、荧光检测器（FD）和主要用于离子色谱分析的电导检测器（CD）等。其主要性能指标如表 5-3 所示。

表 5-3　常见液相色谱检测器性能指标

性能＼检测器	可变波长紫外吸收	折光指数（示差折光）	荧光	电导
测量参数	吸光度(AU)	折光指数(RIU)	荧光强度(AU)	电导率/($\mu S \cdot cm^{-1}$)
池体积/μL	1～10	3～10	3～20	1～3
类　型	选择性	通用性	选择性	选择性
线性范围	10^5	10^4	10^3	10^4
最小检出浓度/($g \cdot mL^{-1}$)	10^{-10}	10^{-7}	10^{-11}	10^{-3}
最小检出量	≈1ng	≈1μg	≈1pg	≈1mg
噪声(测量参数)	10^{-4}	10^{-7}	10^{-3}	10^{-3}
用于梯度洗脱	可以	不可以	可以	不可以
对流量敏感性	不敏感	敏感	不敏感	敏感
对温度敏感性	低	10^{-4}℃$^{-1}$	低	10^{-2}℃$^{-1}$

① 紫外-可见光检测器　紫外-可见光检测器（UV-Vis），又称紫外检测器，是目前液相色谱中应用最广泛的检测器。在各种检测器中，其使用率占70%左右，对占物质总数约80%的有紫外吸收的物质均有响应，既可检测190～380nm范围（紫外光区）的光吸收变化，也可向可见光范围380～780nm延伸。几乎所有的液相色谱装置都配有紫外-可见光检测器。

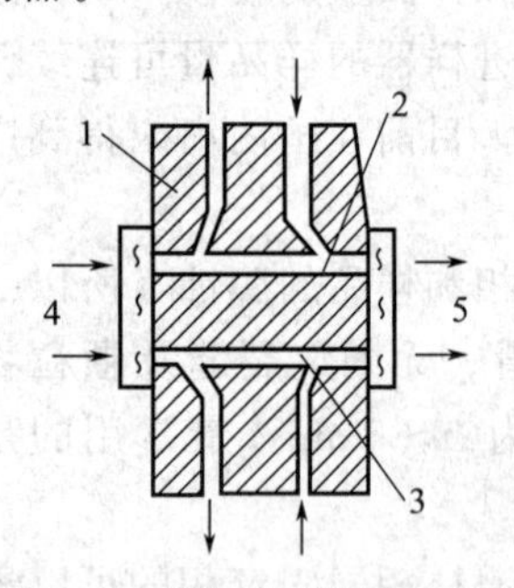

图5-3　紫外检测器流通池图
1—流通池；2—测量壁；
3—参比壁；4—入射光；
5—出射光

由朗伯-比耳定律可知，吸光度与吸光系数、溶液浓度和光路长度成直线关系，也就是说对于给定的检测池，在固定波长下，紫外-可见光检测器可输出一个与样品浓度成正比的光吸收信号——吸光度（A），这就是紫外-可见光检测器的工作原理。

紫外-可见光检测器的基本结构与一般紫外-可见光分光光度计是基本相似的，唯一不同的部件是流通池。一般标准池体积为5～8μL，光程长为5～10mm，内径小于1mm，结构常采用H形，如图5-3所示。

由于紫外吸收对温度、流动相组成和流速变化不敏感，因此，紫外-可见光检测器可用作梯度洗脱，并且对恒温要求不高。

近年发展起来的二极管阵列检测器（PDA），可以在一次色谱操作中同时获得吸光度、时间和待测组分的紫外-可见吸收光谱图在一起的三维谱图，信息量更多，可同时进行定性和定量分析。

② 折光指数检测器　折光指数检测器（RI），又称示差折光检测器，是一种通用型检测器，它是通过连续监测参比池和测量池中溶液的折射率之差来测定试样浓度的检测器。

溶液的光折射率是溶剂（流动相）和溶质各自的折射率乘以其物质的量浓度之和，溶有样品的流动相和流动相本身之间光折射率之差即表示样品在流动相中的浓度。原则上凡是与流动相光折射率有差别的样品都可用它来测定，其检测限可达10^{-6}～10^{-7} $g \cdot mL^{-1}$。

RI对温度的变化很敏感，使用时温度变化要求保持在±0.001℃范围内；RI对流动相流量的变化也很敏感，要求流动相组成完全恒定，稍有变化都会对测定产生明显的影响，因此一般不宜做梯度洗脱。此外，RI灵敏度较低，不宜用于痕量分析。

RI适用于没有紫外吸收的物质，如高分子化合物、糖类、脂肪烷烃等的检测，也适用于流动相紫外吸收本底大，不适于紫外吸收检测的体系。在凝胶色谱中RI是必不可少的，尤其是对聚合物，如聚乙烯、聚乙二醇、丁苯橡胶等的分子量分布的测定。此外，RI在制备色谱中也经常使用。

(7) 数据处理系统　高效液相色谱的数据处理系统主要有记录仪、色谱数据处理机和色谱工作站，其作用是记录和处理色谱分析的数据。目前使用比较广泛的是色谱数据处理机和色谱工作站。

5.1.2.2　高效液相色谱仪的使用和日常维护

(1) 使用方法　HPLC仪器的型号虽然繁多，但实际操作步骤却几乎都是一致的。因此，下面以美国PE公司200型高效液相色谱仪为例，说明其使用方法。

PE 200系列高效液相色谱仪主要由LC 200高压输液泵［图5-4(a)显示了其仪器面板图］、紫外-可见光检测器［图5-4(b)显示了其仪器面板图］、NCI900智能型接口与TC4色谱工作站［图5-4(c)显示了其主界面］组成。其操作规程介绍如下。

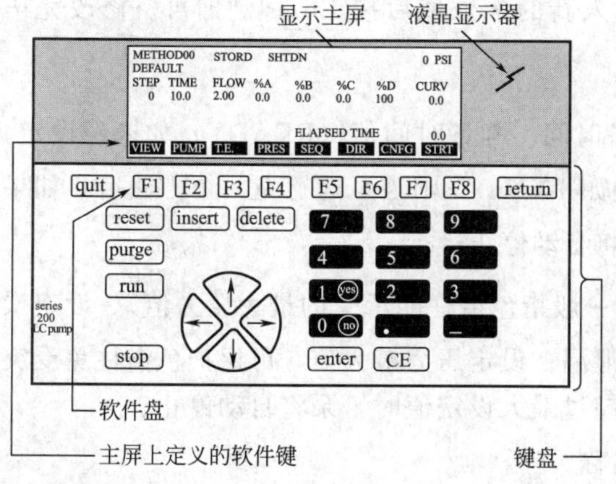

(a) LC 200型高压输液泵仪器面板图

F1～F8—按此键执行主屏上定义软件的功能；reset—按此键将停止一个正在运行的方法，并回到原始步骤；purge—按此键将抽洗系统；run—按此键泵将运行；stop—按此键泵将停止运行，并回到原始步骤；quit—按此键可消除主屏上的任何改变，并回到上一级主屏；return—按此键可保存主屏上的任何改变，并回到上一级主屏；enter—按此键将接受输入的数值；CE—按此键将清除输入的数值；insert—按此键可添加一运行步骤；delete—按此键可删除一运行步骤；数字键—按数字键可输入0～9的数值；光标—按此键光标可在主屏上上下左右移动

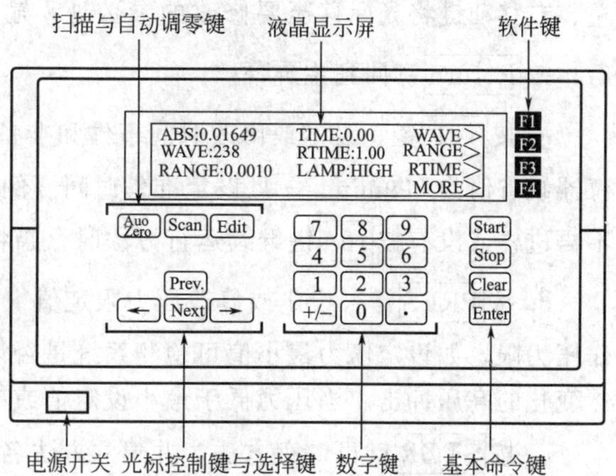

(b) UV-Vis 785A紫外检测器仪器面板图

Auto Zero—自动调零键；Scan—进入扫描状态；Edit—编辑扫描程序；Prev.—光标向上移；Next—光标向下移；→—进入下一级主屏；←—返回上一级主屏；Start—开始运行程序；Stop—停止运行程序；Clear—清除错误输入；Enter—确认用户的输入

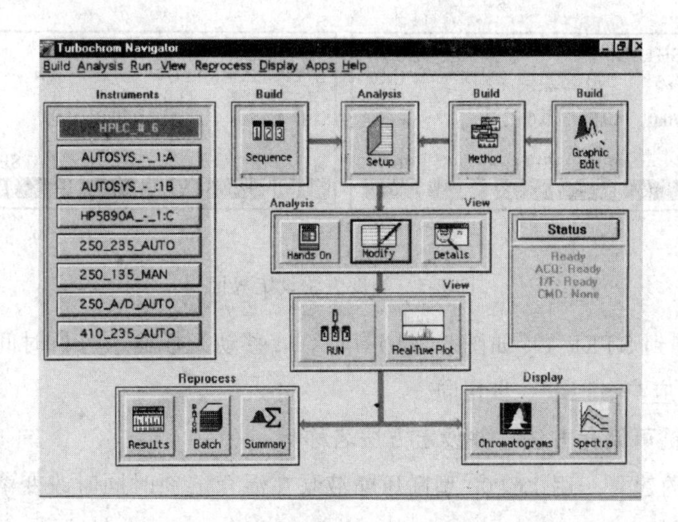

(c) TC4色谱工作站主界面

图5-4 PE 200系列高效液相色谱仪主要组成部件

① 高压输液泵开机

a. 按下泵的电源开关，仪器开始自检。

b. 待仪器自检完毕后，检查并确认泵的配置。

② 常规方法建立（以单元泵为例）

a. 返回主屏幕，建立一个方法。

b. 按PUMP键，设定或修改泵的控制参数。如果要修改某个参数，可使用上、下、左、右移动键将光标移至要修改的参数处，输入新的参数值后按Enter键即可。修改完毕后，按Return键回到主屏幕。

c. 按T. E键，设定或修改时间事件和准备时间。准备时间值（READY）如未经设定，仪器缺省值为999min。一旦设定准备时间（例如10min），则当泵运行完一个方法后，如果不再进样或没有按run键继续运行方法时，泵将自动停止运行。

d. 按PRES键，设定或修改压力限定值（一般指色谱柱能承受的最大压力值）。设定操作压力限，如设定压力最小值可检测系统是否泄漏；设定压力最大值，可保护色谱柱免受突然变化的高压冲击。当压力低于最小设定值或超过最大设定值时，泵将自动停止。

e. 按STOR键可储存方法，并建立方法名称。

f. 调出或删除方法。在方法主屏幕上按DIR键，屏幕上出现方法列表，按RCL键并输入方法号即可调出所需方法；用上、下箭头键可选择你所需删除的方法，然后按delete键即可将其删除。

③ 等度方法的建立　用LC200型高压输液泵混合固定组成比例的溶剂（溶剂存放在A、D贮液器中）。

a. 按PUMP键，显示屏幕如图5-5(a) 所示，STEP 0为平衡步骤。移动光标输入平衡时间和流量值，并按选定流动相组成输入比例值（如在%A下输入70%，%D会自动变成30%）。

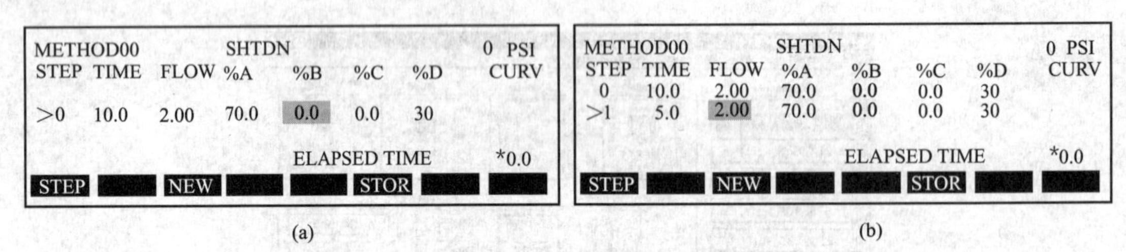

图5-5　等度方法设定界面

b. 按enter键到STEP 1［如图5-5(b) 所示］，移动光标输入分析时间、流量值、%A、%D，溶剂组成比应与STEP 0步相同。

c. 按STOR键可储存方法，并设定方法名称。

④ 梯度方法的建立　用LC200型高压输液泵在混合溶剂时同时改变溶剂比例（溶剂存放在A、D贮液器中）。

a. 按PUMP键，显示屏幕如图5-6(a) 所示，STEP 0为平衡步骤，设置方法同“③等度方法的建立”中的步骤a。

b. 按enter键到STEP 1［如图5-6(b) 所示］，移动光标输入分析时间、流量值、%A、%D，溶剂组成比应与STEP 0相同。

c. 按enter键到STEP 2［如图5-6(c) 所示］，移动光标输入分析时间、流量值，%A改为70%，%D自动改为30%，CURV值为1表示走线性梯度（即表示A在5min内按相同速率从10%升至70%）。

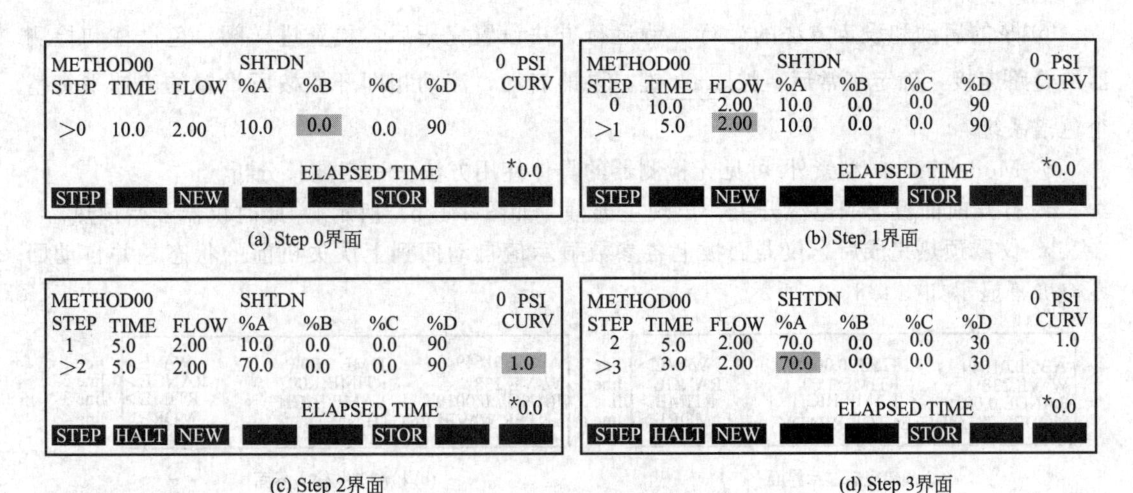

(a) Step 0界面 (b) Step 1界面

(c) Step 2界面 (d) Step 3界面

图 5-6 梯度方法设置界面

d. 按enter键到 STEP 3［如图 5-6(d) 所示］，移动光标输入分析时间、流量值、%A、%D，溶剂组成比与 STEP 2 相同，(即表示 A 在 70%的溶剂比例下继续运行 3min)。

e. 按STOR键可储存方法，并设定方法名称。

使用梯度方法进行分析时，定时事件的设定和修改，压力限定值的设定和修改与单元泵操作类似。图 5-7 显示了梯度方法设置后溶剂组成随时间变化的示意图。

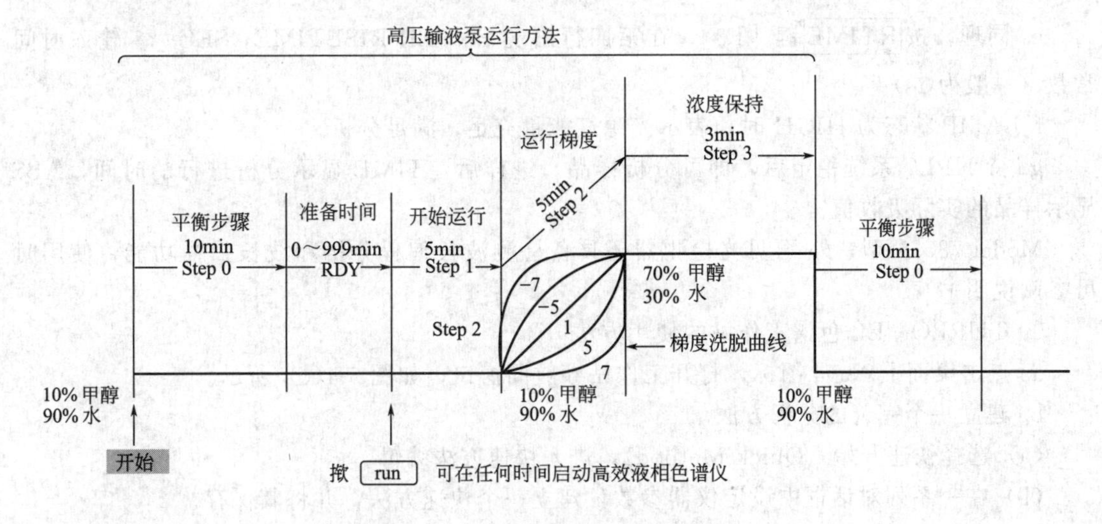

图 5-7 溶剂组成随时间变化示意图

⑤ 放空排气 高效液相色谱开始分析前，一般需先将原来残余的流动相冲洗掉，并用现在选定的流动相灌满泵。其具体操作步骤如下：

a. 打开泵面板上左边门，把抽液针筒插入 purge 阀口，打开 purge 阀。

b. 按purge键，液晶显示屏出现清洗泵屏幕。按FLOW键输入流速（如 5mL·min^{-1}）。

c. 按enter键，泵启动，收集约 50mL 流动相或没有气泡被抽出后，按stop键，停泵，关 purge 阀。

⑥ 泵的启动和设定方法的运行　待运行方法设置完毕后，检查进样阀、色谱柱和检测器的管路连接，确定正常后，按start键，泵即启动，流动相即开始按所设置的流速平衡整个色谱系统。

⑦ Model 785 A 型紫外-可见光检测器的具体使用方法——定波长分析

a. 打开前面板上的电源开关，出现主屏幕［如图 5-4(b) 所示］，此时仪器开始预热。

b. 仪器预热完成后，仪器面板上各参数显示值自动回到上次关机前的状态，并自动回零，屏幕显示如图 5-8(a) 所示。

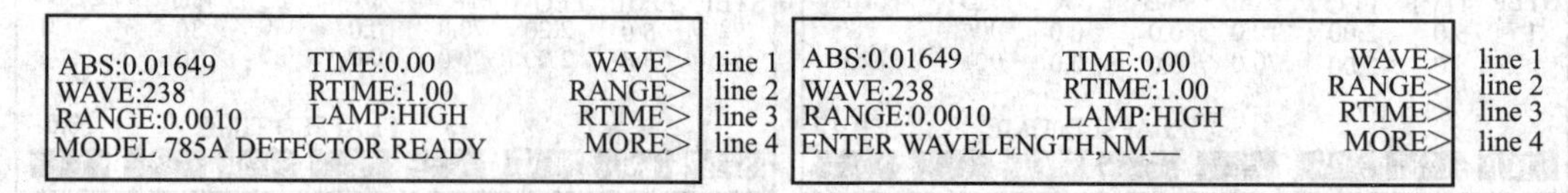

(a) 预热完成显示界面　　(b) 检测波长输入界面

图 5-8　785A 紫外-可见光检测器操作界面

c. 按WAVE键［F1］，在第四行出现 ENTER WAVELENGTH，NM _ ［如图 5-8(b) 所示］，输入检测波长值（如 254nm），并按 Enter 键。

d. 同理，按RANGE键［F2］，在第四行出现 ENTER RANGE，AUFS _ ，输入吸收值的满量程值（0.0005～3 范围内）；如果使用 Turbchrom 或其他色谱工作站则不必输入该项数值。

e. 同理，按RTIME键［F3］，在第四行出现 ENTER RISETIME，SEC _ ，输入时间常数（一般为 1s）。

f. LAMP 状态为 HIGH 时，表示光源灯能量充足，满足分析。

g. 待 HPLC 系统稳定后，即可分析样品。进样后，TIME 显示分析进行的时间，ABS 显示样品的实际吸收值。

Model 785 A 型紫外-可见光检测器还具备检测波长编程分析和波长扫描功能，使用时可参阅说明书。

⑧ TURBO　EL 色谱工作站的使用方法

a. 点击桌面上 Nav4 图标，打开工作站导航图窗口，如图 5-4(c) 所示。

b. 建立一个完善的分析方法

(a) 选择快速开始（Quick Method），进入快速方法编辑。

(b) 在一系列对话框中设定仪器参数，建立一个快速方法，并将其保存。

c. 建立分析样品序列表

(a) 单击样品序列（Vial List）按钮打开样品序列窗口。

(b) 根据样品情况输入序列信息，完成样品序列编辑，并将其保存。

d. 采集数据

(a) 完成以上设定激活方法后，导航图显示工作站准备就绪（Status Ready），开始采集数据（如果是自动进样器或带联动装置的手动进样器，只要一进样，色谱工作站会自动开始采样；如果手动进样器未装联动装置，则在进样的同时，需点击接口面板上 Start，开始采样）。

(b) 打开实时显示谱图窗口（Real-Time Plot），观察色谱图变化，可根据实际出峰情况适当调整显示窗口的标尺参数。

(c) 分析结束或停止运行后，谱图按所设置样品名称和序列自动保存。

e. 调整谱图和数据处理

(a) 打开已储存的原始数据文件，用图形编辑优化的方法对色谱图进行优化处理参数，储存结果文件。

(b) 建立组分表，逐一编辑色谱峰对应的组分信息，获取分析结果。

f. 结果打印

(a) 打开报告格式编辑页，根据要求设定所需报告格式。

(b) 将结果文件以所建立的报告格式打印出来。

(2) 高效液相色谱仪的日常维护

① 贮液器

a. 完全由 HPLC 级溶剂组成的流动相不必过滤，其他溶剂在使用前都应用 0.45μm 的滤膜过滤后才可使用，以保持贮液器的清洁。

b. 过滤器使用 3～6 个月后或出现阻塞现象时要及时更换新的，以保证仪器正常运行和溶剂的质量。

c. 用普通溶剂瓶作流动相贮液器时应不定期废弃瓶子（如每月一次），买来的专用贮液器也应定期用酸、水和溶剂清洗（最后一次清洗应选用 HPLC 级的水或有机溶剂）。

② 高压输液泵

a. 每次使用之前应放空排除气泡，并使新流动相从放空阀流出 20mL 左右。

b. 更换流动相时一定要注意流动相之间的互溶性问题，如更换非互溶性流动相则应在更换前使用能与新旧流动相互溶的中介溶剂清洗输液泵。

c. 如用缓冲液作流动相或一段时间不使用泵，工作结束后应从泵中用含量较高的超纯水或去离子水洗去系统中的盐，然后用纯甲醇或乙腈冲洗。

d. 不要使用多日存放的蒸馏水及磷酸盐缓冲液，如果应用许可，可在溶剂中加入 0.0001～0.001mol·L^{-1}的叠氮化钠。

e. 溶剂变质或污染以及藻类的生长会堵塞溶剂过滤头，从而影响泵的运行。清洗溶剂过滤头的具体方法是：取下过滤头→用硝酸溶液（1+4）超声清洗 15min→用蒸馏水超声清洗 10min→用吸耳球吹出过滤头中的液体→用蒸馏水超声清洗 10min→用吸耳球吹净过滤头中的水分。清洗后按原位装上。

f. 仪器使用一段时间后，应用扳手卸下在线过滤器的压帽，取出其中的密封环和不锈钢烧结过滤片一同清洗，具体方法同上，清洗后按原位装上。

g. 使用缓冲液时，由于脱水或蒸发盐会在柱塞杆后部形成晶体。泵运行时这些晶体会损坏密封圈和柱塞杆，所以应该经常清洗柱塞杆后部的密封圈。具体清洗方法是：将合适大小的塑料管分别套入所要清洗泵的泵头上、下清洗管→用注射器吸取一定的清洗液（如去离子水）→将针头插入连接清洗管的塑料管另一端→打开高压泵→缓慢将清洗液注入清洗管中，连续重复几次即可。

h. 泵长时间不使用，必须用去离子水清洗泵头及单向阀，以防阀球被阀座“粘住”，泵头吸不进流动相（具体操作可参阅高压输液泵使用说明书，最好由维修人员现场指导）。

i. 柱塞和柱塞密封圈长期使用会发生磨损，应定期更换密封圈，同时检查柱塞杆表面有无损耗。

j. 实验室应常备密封圈、各式接头、保险丝等易耗部件和拆装工具。

③ 进样器

a. 对六通进样阀而言，保持清洁和良好的装置可延长阀的使用寿命。

b. 进样前应使样品混合均匀，以保证结果的精确度。

c. 样品瓶应清洗干净，无可溶解的污染物。

d. 自动进样器的针头应有钝化斜面，侧面开孔；针头一旦弯曲应该换上新针头，不能弄直了继续使用；吸液时针头应没入样品溶液中，但不能碰到样品瓶底。

e. 为了防止缓冲盐和其他残留物留在进样系统中，每次工作结束后应冲洗整个系统。

④ 色谱柱

a. 在进样阀后加流路过滤器（0.5μm 不锈钢烧结片），挡住来源于样品和进样阀垫圈的微粒。

b. 在流路过滤器和分析柱之间加上“保护柱”，收集阻塞柱进口的来自样品的会降低柱效能的化学“垃圾”。

c. 流动相流速不可一次改变过大，应避免色谱柱受突然变化的高压冲击，使柱床受到冲击，引起紊乱，产生空隙。

d. 色谱柱应在要求的 pH 范围和柱温范围下使用。不要把柱子放在有气流的地方或直接放到阳光下，气流和阳光都会使柱子产生温度梯度造成基线漂移。如果怀疑基线漂移是由温度梯度引起的，可以设法使柱子恒温。

e. 样品进样量不应过载。进样前应将样品进行必要的净化，以免其中的杂质对色谱柱造成损伤。

f. 应使用不损坏柱的流动相。在使用缓冲溶液时，盐的浓度不应过高，并且在工作结束后要及时用纯水冲洗柱子，不可过夜。

g. 每次工作结束后，应用强溶剂（乙腈或甲醇）冲洗色谱柱。柱子不用或贮藏时，应将其封闭贮存在惰性溶剂中（见表 5-4）。

表 5-4　固定相的封存和禁用溶剂

固定相	硅胶、氧化铝、正相键合相	反相色谱填料	离子交换填料
封存溶剂	2,2,4-三甲基戊烷	甲醇	水
禁用溶剂	二氯代烷烃，酸，碱性溶剂		

h. 柱子应定期进行清洗，以防止有太多的杂质在柱上堆积（反相柱的常规洗涤办法是：分别取甲醇、三氯甲烷、甲醇-水各 20 倍柱体积冲洗柱子）。

i. 色谱柱使用一段时间后，柱效会下降，此时可对柱子进行再生处理（如反相色谱柱再生时用 25mL 纯甲醇及 25mL 甲醇-氯仿 1∶1 混合液依次冲洗柱子）。

j. 对于阻塞或受伤严重的柱子，必要时可卸下不锈钢滤板，超声波洗去滤板阻塞物，对塌陷污染的柱床进行清除、填充、修补工作。如此可使柱效恢复到一定程度（80%），再继续使用。

⑤ 检测器　检测器的类型众多，下面以在高效液相色谱系统中使用最为常用的紫外-可见光检测器为例说明其日常维护，其他类型检测器的日常维护可查阅相关仪器的使用说明书。

a. 检测池的清洗　将检测池中的零件（压环、密封垫、池玻璃、池板）拆出，并对它们进行清洗，一般先用硝酸溶液（1+4）进行超声波清洗，然后再分别用纯水和甲醇溶液清洗，接着重新组装（注意，密封垫、池玻璃一定要放正，以免压碎池玻璃，造成检测池泄漏）并将检测池池体推入池腔内，拧紧固定螺杆。

b. 更换氘灯

(a) 关机，拔掉电源线（注意！不可带电操作），打开机壳，待氘灯冷却后，用十字螺丝刀将氘灯的三条连线从固定架上取下（记住红线的位置），将固定灯的两个螺丝从灯座上取下，轻轻将旧灯拉出。

(b) 戴上手套，用酒精擦去新灯上灰尘及油渍，将新灯轻轻放入灯座（红线位置与旧灯一致），将固定灯的两个螺丝拧紧，将三条连线拧紧在固定架上。

(c) 检查灯线是否连接正确，是否与固定架上引线连接（红-红相接），合上机壳。

c. 更换钨灯

(a) 关机，拔掉电源线（注意！绝不可带电操作），打开机壳。

(b) 从钨灯端拔掉灯连线，旋松钨灯固定压帽，将旧灯从灯座上取下。

(c) 将新灯轻轻插入灯座（操作时要戴上干净手套，以免手上汗渍玷污氘灯石英玻璃壳；若灯已被玷污，应使用乙醇清洗并用擦镜纸擦净后再安装），拧紧压帽，灯连线插入灯连接点（注意，带红色套管的引线为高压线，切不可接错，否则极易烧毁钨灯），合上机壳。

5.1.3 实验技术

5.1.3.1 固定相和流动相的选择

在 HPLC 分析过程中，确立了分离模式之后，接下来就应该选择合适的固定相与流动相了，这也是十分重要的。下面以几种常见的液相色谱分析方法来说明固定相与流动相的选择。

(1) 硅胶吸附色谱　在硅胶吸附色谱中，对保留值和选择性起主导作用的是溶质与固定相的作用，流动相的作用主要是调节溶质的保留值在一定范围内。在吸附色谱中，流动相的弱组分是正己烷，实际分析过程中，可根据溶质所包含的官能团信息，选择适当的流动相的强组分。

① 样品的溶质中只含有—OH、—COOH、$—NH_2$、>NH 这类质子给予体基团时，可选用异丙醇作为流动相的强组分；

② 样品的溶质中只含有—COO—、—CO—、$—NO_2$ 和 —C═O 这类只接受质子的基团时，可选用乙酸乙酯、丙酮或乙腈作为流动相的强组分；

③ 样品的溶质中只含有—O—和苯基这类极性作用较弱的基团时，可选用乙醚作为流动相的强组分；

④ 样品的溶质同时含有多个$—H_2PO_4$、—COOH、—OH 和$—NH_2$ 等氢键力较强的基团时，可选用异丙醇作为流动相的强组分，但还需加入适量的乙醇或乙腈，必要时也可加入水。

(2) 键合正相色谱　键合正相色谱分离机理与硅胶吸附色谱相似，流动相的选择可引用硅胶吸附色谱中的规则，固定相的选择原则如下。

① 若样品溶质中含有—COO—、$—NO_2$、—CN 等具有质子接受体基团，则可选用氨基、二醇基这一类具有质子给予能力的固定相；

② 若样品溶质中含有$—NH_2$、>NH、—OH、—COOH 等具有质子给予能力的基团，则可选用氰基、氨基和醇基键合固定相。

(3) 反相色谱　在反相色谱中，C_{18} 反相键合柱是最常用的色谱柱（简称 ODS）。水是常用的流动相中流脱能力较弱的组分，流动相中流脱能力较强的组分主要是甲醇、乙腈与四氢呋喃等。选择流动相时应注意以下几点。

① 若样品溶质中含有两个以下氢键作用基团（如—COOH、—NH_2、—OH 等）的芳香烃邻、对位或邻、间位异构体，可选用甲醇-水为流动相。

② 若样品溶质中含有两个以上 Cl、I、Br 的邻、间、对位异构体或极性取代基的间、对位异构体以及双键位置不同的异构体，可选用苯基或 C_{18} 键合固定相，乙腈-水为流动相。

③ 当实际分析过程中获得溶质的容量因子 k' 值大于 30（一般要求 $1<k'<20$）时，应在反相色谱系统的甲醇-水流动相中加入适量四氢呋喃、氯仿或丙酮，以使被分离溶质的 k' 值保持在适当范围内。当然，也可以通过减少固定相表面键合碳链浓度或缩短碳链长度来达到减小 k' 值的目的。

④ 若样品溶质中含有—NH_2、 >NH 或 >N— 这一类基团时，应在反相色谱的流动相中加入适量添加剂，如有机胺来提高样品保留值的重现性和色谱峰的对称性。

(4) 凝胶色谱　凝胶是凝胶色谱的核心，是产生分离作用的基础，进行凝胶色谱实验的重要一环是选择和搭配具有不同孔径、性能良好的凝胶。生物大分子分离的传统方法多采用多糖聚合物软胶 GPC 填料，这种填料只能在低压、慢速操作条件下使用，目前在很大程度上已被微粒型交联亲水硅胶和亲水性键合硅胶取代。填料具有一定的孔径尺寸分布，随孔径大小的差别，分离分子量范围在 $1\times10^4\sim200\times10^4$ 之间。

对于实验室分析或小规模制备，平均粒度在 3～13μm 的填料，一般有良好的柱效和分离能力；但对于大规模制备和纯化，考虑到成本和渗透性，可选用较粗的粒度。实际分析过程中，往往实验室只配置有一定的色谱柱，因此，色谱分离方法和色谱柱往往是确定的，有时也谈不上色谱柱的选择，但对装备齐全的实验室而言，色谱柱的选择还是有意义的。

5.1.3.2　衍生化技术

紫外检测器对无紫外吸收或紫外吸收很弱的物质没有响应，荧光检测器对不产生荧光的物质也无响应，在这种情况下，如果实验室没有其他的检测器时，可以采用衍生化技术。

衍生化技术就是将用通常检测方法不能直接检测或检测、灵敏度很低的物质与某种试剂（衍生化试剂）反应，使之生成易于检测的化合物。按衍生化的方法可以分为柱前衍生化和柱后衍生化；按生成衍生物的类型又可分为紫外-可见光衍生化、荧光衍生化、拉曼衍生化和电化学衍生化。下面简单介绍目前在液相色谱中使用比较广泛的紫外-可见光衍生化和荧光衍生化。

(1) 紫外-可见光衍生化　紫外衍生化是指将紫外吸收弱或无紫外吸收的有机化合物与带有紫外吸收基团的衍生化试剂反应，使之生成可用紫外检测的化合物。如胺类化合物容易与卤代烃、羰基、酰基类衍生试剂反应。表 5-5 列出了常见的紫外衍生化试剂。

可见光衍生化有两个主要的应用：一是用于过渡金属离子的检测，将过渡金属离子与显色剂反应，生成有色的配合物、螯合物或离子缔合物后用可见光检测；二是用于有机离子的检测，在流动相中加入被测离子的反离子，使之形成有色的离子对化合物后，分离并检测。

(2) 荧光衍生化　荧光衍生化是将被测物质与荧光衍生化试剂反应生成具有荧光的物质后进行检测。有的荧光衍生化试剂本身没有荧光，而其衍生物却有很强的荧光。表 5-6 列出了常见的荧光衍生化试剂。

表 5-5　常见紫外衍生化试剂

化合物类型	衍生化试剂	最大吸收波长/nm	$\varepsilon_{254}/(L \cdot mol^{-1} \cdot cm^{-1})$
RNH_2 及 RR′NH	2,4-二硝基氟苯 对硝基苯甲酰氯 对甲基苯磺酰氯	350 254 224	$>10^4$ $>10^4$ 10^4
RCH—NH_2（α-C 上连 COOH）	异硫氰酸苯酯	254	10^4
RCOOH	对硝基苄基溴 对溴代苯甲酰甲基溴 萘酰甲基溴	265 260 248	6200 1.8×10^4 1.2×10^4
ROH	对甲氧基苯甲酰氯	262	1.6×10^4
RCOR′	2,4-二硝基苯肼 对硝基苯甲氧胺盐酸盐	254 254	 6200

注：ε_{254}表示在 254nm 处的摩尔吸光系数。

表 5-6　常见荧光衍生化试剂

化合物类型	衍生化试剂	激发波长/nm	发射波长/nm
RNH_2 及 RCH—NH_2（α-C 上连 COOH）	邻苯二甲醛 荧光胺	340 390	455 475
α-氨基羧酸、伯胺、仲胺、苯酚、醇	丹酰氯	350～370	490～530
α-氨基羧酸	吡哆醛	332	400
RCOOH	4-溴甲基-7-甲氧基香豆素	365	420
RR′C═O	丹酰肼	340	525

5.1.4　定量方法

高效液相色谱的定量方法与气相色谱定量方法类似，主要有面积归一化法、外标法和内标法，简述如下。

5.1.4.1　归一化法

归一化法要求所有组分都能分离并有响应，其基本方法与气相色谱中的归一化法类似。

由于液相色谱所用检测器多为选择性检测器，对很多组分没有响应，因此液相色谱法较少使用归一化法。

5.1.4.2　外标法

外标法是以待测组分纯品配制标准试样和待测试样同时作色谱分析来进行比较而定量的，可分为标准曲线法和直接比较法。具体方法可参阅气相色谱的外标法定量。

5.1.4.3　内标法

内标法是比较精确的一种定量方法。它是将已知量的参比物（称内标物）加到已知量的试样中，那么试样中参比物的浓度为已知；在进行色谱分析之后，待测组分峰面积和参比物峰面积之比应该等于待测组分的质量与参比物质量之比，求出待测组分的质量，进而求出待测组分的含量。

5.1.5　技能训练

5.1.5.1　训练项目 5.1　高效液相色谱仪的性能检查

（1）训练目的

① 了解 HPLC 仪器的基本构造和工作原理，掌握高效液相色谱仪的基本操作。

② 熟悉高效液相色谱仪仪器性能检查的项目和方法。

③ 掌握液相色谱柱性能指标（如理论塔板数、峰不对称因子、柱的反压等）的测定方法，学会判别其性能优劣。

（2）方法原理

① 高效液相色谱仪的性能指标

a. 流量精度　仪器流量的准确性，以测量流量与指示流量的相对偏差表示。

b. 检测限　本实验使用紫外检测器，其检测限为某组分产生的信号大小等于 2 倍噪声时，每毫升流动相所含该组分的量。

c. 定性重复性　在同一实验条件下，组分保留时间的重复性，通常以被分离组分的保留时间之差的相对标准偏差来表示（RSD≤1%认为合格）。

d. 定量重复性　在同一实验条件下，组分色谱峰峰面积（或峰高）的重复性，通常以被分离组分的峰面积的相对标准偏差来表示（RSD≤2%认为合格）。

② 液相色谱柱的性能指标　一支色谱柱的好坏要用一定的指标来进行评价。通常评价色谱柱的主要指标包括：理论塔板数 N；峰不对称因子；两种不同溶质的选择性（α）；色谱柱的反压；键合固定相的浓度；色谱柱的稳定性等。一个合格的色谱柱评价报告至少应给出色谱柱的基本性能参数，如柱效能（即理论塔板数 N）、容量因子 k、分离度 R、柱压降等。

评价液相色谱柱的仪器系统应满足相当高的要求：一是液相色谱仪器系统的死体积应尽可能小，二是采用的样品及操作条件应当合理，在此合理的条件下，评价色谱柱的样品可以完全分离并有适当的保留时间。不同类型色谱柱性能评价所需的样品与所采用的操作条件是不同的，可查阅相关参考资料。

（3）仪器和试剂

① 仪器　PE200 型高效液相色谱仪或其他型号液相色谱仪（普通配置，带紫外检测器）；TC4 色谱工作站或其他色谱工作站；色谱柱：PE Brownlee C_{18} 反相键合相色谱柱（5μm，4.6mm i.d. ×150mm）；100μL 平头微量注射器；超声波清洗器；流动相过滤器；无油真空泵；容量瓶等玻璃仪器。

② 试剂　苯、萘、联苯、菲（A.R.），甲醇（HPLC 纯），蒸馏水等。

（4）训练内容与操作步骤

① 准备工作

a. 流动相的预处理　配制甲醇-水（体积比 83∶17）的流动相，用 0.45μm 的有机滤膜过滤后，装入流动相贮液器内，用超声波清洗器脱气 10～20min（如果仪器带有在线脱气装置，可不必采用超声波清洗器脱气）。

b. 标准溶液的配制　配制含苯、萘、联苯、菲各 $10\mu g \cdot mL^{-1}$ 的正己烷溶液，混匀备用。

c. 观察流动相流路，检查流动相是否够用，废液出口是否接好。

d. 高效液相色谱仪的开机　按仪器操作说明书规定的顺序依次打开仪器各单元，打开输液泵旁路开关，排出流路中的气泡，启动输液泵，并将仪器调试到正常工作状态，流动相流速设置为 $1.0mL \cdot min^{-1}$，检测器波长设为 254nm。同时打开工作站电源并启动系统软件。

② 高效液相色谱仪仪器性能测试

a. 流量精度的测定　以甲醇为流动相，设置其流量为 $1.0mL \cdot min^{-1}$。待流速稳定后，在流动相排出口用事先清洗称重过的称量瓶收集流动相，同时用秒表计时，准确地收集

10mL，记录流出所需时间，并将其换算成流速（$mL \cdot min^{-1}$），重复 3 次，记录相关数据。

b. 检测限的测定　在基线稳定的条件下，用进样器注入一定量浓度为 $4\times10^{-8}g \cdot mL^{-1}$ 的萘的甲醇溶液，样品峰高应大于或等于 2 倍基线噪声峰高，按下式计算该仪器最小检测浓度。

$$c_1 = 2\times h_N \times c/h$$

式中，c_1 为最小检测浓度，$g \cdot mL^{-1}$；h_N 为噪声峰高；c 为样品浓度，$g \cdot mL^{-1}$；h 为样品峰高。

c. 重复性的测定　将仪器连接好，使之处于正常工作状态，用进样阀的定量管注入适当的标准溶液（萘或联苯）或稳定的待分析样品溶液，记录保留时间和峰面积相关数值。连续测量 5 次，计算相对标准偏差 RSD。

③ 色谱柱性能的测定

a. 待基线稳定后，用平头微量注射器进样（进样量由进样阀定量管确定），将进样阀柄置于“Load”位置时注入样品，在泵、检测器、接口、工作站均正常的状态下将阀柄转至“Inject”位置，仪器开始采样。

b. 从计算机的显示屏上即可看到样品的流出过程和分离状况。待所有的色谱峰流出完毕后，停止分析（运行时间结束后，仪器也会自动停止采样），记录好样品名对应的文件名（已知出峰顺序为苯、萘、联苯、菲）。

c. 重复进样不少于三次。

④ 结束工作　待所有样品分析完毕后，让流动相继续运行 20～30min，以免样品中的强吸附杂质残留在色谱柱中。

(5) 注意事项

① 操作时需严格遵守实验室实验要求及仪器操作规程。

② 开泵前应检查流路中的气泡，并确保排除干净。

(6) 数据记录及处理

① 流量精度的测定　将流量精度测定的相关数据填入下表中，并计算平均流量和相对标准偏差。

指示流量	$2.0mL \cdot min^{-1}$			
测定流量	t/min	V/mL	$F/(mL \cdot min^{-1})$	平均流量/$(mL \cdot min^{-1})$
1		10		
2		10		
3		10		
相对标准偏差				

② 检测限的测定　记录检测限测定的相关数据，并进行相关计算。

样品峰高 h：　　　　噪声峰高 h_N：　　　　最小检测限：$c_1 = 2\times h_N \times c/h =$

③ 重复性的测定　将重复性测定的相关数据填入下表中，并计算平均值和相对标准偏差。

项目	1	2	3	4	5	平均值	RSD
t_R							
h							

④ 记录色谱柱性能测试的实验条件，包括色谱柱类型；流动相及配比；检测波长；进样量等。记录各测试色谱图中苯、萘、联苯的保留时间 t_R，对应色谱峰峰面积和半峰宽，计算其理论塔板数（柱效能）和分离度。

（7）思考题

① 检测限和灵敏度有何不同？为什么用检测限而不是用灵敏度作为仪器性能的评价指标？

② 请列举几种常用液相色谱柱的评价方法？并说明评价色谱柱的指标有哪些？

5.1.5.2 训练项目 5.2 布洛芬胶囊中主成分含量的测定

（1）训练目的

① 学会胶囊类样品预处理的方法。

② 掌握流动相 pH 值的调节方法。

③ 能用外标法对样品中主成分进行定性定量检测。

④ 掌握 HPLC 在药物分析中的应用。

（2）方法原理 高效液相色谱法是目前应用较广的药物检测技术。其基本方法是将具一定极性的单一溶剂或不同比例的混合溶液，作为流动相，用泵将流动相注入装有填充剂的色谱柱，注入的供试品被流动相带入柱内进行分离后，各成分先后进入检测器，用记录仪或数据处理装置记录色谱图或进行数据处理，得到测定结果。由于应用了各种特性的微粒填料和加压的液体流动相，本法具有分离性能高、分析速度快的特点。

（3）仪器与试剂

① 仪器 PE 200 型高效液相色谱仪或其他型号液相色谱仪（普通配置，带紫外检测器）；TC4 色谱工作站或其他色谱工作站；色谱柱：PE Brownlee C_{18} 反相键合相色谱柱（5μm，4.6mm i.d.×150mm）；100μL 平头微量注射器；超声波清洗器；流动相过滤器；无油真空泵。

② 试剂 布洛芬对照品；布洛芬胶囊；醋酸钠缓冲液；蒸馏水；乙腈。

（4）训练内容与操作步骤

① 流动相的预处理 配制醋酸钠缓冲液（取醋酸钠 6.13g，加水 750mL，振摇使溶解，用冰醋酸调节 pH=2.5)，流动相为醋酸钠缓冲液-乙腈（40∶60），用 0.45μm 有机相滤膜减压过滤，脱气。

② 对照品溶液的配制 准确称取 0.1g 布洛芬对照品（精确至 0.1mg)，置 200mL 容量瓶中，加甲醇 100mL 溶解，振摇 30min，加水稀释至刻度，摇匀，过滤。

③ 试样的处理与制备 取一定量市售布洛芬胶囊，用干净小刀割破胶丸，倒出里面的粉末，用研钵研细并混合均匀后，准确称取适量样品粉末（约相当于布洛芬 0.1g)，置于 200mL 容量瓶中，加甲醇 100mL 溶解，振摇 30min，加水稀释至刻度，摇匀，过滤。

④ 标样分析

a. 将色谱柱安装在色谱仪上，将流动相更换成已处理过的醋酸钠-乙腈（40∶60)。

b. 按规范步骤开机，并将仪器调试至正常工作状态，流动相流速设置为1.0mL·min^{-1}；柱温 30～40℃；紫外检测器检测波长 263nm。

c. 布洛芬对照品溶液的分析测定 待仪器基线稳定后，用 100μL 平头微量注射器分别注射布洛芬对照品溶液 100μL（实际进样量以定量管体积计)，记录下样品名对应的文件名。平行测定 3 次。

⑤ 试样分析　用 100μL 平头微量注射器分别注射布洛芬胶囊样品溶液 100μL（实际进样量以定量管体积计），记录下样品名对应的文件名。平行测定 3 次。

⑥ 定性鉴定　将布洛芬胶囊样品溶液的分离色谱图与布洛芬对照品溶液的分离色谱图进行保留时间的比较即可确认布洛芬胶囊样品的主成分色谱峰的位置。

⑦ 结束工作

a. 所有样品分析完毕后，先用蒸馏水清洗色谱系统 30min 以上，然后用 100％的乙腈溶液清洗色谱系统 20～30min，再按正常的步骤关机。

b. 清理台面，填写仪器使用记录。

（5）注意事项

① 由于流动相为含缓冲盐的流动相，所以在运行前应先用蒸馏水平衡色谱柱，然后再走流动相，且流速应逐步升到 $1.0mL \cdot min^{-1}$。实验完毕后，应再用纯水冲洗色谱柱 30min 以上，然后用甲醇-水（85∶15）或其他合适的流动相冲洗色谱柱。

② 色谱柱的个体差异很大，即使是同一厂家的同种型号的色谱柱，性能也会有差异。因此，色谱条件（主要是指流动相的配比）应根据所用色谱柱的实际情况作适当的调整。

（6）数据处理　记录色谱操作条件并参照下表记录布洛芬胶囊测定的相关实验数据，计算布洛芬胶囊中主成分的质量分数或质量浓度。

成分	测定次数	保留时间/min	峰面积	平均值	$c/(mg \cdot L^{-1})$或质量百分数/%
对照品	1				
	2				
	3				
试样	1				
	2				
	3				

（7）思考题

① 布洛芬胶囊含量的测定还有哪些方法？

② 布洛芬胶囊还可以采用哪些方法进行样品的预处理？请设计至少一种样品预处理方法。

5.1.5.3　训练项目 5.3　苯系物 HPLC 分离条件的选择

（1）训练目的

① 学习 HPLC 仪器的梯度洗脱基本操作。

② 掌握 HPLC 最佳色谱操作条件（含波长与流动相）的选择方法。

（2）方法原理　液相色谱操作条件主要包括色谱柱、流动相组成与流速、色谱柱温度、检测器波长等。苯系物的分离一般采用反相 HPLC，使用最常见的 C_{18}（ODS）色谱柱，流动相主体是水，在极性溶剂中适当添加少量甲醇可以得到任意所需极性的流动相。通过实验主要了解确定检测波长的方法，以及流动相中甲醇含量对样品的保留和分离的影响，流动相流速对样品的保留和分离的影响，基本目标是将苯系物分离，同时希望在最短的时间内完成分析，获得足够的柱效。

(3) 仪器和试剂

① 仪器　PE 200 型高效液相色谱仪或其他型号液相色谱仪（普通配置，带紫外检测器）；TC4 色谱工作站或其他色谱工作站；色谱柱：PE Brownlee C_{18} 反相键合相色谱柱（5μm，4.6mm i.d. ×150mm）；100μL 平头微量注射器；超声波清洗器；流动相过滤器；无油真空泵；容量瓶等。

② 试剂：含苯、甲苯、二甲苯的测试液，甲醇（色谱纯），蒸馏水等。

(4) 训练内容与操作步骤

① 准备工作

a. 观察流动相流路，检查流动相是否够用，废液出口是否接好。

b. 按仪器操作规程打开高压输液泵、检测器以及色谱工作站，调试仪器至工作状态。

② 测定波长的确定　以甲醇为溶剂，将所提供的含苯、甲苯、二甲苯的测试液稀释至合适浓度，然后使用紫外分光光度计或紫外检测器的波长扫描功能，确定最佳测定波长。

③ 最佳色谱操作条件的选择

a. 基本色谱条件　流动相：甲醇-水；紫外检测器波长：254nm。

b. 流动相组成的选择　流动相总流速设定为 $1.0mL \cdot min^{-1}$，分别将流动相中甲醇-水设定为 90∶10、85∶15、80∶20、75∶25、70∶30，待基线稳定后，用平头微量注射器注入 10^{-5} 的苯系物甲醇溶液，从计算机的显示屏上即可看到样品的流出过程和分离状况。待所有的色谱峰流出完毕后，停止分析，记录好样品名对应的文件名及分离度、柱效等信息。

接着设置梯度洗脱，起始浓度为 70%（也可以是其他浓度，根据实际情况作相应调整），终浓度为 100%，调整不同的梯度洗脱陡度（或梯度洗脱时间），重复上述操作，记录好样品名对应的文件名及分离度、柱效等信息。

根据最终样品分离色谱图的分离情况，选择最佳流动相组成或梯度洗脱方式。

④ 流动相流速的选择　根据步骤③确定的最佳流动相组成设定甲醇与水的比例，固定不变，然后调整流动相流速分别为 $0.8mL \cdot min^{-1}$、$1.0mL \cdot min^{-1}$、$1.2mL \cdot min^{-1}$、$1.5mL \cdot min^{-1}$，待基线稳定后，重复步骤③的操作，记录好样品名对应的文件名及分离度、柱效等信息。

根据最终样品分离色谱图的分离情况，选择最佳流动相流速。

⑤ 结束工作　所有样品分析完毕后，让流动相继续运行 10～20min，以免样品中的强吸附杂质残留在色谱柱上。

(5) 注意事项

① 选择最佳色谱操作条件时既要注意分离度又要考虑到分析时间，尽量做到高效、高速、高灵敏度。

② 梯度洗脱程序的设置应根据色谱柱等系统的实际情况做相应调整。

(6) 数据记录及处理

① 最佳检测波长　根据实验确定苯系物样品分析测定最佳检测波长。

② 流动相组成的确定　将流动相最佳组成的测试数据填写在下表中，并确定流动相的最佳组成。

	甲醇：水	R(最难分离对)	保留时间(甲苯)	半峰宽(甲苯)	有效理论塔板数(甲苯)
等度洗脱	90：10				
	85：15				
	80：20				
	75：25				
	70：30				
梯度洗脱					

③ 流动相流量的确定　将流动相流速的测试数据填写在下表中，并确定流动相的最佳流速。

流动相流速/($mL \cdot min^{-1}$)	R(最难分离对)	保留时间(甲苯)	半峰宽(甲苯)	有效理论塔板数(甲苯)
0.8				
1.0				
1.2				
1.5				

(7) 思考题

① 简述反相液相色谱分析中影响分离度的主要因素是什么？并说明相关理由。

② 本次实验如果还需对各苯系物进行定量分析，你认为采用什么定量方法最合适？为什么？

③ 将本次实验结果与GC分析结果作比较，你认为苯系物的测定采用哪一种方法进行分析测定更合适？为什么？

附图1：建立HPLC分离的系统方法的过程

附图2：高效液相色谱条件选择程序

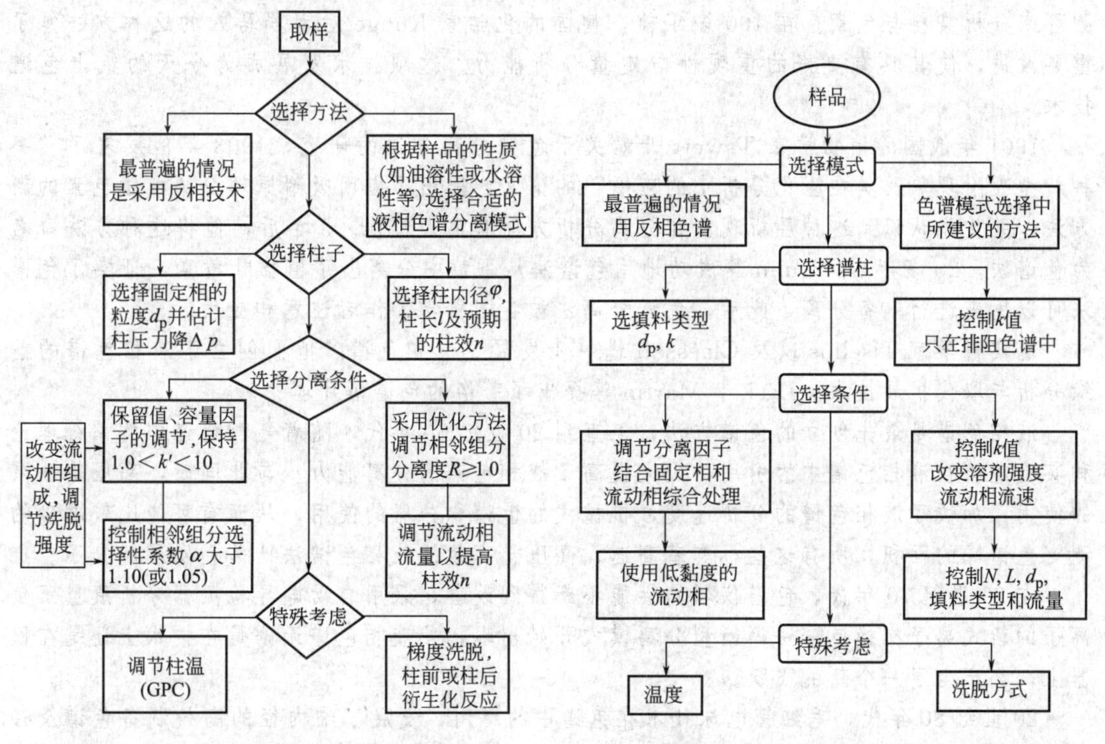

附图1　建立HPLC分离的系统方法的过程　　附图2　高效液相色谱条件选择程序

思考与练习 5.1

(1) 在正相键合相色谱中，固定相的极性________流动相的极性；而在反相键合相色谱中，固定相的极性________流动相的极性。

(2) 高效液相色谱仪最基本的组件是__________、________、____________、____________和____________。

(3) 下列检测器中，属于通用型检测器的是（　　）。

A. UV-Vis　　B. RI　　C. FD　　D. CD

(4) 下列试剂中，属于荧光衍生化试剂的是（　　）。

A. 2,4-二硝基氟苯　　B. 对硝基苄基溴　　C. 邻苯二甲醛　　D. 丹酰肼

(5) 简述高效液相色谱法对流动相的要求。

(6) 简述六通阀进样器工作原理。

(7) 分离下列物质，宜用何种液相色谱方法？

① CH_3CH_2OH 和 $CH_3CH_2CH_2OH$

② C_4H_9COOH 和 $C_5H_{11}COOH$

③ 高分子量的葡糖苷

液相色谱法的发展史

现代色谱法从发明到现在已有近百年的历史。实际上，早在古代罗马时期，人们已知道将一滴含有混合色素的溶液滴在一块布或一片纸上，并通过观察溶液展开产生的一个个同心圆环来分析染料与色素。在100多年前，德国的化学家Runge对古罗马人的这种方法作了重要改进，使其具有更好的重现性与定量分析能力。这项技术发展成为今天的纸上色谱技术。

1901年俄国的植物学家Tswett开始关于色谱分离方法的研究，1903年他发表了“一种新型吸附现象及其在生化分析上的应用”的论文，提出了应用吸附原理分离植物色素的新方法，并首先认识到这种层析现象在分离分析方面有重大价值。3年后，他将这种方法命名为色谱法，20多年后，Kuhn等成功地用色谱法从蛋黄中分离出了植物叶黄素，证实了色谱法可以用来进行制备分离，此后，色谱分离法被各国科学工作者注意和应用。

瑞典科学家Tiselius以及Claesson进一步发展了液相色谱。他们创立了液相色谱的前缘分析与取代扩展技术。1941年Martin等提出了著名的色谱塔片理论。

液相色谱是最先创立的色谱方法，但直到20世纪60年代，随着气相色谱中的系统理论和实践经验在液相色谱中的引用，大大提高了液相色谱的分离能力。与此同时，高压输液泵的使用，加快了液相色谱的分析速度，机械式的色谱积分器的使用，从而有可能比较准确的测定色谱峰的面积，所有这些标志着高速、高压、高效的液相色谱法已蓬勃发展起来了。

在20世纪70年代，色谱仪器的性能不断得到改善，采用自动电导检测器分析痕量正负离子的新式离子交换色谱法等新型分离模式开始出现，使液相色谱无论是在技术上还是在仪器上，都产生了一个新的飞跃。

20世纪80年代，毛细管电泳技术在色谱中的运用，发展了细内径的高效制备色谱及径向制备色谱，解决了DNA、蛋白质及多肽等生物研究方面的难题，使液相色谱得到了进一

步的发展。

今天，色谱仪器、技术还在继续向前发展。新的色谱仪器与色谱方法的不断出现，所有这些为色谱方法的应用开拓了更大、更新的应用领域。事实上，色谱方法已经成了化学家分离、分析复杂混合物不可缺少的工具。

摘自《分析化学手册》(第六分册)

5.2 离子色谱法

5.2.1 离子色谱法方法原理

5.2.1.1 离子色谱法概述

离子色谱法（IC）是以离子型化合物为分析对象的液相色谱法，与普通液相色谱法的不同之处是它通常使用离子交换剂固定相和电导检测器。20世纪70年代中期，在液相色谱高效化的带动下，为了解决无机阴离子和阳离子的快速分析，由Small等人发明了现代离子色谱法（或称高效离子色谱法）。即采用低交换容量的离子交换柱，以强电解质作流动相分离无机离子，然后用抑制柱将流动相中被测离子的反离子除去，使流动相电导降低，从而获得高的检测灵敏度。这就是所谓的双柱离子色谱法（或称抑制型离子色谱法）。1979年，Gjerde等用弱电解质作流动相，因流动相自身的电导较低，不必用抑制柱，因此称作单柱离子色谱法（或称非抑制型离子色谱法）。

5.2.1.2 离子色谱法特点

离子色谱法因其灵敏度高，分析速度快，能实现多种离子的同时分离，而且还能将一些非离子型化合物转变成离子型化合物后测定，所以在环境化学、食品化学、化工、电子、生物医药、新材料研究等许多科学领域都得到了广泛的应用。

可以用离子色谱的分离方式分析的物质除无机阴离子（包括阳离子的配阴离子）和无机阳离子（包括稀土元素）外，还有有机阴离子（有机酸、有机磺酸盐和有机磷酸盐等）和有机阳离子（胺、吡啶等），以及生物物质（糖、醇、酚、氨基酸和核酸等）。

5.2.1.3 离子色谱法的类型

离子色谱法按分离机理分类可分为离子交换色谱法（IEC）、离子排斥色谱法（ICE）、离子抑制色谱法（ISC）和离子对色谱法（IPC）。

（1）离子交换色谱法

① 分离原理　离子交换色谱以离子交换树脂作为固定相，树脂上具有固定离子基团及可交换的离子基团。当流动相带着组分通过固定相时，组分离子与树脂上可交换离子基团进行可逆交换，根据组分离子对树脂亲和力的不同而得到分离。例如强酸性阳离子交换树脂与阳离子的交换可用下式表示：

$$R-SO_3^- \cdot H^+ + M^+ \rightleftharpoons R-SO_3^- \cdot M^+ + H^+ \tag{5-1}$$

凡是能在溶剂中进行电离的物质都可以用离子交换色谱法进行分离。组分对离子交换树脂的亲和力越大，其保留时间也就越长。

② 固定相　离子交换色谱法中常用的固定相是离子交换剂。离子交换剂一般可分为有机聚合物离子交换剂、硅胶基质键合型离子交换剂、乳胶附聚型离子交换剂以及螯合树脂和包覆型离子交换剂等，其中应用得最广泛的是有机聚合物离子交换剂，也就是通常所说的离子交换树脂。

在离子色谱中应用最广泛的柱填料是由苯乙烯-乙烯基苯（PS/DVB）共聚物制得的离

子交换树脂。这类树脂的基球是用一定比例的苯乙烯和二乙烯基苯在过氧化苯甲酰等引发剂存在下，通过悬浮聚合制成的共聚物小珠粒。共聚物小珠粒与浓硫酸反应即制成带有磺酸基团的强酸型阳离子交换树脂；经与氯甲基醚进行氯甲基化反应后其苯环上接上氯甲基，再与三甲胺反应即可接上季铵基团，从而得到强碱型阴离子交换树脂。

③ 流动相　离子交换色谱分析阴离子时一般选用具有季铵基团的离子交换树脂，常用的流动相是弱酸的盐，如 $Na_2B_4O_7$、$NaHCO_3$、Na_2CO_3 等，也可以是氨基酸或本身具有低电导的物质如苯甲酸、邻苯二甲酸、对羟基苯甲酸和邻磺基苯甲酸等。

离子交换色谱分析阳离子时，一般使用表面磺化的薄壳型苯乙烯-二乙烯基苯阳离子交换树脂。对碱金属、铵和小分子脂肪酸胺的分离而言，常用的淋洗液是矿物酸，如 HCl 或 HNO_3；对二价碱土金属离子的分离而言，常用的淋洗液是二氨基丙酸、组氨酸、乙二酸、柠檬酸等，较好的选择是用 2,3-二氧基丙酸和 HCl 的混合液作淋洗液。

④ 应用　离子交换色谱的应用范围极广，不仅可用于各种类型阴离子和阳离子的定性定量测定，而且广泛用于有机物质和生物物质，如氨基酸、核酸、蛋白质等的分离。

（2）离子排斥色谱法

① 方法原理　典型的离子排斥色谱柱是全磺化高交换容量的 H^+ 型阳离子交换剂，其功能基为磺酸根阴离子。树脂表面的这一负电荷层对负离子具有排斥作用，即所谓的 Donnan 排斥。实际分析过程中，可以将树脂表面的电荷层假想成一种半透膜，此膜将固定相颗粒及其微孔中吸留的液体与流动相隔开。由于 Donnan 排斥，完全离解的酸不被固定相保留，在孔体积外被洗脱；而未离解的化合物不受 Donnan 排斥，能进入树脂的内微孔，从而在固定相中产生保留，而保留值的大小取决于非离子性化合物在树脂内溶液和树脂外溶液间的分配系数。这样，不同的物质（指未离解化合物，如乙酸等弱电解质）就得到了分离。

② 固定相　离子排斥色谱中所用的固定相是总体磺化的苯乙烯-二乙烯基苯 H^+ 型阳离子交换树脂。二乙烯基苯的百分含量，即树脂的交联度对有机酸的保留是非常重要的参数。树脂的交联度决定有机酸扩散进入固定相的大小程度，因而导致保留强弱。一般来说高交联度（12%）的树脂适宜弱离解有机酸的分离，而低交联度（2%）的树脂适宜较强离解酸的分离。表 5-7 列出了几种典型离子排斥柱的结构和性质。

表 5-7　几种典型离子排斥柱的结构和性质

色谱柱	基质	功能基	柱尺寸/(内径/mm)×(长度/mm)	粒径/μm	应用
IonPac ICE-AS1	PS/DVB	$—SO_3H$	9×250	7	有机酸、无机酸、醇、醛
IonPac ICE-AS5	PS/DVB	$—SO_3H$	4×250	6	羧酸
Shim-Pack SCR-101H	PS/DVB	$—SO_3H$	7.9×300	10	硅酸、硼酸
Shim-Pack SCR-102H	PS/DVB	$—SO_3H$	8×300	7	羧酸
PRP-X300	PS/DVB	$—SO_3H$	4.1×250	10	各种有机酸
ORH-801	PS/DVB	$—SO_3H$	6.5×300	8	各种有机酸
Ionpack KC-811	PS/DVB	$—SO_3H$	8×300	7	有机酸、砷酸、亚砷酸、亚硫酸
Aminex HPX87-H	PS/DVB	$—SO_3H$	7.8×300	9	有机酸
TSKgel SCX	PS/DVB	$—SO_3H$	7.8×300	5	脂肪羧酸、硼酸、糖、醇
Develosil 30-5	硅胶	—SiOH	7.8×300	5	脂肪羧酸、芳香羧酸
TSKgel OA Pak A	聚丙烯酸	—COOH	7.8×300	5	脂肪羧酸

③ 流动相　离子排斥色谱中流动相的主要作用是改变溶液的 pH，控制有机酸的离解。最简单的淋洗液是去离子水。由于在纯水中，有机酸的存在形态既有中性分子型也有阴离子

型，因而半峰宽大而且拖尾，酸性的流动相能抑制有机酸的离解，明显地改进峰形。对碳酸盐的分离常用的淋洗液是去离子水；对有机酸的分析，常用的淋洗液是矿物酸，如 HCl、H_2SO_4 或 HNO_3 等；若用 Ag^+ 型阳离子交换剂作抑制柱填料，则 HCl 是唯一可选用的淋洗液；若用直接 UV 检测，H_2SO_4 则是最好的淋洗液。

④ 应用　离子排斥色谱法主要用于无机弱酸和有机酸的分离，也可用于醇类、醛类、氨基酸和糖类的分析。

(3) 离子抑制色谱法和离子对色谱法

① 方法原理　无机离子以及离解很强的有机离子通常可以采用离子交换色谱法或离子排斥色谱法进行分离。有很多大分子或离解较弱的有机离子需要采用通常用于中性有机化合物分离的反相（或正相）色谱来进行分离分析。然而，直接采用正相或反相色谱又存在困难，因为大多数可离解的有机化合物在正相色谱法的硅胶固定相上吸附太强，致使被测物质保留值太大，出现拖尾峰，有时甚至不能被洗脱；而在反相色谱法的非极性（或弱极性）固定相中的保留又太小，致使分离度太差。

在这种情况下，可以采用下列两种方法来解决这个问题。

第一种方法：由酸碱平衡理论可知，如果降低（或增加）流动相的 pH，可以使酸（或碱）性离子化合物尽量保持离子状态，然后可以利用离子色谱的一般体系来进行分析测定。这种方法便是离子抑制色谱法（ISC）。

第二种方法：如果被分析的离子是较强的电解质，单靠改变流动相的酸碱性不能抑制离子性化合物的解离，这时可以在流动相中加入适当的具有与被测离子相反电荷的离子，即离子对试剂，使之与被测离子形成中性的离子对化合物，此离子对化合物在反相色谱柱上被保留，从而达到被分离的目的。这种方法便是离子对色谱法（IPC）。离子对色谱法中保留值的大小主要取决于离子对化合物的离解平衡常数和离子对试剂的浓度。离子对色谱法也可采用正相色谱的模式，即可以用硅胶柱，但不如反相色谱模式应用广泛，所以离子对色谱法常称作反相离子对色谱。

② 应用　离子抑制色谱法的一个主要应用是分离分析长链脂肪酸，采用有机聚合物为固定相，以低浓度盐酸为流动相；若在流动相中加入有机溶剂，则既可使脂肪酸全部溶解，还能减小色谱峰的拖尾。离子抑制色谱法的另一个典型应用是分离酚类物质，通常用含磷酸缓冲液的乙腈水溶液或甲醇水溶液作流动相。

离子对色谱法主要可用于表面活性剂离子、非表面活性剂离子、药物成分、手性对映体和生物分子的分析。在离子对色谱分析中，最重要的是离子对试剂的选择。一般来说，对阴离子的分离一般选用氢氧化铵、氢氧化四乙基铵等作为离子对试剂，对阳离子的分离一般选用盐酸、己烷磺酸等作为离子对试剂。

5.2.2 离子色谱仪

5.2.2.1 仪器基本构造

与一般的 HPLC 仪器一样，现在的离子色谱仪一般也是先做成一个个单元组件，然后根据分析需要将各个单元组件组合起来。最基本的组件是流动相容器、高压输液泵、进样器、色谱柱、检测器和数据处理系统。此外，也可根据需要配置流动相在线脱气装置、梯度洗脱装置、自动进样系统、流动相抑制系统、柱后反应系统和全自动控制系统等。图 5-9 是离子色谱仪最常见的两种配置的构造示意图。

图 5-9(a) 没有流动相抑制系统，是通常所说的非抑制型离子色谱仪；图 5-9(b) 带流

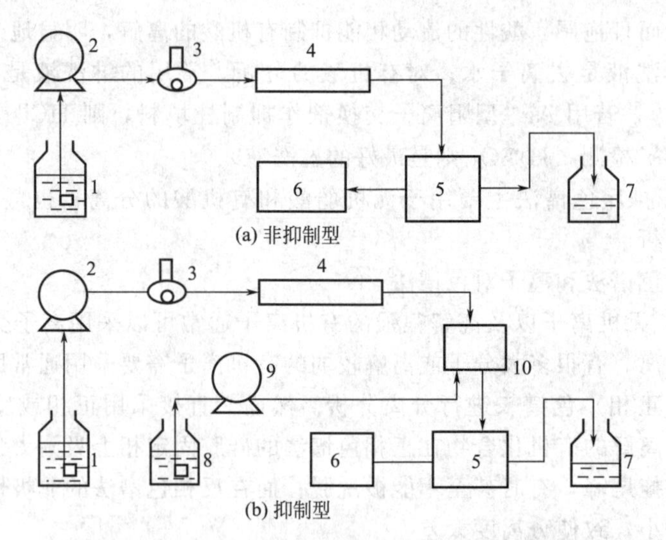

图 5-9　非抑制型与抑制型离子色谱仪的结构示意图

1—流动相容器；2—高压输液泵；3—进样器；4—色谱柱；5—电导检测器；
6—色谱数据处理系统；7—废液瓶；8—再生液容器；9—再生液输液泵；10—抑制器

动相抑制系统，是通常所说的抑制型离子色谱仪。离子色谱仪的基本构造及工作原理与高效液相色谱仪基本相同，所不同的是离子色谱仪通常配置的检测器不是紫外检测器，而是电导检测器；通常所用的分离柱不是高效液相色谱所用的吸附型硅胶柱或分配型 ODS 柱，而是离子交换剂填充柱。另外，在离子色谱中，特别是在抑制型离子色谱中往往用强酸性或强碱性物质作流动相。因此，仪器的流路系统耐酸耐碱的要求要更高一些。

(1) 仪器工作流程　离子色谱仪的工作流程是：高压输液泵将流动相以稳定的流速（或压力）输送至分析体系，在色谱柱之前通过进样器将样品导入，流动相将样品带入色谱柱，在色谱柱中各组分被分离，并依次随流动相流至检测器。抑制型离子色谱则在电导检测器之前增加一个抑制系统，即用另一个高压输液泵将再生液输送到抑制器。在抑制器中，流动相背景电导被降低，然后将流出物导入电导池，检测到的信号送至数据处理系统记录、处理或保存。非抑制型离子色谱仪不用抑制器和输送再生液的高压泵，因此仪器结构相对比较简单，价格也相对比较便宜。

(2) 高压输液泵和进样器　离子色谱仪的高压输液泵和进样器与高效液相色谱仪中的完全类似，可参阅 5.1 节相关内容。

(3) 色谱柱　色谱柱是实现分离的核心部件，要求柱效高、柱容量大和性能稳定。国产柱内径多为 5mm，国外柱最典型的内径是 4.6mm，另外还有 4mm 和 8mm 内径的柱。柱长通常在 50～100mm，比普通液相色谱柱要短。柱管内部填充 5～10μm 粒径的球形颗粒填料。内径为 1～2mm 的色谱柱通常称为微型柱。在微量离子色谱中也用到内径为数十纳米的毛细管柱（包括填充型和内壁修饰型）。与高效液相色谱柱一样，离子色谱柱也是有方向的，安装和更换色谱柱时一定要注意这个问题。

与液相色谱仪一样，离子色谱仪也需用一根保护柱，也有恒温装置。

(4) 检测器　在离子色谱中应用最多的是电导检测技术，其次是紫外检测技术、衍生化光度检测技术、安培检测技术和荧光检测技术以及在 HPLC 中几乎不被重视的原子光谱法。表 5-8 列出了几种常见检测器的应用范围。

表 5-8 离子色谱中常见检测器的应用范围

检测方法	检测原理	应用范围
电导法	电导	pK_a 或 pK_b<7 的阴、阳离子和有机酸
安培法	在 Ag^-/Pt^-/Au 和 GC 电极上发生氧化-还原反应	CN^-、S^{2-}、I^-、SO_3^{2-}、氨基酸、醇、醛单糖、寡糖、酚、有机胺、硫醇
紫外-可见光检测(有或无柱后衍生)	紫外-可见光吸收	在紫外或可见区域有吸收的阴、阳离子和在柱前或柱后衍生反应后具有紫外或可见光吸收的离子或化合物，如过渡金属、镧系元素、二氧化硅等离子或化合物
荧光(结合柱后衍生)	激发和发射	铵、氨基酸

5.2.2.2 离子色谱仪的使用方法和日常维护

(1) 使用方法　目前国内外的离子色谱仪虽然型号繁多，但实际操作步骤却几乎都是一致的。因此，下面以美国 PE 公司 LC 200 型为例说明其使用方法。

PE LC 200 系列离子色谱仪主要由 LC 200 高压输液泵、离子交换柱（或其他离子色谱柱）、电导检测器、NCI900 智能型接口与 TC4 色谱工作站组成。使用时，先依次打开高压输液泵、电导检测器、智能型接口和色谱工作站，设置分析用的分离条件（如流动相流速、检测器灵敏度等）；待仪器各部分稳定后进样分析，并打印出分析结果；分析结束后，清洗仪器各部分，依次关闭检测器、接口与泵，并盖上仪器罩，填写仪器使用记录。

(2) 日常维护　离子色谱仪的日常维护在很多方面都与高效液相色谱仪的维护类似，普通的离子色谱柱能承受的压力比较小，因此，使用时要特别小心。此外，由于离子色谱柱的填料很容易被有机溶剂或其他极性物质所破坏，因此使用时也要特别当心，对不确切的未知样品应弄清楚其组成成分后才能进样分析。另外，为防止电导池被玷污，应当使用二次重蒸去离子水配制流动相、标样与试样。

5.2.3 实验技术

5.2.3.1 去离子水的制备技术

用石英蒸馏器制得的蒸馏水的电导率在 $1\mu S \cdot cm^{-1}$ 左右，对于高含量离子的分析，或对分析要求不高时可以使用。作为一般性要求，离子色谱中使用的纯水的电导率应在 $0.5\mu S \cdot cm^{-1}$ 以下。通常用金属蒸馏器制得的水的电导率在 $5 \sim 25\mu S \cdot cm^{-1}$，反渗透法（RO）制得的纯水电导率在 $2 \sim 40\mu S \cdot cm^{-1}$，均难满足离子色谱的要求。因此需要用专门的去离子水制备装置制备纯水，一般是将以自来水为原水的去离子水再用石英蒸馏器蒸馏，即通常所说的重蒸馏去离子水，也可将反渗透法制得的纯水作原水引进去离子水制备装置。精密去离子水制备可以制得电导率在 $0.06\mu S \cdot cm^{-1}$ 以下的纯水。

5.2.3.2 分离方式和检测方式的选择

分析者在选择分离方式和检测方式之前，应首先了解待测化合物的分子结构和性质以及样品的基体情况，如是无机还是有机离子，是酸还是碱，亲水性还是疏水性，离子的电荷数，是否为表面活性化合物等。

待测离子的疏水性和水合能是决定选用何种分离方式的主要因素。水合能高和疏水性弱的离子，如 Cl^- 和 K^+ 最好选用离子交换色谱分离。水合能低和疏水性强的离子，如高氯酸（ClO_4^-）或四丁基铵，最好用亲水性强的离子交换色谱或离子对色谱分离。有一定疏水性，也有明显水合能的 pK_a 值在 1～7 之间的离子，如乙酸盐或丙酸盐，最好用离子排斥色谱分离。有些离子，既可用阴离子交换分离，也可用阳离子交换分离，如氨基酸、生物碱等。

对无紫外或可见吸收以及强离解的酸和碱，最好用电导检测器；具有电化学活性和弱离解的离子，最好用安培检测器；对离子本身或通过柱后衍生化反应后的配合物在紫外或可见光区有吸收的最好用紫外-可见光检测器，能产生荧光的离子和化合物最好用荧光检测器。

表 5-9 和表 5-10 总结了对各种类型离子可选用的离子色谱分离方式和检测方式。

表 5-9　分离方式和检测器的选择（阴离子）

分析离子				分离(机理)方式	检测器
无机阴离子	亲水性	强酸	F^-、Cl^-、NO_2^-、Br^-、SO_3^{2-}、NO_3^-、PO_4^{3-}、SO_4^{2-}、PO_2^-、PO_3^-、ClO^-、ClO_2^-、ClO_3^-、BrO_4^-、低相对分子质量有机酸	阴离子交换	电导、UV
			SO_3^{2-}	离子排斥	安培
			砷酸盐、硒酸盐、亚硒酸盐	阴离子交换	电导
		弱酸	亚砷酸盐	离子排斥	安培
			BO_3^-、CO_3^{2-}	离子排斥	电导
			SiO_3^{2-}	离子交换、离子排斥	柱后衍生，Vis
	疏水性		CN^-、HS^-(高离子强度基体)	离子排斥	安培
			I^-、BF_4^-、$S_2O_3^{2-}$、SCN^-、ClO_4^-	阴离子交换、离子对	电导
	缩合磷酸盐		未配位	阴离子交换	柱后衍生，
	多价螯合剂		已配位	阴离子交换	Vis 电导
	金属配合物		$Au(CN)_2^-$、$Au(CN)_4^-$、$Fe(CN)_6^{4-}$、	离子对	电导
			$Fe(CN)_6^{3-}$、EDTA-Cu	阴离子交换	电导
有机阴离子	羧酸	一价	脂肪酸，C 数<5(酸消解样品，盐水，高离子强度基体)	离子排斥	电导
			脂肪酸，C 数>5 芳香酸	离子对/阴离子交换	电导，UV
		一至三价	一元、二元、三元羧酸＋无机阴离子	阴离子交换	电导
			羟基羧酸、二元和三元羧酸＋醇	离子排斥	电导
	磺酸	烷基磺酸盐，芳香磺酸盐		离子对，阴离子交换	电导，UV
	醇类	C 数<6		离子排斥	安培

表 5-10　分离方式和检测器的选择（阳离子）

分析离子			分离方式	检测器
无机阳离子		Li^+、Na^+、K^+、Rb^+、Cs^+、Mg^{2+}、Ca^{2+}、Sr^{2+}、Ba^{2+}、NH_4^+	阳离子交换	电导
	过渡金属	Cu^{2+}、Ni^{2+}、Zn^{2+}、Co^{2+}、Cd^{2+}、Pb^{2+}、Mn^{2+}、Fe^{2+}、Fe^{3+}、Sn^{2+}、Sn(Ⅳ)、Cr^{3+}、V(Ⅳ)、V(Ⅴ)、UO_2^{2+}、Hg^{2+}	阴离子交换/阳离子交换	柱后衍生 Vis 电导
		Al^{3+}	阳离子交换	柱后衍生 Vis
		Cr^{6+}(CrO_4^{2-})	阴离子交换	柱后衍生 Vis
	镧系金属	La^{3+}、Ce^{3+}、Pr^{3+}、Nd^{3+}、Sm^{3+}、Eu^{3+}、Gd^{3+}、Tb^{3+}、Dy^{3+}、Ho^{3+}、Er^{3+}、Tm^{3+}、Yb^{3+}、Lu^{3+}	阴离子交换，阳离子交换	柱后衍生 Vis
有机阳离子		低相对分子质量烷基胺、醇胺、碱金属和碱土金属	阳离子交换	电导、安培
		高相对分子质量烷基胺、芳香胺、环己胺、季铵、多胺	阳离子交换，离子对	电导、紫外、安培

5.2.4 定量方法

离子色谱法的定量方法完全与高效液相色谱法类似，常用的方法也有归一化法、外标法和内标法等。

5.2.5 技能训练

训练项目 5.4 离子色谱法测定自来水中阴离子的含量

(1) 训练目的

① 学会非抑制型离子色谱仪的基本操作方法。

② 学会配制离子色谱的流动相与分析试样。

(2) 方法原理 分析无机阴离子通常用阴离子交换柱，其填料通常为季铵盐交换基团，样品阴离子由于静电相互作用进入固定相的交换位置，又被带负电荷的淋洗离子交换下来进入流动相。不同阴离子交换基团的作用力大小不同，因此在固定相中的保留时间也就不同，从而彼此达到了分离。自来水中主要是 Cl^-、NO_3^- 和 SO_4^{2-} 等常见无机阴离子，这些阴离子在一般的阴离子交换柱上均能得到良好的分离。

本实验采用峰面积标准曲线法（1点）定量。

(3) 仪器与试剂

① 仪器 PE 200 型离子色谱仪或其他型号离子色谱仪，阴离子交换柱 Shodex IC-1-524A（5μm，4.6μm×100mm），电导检测器；流动相过滤器、无油真空泵、超声波清洗器；7个50mL容量瓶；6支5mL移液管，2只50mL小烧杯；1只100mL试剂瓶。

② 试剂 邻苯二甲酸，三-(羟基甲基)氨基甲烷（均为色谱纯），优级纯的钠盐（F^-、Cl^-、NO_2^-、Br^-、NO_3^- 和 SO_4^{2-}）；二次重蒸去离子水；自来水样品（实验室当场取样）。

(4) 训练内容与操作步骤

① 准备工作

a. 流动相的预处理 用50mL的小烧杯称取0.416g的邻苯二甲酸和0.292g的三-(羟基甲基)氨基甲烷（TRIS），用蒸馏水溶解后定容至1000mL，此流动相的pH约为4.0。

注意！在配制过程中，要求TRIS一定要在烧杯中完全溶解（必要时可小火加热）**后方可转移至容量瓶中。**

将配制好的流动相用0.45μm的水相滤膜过滤后，装入流动相贮液器内，用超声波清洗器脱气10～20min。

b. 试样和标样的预处理

(a) 标准溶液的配制 称取一定量的优级纯钠盐，用蒸馏水分别配制浓度为1000mg·L^{-1}的 F^-、Cl^-、NO_2^-、Br^-、NO_3^- 和 SO_4^{2-} 的标准贮备溶液。

用6支5mL移液管分别移取6种标准贮备溶液各5mL于6个50mL容量瓶中，用蒸馏水定容、摇匀，配制成浓度分别为100mg·L^{-1}的6种阴离子的标准溶液。

用不同的移液管分别移取100mg·L^{-1}的 F^- 标准溶液2.5mL，Cl^- 标准溶液2.5mL，NO_2^- 标准溶液5.0mL，Br^- 标准溶液5.0mL，NO_3^- 标准溶液10mL，SO_4^{2-} 标准溶液10mL于一个50mL的容量瓶中，用蒸馏水定容，这就是6种阴离子的混合溶液，其浓度分别为 F^-（5mg·L^{-1}）、Cl^-（5mg·L^{-1}）、NO_2^-（10mg·L^{-1}）、Br^-（10mg·L^{-1}）、NO_3^-（20mg·L^{-1}）、SO_4^{2-}（20mg·L^{-1}）。

(b) 自来水样品的制备 打开自来水管放流10min后，用洗净的试剂瓶接约100mL水样，用 0.45μm 水相滤膜过滤后，即制成自来水样品（如果自来水样品中离子浓度过高，可用蒸馏水稀释 5～10 倍）。

c. 离子色谱仪的开机

(a) 按仪器说明书依次打开高压输液泵、电导检测器和接口的电源。

(b) 打开电脑，进入色谱工作站。将运行时间设置为 10min，纵坐标量程设置为 5mV，同时建立一个序列方法（序列数以当日要做实验的数目来定）。

(c) 设置流动相流量为 0.20mL・min^{-1}，检测器温度为 45℃，同时设置检测器合适的灵敏度、增益等参数。

(d) 接上本次实验用的 Shodex IC-1-524A 色谱柱，打开输液泵旁路开关，排气。排气完毕后，确认流动相设置是否正确（0.20mL・min^{-1}），然后再按“start”按钮启动高压输液泵。

(e) 将流动相流量慢慢升至 1.2mL・min^{-1}。

② 标准和试样的分析

a. 混合标准溶液的分析　待检测器温度恒定至 45℃，基线稳定后，用 100μL 平头微量注射器吸取 20μL 阴离子混合标准溶液，进样分析，记录好样品名对应的文件名，并打印出色谱图和分析结果。

注意！注射器应事先用蒸馏水润洗 10 次，再用混合标准溶液润洗 10 次，而且不能带入气泡。

b. Cl^-、NO_3^- 和 SO_4^{2-} 标准溶液的分析　用 100μL 平头微量注射器分别吸取100mg・L^{-1} 的 Cl^-、NO_3^- 和 SO_4^{2-} 标准溶液各 20μL，进样分析，记录好样品名对应的文件名，并打印出色谱图和分析结果，然后从 Cl^-、NO_3^- 和 SO_4^{2-} 的保留时间即可确认混合标准溶液的分析谱图中这 3 种离子色谱峰的位置。

重复进样三次。

c. 自来水样品的分析　用 100μL 平头微量注射器吸取 20μL 自来水样品（必要时将自来水样品预先用 0.45μm 水相滤膜进行过滤），按分析测定标准溶液的方法进行分析测定，重复测定三次，记录好样品名对应的文件名，并打印出色谱图和分析结果。

③ 结束工作

a. 关机

(a) 所有的分析完毕后，让流动相继续清洗色谱柱 10～20min，以免色谱柱上残留样品或杂质；

(b) 关掉色谱工作站和电脑；

(c) 关闭接口、检测器电源；

(d) 依次降低流动相的流量至 0 后，关闭高压输液泵和电源；

(e) 周末停用仪器，可用本次实验配制的流动相冲洗泵、柱子和电导池（柱子要和流动相兼容）。

如果仪器长期停用，除完成上述步骤外，还应完成下述步骤。

Ⅰ. 卸下色谱柱，套上两头螺帽，确保泵头内灌满流动相溶液；

Ⅱ. 从系统中拆下泵的输出管，套上套管；

Ⅲ. 从溶剂贮液器中取出溶剂入口过滤器，放入干净袋中；

Ⅳ. 把泵放在台面清洁干燥的地方。

b. 清理台面，填写仪器使用记录。

（5）注意事项

① 离子交换柱的型号、规格不一样时色谱分析条件会有很大的差异，一般可按商品离子色谱柱说明书上所附的分析条件进行测定。

② 不同厂家的仪器，在分析条件的设置及工作站的软件操作方面差异较大，应仔细阅读仪器操作说明书后再开始实验。

③ 在样品离子的色谱峰之前有一个很大的水峰，之后才是样品离子的色谱峰；在样品离子的色谱峰之后往往还有一个较大的系统峰，一定要等到系统峰出完之后，才能进行下一个样品的分析。

（6）数据处理

① 从 6 种阴离子混合标准溶液的色谱图和分析结果中计算出各种离子的保留时间，确认各个色谱峰的归属。

② 计算出 Cl^-、NO_3^- 和 SO_4^{2-} 的单位浓度峰高和峰面积的平均值；

③ 参照下表整理自来水中无机阴离子的分析结果。

阴离子	保留时间/min	测定值/（$mg \cdot L^{-1}$）	平均值/（$mg \cdot L^{-1}$）
Cl^-			
NO_3^-			
SO_4^{2-}			

（7）思考题　流动相流速增加，离子的保留时间是增加还是减小？为什么？

思考与练习 5.2

（1）离子交换色谱中用于阴离子分析的分离柱一般选用具有______基团的离子交换树脂，用于阳离子分析的分离柱一般选用具有______基团的离子交换树脂。

（2）离子色谱仪最基本的组件是______、______、______、______、______和数据处理系统。

（3）根据不同的分离机理，离子色谱法可分为______、______、______和______。

（4）在离子色谱仪中，使用最多的检测器是（　）。

A. 电导检测器　B. 紫外检测器　C. 安培检测器　D. 荧光检测器

（5）简述离子色谱仪的工作流程。

（6）待测离子的一般信息主要包括哪些内容？

（7）为下列离子化合物选择合适的分离方式和检测器。

① 金属配合物

② 碳数小于 5 的脂肪酸

③ 磷酸盐

④ 镧系金属阳离子

单柱离子排斥——阳离子交换色谱法测定酸雨组分

酸雨是指 pH<5.6 的酸性降水，是大气污染现象之一。酸雨可降落在本国境内，也可随风漂移而降落到几千里外的别国国土上，造成大范围的公害。研究资料表明，酸雨对各种经济资源如渔业、森林、农业和野生生物等都是有害的。同时，酸雨可以腐蚀建筑物，摧毁庄稼，并使水域和土壤酸化，破坏整个生态环境。比较明显的酸雨之害是对森林的损伤，它能使树叶枝梢枯黄，甚至死亡。近年各国对森林毁于酸雨的报道很多。现已组织了国际联合机构，共同解决监测和治理问题。

酸雨主要是由人为活动排放的 SO_2、NO_x 等造成的，酸雨中含有多种无机酸和有机酸，酸雨中阴、阳离子的分析对研究酸雨的成因及其预防有重要的作用。雨水中的阴离子主要有 Cl^-、NO_3^-、SO_4^{2-}，阳离子主要有 H^+、Na^+、K^+、NH_4^+、Ca^{2+}、Mg^{2+}，在上海地区的降水中还存在着 F^-；阴、阳离子平衡应接近 1.0。离子色谱作为测定雨水中阴、阳离子特别是阴离子的方法已获得广泛应用，但其中的阴离子和一价阳离子、二价阳离子需使用阴离子交换柱和阳离子交换柱以及不同的淋洗液分别进行分离和测定，使得分析步骤繁琐。若以 EDTA 等配位剂作为淋洗液，使 Ca^{2+}、Mg^{2+} 变成稳定的 EDTA 配位阴离子后，用阴离子交换柱可使阴离子与碱土金属离子（Ca^{2+}、Mg^{2+}）同时被分离和检测。Tanaka K. 等建立了单柱离子排斥-阳离子交换色谱法，用一根填充亲水性的弱酸性阳离子交换树脂的色谱柱，有效地同时分离了多种无机阴、阳离子。

酸雨的研究和治理是一个长期的过程，需要我们不断的努力。

5.3 红外吸收光谱法

5.3.1 基础知识

红外吸收光谱和紫外-可见光吸收光谱同属分子光谱。当分子吸收外界辐射能后，总能量变化是电子运动能量变化、振动能量变化和转动能量变化的总和。由于紫外-可见光区的波长为 200～780nm，分子吸收该光区辐射获得的能量足以使价电子发生跃迁而产生分子的吸收光谱，称为紫外-可见光吸收光谱，也称电子光谱。分子振动能级跃迁同时伴随着转动能级的跃迁需要的能量较小，与该能量相应的波长约为 0.78～300μm，它属于红外光区，若用红外光照射分子时将引起振动与转动能级间的跃迁，由此产生的分子吸收光谱称为红外吸收光谱或称振-转光谱。与原子吸收光谱不同，分子光谱是带光谱，而原子吸收光谱是线光谱。

按波长不同，一般将红外光区分为近红外区（0.78～3.0μm）、中红外区（3.0～30μm）和远红外区（30～300μm）三个区域。绝大多数化合物的化学键振动出现在中红外区，因此下面主要介绍中红外吸收光谱。

5.3.1.1 分子振动的类型

在分子中，原子的运动方式有三种：平动、转动和振动。实验证明，只有当分子间的振动能产生偶极矩周期性变化的才有红外吸收光谱。并且，若振动方式不同而频率相同时，会产生简并作用。分子的振动类型有如下两种。

(1) 伸缩振动　伸缩振动是指化学键两端的原子沿键轴方向作来回周期运动，它又可分为对称与非对称伸缩振动。例如亚甲基的伸缩振动如图 5-10 所示。

(2) 弯曲振动（或称变形振动）　弯曲振动是指使化学键角发生周期性变化的振动，它又包括剪式振动、平面摇摆、非平面摇摆以及扭曲振动。例如亚甲基的弯曲振动如图 5-11 所示。

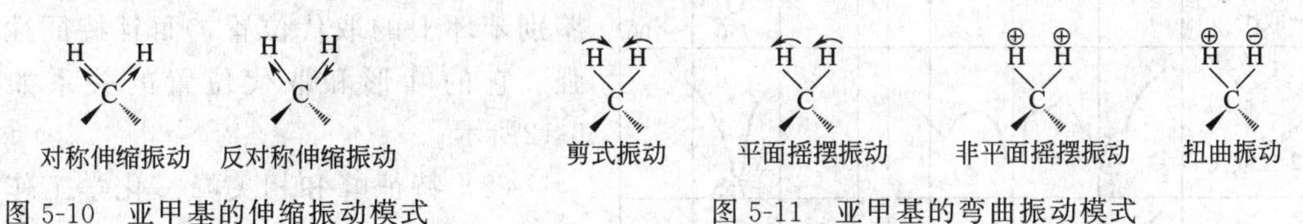

图 5-10　亚甲基的伸缩振动模式

图 5-11　亚甲基的弯曲振动模式

⊕—垂直纸面向里；⊖—垂直纸面向外

5.3.1.2　产生红外吸收的条件

分子必须同时满足以下两个条件时，才能产生红外吸收。

① 分子振动时，必须伴随有瞬时偶极矩的变化。一个分子有多种振动方式，只有使分子偶极矩发生变化的振动方式，才具有红外活性，才会吸收特定频率的红外辐射。例如，CO_2 是线形分子，其永久偶极矩为零，但它的反对称振动仍伴随有瞬时偶极矩的变化，因此是具有红外活性的分子。当线形的 CO_2 分子作对称的伸缩振动时，无偶极矩变化，为非红外活性，不产生红外吸收。分子是否显示红外活性，与分子是否有永久偶极矩无关。只有同核双原子分子（如 H_2、N_2 等）才显示非红外活性。

② 只有当照射分子的红外辐射的频率与分子中某种振动方式的频率相同时，分子才能吸收能量，从基态振动能级跃迁到较高能量的振动能级，从而在谱图上出现对应的吸收带。

5.3.1.3　红外吸收峰类型

(1) 基频峰和泛频峰

① 基频峰　在室温下，大多数分子是处于振动能级的基态，在红外辐射激发下，分子吸收一定频率的红外光后，振动能级由基态跃迁至第一激发态时所产生的吸收峰，称为基频峰。例如，在 2-甲基丁醛的红外吸收光谱图上的 $2960cm^{-1}$ 吸收峰与甲基的 C—H 伸缩振动频率 $2960cm^{-1}$ 相等，因此该峰为甲基的 C—H 伸缩振动基频峰，而甲基只是 2-甲基丁醛分子中的一种基团。每个分子有许多种基本振动，但基本振动数与基频峰数并不相等，如 CO_2 的基本振动数为 4，但在其红外吸收光谱图上，只能看到 $2349cm^{-1}$ 及 $667cm^{-1}$ 两个基频峰。吸收峰减少的原因有以下几点。

红外非活性振动，有高度对称结构的分子由于有些振动不引起偶极矩的变化，故没有红外吸收峰。如 CO_2 的对称伸缩振动频率为 $1388cm^{-1}$，但在红外光谱图上却无此吸收峰。这是因为 CO_2 的对称伸缩振动没有引起分子偶极矩的变化。

不在同一平面内具有相同频率的两个基频振动，发生简并，在红外光谱中就只出现一个吸收峰。如 CO_2 分子的面内及面外弯曲振动，虽然振动形式不同（振动的方向垂直），但振动的频率相等，因此它们的基频峰在图上同一位置（$667cm^{-1}$）出现，所以只能观察到一个吸收峰。

仪器分辨率低，使有的强度很弱的吸收峰不能检出，或吸收峰相距太近分不开而简并。有些基团的振动频率出现在低频区（长波区），超出仪器的检测范围。

② 泛频峰　振动能级由基态跃迁到第二、第三、……、第 n 激发态时所产生的吸收峰，

称为倍频峰。除此之外还有差频峰、合频峰。倍频峰、差频峰及合频峰统称为泛频峰。泛频峰一般为一些弱峰，它们的存在使光谱变得复杂，更增加了光谱对分子结构的特征性。例如，取代苯的泛频峰出现在 2000～1650cm^{-1}的区间，主要由苯环上面外弯曲振动的倍频峰等组成，可用于鉴别苯环上的取代位置，而且特征性很强。它的峰形和取代位置的关系如图 5-12所示。

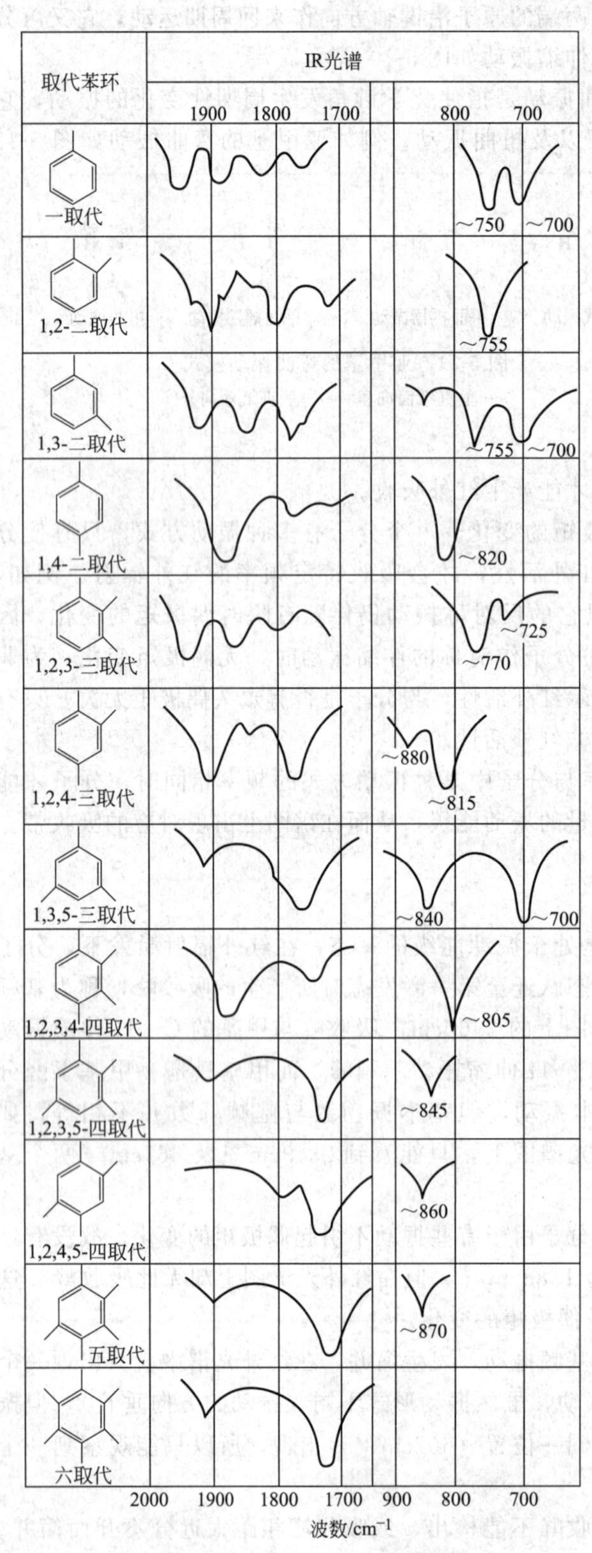

图 5-12　各取代苯的 γ_{CH} 振动吸收和在 1650～2000cm^{-1}的吸收峰形

（2）特征峰和相关峰　化学工作者根据大量的光谱数据、对比了大量的红外谱图后发现，具有相同官能团（或化学键）的一系列化合物有近似相同的吸收频率，证明官能团（或化学键）的存在与谱图上吸收峰的出现是对应的。因此，可用一些易辨认的、有代表性的吸收峰来确定官能团的存在。凡是可用于鉴定官能团存在的吸收峰，称为特征吸收峰，简称特征峰。如—C≡N 的特征吸收峰在 2247cm^{-1}处。

又因为一个官能团有数种振动形式，而每一种具有红外活性的振动一般对应产生一个吸收峰，有时还能观测到泛频峰，因而常常不能只由一个特征峰来肯定官能团的存在。例如分子中如有—CH＝CH_2 存在，则在红外光谱图上能明显观测到 $\nu_{as(=CH_2)}$、$\nu_{(C=C)}$、$\gamma_{(=CH)}$、$\gamma_{(=CH_2)}$ 四个特征峰。这一组峰是因—CH＝CH_2 基的存在而出现的相互依存的吸收峰，若证明化合物中存在该官能团，则在其红外谱图中这四个吸收峰都应存在，缺一不可。在化合物的红外谱图中由于某个官能团的存在而出现的一组相互依存的特征峰，可互称为相关峰，用以说明这些特征吸收峰具有依存关系，并区别于非依存关系的其他特征峰，如—C≡N基只有一个 $\nu_{(C\equiv N)}$ 峰，而无其他相关峰。

用一组相关峰鉴别官能团的存在是个较重要的原则。在有些情况下因与其他峰重叠或峰太弱，因此并非所有的相关峰都能观测到，但必须找到主要的相关峰才能确认官能团的存在。

5.3.1.4 基团频率及频率位置

振动的主要参与者是由化学键连接在一起的两个原子，这样的振动可看做是简谐振动。它具有的振动频率主要取决于两振动原子的质量及连接它们的化学键的力常数，而与这两个原子相连的其他原子对频率的影响很小。因此组成分子的各种基团虽处在不同的分子中，但它都有自己特定的红外吸收区域，通常把这种能代表某基团存在并有较高吸收的峰称为特征吸收峰，其所在的区域常称为化学键或官能团的特征频率区。一般讲，随化学键强度的增加，振动频率向高波数方向移动。另一方面，从相对原子质量上看，基团频率随着成键相对原子质量的增大向低波数方向移动。特征吸收谱带较多地集中在 4000～1250cm^{-1}。常见的一些基团红外光谱吸收区列于表 5-11。由于内部因素（指诱导效应、共轭效应、氢键、振动偶合及环的张力效应等）和外部因素（指试样物态、溶剂极性及测定条件等）对基团频率的影响，会导致频率的红移和蓝移。

表 5-11 红外光谱中一些基团的吸收区域

区域	基团	吸收频率的波数范围/cm^{-1}	振动形式	吸收强度	说明
第一区域	—OH(游离)	3650～3580	伸缩	m,sh	判断有无醇类、酚类和有机酸的重要依据
	—OH(缔合)	3400～3200	伸缩	s,b	
	—NH_2,—NH(游离)	3500～3300	伸缩	m	
	—NH_2,—NH(缔合)	3400～3100	伸缩	s,b	
	—SH	2600～2500	伸缩		
	C—H 伸缩振动				
	不饱和 C—H				不饱和 C—H 伸缩振动出现在 3000cm^{-1}以上
	≡C—H(叁键)	3300 附近	伸缩	s	
	═C—H(双键)	3010～3040	伸缩	s	末端═CH_2 出现在 3085cm^{-1}附近
	苯环中 C—H	3030 附近	伸缩	s	强度上比饱和 C—H 稍弱，但谱带较尖锐
	饱和 C—H				饱和 C—H 伸缩振动出现在 3000cm^{-1}以下(3000～2800cm^{-1})，取代基影响较小
	—CH_3	2960±5	反对称伸缩	s	
	—CH_3	2870±10	对称伸缩	s	
	—CH_2	2930±5	反对称伸缩	s	三元环中的 CH_2 出现在 3050cm^{-1}
	—CH_2	2850±10	对称伸缩	s	—C—H 出现在 2890cm^{-1}，很弱
第二区域	—C≡N	2260～2220	伸缩	s 针状	干扰少
	—N≡N	2310～2135	伸缩	m	
	—C≡C—	2260～2100	伸缩	v	R—C≡C—H，2100～2140cm^{-1}；R—C≡C—R′，2190～2260cm^{-1}；若 R′＝R，对称分子无红外谱带
	—C═C═C—	1950 附近	伸缩	v	
第三区域	C═C	1680～1620	伸缩	m,w	
	芳环中 C═C	1600,1580 1500,1450	伸缩	v	苯环的骨架振动
	—C═O	1850～1600	伸缩	s	其他吸收带干扰少，是判断羰基(酮类、酸类、酯类、酸酐等)的特征频率，位置变动大
	—NO_2	1600～1500	反对称伸缩	s	
	—NO_2	1300～1250	对称伸缩	s	
	S═O	1220～1040	伸缩	s	

续表

区域	基团	吸收频率的波数范围/cm^{-1}	振动形式	吸收强度	说明
第四区域	C—O	1300～1000	伸缩	s	C—O 键（酯、醚、醇类）的极性很强，故强度强，常成为谱图中最强的吸收
	C—O—C	900～1150	伸缩	s	醚类中 C—O—C 的 $1100cm^{-1}\pm50cm^{-1}$ 是最强的吸收。C—O—C 对称伸缩在 900～$1000cm^{-1}$，较弱
	$—CH_3$，$—CH_2$	1460±10	$—CH_3$ 反对称变形，CH_2 变形	m	大部分有机化合物都含有 CH_3、CH_2 基，因此此峰经常出现
	$—CH_3$	1370～1380	对称变形	s	
	$—NH_2$	1650～1560	变形	m～s	
	C—F	1400～1000	伸缩	s	
	C—Cl	800～600	伸缩	s	
	C—Br	600～500	伸缩	s	
	C—I	500～200	伸缩	s	
	$═CH_2$	910～890	面外摇摆	s	
	$—(CH_2)_n—$，$n>4$	720	面内摇摆	v	

注：s—强吸收，b—宽吸收带，m—中等强度吸收，w—弱吸收，sh—尖锐吸收峰，v—吸收强度可变。

由于官能团的特征吸收频率可以作为红外吸收光谱定性分析的依据，所以红外吸收光谱法用于有机化合物的结构测定是目前应用最成功和最广泛的方法之一。

5.3.1.5 红外吸收光谱图

在红外吸收光谱图中，以横坐标示意吸收带在光谱中的位置，可用波长 λ（μm）或波数 $\bar{\upsilon}$（cm^{-1}）表示。必须注意，同一样品用波数呈线性记录与用波长呈线性记录的光谱外貌是不相同的（图 5-13)。光谱图的纵坐标示意吸收强度，可用百分透射比或吸光度表示。波长和波数为倒数关系，当波长为 μm 时，波数为 cm^{-1}时，二者的关系为：$\bar{\upsilon}=\frac{1}{\lambda}=\frac{10^4}{\lambda}$（波数 cm^{-1}）

5.3.1.6 红外光谱区的划分

红外光谱吸收区（4000～$400cm^{-1}$）可划分为如下四个区。

(1) 4000～$2500cm^{-1}$氢键区　此区为各类 X—H 单键的伸缩振动区，X 代表 O、N、C、S 等原子，主要包括 O—H、N—H、C—H 等的伸缩振动。O—H 伸缩振动在 3700～$3100cm^{-1}$，氢键的存在使频率降低，谱带变宽，它是判断有无醇、酚和有机酸的重要依据。C—H 伸缩振动，分饱和烃和不饱和烃两类，以 $3000cm^{-1}$ 为区分的界线，不饱和 C—H 键的伸缩振动在 $3000cm^{-1}$以上，饱和烃的 C—H 伸缩振动在 $3000cm^{-1}$以下。

(2) 2500～$2000cm^{-1}$区域　此区是叁键和累积双键的伸缩振动区，该区谱带较少，主要包括 R—C≡C—R′（2190～$3226cm^{-1}$）、R—C≡C—H（2100～$2140cm^{-1}$）和 C≡N（2400～$2100cm^{-1}$针状强吸收）等叁键的伸缩振动和累积双键—C＝C＝O、—C＝C＝C—、—N＝C＝O 等的反对称伸缩振动。

(3) 2000～$1500cm^{-1}$区域　此区为双键伸缩振动区，主要包括 C＝O、C＝C、C＝N、N＝O 等键的伸缩振动、苯环骨架振动、芳香族化合物倍频谱带。羰基的伸缩振动在 1850～$1600cm^{-1}$，所有羰基化合物在该区均有很强的吸收带，而且往往是谱图中第一强峰，

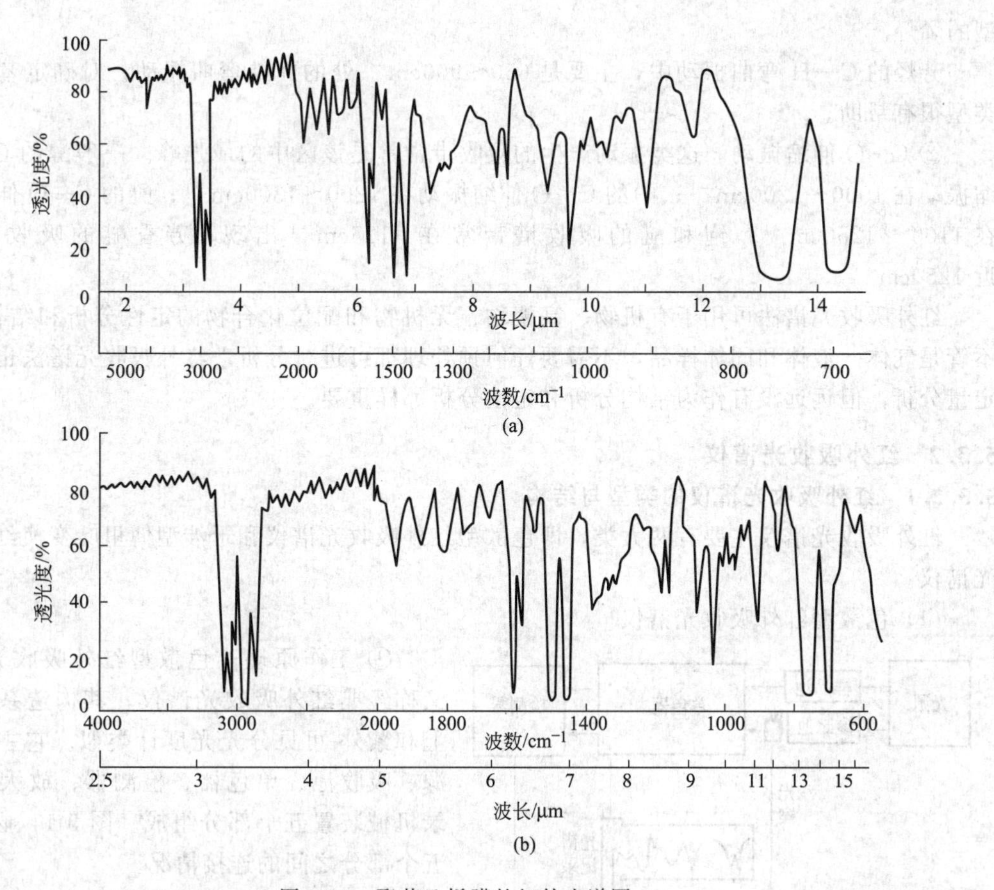

图 5-13　聚苯乙烯膜的红外光谱图

很有特征，是判断有无羰基化合物的主要依据。其位置按酸酐、酯、醛、酰胺等不同而异，这对判断羰基种类很有价值。

C ═ C 伸缩振动吸收峰出现在 1600～1660cm^{-1}，一般比较弱，但当邻接基团差别比较大时，吸收峰较强。单核芳烃的 C ═ C 伸缩振动出现在 1500～1480cm^{-1} 和 1600～1590cm^{-1}两个区域，这两个峰是鉴别有无芳核存在的重要标志之一。一般前者较强，后者较弱。

苯的衍生物在 2000～1650cm^{-1}区域出现 C—H 面外弯曲振动的泛频峰。它的强度很弱，但吸收峰的数目和形状与芳核的取代类型有关。因此，将它和 900～600cm^{-1} 区域苯环的 C—H 面外弯曲振动吸收峰结合起来，共同确定苯的取代类型是很可靠的，详细情况可参阅图 5-12。

(4) 1500～670cm^{-1}区域　此区称为部分 X—Y 单键的伸缩振动和 X—H 键的面内、面外弯曲振动。该区的光谱比较复杂，对鉴定有价值的特征谱带主要有：C—H、O—H 的弯曲振动和 C—O、C—N 等键的伸缩振动以及 C—C 骨架振动。其中 670～1300cm^{-1}的区域称为指纹区。该区谱图对结构上的细微变化非常敏感，就像人的指纹一样。这对区别结构类似的化合物很有帮助。

① C—H 弯曲振动　饱和 C—H 弯曲振动包括甲基和亚甲基两种。甲基的弯曲振动以 1370～1380cm^{-1}处的谱带较为特征，可作判断有无甲基存在的依据。

烯烃的 C—H 弯曲振动以 800～1000cm^{-1}范围的谱带最有用，可以借以鉴别各种取代类型的烯烃。

芳烃的C—H弯曲振动中，主要是650～900cm^{-1}处的面外弯曲振动，对确定苯的取代类型很有帮助。

② C—O伸缩振动　这类振动产生的吸收带常常是该区中的最强峰。一般醇的C—O伸缩振动在1000～1200cm^{-1}；酚的C—O伸缩振动在1200～1300cm^{-1}；醚的C—O伸缩振动在1100～1250cm^{-1}；饱和醚的吸收谱带常在1125cm^{-1}出现，芳香醚的吸收峰多靠近1250cm^{-1}。

红外吸收光谱法可用于有机物、高聚物、无机物和配位化合物的定性分析和结构研究。不管是气体、液体和固体样品，不需要任何预处理都可进行分析。红外吸收光谱法也可进行定量分析，但远远没有作为结构分析和定性分析那样重要。

5.3.2　红外吸收光谱仪

5.3.2.1　红外吸收光谱仪的类型与结构

红外吸收光谱仪主要有两大类，即色散型红外吸收光谱仪和干涉型傅里叶变换红外吸收光谱仪。

(1) 色散型红外吸收光谱仪

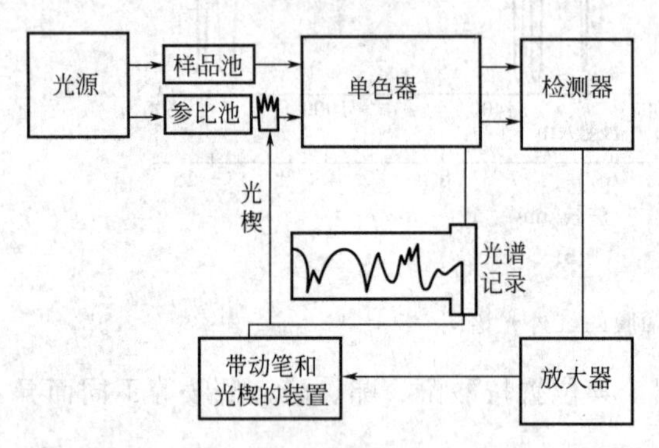

图5-14　双光束红外光谱仪原理图

① 工作原理　色散型红外吸收光谱仪，又称经典红外吸收光谱仪，其构造系统基本上和紫外-可见分光光度计类似。它主要由光源、吸收池、单色器、检测器、放大器及记录机械装置五个部分组成。图5-14显示了这五个部分之间的连接情况。

从光源发出的红外光分为两束，一束通过参比池，然后进入单色器内有一个以一定频率转动的扇形镜，扇形镜每秒旋转13次，周期性地切割两束光，使样品光束和参比光束每隔$\frac{1}{13}$s交替进入单色器的棱镜或光栅，经色散分光后最后到达检测器。随着扇形镜的转动，检测器就交替地接受两束光。

光在单色器内被光栅或棱镜色散成各种波长的单色光，从单色器发出波长为某频率的单色光。假定该单色光不被样品吸收，此两束光的强度相等，则检测器不产生交流信号。改变波长，若该波长下的单色光被样品吸收，则两束光强度就有差别，就在检测器上产生一定频率的交流信号（其频率决定于扇形镜的转动频率），通过放大器放大，此信号带动可逆马达，移动光楔进行补偿。样品对某一频率的红外光吸收愈多，光楔就愈多地遮住参比光路，即把参比光路同样程度地减弱，使两束光重新处于平衡。

样品对于各种不同波长的红外光吸收有多少，参比光路上的光楔也相应地按比例移动，以进行补偿。由于记录笔是和光楔同步的，因此记录笔就记录下样品光束被样品吸收后的强度——百分透射比，作为纵坐标直接被描绘在记录纸上。

单色器内的光栅或棱镜可以移动以改变单色光的波长，而光栅或棱镜的移动与记录纸的移动是同步的，这就是横坐标。这样在记录纸上就描绘出纵坐标——百分透射比（T）对横坐标——波长或波数（λ 或 $\bar{\upsilon}$）的红外吸收光谱图。

② 仪器主要部件

a. 光源　常用的红外光源有能斯特灯和硅碳棒。

能斯特灯是由铈、锆、钍和钇等氧化物烧结而成的长约 2cm，直径约 1mm 的实心棒或空心棒组成，工作前需要预热。工作温度可达 1300～1700℃，其发射的波长范围约为 1～30μm。能斯特灯的寿命为 6 个月至一年，稳定性好。对短波范围，辐射效率优于硅碳棒，但价格较贵，机械强度较差。

硅碳棒是由碳化硅烧结而成的两端粗中间细的实心棒，工作温度达 1200～1500℃。对于长波，其辐射效率高于能斯特灯，其使用波长范围比能斯特灯宽，发光面大，缺点是工作时电极接触部分要用冷水冷却。

b. 样品池　不同的分析对象（液体、气体和固体）应选用相应的样品池。样品池的盐窗材料必须能很好地透过所需波长的辐射。表 5-12 为几种池窗材料的比较。

表 5-12　池窗材料

材　　料	透光范围[①]/μm	注　意　事　项
NaCl	0.2～25	易潮解，应低于 40%湿度下使用
KBr	0.25～40	易潮解，应低于 35%湿度下使用
CaF_2	0.13～12	不溶于水，可测水溶液红外光谱
CsBr	0.2～55	易潮解
KRS-5[②]	0.55～40	微溶于水，可测水溶液红外光谱，该物有毒

① 此数值表示厚度为 2mm，其透光度大于 10%的范围。

② 人工合成的 TlBr 和 TlI 的混合晶体。

c. 单色器　单色器由狭缝、准直镜和色散元件（棱镜和光栅）通过一定的排列方式组合而成，它的作用是把通过吸收池而进入入射狭缝的复合光分解成为单色光照射到检测器上。棱镜主要用于早期仪器中，若以棱镜作色散元件，则制作的材料与样品池一样，应能透过红外辐射。为了防止由于金属盐的水溶性而使水汽蚀刻棱镜表面，必须保持棱镜完全干燥，因此对实验室环境要求较高。目前多用光栅作色散元件最大的优点是：不会受水汽的侵蚀；使用的波长范围宽；在操作范围内，分辨率恒定，而且改进了对长波部分红外辐射的分离。

狭缝越窄，分辨率越高，但同时会减少光源能量的输出，这在红外吸收光谱分析中尤为突出。为了减少波长部分能量的损失，改善检测器的响应，可采用程序增减狭缝的宽度办法，即随辐射能量减少，狭缝宽度自动增加，使能量在恒定范围内到达检测器。

d. 检测器　一般红外吸收光谱仪所用检测器主要有三种：热电偶、电阻测辐射热计和高莱池。其中，真空热电偶是普遍采用的一种检测器。它利用不同导体构成回路时的温差现象，将温差转变成电位差。

e. 放大器和记录器　由于检测器产生的电信号很小，因此检测器输出的电信号必须经过电子管放大器放大，以带动光楔和记录笔的伺服电机绘出红外光谱图。

(2) 干涉型红外吸收光谱仪　干涉型红外光谱仪是利用干涉现象，并经过傅里叶变换而获得红外吸收光谱的仪器，又称傅里叶变换红外吸收光谱仪（FTIR）。它由光源（硅碳棒、高压汞灯）、干涉仪（迈克尔逊干涉仪）、样品室、检测器、计算机和记录显示装置组成，如图 5-15 所示。

由光源发出的红外光进入干涉仪后被分成相同纯度的两束光，这两束光到达检测器时具有光程差，因而产生光的相干作用，于是得到光的干涉图。

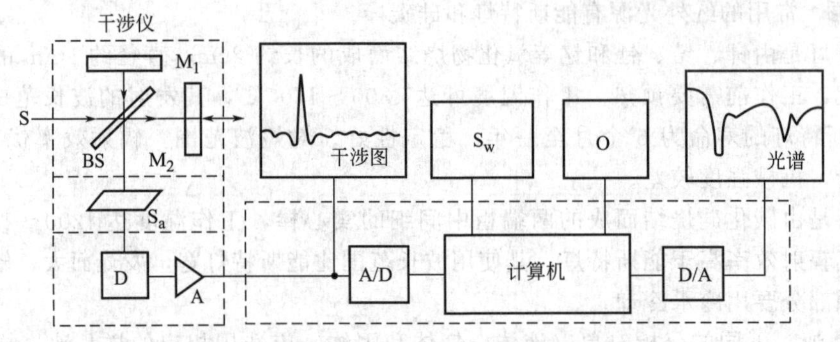

图 5-15 傅里叶变换红外光谱仪工作原理示意图

S—光源；M_1—定镜；M_2—动镜；BS—分束器；D—探测器；S_a—样品；

A—放大器；A/D—模数转换器；D/A—数模转换器；S_w—键盘；O—外部设备

如果在光路中放置样品，就可得到带有样品信息的干涉图。这类干涉图不是我们所熟悉的红外吸收光谱图，还必须利用数学上的傅里叶函数变换，对不同频率的光强进行计算，这样才可以得到透射比随频率变化的普通红外吸收光谱图。这部分工作由仪器中的计算机来完成，最后得出我们所熟悉的红外吸收光谱图。

FTIR 的突出优点是：它具有极高的分辨率（最高达 0.005～0.1cm^{-1}）；极高的灵敏度（与色散型红外光谱仪相比，其光通量高 50 倍左右，信噪比高 30 倍左右）；极宽的出谱范围（10000～10cm^{-1}）；极快的扫描速度（测绘 1 张全程光谱图只需数秒钟，从而实现了红外吸收光谱和气相或液相色谱的联用）。由于 FTIR 具有独特的优点，所以它被广泛应用于现代化学研究中，成为重要的分析仪器设备之一。

5.3.2.2　红外吸收光谱仪的使用方法及日常维护

（1）使用方法　各种不同仪器应按仪器说明书进行操作，一般的操作程序（对傅里叶变换红外吸收光谱仪而言）如下。

① 接通电源，预热，设置扫描参数；

② 待仪器稳定后，扫描背景谱图；

③ 在样品室中放上待测样品，扫描样品谱图；

④ 对谱图进行优化处理；

⑤ 打印样品分析谱图；

⑥ 关闭电源，清理实验台，填写仪器使用记录。

（2）日常维护

① 红外光谱实验室要求温度适中，相对湿度不得超过 60%，为此，要求实验室应装配空调和除湿机；

② 仪器应放在防震的台子上或安装在震动较少的环境中；

③ 仪器使用的电源要远离火花发射源和大功率磁电设备，采用电源稳压设备，并应设置良好的接地线；

④ 仪器在使用过程中，对光学镜面必须严格防尘，防腐蚀，并且要特别防止机械摩擦；

⑤ 光源使用温度要适宜，不得过高，否则将缩短其寿命；更换、安装光源时要十分小心，以免光源受力折断；

⑥ 各运动部件要定期用润滑油润滑，以保持运转轻快；

⑦ 仪器长期不用，再用时要对其性能进行全面检查。

5.3.3 红外吸收光谱分析试样的制备

5.3.3.1 制备试样的要求

① 试样应该是单一组分的纯物质，纯度应大于98%或符合商业标准。多组分样品应在测定前用分馏、萃取、重结晶、离子交换或其他方法进行分离提纯，否则各组分光谱相互重叠，难以解析。

② 试样中应不含游离水。水本身有红外吸收，会严重干扰样品谱图，还会侵蚀吸收池的 KBr 盐窗。

③ 试样的浓度和测试厚度应选择适当，以使光谱图中大多数峰的透射比在10%～80%范围内。

5.3.3.2 样品的制备方法

(1) 气体样品　气体样品的红外测试可采用气体池进行。在样品导入前先抽真空，气体池的窗口多用抛光的 NaCl 或 KBr 晶片。常用的气体池长 5cm 或 10cm，容积为 50～150mL。由于水蒸气在中红外区有强的吸收峰，所以，气体池一定要干燥。样品测完后，用干燥的氮气流冲洗。

(2) 液体样品　测定液体样品时，使用液体池。低沸点样品可采用固定池，一般常用的为可拆卸池，即将样品直接滴于两块盐片之间，形成液体毛细薄膜（液膜法）进行测谱。对于某些吸收很强的液体试样，需用溶剂配成浓度较低的溶液再滴入液体池中测谱。选择溶剂时要注意溶剂对溶质应有较大的溶解度，溶剂在较大波长范围内无吸收，不腐蚀液体池的盐片，对溶质不发生反应等。常用的溶剂有二硫化碳、四氯化碳、三氯甲烷、环己烷等。

(3) 固体样品　一般常用三种方法制样：压片法、糊状法及薄膜法。

① 压片法　把1～2mg 固体样品放在玛瑙研钵中研细，加入100～200mg 磨细干燥的碱金属卤化物（多用 KBr）粉末，混匀后，放入压模内，在压片机上加压，制成厚约1mm、直径约10mm 左右的透明片子，然后进行测谱。

② 糊状法　将固体样品研成细末，与糊剂（如液体石蜡油）混合成糊状，然后夹在两窗片之间进行测谱。石蜡油是一精制过的长链烷烃，具有较大的黏度和较高的折射率。用石蜡油做糊剂不能用来测定饱和碳氢键的吸收情况，此时可用六氯丁二烯代替石蜡油作糊剂。

③ 薄膜法　把固体样品制成薄膜来测定。薄膜的制备有两种方法：一种是将样品熔融后直接涂在盐片上。这种方法适用于熔点低，熔融时不分解、不升华，没有其他化学变化的物质。另一种是先把样品溶于挥发性溶剂中制成溶液，然后涂在盐片上，待溶剂挥发后，样品遗留在盐片上而形成薄膜，大多数聚合物样品可这样处理。

5.3.4 红外定性分析

5.3.4.1 定性分析的一般程序

(1) 确定样品的来源和性质　在解析谱图以前，应弄清样品的来龙去脉，获取对分析有益的信息。若知道样品的制备方法、纯度，先测定其熔点、沸点、折射率、相对分子质量、溶解度等物理常数，可大大简化解析过程。

(2) 计算不饱和度　化合物分子中的不饱和度，对结构的推测非常有帮助。有机化合物分子的不饱和度（U）表示化合物分子中碳原子的不饱和程度。它等于 π 键与环数之和。叁键为两个不饱和度。计算公式如下：

$$U=1+n_4+\frac{1}{2}(n_3-n_1) \tag{5-2}$$

式中，n_1、n_3、n_4 分别为分子中所含一价、三价和四价原子的数目。根据计算得出：

$U=1$ 表明分子中含有一个双键或一个环；$U=2$ 表明分子中含有一个叁键或两个双键，或一个双键一个环等；一个芳环的 $U=4$；饱和链状化合物的 $U=0$。

（3）确定特征官能团　在获得样品的红外吸收光谱图以后，可借助于手册和书籍中的基团频率表，对照谱图中基团频率区内的主要吸收带，推测可能存在的官能团和化学键，然后再结合指纹区吸收带作出推测。

（4）确证解析结果　在推断出化合物的结构之后，可以有以下几种验证方法。

① 设法获得纯样品，扫描其光谱图进行对照，但必须考虑到样品的处理技术与测量条件是否相同。

② 若不能获得纯样品时，可与标准光谱图进行对照。当谱图上的特征吸收带位置、形状及相对强度相一致时，可以完全确证。当然，两图一般不可能绝对吻合，但各特征吸收带相对强度的顺序是不变的。

常见的标准红外光谱图集有 Sadtler 红外谱图集、Coblentz 学会谱图集、API 光谱图集、DMS 光谱图集等。

③ 对复杂样品，若不能做出完全肯定的推断，往往与质谱、核磁共振波谱等方法联合解析。

5.3.4.2　红外光谱图解析程序

先识别特征区的第一强峰的来源，即由何种振动所引起，可能属于什么基团。然后找出该基团的主要相关峰，以确定第一强峰所属基团。依次再解析特征区的第二强峰及其相关峰。有必要时再解析指纹区的第一、第二强峰及其相关峰。较简单的谱图，一般解析三四组相关峰即可解析完毕，但结果的最终判定，往往要与标准光谱图进行对照。

5.3.5　技能训练

5.3.5.1　训练项目 5.5　苯甲酸的红外吸收光谱测定（压片法）

（1）训练目的

① 学会一般固体样品的制样方法以及压片机的使用方法。

② 学会红外吸收光谱仪的基本操作。

（2）方法原理　不同的样品状态（固体、液体、气体以及黏稠样品）需要对应的制样方法。制样方法的选择和制样技术的好坏直接影响谱带的频率、数目和强度。

对于像苯甲酸这样的粉末样品常采用压片法。操作方法是：将研细的粉末分散在固体介质中，用压片机压成透明的薄片后测定。固体分散介质一般是金属卤化物（如 KBr），使用时要将其充分研细，颗粒直径最好小于 2μm（因为中红外光区的波长是从 2.5μm 开始的）。

（3）仪器与试剂

① 仪器　Perkin Elmer SP RX I FTIR 或其他型号的红外吸收光谱仪；压片机、模具和样品架；玛瑙研钵、不锈钢药匙、不锈钢镊子、红外灯。

② 试剂　分析纯的苯甲酸；光谱纯的 KBr 粉末；分析纯的无水乙醇；擦镜纸。

（4）实验内容与操作步骤

① 准备工作

a. 开机：打开红外吸收光谱仪主机电源，打开显示器的电源，仪器预热 20min；回复工厂设置（按 restore＋setup＋factory）；打开计算机，进入 Spectrum v3.01 工作软件。

b. 用分析纯的无水乙醇清洗玛瑙研钵，用擦镜纸擦干后，再用红外灯烘干。

② 试样的制备　取 2～3mg 苯甲酸与 200～300mg 干燥的 KBr 粉末，置于玛瑙研钵中，

在红外灯下混匀，充分研磨（颗粒粒度 2μm 左右）后，用不锈钢药匙取 70～80mg 于压片机模具的两片压舌中。将压力调至 2.8MPa 左右，压片。约 5min 后，用不锈钢镊子小心取出压制好的试样薄片，置于样品架中待用。

③ 试样的分析测定

a. 背景的扫描：在未放入试样前，扫描背景 1 次，方法是按 scan＋background。

b. 试样的扫描：将放入试样压片的样品架置于样品室中，扫描试样 1 次，方法是按 scan＋sample。

④ 结束工作

a. 关机　实验完毕后，先关闭红外工作软件，然后回复工厂设置，关闭显示器电源，关闭红外吸收光谱仪的电源。

b. 用无水乙醇清洗玛瑙研钵、不锈钢药匙、镊子。

c. 清理台面，填写仪器使用记录。

(5) 注意事项

① 实验过程中为了始终保持 KBr 粉末的干燥，操作应在红外灯下进行。

② 取出试样压片时为防止压片破裂，应用泡沫或其他物品作缓冲。

(6) 数据处理

① 对基线倾斜的谱图进行校正（方法是执行 baseline 操作），噪声太大时对谱图进行平滑处理（方法是执行 smooth 操作）；有时也需要对谱图进行“放大”或“缩小”处理（方法是执行 abcx 操作），使谱图纵坐标处于百分透射比为 0～100％的范围内。

② 标出试样谱图上各主要吸收峰的波数值，然后打印出试样的红外吸收光谱图。

③ 选择试样苯甲酸的主要吸收峰，指出其归属。

(7) 思考题

① 用压片法制样时，为什么要求研磨到颗粒粒度在 2μm 左右？研磨时不在红外灯下操作，谱图上会出现什么情况？

② 对于一些高聚物材料，很难研磨成细小的颗粒，采用什么制样方法比较好？

5.3.5.2　训练项目 5.6　二甲苯的红外吸收光谱谱图比较

(1) 训练目的

① 掌握液体试样的制样方法（液膜法和液体池法）。

② 掌握红外定性的一般方法。

(2) 方法原理　若液体样品的沸点低于 100℃时，可采用液体池法进行红外光谱的分析测定。选择不同的垫片尺寸可调节液体池的厚度，对强吸收的样品应先用溶剂稀释后，再进行测定。

若液体样品的沸点高于 100℃时，可采用液膜法进行红外光谱的分析测定。黏稠的样品也采用液膜法。具体方法为：在两个盐片（如 KBr 晶片）之间，滴加 1～2 滴未知样品。使之形成一层薄的液膜。对于流动性较大的样品，可选择不同厚度的垫片来调节液膜的厚度。

用红外光谱对未知样品的定性分析，一个最简单有效的方法是根据样品的来源判断样品的大致范围，取标准物质在相同的条件下做红外光谱分析，比较标准物质的谱图与未知样品的谱图，如果两者各吸收峰的位置和形状完全相同，峰的相对吸收强度也一致，则可初步判定该样品即为该种标准物质。

(3) 仪器与试剂

① 仪器 Perkin Elmer SP RX I FTIR 或其他型号的红外光谱仪；液体池；3 支 1mL 注射器；两块 KBr 晶片；毛细管数支；擦镜纸。

② 试剂 邻二甲苯、间二甲苯、对二甲苯（均为 A. R. 级）各 1 瓶；三种二甲苯的试样各 1 瓶；无水乙醇（A. R. 级）1 瓶。

(4) 训练内容与操作步骤

① 准备工作开机

a. 按训练项目 5.5 步骤（4）的方法正常开机。

b. 用注射器装上无水乙醇清洗液体池 3～4 次；直接用无水乙醇清洗两块 KBr 晶片，用擦镜纸擦干后，置于红外灯下烘烤。

② 标样的分析测定

a. 扫描背景。方法同训练项目 5.5 步骤（4）。

b. 扫描标样。在液体池中依次加入邻二甲苯、间二甲苯和对二甲苯标样后，置于样品室中进行扫描，保存，记录下各标样对应的文件名。或者用毛细管分别蘸取少量的邻二甲苯、间二甲苯和对二甲苯标样均匀涂渍于一块 KBr 晶片上，用另一块夹紧后置于样品室中迅速扫描。

③ 试样的分析测定

a. 扫描背景。方法同训练项目 5.5 步骤（4）。

b. 扫描试样。按与扫描标样相同的方法对三种试样进行扫描，记录下各试样对应的文件名。

④ 结束工作

a. 按训练项目 5.5 步骤（4）的方法正常关机；

b. 用无水乙醇清洗液体池和 KBr 晶片；

c. 整理台面，填写仪器使用记录。

(5) 注意事项

① 每做一个标样或试样前都需用无水乙醇清洗液体池或两块 KBr 晶片，然后再用该标样或试样润洗 3～4 次；

② 在红外灯下操作时，晶片不要离灯太近，否则移开灯时温差太大，晶片会碎裂；

③ 液体和 KBr 晶片忌水，在使用过程中不能沾上各种形式的水溶液；

④ 用液膜法测定标样或试样时要迅速，以防止标样或试样的挥发。

(6) 数据处理

① 对各谱图进行优化处理，方法同训练项目 5.5 步骤（6）；

② 对三种标样的谱图进行比较，指出其异同点；

③ 分析三种标样的谱图，判断各属于何种二甲苯。

(7) 思考题 测定液体样品时，为什么最好用液体池法？

思考与练习 5.3

(1) 有一含氧化合物，如用红外光谱判断它是否为羰基化合物，主要依据的谱带范围为（ ）。

A. 3500～3200cm^{-1}　　B. 1950～1650cm^{-1}

C. 1500～1300cm^{-1}　　D. 1000～650cm^{-1}

(2) 试说明产生红外吸收的条件？

(3) 试简要说明经典色散型红外吸收光谱仪的工作原理。

(4) 简要说明红外吸收光谱仪的日常维护。

（5）简述红外吸收光谱对试样的要求。

（6）计算下列分子的不饱和度。

① C_8H_{10} ② $C_8H_{10}O$ ③ $C_4H_{11}N$ ④ $C_{10}H_{12}S$ ⑤ $C_8H_{17}Cl$ ⑥ $C_7H_{13}O_2Br$

（7）试说明红外定性分析的一般步骤。

近红外光谱分析技术简介

近红外光谱（NIR）分析技术作为近年来发展迅猛的高新分析技术，越来越引人瞩目。

使用传统分析方法测定一个样品中多种成分的浓度数据，需要多种分析设备，耗费大量人力、物力和大量时间。因此分析成本高，工作效率低，远不能适应现代化工业的要求。与传统分析技术相比，近红外光谱分析技术能在几秒至几分钟内，仅通过对样品的近红外光谱的简单测量，就可同时获得一个样品中几种至十几种组分的浓度和结构信息，而且样品用量很少，具有无破坏和无污染、高效快速、成本低的特点。NIR 分析技术的应用，显著提高了化验室工作效率，节约了大量费用和人力。在线 NIR 分析技术能及时提供被测物料的直接浓度参数，与先进控制技术配合，将产生巨大经济效益和社会效益。如法国 Lavera 炼油厂加工 100 万吨汽油/年，在线 NIR 节约辛烷值 30%，净增效益 200 万美元/年［Knott D. J Oil & Gas，1997，(3)：39］。中国石化集团公司沧州炼油厂使用 NIR-2000 近红外光谱仪，一年为工厂节省上百万元人民币。因此，它已成为国际石化等大型企业提高其市场竞争能力所依靠的重要技术之一。近红外光谱分析技术还可应用于基本有机化工、精细化工、制药、冶金、纺织等环境监测、生命科学领域。

摘自《21 世纪的分析化学》

5.4 毛细管电泳法简介

毛细管电泳（CE）又称高效毛细管电泳（HPCE），是一类以毛细管为分离通道、以高压直流电场为驱动力的新型液相分离分析技术。毛细管电泳是经典电泳技术与现代微柱分离相结合的产物，是分析科学中继高效液相色谱之后的又一重大进展，它使分析科学从微升水平进入到纳升水平，并使单细胞分析，乃至单分子分析成为可能。

5.4.1 基础知识

5.4.1.1 电泳法的基本原理

在半导电流体中，荷电粒子在外电场作用下的泳动现象叫电泳。当一荷电粒子置于电场中时，它将受到一个正比于它的有效电荷和电场强度的力的作用，于是荷电离子将以一定速度（v）做平移运动。与此同时，运动中的荷电离子又受到一个与其速度成正比的黏滞阻力的作用，当这两个作用力相对平衡时，荷电粒子便以一稳定速度（v'）运动。理论证明，对于球形粒子

$$v'=\frac{qE}{6\pi\eta r} \tag{5-3}$$

对于棒状粒子

$$v' = \frac{qE}{4\pi\eta r} \tag{5-4}$$

式中，q 为荷电粒子所带电荷；E 为电场强度；η 为介质黏度；r 为表观液体动力学半径。由此可见，荷电粒子在电场中的迁移速度，除了与电场强度和介质特性有关外，还与粒子的有效电荷及其大小和形状有关。因此，不同的粒子在电场中的迁移速度是不同的，这正是毛细管电泳分离的理论基础。

5.4.1.2 毛细管电泳中的电渗现象和电渗流

(1) 电渗现象　当固体与液体相接触时，如果固体表面因某种原因带一种电荷，则因静电引力使其周围液体带另一种电荷，在固液界面形成双电层，两者之间有电位差。若在液体两端施加一定的电压时，就会发生液体相对于固体表面的移动现象。这种现象就叫做电渗现象。

(2) 电渗流　目前，高效毛细管电泳中所用的毛细管绝大多数是石英材料。当石英毛细管中充入 pH≥3 的电解质溶液时，管壁的硅羟基（—SiOH）便部分解离成—SiO^-，使管壁带负电荷，由于静电引力，—SiO^- 将把电解质溶液中的阳离子吸引到管壁附近，并在一定距离内形成阳离子相对过剩的扩散双电层，如图 5-16 所示。这样，就好像带负电荷的毛细管内壁有一个圆形的阳离子鞘。

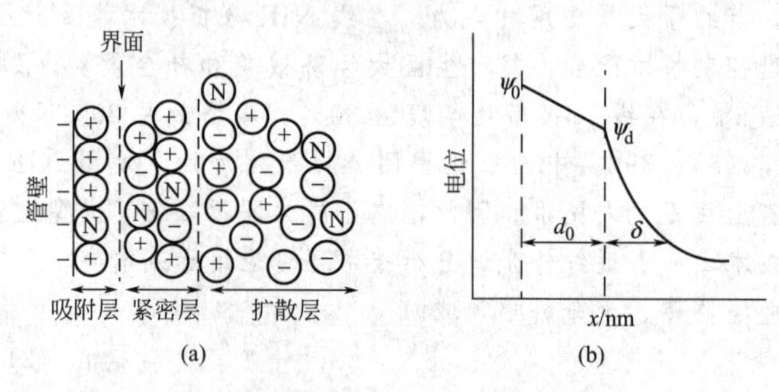

图 5-16　毛细管内壁的双电层（a）及其电位分布（b）

在外电场作用下，带正电荷的溶液表面及扩散层的阳离子向阴极移动。由于这些阳离子实际上是溶剂化的（水化的），它们将带着毛细管中的液体一起向阴极移动，这就是毛细管电泳中的电渗现象。在电渗力驱动下毛细管中整个液体的流动，叫做毛细管电泳中的电渗流（EOF）。

显然，电解质溶液中待测组分在毛细管内的迁移速度等于其电泳速度与电解质溶液电渗流速度的矢量和。当待测样品位于两端加上高压电场的毛细管的正极端时，正离子的电泳方向与电渗流方向一致，故其迁移速度为两者之和，最先到达毛细管的负极端；中性粒子的电泳速度为“零”，故其迁移速度相当于电渗流速度；而负离子的电泳方向则与电渗流方向相反，但因电渗流速度一般都大于电泳速度，故负离子将在中性粒子之后到达毛细管的负极端。由于各种粒子在毛细管内的迁移速度是不一致的，因而使得各种粒子在毛细管内能够达到很好的分离。

5.4.1.3 毛细管电泳的分离模式

毛细管电泳目前主要有 6 种分离模式，即毛细管区带电泳、毛细管胶束电动色谱、毛细管凝胶电泳、毛细管等电聚焦、毛细管等速电泳和毛细管电色谱。其中，毛细管区带电泳是毛细管电泳中最基本、应用最普遍的一种模式；毛细管胶束电动色谱可用于中性物质的分离，拓宽了毛细管电泳的应用范围；毛细管凝胶电泳可分离、测定蛋白质和 DNA 的相对分子质量或碱基数，而且正在发展成为第二代 DNA 序列测定仪，将在人类基因组织计划中起重要作用。

5.4.1.4 毛细管电泳的应用

由于毛细管电泳具有许多突出的优点（如仪器简单，操作方便，容易实现自动化；分离效率高，分析速度快；操作模式多，分析方法开发容易；实验成本低，消耗少等），所以广泛用于分子生物学、医学、药学、材料学以及与化学有关的化工、环保、食品、饮料等各个领域，从无机小分子到生物大分子，从带电物质到中性物质都可以用毛细管电泳法进行分离分析。

5.4.2 毛细管电泳仪基本结构

一般毛细管电泳仪包括高压电源、一根毛细管、两个供毛细管两端插入又可和高压电源相连的缓冲溶液贮瓶、检测器及一台控制电泳仪和收集处理数据的计算机。图 5-17 为毛细管电泳仪示意图。

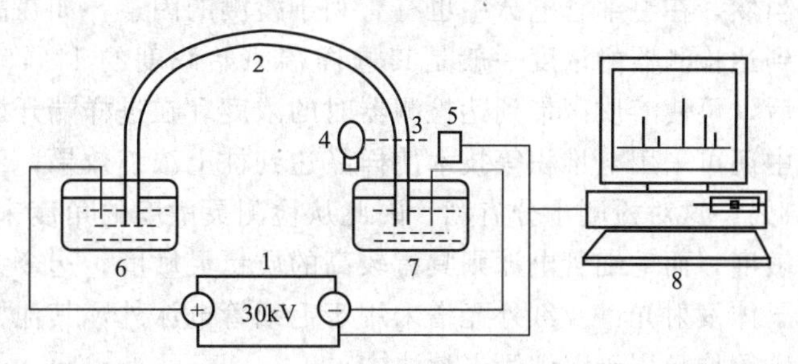

图 5-17　毛细管电泳仪示意图

1—高压电源；2—毛细管；3—检测窗口；4—光源；5—光电倍增管；6—进口缓冲溶液/样品；7—出口缓冲溶液；8—用于仪器控制和数据采集与处理的计算机

毛细管电泳仪在结构上比高效液相色谱仪要简单，而且易于实现自动化。一般的商品仪器都设有十几个，甚至高达几十个进、出口位置，可以根据预先安排好的程序对毛细管进行清洗、平衡，并连续对样品进行自动分析。

5.4.2.1 高压电源

在毛细管电泳中常用的高压电源一般为电压 30kV，电流 200～300μA。为保证迁移时间具有足够好的重现性，要求电压的稳定性在±0.1%以内。高压电源的极性应该可以改变，当然，最好使用双极性的高压电源。虽然实际分析过程中最常用的是恒压电源，但一般要求高压电源最好能提供恒压、恒流或恒功率等多种供电模式。

5.4.2.2 毛细管及其温度控制

毛细管电泳的分离和检测过程均在毛细管内完成，所以说毛细管是毛细管电泳的核心部件之一。使用细柱可减少电流及自热，而且能加快散热，以保持高效分离；但同时也会造成进样、检测及清洗上的困难，也不利于对吸附的抑制，故一般采用 25～100μm 内径的毛细管。增加柱的长度，会使电流减小，分析时间增加，而短柱则易造成过载，一般常用 20～70cm 的长度。常用的毛细管均为圆柱形，也有采用矩形或扁方形的毛细管，但使用不多。一般来说矩形管的优点是可以加长检测的光径，散热好，比圆柱有较高的分离效率；扁管可在不降低电泳效率的同时，增大进样量和光径。毛细管的材料有聚丙烯空心纤维、聚四氟乙烯、玻璃及石英等。最常用的是石英毛细管，这是因为其具有良好的光学性质（能透过紫外线），石英表面有硅醇基团，能产生吸附和形成电渗流（EOF）。

毛细管的恒温控制分空气浴和液体浴两种，液体恒温效果更好一些。

5.4.2.3 进样

毛细管电泳的进样主要有电动进样和压力进样两种方式。

(1) 电动进样　当把毛细管的进样端插入样品溶液并加上电场 E 时，组分就会因电迁移和电渗作用而进入毛细管内，这就是电动进样。其进样量的大小主要取决于电场强度 E 和进样时间 τ，一般 E 值多取在 1～60kV/60cm 之间，而 τ 值通常在 1～10s 之间。

电动进样属普适性进样方法，对毛细管内的填充介质没有特别的限制，可实现完全自动化操作。

(2) 压力进样　压力进样也叫流动进样，它要求毛细管中的填充介质具有流动性，比如溶液等。当将毛细管的两端置于不同的压力环境中时，管中溶液即能流动，将样品带入。其进样量主要取决于毛细管进出口的液面落差 ΔH。

压力进样选择性较差，样品及背景同时被引进毛细管中，对后续分离可能产生影响。

5.4.2.4　检测器

检测器是毛细管电泳仪的一个关键构件，特别是光学类检测器，由于采用柱上检测技术导致光程极短，而且圆柱形毛细管作为表面也不够理想，因此对检测器灵敏度要求相当高。当然，在毛细管电泳中也有有利于检测的因素，如在高效液相色谱中，因稀释的缘故，溶质到达检测器的浓度一般是其进样端原始浓度的 1%，但在毛细管电泳中，经优化实验条件后，可使溶质区带到达检测器时的浓度和在进样端开始分离前的浓度相同。而且毛细管电泳中还可采用电堆积等技术使样品达到柱上浓缩效果，使初始进样体积浓缩为原体积的10%～1%，这对检测十分有利。因此从检测灵敏度的角度来说，高效液相色谱具有良好的浓度灵敏度，而毛细管电泳则具有较高的质量灵敏度。迄今为止，除原子吸收光谱、电感耦合等离子体发射光谱及红外光谱未用于毛细管电泳外，其他检测手段，如紫外、荧光、电化学、质谱等均已用于毛细管电泳法中。

5.4.3　实验技术

毛细管电泳的基本操作包括毛细管的清洗、平衡、进样及操作条件的优化等。由于在毛细管电泳分析中，电渗流是流动相的驱动力，而电渗流的产生则是基于石英毛细管内壁上硅醇基的离解，为保证分析的重现性，就必须首先保证每次分析时毛细管内壁状态的一致性。所以，在每次分析之前先要清洗毛细管内壁，清洗毛细管一般使用 0.1mol·L^{-1} 的 NaOH 溶液、0.1mol·L^{-1} HCl 溶液或是去离子水。在清洗之后，往往还需要用缓冲溶液平衡毛细管 1～5min 才能进样，以保证分析的重现性。

毛细管电泳分析中需要优化的操作参数有电压、缓冲液的组成、浓度及 pH 等。柱长一定时，随着操作电压的增加，迁移时间缩短；在一定范围内，柱效随电压增大而增高，但过了一个极点之后，柱效反而下降。缓冲液的组成应根据待测物的性质而定，其浓度和 pH 值对分离度和选择性影响很大，必须优化。采用电动进样时，进样电压和进样时间对柱效均有影响。定量分析时还需注意样品的制备、迁移时间的重复性、定量校正因子等因素。

石英毛细管内壁上由于有硅醇基的存在会引起溶质的吸附，在分离生物大分子，如蛋白质时情况尤为严重。通常吸附是不可逆的，从而造成基线不稳，重复性变差，定性定量困难等一系列危害。因此，实验时一定要注意这个问题，尽量避免毛细管内壁的吸附。

思考与练习 5.4

(1) 一般毛细管电泳仪包括______、______、两个供毛细管两端插入而又可和高压电源相连的缓冲溶液贮瓶、______及一台控制电泳仪和收集处理数据的计算机。

(2) 毛细管电泳的进样主要有______和______两种方式。

(3) 当待测样品位于两端加上高压电场的毛细管的负极端时，最先到达毛细管的正极端的是（　　）。

A. 正离子　　B. 中性粒子　　C. 负离子　　D. A 和 C

(4) 毛细管电泳可分为哪几种分离模式？

(5) 简述毛细管电泳法的分离原理。

(6) 如何清洗毛细管内壁？

(7) 解释下列名词

电泳　电渗流

毛细管电泳在生命科学中的应用

包治百病一向是人们的一种梦想，但随着人类基因组项目的进展，它已迅速推动人类疾病的DNA诊断及基因治疗的研究。基因作为药物的时代也已来临！基因将成为一种真正能包治百病的神奇药物。人类基因的研究，大大加快了医学基因鉴定，发现疾病基因的速度迅速增长。人类某些常见致命的多发病如癌、心脏病、动脉粥样硬化、心肌梗死、糖尿病及痴呆病的基因研究已取得了巨大的进展。同时，人类基因组的研究还发现及鉴定了大量致病基因。这是由于因DNA序列中微小改变，导致基因突变及多肽性。如一个或几个核苷酸的取代缺失或插入DNA序列，导致基因突变。

人类疾病的DNA诊断，对DNA序列的检测已有几种多聚酶链放大反应（PCR）技术。近几年来，毛细管电泳已迅速发展为PCR产物分析的重要方法。在人类疾病的高效DNA诊断中，毛细管电泳可对致病基因做快速及精密的鉴定。在法医学中DNA鉴定也取得很大进展，从一根人发、血迹、骨组织、唾液或精液提取少量DNA，可用于人的鉴别。采用毛细管电泳自动化分析，可获得高精密度，且所需样品少，速度快，为法医科学和案件审判提高了效率及减少费用。

对人类基因组项目的研究，对人类疾病的分子医学及其他生物的研究，CE已做出重大的贡献！当然它的研究方式不仅毛细管电泳一种，随着分析技术的不断发展，必将会出现更加方便、更加先进的仪器和方法。也可预计，21世纪将是基因科学蓬勃发展的新世纪！

摘自《21世纪的分析化学》

参 考 文 献

[1] 黄一石主编. 仪器分析技术. 北京：化学工业出版社，2000.
[2] 于世林. 高效液相色谱方法及应用. 北京：化学工业出版社，2000.
[3] 邹汉法，张玉奎，卢佩章. 高效液相色谱法. 北京：科学出版社，1999.
[4] 丁明玉，田松柏. 离子色谱原理与应用. 北京：清华大学出版社，2001.
[5] 牟世芬，刘克纳等编著. 离子色谱方法及应用. 第2版. 北京：化学工业出版社，2005.
[6] 陈培榕，邓勃主编. 现代仪器分析实验与技术. 北京：清华大学出版社，1999.
[7] 陈义编著. 毛细管电泳技术及应用. 第2版. 北京：化学工业出版社，2006.
[8] 邓延倬，何金兰编著. 高效毛细管电泳. 北京：科学出版社，1996.
[9] 穆华荣主编. 分析仪器维护. 第2版. 北京：化学工业出版社，2006.
[10] 朱明华. 仪器分析. 北京：高等教育出版社，1993.
[11] 浙江大学分析化学教研组编. 分析化学选择题填空题选集. 北京：高等教育出版社，1988.
[12] 谭湘成主编. 仪器分析. 第3版. 北京：化学工业出版社，2008.
[13] R. Kellner等编著. 分析化学. 李克安，金钦汉等译. 北京：北京大学出版社，2001.
[14] 吴方迪. 色谱仪器维护与故障排除. 第2版. 北京：化学工业出版社，2008.
[15] 汪尔康主编. 21世纪的分析化学. 北京：科学出版社，1999.
[16] 周嘉华，倪莉著. 诺贝尔奖百年鉴——化学中的火眼金睛. 上海：上海科技教育出版社，2001.

附　录

附录1　标准电极电位表（18～25℃）

半　反　应	$\varphi^{\ominus}/V$
$F_2(g)+2H^++2e^- = 2HF$	3.06
$O_3+2H^++2e^- = O_2+H_2O$	2.07
$S_2O_8^{2-}+2e^- = 2SO_4^{2-}$	2.01
$H_2O_2+2H^++2e^- = 2H_2O$	1.77
$MnO_4^-+4H^++3e^- = MnO_2(s)+2H_2O$	1.695
$PbO_2(s)+SO_4^{2-}+4H^++2e^- = PbSO_4(s)+2H_2O$	1.685
$HClO_2+2H^++2e^- = HClO+H_2O$	1.64
$HClO+H^++e^- = \frac{1}{2}Cl_2+H_2O$	1.63
$Ce^{4+}+e^- = Ce^{3+}$	1.61
$H_5IO_6+H^++2e^- = IO_3^-+3H_2O$	1.60
$HBrO+H^++e^- = \frac{1}{2}Br_2+H_2O$	1.59
$BrO_3^-+6H^++5e^- = \frac{1}{2}Br_2+3H_2O$	1.52
$MnO_4^-+8H^++5e^- = Mn^{2+}+4H_2O$	1.51
$Au(Ⅲ)+3e^- = Au$	1.50
$HClO+H^++2e^- = Cl^-+H_2O$	1.49
$ClO_3^-+6H^++5e^- = \frac{1}{2}Cl_2+3H_2O$	1.47
$PbO_2(s)+4H^++2e^- = Pb^{2+}+2H_2O$	1.455
$HIO+H^++e^- = \frac{1}{2}I_2+H_2O$	1.45
$ClO_3^-+6H^++6e^- = Cl^-+3H_2O$	1.45
$BrO_3^-+6H^++6e^- = Br^-+3H_2O$	1.44
$Au(Ⅲ)+2e^- = Au(Ⅰ)$	1.41
$Cl_2(g)+2e^- = 2Cl^-$	1.3595
$ClO_4^-+8H^++7e^- = \frac{1}{2}Cl_2+4H_2O$	1.34
$Cr_2O_7^{2-}+14H^++6e^- = 2Cr^{3+}+7H_2O$	1.33
$MnO_2(s)+4H^++2e^- = Mn^{2+}+2H_2O$	1.23
$O_2(g)+4H^++4e^- = 2H_2O$	1.229
$IO_3^-+6H^++5e^- = \frac{1}{2}I_2+3H_2O$	1.20
$ClO_4^-+2H^++2e^- = ClO_3^-+H_2O$	1.19
$Br_2(aq.)+2e = 2Br^-$	1.087
$AgCl(s)+e^- = Ag+Cl^-$	0.2223
$SbO^++2H^++3e^- = Sb+H_2O$	0.212
$SO_4^{2-}+4H^++2e^- = SO_2(aq.)+H_2O$	0.17
$Cu^{2+}+e^- = Cu^+$	0.159
$Sn^{4+}+2e^- = Sn^{2+}$	0.154
$S+2H^++2e^- = H_2S(g)$	0.141
$Hg_2Br_2+2e^- = 2Hg+2Br^-$	0.1395
$NO_2+H^++e^- = HNO_2$	1.07
$Br_3^-+2e^- = 3Br^-$	1.05
$HNO_2+H^++e^- = NO(g)+H_2O$	1.00
$VO_2^++2H^++e^- = VO^{2+}+H_2O$	1.00
$HIO+H^++2e^- = I^-+H_2O$	0.99
$NO_3^-+3H^++2e^- = HNO_2+H_2O$	0.94
$ClO^-+H_2O+2e^- = Cl^-+2OH^-$	0.89
$H_2O_2+2e^- = 2OH^-$	0.88
$Cu^{2+}+I^-+e^- = CuI(s)$	0.86
$Hg^{2+}+2e^- = Hg$	0.845
$NO_3^-+2H^++e^- = NO_2+H_2O$	0.80
$Ag^++e^- = Ag$	0.7995
$Hg_2^{2+}+2e^- = 2Hg$	0.793
$Fe^{3+}+e^- = Fe^{2+}$	0.771
$BrO^-+H_2O+2e^- = Br^-+2OH^-$	0.76
$O_2(g)+2H^++2e^- = H_2O_2$	0.682
$AsO_2^-+2H_2O+3e^- = As+4OH^-$	0.68
$2HgCl_2+2e^- = Hg_2Cl_2(s)+2Cl^-$	0.63
$Hg_2SO_4(s)+2e^- = 2Hg+SO_4^{2-}$	0.6151
$MnO_4^-+2H_2O+3e^- = MnO_2(s)+4OH^-$	0.588
$MnO_4^-+e^- = MnO_4^{2-}$	0.564
$H_3AsO_4+2H^++2e^- = HAsO_2+2H_2O$	0.559
$I_3^-+2e^- = 3I^-$	0.545
$I_2(s)+2e^- = 2I^-$	0.5345
$Mo(Ⅵ)+e^- = Mo(Ⅴ)$	0.53
$Cu^++e^- = Cu$	0.52
$4SO_2(aq.)+4H^++6e^- = S_4O_6^{2-}+2H_2O$	0.51
$HgCl_4^{2-}+2e^- = Hg+4Cl^-$	0.48
$2SO_2(aq.)+2H^++4e^- = S_2O_3^{2-}+H_2O$	0.40
$Fe(CN)_6^{3-}+e^- = Fe(CN)_6^{4-}$	0.36
$Cu^{2+}+2e^- = Cu$	0.337
$VO^{2+}+2H^++e^- = V^{3+}+H_2O$	0.337
$BiO^++2H^++3e^- = Bi+H_2O$	0.32
$Hg_2Cl_2(s)+2e^- = 2Hg+2Cl^-$	0.2676
$HAsO_2+3H^++3e^- = As+2H_2O$	0.248
$2CO_2+2H^++2e^- = H_2C_2O_4$	−0.49
$H_3PO_3+2H^++2e^- = H_3PO_2+H_2O$	−0.50
$Sb+3H^++3e^- = SbH_3$	−0.51
$HPbO_2^-+H_2O+2e^- = Pb+3OH^-$	−0.54
$Ga^{3+}+3e^- = Ga$	−0.56
$TeO_3^{2-}+3H_2O+4e^- = Te+6OH^-$	−0.57

续表

半反应	$\varphi^{\ominus}$/V	半反应	$\varphi^{\ominus}$/V
$TiO^{2+}+2H^{+}+e^{-} \rightleftharpoons Tl^{3+}+H_2O$	0.1	$2SO_3^{2-}+3H_2O+4e^{-} \rightleftharpoons S_2O_3^{2-}+6OH^{-}$	−0.58
$S_4O_6^{2-}+2e^{-} \rightleftharpoons 2S_2O_3^{2-}$	0.08	$SO_3^{2-}+3H_2O+4e^{-} \rightleftharpoons S+6OH^{-}$	−0.66
$AgBr(s)+e^{-} \rightleftharpoons Ag+Br^{-}$	0.071	$AsO_4^{3-}+2H_2O+2e^{-} \rightleftharpoons AsO_2^{-}+4OH^{-}$	−0.67
$2H^{+}+2e^{-} \rightleftharpoons H_2$	0.000	$Ag_2S(s)+2e^{-} \rightleftharpoons 2Ag+S^{2-}$	−0.69
$O_2+H_2O+2e^{-} \rightleftharpoons HO_2^{-}+OH^{-}$	−0.067	$Zn^{2+}+2e^{-} \rightleftharpoons Zn$	−0.763
$TiOCl^{+}+2H^{+}+3Cl^{-}+e^{-} \rightleftharpoons TiCl_4^{-}+H_2O$	−0.09	$2H_2O+2e^{-} \rightleftharpoons H_2+2OH$	−0.828
$Pb^{2+}+2e^{-} \rightleftharpoons Pb$	−0.126	$Cr^{2+}+2e^{-} \rightleftharpoons Cr$	−0.91
$Sn^{2+}+2e^{-} \rightleftharpoons Sn$	−0.136	$HSnO_2^{-}+H_2O+2e^{-} \rightleftharpoons Sn+3OH^{-}$	−0.91
$AgI(s)+e^{-} \rightleftharpoons Ag+I^{-}$	−0.152	$Se+2e^{-} \rightleftharpoons Se^{2-}$	−0.92
$Ni^{2+}+2e^{-} \rightleftharpoons Ni$	−0.246	$Sn(OH)_6^{2-}+2e^{-} \rightleftharpoons HSnO_2^{-}+H_2O+3OH^{-}$	−0.93
$H_3PO_4+2H^{+}+2e^{-} \rightleftharpoons H_3PO_3+H_2O$	−0.276	$CNO^{-}+H_2O+2e^{-} \rightleftharpoons CN^{-}+2OH^{-}$	−0.97
$Co^{2+}+2e^{-} \rightleftharpoons Co$	−0.277	$Mn^{2+}+2e^{-} \rightleftharpoons Mn$	−1.182
$Tl^{+}+e^{-} \rightleftharpoons Tl$	−0.3360	$ZnO_2^{2-}+2H_2O+2e^{-} \rightleftharpoons Zn+4OH^{-}$	−1.216
$In^{3+}+3e^{-} \rightleftharpoons In$	−0.345	$Al^{3+}+3e^{-} \rightleftharpoons Al$	−1.66
$PbSO_4(s)+2e^{-} \rightleftharpoons Pb+SO_4^{2-}$	−0.3553	$H_2AlO_3^{-}+H_2O+3e^{-} \rightleftharpoons Al+4OH^{-}$	−2.35
$SeO_3^{2-}+3H_2O+4e^{-} \rightleftharpoons Se+6OH^{-}$	−0.366	$Mg^{2+}+2e^{-} \rightleftharpoons Mg$	−2.37
$As+3H^{+}+3e^{-} \rightleftharpoons AsH_3$	−0.38	$Na^{+}+e^{-} \rightleftharpoons Na$	−2.714
$Se+2H^{+}+2e^{-} \rightleftharpoons H_2Se$	−0.40	$Ca^{2+}+2e^{-} \rightleftharpoons Ca$	−2.87
$Cd^{2+}+2e^{-} \rightleftharpoons Cd$	−0.403	$Sr^{2+}+2e^{-} \rightleftharpoons Sr$	−2.89
$Cr^{3+}+e^{-} \rightleftharpoons Cr^{2+}$	−0.41	$Ba^{2+}+2e^{-} \rightleftharpoons Ba$	−2.90
$Fe^{2+}+2e^{-} \rightleftharpoons Fe$	−0.440	$K^{+}+e^{-} \rightleftharpoons K$	−2.925
$S+2e^{-} \rightleftharpoons S^{2-}$	−0.48	$Li^{+}+e^{-} \rightleftharpoons Li$	−3.042

附录 2　某些氧化还原电对的条件电位（$\varphi^{\ominus\prime}$）

半反应	$\varphi^{\ominus\prime}$/V	介质
$Ag(II)+e^{-} \rightleftharpoons Ag^{+}$	1.927	$4mol\cdot L^{-1}\ HNO_3$
$Ce(IV)+e^{-} \rightleftharpoons Ce(III)$	1.74	$1mol\cdot L^{-1}\ HClO_4$
	1.44	$0.5mol\cdot L^{-1}\ H_2SO_4$
	1.28	$1mol\cdot L^{-1}\ HCl$
$Co^{3+}+e^{-} \rightleftharpoons Co^{2+}$	1.84	$3mol\cdot L^{-1}\ HNO_3$
$Co(乙二胺)_3^{3+}+e^{-} \rightleftharpoons Co(乙二胺)_3^{2+}$	−0.2	$0.1mol\cdot L^{-1}\ KNO_3+0.1mol\cdot L^{-1}$ 乙二胺
$Cr(III)+e^{-} \rightleftharpoons Cr(II)$	−0.40	$5mol\cdot L^{-1}\ HCl$
$Cr_2O_7^{2-}+14H^{+}+6e^{-} \rightleftharpoons 2Cr^{3+}+7H_2O$	1.08	$3mol\cdot L^{-1}\ HCl$
	1.15	$4mol\cdot L^{-1}\ H_2SO_4$
	1.025	$1mol\cdot L^{-1}\ HClO_4$
$CrO_4^{2-}+2H_2O+3e^{-} \rightleftharpoons CrO_2^{-}+4OH^{-}$	−0.12	$1mol\cdot L^{-1}\ NaOH$
$Fe(III)+e^{-} \rightleftharpoons Fe(II)$	0.767	$1mol\cdot L^{-1}\ HClO_4$
	0.71	$0.5mol\cdot L^{-1}\ HCl$
	0.68	$1mol\cdot L^{-1}\ H_2SO_4$
	0.68	$1mol\cdot L^{-1}\ HCl$
	0.46	$2mol\cdot L^{-1}\ H_3PO_4$
	0.51	$1mol\cdot L^{-1}\ HCl$-$0.25mol\cdot L^{-1}\ H_3PO_4$
$Fe(EDTA)^{-}+e^{-} \rightleftharpoons Fe(EDTA)^{2-}$	0.12	$0.1mol\cdot L^{-1}$ EDTA pH4～6
$Fe(CN)_6^{3-}+e^{-} \rightleftharpoons Fe(CN)_6^{4-}$	0.56	$0.1mol\cdot L^{-1}\ HCl$

续表

半反应	$\varphi^{\ominus\prime}$/V	介质
$FeO_4^{2-}+2H_2O+3e^- \rightleftharpoons FeO_2^-+4OH^-$	0.55	10mol·L^{-1} NaOH
$I_3^-+2e^- \rightleftharpoons 3I^-$	0.5446	0.5mol·L^{-1} H_2SO_4
$I_2(aq.)+2e^- \rightleftharpoons 2I^-$	0.6276	0.5mol·L^{-1} H_2SO_4
$MnO_4^-+8H^++5e^- \rightleftharpoons Mn^{2+}+4H_2O$	1.45	1mol·L^{-1} $HClO_4$
$SnCl_6^{2-}+2e^- \rightleftharpoons SnCl_4^{2-}+2Cl^-$	0.14	1mol·L^{-1} HCl
Sb(Ⅴ)$+2e^- \rightleftharpoons$ Sb(Ⅲ)	0.75	3.5mol·L^{-1} HCl
$Sb(OH)_6^-+2e^- \rightleftharpoons SbO_2^-+2OH^-+2H_2O$	−0.428	3mol·L^{-1} NaOH
$SbO_2^-+2H_2O+3e^- \rightleftharpoons Sb+4OH^-$	−0.675	10mol·L^{-1} KOH
Ti(Ⅳ)$+e^- \rightleftharpoons$ Ti(Ⅲ)	−0.01 0.12 −0.04 −0.05	0.2mol·L^{-1} H_2SO_4 2mol·L^{-1} H_2SO_4 1mol·L^{-1} HCl 1mol·L^{-1} H_3PO_4
Pb(Ⅱ)$+2e^- \rightleftharpoons$ Pb	−0.32	1mol·L^{-1} NaAc

附录 3 部分有机化合物在 TCD 上的校正因子[1]

载气：H_2　　基准物：苯

化合物	s_M	s_m	f_M	f_m	化合物	s_M	s_m	f_M	f_m
甲烷	0.357	1.73	2.80	0.58	3,5-二甲基戊烷	1.33	1.04	0.75	0.96
乙烷	0.512	1.33	1.96	0.75	2,2,3-三甲基丁烷	1.29	1.01	0.78	0.99
丙烷	0.645	1.16	1.55	0.86	2-甲基己烷	1.36	1.06	0.74	0.94
丁烷	0.851	1.15	1.18	0.87	3-甲基己烷	1.33	1.04	0.75	0.96
戊烷	1.05	1.14	0.95	0.88	3-乙基戊烷	1.31	1.02	0.76	0.98
己烷	1.23	1.12	0.81	0.89	2,2,4-三甲基戊烷	1.47	1.01	0.68	0.99
庚烷	1.43	1.12	0.70	0.89	乙烯	0.48	1.34	2.08	0.75
辛烷	1.60	1.09	0.63	0.92	丙烯	0.65	1.20	1.54	0.83
壬烷	1.77	1.08	0.57	0.93	异丁烯	0.82	1.14	1.22	0.88
癸烷	1.99	1.09	0.50	0.92	1-丁烯	0.81	1.13	1.23	0.88
十一烷	1.98	0.99	0.51	1.01	反-2-丁烯	0.85	1.19	1.18	0.84
十四烷	2.34	0.92	0.42	1.09	顺-2-丁烯	0.87	1.22	1.15	0.82
C_{20}～C_{36}		1.09	—	0.92	3-甲基-1-丁烯	0.99	1.10	1.01	0.91
异丁烷	0.82	1.10	1.22	0.91	2-甲基-1-丁烯	0.99	1.10	1.01	0.91
异戊烷	1.02	1.10	0.98	0.91	1-戊烯	0.99	1.10	1.01	0.91
新戊烷	0.99	1.08	1.01	0.93	反-2-戊烯	1.04	1.16	0.96	0.86
2,2-二甲基丁烷	1.16	1.05	0.86	0.95	顺-2-戊烯	0.98	1.10	1.02	0.91
2,3-二甲基丁烷	1.16	1.05	0.86	0.95	2-甲基-2-戊烯	0.96	1.04	1.04	0.96
2-甲基戊烷	1.20	1.09	0.83	0.92	2,4,4-三甲基-1-戊烯	1.58	1.10	0.63	0.91
3-甲基戊烷	1.19	1.08	0.84	0.93	丙二烯	0.53	1.03	1.89	0.97
2,2-二甲基戊烷	1.33	1.04	0.75	0.96	1,3-丁二烯	0.80	1.16	1.25	0.86
2,4-二甲基戊烷	1.29	1.01	0.78	0.99	环戊二烯	0.68	0.81	1.47	1.23
2,3-二甲基戊烷	1.35	1.05	0.74	0.95	2-甲基-1,3-丁二烯	0.92	1.06	1.09	0.94

[1] 本数据来源于 Devaux P，Guiochon G. J Gas Chrom；1967；5：341。

续表

化合物	s_M	s_m	f_M	f_m	化合物	s_M	s_m	f_M	f_m
1-甲基环己烯	1.15	0.93	0.87	1.07	反-1,3-二甲基环戊烷	1.25	1.00	0.80	1.00
甲基乙炔	0.58	1.13	1.72	0.88	顺-1,3-二甲基环戊烷	1.25	1.00	0.80	1.00
双环戊二烯	0.76	0.78	1.32	1.28	顺-1,反-2,顺-4-三甲基环戊烷	1.36	0.95	0.74	1.05
4-乙烯基环己烯	1.30	0.94	0.77	1.07	顺-1,顺-2,反-4-三甲基环戊烷	1.43	1.00	0.70	1.00
环戊烯	0.80	0.92	1.25	1.09	环己烷	1.14	1.06	0.88	0.94
降冰片烯	1.13	0.94	0.89	1.06	甲基环己烷	1.20	0.95	0.83	1.05
降冰片二烯	1.11	0.95	0.90	1.05	1,1-二甲基环己烷	1.41	0.98	0.71	1.02
环庚三烯	1.04	0.88	0.96	1.14	1,4-二甲基环己烷	1.46	1.02	0.68	0.98
1,3-环辛二烯	1.27	0.91	0.79	1.10	乙基环己烷	1.45	1.01	0.69	0.99
1,5-环辛二烯	1.31	0.95	0.76	1.05	正丙基环己烷	1.58	0.98	0.63	1.02
1,3,5,7-环辛四烯	1.14	0.86	0.88	1.16	1,1,3-三甲基环己烷	1.39	0.86	0.72	1.16
环十二碳三烯(反,反,反)	1.68	0.81	0.60	1.23	氩	0.42	0.82	2.38	1.22
环十二碳三烯	1.53	0.73	0.65	1.37	氮	0.42	1.16	2.38	0.86
苯	1.00	1.00	1.00	1.00	氧	0.40	0.98	2.50	1.02
甲苯	1.16	0.98	0.86	1.02	二氧化碳	0.48	0.85	2.08	1.18
乙基苯	1.29	0.95	0.78	1.05	一氧化碳	0.42	1.16	2.38	0.86
间二甲苯	1.31	0.96	0.76	1.04	四氯化碳	1.08	0.55	0.93	1.82
对二甲苯	1.31	0.96	0.76	1.04	羰基铁[$Fe(CO)_5$]	1.50	0.60	0.67	1.67
邻二甲苯	1.27	0.93	0.79	1.08	硫化氢	0.38	0.88	2.63	1.14
异丙苯	1.42	0.92	0.70	1.09	水	0.33	1.42	3.03	0.70
正丙苯	1.45	0.95	0.69	1.05	丙酮	0.86	1.15	1.16	0.87
1,2,4-三甲苯	1.50	0.98	0.67	1.02	甲乙酮	0.98	1.05	1.02	0.95
1,2,3-三甲苯	1.49	0.97	0.67	1.03	二乙酮	1.10	1.00	0.91	1.00
对乙基甲苯	1.50	0.98	0.67	1.02	3-己酮	1.23	0.96	0.81	1.04
1,3,5-三甲苯	1.49	0.97	0.67	1.03	2-己酮	1.30	1.02	0.77	0.98
仲丁苯	1.58	0.92	0.63	1.09	3,3-二甲基-2-丁酮	1.18	0.81	0.85	1.23
联二苯	1.69	0.86	0.59	1.16	甲基正戊基酮	1.33	0.91	0.75	1.10
邻三联苯	2.17	0.74	0.46	1.35	甲基正己基酮	1.47	0.90	0.68	1.11
间三联苯	2.30	0.78	0.43	1.28	环戊酮	1.06	0.99	0.94	1.01
对三联苯	2.24	0.76	0.45	1.32	环己酮	1.25	0.99	0.80	1.01
三苯甲烷	2.32	0.74	0.43	1.35	2-壬酮	1.61	0.93	0.62	1.07
萘	1.39	0.84	0.72	1.19	甲基异丁基酮	1.18	0.91	0.85	1.10
四氢萘	1.45	0.86	0.69	1.16	甲基异戊基酮	1.38	0.94	0.72	1.06
1-甲基四氢萘	1.58	0.84	0.63	1.19	甲醇	0.55	1.34	1.82	0.75
1-乙基四氢萘	1.70	0.83	0.59	1.20	乙醇	0.72	1.22	1.39	0.82
反十氢化萘	1.50	0.85	0.67	1.18	丙醇	0.83	1.09	1.20	0.92
顺十氢化萘	1.51	0.86	0.66	1.16	异丙醇	0.85	1.10	1.18	0.91
环戊烷	0.97	1.09	1.03	0.92	正丁醇	0.95	1.00	1.05	1.00
甲基环戊烷	1.15	1.07	0.87	0.93	异丁醇	0.96	1.02	1.04	0.98
1,1-二甲基环戊烷	1.24	0.99	0.81	1.01	仲丁醇	0.97	1.03	1.03	0.97
乙基环戊烷	1.26	1.01	0.79	0.99	叔丁醇	0.96	1.02	1.04	0.98
顺-1,2-二甲基环戊烷	1.25	1.00	0.80	1.00	3-甲基-1-戊醇	1.07	0.98	0.93	1.02

续表

化合物	s_M	s_m	f_M	f_m	化合物	s_M	s_m	f_M	f_m
2-戊醇	1.10	0.98	0.91	1.02	四氢呋喃	0.83	0.90	1.20	1.11
3-戊醇	1.09	0.96	0.92	1.04	噻吩烷	1.03	0.91	0.97	1.09
2-甲基-2-丁醇	1.06	0.94	0.94	1.06	硅酸乙酯	2.08	0.79	0.48	1.27
正己醇	1.18	0.90	0.85	1.11	乙醛	0.65	1.15	1.54	0.87
3-己醇	1.25	0.98	0.80	1.02	2-乙氧基乙醇	1.07	0.93	0.93	1.08
2-己醇	1.30	1.02	0.77	0.98	1-氟己烷	1.24	0.93	0.81	1.08
正庚醇	1.28	0.86	0.78	1.16	1-氯丁烷	1.11	0.94	0.90	1.06
癸醇-5	1.84	0.91	0.54	1.10	2-氯丁烷	1.09	0.91	0.92	1.10
十二烷-2-醇	1.98	0.84	0.51	1.19	1-氯-2-甲基丙烷	1.08	0.91	0.93	1.10
环戊醇	1.09	0.99	0.92	1.01	2-氯-2-甲基丙烷	1.04	0.88	0.96	1.14
环己醇	1.12	0.88	0.89	1.14	1-氯戊烷	1.23	0.91	0.81	1.10
乙酸乙酯	1.11	0.99	0.90	1.01	1-氯己烷	1.34	0.87	0.75	1.14
乙酸异丙酯	1.21	0.93	0.83	1.08	1-氯庚烷	1.47	0.86	0.68	1.16
乙酸正丁酯	1.35	0.91	0.74	1.10	溴代乙烷	0.98	0.70	1.02	1.43
乙酸正戊酯	1.46	0.88	0.68	1.14	1-溴丙烷	1.08	0.68	0.93	1.47
乙酸异戊酯	1.45	0.87	0.69	1.10	2-溴丙烷	1.07	0.68	0.93	1.47
乙酸正庚酯	1.70	0.84	0.59	1.19	1-溴丁烷	1.19	0.68	0.84	1.47
乙醚	1.10	1.16	0.91	0.86	2-溴丁烷	1.16	0.66	0.86	1.52
异丙醚	1.30	0.99	0.77	1.01	1-溴-2-甲基丙烷	1.15	0.66	0.87	1.52
正丙醚	1.31	1.00	0.76	1.00	1-溴戊烷	1.28	0.66	0.78	1.52
正丁醚	1.60	0.96	0.63	1.04	碘代甲烷	0.96	0.53	1.04	1.89
正戊醚	1.83	0.91	0.55	1.10	碘代乙烷	1.06	0.53	0.94	1.89
乙基正丁基醚	1.30	0.99	0.77	1.01	1-碘丙烷	1.17	0.54	0.85	1.85
2,5-己二醇	1.27	0.84	0.79	1.19	1-碘丁烷	1.29	0.55	0.78	1.82
1,6-己二醇	1.21	0.80	0.83	1.25	2-碘丁烷	1.23	0.52	0.81	1.92
1,10-癸二醇	1.08	0.48	0.93	2.08	1-碘-2-甲基丙烷	1.22	0.52	0.82	1.92
1,12-十二醇	1.10	0.49	0.91	2.04	1-碘戊烷	1.38	0.55	0.73	1.82
正丁胺	1.14	1.22	0.88	0.82	二氯甲烷	0.94	0.87	1.06	1.14
正戊胺	1.52	1.37	0.66	0.73	氯仿	1.08	0.71	0.93	1.41
正己胺	1.04	0.80	0.96	1.25	四氯化碳	1.20	0.61	0.83	1.64
吡咯	0.86	1.00	1.16	1.00	二溴甲烷	1.07	0.48	0.93	2.08
二氢吡咯	0.83	0.94	1.20	1.06	溴氯甲烷	1.00	0.61	1.00	1.64
四氢吡咯	0.91	1.00	1.09	1.00	1,2-二溴乙烷	1.17	0.48	0.85	2.08
吡啶	1.00	0.99	1.00	1.01	1-溴-2-氯乙烷	1.10	0.59	0.91	1.69
1,2,5,6-四氯吡啶	1.03	0.96	0.97	1.04	1,1-二氯乙烷	1.03	0.81	0.97	1.23
哌啶	1.02	0.94	0.98	1.06	1,2-二氯丙烷	1.12	0.77	0.89	1.30
丙烯腈	0.78	1.15	1.28	0.87	顺-1,2-二氯乙烯	1.00	0.81	1.00	1.23
丙腈	0.84	1.20	1.19	0.83	2,3-二氯丙烯	1.10	0.77	0.91	1.30
正丁腈	1.05	1.19	0.95	0.84	三氯乙烯	1.15	0.69	0.87	1.45
苯胺	1.14	0.95	0.88	1.05	氟代苯	1.05	0.85	0.95	1.18
喹啉	1.94	1.16	0.52	0.86	间二氟代苯	1.07	0.73	0.93	1.37
反十氢喹啉	1.17	0.66	0.85	1.51	邻氟代甲苯	1.16	0.83	0.86	1.20
顺十氢喹啉	1.17	0.66	0.85	1.51	对氟代甲苯	1.17	0.83	0.85	1.20
氨	0.40	1.86	2.5	0.54	间氟代甲苯	1.18	0.84	0.85	1.19
环氧乙烷	0.58	1.03	1.72	0.97	1-氯-3-氟代苯	1.19	0.72	0.84	1.38
环氧丙烷	0.80	1.07	1.25	0.93	间溴-α,α,α-三氟代甲苯	1.45	0.52	0.68	1.92
硫化氢	0.38	0.88	2.63	1.14	氯代苯	1.16	0.80	0.86	1.25
甲硫醇	0.59	0.96	1.69	1.04	邻氯代甲苯	1.28	0.79	0.78	1.27
乙硫醇	0.87	1.09	1.15	0.92	氯代环己烷	1.20	0.79	0.83	1.27
1-丙硫醇	1.01	1.04	0.99	0.96	溴代苯	1.24	0.62	0.81	1.61

附录 4　部分有机化合物在 FID 上的校正因子[1]

基准物：苯

化合物	s_m	f_m	化合物	s_m	f_m	化合物	s_m	f_m
甲烷	0.87	1.15	2,2-二甲基庚烷	0.87	1.15	甲基环己烷	0.90	1.11
乙烷	0.87	1.15	3,3-二甲基庚烷	0.89	1.12	乙基环己烷	0.90	1.11
丙烷	0.87	1.15	2,4-二甲基-3-乙基戊烷	0.88	1.14	1-甲基-反-4-甲基环己烷	0.88	1.14
丁烷	0.92	1.09	2,2,3-三甲基己烷	0.90	1.11	1-甲基-顺-4-乙基环己烷	0.86	1.16
戊烷	0.93	1.08	2,2,4-三甲基己烷	0.88	1.14	1,1,2-三甲基环己烷	0.90	1.11
己烷	0.92	1.09	2,2,5-三甲基己烷	0.88	1.14	异丙基环己烷	0.88	1.14
庚烷	0.89	1.12	2,3,3-三甲基己烷	0.89	1.12	环庚烷	0.90	1.11
辛烷	0.87	1.15	2,3,5-三甲基己烷	0.86	1.16	苯	1.00	1.00
壬烷	0.88	1.14	2,4,4-三甲基己烷	0.90	1.11	甲苯	0.96	1.04
异戊烷	0.94	1.06	2,2,3,3-四甲基戊烷	0.89	1.12	乙基苯	0.92	1.09
2,2-二甲基丁烷	0.93	1.08	2,2,3,4-四甲基戊烷	0.88	1.14	对二甲苯	0.89	1.12
2,3-二甲基丁烷	0.92	1.09	2,3,3,4-四甲基戊烷	0.88	1.14	间二甲苯	0.93	1.08
2-甲基戊烷	0.94	1.06	3,3,5-三甲基庚烷	0.88	1.14	邻二甲苯	0.91	1.10
3-甲基戊烷	0.93	1.08	2,2,3,4-四甲基己烷	0.90	1.11	1-甲基-2-乙基苯	0.91	1.10
2-甲基己烷	0.91	1.10	2,2,4,5-四甲基戊烷	0.89	1.12	1-甲基-3-乙基苯	0.90	1.11
3-甲基己烷	0.91	1.10	环戊烷	0.93	1.08	1-甲基-4-乙基苯	0.89	1.12
2,2-二甲基戊烷	0.91	1.10	甲基环戊烷	0.90	1.11	1,2,3-三甲苯	0.88	1.14
2,3-二甲基戊烷	0.88	1.14	乙基环戊烷	0.89	1.12	1,2,4-三甲苯	0.87	1.15
2,4-二甲基戊烷	0.91	1.10	1,1-二甲基环戊烷	0.92	1.09	1,3,5-三甲苯	0.88	1.14
3,3-二甲基戊烷	0.92	1.09	反-1,2-二甲基环戊烷	0.90	1.11	异丙苯	0.87	1.15
3-乙基戊烷	0.91	1.10	顺-1,2-二甲基环戊烷	0.89	1.12	正丙苯	0.90	1.11
2,2,3-三甲基丁烷	0.91	1.10	反-1,3-二甲基环戊烷	0.89	1.12	1-甲基-2-异丙苯	0.88	1.14
2-甲基庚烷	0.87	1.15	顺-1,3-二甲基环戊烷	0.89	1.12	1-甲基-3-异丙苯	0.90	1.11
3-甲基庚烷	0.90	1.11	1-甲基-反-2-乙基环戊烷	0.90	1.11	1-甲基-4-异丙苯	0.88	1.14
4-甲基庚烷	0.91	1.10	1-甲基-顺-2-乙基环戊烷	0.89	1.12	仲丁苯	0.89	1.12
2,2-二甲基己烷	0.90	1.11	1-甲基-反-3-乙基环戊烷	0.87	1.15	叔丁苯	0.91	1.10
2,3-二甲基己烷	0.88	1.14	1-甲基-顺-3-乙基环戊烷	0.89	1.12	正丁苯	0.88	1.14
2,4-二甲基己烷	0.88	1.14	1,1,2-三甲基环戊烷	0.92	1.09	乙炔	0.96	1.04
2,5-二甲基己烷	0.90	1.11	1,1,3-三甲基环戊烷	0.93	1.08	乙烯	0.91	1.10
3,4-二甲基己烷	0.88	1.14	反-1,2-顺-3-三甲基环戊烷	0.90	1.11	1-己烯	0.88	1.14
3-乙基己烷	0.89	1.12	反-1,2-顺-4-三甲基环戊烷	0.88	1.12	1-辛烯	1.03	0.97
2-甲基-3-乙基戊烷	0.88	1.14	顺-1,2-反-3-三甲基环戊烷	0.88	1.12	1-癸烯	1.01	0.99
2,2,3-三甲基戊烷	0.91	1.10	顺-1,2-反-4-三甲基环戊烷	0.88	1.12	甲醇	0.21	4.76
2,2,4-三甲基戊烷	0.89	1.12	异丙基环戊烷	0.88	1.12	乙醇	0.41	2.43
2,3,3-三甲基戊烷	0.90	1.11	正丙基环戊烷	0.87	1.15	正丙醇	0.54	1.85
2,3,4-三甲基戊烷	0.88	1.14	环己烷	0.90	1.11	异丙醇	0.47	2.13

[1] 本数据来源于顾蕙祥，阎宝石编《气相色谱实用手册（第二版）》，化学工业出版社 1990 年出版。

续表

化合物	s_m	f_m	化合物	s_m	f_m	化合物	s_m	f_m
正丁醇	0.59	1.69	乙基丁基酮	0.63	1.59	乙酸异戊酯	0.55	1.82
异丁醇	0.61	1.64	二异丁基酮	0.64	1.56	乙酸甲基异戊酯	0.56	1.79
仲丁醇	0.56	1.79	乙基戊基酮	0.72	1.39	己酸乙基(2)乙酯	0.64	1.56
叔丁醇	0.66	1.52	环己烷	0.64	1.56	乙酸 2-乙氧基乙醇酯	0.45	2.22
戊醇	0.63	1.59	甲酸	0.009	111.11	己酸己酯	0.70	1.42
1,3-二甲基丁醇	0.66	1.52	乙酸	0.21	4.76	乙腈	0.35	2.86
甲基戊醇	0.58	1.72	丙酸	0.36	2.78	三甲基胺	0.41	2.44
己醇	0.66	1.52	丁酸	0.43	2.33	叔丁基胺	0.48	2.08
辛醇	0.76	1.32	己酸	0.56	1.79	二乙基胺	0.54	1.85
癸醇	0.75	1.33	庚酸	0.54	1.85	苯胺	0.67	1.49
丁醛	0.55	1.82	辛酸	0.58	1.72	二正丁基胺	0.67	1.49
庚醛	0.69	1.45	乙酸甲酯	0.18	5.56	2-乙氧基乙醇	0.40	2.50
辛醛	0.70	1.43	乙酸乙酯	0.34	2.94	2-丁氧基乙醇	0.55	1.82
癸醛	0.72	1.40	乙酸异丙酯	0.44	2.27	异佛尔酮	0.76	1.32
丙酮	0.44	2.27	乙酸仲丁酯	0.46	2.17	噻吩烷	0.51	1.96
甲乙酮	0.54	1.85	乙酸异丁酯	0.48	2.08			
甲基异丁基酮	0.63	1.59	乙酸丁酯	0.49	2.04			

附录 5　一些重要的物理常数

量	符号	数值与单位
光速（真空）	c	2.99792×10^{8}　$m\cdot s^{-1}$
普朗克常量	h	6.62608×10^{-34}　$J\cdot s$
电子电荷	e	1.602177×10^{-19}　C
电子（静止）质量	m_e	9.10939×10^{-31}　kg
阿伏伽德罗常量	N_A	6.022137×10^{23}　mol^{-1}
法拉第常量	F	96485.31　$C\cdot mol^{-1}$
摩尔气体常量	R	8.31451　$J\cdot mol^{-1}\cdot K^{-1}$
玻耳兹曼常量	k	1.38066×10^{-23}　$J\cdot K^{-1}$
电子伏特能量	eV	1.60218×10^{-19}　J

附录 6　SI 词头（部分）

因数		10^{12}	10^{9}	10^{6}	10^{3}	10^{-1}	10^{-2}	10^{-3}	10^{-6}	10^{-9}	10^{-12}
词头名称	原文	tera	giga	mega	kilo	deci	centi	milli	micro	nano	pico
	中文	太［拉］	吉［咖］	兆	千	分	厘	毫	微	纳［诺］	皮［可］
符号		T	G	M	k	d	c	m	μ	n	p

注：方括号中的字，在不引起混淆、误解的情况下，可以省略、去掉方括号的字，即为简称。

附录 7　分析化学中常用的量和单位

量的名称	量的符号	单位名称	单位符号
长度	L	米	m
		厘米	cm
		毫米	mm
		纳米	nm
		埃	Å
体积，容积	V	立方米	m^3
		立方分米，升	dm^3，L
		立方厘米，毫升	cm^3，mL
		立方毫米，微升	mm^3，μL
时间	t	秒	s
		分	min
		[小] 时	h
		天（日）	d
质量	m	千克	kg
		克	g
		毫克	mg
		微克	μg
		纳克	ng
		原子质量单位	u
相对原子质量	A_r	无量纲	
相对分子质量	M_r	无量纲	
物质的量	n_B	摩 [尔]	mol
		毫摩	mmol
		微摩	μmol

量的名称	量的符号	单位名称	单位符号
摩尔质量	M	千克每摩 [尔]	kg/mol
		克每摩 [尔]	g/mol
密度	ρ	千克每立方米	kg/m^3
		克每立方厘米	g/cm^3
		（克每毫升）	(g/mL)
物质 B 的质量浓度		千克每升	kg/L
		克每升	g/L
		（毫克每毫升）	(mg/mL)
物质 B 的质量分数		无量纲	
		（即含量）	
物质 B 的物质的量浓度（物质 B 的浓度）	c_B	摩 [尔] 每立方米	mol/m^3
		摩每升	mol/L
物质 B 的质量摩尔浓度	b_B，m_B	摩 [尔] 每千克	mol/kg
压力，压强	p	帕 [斯卡]	Pa
		千帕	kPa
热力学温度	T	开 [尔文]	K
摄氏温度	t	摄氏度	℃

注：单位名称中顶格写的是 SI 单位，退后一格写的是常用的十进倍数或分数单位。

附录 8　国际相对原子质量表（2004，IUPAC）

元素		相对原子质量	元素		相对原子质量	元素		相对原子质量
符号	名称		符号	名称		符号	名称	
Ac	锕	[227]	Ce	铈	140.116 (1)	Gd	钆	157.25 (3)
Ag	银	107.8682 (2)	Cf	锎	[251]	Ge	锗	72.61 (2)
Al	铝	26.981538 (2)	Cl	氯	35.4527 (9)	H	氢	1.00794 (7)
Am	镅	[243]	Cm	锔	[247]	He	氦	4.002602 (2)
Ar	氩	39.948 (1)	Co	钴	58.933200 (9)	Hf	铪	178.49 (2)
As	砷	74.92160 (2)	Cr	铬	51.9961 (6)	Hg	汞	200.59 (2)
At	砹	[210]	Cs	铯	132.90545 (2)	Ho	钬	164.93032 (2)
Au	金	196.96655 (2)	Cu	铜	63.546 (3)	I	碘	126.90447 (3)
B	硼	10.811 (7)	Dy	镝	162.50 (3)	In	铟	114.818 (3)
Ba	钡	137.327 (7)	Er	铒	167.26 (3)	Ir	铱	192.217 (3)
Be	铍	9.012182 (3)	Es	锿	[252]	K	钾	39.0983 (1)
Bi	铋	208.98038 (2)	Eu	铕	151.964 (1)	Kr	氪	83.80 (1)
Bk	锫	[247]	F	氟	18.9984032 (5)	La	镧	138.9055 (2)
Br	溴	79.904 (1)	Fe	铁	55.845 (2)	Li	锂	6.941 (2)
C	碳	12.0107 (8)	Fm	镄	[257]	Lr	铹	[262]
Ca	钙	40.078	Fr	钫	[223]	Lu	镥	174.967 (1)
Cd	镉	112.411 (8)	Ga	镓	69.723 (1)	Md	钔	[258]

续表

元素		相对原子质量	元素		相对原子质量	元素		相对原子质量
符号	名称		符号	名称		符号	名称	
Mg	镁	24.3050 (6)	Po	钋	[209]	Ta	钽	180.9479 (1)
Mn	锰	54.93809 (9)	Pr	镨	140.90765 (2)	Tb	铽	158.92534 (2)
Mo	钼	95.94 (1)	Pt	铂	195.078 (2)	Tc	锝	[98]
N	氮	14.00674 (7)	Pu	钚	[244]	Te	碲	127.60 (3)
Na	钠	22.989770 (2)	Ra	镭	226	Th	钍	232.0381 (1)
Nb	铌	92.90638 (2)	Rb	铷	85.4678 (3)	Ti	钛	47.867 (1)
Nd	钕	144.24 (3)	Re	铼	186.207 (1)	Tl	铊	204.3833 (2)
Ne	氖	20.1797 (6)	Rh	铑	102.90550 (2)	Tm	铥	168.93421 (2)
Ni	镍	58.6934 (2)	Rn	氡	[222]	U	铀	238.0289 (1)
No	锘	[259]	Ru	钌	101.07 (2)	V	钒	50.9415 (1)
Np	镎	[237]	S	硫	32.066 (6)	W	钨	183.84 (1)
O	氧	15.9994 (3)	Sb	锑	121.760 (1)	Xe	氙	131.29 (2)
Os	锇	190.23 (3)	Sc	钪	44.955910 (8)	Y	钇	88.90585 (2)
P	磷	30.973761 (2)	Se	硒	78.96 (3)	Yb	镱	173.04 (3)
Pa	镤	231.03588 (2)	Si	硅	28.0855 (3)	Zn	锌	65.39 (2)
Pb	铅	207.2 (1)	Sm	钐	150.36 (3)	Zr	锆	91.224 (2)
Pd	钯	106.42 (1)	Sn	锡	118.710 (7)			
Pm	钷	[145]	Sr	锶	87.62 (1)			

附录9　常见分析化学术语汉英对照

（摘自 GB/T 14666—2003）

1　化学分析

1.1　一般术语　general terms

采样　sampling
试样　sample
四分法　quartering
测定　determination
平行测定　parallel determination
空白实验　blank test
检测　detection
鉴定　identification
校准　calibration
校准曲线　calibration curve
分步沉淀　fractional precipitation
共沉淀　coprecipitation
后沉淀　postprecipitation
陈化　aging
倾析　decantation
掩蔽　masking
解蔽　demasking
封闭　blocking
同离子效应　common ion effect
熔融　fusion
灼烧　ignition
标定　standardization
滴定　titration
恒重　constant weight
变色域　transition interval
化学计量点　stoichiometric point
滴定终点　end point
滴定度　titer
滴定曲线　titration curve
纯度　purity
含量　content
最值　value of a quantity
物质的量　amount of substance
摩尔　mol
基本单元　elementary entity
摩尔质量　molar mass
摩尔体积　molar volume
物质的量浓度　amount of substance concentration
质量摩尔浓度　molality

质量浓度　mass concentration
称量因子　gravimetric factor
灰分　ash
酸值　acid value
酸度　acidity
碱度　alkalinity
pH 值　pH value
皂化值　saponification number
酯值　ester value
溴值　bromine value
碘值　iodine value
残渣　residue

1.2　方法　methods

化学分析　chemical analysis
仪器分析　instrumental analysis
定性分析　qualitative analysis
定量分析　quantitative analysis
常量分析　macro analysis
半微量分析　semimicro analysis
微量分析　micro analysis
超微量分析　ultramicro analysis
痕量分析　trace analysis
超痕量分析　ultratrace analysis
干法　dry method
湿法　wet method
系统分析　systematic analysis
称量分析［法］　gravimetric analysis
滴定分析［法］　titrimetric analysis
元素分析　elementary analysis
斑点试验　spot test
气体分析　gasometric analysis
酸碱滴定［法］　acid-base titration
氧化还原滴定［法］　redox titration
高锰酸钾［滴定］法　premanganate titration
重铬酸钾［滴定］法　dichromate titration
溴量法　bromometry
碘量法　iodimetry
沉淀滴定［法］　precipitation
非水滴定［法］　non-aqueous titration
卡尔·费休滴定［法］　Karl fischer titration
反滴定［法］　back titration
络合滴定［法］　compleximetry
凯氏定氮法　Kjeldahl determination
熔珠试验　bead test
焰色试验　flame test
吹管试验　blowpipe test

1.3　试剂和溶液　reagent and solution

化学试剂　chemical reagents
参考物质　reference material（RM）
一级标准物质　primary reference material
二级标准物质　secondary reference material
标准溶液　standard solution
试液　test solution
储备溶液　stock solution
缓冲溶液　buffer solution
络合剂　complexing agent
滴定剂　titrant
沉淀剂　precipitant
指示剂　indicator
酸碱指示剂　acid-base indicator
氧化还原指示剂　redox indicator
金属指示剂　metal indicator
吸附指示剂　adsorption indicator
混合指示剂　mixed indicator
外［用］指示剂　external indicator
内指示剂　internal indicator

1.4　仪器　apparatus

分析天平　analytical balance
砝码　weights
称量瓶　weighing bottle
容量瓶　volumetric flask
滴定管　buret
移液管　pipet
锥形瓶　erlenmeyer flask
碘瓶　iodine flask
坩埚　crucible
玻璃砂坩埚　sintered-glass filter crucible
表面皿　watch glass
干燥器　desiccator
滤纸　filter paper
试纸　test paper
点滴板　spot plate
研钵　mortar

2　电化学分析

2.1　一般术语　general terms

离子强度　ionic strength
活度　activity
活度系数　activity coefficient
电解　electrolysis

电导率　electric conductivity
过电压　over voltage
分解电压　decomposition voltage
电流效率　current efficiency
标准电位　standard potential
氧化还原电位　oxidation-reduction potential
液接电位　liquid junction potential
膜电位　membrane potential
迁移率　mobility
浓差极化　concentration

2.2　方法　methods

电流滴定［法］　amperometric titration
电位滴定［法］　potentiometric titration
永停终点［法］　dead-stop end point
电导滴定［法］　conductometric titration
高频电导滴定［法］
high frequency conductometric titration
库仑法　coulometry
库仑滴定法　coulometric titration
控制电位库仑滴定［法］
controlled potential coulometric titration
内电解法　internal electrogravimetry
恒电流电解法　constant current electrolysis
电质量法　electrogravimetry
极谱法　polarography
方波极谱法　square wave polarography
交流极谱法　alternating-current polarography
示波极谱法　oscillopolarography
示波极谱滴定［法］　oscillopolarographic titration
脉冲极谱法　pulse polarography
常规脉冲极谱法　normal pulse polarography
微分脉冲极谱法　differential pulse polarography
伏安法　voltammetry
阳极溶出伏安［法］　anodic stripping voltammetry
阴极溶出伏安［法］　actchodic stripping voltammetry
电分析化学新技术
new techniques in electroanalytial chemistry
光谱电化学　spectroelectrochemistry
扫描隧道电化学显微技术
scanning electrochemical microscopy

2.3　仪器　apparatus

电位滴定仪　potentiometric titrator
电导仪　conductometer
pH 计　pH meter
极谱仪　polarograph
电解池　electrolytic cell
电导池　conductance cell
电极　electrode
极化电极　polarized electrode
去极化电极　depolarized electrode
参比电极　reference electrode
甘汞电极　calomel electrode
指示电极　indicating electrode
氢电极　hydrogen electrode
标准氢电极　standard hydrogen electrode
离子选择电极　ion selective electrode
玻璃电极　glass electrode
汞膜电极　mercury film electrode
滴汞电极　dropping mercury electrode
铂电极　platinum electrode
银电极　silver electrode
玻碳电极　glassy carbon electrode
热解石墨电极　pyrolytic graphite electrode electrode
［超］微电极　ultra-micro electrode
电化学石英晶体震荡微天平
electrochemical quartz crystal microbalance

2.4　参数及其他　parameters and others

盐桥　salt bridge
底液　base solution
支持电解质　supporting electrolyte
去极化剂　depolarizer
极谱极大　polarographic maxima
极大抑制剂　maxima suppressor
能特斯方程　Nernst equation
法拉第电流　Faradaic current
阴极电流　cathodic current
阳极电流　anodic current
迁移电流　migration current
动力电流　kinetic current
吸附电流　adsorption current
峰电流　peak current
极限电流　limiting current
扩散电流　diffusion current
残余电流　residual current
极谱波　polarographic wave
不可逆波　irreversible wave
可逆波　reversible wave
催化波　catalytic wave

吸附波　adsorption wave
半波电位　half-wave potential
峰电位　peak potential
电毛细管曲线　electrocapillary curve
等电点　isoelectric point
扩散电流常数　diffusion current constant

3　光谱分析

3.1　一般术语 general terms
电磁辐射　electromagnetic radiation
波长　wavelength
波数　wave number
基态　ground state
能级　energy level
共振能　resonance energy
激发态　excitation energy
电离能　ionization energy
光谱范围　spectral range
有效光谱范围　effective spectral range
谱线激发电位　excitation potential of spectral line
谱线轮廓　line profile
特征线　characteristic line
共振线　resonance line
原子线　atom line
离子线　ion line
原子发射光谱　atomic emission spectra
原子吸收光谱　atomic absorption spectra
原子荧光光谱　atomic fluorescence spectra
通带　pass band
[分子] 谱带　[molecular] band
光谱带宽　spectral bandwidth
波长定位的重复性
repeatability of wavelength setting
波长定位的准确度
accuracy of the wavelength setting
光谱最后线　persistent line
谱线变宽　line-broadening
半强宽度　half-intensity width
等吸收点　isoabsorptive point
吸收　absorption
透射　transmission
分辨率　resolution
色散　dispersion
色散力　dispersive power
线色散 [率]　linear dispersion
倒线色散 [率]　reciprocal linear dispersion
杂散辐射　stray radiation
杂散辐射率　level of stray radiation
自吸　self-absorption
自蚀　self-reversal

3.2　分析方法　analytical methods
比色法　colorimetry
比浊法　turbidimetry
浊度法　nephelometry
发射光谱法　emission sepectrometry
原子吸收分光光度法
atomic absorption spectrometry
分光光度法　spectrophotometry
磷光分析　phosphorescence analysis
荧光分析　fluorescence analysis
原子荧光分光光度法
atomic fluorescence spectrophotometry
红外吸收光谱法　infrared absorption spectrometry
拉曼光谱法　Raman spectrometry
X射线荧光光谱法　X-ray fluorescence spectrometry
X射线吸收光谱法　X-ray absorption spectrometry

3.3　仪器　apparatus
比色计　colorimeter
光谱仪　spectrometer
原子吸收分光光度计
atomic absorption spectrophotometer
分光光度计　spectrophotometer
傅里叶变换红外分光光度计
Fourier transform infrared spectrometer
荧光计　fluorimeter
分光荧光计　spectrofluorometer
X射线荧光光谱计　X-ray fluorescence spectrometer
磷光计　phosphorometer
火焰光度计　flame photometer
辐射源　source of radiation
波长选择器　wavelength selector
固定带通选择器（通称滤光片）
fixed pass band selector (generally known as filter)
吸收滤光片　absorbing filter
干涉滤光片　interference filter
连续变化波长选择器
selector for continuous variation of wavelength
棱镜　prism

衍射光栅　difraction grating
吸收池　absorption cell
光管　light pipe
参数　parameters
入射辐射［光］通量　incident flux
透射辐射［光］通量　transmitted flux
透射比　transmittance
试样辐射［光］通量　sample flux
参比辐射［光］通量　reference flux
百分透射率　percentage transmittance
吸光度　absorbance
特征部分内吸光度（通称特征吸光度）
characteristic partial internal absorbance
吸光度加和性　additive nature of absorbance
吸光系数　absorptivity
质量吸光系数　mass absorptivity
摩尔吸光系数　mol absorptivity
光路长度　optical path length
比耳定律　Beer's law
朗伯-波格定律　Lambert-Bouguer's law
朗伯-比耳定律　Lambert-Beer law

4　色谱分析

4.1　一般术语　general terms
固定相　stationary phase
固定液　stationary liquid
吸附剂　adsorbent
手性固定相　chiral stationary phase
化学键合相　chemically bonded phase
离子交换剂　ion exchanger
载体　support
流动相　mobile phase
载气　carrier gas
补充气　make-up gas
辅助气体　auxiliary gas
内标物质　internal standard
标记物　marker
色谱图　chromatogram
指纹色谱图　fingerprint chromatgram
色谱峰　chromatography peak
前伸峰　leading peak
拖尾峰　tailing peak
负峰　negative peak
假峰　ghost peak
斑点　spot

4.2　方法　methods
色谱法　chromatography
吸附色谱法　adsorption chromatography
分配色谱法　partition chromatography
气相色谱法（GC）　gas chromatography（GC）
气固色谱法（GSC）　gas solid chromatography（GSC）
气液色谱法（GLC）
gas liquid chromatography（GLC）
反应气相色谱法　reaction gas chromatography
反相气相色谱法　inverse gas chromatography
液相色谱法（LC）　liquid chromatography（LC）
液固色谱法（LSC）
liquid solid chromatography（LSC）
液液色谱法（LLC）
liquid liquid chromatography（LLC）
反相液相色谱法（RPLC）
reveresd phase liquid chromatography（RPLC）
高效液相色谱法（HPLC）
high performance liquid chromatography（HPLC）
体积排除色谱法（SEC）
size exclusion chromatography（SEC）
假相液相色谱法
pseudophase liquid chromatography
亲和色谱法　affinity chromatography
离子色谱法　ion chromatography
薄层色谱法　thin layer chromatography
纸色谱法　paper chromatography
超临界流体色谱法
supercritical fluid chromatography
毛细管胶电动色谱法
micellar electrokinetic capillary chromatography
电泳　electrophoresis
界面电泳　boundary electrophoresis
区带电泳　zone electrophoresis
纸电泳　paper electrophoresis
凝胶电泳　gel electrophoresis
高压电泳　high voltage electrophoresis
等电点聚焦　isoelectric focusing
等速电泳　isotachophoresis
毛细管区带电泳　capillary zone electrophoresis

4.3　仪器　apparatus
色谱仪　chromatograph
气相色谱-质谱联用仪
gas chromatograph-mass spectrometer

液相色谱-质谱联用仪
liquid chromatograph-mass spectrometer
气相色谱-傅立叶红外光谱仪 gas chromatograph-Fourier transform infrared spectrometer
气相色谱-傅立叶红外光谱-质谱联用仪
gas chromatograph-Fourier transform infrared-mass spectrometer
进样器 sample injector
裂解器 pyrolyzer
检测器 detector
热导检测器（TCD）
thermal conductivity detector（TCD）
火焰离子化检测器（FID）
flame ionization detector（FID）
电子俘获检测器（ECD）
electron capture detector（ECD）
火焰光度检测器（FPD）
flame photometric detector（FPD）
紫外-可见光检测器 ultraviolet-visible detector
[示差] 折射率检测器
[differential] refractive detector
电化学检测器 electrochemical detector
薄层扫描仪 thin layer scanner
[色谱] 柱 [chromatographic] column
填充柱 packed column
毛细管柱 capillary column
吸附柱 adsorption column
分配柱 partition column
参比柱 reference column

4.4 参数及其他 parameters and others

戈雷方程式 Golay equation
范第姆特方程式 Van Deemter equation
传质阻力 mass transfer resistance
纵向扩散 longitudinal diffusion
涡流扩散 eddy diffusion
分子扩散 molecular diffusion
渗透性 permeability
洗脱剂 eluent
展开剂 developer
减尾剂 tailing reducer
硅烷化 silylanization
分流比 split ratio
液相色谱-质谱仪界面（接口）
liquid chromatograph-mass spectrometer interface
热喷雾界面（接口）thermospray interface
电喷雾界面（接口）electrospray interface
大气压化学电离界面（接口）
atmospheric chemical ionization interface

5 质谱分析

5.1 一般术语 general terms

质谱［图］ mass spectrum
基峰 base peak
质荷比 mass charge rat
［质量］分辨率 ［mass］resolution
质谱本底 background of mass spectrum
质量范围 mass range
电离 ionization
初现能 appearance energy
电离能 ionization energy
碎裂 fragmentation
离子束 ion beam
母离子 parent ion
子离子 daughter ion
分子离子 molecular ion
碎片离子 fragment ion
亚穗离子 metastable ion
加合离子 adduct ion
质子化分子 protonated molecule
总离子流 total ion current
同位素峰 isotopic current
同位素丰度 isotopic abundance

5.2 方法 methods

质谱法 mass spectrometry
质量分离/质量鉴定法（MS/MIS） mass separation/mass identification spectrometry（MS/MIS）
同位素稀释质谱法
isotopic dilution mass spectrometry
热电离 thermal ionization
表面电离 surface ionization
电子电离（EI） electron ionization（EI）
化学电离（CI） chemical ionization（CI）
场电离（FI） field-ionization（FI）
场解吸（FD） field desorption（FD）
光电离 photo ionization
激光电离 laser ionization
高频火花电离 high frequency spark ionization
快速原子轰击电离（FAB）
fast atom bombardment ionization（FAB）
碰撞诱导解离 collisional inductive dissociation

电场扫描　electric field scanning
磁场扫描　magnetic field scanning
联动扫描　linked scan
多峰扫描　multiple peak scanning
峰匹配法　peak matching method
基质辅助激光解吸电离（MALDI）
matrix assisted laser desorption /ionization（MALDI）
电喷雾电离（ESI）　electrospray ionization（ESI）

5.3　仪器　apparatus

质谱仪　mass spectrometer
单聚焦质谱仪　single-focusing mass spectrometer
双聚焦质谱仪　double-focusing mass spectrometer
四极质谱仪（QMS）
quadrupole mass spectrometer（QMS）
飞行时间质谱仪（TOF）
time-of-flight mass spectrometer（TOF）
离子回旋共振质谱仪（ICR）
ion cyclotron resonance mass spectrometer（ICR）
傅里叶变换质谱仪（FT-MS）
Fourier transform mass spectrometer（FT-MS）
离子源　ion source
分子分离器　molecular separator
离子阱质谱仪　ion-trap mass spectrometer

5.4　参数及其他　parameters and others

归一化强度　normalized intensity
相对灵敏度系数　relative sensitivity coefficient
离子动能谱（IKES）
ion kinetic energy spectroscopy（IKES）
质量分析离子动能谱
mass ion kinetic energy spectroscopy
反应气　reagent gas

6　核磁共振波谱分析

6.1　一般术语　general terms

核磁矩　nuclear magnetic moment
磁性核　magnetic nuclear
旋磁比　gyromagnetic ratio
进动　precession
拉摩频率　Larmor frequency
自由感应衰减（FID）　free induction decay
饱和　saturation
内锁　internal lock
外锁　external lock
一级图谱　first order spectrum
二级图谱　second order spectrum
旋转边峰　spinning side band
化学位移　chemical shift
参比物　reference compound
内标　internal standard
外标　external standard
屏蔽效应　shielding effect
去屏蔽　deshielding
自旋-自旋偶合　spin-spin coupling
自旋-自旋裂分　spin-spin splitting
远程偶合　long-range coupling
弛豫　relaxation
横向弛豫　transverse relaxation
纵向弛豫　longitudinal relaxation
弛豫时间　relaxation time
氘交换　deuterium exchange
核欧沃豪斯效应（NOE）
nuclear Overhauser effect（NOE）

6.2　方法　methods

核磁共振波谱法（NMR）
nuclear magnetic resonance spectroscopy（NMR）
碳-13核磁共振　C-13 nuclear magnetic resonance
质子磁共振　proton magnetic resonance
二维谱　two-dimensional spectrum
多维谱　multi-dimensional spectrum
固体核磁共振　solid NMR

6.3　仪器　apparatus

核磁共振波谱仪　NMR spectrometer
连续波核磁共振波谱仪
continuous wave NMR spectrometer
超导核磁共振波谱仪
NMR spectrometer with superconducting magnet
脉冲傅里叶变化核磁共振波谱仪
pulsed Fourier transform NMR spectrometer

6.4　参数和其他　parameters and others

偶合常数　coupling constant
δ值　δ value
谱宽　spectral width
脉冲序列　pulse sequence
脉冲宽度　pulse width
脉冲间隔　pulse interval
取数时间　acquisition time
位移试剂　shift reagent
弛豫试剂　relaxation reagent
氘代溶剂　deuterated solvent

7 数据处理

7.1 [量的] 真值 true value [of a quantity]

7.2 测定值 measured value

7.3 算术 [平] 均值 arithmetic mean

7.4 准确度 accuracy

7.5 不确定度 uncertainty

7.6 精密度 precision

7.7 重复性 repeatability

7.8 再现性 reproducibility

7.9 [测量] 误差 error [of measurement]

绝对误差 absolute error

相对误差 relative error

随机误差 random error

系统误差 systematic error

方法误差 methodic error

仪器误差 instrumental error

操作误差 operational error

7.10 偏差 deviation

绝对偏差 absolute deviation

相对偏差 relative deviation

[算术] 平均偏差 arithmetic average deviation

相对平均偏差 relative average deviation

方差 variance

标准 [偏] 差 standard deviation

相对标准 [偏] 差 relative standard deviation

7.11 显著性检验 significant test

7.12 校正 calibration

7.13 因子分析 factor analysis

7.14 化学模式识别 chemical pattern recognition

7.15 人工智能 artificial intelligence

7.16 优化与实验设计

optimization and experiment design

7.17 分析信号处理 analytical signal processing